中 国 国 家 标 准 汇 编

372

GB 21466～21504

（2008 年制定）

中国标准出版社　编

中 国 标 准 出 版 社

北　京

图书在版编目（CIP）数据

中国国家标准汇编：2008年制定．372：GB 21466～21504/中国标准出版社编．—北京：中国标准出版社，2009

ISBN 978-7-5066-5267-4

Ⅰ．中…　Ⅱ．中…　Ⅲ．国家标准-汇编-中国-2008　Ⅳ．T-652.1

中国版本图书馆CIP数据核字（2009）第069764号

中国标准出版社出版发行
北京复兴门外三里河北街16号
邮政编码：100045

网址 www.spc.net.cn
电话：68523946　68517548
中国标准出版社秦皇岛印刷厂印刷
各地新华书店经销

*

开本 880×1230　1/16　印张 37.5　字数 1 115 千字
2009年6月第一版　2009年6月第一次印刷

*

定价 200.00 元

ISBN 978-7-5066-5267-4
9 787506 652674

出 版 说 明

1.《中国国家标准汇编》是一部大型综合性国家标准全集。自1983年起，按国家标准顺序号以精装本、平装本两种装帧形式陆续分册汇编出版。它在一定程度上反映了我国建国以来标准化事业发展的基本情况和主要成就，是各级标准化管理机构，工矿企事业单位，农林牧副渔系统，科研、设计、教学等部门必不可少的工具书。

2.《中国国家标准汇编》收入我国每年正式发布的全部国家标准，分为“制定”卷和“修订”卷两种编辑版本。

“制定”卷收入上一年度我国发布的、新制定的国家标准，顺延前年度标准编号分成若干分册，封面和书脊上注明“20××年制定”字样及分册号，分册号一直连续。各分册中的标准是按照标准编号顺序连续排列的，如有标准顺序号缺号的，除特殊情况注明外，暂为空号。

“修订”卷收入上一年度我国发布的、被修订的国家标准，视篇幅分设若干分册，但与“制定”卷分册号无关联，仅在封面和书脊上注明“20××年修订-1，-2，-3，……”字样。“修订”卷各分册中的标准，仍按标准编号顺序排列(但不连续)；如有遗漏的，均在当年最后一分册中补齐。需提请读者注意的是，个别非顺延前年度标准编号的新制定的国家标准没有收入在“制定”卷中，而是收入在“修订”卷中。

读者配套购买《中国国家标准汇编》“制定”卷和“修订”卷则可收齐上一年度我国制定和修订的全部国家标准。

3. 由于读者需求的变化，自1996年起，《中国国家标准汇编》仅出版精装本。

4. 2008年我国制修订国家标准共5946项。本分册为“2008年制定”卷第372分册，收入国家标准GB 21466～21504的最新版本。

中国标准出版社

2009年5月

目　　录

ICS 21.100.10
J 12

中华人民共和国国家标准

GB/T 21466.1—2008/ISO 7902-1:1998

稳态条件下流体动压径向滑动轴承 圆形滑动轴承 第1部分:计算过程

Hydrodynamic plain journal bearings under steady-state conditions—Circular cylindrical bearings—Part 1:Calculation procedure

(ISO 7902-1:1998,IDT)

2008-02-28 发布　　　　2008-07-01 实施

中华人民共和国国家质量监督检验检疫总局
中国国家标准化管理委员会　发布

前　言

GB/T 21466《稳态条件下流体动压径向滑动轴承　圆形滑动轴承》由以下三部分组成：

——第1部分：计算过程

——第2部分：计算过程中所用函数

——第3部分：许用的运行参数

本部分是GB/T 21466的第1部分。

本部分等同采用ISO 7902-1:1998《稳态条件下流体动压径向滑动轴承　圆形滑动轴承　第1部分：计算过程》。

本部分的附录A是规范性附录。

本部分由中国机械工业联合会提出。

本部分由全国滑动轴承标准化技术委员会归口。

本部分起草单位：中机生产力促进中心、西安交通大学、浙江申科滑动轴承有限公司。

本部分由全国滑动轴承标准化技术委员会秘书处负责解释。

稳态条件下流体动压径向滑动轴承 圆形滑动轴承 第1部分:计算过程

1 范围

GB/T 21466 的本部分给出了轴颈和轴承表面被流体润滑油膜完全分离的流体动压油润滑滑动轴承的计算方法,用于设计可靠运行的流体动压滑动轴承。

本部分适用于计算轴承包角 Ω 为 360°、180°、150°、120°和 90°的圆形滑动轴承,载荷作用在圆心处。当润滑油膜温度与压力引起的变形忽略不计时,其几何间隙为一定值。

该计算过程适用于汽轮机、发电机、电动机、齿轮装置、轧机、泵和其他机械中的滑动轴承的计算和优化。本部分适用于稳定工作状态(即在连续运转的条件下,所有旋转零件的角速度和载荷的方向与大小均为定值)的工况。本部分也适用于载荷大小不变但以任意速度转动的工况。

本部分不适用于动载荷的工况(即载荷的方向和/或大小随时间变化的工况,这些变化可能由振动或高速运转的转子不稳定性所造成)。

2 规范性引用文件

下列文件中的条款通过 GB/T 21466 的本部分的引用而成为本部分的条款。凡是注日期的引用文件,其随后所有的修改单(不包括勘误的内容)或修订版均不适用于本部分,然而,鼓励根据本部分达成协议的各方研究是否可使用这些文件的最新版本。凡是不注日期的引用文件,其最新版本适用于本部分。

GB/T 3141—1994 工业液体润滑油 ISO 黏度分类(eqv ISO 3448:1992)

GB/T 21466.2—2008 稳态条件下流体动压径向滑动轴承 圆形滑动轴承 第2部分:计算过程中所用函数(ISO 7902-2:1998,IDT)

GB/T 21466.3—2008 稳态条件下流体动压径向滑动轴承 圆形滑动轴承 第3部分:许用的运行参数(ISO 7902-3:1998,IDT)

GB/T 18327.2—2001 滑动轴承 符号 第2部分:应用符号(ISO 7904-2:1995,IDT)

3 计算的基本原理、假设和前提条件

3.1 考虑形成压力分布的实际边界条件,有限宽轴承的计算基本原理是雷诺微分方程的数值解法:

$$\frac{\partial}{\partial x}\left(h^3\frac{\partial p}{\partial x}\right)+\frac{\partial}{\partial z}\left(h^3\frac{\partial p}{\partial z}\right)=6\eta(u_{\mathrm{J}}+u_{\mathrm{B}})\frac{\partial h}{\partial x} \quad \cdots\cdots (1)$$

相关符号说明见第5章。

关于雷诺微分方程的推导,参见参考文献[1]~[3]和[11]~[14];方程的数值解法,参见参考文献[4]~[6]、[12]~[13]。

3.2 理想化的假设和前提条件如下:

a) 润滑油属于牛顿流体。

b) 润滑油的流动为层流。

c) 润滑油完全粘附在滑动表面上。

d) 润滑油是不可压缩的。

e) 在承载区,润滑间隙内完全充满润滑油。非承载区的填充情况依赖于供给润滑油的方式。

f) 忽略润滑油的惯性力、磁力和重力。

g) 构成润滑间隙的零件是刚性的,或忽略它们的变形;它们的表面是理想的圆柱面。

h) 相对运动表面的曲率半径远大于润滑油膜厚度。

i) 润滑油膜的厚度在轴向上(z 轴方向)为定值。

j) 垂直于轴承表面在润滑油膜厚度方向上(y 轴方向)的压力波动可忽略不计。

k) 轴承表面的法向上(y 轴方向)没有运动。

l) 整个间隙里的润滑油黏度都相等。

m) 润滑油在轴承的起始点流入,或从润滑间隙最大处流入;润滑油供给压力的大小相对于润滑油膜的压力可忽略不计。

3.3 润滑油膜压力边界条件应满足以下连续性条件:

——压力起始位置:$p(\varphi_1,z)=0$;

——轴承边缘:$p(\varphi,z=\pm B/2)=0$;

——压力终止位置:$p[\varphi_2(z),z]=0$,并且$\partial p/\partial\varphi[\varphi_2(z),z]=0$。

对于某些类型和尺寸的轴承,其边界条件可是确定的。

在部分圆弧瓦轴承里,如果满足以下的表达式:

$$\varphi_2-(\pi-\beta)<\frac{\pi}{2}$$

则,位于轴承出口末端的压力终止位置为:

$$p(\varphi=\varphi_2,z)=0$$

3.4 对雷诺微分方程进行数值积分,一般是通过参考文献[3]、[11]、[12]中建议的压力转换,将微分方程代入数值计算的网格系统,然后导出一个线性方程组。数值计算网格系统的节点个数对数值积分的精度影响非常大:运用如参考文献[6]和[13]所示的不等间距网格则可在节点数目不变的情况下提高计算精度。代入压力分布的终止边界条件后,在周向和轴向分别进行积分,求得压力分布。

将相似性原理应用于流体动压滑动轴承理论可得到轴承的承载能力、摩擦特性、润滑流量、轴承相对宽度等的无量纲值。采用这些相似值可减少数据量,而这些数据需要求解雷诺方程才能得出(见GB/T 21466.2—2008)。也可采用其他方法,只要它们满足 GB/T 21466.2—2008 中所给出的边界条件并且具有同等的数值精度。

3.5 GB/T 21466.3—2008 包括运行参数的许用值,计算结果应满足这些许用值,以确保滑动轴承能够正常运行。在特定的具体情况下,经协商,运行参数也可超出 GB/T 21466.3—2008 所给出的限制。

4 计算过程

4.1 通过对实际轴承参数(见图 1)的计算,验证实际运行参数与设计工作参数可确定轴承是否能正常的工作。对于变化的运行条件下确定运行参数,应使实际运行参数在设计工作参数的许用范围内。然而,在连续运行时所有的工况条件应予以考虑。

4.2 只有在相配合的轴承与轴颈表面被润滑油完全隔开时,才能保证轴承表面不磨损。持续在混合润滑状态下运转会导致磨损失效。短时间处于混合润滑状态下运行是不可避免的,如滑动轴承的启动和停止过程。这种情况一般不会损伤轴承。当轴承承受重载时,一套辅助的静压装置对低速时的启动和停机是必要的。只要磨损发生在限定的区域和时间内,且轴承无过载,磨合及对表面粗糙度及形位误差的自适应磨损是允许的。一般情况下,特定的磨合过程可能会是有利的,这要视所选的材料而定。

4.3 轴承的极限机械负荷是轴承材料强度的一个函数。只要不削弱滑动轴承的正常性能,允许有少量永久变形。

4.4 轴承的极限热负荷取决于轴承材料的热稳定性能、润滑油的温黏关系和抗老化性能。

4.5 滑动轴承的正确计算应清楚所有连续运行过程的工作条件。但是在实际中,常会存在其他影响因素。这些影响在设计时是未知的,并且不能预测。推荐在实际参数和许用参数之间留下适当的安全余量。影响因素包括以下内容:

——干扰力(不平衡,振动等);
——相对于理想几何尺寸的偏差(加工公差,装配偏差等);
——杂质、水、空气等对润滑油的污染;
——腐蚀、电蚀等;

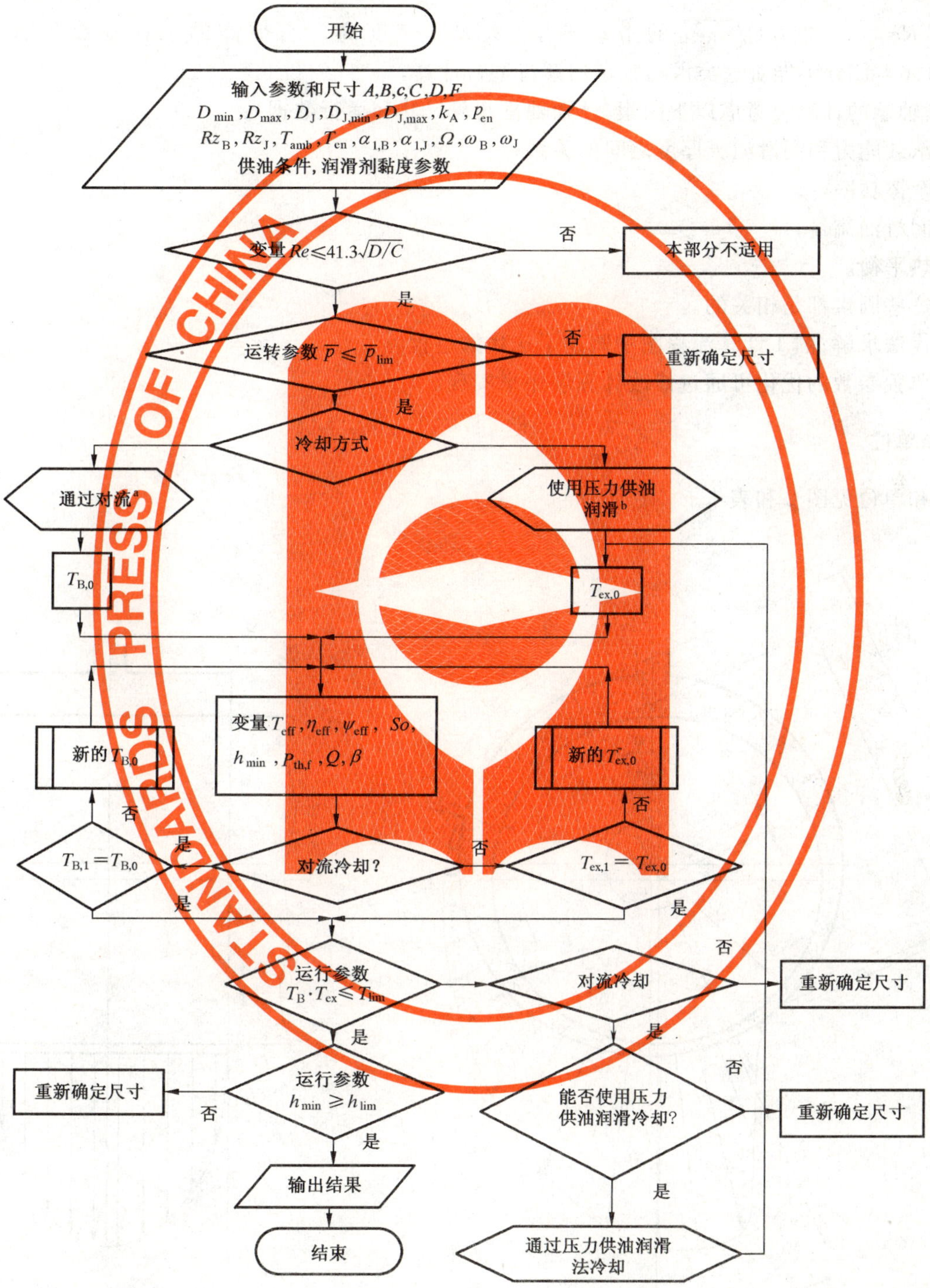

[a] 传导冷却。
[b] 压力供油润滑冷却。

图 1　计算流程图

关于其他影响因素的数据见 6.7。

4.6 润滑间隙中流体是否在层流状态，应用雷诺数进行判断，见 GB/T 21466.2—2008，即：

$$Re=\frac{\rho U_J\ \dfrac{C_{R,eff}}{2}}{\eta}=\frac{\pi D N_J\ \dfrac{C_{R,eff}}{2}}{\nu}\leqslant 41.3\sqrt{\frac{D}{C_{R,eff}}} \qquad \cdots\cdots\cdots\cdots (2)$$

对于 $Re>41.3\sqrt{D/C_{R,eff}}$ 的滑动轴承（例如线速度高），有更高的工耗系数和轴承温度，GB/T 21466本部分不能对这类滑动轴承的紊流进行计算。

4.7 滑动轴承的计算要考虑以下因素（已知轴承几何尺寸和运行数据）：

——承载能力和润滑油膜厚度之间的关系；

——摩擦功率；

——润滑油流量；

——热平衡。

所有这些因素都是相关的。

用迭代法求解；图 1 计算流程图中阐述了迭代的过程。

对于单独参数的优化可通过修改计算顺序来实现。

5 符号和单位

符号和单位见图 2 和表 1。

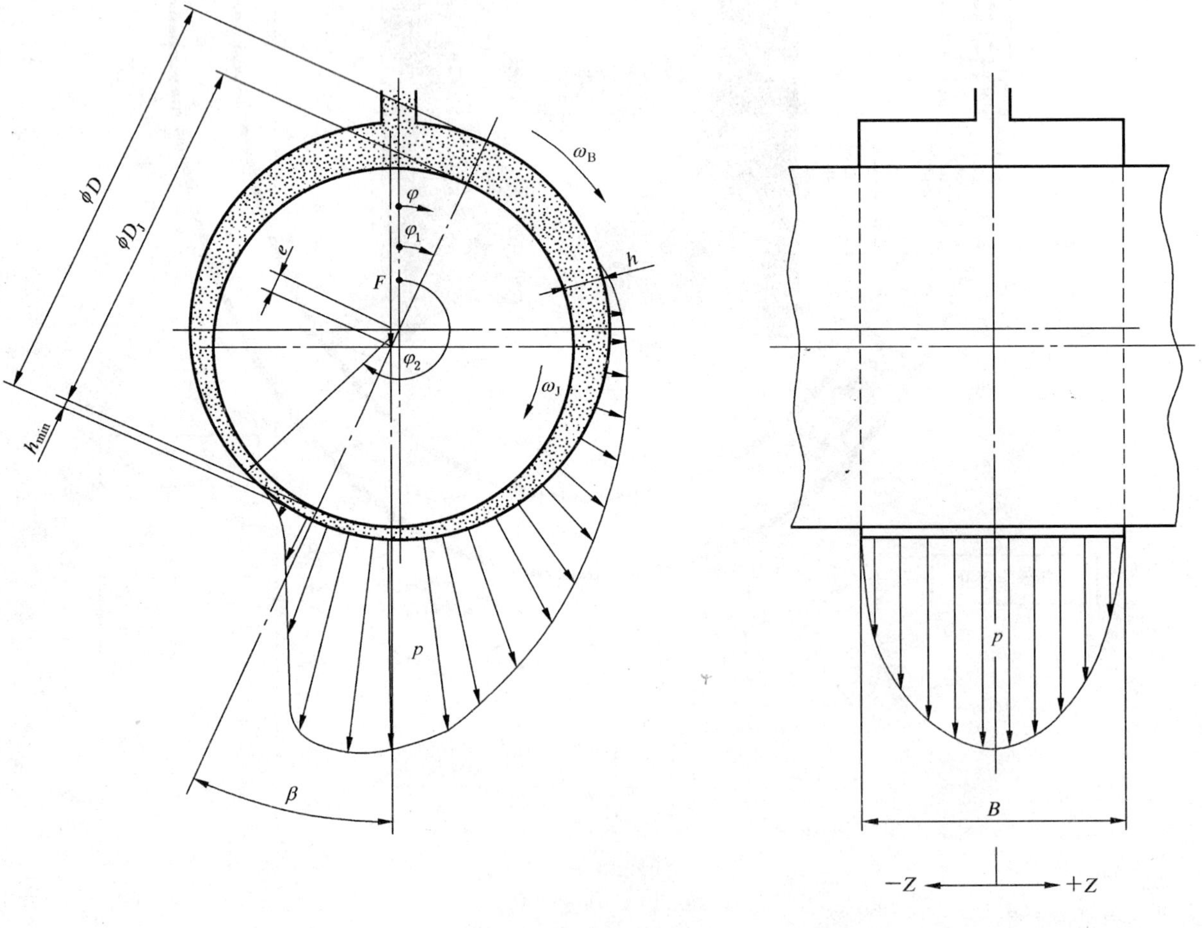

图 2 符号说明

表 1　符号及其名称

符　号	名　　称	单　位
A	散热表面积(轴承座)	m^2
b_G	油槽宽度	m
B	轴承公称宽度	m
c	润滑油比热	J/(kg·K)
C	轴承公称间隙	m
$C_{R,eff}$	轴承有效径向间隙	m
d_L	油孔直径	m
D	轴承公称直径(内直径)	m
D_J	轴颈公称直径	m
$D_{J,max}$	D_J的最大值	m
$D_{J,min}$	D_J的最小值	m
D_{max}	D的最大值	m
D_{min}	D的最小值	m
e	偏心距(轴承中心与轴颈中心之间的距离)	m
E	弹性模量	1
f	摩擦因数	1
F	支承力(公称载荷)	N
F_f	润滑油膜承载区域的摩擦力	N
F'_f	包括润滑油膜非承载区影响的摩擦力	N
G	剪切模量	1
h	润滑油膜厚度	m
h_{lim}	润滑油膜最小许用厚度	m
h_{min}	最小润滑油膜厚度	m
h_{wav}	滑动表面的波度	m
$h_{wav,eff}$	滑动表面的等效波度	m
$h_{wav,eff,lim}$	等效波度最大许用值	m
k_A	散热系数	$W/(m^2·K)$
l_G	油槽长度	m
l_P	油腔长度	m
L_H	轴承座长度	m
N_B	轴承转速	s^{-1}
N_F	载荷转速	s^{-1}
N_J	轴颈转速	s^{-1}
p	润滑油膜压力	Pa
$\overline{p}$	轴承比压	Pa

表 1（续）

符 号	名 称	单 位
p_{en}	润滑油供给压力	Pa
p_{lim}	润滑油膜最大许用压力	Pa
$\overline{p}_{lim}$	轴承最大许用比压	Pa
P_f	摩擦功率	W
P_{th}	热流量	W
$P_{th,amb}$	环境带走的热流量	W
$P_{th,f}$	由摩擦产生的热流量	W
$P_{th,L}$	润滑油带走的热流量	W
Q	润滑油流量	m^3/s
Q_1	入口处的润滑油流量	m^3/s
Q_2	出口处的润滑油流量	m^3/s
Q_3	流体动压力产生的润滑油流量	m^3/s
Q_3^*	流体动压力产生的润滑油流量因数	1
Q_p	供给压力产生的润滑油流量	m^3/s
Q_p^*	供给压力产生的润滑油流量因数	1
Rz_B	轴承滑动表面的微观不平度十点高度	m
Rz_J	轴颈匹配表面的微观不平度十点高度	m
Re	雷诺数	1
So	索莫菲尔德数	1
T_{amb}	环境温度	℃
T_{eff}	有效环境温度	℃
T_B	轴承温度	℃
$T_{B,0}$	假设的初始温度	℃
$T_{B,1}$	迭代计算所得的轴承温度	℃
T_{eff}	润滑油膜的等效温度	℃
T_{en}	轴承入口处润滑油温度	℃
T_{ex}	轴承出口处润滑油温度	℃
$T_{ex,0}$	假设的轴承出口处润滑油初始温度	℃
$T_{ex,1}$	计算轴承出口处润滑油温度	℃
T_J	轴颈温度	℃
T_{lim}	轴承最大许用温度	℃
$\overline{T}_L$	润滑油平均温度	℃
U_B	轴承线速度(圆周速度)	m/s
U_J	轴颈线速度(圆周速度)	m/s
v_a	空气流通速度	m/s

表 1（续）

符　号	名　　　称	单　位
x	周向坐标	m
y	润滑油膜厚度方向的坐标	m
z	轴向坐标	m
$\alpha_{l,\mathrm{B}}$	轴承线性热膨胀系数	K^{-1}
$\alpha_{l,\mathrm{J}}$	轴颈线性热膨胀系数	K^{-1}
β	偏位角（相对于载荷方向）	(°)
δ_{J}	轴颈的不对中角度	rad
ε	偏心率	1
ε_{u}	过渡偏心率	1
η	润滑油动力黏度	Pa·s
η_{eff}	润滑油等效动力黏度	Pa·s
ν	润滑油运动黏度	m^2/s
ξ	润滑油膜承载区的旋转摩擦阻力因数	1
ξ'	润滑油膜非承载区的旋转摩擦阻力因数	1
ξ_{G}	周向槽内的旋转摩擦阻力因数	1
ξ_{P}	油腔内的旋转摩擦阻力因数	1
ρ	润滑油密度	$\mathrm{kg/m}^3$
φ	圆周方向的角坐标	rad
φ_1	润滑油膜压力起始位置的角度	rad
φ_2	润滑油膜压力终止位置的角度	rad
Ψ	轴承的相对间隙	1
$\overline{\Psi}$	轴承平均相对间隙	1
Ψ_{eff}	轴承等效相对间隙	1
$\Psi_{\max}$	轴承最大相对间隙	1
$\Psi_{\min}$	轴承最小相对间隙	1
ω_{B}	轴承角速度	s^{-1}
ω_{h}	等效角速度	s^{-1}
ω_{J}	轴颈角速度	s^{-1}
Ω	轴承包角	(°)
Ω_{G}	润滑油槽包角	(°)
Ω_{P}	油腔包角	(°)

润滑油膜厚度的最小值 $h_{\min}$：

$$h_{\min}=\frac{D-D_{\mathrm{J}}}{2}-e=0.5D\Psi(1-\varepsilon)$$

上式中,ε 为偏心率:

$$\varepsilon=\frac{e}{\frac{D-D_{\mathrm{J}}}{2}}$$

如果 $\varphi_2-(\pi-\beta)<\frac{\pi}{2}$

则 $h_{\min}=0.5D\Psi(1+\varepsilon\cos\varphi_2)$

6 符号的定义

6.1 承载能力

承载能力的特征参数是无量纲索莫菲尔德数 So:

$$So=\frac{F\Psi_{\mathrm{eff}}^2}{DB\eta_{\mathrm{eff}}\omega_{\mathrm{h}}}=So\left(\varepsilon,\frac{B}{D},\Omega\right) \quad \cdots\cdots (3)$$

So 是偏心率 ε、轴承宽径比 B/D 和轴承包角 Ω 的函数,它的值在 GB/T 21466.2 中给出。变量 ω_{h}、η_{eff} 和 Ψ_{eff} 需考虑轴颈、轴承角速度与承载力及热效应(见 6.4 和 6.7)。

用偏位角 β 及偏心率 ε(见 GB/T 21466.2)可确定最小润滑油膜厚度及其所在位置。对于全包角轴承($\Omega=360°$),润滑油应在最大润滑间隙处引入,或者根据旋转方向在这之前一点的地方。因此,需要确定偏位角 β。

6.2 摩擦的功率损耗

在流体动压滑动轴承里,由黏性剪应力产生的摩擦力通过摩擦因数 $f=F_{\mathrm{f}}/F$ 和导出的旋转摩擦阻力因数 ξ 与 f/Ψ_{eff} 得到。

$$\xi=\frac{F_{\mathrm{f}}\Psi_{\mathrm{eff}}}{DB\eta_{\mathrm{eff}}\omega_{\mathrm{h}}} \quad \cdots\cdots (4)$$

$$\frac{f}{\Psi_{\mathrm{eff}}}=\frac{\xi}{So} \quad \cdots\cdots (5)$$

如果摩擦力的功率损耗仅在润滑油膜的承载区时,可用以上公式。

如果整个间隙都充满润滑油,计算承载区与非承载区的摩擦功率损耗是必要的,因此需要在公式(4)与公式(5)中用 f',F'_{f},ξ',$\frac{f'}{\Psi_{\mathrm{eff}}}$ 代替 f,F_{f},ξ,$\frac{f}{\Psi_{\mathrm{eff}}}$。

对于不同 ε、B/D 和 Ω 的 $\frac{f}{\Psi_{\mathrm{eff}}}$ 与 $\frac{f'}{\Psi_{\mathrm{eff}}}$ 的值在 GB/T 21466.2 中给出,其中也给出了基于参考文献[15]的近似公式,该公式可用来计算当考虑润滑油槽和油腔影响时的摩擦功率损耗。

轴承的摩擦功率或者产生的热流量由下式给出:

$$P_{\mathrm{f}}=P_{\mathrm{th,f}}=fFU_{\mathrm{J}} \quad \cdots\cdots (6)$$

$$P'_{\mathrm{f}}=f'FU_{\mathrm{J}} \quad \cdots\cdots (7)$$

6.3 润滑油流量

进入轴承的润滑油形成一层把滑动表面分开的润滑油膜。在润滑油膜中形成的压力迫使润滑油从轴承两端流出。由流体动压力造成的润滑油流量 Q_3 为 Q 的一部分。

$$Q_3=D^3\Psi_{\mathrm{eff}}\omega_{\mathrm{h}}Q_3^* \quad \cdots\cdots (8)$$

其中 $Q_3^*=Q_3^*(\varepsilon,B/D,\Omega_1)$ 在 GB/T 21466.2 中给出。

润滑油通过最小间隙后，会有一部分沿圆周方向进入到无压力的间隙处。但是由于载荷增加和润滑间隙小，这部分润滑油的流出可忽略不计。

进油压力 p_{en} 使多余的润滑油从轴承两端流出。进油压力产生的润滑油流量为 Q_p：

$$Q_p = \frac{D^3 \Psi_{eff}^3 p_{en}}{\eta_{eff}} Q_p^* \quad \cdots\cdots (9)$$

其中 $Q_p^* = Q_p^3(\varepsilon, B/D, \Omega)$ 在 GB/T 21466.2 中给出。

6.3.1　润滑油的供给结构要素为润滑油孔、润滑油槽和润滑油腔。为避免额外的流体静力载荷，润滑油的供给压力应远小于轴承的比压 $\overline{p}$。p_{en} 通常的取值范围为 0.05 MPa～0.2 MPa。润滑油槽与润滑油腔的深度应远大于轴承间隙。

6.3.2　润滑油槽是在周向上分布润滑油的结构要素。它是润滑表面上沿圆周方向的凹槽，它在轴向上很窄。如果润滑油槽位于压力分布高的附近，压力分布就被分成两个独立的压力峰，并且承载能力明显减小(见图 3)。这种情况下，计算时应该采用半宽轴承承受一半载荷的方法。但是，由于流体动压力产生的流量 Q_3 的影响，在计算热量平衡损失时仅计及润滑油流量的一半(见 6.4)，因为回到润滑油槽的润滑油在散热上不起作用。这对于 360°轴承在非承载部分布置润滑油槽是有利的。而计算热平衡时就要考虑全部润滑油流量 Q_p。

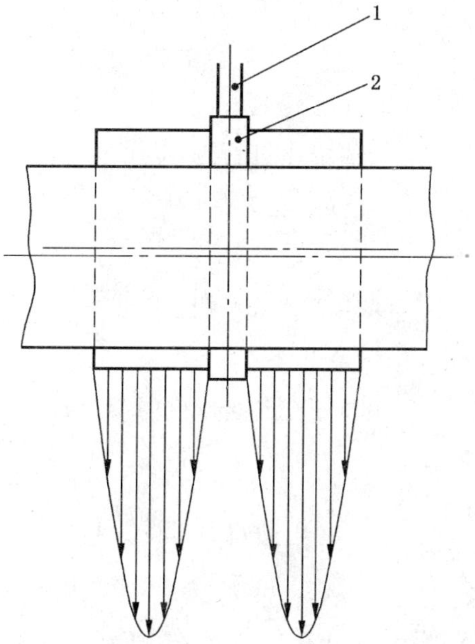

1——油孔；

2——油槽。

图 3　带润滑油槽轴承中的压力分布

6.3.3　润滑油腔是在轴向上分散润滑油的结构要素。它是加工在被润滑表面上沿轴向的凹槽，且在周向上越短越好。润滑油腔相对长度应该是 $b_p/B<0.7$。虽然较大的值会增加油的流量，但溢出润滑油腔而流向两端的油起不到散热作用。如果它在轴向上贯通就更不起散热作用。对于全包角轴承($\Omega=360°$)，一个润滑油腔的布置位置应与载荷方向相反，如果有两个润滑油腔则应布置在垂直于载荷方向的两侧。这时即使润滑油腔在轴承的非承载部分，其流量也有助于剪切摩擦热的传递，在热平衡上应该把润滑油腔充分考虑进去。对部分包角轴承($\Omega<360°$)，在包角区进油处和出油处的油腔的供油压力引起的流量对散热不起实际作用，因为这些润滑油腔不被限制在包角区且润滑油更多地直接流出轴承。

如果只在轴承的承载区域充满润滑油,而非承载部分没有润滑油,那么仅在承载区计算润滑油的散热。

润滑油供给要素的类型和配置对润滑油热流量的影响在GB/T 21466.2中论及。

润滑油总流量由下式(10)和公式(11)给出。

润滑油只充满轴承承载区时:

$$Q = Q_3 \quad \cdots\cdots(10)$$

润滑油充满包括非承载区在内的整个润滑间隙,也就是 2π 范围内时:

$$Q = Q_3 + Q_p \quad \cdots\cdots(11)$$

6.4 热平衡

滑动轴承的热状况可从热平衡中获得。在轴承中产生的热流量 $P_{th,f}$ 来源于摩擦功率,P_f 经由轴承座耗散到外界和通过润滑油散热。实际上,是两种散热方式的某一种占主导优势。在设计阶段,通过忽略其他的散热方式可获得额外的安全余量。可做以下假设:

a) 无压润滑轴承(例如:油环润滑)主要通过传导把热量散失到外界:$P_{th,f} = P_{th,amb}$;

b) 压力润滑轴承主要经由润滑油带走热量:$P_{th,f} = P_{th,L}$。

6.4.1 传导散热

传导散热是通过轴承座内热传导、热辐射并通过轴承座表面的热传导传递到环境中的。复杂的热传递过程可表述为:

$$P_{th,amb} = k_A A (T_B - T_{amb}) \quad \cdots\cdots(12)$$

上式中 $k_A = 15\ \mathrm{W/(m^2 \cdot K)} \sim 20\ \mathrm{W/(m^2 \cdot K)}$。

或者用速度 $v_a > 1.2$ m/s 的空气对轴承座进行通风:

$$k_A = 7 + 12\sqrt{v_a} \quad \cdots\cdots(13)$$

(见参考文献[3]和[14])

轴承座的散热表面积A若无法精确地得到,可做以下近似计算:

——对于圆柱形座体:

$$A = 2\frac{\pi}{4}(D_H^2 - D^2) + \pi D_H B_H \quad \cdots\cdots(14)$$

——对于支座轴承:

$$A = \pi H\left(B_H + \frac{H}{2}\right) \quad \cdots\cdots(15)$$

——对于机械结构中的轴承:

$$A = (15 \sim 20) DB \quad \cdots\cdots(16)$$

其中:

B_H 为座体的轴向长度;

D_H 为座体的外部直径长度;

H 为支承轴承总长度。

6.4.2 润滑油热交换散热

在压力润滑的情况下,通过润滑油带走的热流量为:

$$P_{th,L} = \rho c Q (T_{ex} - T_{en}) \quad \cdots\cdots(17)$$

对于矿物润滑油,单位热容量为:

$$\rho c = 1.8 \times 10^6\ \mathrm{J/(m^3 \cdot K)} \quad \cdots\cdots(18)$$

从热平衡可得:

对于无压润滑轴承 $P_{th,f} = P_{th,amb}$

对于压力润滑轴承 $P_{th,f}=P_{th,L}$

这样,轴承温度为 T_B(参见参考文献[15]),润滑油的出口温度为 T_{ex}(参见参考文献[15])。与润滑油黏度相关的等效润滑油膜温度是:

a) 仅有传导散热情况下:$T_{eff}=T_B$;

b) 经由润滑油热交换散热情况下:$T_{eff}=\overline{T}_L=0.5(T_{en}+T_{ex})$。

在线速度很高时,可选择一个与润滑油出口温度非常接近的值来代替以上的平均值。

计算 T_B 和 T_{ex} 后,应将它们与许用参数 T_{lim}(在 GB/T 21466.3 中给出)相比,以进行校核。

在计算过程中,首先仅知道运行数据 T_{amb} 或 T_{en},却不知道开始计算所需的等效温度 T_{eff}。为获得解决办法,用一个估算的温升来进行初始运算,即:

a) $T_{B,0}-T_{amb}=20$ K;

b) $T_{ex,0}-T_{en}=20$ K。

相应的运行温度为 T_{eff}。由热平衡,通过与先前的假设温度($T_{B,0}$ 或 $T_{ex,0}$)平均来校正所得的温度 $T_{B,1}$ 或 $T_{ex,1}$,一直迭代到假设温度与所得的温度两个值的差小到可忽略不计,例如 2 K 时,迭代结束。从而获得相应的稳定条件。在迭代过程中,应考虑 6.7 中涉及的影响因素。通常,迭代快速收敛。它也能由图示差值法代替。这种方法为了计算 $P_{th,f}$ 和 $P_{th,amb}$ 或者 $P_{th,L}$ 需假设几个不同的温度。如果绘制出热量 $P_{th,amb}=f(T_B)$ 或 $P_{th,L}=f(T_{ex})$,那么在两曲线的相交点可得到稳态条件(见附录 A 图 A.1)。

6.5 最小润滑油膜厚度和轴承比压

在一个圆形径向滑动轴承里,随轴心的偏移,间隙 h 为:

$$h=0.5D\Psi_{eff}(1+\varepsilon\cos\varphi) \quad (19)$$

在最大间隙处(见图 1),以 $\varphi=\varphi_1$ 开始。

润滑油膜最小厚度:

$$h_{min}=0.5D\Psi_{eff}(1-\varepsilon) \quad (20)$$

应与 GB/T 21466.3 中的许用参数 h_{lim} 进行比较。

轴承比压:

$$\overline{p}=\frac{F}{DB} \quad (21)$$

应与 GB/T 21466.3 中的许用参数 $\overline{p}_{lim}$ 进行比较。

6.6 运行工况

如果滑动轴承长时间在随时间变化的几种工作条件下运行,则应该对最不利的 $\overline{p}$、h_{lim} 和 T_B 的值进行校核验算。首先,应确定轴承是否能够在无压情况下得到足够的润滑,以及传导散热能力是否足够。应研究最不利的热状态,通常,这种状态对应于重载并且高速的运行条件。如果仅用传导散热,当轴承温度过高时,即使把轴承尺寸或者座体的表面积增大到最大的许用程度仍然不能把温度降到许用值,那么应使用压力润滑和油冷却法。

如果某一热负荷(润滑油动力黏度系数低)运行工况之后紧跟着高比压、低转速的工况,则应在保持前面高热负荷工况时的运行点的同时,研究随后的新运行工况。

向混合摩擦过渡是因为在考虑进变形因素后,在符合 GB/T 21466.3 中规定的最小润滑油膜厚度 h_{lim} 的工况下,轴颈和轴承的粗糙峰相互接触。过渡偏心率为:

$$\varepsilon_u=1-\frac{h_{lim}}{\frac{D}{2}\Psi_{eff}} \quad (22)$$

过渡索莫菲尔德数为:

$$So_u=\frac{F\Psi_{eff}^2}{DB\eta_{eff}\omega_h}=f\left(\varepsilon_u,\frac{B}{D},\Omega\right) \quad (23)$$

(见 GB/T 21466.2)ε_u、So_U可通过上述公式确定。载荷,黏度,转速可描述转换条件,为了确定它们中的一个,另外两个参数应以适当的方式代入到这个条件中。对于机器的快速停机,其热状态对应于上述的连续运转条件下的高热负荷。如果机器停机时马上关掉冷却系统,在轴承里可能导致热累积,因此,应选一更加不利的 η_{eff}值。如果机器慢慢地停止运转,则会有比较低的轴承或润滑油的温度。

6.7 其他的影响因素

计算过程适用于稳态运行状态,特别适合于负载的方向和大小为定值并且轴承与轴颈具有相同的转速的状况。等效的角速度为:

$$\omega_h = \omega_J + \omega_B \quad \cdots\cdots (24)$$

但是,计算过程也应用于载荷不变但以角速度 ω_F旋转的情况。这时等效角速度为:

$$\omega_h = \omega_J + \omega_B - 2\omega_F \quad \cdots\cdots (25)$$

对于不平衡载荷随轴同步旋转($\omega_F = \omega_J$)的情况:

$$\omega_h = -\omega_J + \omega_B \quad \cdots\cdots (26)$$

ω_h的绝对值应用来计算索莫菲尔德数。切记在 $\omega_h < 0$ 的时候,轴的偏心在$-\beta$角度处(见图 4)。

注:与轴颈的旋转方向一致的所有转动和角速度方向为正值。

动力黏度很大程度上依赖于温度。因而,知道温度与润滑油及其特性值之间的关系(见 GB/T 3141)是必要的。等效的动力黏度 η_{eff}的确定需依靠等效的润滑油膜温度 T_{eff},即 η_{eff}由 T_{en}和 T_{ex}的平均温度得到,而不是由平均动力黏度 $\eta(T_{en})$和 $\eta(T_{ex})$得到。

动力黏度也依赖于压力,不过依赖程度小一些。但是,对于处于稳态条件下并且承受正常的比压 p 的轴承,其压力对黏度的影响可忽略。这一项忽略相当于附加了一个设计安全因素。

对于非牛顿流体(如固有黏性润滑油,复合润滑油等),其黏度是随逆流与不可逆流情况而波动的,它是一个润滑间隙内的剪切载荷与运行寿命的函数。只对少数润滑油做这些影响因素的研究,在 GB/T 21466中不考虑这些影响。

轴承的工作间隙由轴颈与轴承的装配和热膨胀状态决定,在装配条件下(20℃),轴承的相对间隙为:

$$\Psi_{max} = \frac{D_{max} - D_{J,min}}{D} \quad \cdots\cdots (27)$$

$$\Psi_{min} = \frac{D_{min} - D_{J,max}}{D} \quad \cdots\cdots (28)$$

$$\overline{\Psi} = 0.5(\Psi_{max} + \Psi_{min}) \quad \cdots\cdots (29)$$

计算中的决定因素是在润滑油膜等效温度 T_{eff}的情况下轴承的等效相对间隙 Ψ_{eff},等效温度可被认为是轴承与轴颈的平均温度,即 3.5 中的假设。到目前为止认为轴颈和轴承的线性膨胀系数 $\alpha_{l,J}$与 $\alpha_{l,B}$是一致的,这时冷态(20℃)下的间隙与热态(T_{eff})时的间隙相等。由于外部的影响,轴颈和轴承(带轴承座的轴承衬背)的温度应该是不同的,因此这些因素应考虑在内[见公式(31)]。薄的轴承合金层的线性膨胀可忽略。

因为轴颈与轴承的线性膨胀系数不同,轴承相对间隙的热变形量为:

$$\Delta\Psi = (\alpha_{l,B} - \alpha_{l,J})(T_{eff} - 20℃) \quad \cdots\cdots (30)$$

$$\Delta\Psi = \alpha_{l,B}(T_B - 20℃) - \alpha_{l,J}(T_S - 20℃) \quad \cdots\cdots (31)$$

$$\Psi_{eff} = \overline{\Psi} + \Delta\Psi \quad \cdots\cdots (32)$$

轴承间隙的许用值在 GB/T 21466.3 中给出。

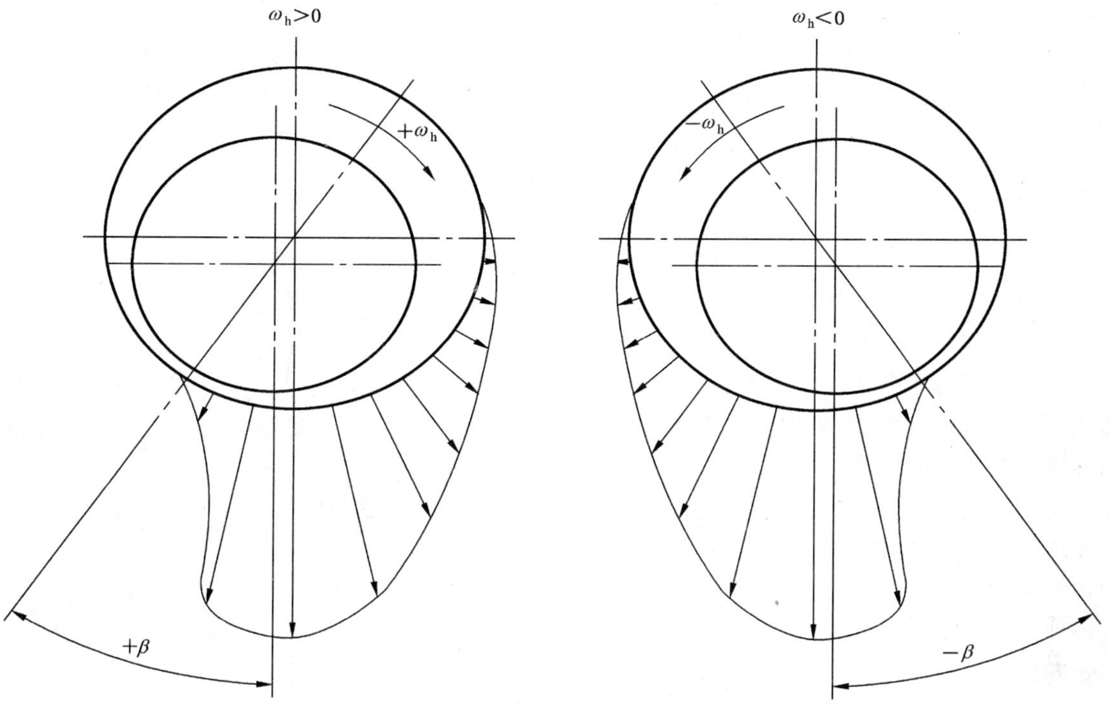

图 4　偏位角及轴颈偏心

附 录 A
(规范性附录)
计算示例

A.1 例 1

对 $D=120$ mm、$B=60$ mm 的全包角轴承($\Omega=360°$),其负荷为 $F=36\ 000$ N、转速为 $N_J=33.33\ s^{-1}$ 的情况进行研究。假设运行工况是热平衡计算时的临界工况。轴承座的表面积为 $A=0.3\ m^2$,轴承座及轴承衬材料为铝合金,钢制轴。润滑油经由轴承上直径 $d_L=5$ mm 的孔提供,其位置与承载区相对,如图 2 所示。使用黏度等级为 ISO VG 100(见 GB/T 3141)的润滑油。首先,研究在没有压力润滑的情况下轴承是否能运行。在这种情况下,只能通过轴承表面传导散热。环境温度 $T_{amb}=40℃$,轴承的最大许用温度 $T_{lim}=70℃$。

如温度超过了 T_{lim},则需要进行压力润滑并使用外部油冷却。在这种情况下,假设润滑油进口压力 $p_{en}=5\times10^5$ Pa,进口温度 $T_{en}=58℃$。

尺寸和运行数据

载荷	$F=36\ 000$ N
轴颈转速	$N_J=33.33\ s^{-1}$
轴承转速	$N_B=0\ s^{-1}$
轴承包角	$\Omega=360°$
轴承孔径最大值	$D_{max}=120.070\times10^{-3}$ m
轴承孔径最小值	$D_{min}=120.050\times10^{-3}$ m
供油孔直径	$d_L=5\times10^{-3}$ m
轴径最大值	$D_{J,max}=119.950\times10^{-3}$ m
轴径最小值	$D_{J,min}=119.930\times10^{-3}$ m
轴承宽径比	$B/D=0.5$
轴承表面微观不平度十点高度	$Rz_B=2\times10^{-6}$ m
轴颈表面微观不平度十点高度	$Rz_J=1\times10^{-6}$ m
轴承线性膨胀系数	$\alpha_{l,B}=23\times10^{-6}\ K^{-1}$
轴颈的线性膨胀系数	$\alpha_{l,J}=11\times10^{-6}\ K^{-1}$
润滑油	ISO VG 100

T_{eff}/℃	$\eta_{eff}(T_{eff})$/(Pa·s)
40	0.098
50	0.057
60	0.037
70	0.025

轴承座表面散热面积	$A=0.3\ m^2$
散热系数	$k_A=20$ W/(m²·K)
环境温度	$T_{amb}=40℃$
压力润滑的进油温度	$T_{en}=58℃$
压力润滑的进油压力	$p_{en}=5\times10^5$ Pa
润滑油单位体积的比热容	$\rho c=1.8\times10^6$ J/(m³·K)

限制值

轴承最大许用比压 $\overline{p}_{\lim}=10\times10^{6}$ Pa

轴承最大许用温度 $T_{\lim}=70$℃

润滑油膜最小许用厚度 $h_{\lim}=9\times10^{-6}$ m

基于流程图的计算(见图1)

假设轴承温度为 $T_{B,0}=60$℃,润滑油密度为 $\rho=900$ kg/m³ 时,校核润滑油流动的层流性[见公式(2)]:

$$Re=\frac{\pi\times120\times10^{-3}\times33.33\times1.48\times10^{-3}\times120\times10^{-3}\times900}{2\times0.037}=27.14$$

$$<41.3\sqrt{\frac{120\times10^{-3}}{1.48\times10^{-3}\times120\times10^{-3}}}=1\,073.5$$

$$Re=27.14<1\,073.5$$

流动为层流。因此GB/T 21488适用于该情况。

由公式(21)得:

$$\overline{p}=\frac{36\,000}{120\times10^{-3}\times60\times10^{-3}}=5\times10^{6}\ \text{Pa}$$

因为 $\overline{p}<\overline{p}_{\lim}$,所以轴承比压 $\overline{p}$ 是可用的。

传导散热

假设初始轴承温度:

$$T_{B,0}=T_{eff}=60℃$$

$T_{eff}=60$℃时,由输入参数得到润滑油的等效动力黏度:

$\eta_{eff}=0.037$ Pa·s

轴承相对间隙[见公式(27)~公式(29)]:

$$\Psi_{max}=\frac{(120.070-119.930)\times10^{-3}}{120\times10^{-3}}=1.166\,7\times10^{-3}$$

$$\Psi_{min}=\frac{(120.050-119.950)\times10^{-3}}{120\times10^{-3}}=0.833\times10^{-3}$$

$$\overline{\Psi}=0.5(1.166\,7+0.833)\times10^{-3}=10^{-3}$$

轴承相对间隙的热变形量[见公式(30)]:

$$\Delta\Psi=(23-11)\times10^{-6}\times(60-20)=0.48\times10^{-3}$$

轴承的等效相对间隙[见公式(32)]:

$$\Psi_{eff}=(1+0.48)\times10^{-3}=1.48\times10^{-3}$$

等效角速度[见公式(24)]:

——轴的角速度:

$$\omega_{J}=2\times\pi\times N_{J}=209.42\ \text{s}^{-1}$$

——轴承的角速度:

$$\omega_{B}=0$$

$$\omega_{h}=209.42+0=209.42\ \text{s}^{-1}$$

索莫菲尔德数[见公式(3)]:

$$So=\frac{36000\times1.48^{2}\times10^{-6}}{120\times10^{-3}\times60\times10^{-3}\times0.037\times209.42}=1.408$$

偏心率(见GB/T 21466.2):

$$\varepsilon=f\left(So,\frac{B}{D},\Omega\right)=0.773$$

润滑油膜厚度的最小值[见公式(20)和图 1]:

$$h_{min} = 0.5 \times 120 \times 10^{-3} \times 1.48 \times 10^{-3} \times (1 - 0.773) = 20.2 \times 10^{-6}\ \mathrm{m}$$

摩擦阻力因数[见公式(4)和 GB/T 21466.2]:

$$\frac{f'}{\Psi_{eff}} = f\left(So, \frac{B}{D}, \Omega\right) = 3.68$$

摩擦因数:

$$f' = \frac{f'}{\Psi_{eff}} \times \Psi_{eff} = 3.68 \times 1.48 \times 10^{-3} = 5.45 \times 10^{-3}$$

轴承中,由流体摩擦产生的热流量[见公式(6)]:

$$P_{th,f} = 5.45 \times 10^{-3} \times 36\,000 \times \frac{120 \times 10^{-3}}{2} \times 209.42 = 2\,465.3\ \mathrm{N \cdot m/s} = 2\,465.3\ \mathrm{W}$$

经由轴承座与轴颈散发到外界的热流量[见公式(12)]:

$$P_{th,amb} = 20 \times 0.3 \times (T_{B,1} - 40)$$

由 $P_{th,f} = P_{th,amb}$ 可得:

$$T_{B,1} = \frac{2\,465.3}{20 \times 0.3} + 40 = 450.9℃$$

因为 $T_{B,1} > T_{B,0}$,所以轴承温度为 $T_{B,0} = 60℃$ 的假设应修正。

修正轴承温度的假设[1)]:

$$T^{i}_{B,0} + 1 = T^{i}_{B,0} + 0.2(T^{i}_{B,1} - T^{i}_{B,0}) = 60 + 0.2(450.9 - 60) = 138.18$$

接下来的迭代在表 A.1 给出。计算的第 5 步里,轴承的假设温度 $T_{B,0}$ 与计算温度 $T_{B,1}$ 的差值小于 1℃。因此,此时计算所得的轴承温度 T_B 满足精确度的要求。

因 $T_B > T_{lim}$,所以轴承表面传导散热不能满足要求。因而该轴承应使用润滑油冷却(压力润滑)。

表 A.1

变量	单位	计 算 步 骤				
		1	2	3	4	5
$T_{B0} = T_{eff}$	℃	60	138.2	135.5	134.4	133.8
η_{eff}	Pa·s	0.037	0.003 6	0.003 9	0.003 95	0.004
Ψ_{eff}	1	1.48×10^{-3}	2.392×10^{-3}	2.386×10^{-3}	2.373×10^{-3}	2.36×10^{-3}
So	1	1.408	37.95	34.85	34.04	33.24
ε	1	0.773	0.977	0.974	0.973 8	0.973
h_{min}	m	20.2×10^{-6}	3.3×10^{-6}	3.72×10^{-6}	3.73×10^{-6}	3.82×10^{-6}
f'/Ψ_{eff}	1	3.68	0.47	0.501	0.508	0.52
P_f	W	2 465.3	508.55	540.7	545.3	558.18
T_B	℃	450.9	124.8	130.1	131.2	133
$T_{B,0}$	℃	138.2	135.5	134.4	138.8	

润滑油散热(压力润滑)

初始假设润滑油的出口温度:

$$T_{ex,0} = T_{en} + 20℃ = 78℃$$

润滑油膜的等效温度(见 6.4):

1) 所示假设可采用其他方法表示。

$$T_{eff} = 0.5 \times (58 + 78) = 68℃$$

当 $T_{eff}=68℃$时，由所设参数而得的润滑油等效动力黏度：

$$\eta_{eff} = 0.027\ \text{Pa}\cdot\text{s}$$

轴承相对间隙的热修正值[见公式(30)]：

$$\Delta\Psi = (23 - 11) \times 10^{-6} \times (68 - 20) = 0.576 \times 10^{-3}$$

等效的轴承相对间隙[见公式(32)]：

$$\Psi_{eff} = (1 + 0.576) \times 10^{-3} = 1.576 \times 10^{-3}$$

索莫菲尔德数[见公式(3)]：

$$So = \frac{36\,000 \times 1.576^2 \times 10^{-6}}{120 \times 10^{-3} \times 60 \times 10^{-3} \times 0.027 \times 209.42} = 2.196$$

偏心率[见 GB/T 21466.2]：

$$\varepsilon = f\left(So, \frac{B}{D}, \Omega\right) = 0.825$$

润滑油膜厚度的最小值[见公式(20)和图 1]：

$$h_{min} = 0.5 \times 120 \times 10^{-3} \times 1.576 \times 10^{-3} \times (1 - 0.825) = 16.35 \times 10^{-6}\ \text{m}$$

摩擦阻力因数[见公式(5)和 GB/T 21466.2]：

$$\frac{f'}{\Psi_{eff}} = \frac{f'}{\Psi_{eff}}\left(So, \frac{B}{D}, \Omega\right) = 2.78$$

摩擦因数：

$$f' = \frac{f'}{\Psi_{eff}} \times \Psi_{eff} = 2.78 \times 1.576 \times 10^{-3} = 4.881 \times 10^{-3}$$

轴承中，由摩擦力产生的热流量[见公式(6)]：

$$P_{th,f} = 4.881 \times 10^{-3} \times 3\,600 \times \frac{120 \times 10^{-3}}{2} \times 209.42 = 1\,981.7\ \text{N}\cdot\text{m/s} = 1\,981.7\ \text{W}$$

由润滑油膜压力产生的流量[见公式(8)和 GB/T 21466.2]：

$$Q_3 = 120^3 \times 10^{-9} \times 1.576 \times 10^{-3} \times 209.42 \times 0.096\,8 = 55.21 \times 10^{-6}\ \text{m}^3/\text{s}$$

由进油压力产生的润滑油流量[见 GB/T 21466.2—2008 中公式(4)]：

$$q_L = 1.204 + 0.368 \times \frac{5}{60} - 1.046 \times \left(\frac{5}{60}\right)^2 + 1.942 \times \left(\frac{5}{60}\right)^3 = 1.228$$

$$Q_p^* = \frac{\pi}{48} \times \frac{(1 + 0.825)^3}{\ln\left(\frac{60}{5}\right) \times 1.228} = 0.130\,4$$

$$Q_p = \frac{120^3 \times 10^{-9} \times 1.576^3 \times 10^{-9} \times 5 \times 10^5}{0.027} \times 0.130\,4 = 16.33 \times 10^{-6}\ \text{m}^3/\text{s}$$

润滑油总流量[见公式(11)]：

$$Q = (55.21 + 16.33) \times 10^{-6} = 71.54 \times 10^{-6}\ \text{m}^3/\text{s}$$

通过润滑油带走的热流量[见公式(17)]：

$$P_{th,L} = 1.8 \times 10^6 \times 71.54 \times 10^{-6} \times (T_{ex} - 58)$$

当 $P_{th,f}=P_{th,L}$时：

$$T_{ex,1} = \frac{1\,981.7}{1.8 \times 10^6 \times 71.54 \times 10^{-6}} + 58 = 73.4℃$$

$T_{ex,1}<T_{ex,0}$时，润滑油的出口温度为 $T_{ex,0}=78℃$的假设应修正。

修正后润滑油的出口温度：

$$T_{ex,0} = 0.5 \times (78 + 73.4) = 75.7℃$$

进一步的迭代步骤在表 A.2 中给出。

表 A.2

变量	单位	计算步骤		
		1	2	3
T_{en}	℃	58	58	58
$T_{ex,0}$	℃	78	75.7	74.9
T_{eff}	℃	68	66.85	66.45
η_{eff}	Pa·s	0.027 1	0.028 3	0.028 7
Ψ_{eff}	1	1.576×10^{-3}	1.562×10^{-3}	1.557×10^{-3}
So	1	2.196	2.057	2.023
ε	1	0.825 4	0.824 6	0.818
h_{min}	m	16.55×10^{-6}	16.87×10^{-6}	17×10^{-6}
f'/Ψ_{eff}	1	2.78	2.84	2.9
P_f	W	1 981.7	2 006×65	2 038.96
Q_3	m^3/s	55.21×10^{-6}	54.49×10^{-6}	54.09×10^{-6}
Q_p	m^3/s	16.33×10^{-6}	15.04×10^{-6}	14.64×10^{-6}
Q	m^3/s	71.54×10^{-6}	69.53×10^{-6}	68.73×10^{-6}
$T_{ex,1}$	℃	73.4	74	74.5
$T_{ex,0}$	℃	75.7	74.9	

计算的第 3 步，润滑油初始假设的出口温度 $T_{ex,0}$ 与计算所得的温度 $T_{ex,1}$ 之差小于 1℃。因而，计算所得的润滑油出口温度 T_{ex} 已达到足够的精度等级。

$T_{ex}<T_{lim}$ 时，润滑油的出口温度满足要求；

$h_{min}>h_{lim}$ 时，润滑油膜的最小厚度满足要求。

可用图示插值法代替迭代法计算。图示插值法计算通过一系列的假设温度 T_B 或期望温度 T_{ex}（包括所有的期望解）进行。

在表 A.3 中，给出了由润滑油散热（压力润滑）的所有中间结果。计算的第 4 步得出了和图 A.1 显示的图解结果相同的值。

表 A.3

变 量	单 位	计算步骤			
		1	2	3	4
T_{en}	℃	58	58	58	58
T_{ex}	℃	62	86	102	74.87
T_{eff}	℃	60	70	80	66.44
η_{eff}	Pa·s	0.037	0.025	0.018	0.028 7
Ψ_{eff}	1	1.48×10^{-3}	1.6×10^{-3}	1.72×10^{-3}	1.557×10^{-3}
So	1	1.408	2.429	3.934	2.023
ε	1	0.771	0.838 3	0.880 1	0.818
h_{min}	m	20.34×10^{-6}	15.52×10^{-6}	12.37×10^{-6}	17×10^{-6}
f'/Ψ_{eff}	1	3.65	2.572	1.89	2.895
P_f	W	2 443.58	1 861.5	1 470.49	2 038.96
Q	m^3/s	57.54×10^{-6}	75.46×10^{-6}	99.05×10^{-6}	68.73×10^{-6}
P_Q	W	414.2	3 259.87	7 844.76	2 087.06

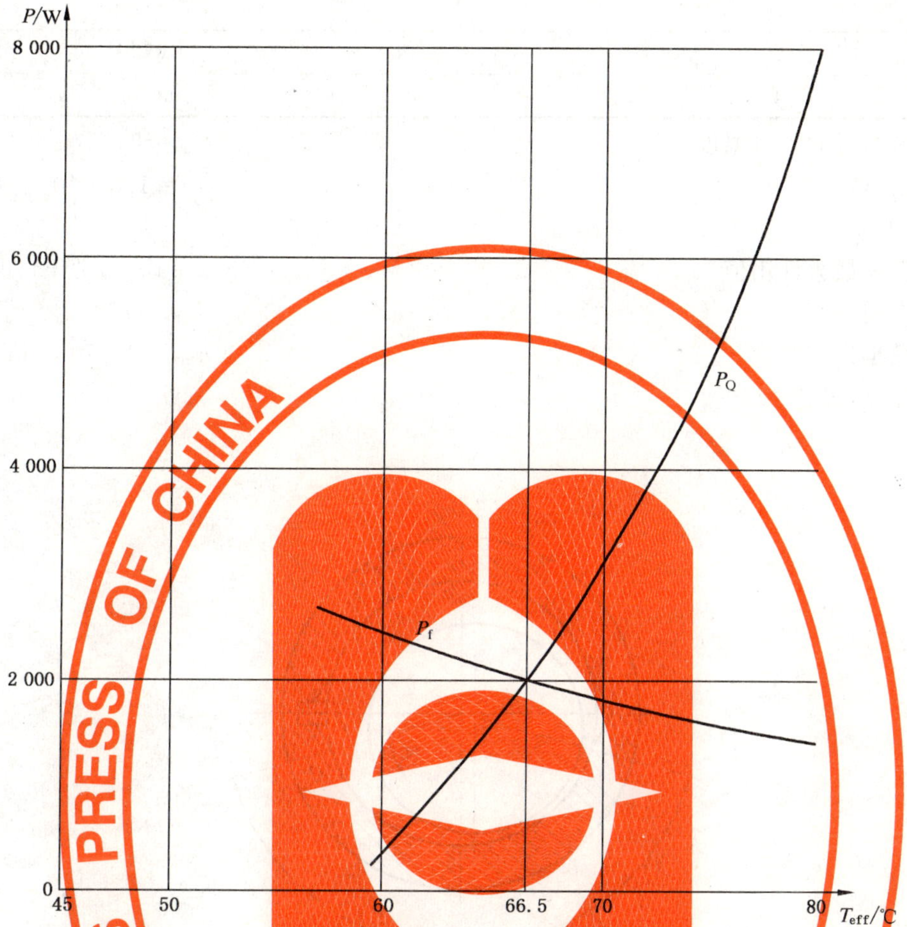

图 A.1 图示插值法

A.2 例 2

部分包角轴承，直径 $D=1\,010$ mm，$B=758$ mm，轴承包角 $\Omega=150°$，经由润滑油腔提供润滑油，有一定的进油压力，如图 A.2 所示。根据 6.3 可知，润滑油流量 Q_p 对热平衡没有影响。仅仅是润滑油压力产生的流量 Q_3 起散热作用。润滑油的入口温度 $T_{en}=24$℃。轴颈、轴承衬背和轴承座之间的热膨胀系数相同。

尺寸和运行数据

载荷	$F=10^6$ N
轴颈转速	$N_J=1.428\,3\ s^{-1}$
轴承速度	$N_B=0\ s^{-1}$
轴颈角速度	$\omega_J=\omega_h=8.974\ s^{-1}$
轴承包角	$\Omega=150°$
轴承孔径	$D=1\,010\times10^{-3}$ m
平均轴承相对间隙	$\overline{\Psi}=10^{-3}$
轴承相对间隙的热修正	$\Delta\Psi=0$
轴承宽径比	$B/D=0.75$
润滑油	ISO VG 46

T_{eff}/℃	$\eta_{eff}(T_{eff})$/(Pa·s)
20	0.132 4
30	0.072 1
40	0.043

压力润滑的润滑油入口温度　　$T_{en}=24$℃

润滑油的比热容　　$\rho c=1.8\times10^6$ J/(m³·K)

限制值

轴承单位载荷最大许用值　　$\bar{p}=10\times10^6$ Pa

轴承最大许用温度　　$T_{lim}=70$℃

润滑油膜最小许用厚度　　$h_{lim}=9\times10^{-6}$ m

基于流程图的计算(见图 4)

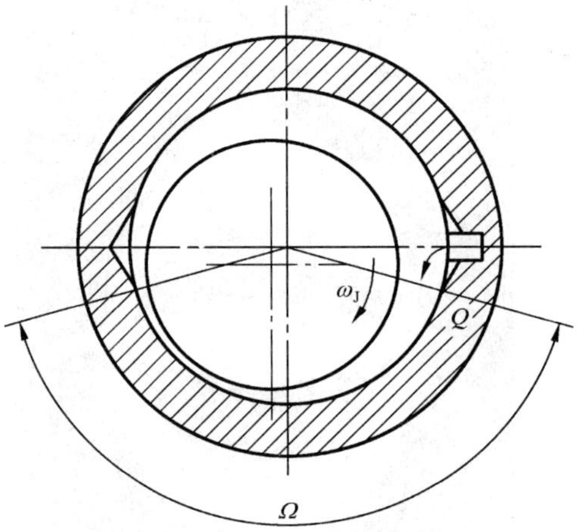

图 A.2　包角 $\Omega=150°$的轴承

假设润滑油膜的等效温度为 $T_{eff}=40$℃，润滑油密度为 $\rho=900$ kg/m³时，校核流动的层流性[见公式(2)]。

$$Re=\frac{\pi\times1\,010\times10^{-3}\times1.428\,3\times10^{-3}\times1\,010\times10^{-3}\times900}{2\times0.043}=47.9$$

$$<41.3\sqrt{\frac{10^3}{1}}=1\,306$$

$$Re=47.9<1\,306$$

流动为层流。因此 GB/T 21466 适用于该情况。

从公式(21)得：

$$\bar{p}=\frac{10^6}{785\times10^{-3}\times1\,010\times10^{-3}}=1.306\times10^6\ \text{Pa}$$

因为$\bar{p}<\bar{p}_{lim}$，所以轴承的比压$\bar{p}$是可用的。

散热是通过润滑油进行的。

表 A.4 给出了每个计算步骤的中间结果，在计算的第 4 步，润滑油初始假设的出口温度 $T_{ex,0}$与计算所得的温度 $T_{ex,1}$之差小于 1℃。因而，计算所得的润滑油出口温度 T_{ex}已达到足够的精度等级。

$T_{ex}<T_{lim}$时，润滑油的出口温度满足要求；

$h_{min}>h_{lim}$时，润滑油膜的最小厚度满足要求。

表 A.4

变量	单位	计算步骤			
		1	2	3	4
T_{en}	℃	24	24	24	24
$T_{ex,0}$	℃	44	38.5	36.2	35.1
T_{eff}	℃	34	31.3	30.1	29.55
η_{eff}	Pa·s	0.058	0.07	0.074	0.077
So	1	2.507	2.079	1.967	1.89
ε	1	0.798	0.767	0.758	0.75
h_{min}	m	102.01×10^{-6}	117.67×10^{-6}	122.21×10^{-6}	126.25×10^{-6}
f'/Ψ_{eff}	1	1.65	1.822	1.87	1.92
P_f	W	7 477.6	8 248	8 338.6	8 701.2
Q_3	m^3/s	46.04×10^{-6}	46.60×10^{-6}	46.69×10^{-6}	46.88×10^{-6}
$T_{ex,1}$	℃	33	33.83	34.08	34.31
$T_{ex,0}$	℃	38.5	36.2	35.1	

A.3 例 3

研究一包角为 $\Omega=150°$ 的部分圆轴承，在压力供油情况下经由上半部对轴承的承载区提供润滑油，如 A.3 所示。上半部有一周向凹槽。两个润滑油腔位于相对于载荷方向 ±90° 的连接面上。

经由润滑油散热，根据 6.4，按公式(10)和公式(11)计算总的润滑油流量。轴颈和轴承与轴承座之间的热膨胀系数相同。

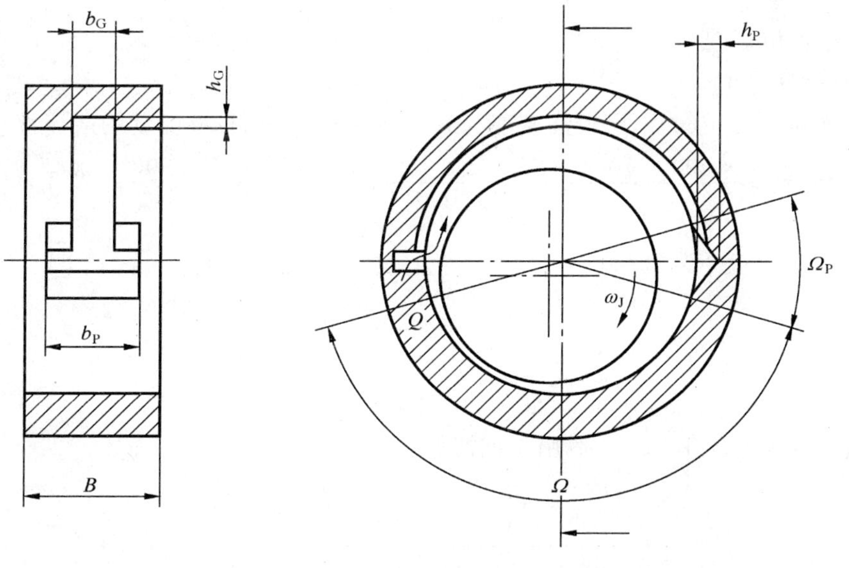

图 A.3 包角 Ω=150° 的部分圆轴承

尺寸和运行数据

载荷	$F=18\ 000\ \text{N}$
轴转速	$N_J=25\ \text{s}^{-1}$
轴角速度	$\omega_J=\omega_h=157\ \text{s}^{-1}$
轴承包角	$\Omega=150°$
轴承孔径	$D=200\times10^{-3}\ \text{m}$
轴承平均相对间隙	$\overline{\Psi}=2\times10^{-3}$
轴承相对间隙的热修正量	$\Delta\Psi=0$
轴承宽径比	$B/D=0.5$
上半部 180°供油槽的宽度	$b_G=30\times10^{-3}\ \text{m}$
供油槽的深度	$h_G=2.5\times10^{-3}\ \text{m}$
润滑油腔宽度	$b_P=60\times10^{-3}\ \text{m}$
润滑油腔深度	$h_P=2.5\times10^{-3}\ \text{m}$
润滑油	ISO VG 32

T_{eff}/℃	$\eta_{eff}(T_{eff})$/(Pa·s)
40	0.031
50	0.022
60	0.014
70	0.009 4

压力润滑的润滑油入口温度	$T_{en}=40℃$
压力润滑的润滑油供油压力	$p_{en}=0.5\times10^5\ \text{Pa}$
润滑油的比热容	$\rho c=1.8\times10^6\ \text{J/(m}^3\cdot\text{K)}$

限制值

轴承最大许用比压	$\overline{p}_{lim}=10\times10^6\ \text{Pa}$
轴承最高许用温度	$T_{lim}=80℃$
润滑油膜最小许用厚度	$h_{lim}=20\times10^{-6}\ \text{m}$

基于流程图的计算(见图 4)

假设轴承温度为 $T_{B,0}=60℃$,润滑油密度为 $\rho=900\ \text{kg/m}^3$ 时,校核流动的层流性[见公式(2)]。

$$Re=\frac{\pi\times200\times10^{-3}\times25\times2\times10^{-3}\times200\times10^{-3}\times900}{2\times0.014}=201.96$$

$$<41.3\sqrt{\frac{200\times10^{-3}}{2\times10^{-3}\times200\times10^{-3}}}=923.5$$

$$Re=201.96<923.5$$

流动为层流。因此 GB/T 21466 适用于该情况。

按公式(21):

$$\overline{p}=\frac{18\ 000}{0.5\times200\times10^{-3}\times200\times10^{-3}}=0.9\times10^6\ \text{Pa}$$

因为$\overline{p}<\overline{p}_{lim}$,所以轴承的比压$\overline{p}$是可用的。

通过润滑油热交换散热。表 A.5 给出了各个计算步骤的中间结果。

表 A.5

变量	单位	计算步骤			
		1	2	3	4
T_{en}	℃	40	40	40	40
$T_{ex,0}$	℃	60	52.1	48.6	47.3
T_{eff}	℃	50	46.1	44.3	43.7
η_{eff}	Pa·s	0.022	0.024	0.027 5	0.028
So	1	1.042	0.955 4	0.833 8	0.818 9
ε	1	0.734	0.725	0.7	0.698
h_{min}	m	53.2×10^{-6}	55×10^{-6}	60×10^{-6}	60.4×10^{-6}
f'/Ψ_{eff}	1	4.6	4.8	5.4	5.45
P_f	W	2 147.9	2 229	2 519.9	2 535.6
Q_3	m^3/s	109.27×10^{-6}	109.02×10^{-6}	108.52×10^{-6}	108.5×10^{-6}
Q_p	m^3/s	153.72×10^{-6}	139.84×10^{-6}	119.49×10^{-6}	117.15×10^{-6}
Q	m^3/s	262.99×10^{-6}	248.86×10^{-6}	228.01×10^{-6}	225.65×10^{-6}
$T_{ex,1}$	℃	44.2	45	46.1	46.3
$T_{ex,0}$	℃	52.1	48.6	47.6	

本计算的特点是基于供油腔与润滑油槽中的流量来计算摩擦功率和润滑油流量。计算的第 1 步示例如下：

在供油腔和润滑油槽中的摩擦功率因数(见 GB/T 21466.2)。

$$\xi_P = 2\times0.5\times\frac{\pi}{6}\left[4+0.001\,2\left(\frac{900\times157\times2.5\times10^{-3}\times200\times10^{-3}}{2\times0.022}\right)^{0.94}\right]=2.74$$

$$\xi_G = 0.5\times\pi\left[4+0.001\,2\left(\frac{900\times157\times2.5\times10^{-3}\times200\times10^{-3}}{2\times0.022}\right)^{0.94}\right]=8.22$$

整个润滑油膜内的摩擦力：

$$F'=\frac{0.022\times157\times100\times10^{-3}\times200\times10^{-3}}{2\times10^{-3}}$$

$$\left[1.042\times4.6-\frac{60\times10^{-3}}{100\times10^{-3}}\left(\frac{\pi}{3\times2\times\sqrt{1-0.734^2}}-\frac{2\times10^{-3}\times200\times10^{-3}}{2\times2.5\times10^{-3}}2.74\right)-\right.$$

$$\left.\frac{30\times10^{-3}}{100\times10^{-3}}\left(\frac{\pi}{2\sqrt{1-0.734^2}}-\frac{2\times10^{-3}\times200\times10^{-3}}{2\times2.5\times10^{-3}}8.22\right)\right]=136.81$$

轴承内由摩擦产生的热流量：

$$P_{th,f}=136.81\times\frac{200\times10^{-3}}{2}\times157=2\,147.9\ \text{N}\cdot\text{m/s}=2\,147.9\ \text{W}$$

由油膜压力产生的润滑油流量[见公式(8)]：

$$Q_3=200^3\times10^{-9}\times2\times10^{-3}\times157\times0.043\,5=109.27\times10^{-6}\ \text{m}^3/\text{s}$$

进油压力产生的润滑油流量[见 GB/T 21466.2—2008 中公式(9)和公式(10)]是润滑油腔和润滑油槽的流量之和。

$$q_P=1.188+1.582\left(\frac{60\times10^{-3}}{100\times10^{-3}}\right)-2.585\left(\frac{60\times10^{-3}}{100\times10^{-3}}\right)^2+5.563\left(\frac{60\times10^{-3}}{100\times10^{-3}}\right)^3=2.408\,2$$

$$Q_p^* = \frac{\pi}{6}\frac{1}{\ln\left(\frac{100\times10^{-3}}{60\times10^{-3}}\right)2.408\ 2} + \frac{1}{48}\frac{\pi(1+1.5\times0.734^2)+6\times0.734+1.33\times0.734^3}{\frac{100\times10^{-3}-30\times10^{-3}}{200\times10^{-3}}} = 1.057\ 2$$

$$Q_p = \frac{200^3\times10^{-9}\times2^3\times10^{-9}\times0.5\times10^5}{0.022}\times1.057\ 2 = 153.77\times10^{-6}\ \mathrm{m^3/s}$$

润滑油总流量[见公式(10)和公式(11)]:

$$Q = (109.27+153.77)\times10^{-6} = 263.04\times10^{-6}\ \mathrm{m^3/s}$$

经由润滑油散热[见公式(17)]:

$$P_{th,L} = 1.8\times10^6\times263.04\times10^6(T_{2,1}-40)$$

$P_{th,f}=P_{th,L}$时:

$$T_{ex,1} = \frac{2\ 222.1}{1.8\times10^6\times263.04\times10^{-6}}+40 = 44.7℃$$

表 A.6 给出了计算结果,其中考虑了通过润滑油腔的润滑油流量。如前所述,假设润滑油充满了润滑间隙的承载区与非承载区。

则在第 1 步计算中通过油腔的流量为:

$$q_P = 2.408\ 2$$

$$Q_p^* = \frac{\pi}{6}\frac{1}{\ln\left(\frac{100\times10^{-3}}{60\times10^{-3}}\right)\times2.408\ 2} = 0.425\ 4$$

$$Q_p = \frac{200^3\times10^{-9}\times2^3\times10^{-9}\times0.5\times10^5}{0.022}0.425\ 4 = 61.88\times10^{-6}\ \mathrm{m^3/s}$$

表 A.6

变　量	单　位	计　算　步　骤			
		1	2	3	4
T_{en}	℃	40	40	40	40
$T_{ex,0}$	℃	60	53.9	51.1	50
T_{eff}	℃	50	47	45.5	45
η_{eff}	Pa·s	0.022	0.023 5	0.025 2	0.026 3
So	1	1.042	0.975 7	0.909 9	0.881 9
ε	1	0.734	0.727	0.717	0.71
h_{min}	m	53.2×10^{-6}	54.6×10^{-6}	56.6×10^{-6}	59×10^{-6}
f'/Ψ_{eff}	1	4.6	4.75	5	5.18
P_f	W	2 419.7	2 494.6	2 625.8	2 722.9
Q_3	m³/s	109.27×10^{-6}	109.15×10^{-6}	109.02×10^{-6}	108.77×10^{-6}
Q_p	m³/s	61.88×10^{-6}	57.93×10^{-6}	54.02×10^{-6}	49.86×10^{-6}
Q	m³/s	171.15×10^{-6}	167.08×10^{-6}	163.04×10^{-6}	158.63×10^{-6}
$T_{ex,1}$	℃	47.9	48.3	48.9	49.5
$T_{ex,0}$	℃	53.9	51.1	50	

参 考 文 献

[1] REYNOLDS, O. On the theory of lubrication and its application to Mr. Beauchamp Tower's experiments, including an experimental determination of the viscosity of olive oil. Phil. Trans. (1866),177, pp. 157-234. Ostwalds Klassiker der exakten Wissenschaften, Leipzig. Nr. 218, Leipzig, 1927.

[2] SOMMERFELD, A. Zur hydrodynamischen Theorie der Schmiermittelreibung, Zeitschrift fur Mathematik und Physik 1904, 40, pp. 97-155.

[3] VOGELPOHL, G. Beitrage zur Gleitlageberechnung. VDI-Forschungsheft, Nr. 386, Dusseldorf,1954.

[4] SASSENFELD, H. and WALTHER, A. Gleitlageberechnung. VDI-Forschungsheft, Nr. 441, Dusseldorf,1954.

[5] RAIMONDI, A. A. and BOYD, J. A solution for the finite journal bearing and its application to analysis and design. Trans. A. S. L. E(1958), 1, part 1, pp. 159-174; part 2, pp. 175-194; part 3, pp. 194-209.

[6] BUTENSCHON, H.-J. Das hydrodynamische zylindrische Gleitlager endlicher Breite unter instationarer Belastung. Dissertation, TU Karlsruhe, 1976.

[7] WISSUSSEK, D. Der EinfluB reversibler und irreversibler Viskositatsanderungen auf das Verhalten hydrodynamischer stationar belasteter Gleitlager. Dissertation, TU Hannover,1975.

[8] LANG, O. R. and STEINHILPER W. Gleitlager, Konstruktionsbucher, 31, Springer Verlag Berlin; Heidelberg; New York, 1978.

[9] DILLENKOFER, H. EinfuB der Lage der Olzufuhrungsstelle auf das Betriebsverhalten stationar belasteter zylindrischer Gleitlager endlicher Breite. Dissertation, Universitat Stuttgart, 1975.

[10] HOPPE, J. EinfuB der Oberflachenwelligkeit von Lagerzapfen auf das Verhalten hydrodynamisch geschmierter Radialgleitlager. Dissertation, Universitat Karlsruhe, 1981.

[11] PINKUS, C. and STERNLICHT, B. Theory of hydrodynamic lubrication, McGraw-Hill Book Company, Inc., New York, Toronto, London, 1961.

[12] KVITNITSKY, B. I., KIRKATCH, N. F. and POLTAVSKY, Y. D. The solution of Reynolds' equation under natural boundary conditions for hydrodynamic journal bearings, Wear, 37, 2, pp. 217-231, Elsevier Sequoia, Lausanne,1978.

[13] KVITNITSKY, B. L. and KIRKATCH, N. F. Calculation of plain journal bearings (reference book), Mashinostroenic, Moscow, 1979.

[14] KOROVCHINSKY, M. V. Theoretical basis for plain bearings operation, Mashgiz, Moscow, 1959.

[15] CONSTANTINESCU, V. Basic Relationships in Turbulent Lubrication and their Extension to include Thermal Effects. Transaction of the ASME, Series, F, No. 2, 95, 1973, pp. 35-43.

ICS 21.100.10
J 12

中华人民共和国国家标准

GB/T 21466.2—2008/ISO 7902-2:1998

稳态条件下流体动压径向滑动轴承 圆形滑动轴承 第2部分:计算过程中所用函数

Hydrodynamic plain journal bearings under steady-state conditions—Circular cylindrical bearings—Part 2:Functions used in the calculation procedure

(ISO 7902-2:1998,IDT)

2008-01-28 发布　　2008-07-01 实施

中华人民共和国国家质量监督检验检疫总局
中国国家标准化管理委员会　发布

前　言

GB/T 21466《稳态条件下流体动压径向滑动轴承　圆形滑动轴承》由以下3部分组成：

——第1部分：计算过程

——第2部分：计算过程中所用函数

——第3部分：许用的运行参数

本部分是GB/T 21466的第2部分。

本部分等同采用国际标准ISO 7902-2:1998《稳态条件下流体动压径向滑动轴承　圆形滑动轴承　第2部分：计算过程中所用函数》。

本部分由中国机械工业联合会提出。

本部分由全国滑动轴承标准化技术委员会归口。

本部分起草单位：中机生产力促进中心、西安交通大学、浙江申科滑动轴承有限公司。

本部分由全国滑动轴承标准化技术委员会秘书处负责解释。

稳态条件下流体动压径向滑动轴承 圆形滑动轴承 第2部分:计算过程中所用函数

1 范围

GB/T 21466的本部分规定了计算完全润滑条件下流体动压圆形径向滑动轴承过程中所用的基本函数值。

这些值所对应的假设和边界条件在GB/T 21466.1—2008中给出。计算所必需的值可以通过轴承特性表、曲线图和公式获得。

所用符号的描述和计算示例见GB/T 21466.1—2008中表1及附录A。

2 规范性引用文件

下列文件中的条款通过GB/T 21466本部分的引用而成为本部分的条款。凡是注日期的引用文件,其随后所有的修改单(不包括勘误的内容)或修订版均不适用于本部分,然而,鼓励根据本部分达成协议的各方研究是否可使用这些文件的最新版本。凡是不注日期的引用文件,其最新版本适用于本部分。

GB/T 3141—1994 工业液体润滑油 ISO黏度分类(eqv ISO 3448:1992)

GB/T 21466.1—2008 稳态条件下流体动压径向滑动轴承 圆形滑动轴承 第1部分:计算过程(ISO 7902-1:1998,IDT)

3 基本轴承特性表

表1到表30给出了以下参数随ε、Ω和B/D的变化值。

——偏位角β;

——索莫菲尔德数So;

——考虑了润滑油膜非承载区的摩擦阻力的摩擦阻力特征因数f'/Ψ;

——润滑油膜承载区的摩擦阻力特征因数f/Ψ;

——由油膜压力产生的润滑油流量参数Q_3^*,它是轴承包角Ω,偏心率ε和轴承宽径比B/D的函数。

表 1　$\Omega=360°$、$B/D=1.5$ 时的基本参数值

ε	β	So	f′/Ψ	f/Ψ	Q_3^*
0.2	72.523 6	0.427 3	7.599 2	4.968 4	0.047 7
0.4	62.658 8	1.000 5	3.603 5	2.658 2	0.093 5
0.6	51.969 2	1.972 4	2.227 2	1.669 5	0.136 1
0.8	38.160 1	4.682 4	1.365 3	1.073 6	0.175 9
0.9	27.961	10.138 2	0.921 8	0.760 4	0.193 9
0.925	24.618 4	13.825 6	0.790 6	0.667 8	0.198
0.95	19.800 7	22.044	0.617 3	0.535 9	0.201
0.975	13.597 1	48.842 9	0.404	0.358 6	0.203

表 2　$\Omega=360°$、$B/D=1.25$ 时的基本参数值

ε	β	So	f′/Ψ	f/Ψ	Q_3^*
0.2	73.342 7	0.341	9.497 8	6.201 6	0.044 4
0.4	62.653 3	0.815 5	4.380 8	3.245 7	0.087 6
0.6	51.390 1	1.671 5	2.583 7	1.925 7	0.128 7
0.8	37.247 4	4.210 7	1.485 5	1.128 5	0.167 9
0.9	27.270 1	9.462 1	0.967 8	0.794 9	0.186 0
0.925	23.958 6	13.083 9	0.819 7	0.690 0	0.190 1
0.95	19.304 5	21.127 1	0.633 2	0.548 4	0.193 6
0.975	13.315 4	47.533 2	0.409 7	0.363 1	0.195 9

表 3　$\Omega=360°$、$B/D=1$ 时的基本参数值

ε	β	So	f′/Ψ	f/Ψ	Q_3^*
0.2	74.208	0.249 2	12.958	8.448 9	0.039 4
0.4	62.574 4	0.611	5.786 8	4.272 1	0.078 5
0.6	50.454 5	1.318 2	3.210 2	2.376 1	0.116 4
0.8	36.027 8	3.595 5	1.691 5	1.276 6	0.153 3
0.9	26.368 5	8.520 3	1.045 7	0.853 7	0.170 8
0.925	23.072 6	12.034 2	0.868 2	0.727 5	0.174 8
0.95	18.639 2	19.799	0.659 9	0.569 6	0.178 3
0.975	12.938 8	45.572 1	0.419 3	0.371	0.180 8

表 4　$\Omega=360°$、$B/D=0.75$ 时的基本参数值

ε	β	So	f′/Ψ	f/Ψ	Q_3^*
0.2	75.022	0.158 4	20.390 9	13.237 2	0.325 5
0.4	62.258 4	0.399 3	8.760 6	6.183	0.065
0.6	49.355 4	0.915 5	4.516 7	3.316 1	0.097 2
0.8	34.514 4	2.784 8	2.106 7	1.571 2	0.129 2
0.9	25.188 7	7.161 4	1.197 9	0.969 6	0.144 7
0.925	21.882 3	10.461 1	0.962 7	0.801	0.148 3
0.95	17.739 3	17.736 3	0.711 9	0.611 4	0.151 6
0.975	12.426 4	42.382 9	0.438 4	0.386 9	0.153

表 5　$\Omega=360°$、$B/D=0.5$ 时的基本参数值

ε	β	So	f′/Ψ	f/Ψ	Q_3^*
0.2	75.818 8	0.077 9	41.264 1	26.832 2	0.023 3
0.4	61.762 8	0.202 6	17.087 5	12.010 1	0.046 8
0.6	47.970 3	0.499 5	8.083 7	5.856 1	0.070 3
0.8	32.965 3	1.74	3.226 7	2.369 8	0.093 8
0.9	23.503 7	5.157 9	1.576 8	1.260 4	0.105 4
0.925	20.317 1	7.916 8	1.205	0.992	0.108 2
0.95	16.529 2	14.175 7	0.844 9	0.719 8	0.110 7
0.975	11.716 4	36.438	0.487	0.415	0.112 8

表 6　$\Omega=360°$、$B/D=0.25$ 时的基本参数值

ε	β	So	f′/Ψ	f/Ψ	Q_3^*
0.2	75.852 2	0.020 9	153.242	99.551	0.012 3
0.4	61.484 3	0.056	61.556 7	41.889	0.024 6
0.6	47.407 6	0.146	27.106 5	18.708	0.036 8
0.8	31.289 6	0.605 3	8.857 7	6.396 1	0.049 2
0.9	21.531 5	2.203 7	3.435 6	2.697 2	0.055 3
0.925	18.530 6	3.670 7	2.399 4	1.942 4	0.056 8
0.95	15.078	7.346 6	1.493 1	1.254 6	0.058 2
0.975	10.779 2	22.666 5	0.714 9	0.563 2	0.059 5

表 7　$\Omega=180°$、$B/D=1.5$ 时的基本参数值

ε	β	So	f′/Ψ	f/Ψ	Q_3^*
0.2	66.676 7	0.378 1	8.571 8	4.556 5	0.038 5
0.4	54.239 5	0.871 1	4.097 2	2.442 4	0.062 8
0.6	44.217 1	1.752 8	2.449 6	1.680 3	0.075 5
0.8	32.582	4.353 1	1.418 2	1.139 1	0.075
0.9	24.256	9.698 7	0.916 1	0.796	0.067 5
0.925	21.517 7	13.445 1	0.784 6	0.678 2	0.063 2
0.95	18.655 7	20.525 9	0.642 3	0.549 5	0.058 9
0.975	12.665 2	47.276 1	0.405 9	0.370 1	0.050 1

表 8　$\Omega=180°$、$B/D=1.25$ 时的基本参数值

ε	β	So	f′/Ψ	f/Ψ	Q_3^*
0.2	67.708 5	0.310 6	10.415	5.514 6	0.036 9
0.4	55.202 7	0.732 6	4.843 1	2.866 6	0.061 5
0.6	44.364 2	1.531 2	2.774 4	1.893 1	0.074 8
0.8	32.449 1	3.981 9	1.529 6	1.224 8	0.074 7
0.9	24.033 7	9.227 9	0.964 3	0.822	0.068 2
0.925	21.247	12.858 4	0.810 6	0.707 5	0.064 2
0.95	18.433	19.947 1	0.654 9	0.558 9	0.060 1
0.975	12.347 1	46.753 5	0.406 6	0.370 6	0.050 7

表 9　Ω=180°、B/D=1 时的基本参数值

ε	β	So	f'/Ψ	f/Ψ	Q_3^*
0.2	69.018 2	0.232 8	13.863	7.306 8	0.033 8
0.4	56.409 3	0.560 1	6.286 1	3.687 3	0.057 5
0.6	44.589	1.244 8	3.365 2	2.279 7	0.072 9
0.8	32.368 1	3.451 4	1.731 2	1.379 9	0.073 5
0.9	23.770 1	8.403 7	1.039	0.906 1	0.067 9
0.925	20.898 1	11.940 5	0.857 4	0.744 6	0.064
0.95	18.135 1	18.577 5	0.691	0.589 4	0.060 1
0.975	11.901 7	45.771	0.409 4	0.375 4	0.051 3

表 10　Ω=180°、B/D=0.75 时的基本参数值

ε	β	So	f'/Ψ	f/Ψ	Q_3^*
0.2	70.534 9	0.151 3	21.282 4	11.151 3	0.028 9
0.4	57.855 8	0.381	9.166 3	5.320 7	0.051 3
0.6	45.012 4	0.888 3	4.632 8	3.107 8	0.066
0.8	32.312 8	2.698 7	2.154	1.705	0.069 8
0.9	23.336 7	7.137 5	1.188	1.032 2	0.064 9
0.925	20.438 4	10.425 2	0.954 6	0.827 8	0.061 7
0.95	17.579 3	16.746 5	0.746 9	0.639	0.058
0.975	11.294 8	43.512 8	0.420 4	0.380 1	0.051 3

表 11　Ω=180°、B/D=0.5 时的基本参数值

ε	β	So	f'/Ψ	f/Ψ	Q_3^*
0.2	72.293 9	0.074 7	43.011	22.402 8	0.021 3
0.4	58.192 8	0.200 2	17.289 7	9.961	0.039 4
0.6	45.697 1	0.49	8.228 4	5.451 8	0.052 2
0.8	31.575 6	1.722 2	3.249 8	2.550 2	0.057 3
0.9	22.246	5.167 6	1.566 6	1.335 2	0.054 7
0.925	19.751 4	7.843 6	1.210 4	1.039	0.053
0.95	16.593 5	13.852	0.862	0.741 9	0.0508
0.975	10.769 1	38.055	0.4601	0.412	0.045 1

表 12　Ω=180°、B/D=0.25 时的基本参数值

ε	β	So	f'/Ψ	f/Ψ	Q_3^*
0.2	73.936 4	0.019	169.077	87.621 5	0.011
0.4	59.674 3	0.053 7	64.035 4	36.513 5	0.021 4
0.6	45.563 1	0.146 5	27.014 5	16.989 1	0.029 5
0.8	30.521 4	0.605 4	8.852 2	6.047 2	0.033 9
0.9	21.448 2	2.172 5	3.482 1	2.703 6	0.033 4
0.925	19.517 5	3.461 7	2.543	2.011 9	0.033 2
0.95	14.938 5	7.348 5	1.491 6	1.260 3	0.032 1
0.975	9.461 7	23.426 6	0.683 7	0.566 8	0.029 9

表 13　Ω=150°、B/D=1.5 时的基本参数值

ε	β	So	f'/Ψ	f/Ψ	Q_3^*
0.2	61.770 3	0.305 8	10.574 2	4.767 8	0.328 8
0.4	47.933 7	0.738	4.793 3	2.489	0.044 5
0.6	39.850 8	1.554 7	2.718 1	1.659 9	0.052 1
0.8	30.215 2	4.061 6	1.490 5	1.108 2	0.050 1
0.9	23.445 9	9.207 3	0.961 8	0.771 2	0.043 7
0.925	20.432	13.050 8	0.794 9	0.655 1	0.040 3
0.95	17.262	20.569 9	0.630 1	0.525	0.036 5
0.975	12.396	46.556 5	0.408 3	0.35	0.032 5

表 14　Ω=150°、B/D=1.25 时的基本参数值

ε	β	So	f'/Ψ	f/Ψ	Q_3^*
0.2	62.776 5	0.258 8	12.478 4	5.604	0.028 3
0.4	48.877 3	0.637 4	5.528 2	2.850 1	0.044 5
0.6	40.280 1	1.380 6	3.038 3	1.843 6	0.052 6
0.8	30.231 1	3.747 2	1.598 7	1.184 4	0.050 9
0.9	23.432 6	8.690 6	1.008 3	0.800 2	0.044 7
0.925	20.295 4	12.474 1	0.823 2	0.680 5	0.041 3
0.95	17.159 2	19.833 7	0.647 4	0.542 5	0.037 5
0.975	12.298 7	45.382 6	0.415 4	0.370 5	0.033 4

表 15　Ω=150°、B/D=1 时的基本参数值

ε	β	So	f'/Ψ	f/Ψ	Q_3^*
0.2	64.170 8	0.202 2	15.945 9	7.122 8	0.026 8
0.4	50.190 4	0.509 9	6.875 9	3.51	0.043 4
0.6	41.135 1	1.143 4	3.631 8	2.175 7	0.052 6
0.8	30.244 5	3.296 7	1.789 7	1.318 9	0.051 1
0.9	22.963 4	8.078 7	1.067 7	0.886 2	0.045
0.925	20.115	11.598 6	0.871 9	0.748 8	0.041 9
0.95	16.946 5	18.783 7	0.674 1	0.563 6	0.038 3
0.975	12.184 4	43.302 6	0.429 4	0.376	0.033 9

表 16　Ω=150°、B/D=0.75 时的基本参数值

ε	β	So	f'/Ψ	f/Ψ	Q_3^*
0.2	65.961 1	0.136 7	23.553	10.449	0.023 8
0.4	51.996 3	0.356 1	9.782 7	4.927 4	0.04
0.6	42.117 4	0.837 2	4.891 8	2.887 7	0.05
0.8	30.636 7	2.606 8	2.211	1.615 4	0.049 7
0.9	22.669 5	6.943 8	1.211 4	1.000 8	0.044 3
0.925	19.853 4	10.166 2	0.970 4	0.815 5	0.041 5
0.95	16.681 2	16.940 9	0.730 2	0.608	0.038 2
0.975	11.904 4	40.595 3	0.448 8	0.380 9	0.033 7

表 17 **Ω**＝150°、***B/D***＝0.5 时的基本参数值

ε	β	So	f′/Ψ	f/Ψ	Q_3^*
0.2	67.982 1	0.070 6	45.488 2	20.028 9	0.018 4
0.4	54.289 6	0.189 9	18.209 1	9.021 1	0.032 3
0.6	43.007 8	0.477 5	8.429 1	4.915 2	0.041 2
0.8	30.304 7	1.692 7	3.295 1	2.378 5	0.043 1
0.9	22.185 9	5.033 5	1.601 8	1.293	0.040 2
0.925	19.66	7.583 4	1.246	1.022	0.038 5
0.95	16.378 1	13.255 2	0.894 6	0.738 3	0.036 1
0.975	11.467 3	34.970 3	0.501 2	0.424 5	0.031 7

表 18 **Ω**＝150°、***B/D***＝0.25 时的基本参数值

ε	β	So	f′/Ψ	f/Ψ	Q_3^*
0.2	70.141 7	0.018 5	173.657 4	75.891 2	0.009 9
0.4	56.480 4	0.052 9	65.001 8	31.701 1	0.018 5
0.6	43.946 4	0.144 7	27.351	15.684 6	0.024 8
0.8	29.809 3	0.600 8	8.914 3	6.343 3	0.026 9
0.9	21.215 2	2.153 9	3.509	2.611 2	0.025 9
0.925	18.326 8	3.587 1	2.450 4	1.911 4	0.025 1
0.95	15.853 8	6.827 2	1.603 5	1.270 1	0.024 4
0.975	10.791 7	21.429 5	0.751	0.631 5	0.022 1

表 19 **Ω**＝120°、***B/D***＝1.5 时的基本参数值

ε	β	So	f′/Ψ	f/Ψ	Q_3^*
0.2	56.676 3	0.219 6	14.682 2	5.394 3	0.019 5
0.4	42.036 2	0.553 6	6.325 8	2.743 3	0.028 4
0.6	34.566 2	1.267 2	3.269 2	1.713 3	0.033 5
0.8	27.097 3	3.610 8	1.632 3	1.085 8	0.030 8
0.9	21.230 1	8.726 1	0.988 9	0.768	0.025 4
0.925	19.173 2	12.258 2	0.826 4	0.667 3	0.023 5
0.95	16.245 9	19.760 5	0.642	0.514 8	0.020 9
0.975	12.526 3	42.612 1	0.437 5	0.353 7	0.018 1

表 20 **Ω**＝120°、***B/D***＝1.25 时的基本参数值

ε	β	So	f′/Ψ	f/Ψ	Q_3^*
0.2	58.210 3	0.184 8	17.438 2	6.371 7	0.019 1
0.4	42.953	0.486 9	7.176 7	3.091 1	0.028 7
0.6	35.068 9	1.144 9	3.602 3	1.873 2	0.033 8
0.8	27.206 7	3.366 5	1.738 2	1.151 4	0.031 3
0.9	21.216 3	8.307 8	1.030 4	0.798 4	0.026 3
0.925	19.068 1	11.786 9	0.852 6	0.691 1	0.024 3
0.95	16.196 2	19.095 2	0.659 4	0.530 5	0.022 3
0.975	12.497 1	41.177 5	0.448 8	0.375 1	0.018 9

表 21 **Ω**＝120°、***B/D***＝1 时的基本参数值

ε	β	So	f′/Ψ	f/Ψ	Q_3^*
0.2	59.398 7	0.153	21.036 9	7.650 6	0.018 8
0.4	44.128 5	0.407 5	8.550 6	3.649 7	0.028 8
0.6	35.883 7	0.977 9	4.191 5	2.157 8	0.033 6
0.8	27.36	3.009 4	1.923 7	1.266 5	0.031 6
0.9	21.254 9	7.658 1	1.104 3	0.852 5	0.027
0.925	18.998 1	11.022 2	0.900 7	0.728 2	0.025 1
0.95	16.145 2	18.053 6	0.689 4	0.541 8	0.022 5
0.975	12.470 2	39.792 4	0.460 6	0.389 6	0.019 7

表 22 **Ω**＝120°、***B/D***＝0.75 时的基本参数值

ε	β	So	f′/Ψ	f/Ψ	Q_3^*
0.2	61.304 5	0.110 2	29.196	10.540 9	0.017 5
0.4	45.817 9	0.301	11.530	4.858 3	0.027 7
0.6	37.124 9	0.747 1	5.437 2	2.756 5	0.032 8
0.8	27.997 8	2.440 1	2.333 6	1.518 5	0.031 8
0.9	21.183 6	6.656 1	1.245 4	0.956 1	0.027 3
0.925	18.901 5	9.760 2	0.996 9	0.766 5	0.025 5
0.95	15.968 8	16.405 7	0.744	0.590 5	0.022 9
0.975	12.355 1	37.152 8	0.484 9	0.401	0.020 2

表 23 **Ω**＝120°、***B/D***＝0.5 时的基本参数值

ε	β	So	f′/Ψ	f/Ψ	Q_3^*
0.2	63.707 2	0.061 1	52.602	18.817 3	0.014 4
0.4	48.359 7	0.171 3	20.155 6	8.330 5	0.023 8
0.6	39.012 5	0.444 6	9.021 4	4.469 2	0.029 5
0.8	27.961	1.641 3	3.377 6	2.166 4	0.029 7
0.9	20.901 3	4.956 1	1.614 8	1.227 2	0.026 3
0.925	18.945 4	7.410 6	1.265 9	0.962 4	0.025
0.95	15.685 6	13.250 3	0.887 8	0.691 3	0.022 7
0.975	11.904 8	31.950 5	0.548 1	0.436 5	0.019 9

表 24 **Ω**＝120°、***B/D***＝0.25 时的基本参数值

ε	β	So	f′/Ψ	f/Ψ	Q_3^*
0.2	66.239 9	0.016 9	190.023	67.326 8	0.008 2
0.4	51.432	0.050 7	67.705 1	27.357	0.014 8
0.6	41.159 6	0.138 7	28.511 7	13.726 9	0.019
0.8	28.646 6	0.589 2	9.077 7	5.683 1	0.019 9
0.9	20.788 5	2.124 4	3.552 3	2.517 7	0.018 5
0.925	17.974 1	3.548 5	2.472 8	1.878 2	0.017 6
0.95	14.837 7	7.037 8	1.551 2	1.195 1	0.016 5
0.975	11.015 9	20.770 2	0.773 9	0.609 1	0.015 3

表 25 $\Omega=90°$、$B/D=1.5$ 时的基本参数值

ε	β	So	f′/Ψ	f/Ψ	Q_3^*
0.2	53.340 2	0.117 6	27.355	7.627 6	0.011 4
0.4	37.166 5	0.330 1	10.503 4	3.54	0.015 9
0.6	28.916 7	0.864 2	4.688 1	1.975 8	0.017 4
0.8	23.203 7	2.881 7	1.974 6	1.104 1	0.015 1
0.9	18.831 5	7.636 6	1.089	0.748 7	0.012 5
0.925	17.184 5	11.026 1	0.886 5	0.623 5	0.011 5
0.95	14.926 5	18.268 3	0.673 1	0.509 7	0.010 5
0.975	11.529 4	40.891 4	0.443 2	0.354 1	0.009 7

表 26 $\Omega=90°$、$B/D=1.25$ 时的基本参数值

ε	β	So	f′/Ψ	f/Ψ	Q_3^*
0.2	54.116 5	0.106 9	30.061 7	8.360 5	0.011 5
0.4	37.610 1	0.307 4	11.266	3.786	0.016 1
0.6	29.198 4	0.800 8	5.05	2.114 5	0.017 8
0.8	23.378 2	2.719	2.084 4	1.160 5	0.015 8
0.9	18.857	7.317 6	1.130 4	0.775 2	0.013 1
0.925	17.239 6	10.598 2	0.917 2	0.645 1	0.012 1
0.95	14.908	17.588 5	0.694 2	0.519	0.011
0.975	11.511 7	39.939 2	0.451 3	0.360 1	0.009 9

表 27 $\Omega=90°$、$B/D=1$ 时的基本参数值

ε	β	So	f′/Ψ	f/Ψ	Q_3^*
0.2	55.814 5	0.089 3	35.979 2	9.946 3	0.011 2
0.4	38.693 2	0.266	13.010 3	4.335	0.016 3
0.6	29.800 6	0.710 5	5.676 2	2.356 7	0.018 3
0.8	25.653 6	2.477 4	2.274	1.257 6	0.016 5
0.9	19.043	6.803	1.206 2	0.823 3	0.013 8
0.925	17.202 1	10.011 5	0.962 6	0.673 5	0.012 6
0.95	14.919 6	6.815 8	0.720 6	0.537 7	0.011 5
0.975	11.480 1	38.478 5	0.464 5	0.369 9	0.010 3

表 28 $\Omega=90°$、$B/D=0.75$ 时的基本参数值

ε	β	So	f′/Ψ	f/Ψ	Q_3^*
0.2	56.944 4	0.072 4	44.358 3	12.206 8	0.010 9
0.4	40.269 7	0.209 4	16.497 3	5.433 2	0.016 3
0.6	30.87	0.574 6	6.988 6	2.863 8	0.018 5
0.8	24.152 3	2.093 3	2.664 9	1.456 8	0.017 1
0.9	18.953 4	6.057 6	1.336	0.906 4	0.014 3
0.925	17.165 1	9.020 4	1.053 1	0.737 3	0.013 2
0.95	14.823 7	15.375 7	0.775 9	0.578	0.011 7
0.975	11.44	36.078 4	0.488	0.387 8	0.010 3

表 29 $\Omega=90°$、$B/D=0.5$ 时的基本参数值

ε	β	So	f′/Ψ	f/Ψ	Q_3^*
0.2	59.758	0.043 6	73.56	20.031 8	0.009 6
0.4	42.706 3	0.132	26.098 7	8.439 3	0.015 1
0.6	32.766	0.373 1	10.686 6	4.276 1	0.017 6
0.8	24.867 7	1.468 5	3.733 8	2.000 8	0.016 8
0.9	19.130 2	4.626 1	1.705 4	1.141 8	0.014 3
0.925	17.137 3	7.140 5	1.294 2	0.870 4	0.013 2
0.95	14.715 4	12.688 2	0.913 6	0.675 2	0.011 8
0.975	11.271 1	31.525 5	0.543 8	0.430 8	0.010 3

表 30 $\Omega=90°$、$B/D=0.25$ 时的基本参数值

ε	β	So	f′/Ψ	f/Ψ	Q_3^*
0.2	62.837 4	0.013 7	234.859 2	63.203 8	0.006 1
0.4	46.171 9	0.043 5	79.019 7	24.894 2	0.010 3
0.6	35.874 7	0.127 6	30.956 5	11.918 6	0.012 9
0.8	26.275 4	0.562 6	9.484	4.901 4	0.013
0.9	19.422 4	2.082 7	3.610 3	2.286	0.011 4
0.925	17.290 7	3.434	2.545 1	1.695 8	0.010 8
0.95	14.552 2	6.800 3	1.598 9	1.109 3	0.009 9
0.975	10.663	20.280 2	0.787 3	0.587 5	0.008 7

4 基本轴承特性图

图 1～图 50 用图示给出了 β、So、f'/Ψ、f/Ψ 以及 Q_3^* 的函数值。

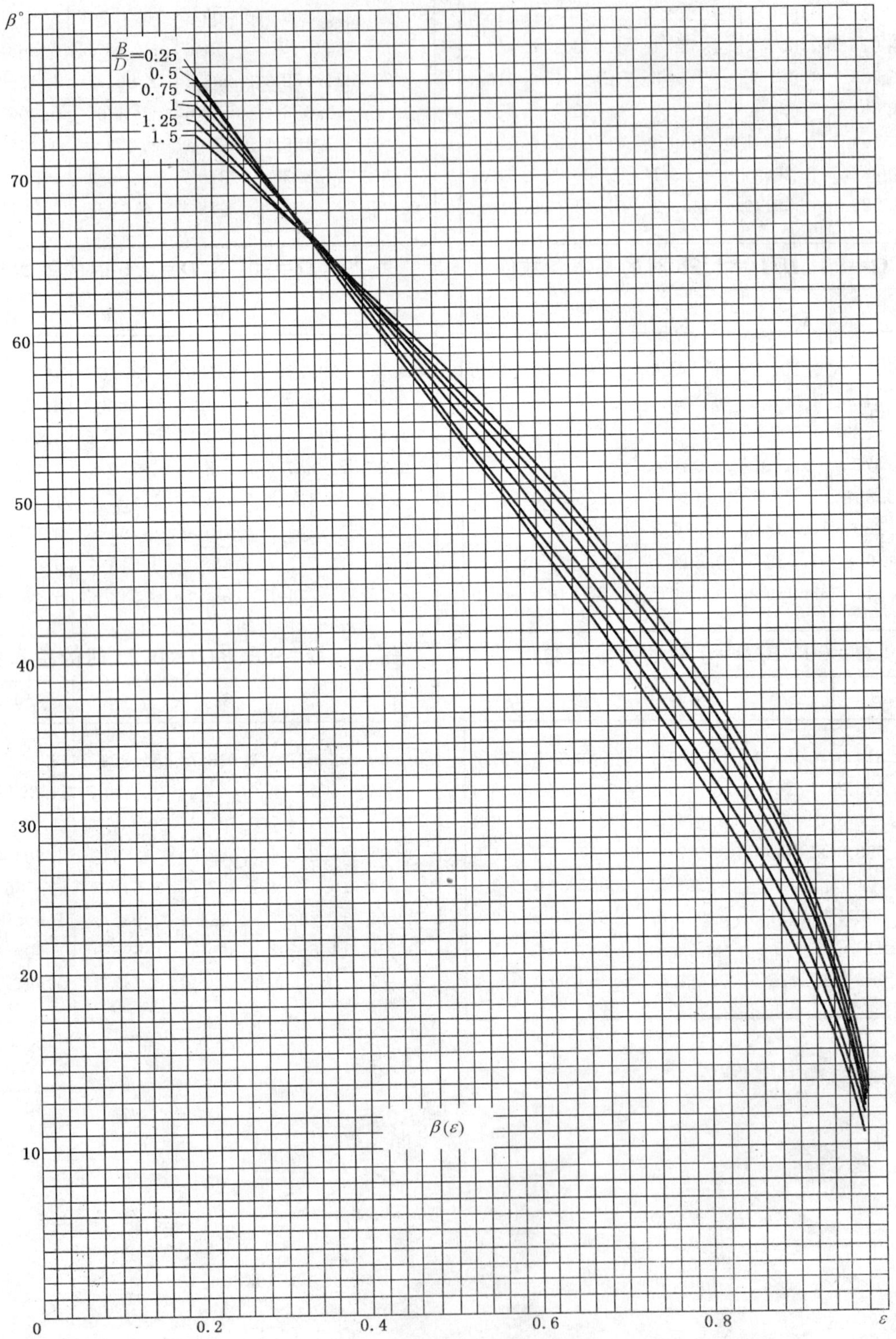

图 1 包角 Ω=360°时，偏位角 β 对偏心率 ε 的函数

图 2　包角 $\Omega = 180°$ 时，偏位角 β 对偏心率 ε 的函数

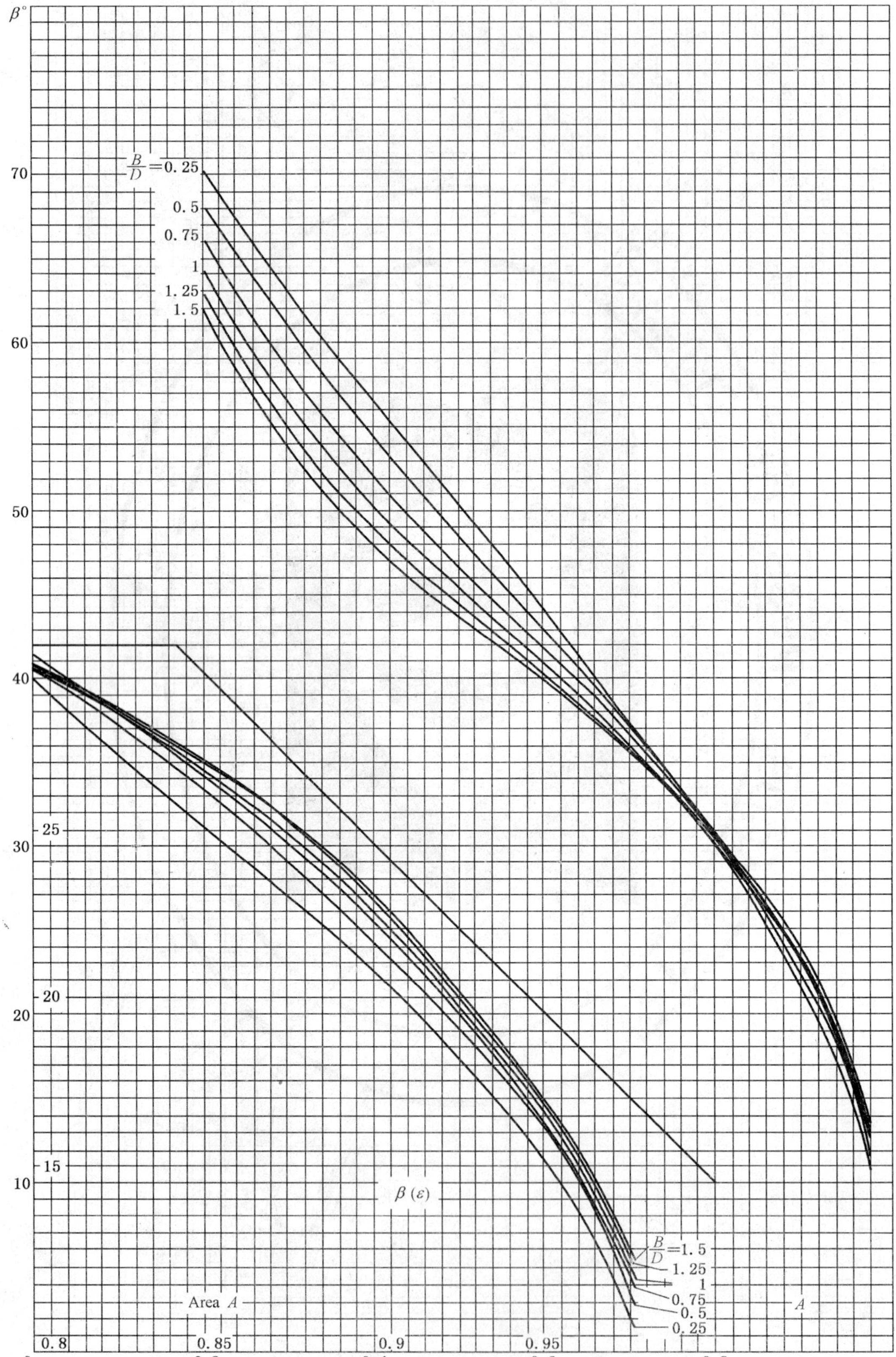

图 3　包角 Ω= 150°时，偏位角 β 对偏心率 ε 的函数

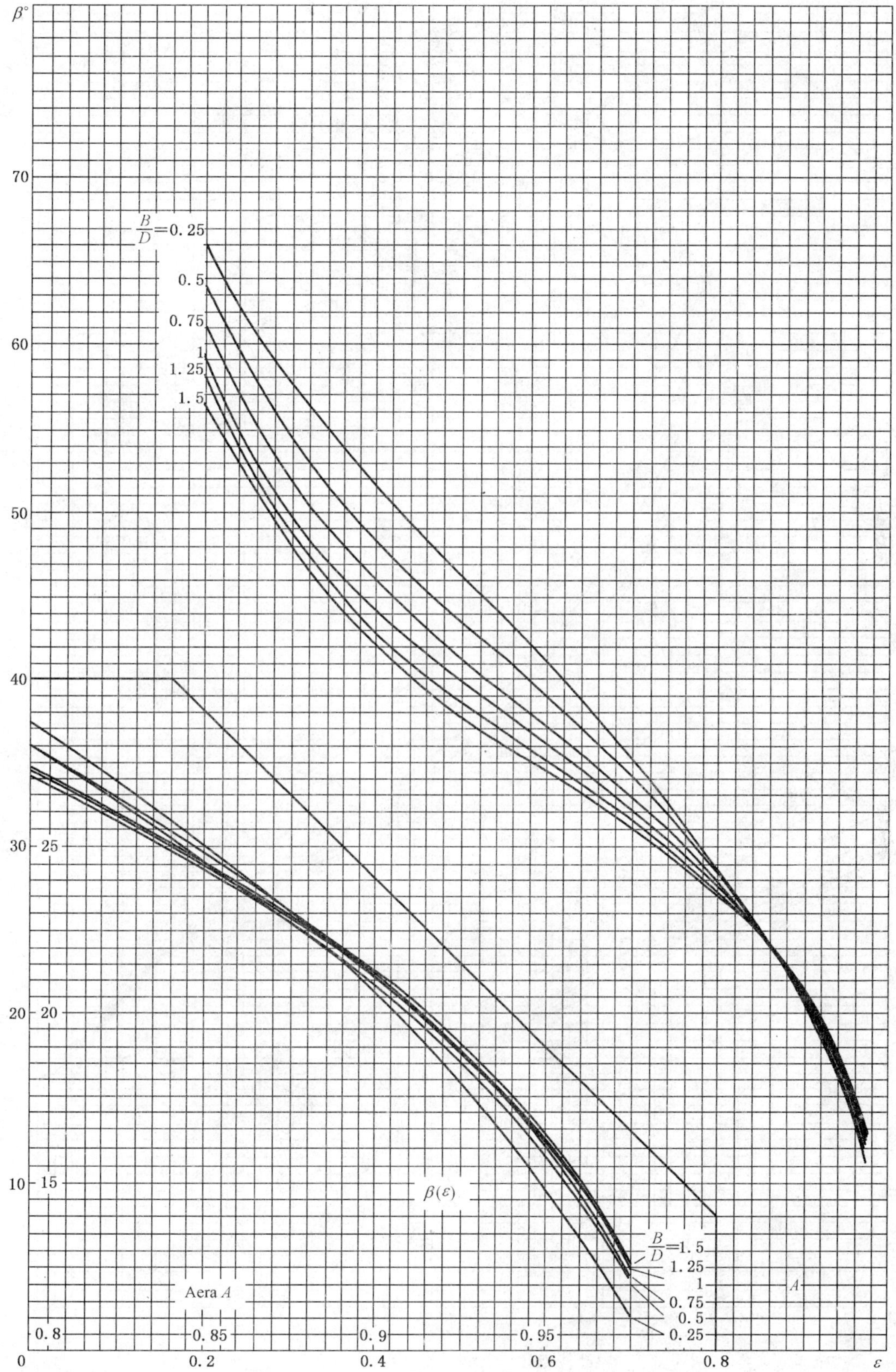

图 4 包角 Ω=120°时,偏位角 β 对偏心率 ε 的函数

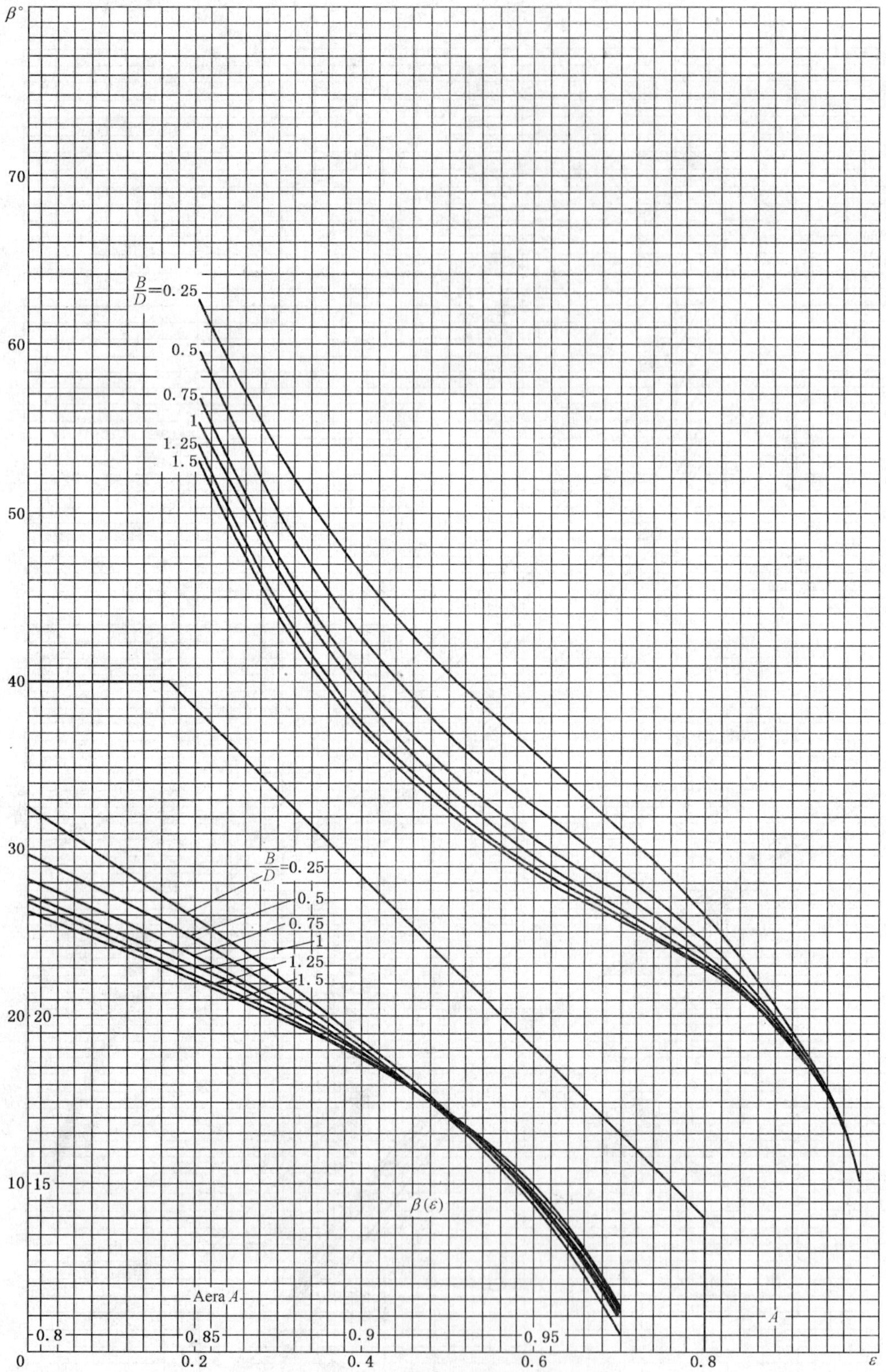

图 5　包角 $\Omega=90°$时，偏位角 β 对偏心率 ε 的函数

图 6　包角 Ω=360°时，偏位角 β 对宽径比 B/D 的函数

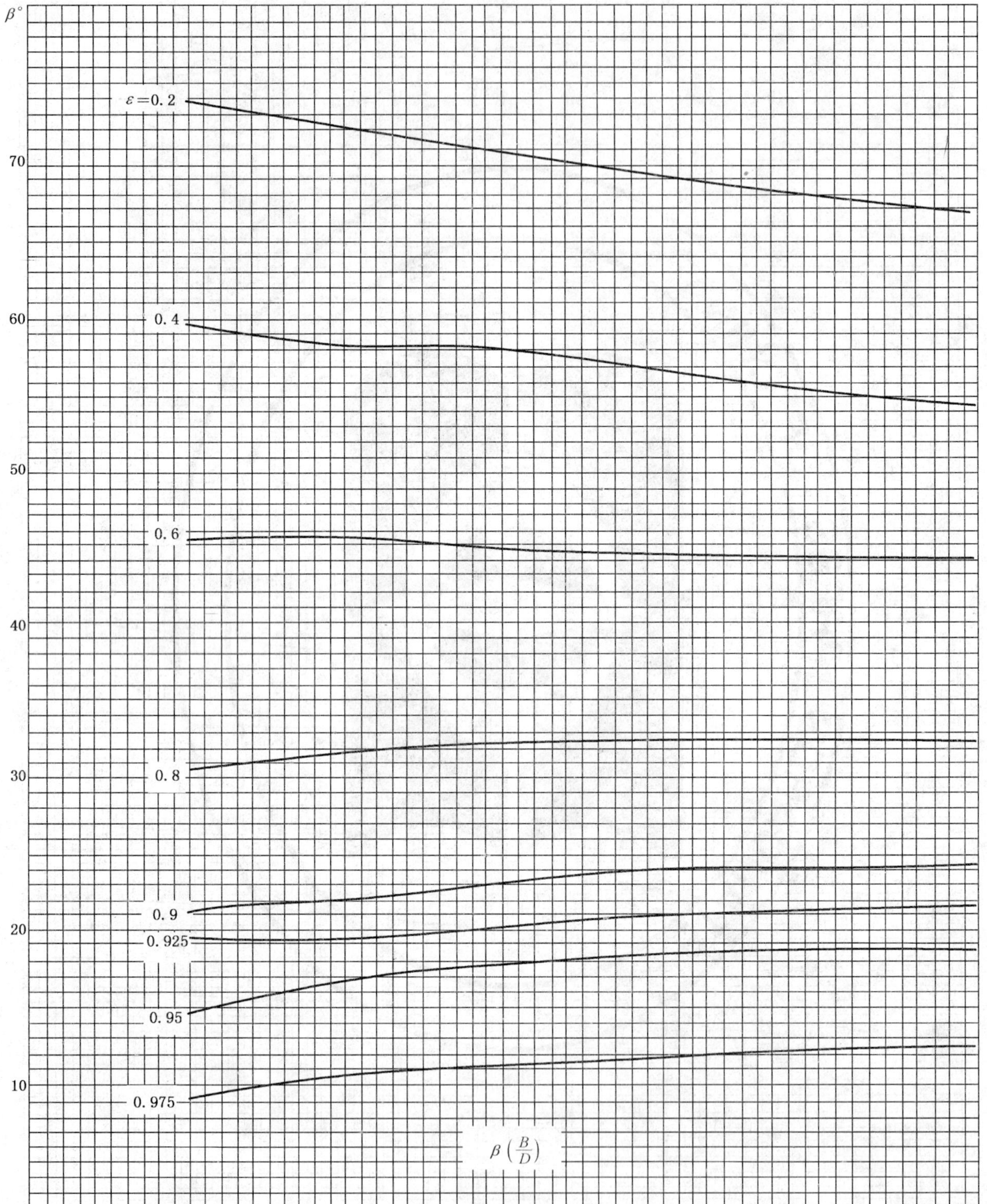

图 7　包角 Ω=180°时，偏位角 β 对宽径比 B/D 的函数

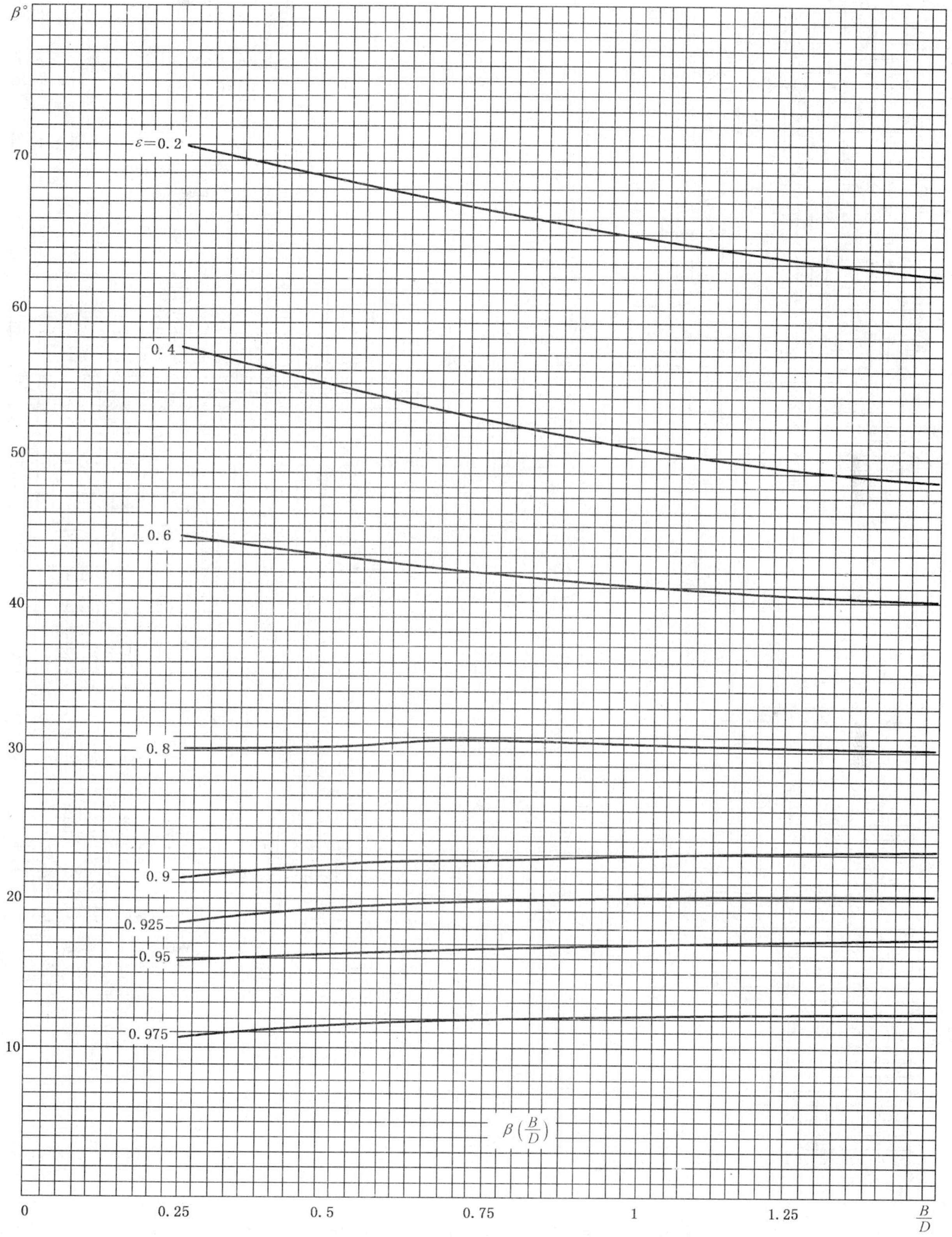

图 8　包角 Ω=150°时，偏位角 β 对宽径比 B/D 的函数

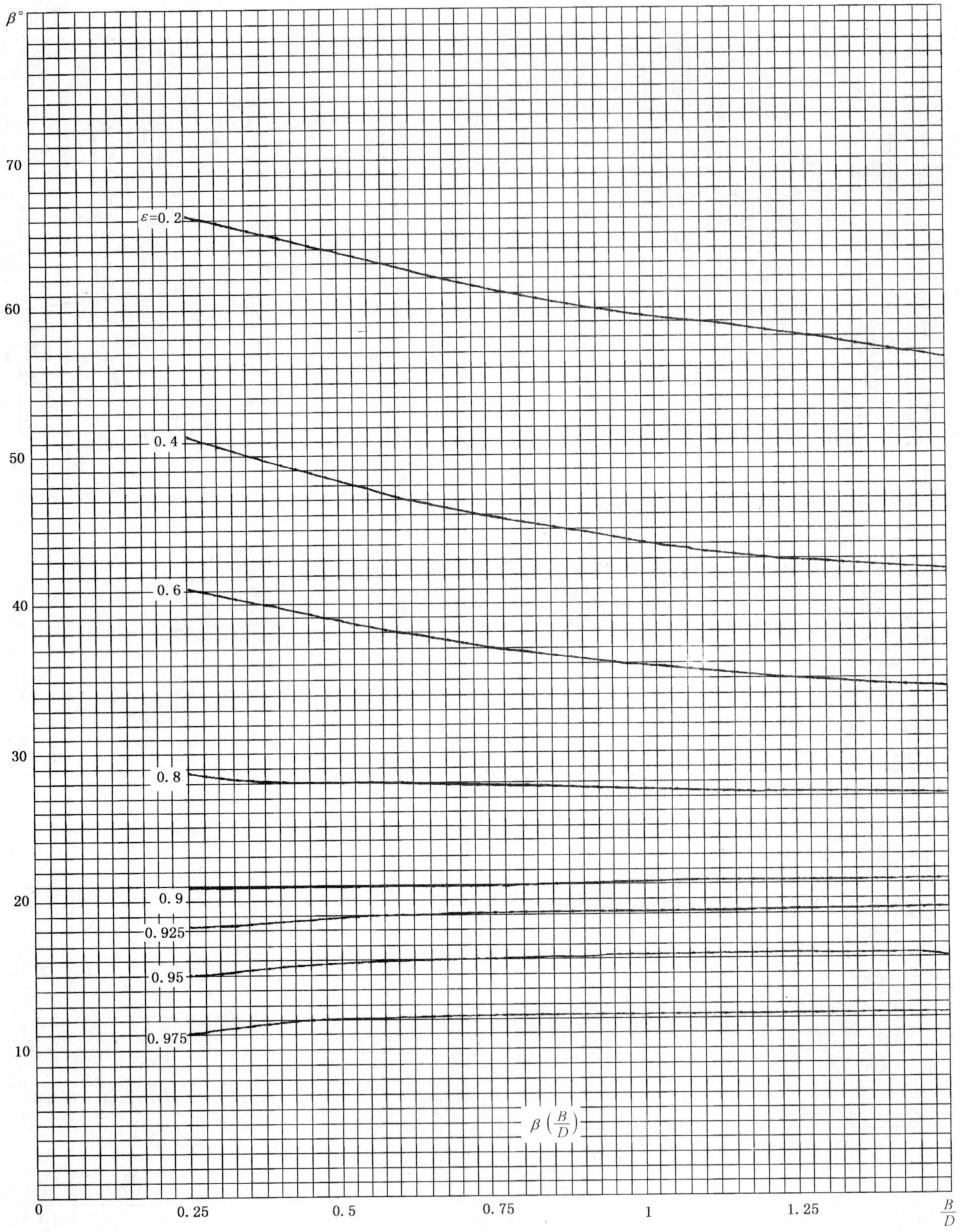

图 9　包角 Ω=120°时，偏位角 β 对宽径比 B/D 的函数

图 10 包角 $\Omega=90°$ 时，偏位角 β 对宽径比 B/D 的函数

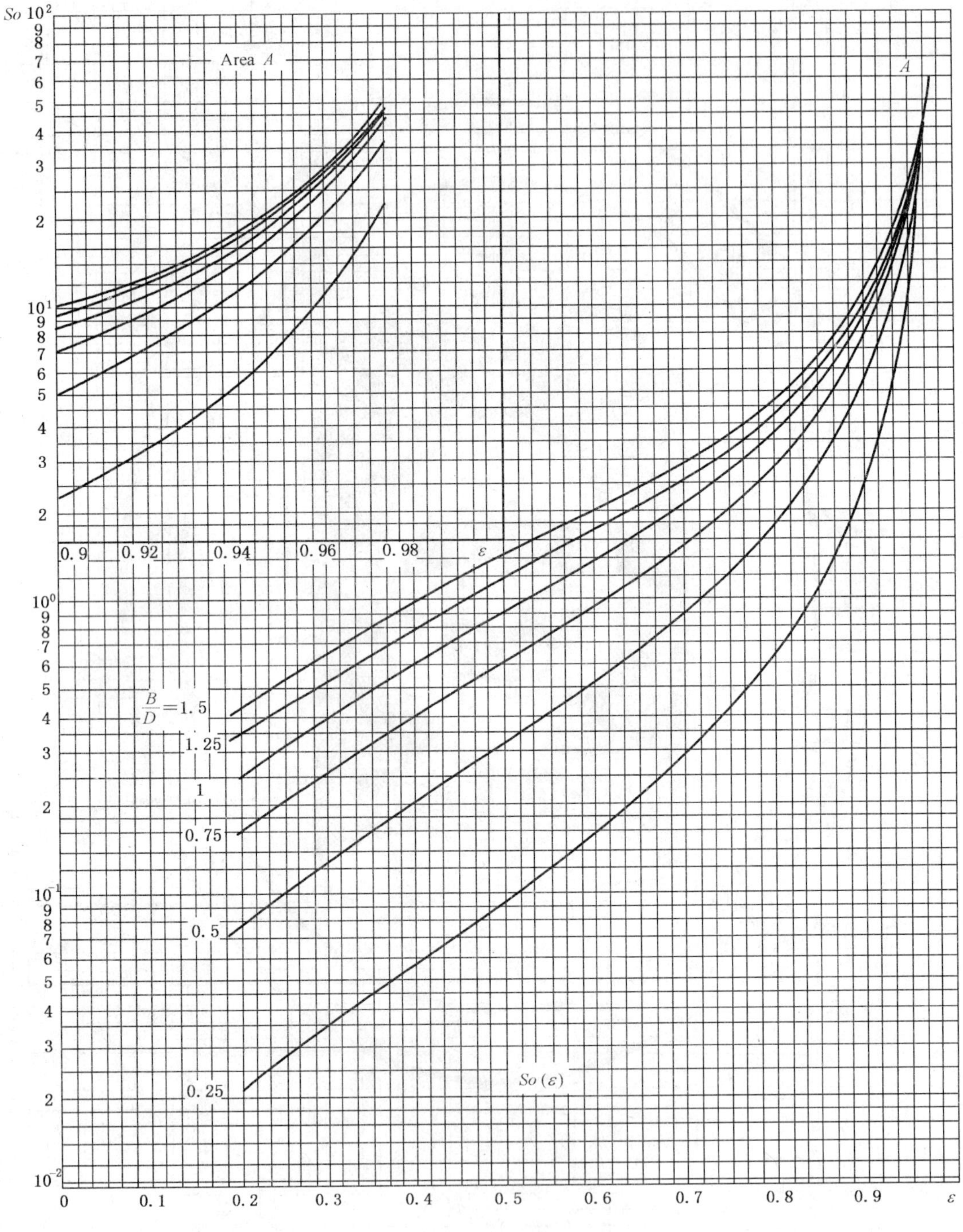

图 11　包角 Ω=360°时，索莫菲尔德数 So 对偏心率 ε 的函数

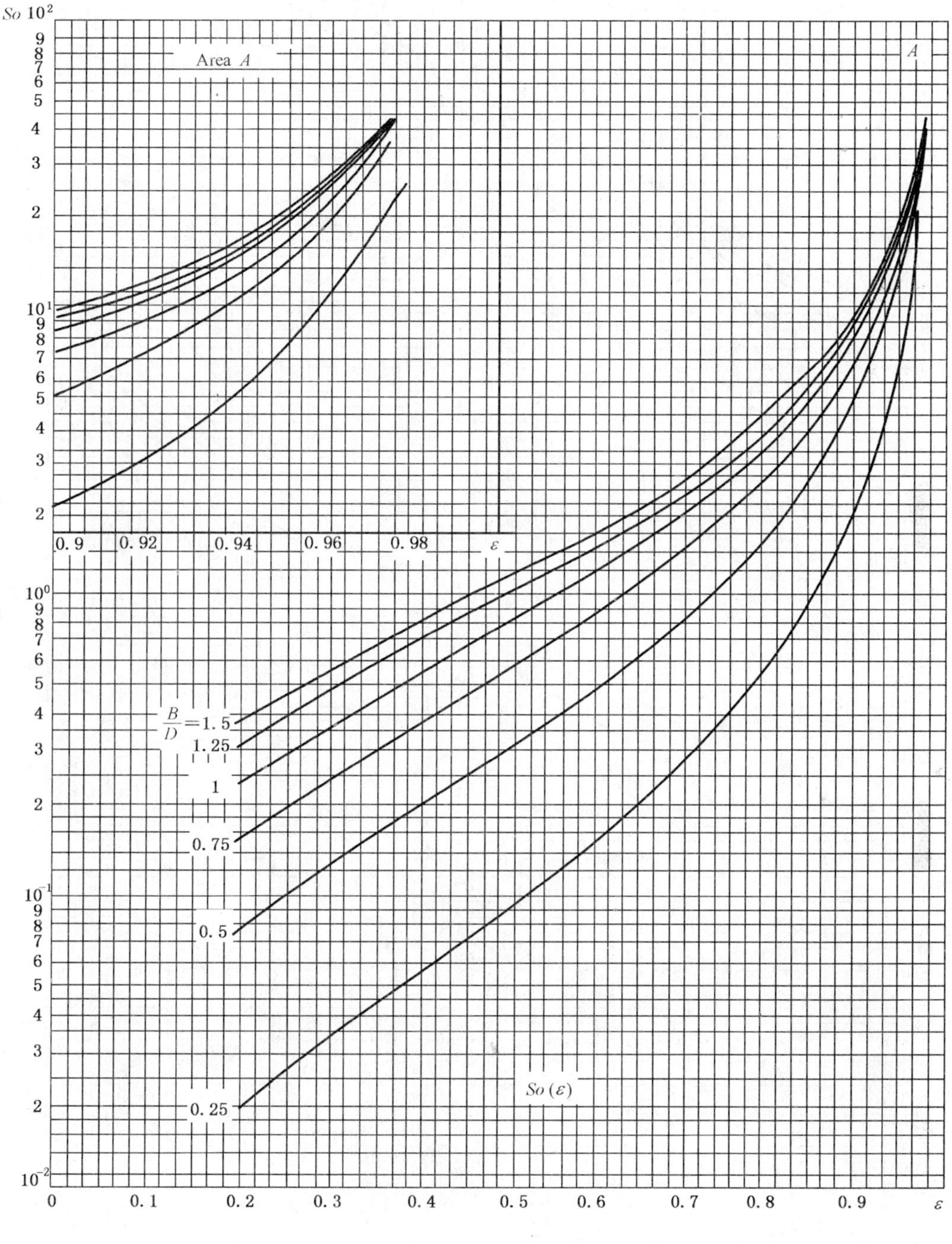

图 12 包角 Ω＝180°时，索莫菲尔德数 *So* 对偏心率 ε 的函数

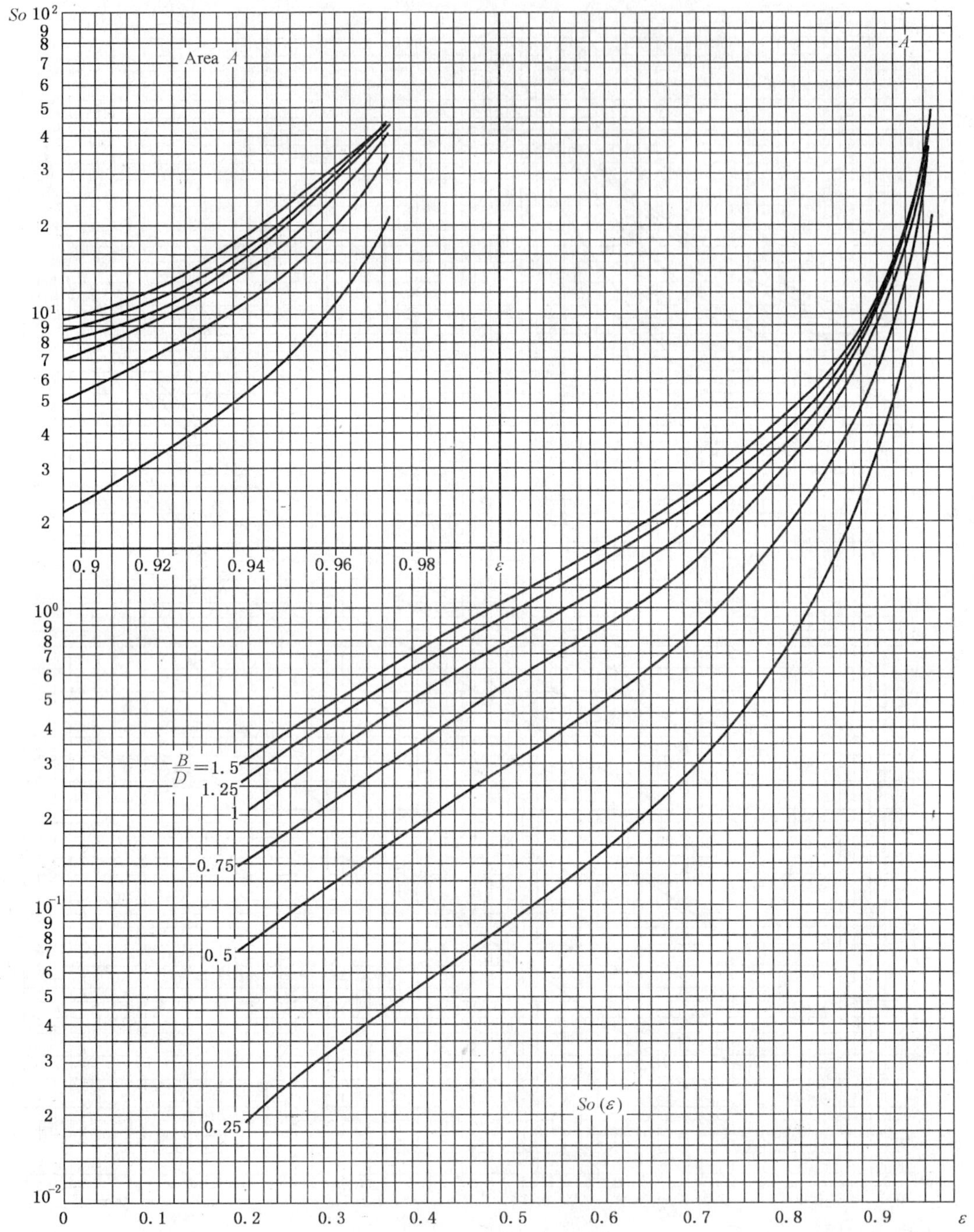

图 13 包角 Ω= 150°时，索莫菲尔德数 So 对偏心率 ε 的函数

图 14　包角 Ω＝120°时，索莫菲尔德数 So 对偏心率 ε 的函数

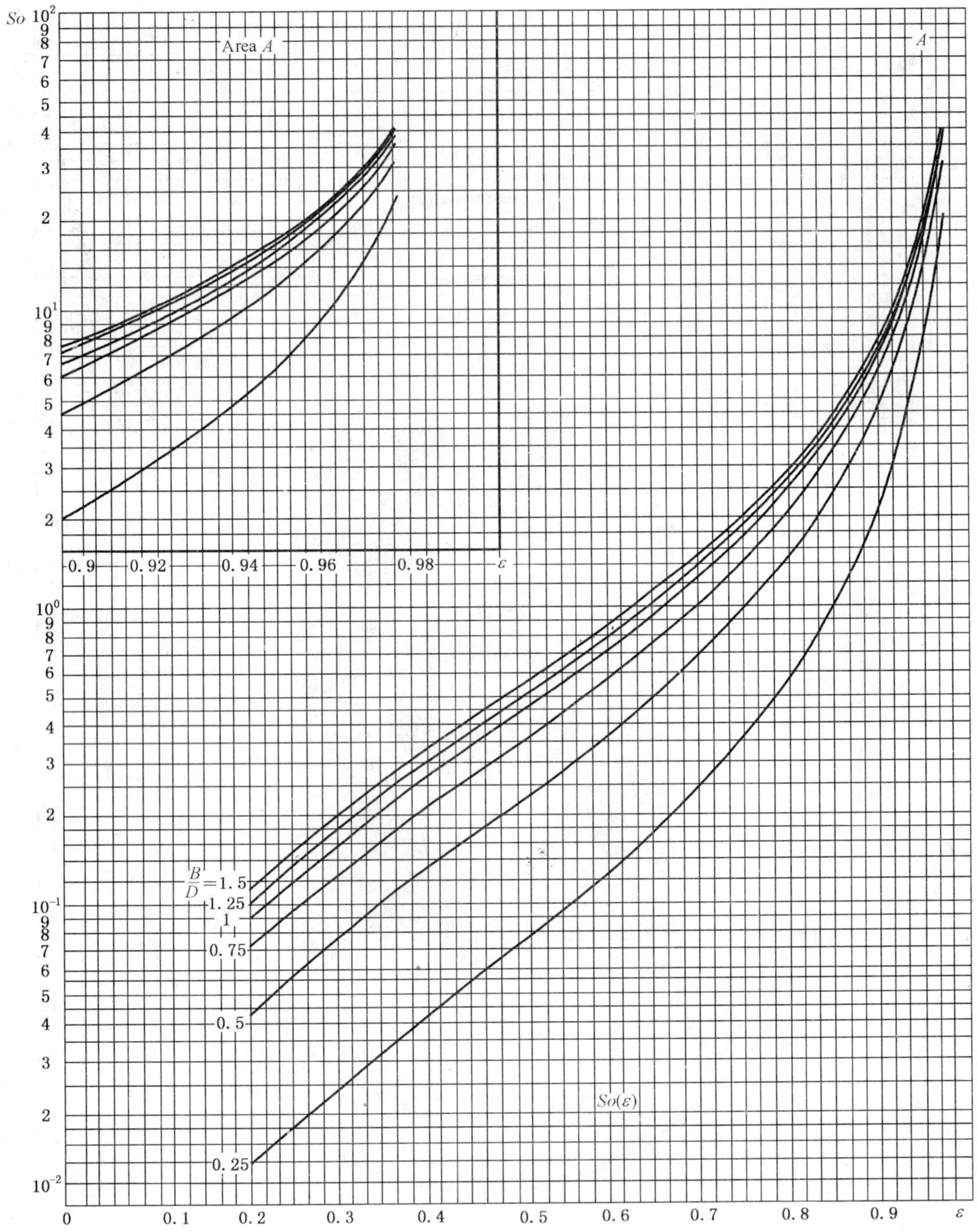

图 15　包角 $\Omega=90°$ 时，索莫菲尔德数 So 对偏心率 ε 的函数

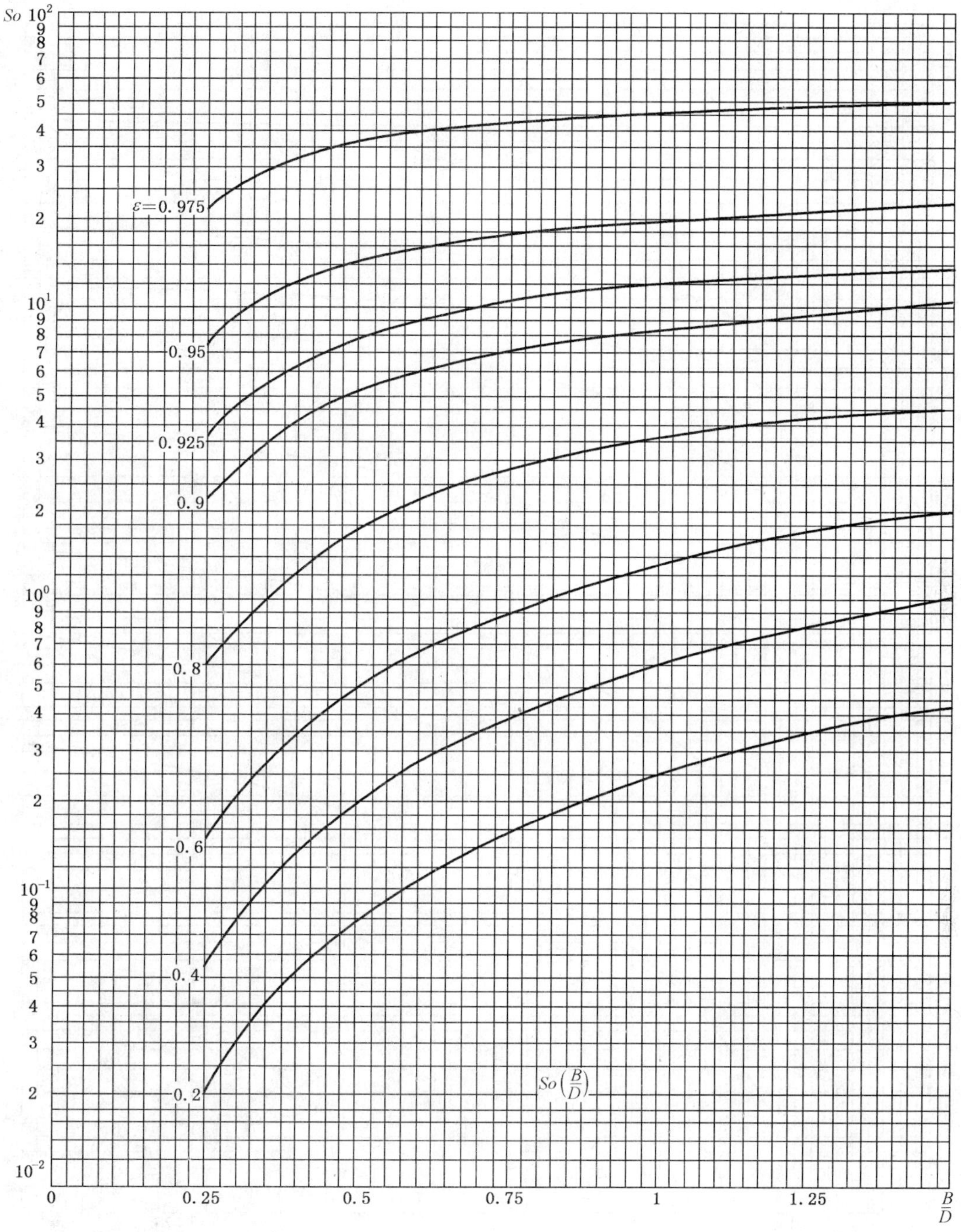

图 16　包角 Ω=360°时，索莫菲尔德数 *So* 对宽径比 *B/D* 的函数

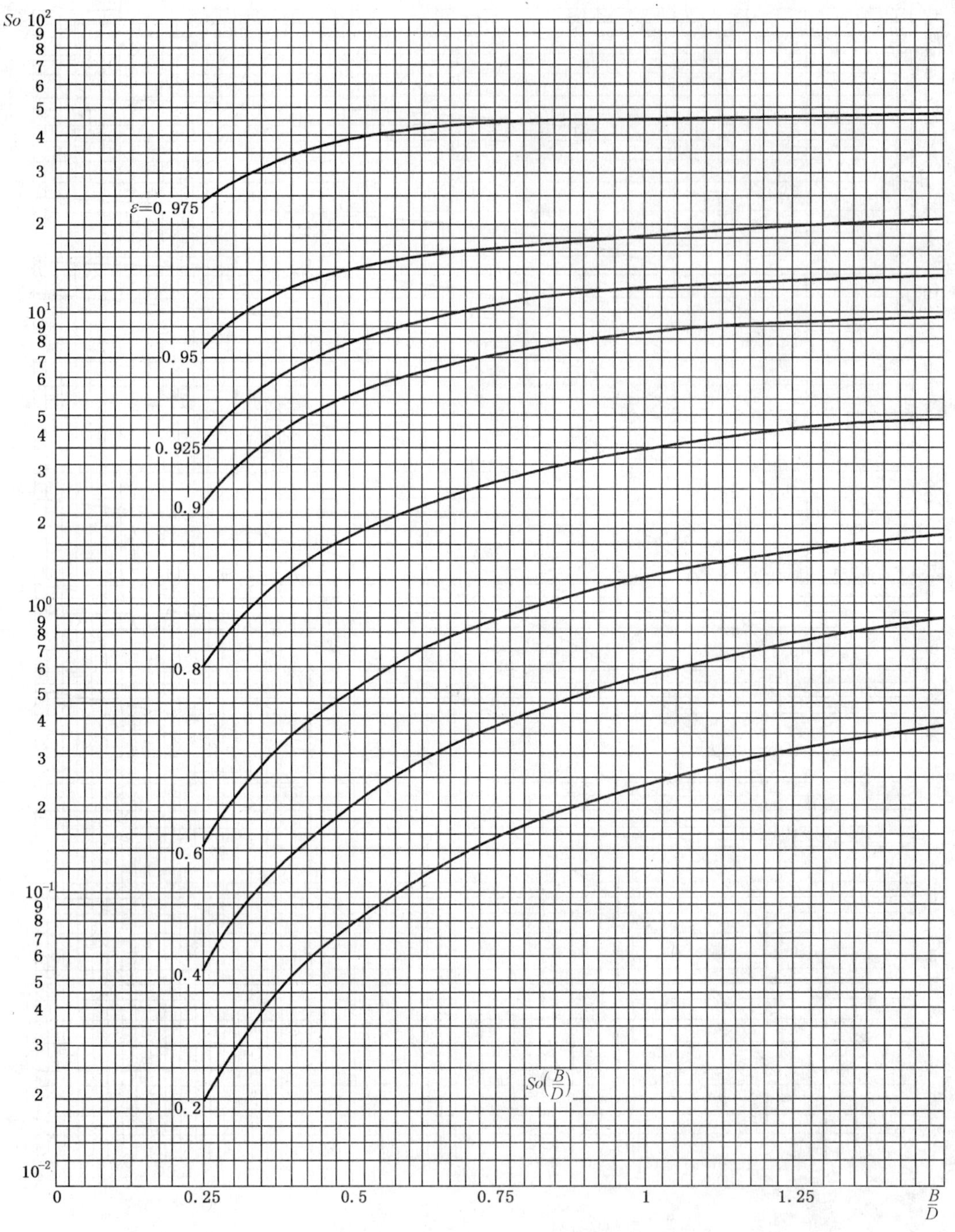

图 17　包角 Ω＝180°时，索莫菲尔德数 *So* 对宽径比 *B*/*D* 的函数

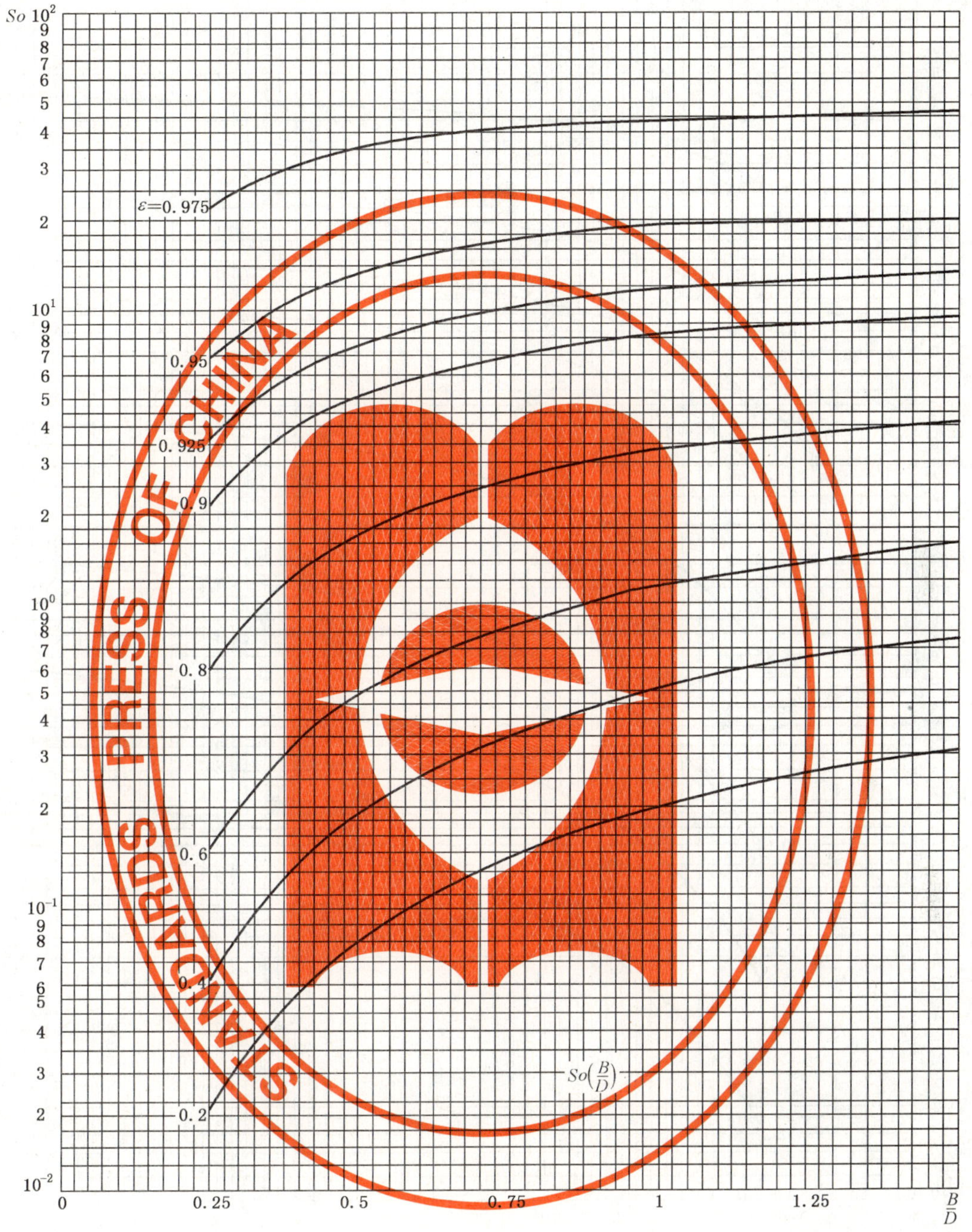

图 18 包角 Ω=150°时,索莫菲尔德数 *So* 对宽径比 *B*/*D* 的函数

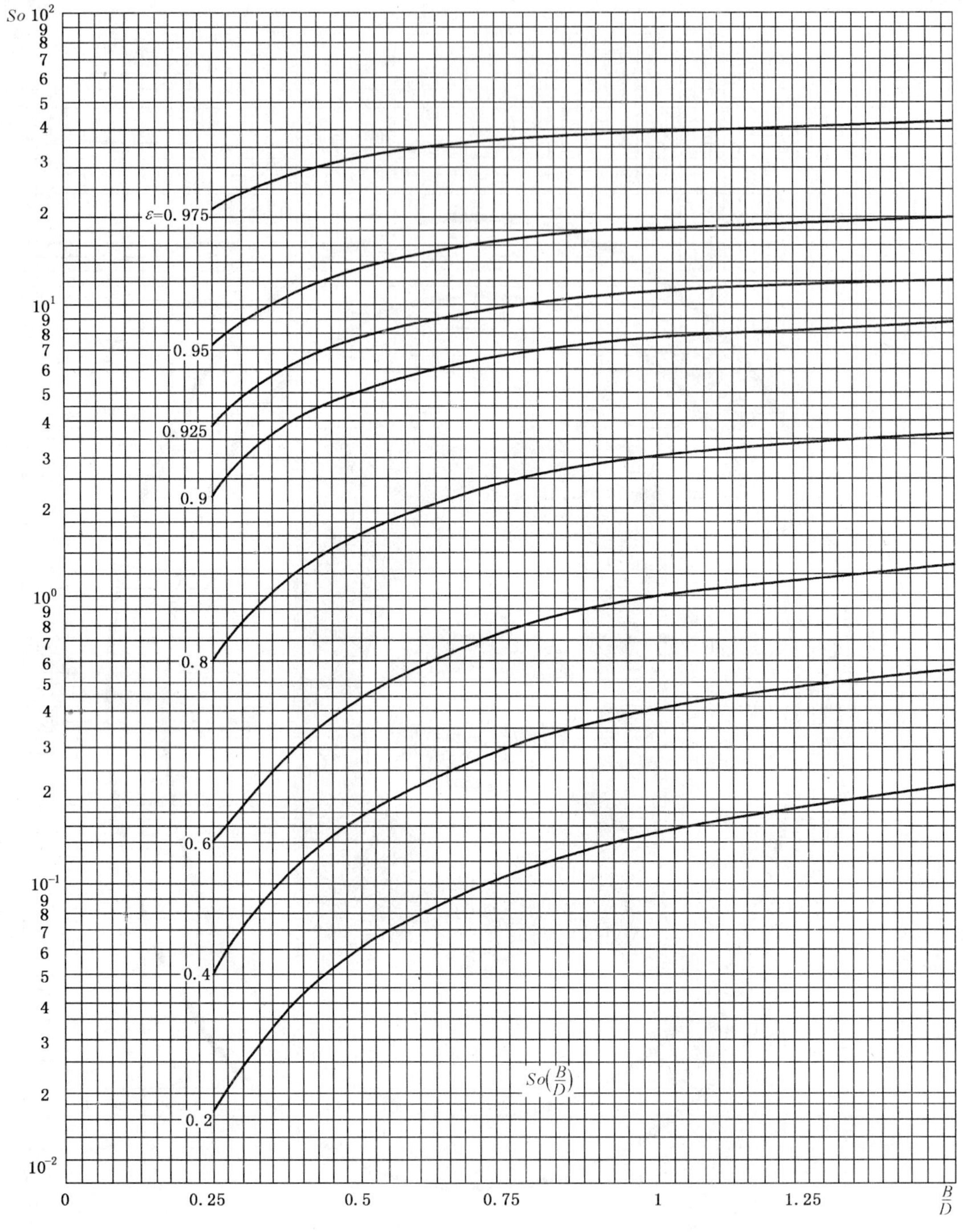

图 19　包角 Ω＝120°时，索莫菲尔德数 So 对宽径比 B/D 的函数

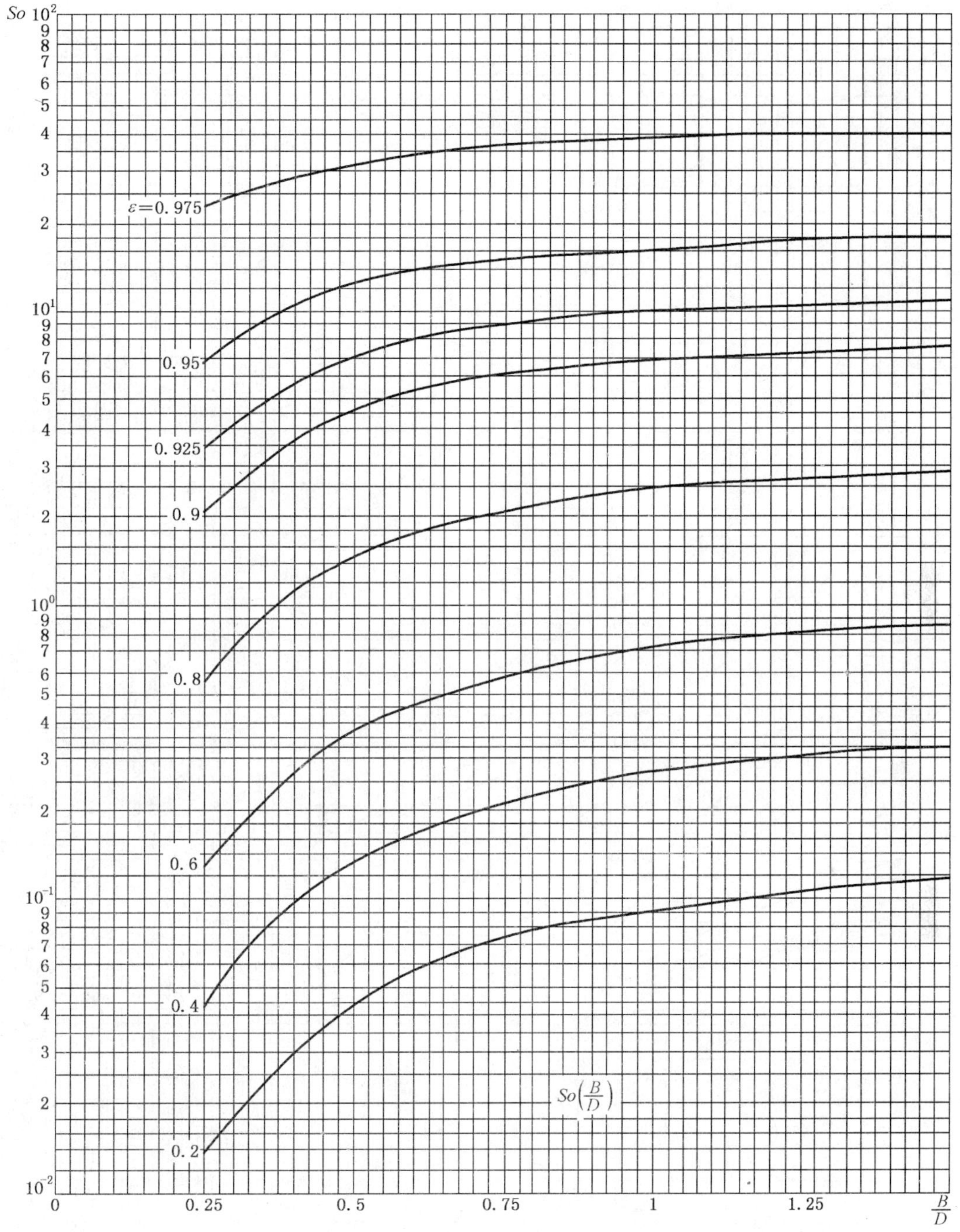

图 20　包角 $\Omega=90°$ 时，索莫菲尔德数 So 对宽径比 B/D 的函数

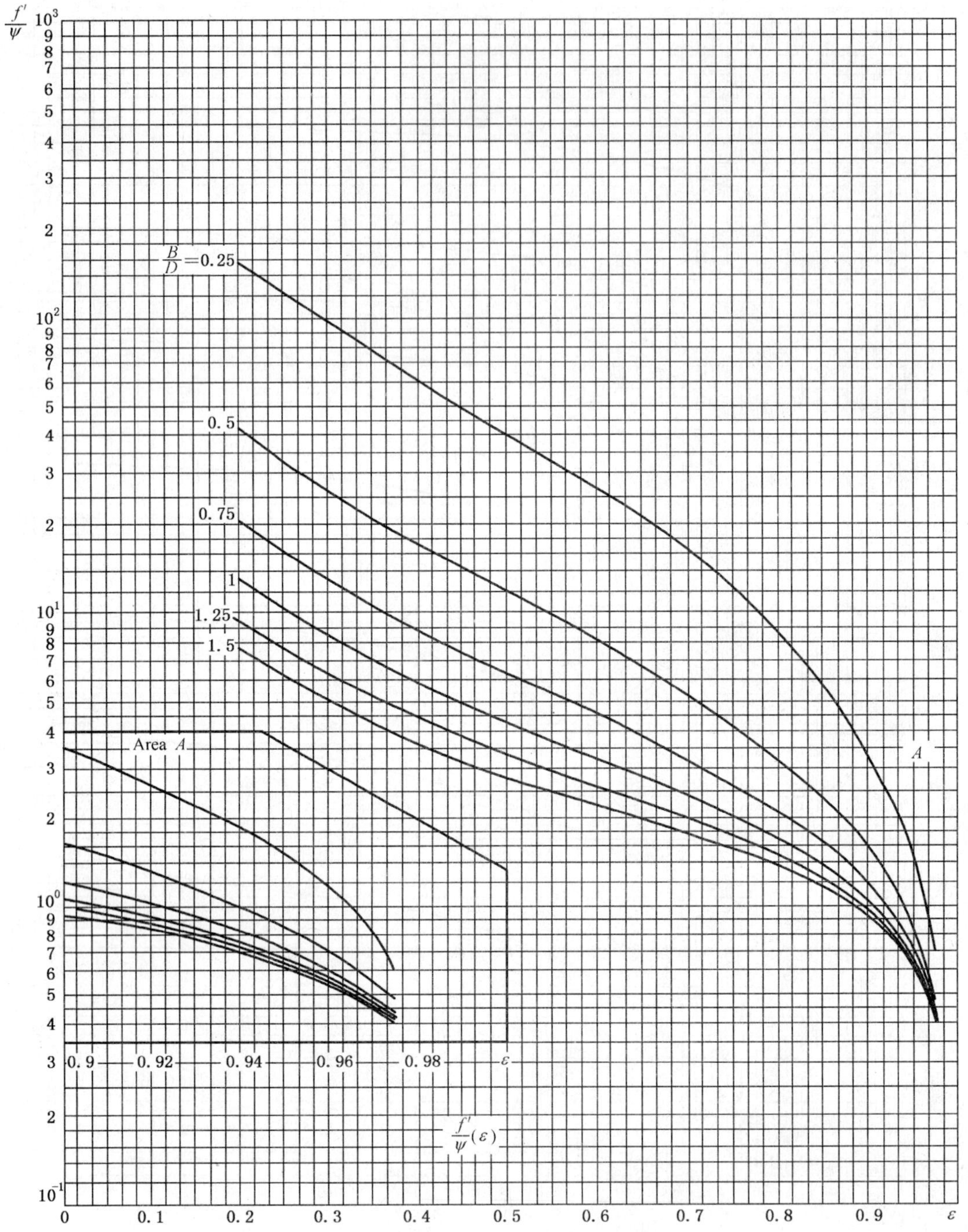

图 21 包角 Ω=360°时,摩擦阻力特征因数 f'/Ψ 对偏心率 ε 的函数

图 22 包角 Ω=180°时，摩擦阻力特征因数 f'/Ψ 对偏心率 ε 的函数

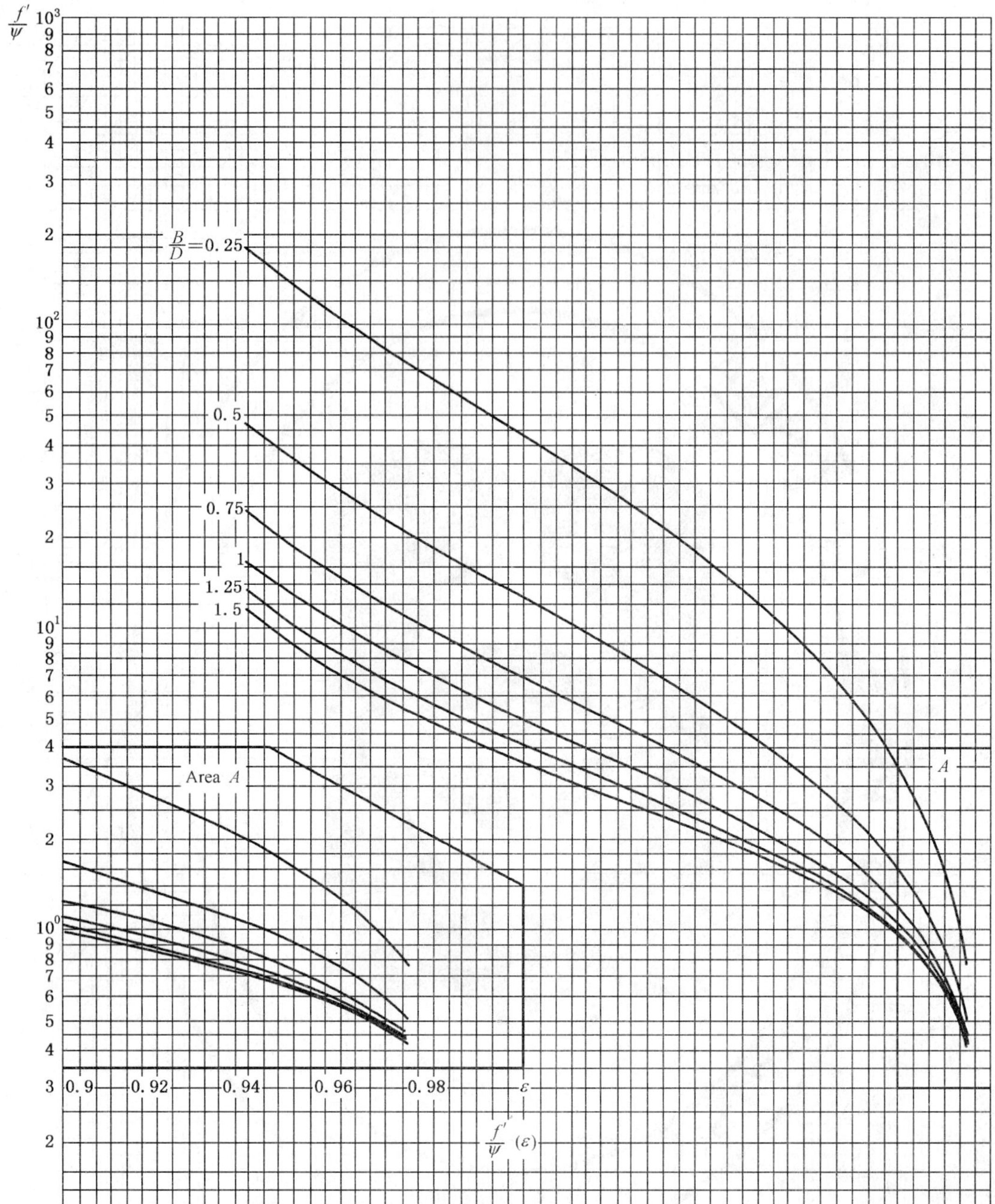

图 23　包角 $\Omega=150°$ 时，摩擦阻力特征因数 f'/Ψ 对偏心率 ε 的函数

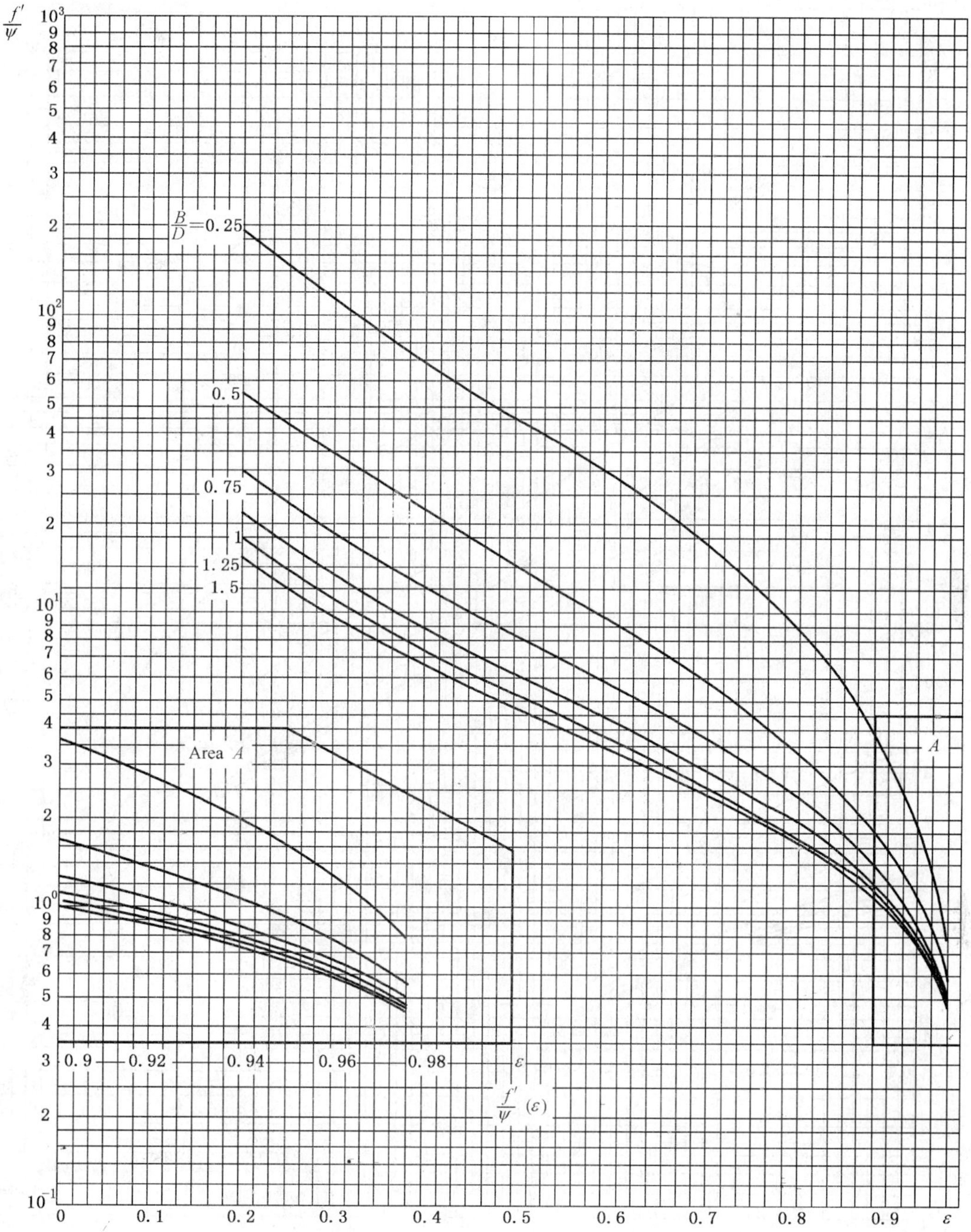

图 24 包角 Ω＝120°时，摩擦阻力特征因数 f'/Ψ 对偏心率 ε 的函数

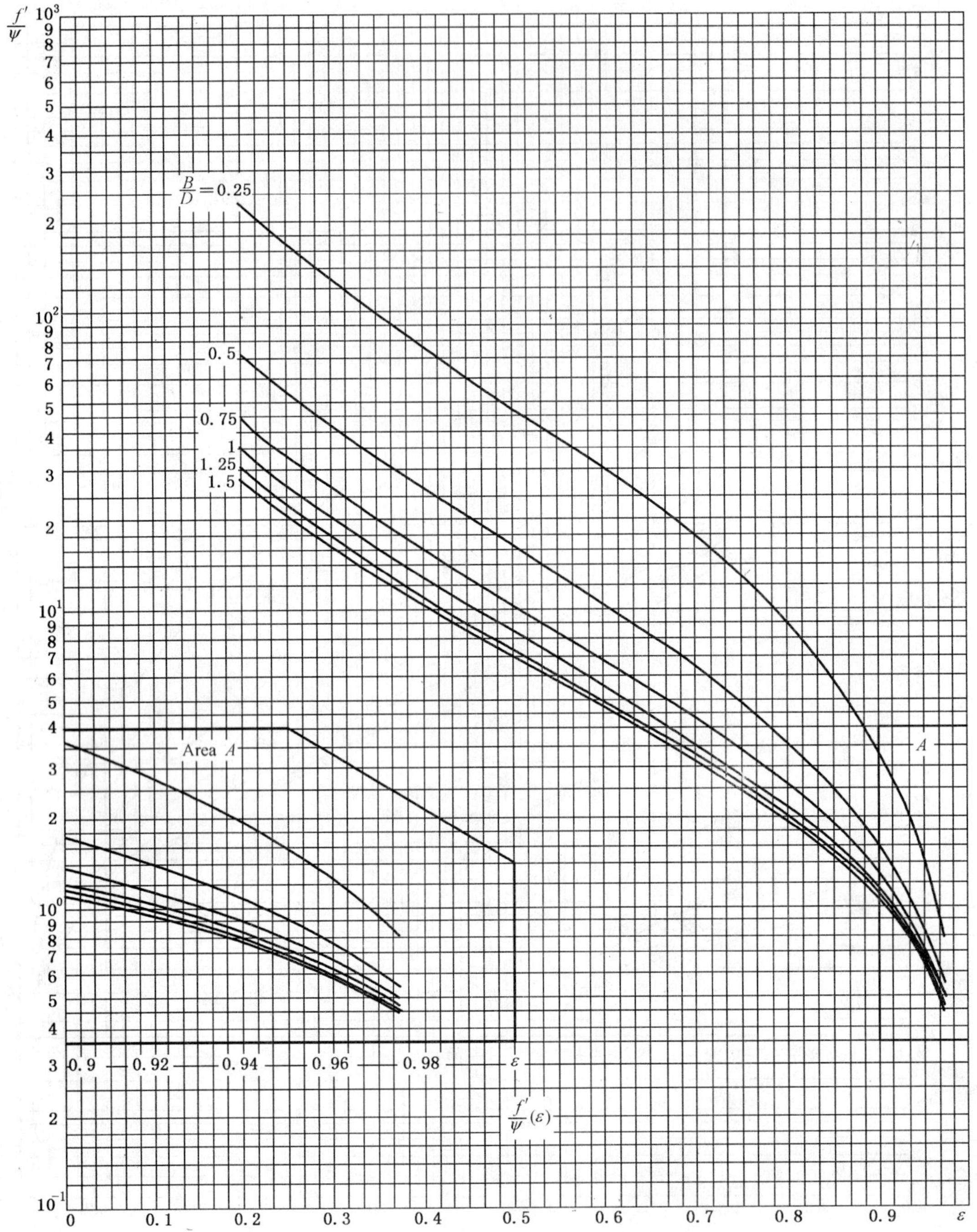

图 25 包角 Ω=90°时，摩擦阻力特征因数 f'/Ψ 对偏心率 ε 的函数

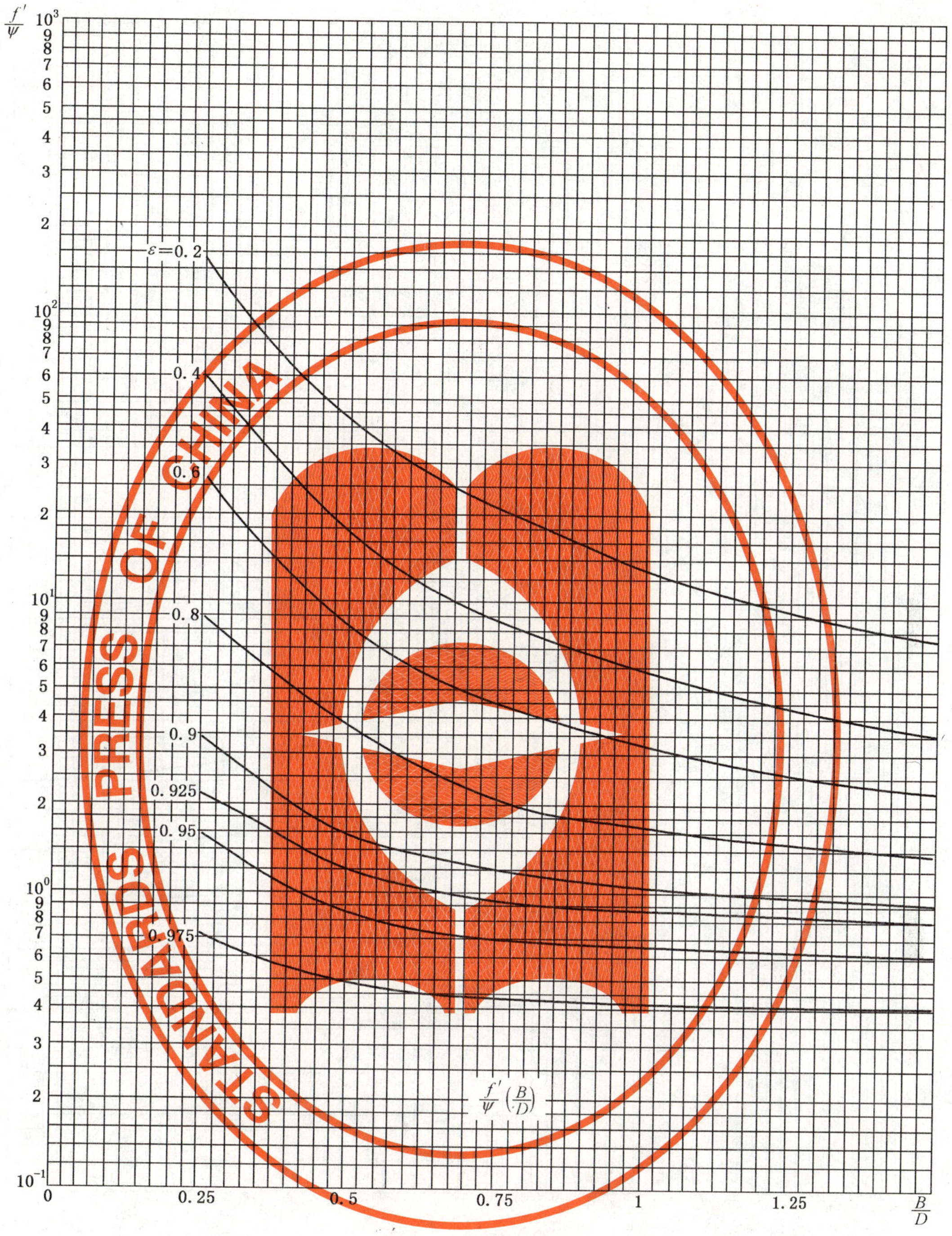

图 26　包角 Ω=360°时，摩擦阻力特征因数 f'/Ψ 对宽径比 B/D 的函数

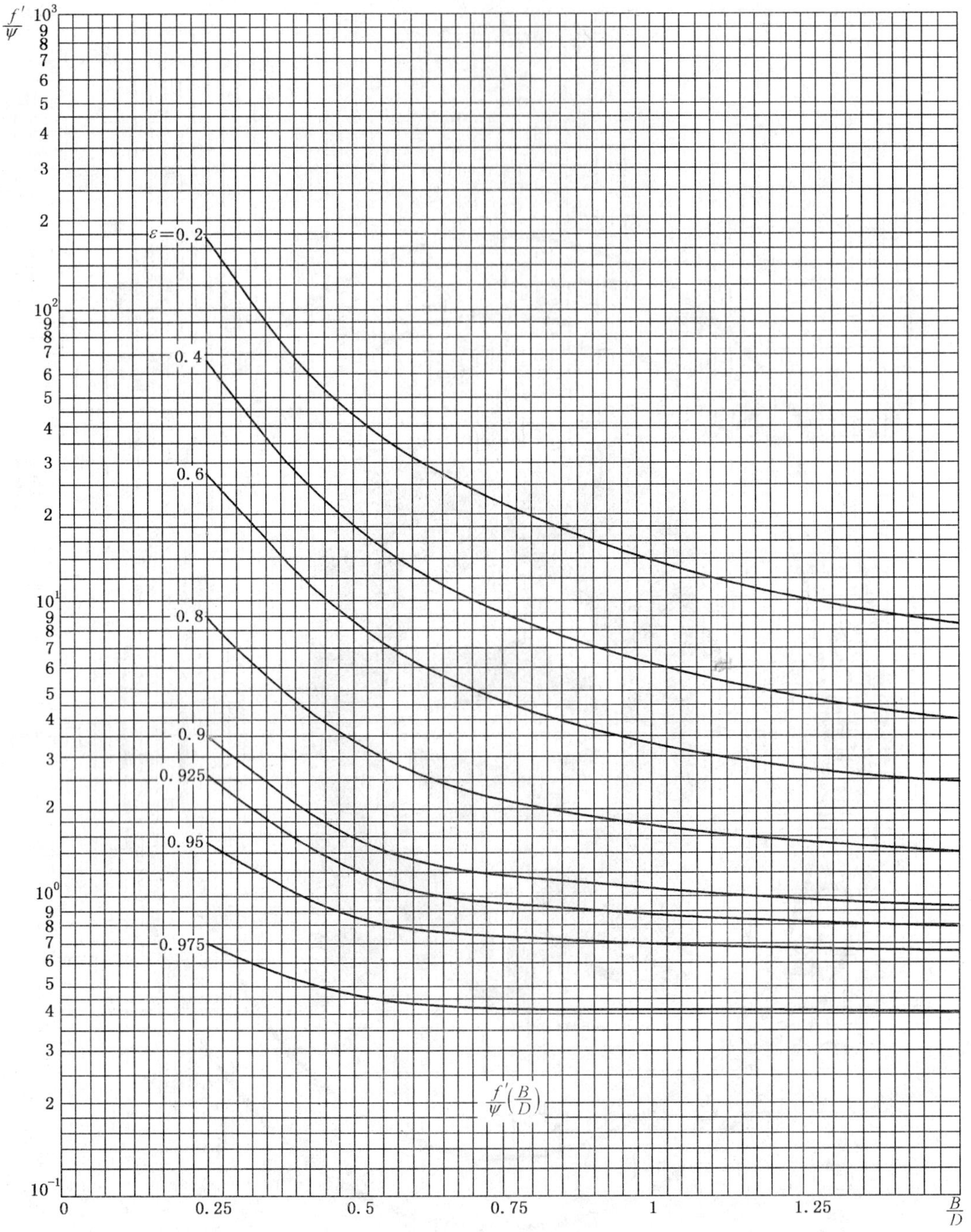

图 27　包角 Ω=180°时，摩擦阻力特征因数 f'/Ψ 对宽径比 B/D 的函数

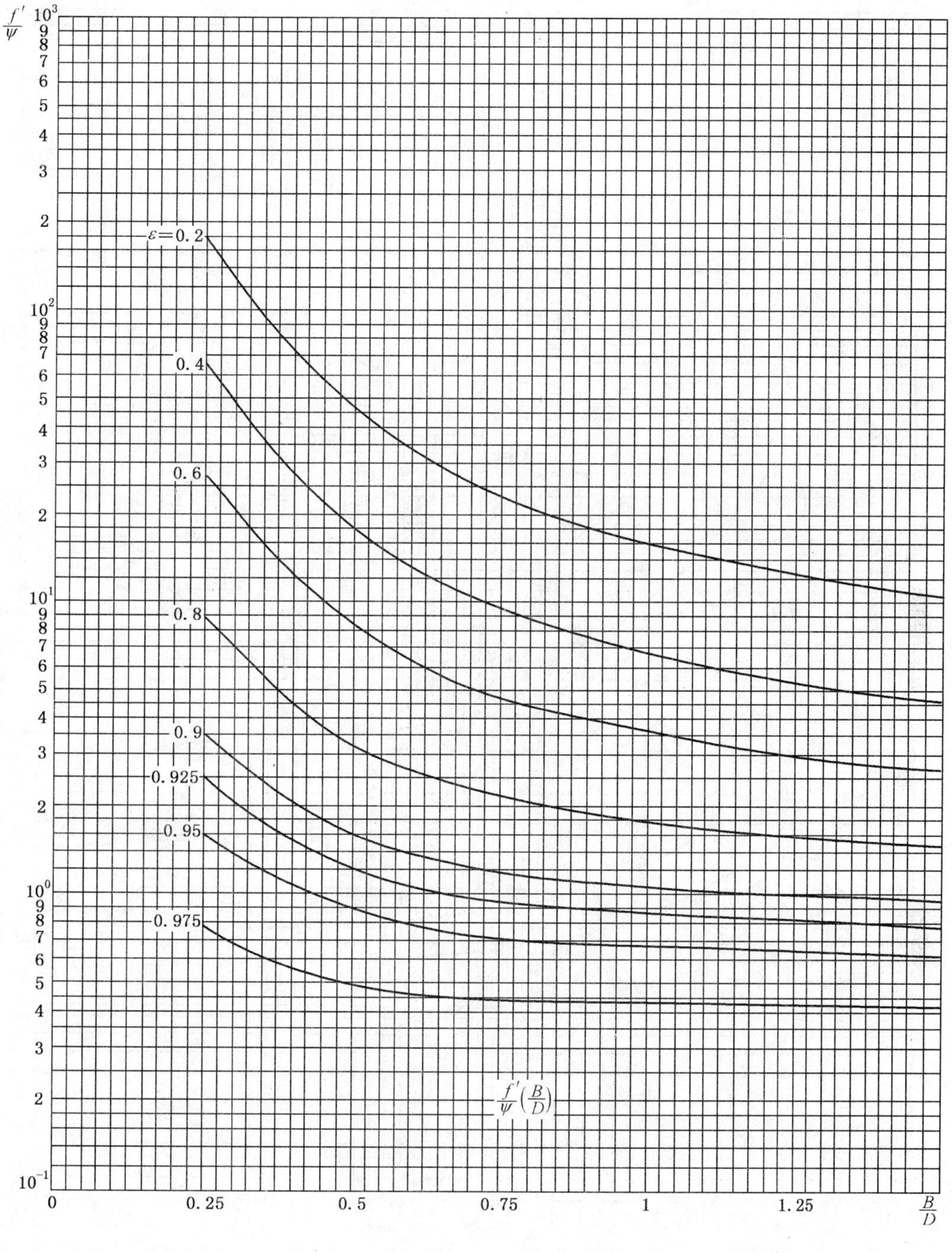

图 28 包角 $\Omega=150°$ 时，摩擦阻力特征因数 f'/Ψ 对宽径比 B/D 的函数

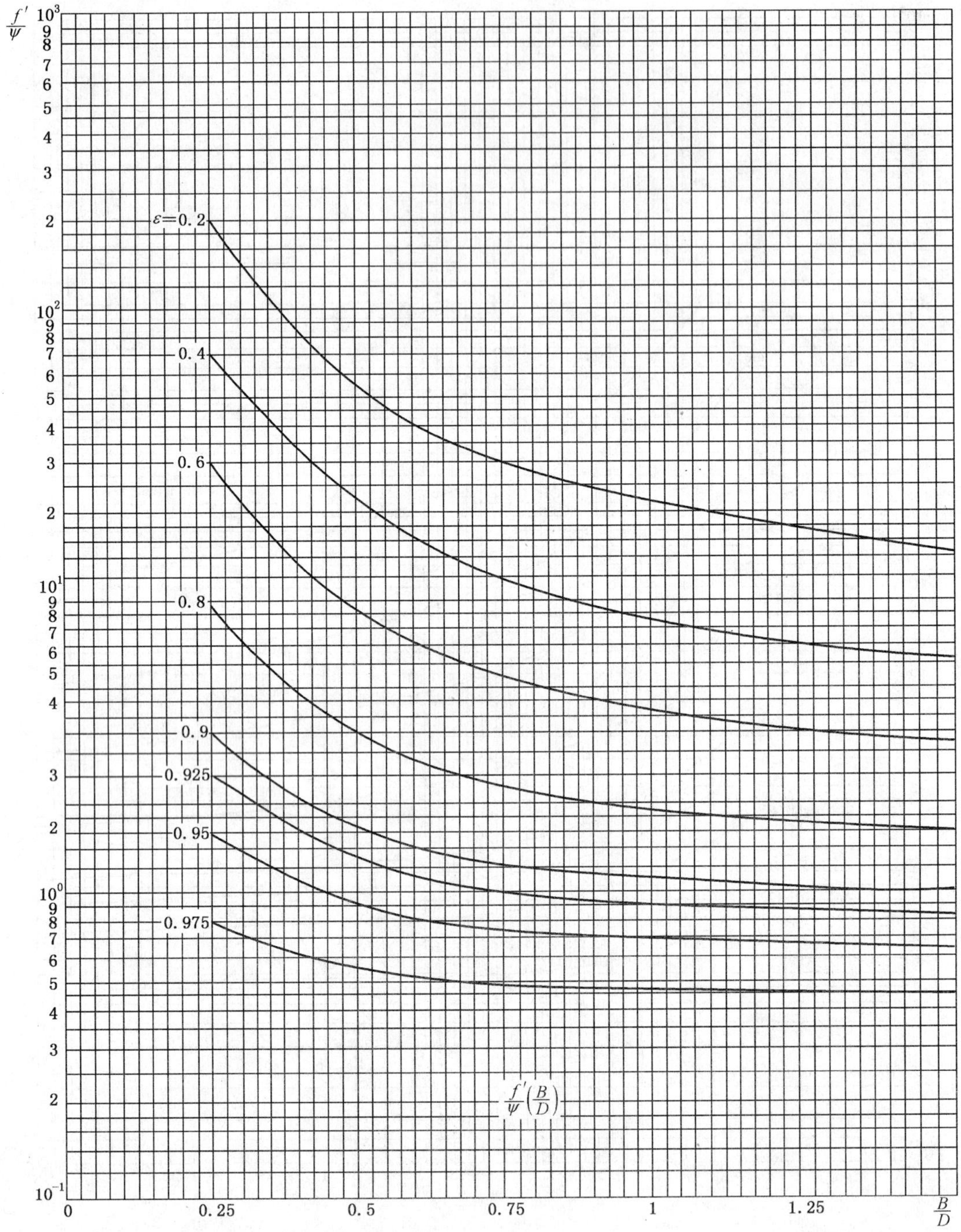

图 29　包角 $\Omega=120°$ 时，摩擦阻力特征因数 f'/Ψ 对宽径比 B/D 的函数

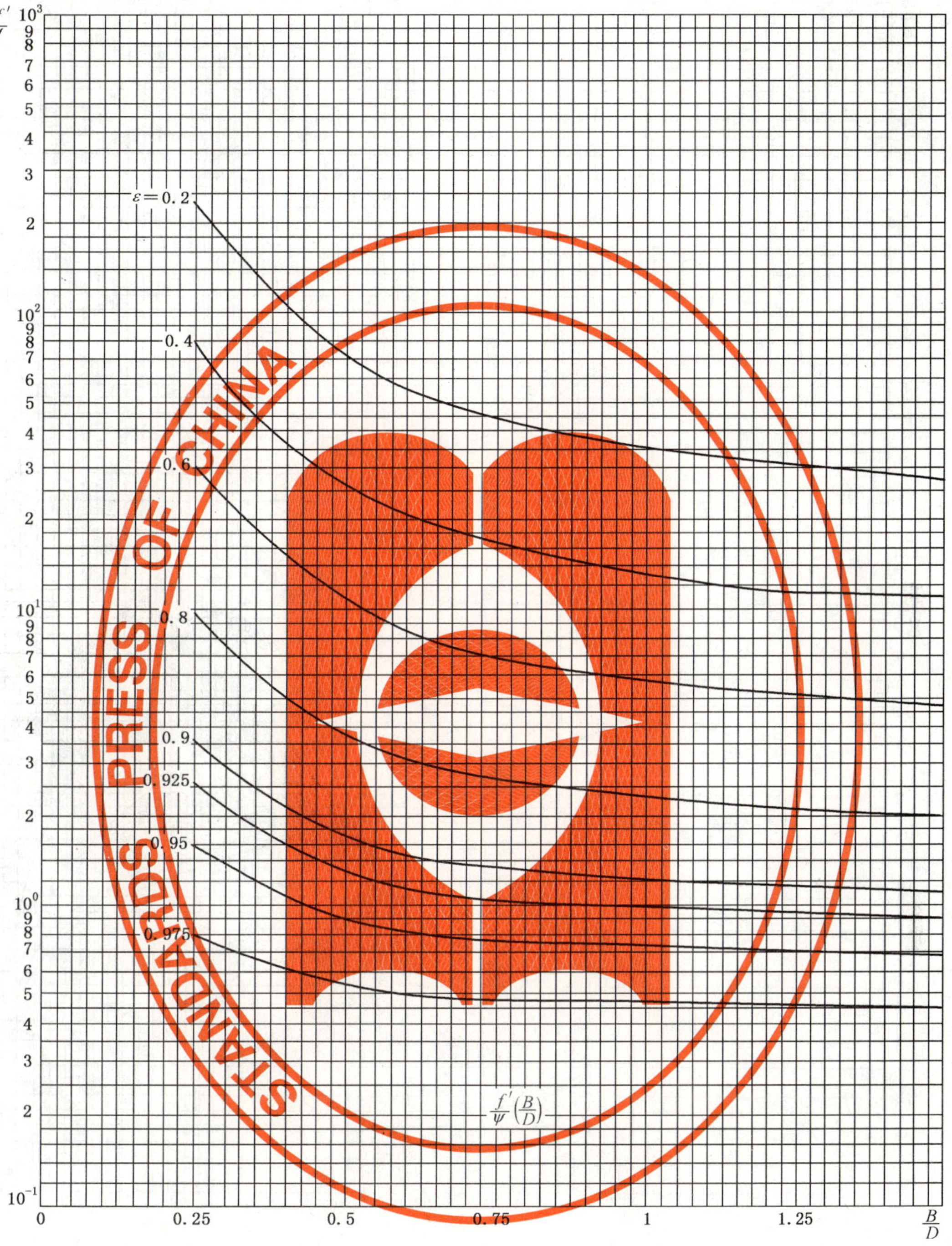

图 30　包角 $\Omega=90^\circ$ 时，摩擦阻力特征因数 f'/Ψ 对宽径比 B/D 的函数

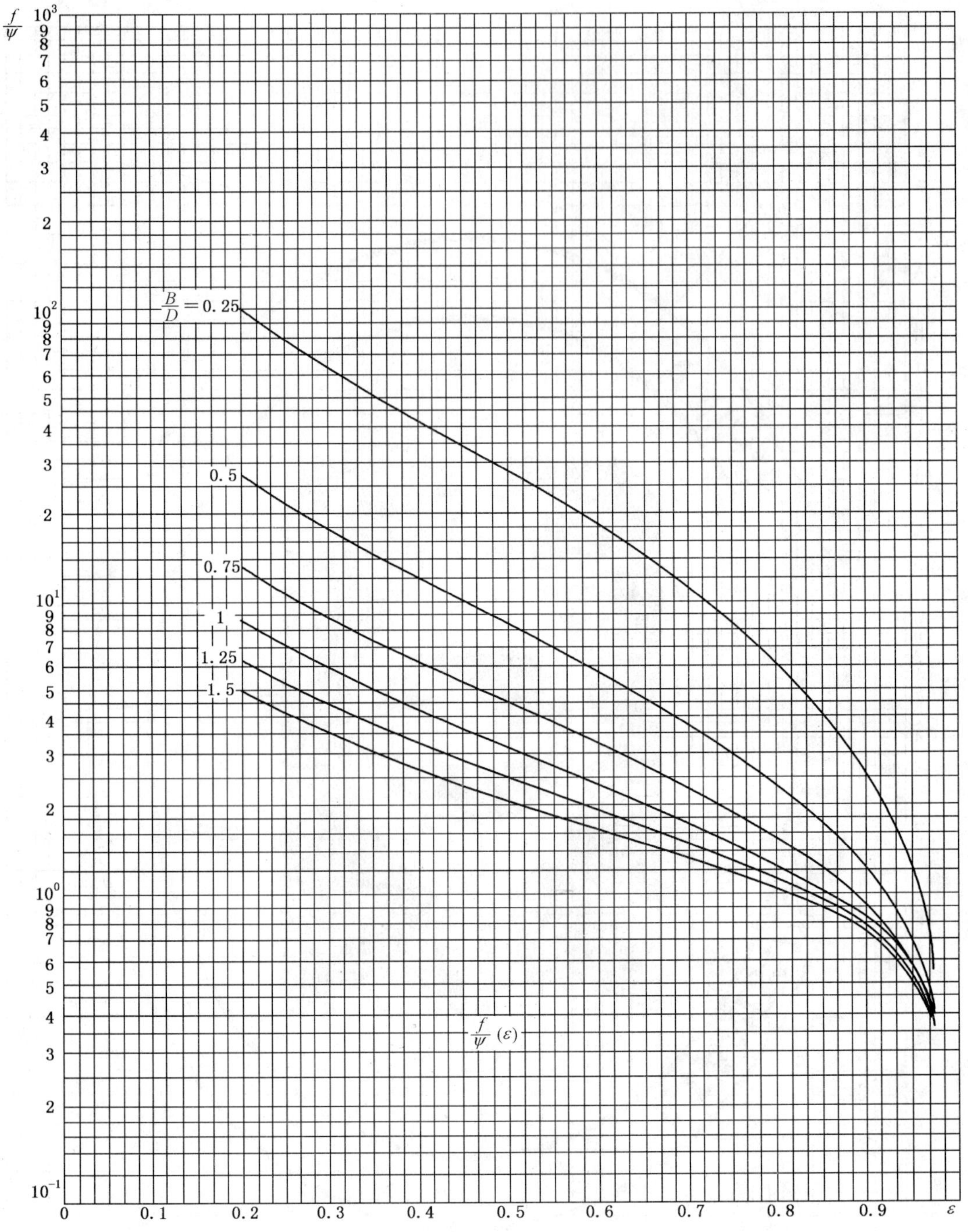

图 31　包角 $\Omega=360°$时，摩擦阻力特征因数 f/Ψ 对偏心率 ε 的函数

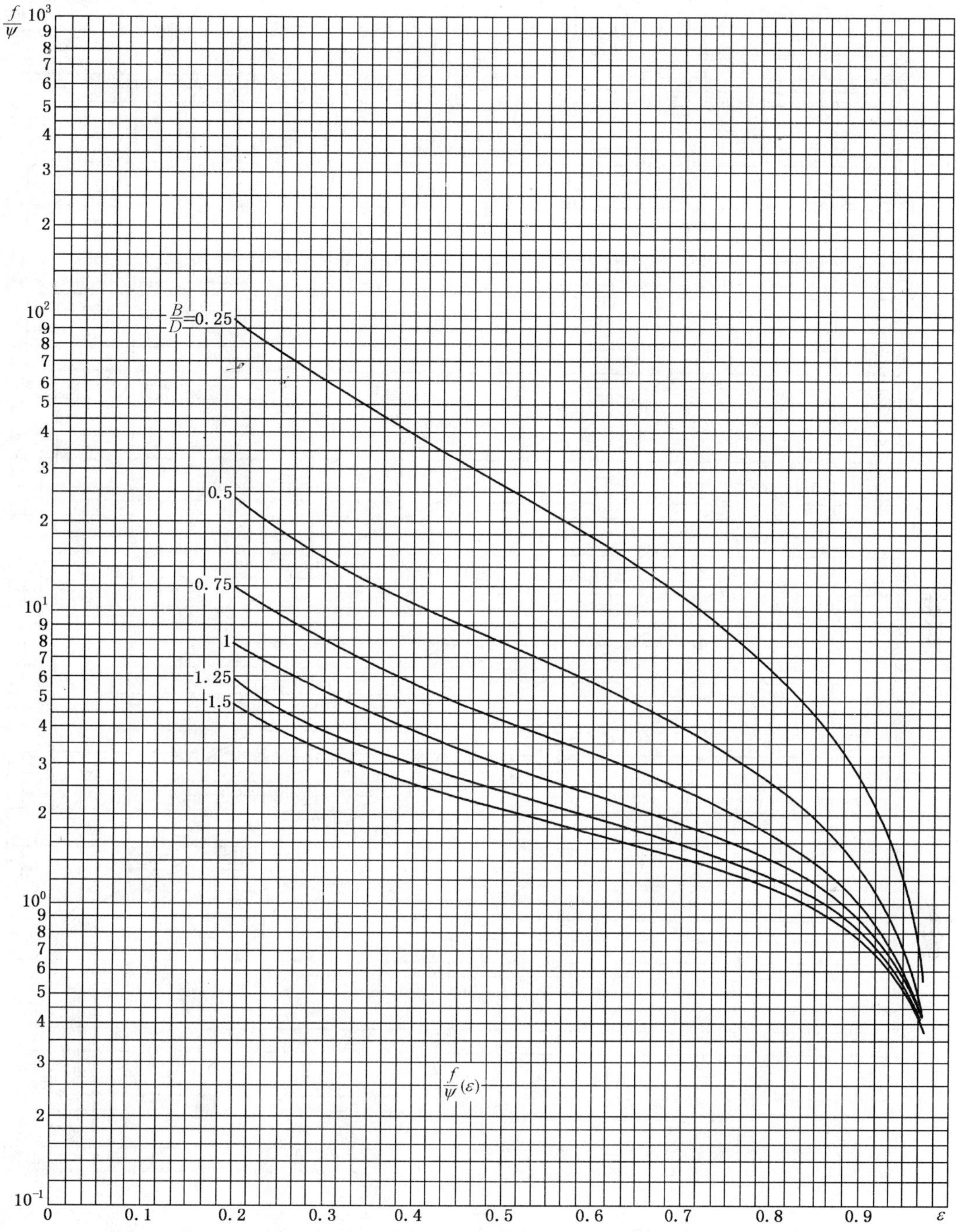

图 32　包角 Ω=180°时，摩擦阻力特征因数 f/Ψ 对偏心率 ε 的函数

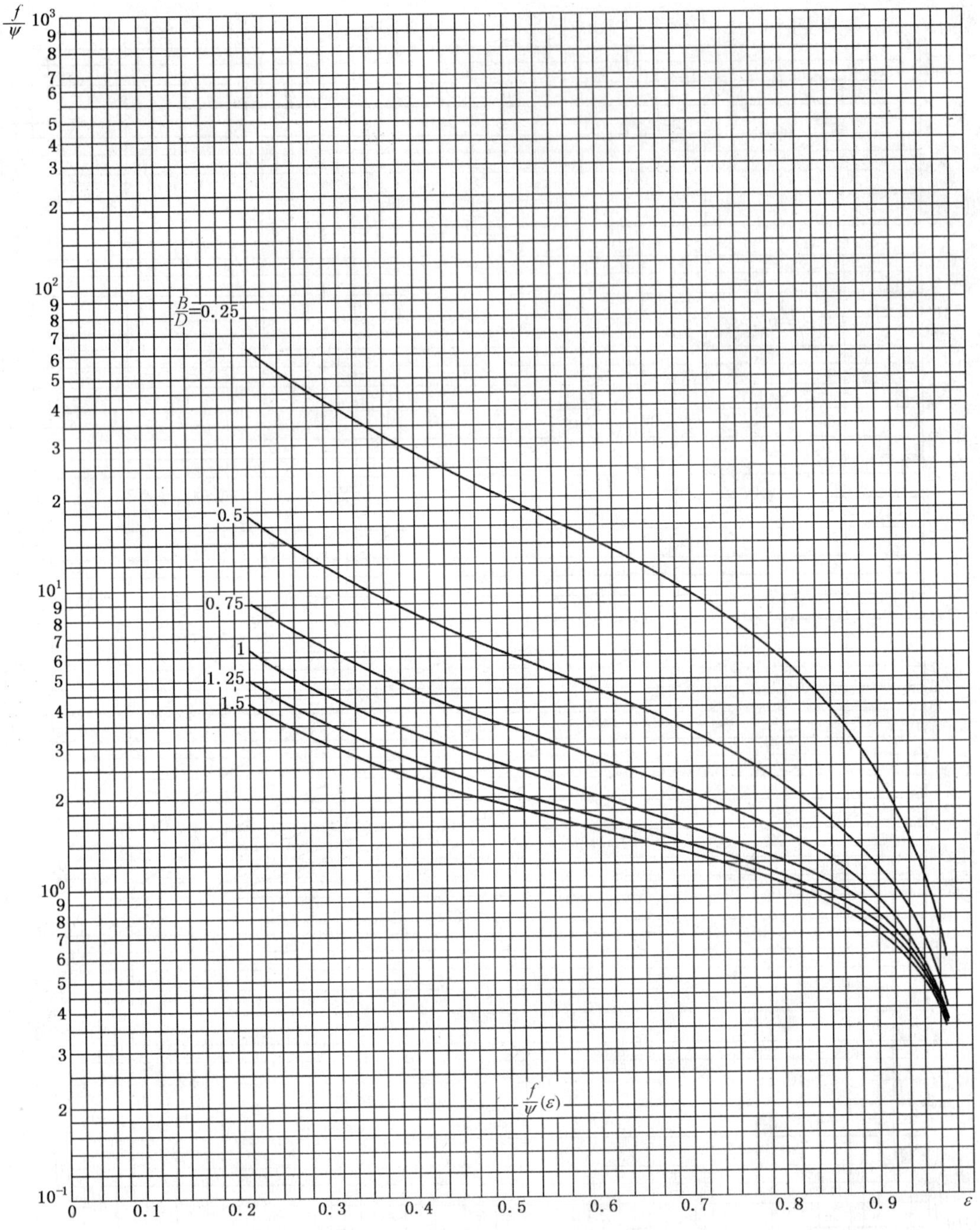

图 33 包角 Ω=150°时，摩擦阻力特征因数 f/Ψ 对偏心率 ε 的函数

图 34 包角 $\Omega=120°$时，摩擦阻力特征因数 f/Ψ 对偏心率 ε 的函数

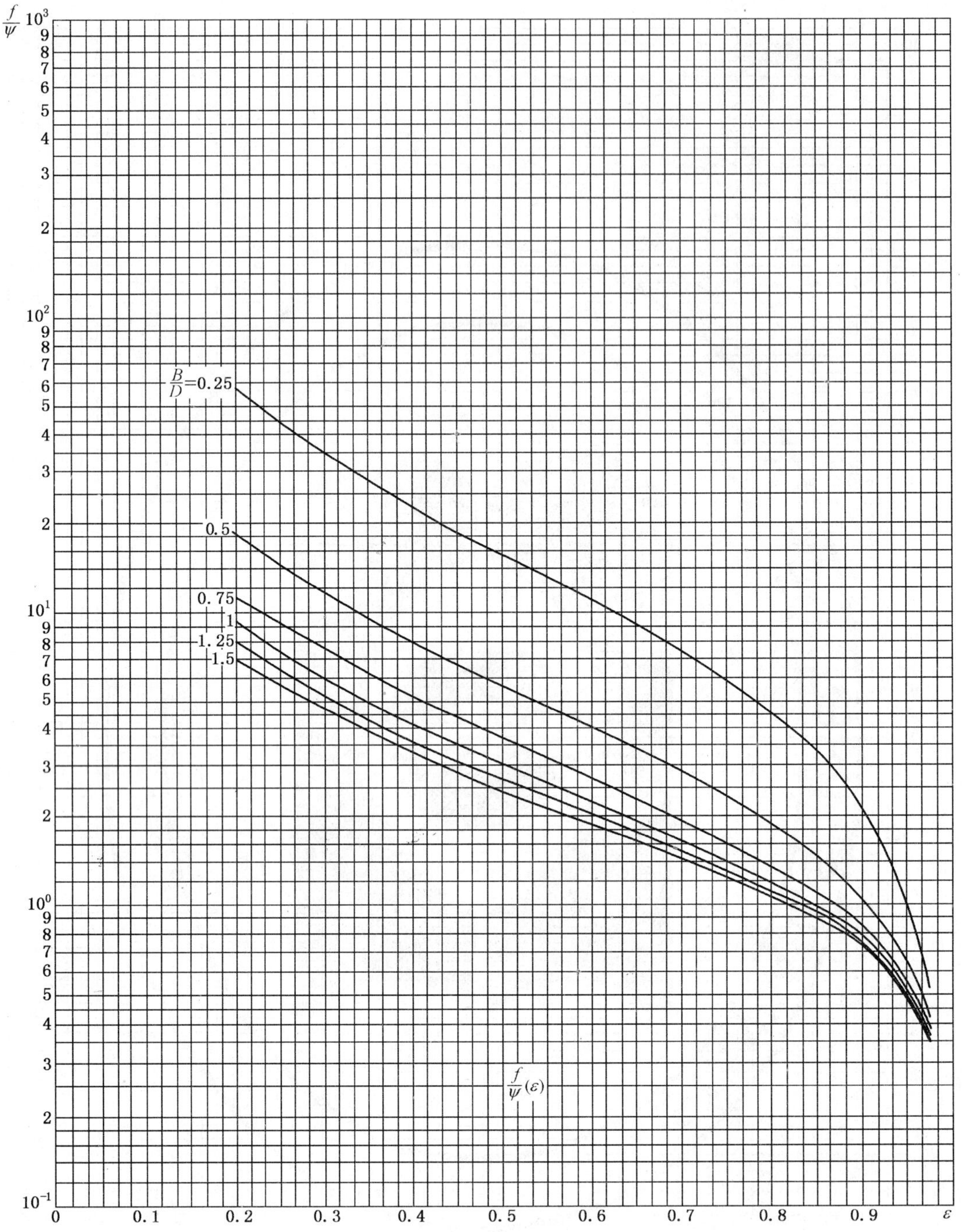

图 35　包角 $\Omega=90°$ 时，摩擦阻力特征因数 f/Ψ 对偏心率 ε 的函数

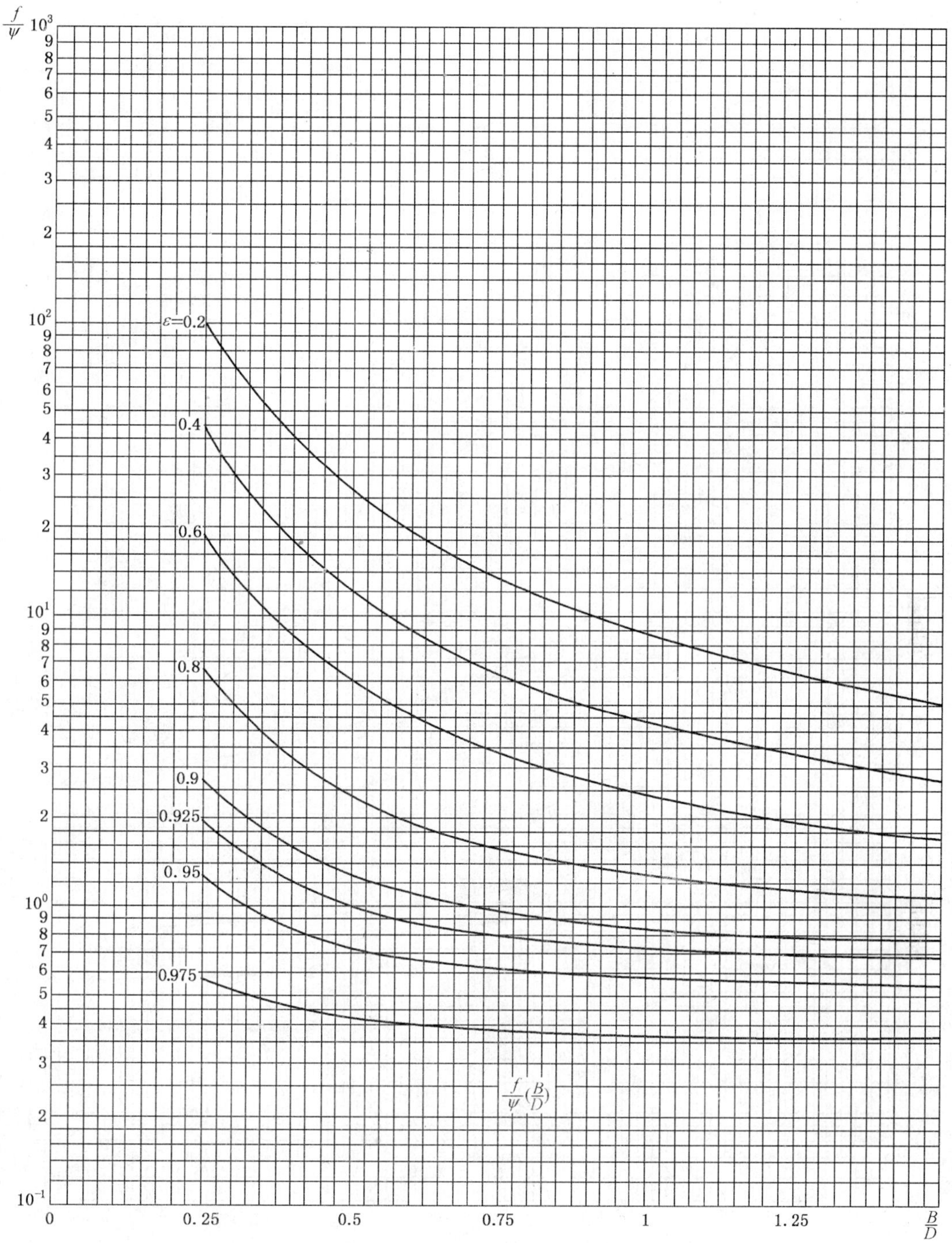

图 36　包角 Ω＝360°时，摩擦阻力特征因数 f/Ψ 对宽径比 B/D 的函数

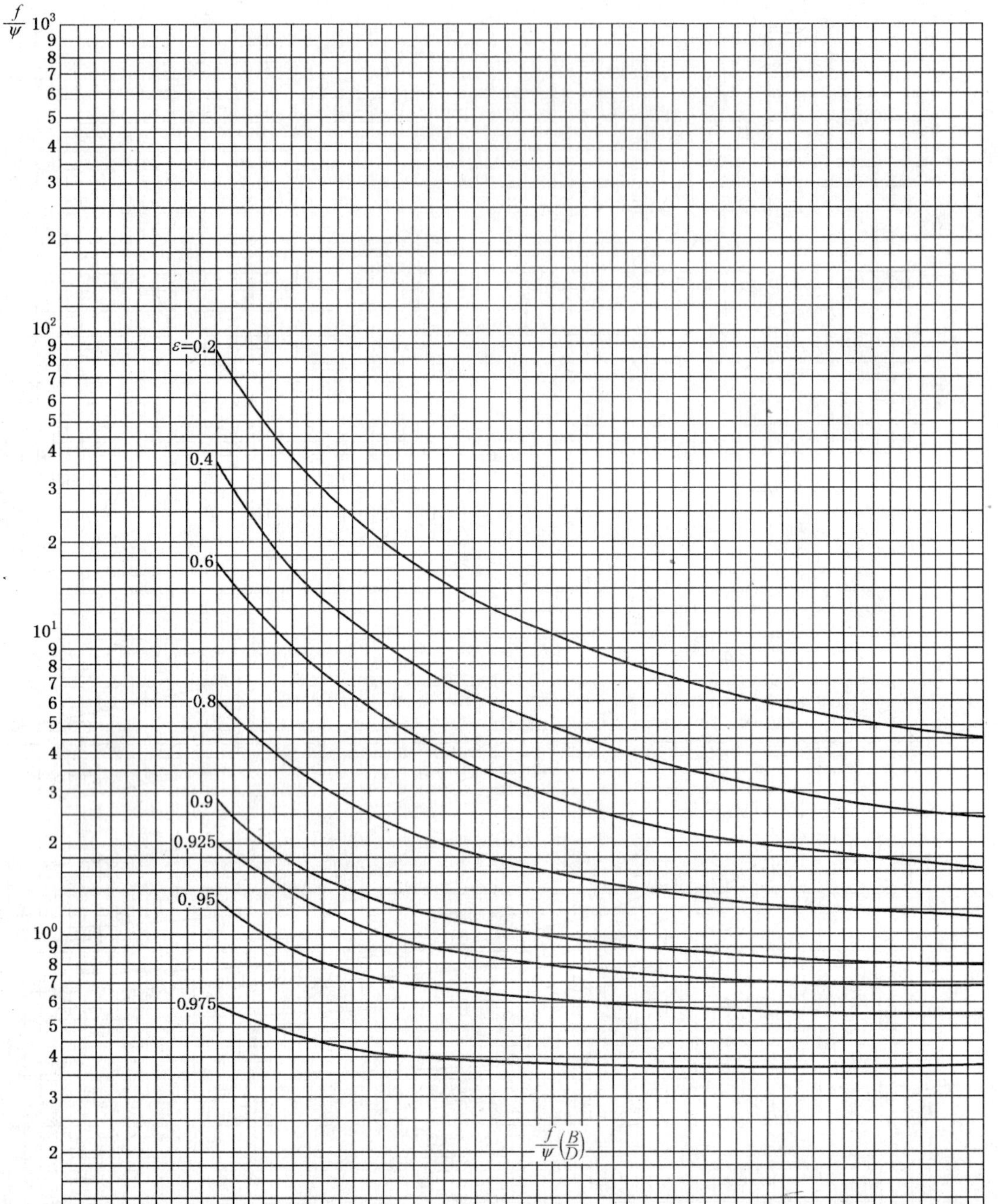

图 37　包角 Ω=180°时,摩擦阻力特征因数 f/Ψ 对宽径比 B/D 的函数

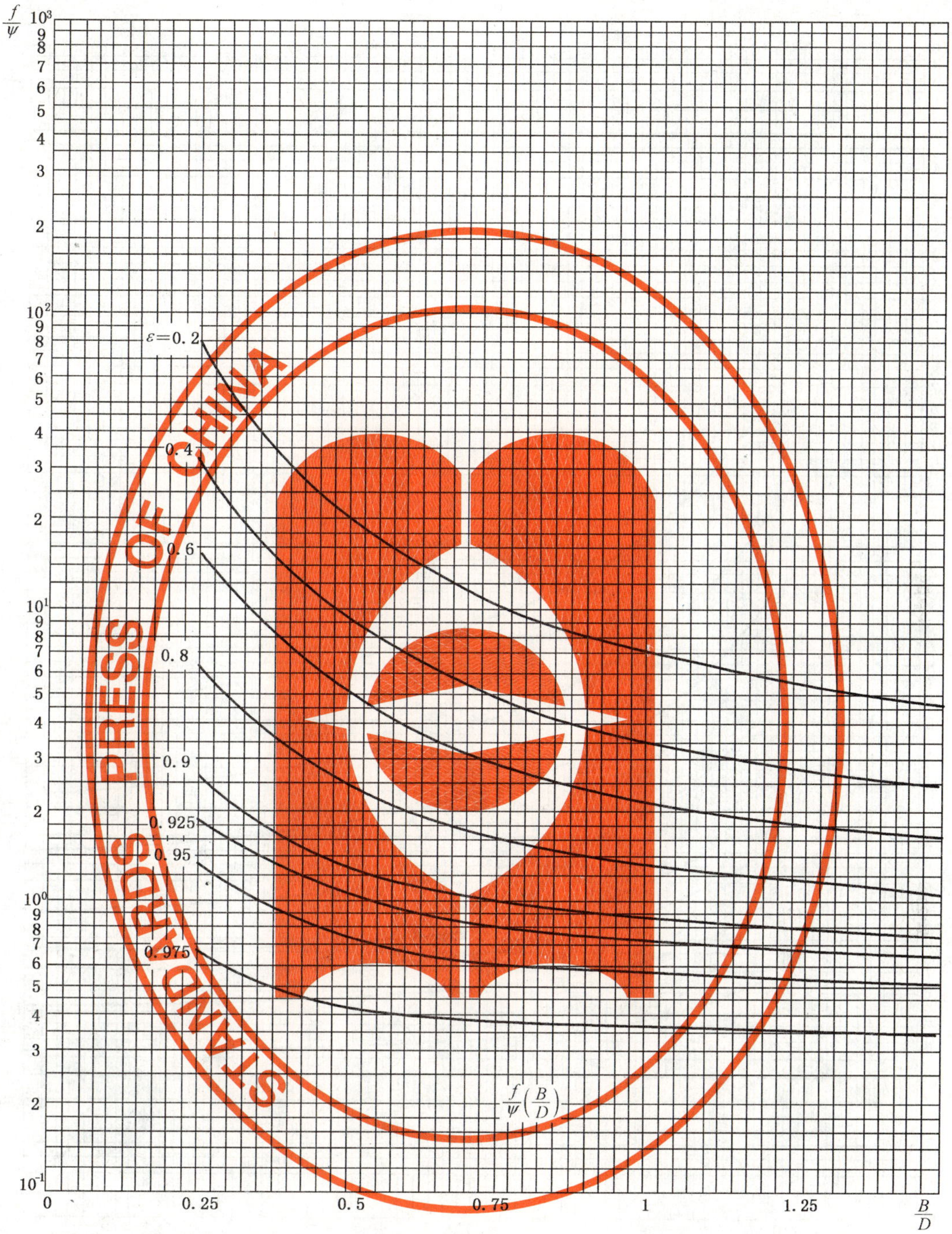

图 38 包角 $\Omega=150°$ 时，摩擦阻力特征因数 f/Ψ 对宽径比 B/D 的函数

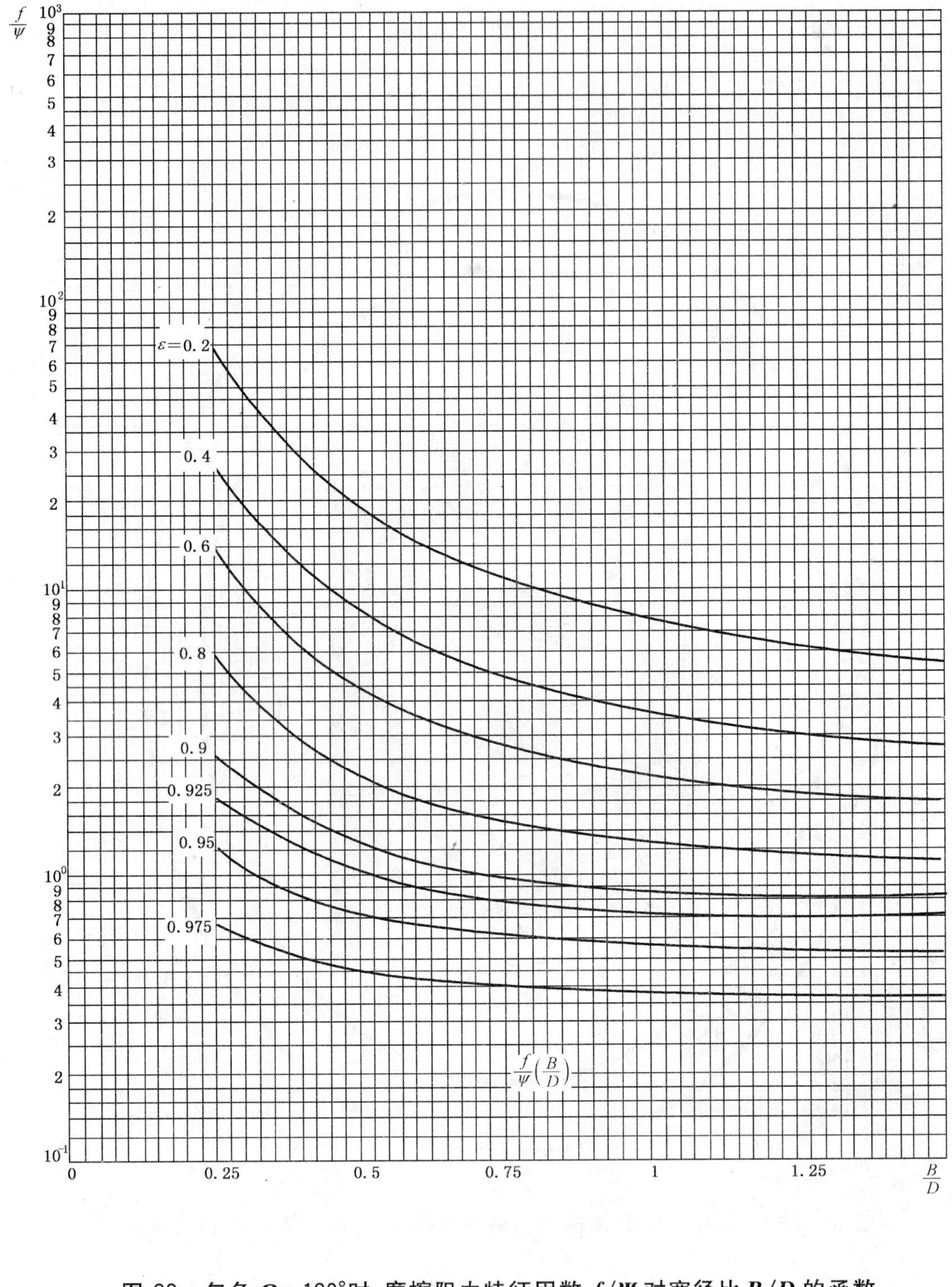

图 39 包角 Ω=120°时,摩擦阻力特征因数 f/Ψ 对宽径比 B/D 的函数

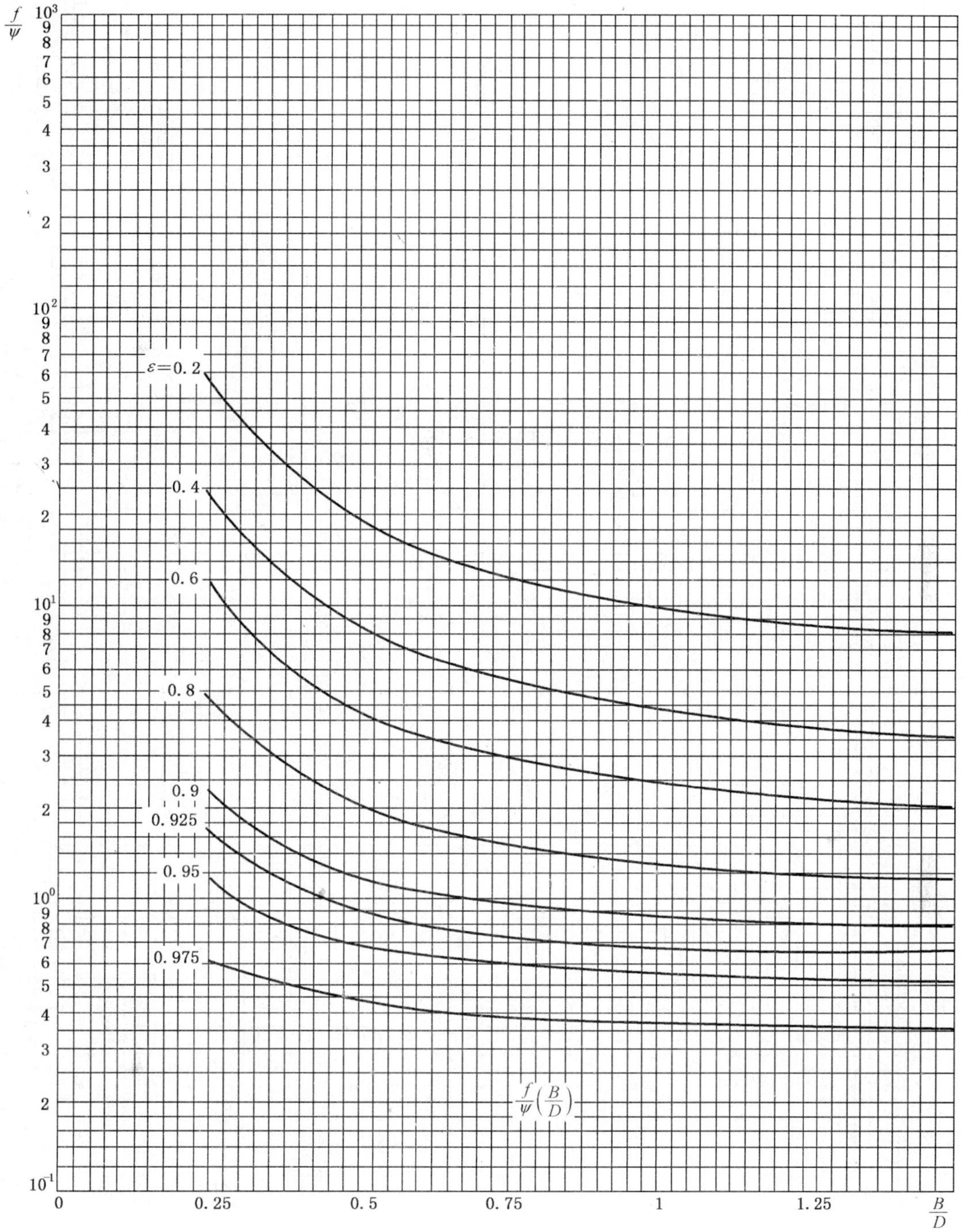

图 40　包角 $\Omega=90°$时，摩擦阻力特征因数 f/Ψ 对宽径比 B/D 的函数

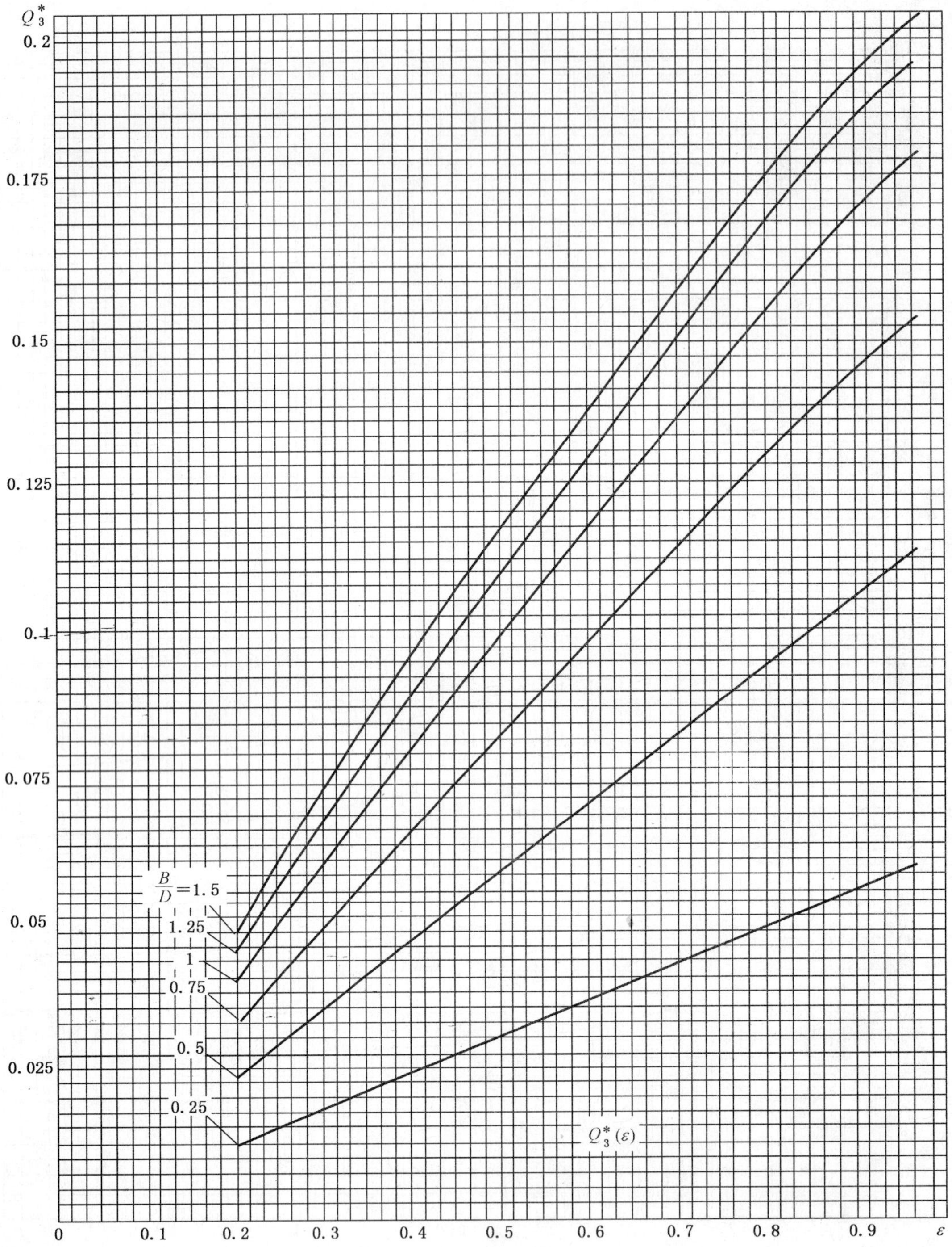

图 41 包角 $\Omega=360°$ 时，润滑油流量参数 Q_3^* 对偏心率 ε 的函数

图 42　包角 $\Omega=180°$ 时，润滑油流量参数 Q_3^* 对偏心率 ε 的函数

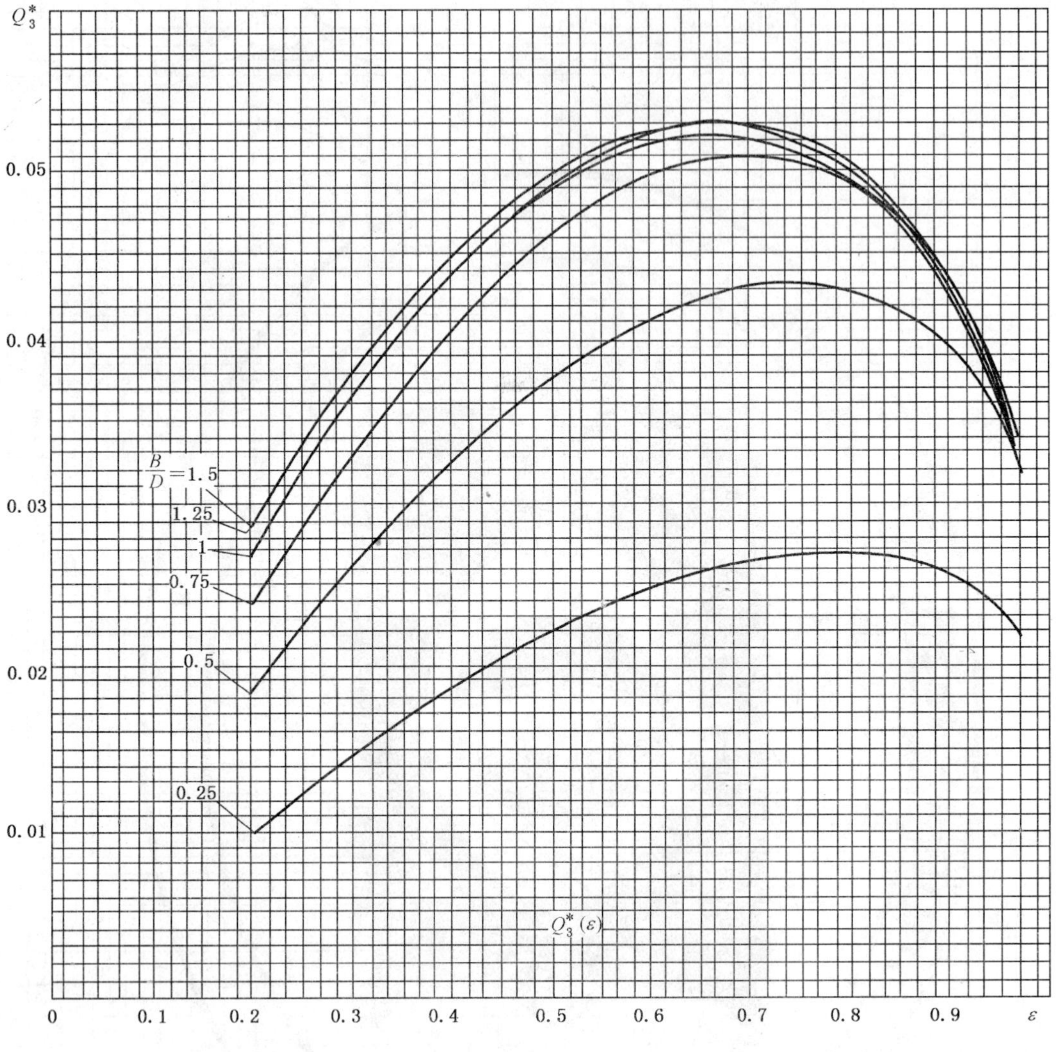

图 43　包角 $\Omega=150°$ 时，润滑油流量参数 Q_3^* 对偏心率 ε 的函数

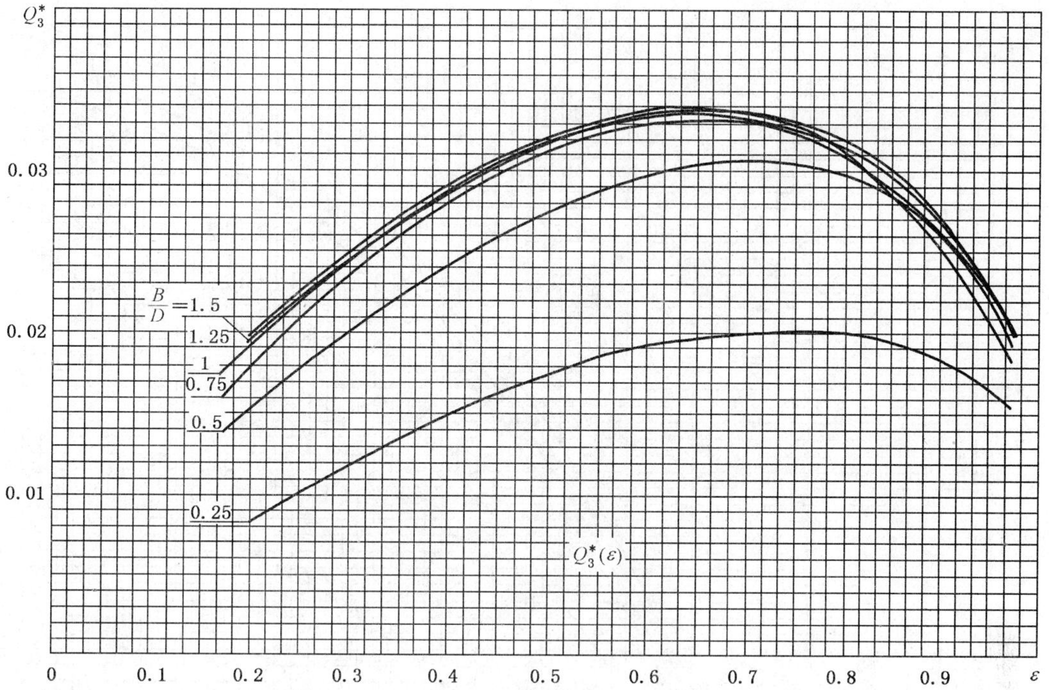

图 44 包角 Ω=120°时,润滑油流量参数 Q_3^* 对偏心率 ε 的函数

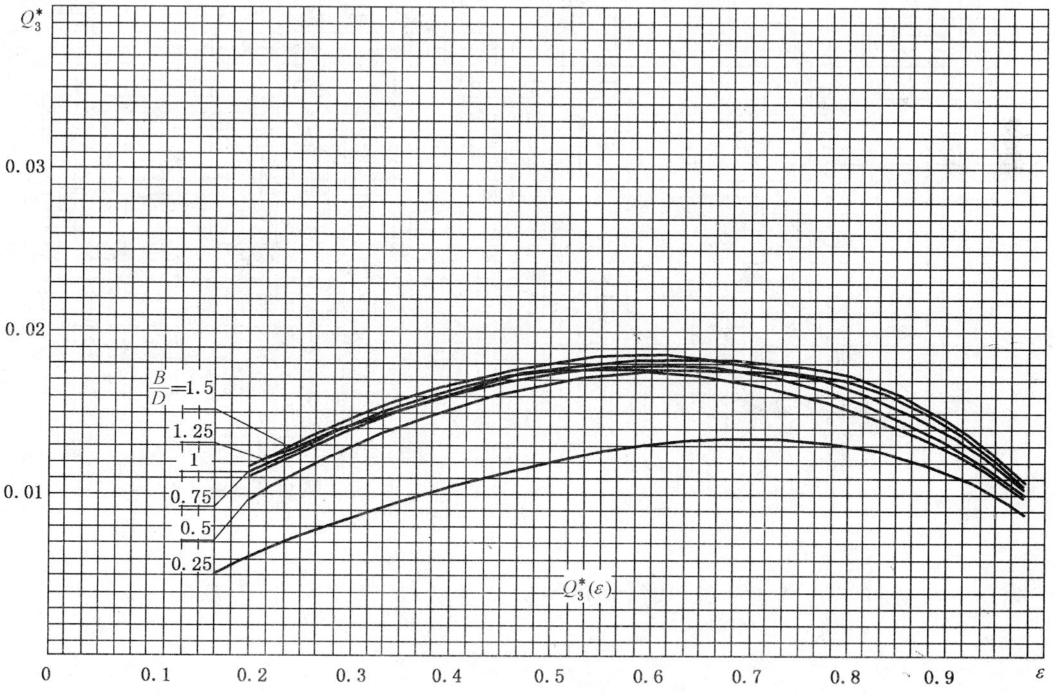

图 45 包角 Ω=90°时,润滑油流量参数 Q_3^* 对偏心率 ε 的函数

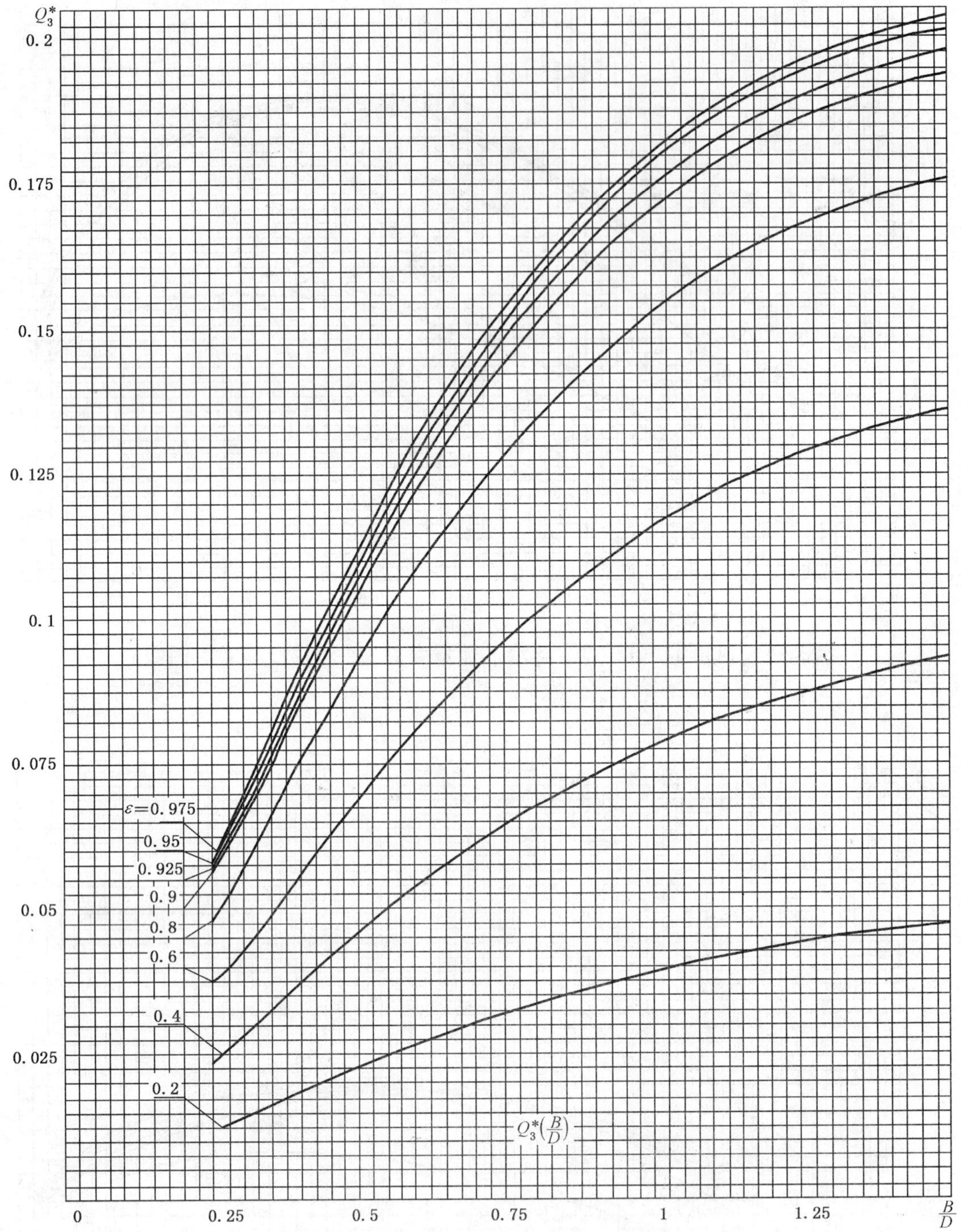

图 46　包角 $\Omega=360°$ 时，润滑油流量参数 Q_3^* 对宽径比 B/D 的函数

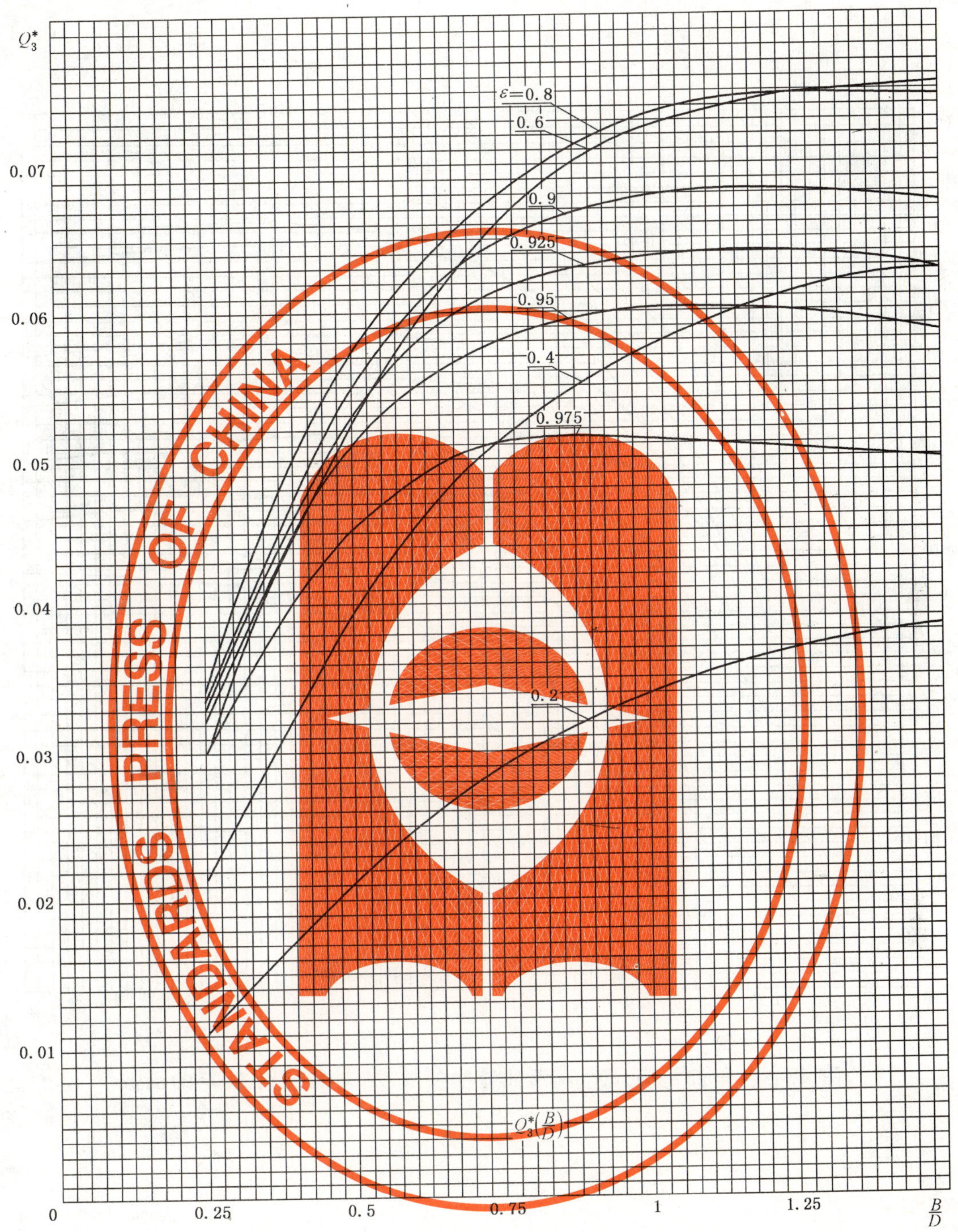

图 47 包角 Ω=180°时，润滑油流量参数 Q_3^* 对宽径比 B/D 的函数

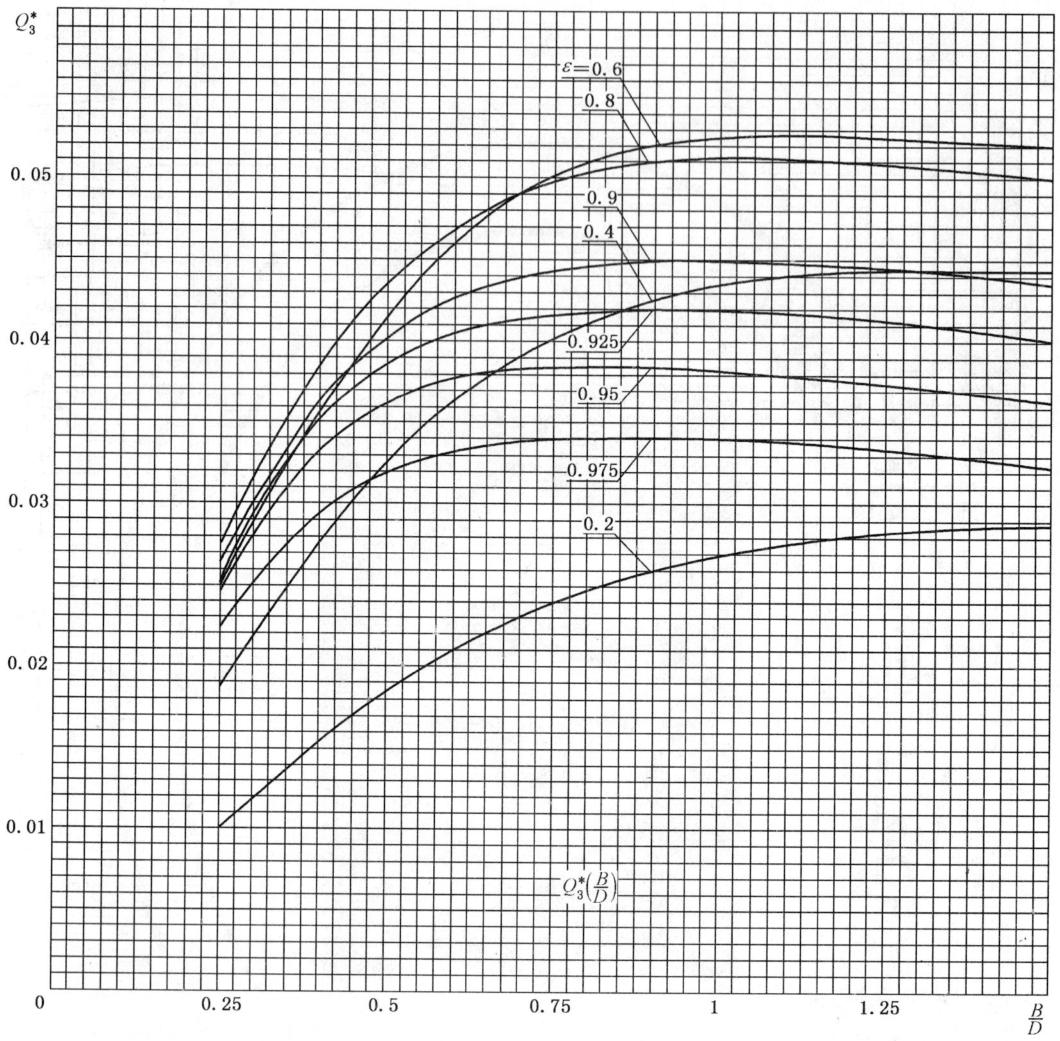

图 48　包角 $\Omega=150°$ 时，润滑油流量参数 Q_3^* 对宽径比 B/D 的函数

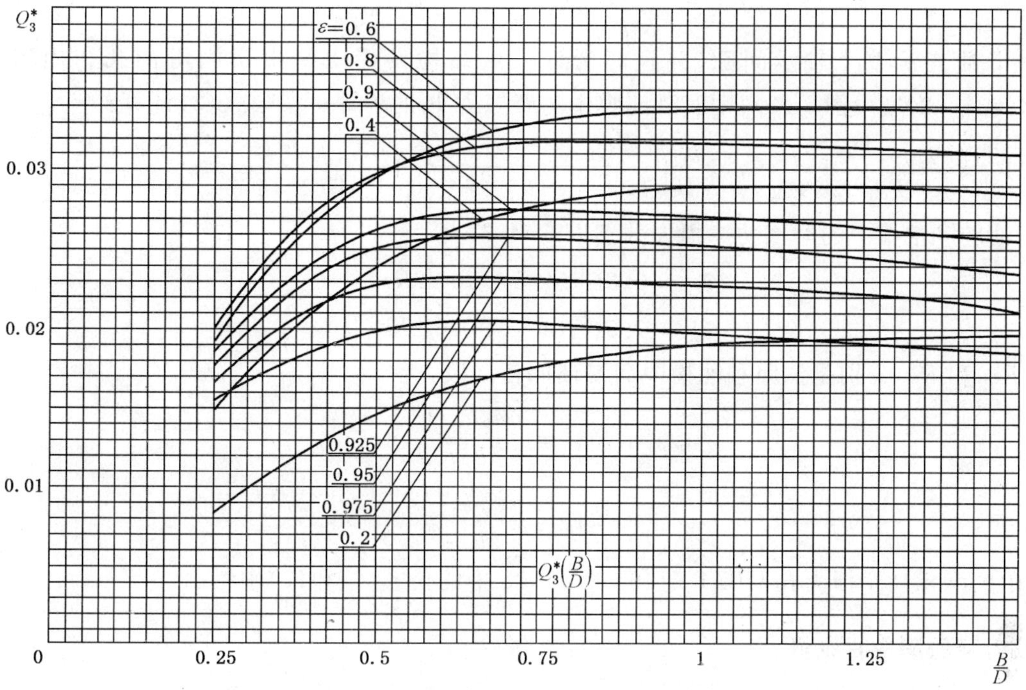

图 49　包角 Ω=120°时，润滑油流量参数 Q_3^* 对宽径比 B/D 的函数

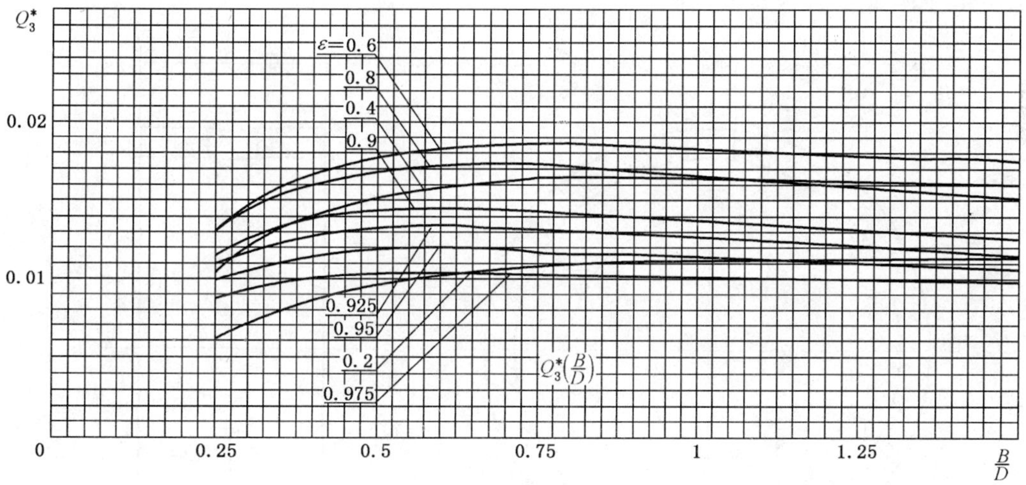

图 50　包角 Ω=90°时，润滑油流量参数 Q_3^* 对宽径比 B/D 的函数

5　不同供油方式时润滑油膜中的摩擦功率损失计算

5.1　当润滑油仅充满轴承承载区域时，则润滑油膜中的摩擦力 F_f 按公式(1)计算，与润滑油供给要素功能的设计无关。

$$F_f = \frac{\eta_{eff}\omega_h}{\Psi_{eff}}DB\xi = \frac{\eta_{eff}\omega_h}{\Psi_{eff}}DB\frac{f}{\Psi_{eff}}So \quad \cdots\cdots(1)$$

5.2　当润滑油充满整个轴承间隙，即同时充满承载区域和非承载区域，则通过润滑油孔和轴向油槽（无油腔和周向油槽）供油，润滑油膜中的摩擦力 F'_f 按公式(2)计算。

$$F'_{\mathrm{f}}=\frac{\eta_{\mathrm{eff}}\omega_{\mathrm{h}}}{\Psi_{\mathrm{eff}}}DB\xi'=\frac{\eta_{\mathrm{eff}}\omega_{\mathrm{h}}}{\Psi_{\mathrm{eff}}}DB\,\frac{f'}{\Psi_{\mathrm{eff}}}So \quad\cdots\cdots(2)$$

5.3　当润滑油充满整个轴承间隙，并且润滑油供给结构设计中给出了润滑油孔和周向油槽(见GB/T 21466.1—2008中图 A.3)，则润滑油膜中的摩擦力 F'_{f}的计算可按公式(3)计算：

$$F'_{\mathrm{f}}=\frac{\eta_{\mathrm{eff}}\omega_{\mathrm{h}}DB}{\Psi_{\mathrm{eff}}}\left[\frac{f'}{\Psi_{\mathrm{eff}}}So-\frac{b_{\mathrm{P}}}{B}\left(\frac{\Omega_{\mathrm{P}}}{2\sqrt{1-\varepsilon^{2}}}-\frac{\Psi_{\mathrm{eff}}D}{2h_{\mathrm{P}}}\xi_{\mathrm{P}}\right)-\frac{b_{\mathrm{G}}}{B}\left(\frac{\Omega_{\mathrm{G}}}{2\sqrt{1-\varepsilon^{2}}}-\frac{\Psi_{\mathrm{eff}}D}{2h_{\mathrm{G}}}\xi_{\mathrm{G}}\right)\right]\quad\cdots\cdots(3)$$

式中，油腔和油槽中的摩擦功率损失分别以 ξ_{P} 和 ξ_{G} 表示：

$$\xi_{\mathrm{P}}=0.5\Omega_{\mathrm{P}}(4+0.001\,2Re_{\mathrm{P}}^{0.94})$$

$$\xi_{\mathrm{G}}=0.5\Omega_{\mathrm{G}}(4+0.001\,2Re_{\mathrm{G}}^{0.94})$$

其中 Re_{P} 和 Re_{G} 分别是油腔和油槽中润滑油的雷诺数：

$$Re_{\mathrm{P}}=\frac{\rho\omega_{\mathrm{h}}h_{\mathrm{P}}D}{2\eta_{\mathrm{eff}}}$$

$$Re_{\mathrm{G}}=\frac{\rho\omega_{\mathrm{h}}h_{\mathrm{G}}D}{2\eta_{\mathrm{eff}}}$$

轴承中的摩擦功率损失在 GB/T 21466.1—2008 中的公式(6)和(7)中给出。

6　供油压力下的润滑油流量

供油压力下的润滑油流量在 GB/T 21466.1—2008 中的公式(9)中给出。

$$Q_{\mathrm{p}}=\frac{D^{3}\Psi_{\mathrm{eff}}^{3}p_{\mathrm{en}}}{\eta_{\mathrm{eff}}}Q_{\mathrm{p}}^{*}$$

其中 Q_{p}^{*} 在公式(4)～(11)中给出。

为简化计算，偏位角 β 仅考虑近似值。

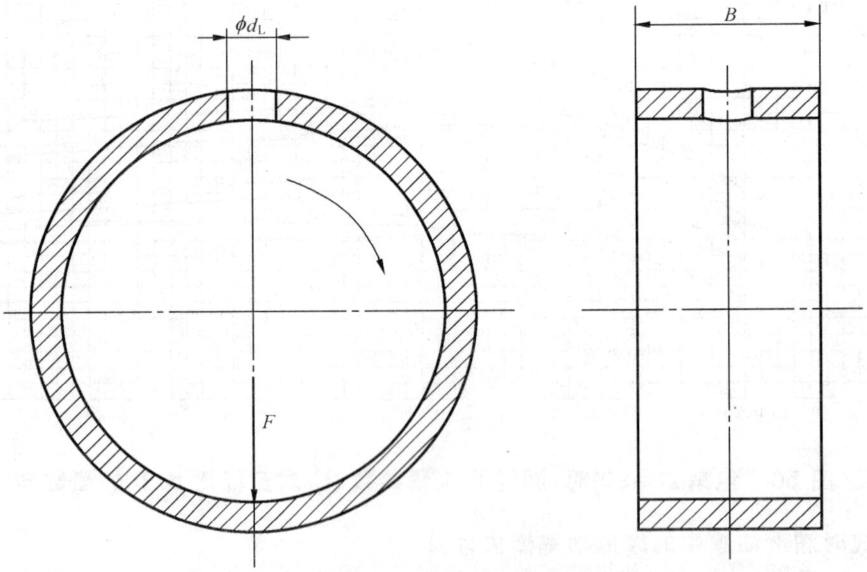

图 51　轴承载荷反向位置单油孔供油

6.1　轴承载荷反向位置单油孔供油

$$Q_{\mathrm{p}}^{*}=\frac{\pi}{48}\,\frac{(1+\varepsilon)^{3}}{\ln\left(\frac{B}{d_{\mathrm{L}}}\right)q_{\mathrm{L}}}\quad\cdots\cdots(4)$$

其中 $q_{\mathrm{L}}=1.204+0.368(d_{\mathrm{L}}/B)-1.046(d_{\mathrm{L}}/B)^{2}+1.942(d_{\mathrm{L}}/B)^{3}$

6.2 与轴承载荷成 90°方向单油孔供油

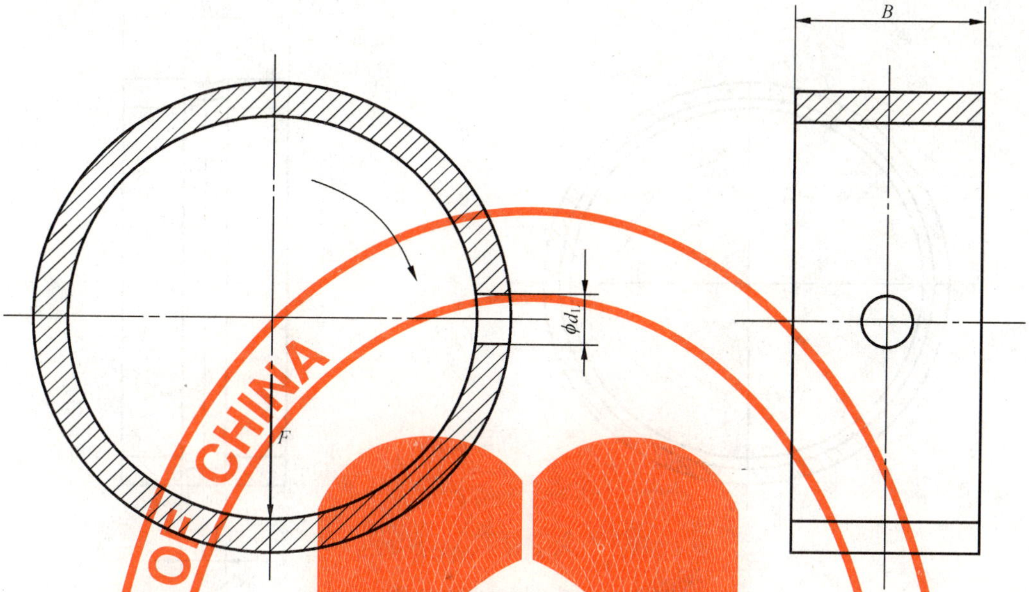

图 52 与轴承载荷成 90°方向单油孔供油

$$Q_p^* = \frac{\pi}{48}\frac{1}{\ln\left(\frac{B}{d_L}\right)q_L} \quad \cdots\cdots(5)$$

其中 q_L 在公式(4)中给出。

图 53 与轴承载荷成 90°方向双油孔供油

6.3 与轴承载荷成 90°方向双油孔供油

$$Q_p^* = \frac{\pi}{48}\frac{2}{\ln\left(\frac{B}{d_L}\right)q_L} \quad \cdots\cdots(6)$$

其中 q_L 在公式(4)中给出。

6.4 周向全油槽供油

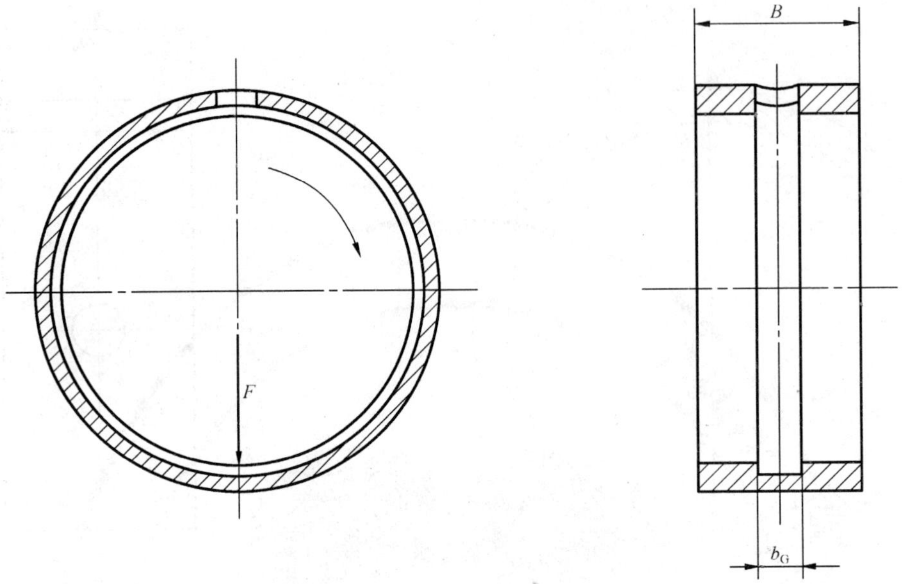

图 54 周向全油槽供油

$$Q_p^* = \frac{\pi}{24}\frac{1+1.5\varepsilon^2}{\left(\frac{B}{D}\right)}\frac{B}{B-b_G} \quad \cdots\cdots(7)$$

6.5 周向部分油槽供油

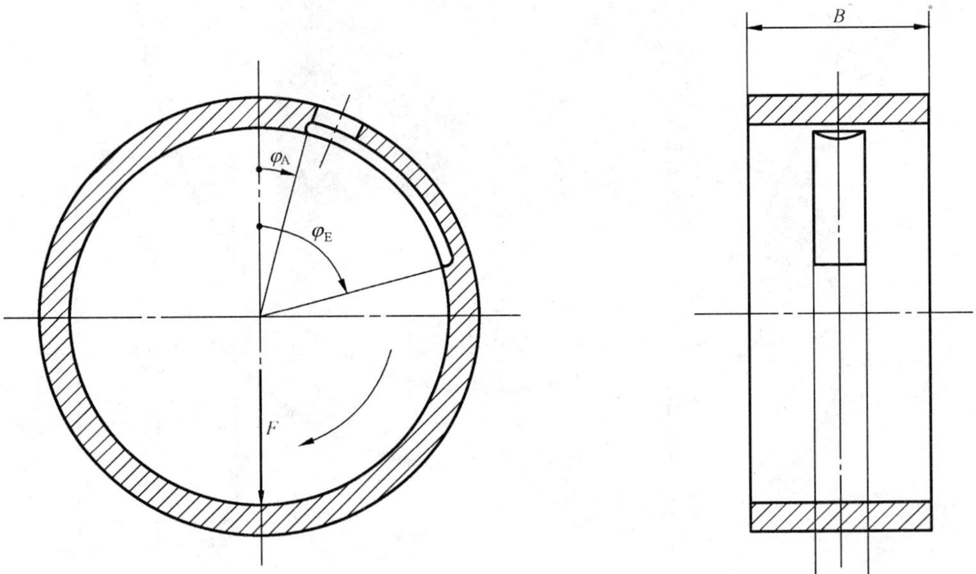

图 55 周向部分油槽供油

$$Q_p^* = \frac{1}{48}\frac{(\hat{\varphi}_E - \hat{\varphi}_A)(1+1.5\varepsilon^2)+(3\varepsilon+\varepsilon^3)(\sin\varphi_E - \sin\varphi_A)+0.75\varepsilon^2(\sin^2\varphi_E - \sin^2\varphi_A)-\frac{\varepsilon^3}{3}(\sin^3\varphi_E - \sin^3\varphi_A)}{\frac{B-b_G}{D}} \quad \cdots\cdots(8)$$

当$\widehat{\varphi}_E=90°$并且$\widehat{\varphi}_A=-90°$(180°油槽)时,公式(8)简化为:

$$Q_p^* = \frac{1}{48}\frac{\pi(1+1.5\varepsilon^2)+6\varepsilon+1.33\varepsilon^3}{\dfrac{B-b_G}{D}}$$

6.6 轴承载荷反向油腔供油

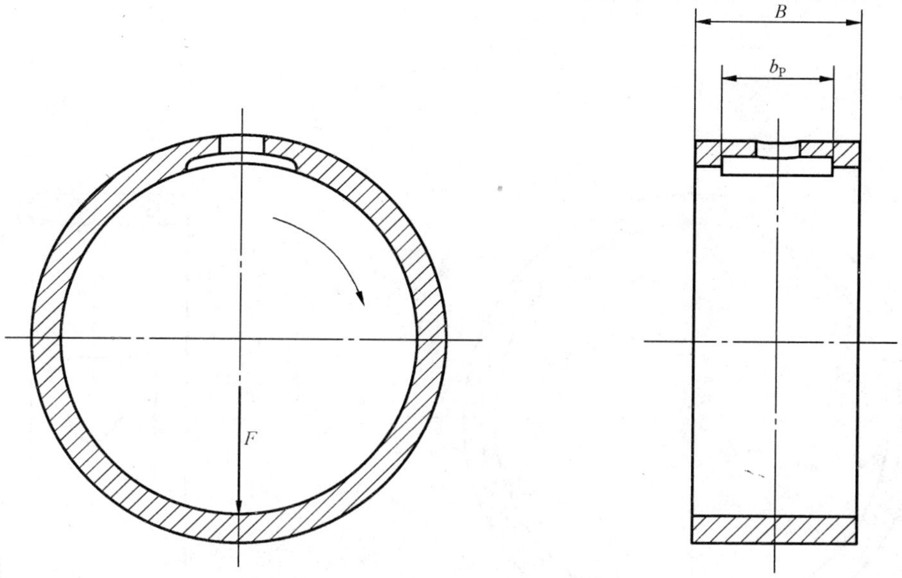

图 56 轴承载荷反向油腔供油

$$Q_p^* = \frac{\pi}{48}\frac{(1+\varepsilon)^3}{\ln\left(\dfrac{B}{b_P}\right)q_P} \qquad \cdots\cdots (9)$$

其中 $q_P=1.188+1.582\left(\dfrac{b_P}{B}\right)-2.585\left(\dfrac{b_P}{B}\right)^2+5.563\left(\dfrac{b_P}{B}\right)^3$

当 $0.05\leqslant\left(\dfrac{b_P}{B}\right)\leqslant0.7$ 时适用。

6.7 与轴承载荷成 90°方向单油腔供油

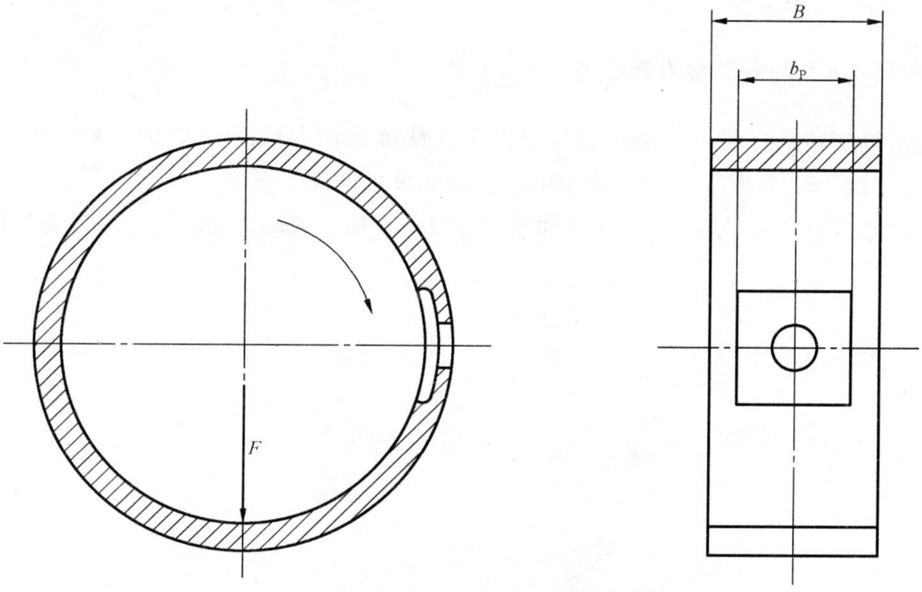

图 57 与轴承载荷成 90°方向单油腔供油

$$Q_{p}^{*} = \frac{\pi}{48} \frac{1}{\ln\left(\frac{B}{b_{P}}\right) q_{P}} \quad \cdots\cdots(10)$$

其中 q_P 在公式(9)中给出。

6.8 与轴承载荷成±90°方向双油腔供油

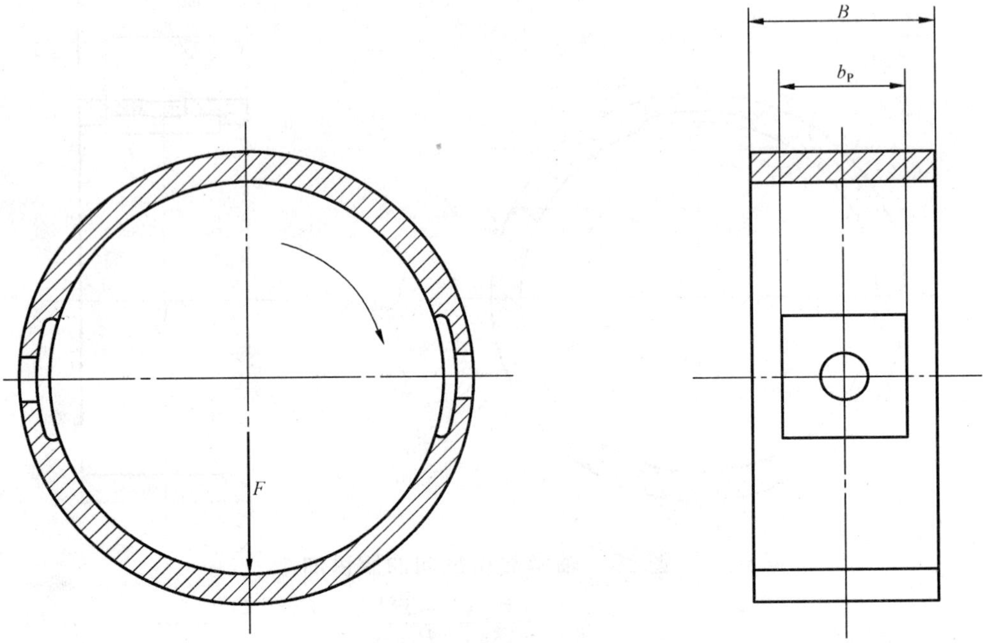

图 58 与轴承载荷成±90°方向双油腔供油

$$Q_{p}^{*} = \frac{\pi}{48} \frac{2}{\ln\left(\frac{B}{b_{P}}\right) q_{P}} \quad \cdots\cdots(11)$$

其中 q_P 在公式(9)中给出。

7 有效轴承温度 T_{eff} 下的有效动力黏度 η_{eff}

当通过润滑油制造商提供的参数或者通过测量无法确定动力黏度和温度的关系时，按 GB/T 3141 的规定，通过给定的 ISO 黏度等级和系数来确定二者之间的关系。

例如黏度系数 VI=100，则对应于有效轴承温度 T_{eff} 下的有效动力黏度 η_{eff} 可以通过图 59 来确定。

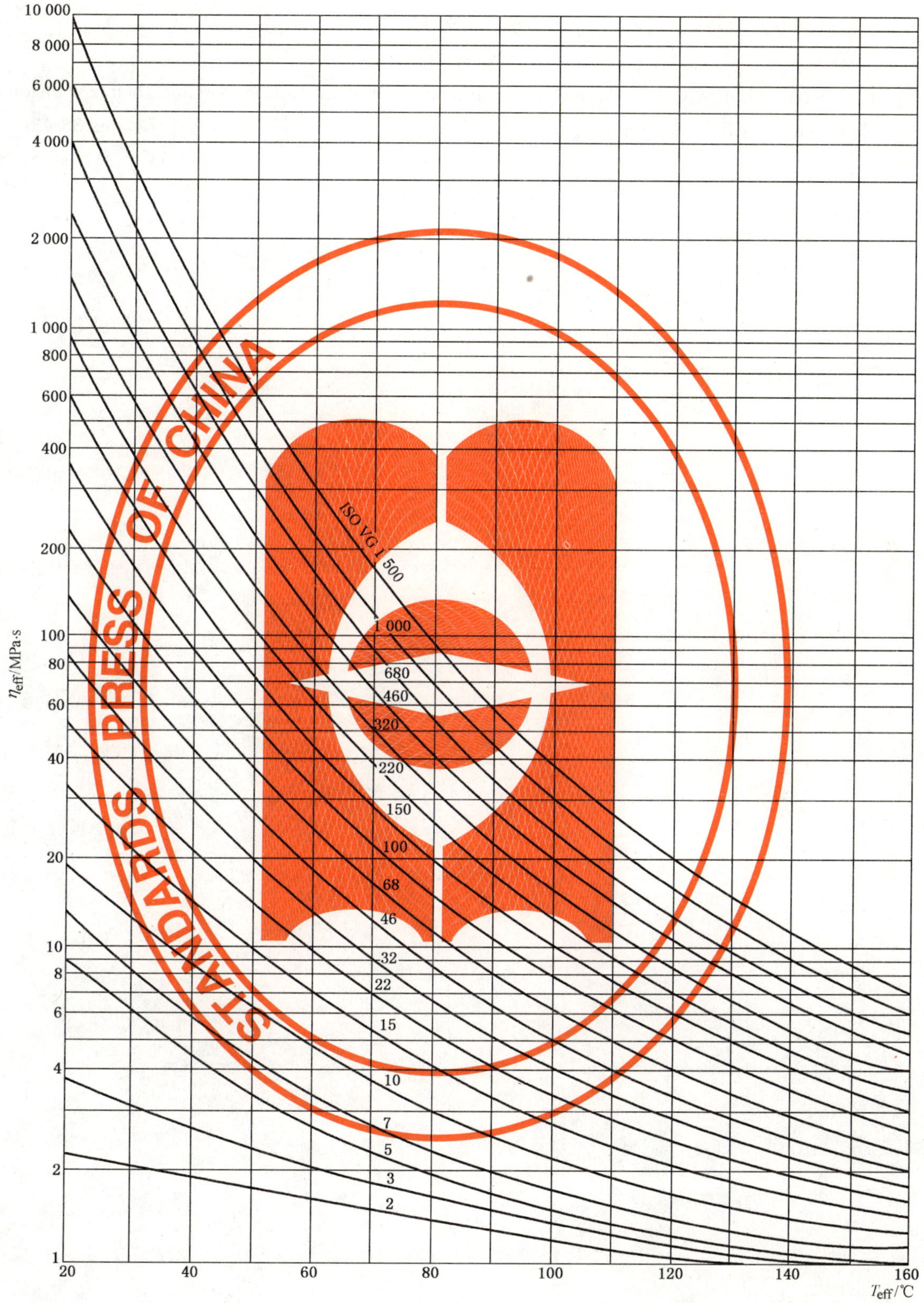

图 59 符合 GB/T 3141—1994，黏度指数 VI=100，密度 $\rho=0.9\times10^3$ kg/m^3 润滑油，有效轴承温度 T_{eff} 与有效动力黏度 η_{eff} 的对应关系

参考文献

[1] CONSTANTINESCU, V. Basic Relationships in Turbulent Lubrication and their Extension to include Thermal Effects. Transaction of the ASME, Series, F, No. 2, 95, 1973, pp. 35-43.

ICS 21.100.10
J 12

中华人民共和国国家标准

GB/T 21466.3—2008/ISO 7902-3:1998

稳态条件下流体动压径向滑动轴承 圆形滑动轴承 第3部分:许用的运行参数

Hydrodynamic plain journal bearings under steady-state conditions—Circular cylindrical bearings—Part 3: Permissible operational parameters

(ISO 7902-3:1998,IDT)

2008-02-28 发布 2008-07-01 实施

中华人民共和国国家质量监督检验检疫总局
中国国家标准化管理委员会 发布

前　　言

GB/T 21466《稳态条件下流体动压径向滑动轴承　圆形滑动轴承》由以下3部分组成：

——第1部分：计算过程

——第2部分：计算过程中所用函数

——第3部分：许用的运行参数

本部分是GB/T 21466的第3部分。

本部分等同采用国际标准ISO 7902-3:1998《稳态条件下流体动压径向滑动轴承　圆形滑动轴承　第3部分：许用的运行参数》。

本部分由中国机械工业联合会提出。

本部分由全国滑动轴承标准化技术委员会归口。

本部分起草单位：中机生产力促进中心、西安交通大学、浙江申科滑动轴承有限公司。

本部分由全国滑动轴承标准化技术委员会秘书处负责解释。

引　言

根据 GB/T 21466.1 计算圆形径向滑动轴承，以获得足够的运转可靠性时，所得的运行参数 h_{min}，T_B或 T_{ex}和$\overline{p}$不应超过或低于它们的许用运行参数 h_{lim}，T_{lim}和$\overline{p}_{lim}$。这些许用参数从几何与技术上表征了滑动轴承摩擦学系统的运行极限。它们是一些经验数值。即使会受到其他方面的一些影响，其仍然能够满足运行的可靠性(见 GB/T 21466.1)。

稳态条件下流体动压径向滑动轴承 圆形滑动轴承 第3部分:许用的运行参数

1 范围

GB/T 21466 的本部分规定了 $h_{\lim}$,$T_{\lim}$和$\overline{p}_{\lim}$的经验许用值。

注:对于某些应用场合,例如考虑到制造商提供的信息时,上述经验值可以修改。计算示例与符号的定义在 GB/T 21466.1—2008中给出。

2 规范性引用文件

下列文件中的条款通过 GB/T 21466 的本部分的引用而成为本部分的条款。凡是注日期的引用文件,其随后所有的修改单(不包括勘误的内容)或修订版均不适用于本部分,然而,鼓励根据本部分达成协议的各方研究是否可使用这些文件的最新版本。凡是不注日期的引用文件,其最新版本适用于本部分。

GB/T 1800.4—1999 极限与配合 标准公差等级和孔、轴的极限偏差表(eqv ISO 286-2:1988)

GB/T 18326—2001 滑动轴承 薄壁滑动轴承用金属多层材料(idt ISO 4383:1991)

GB/T 21466.1—2008 稳态条件下流体动压径向滑动轴承 圆形滑动轴承 第1部分:计算过程(ISO 7902-1:1998, IDT)

JB/T 7921—1995 滑动轴承 单层和多层轴承用铸造铜合金

JB/T 7922—1995 滑动轴承 单层轴承用锻造铜合金

ISO 4381 滑动轴承 多层滑动轴承用铅锡铸造合金

3 避免磨损的运行参数

3.1 保持运行润滑油膜厚度大于最小许用厚度 $h_{\lim}$是为了保证滑动轴承的完全流体润滑,从而使磨损的可能性降到最小以及降低对故障的敏感性。应避免污染颗粒进入润滑油,否则可能导致磨损加剧、划痕和局部过热,因而破坏滑动轴承的正常运行。必要时,应对润滑油进行适当过滤。

3.2 作为一个向混合润滑过渡的特征参数(见 GB/T 21466.1—2008,6.6),润滑油膜的最小许用厚度 $h_{\lim}$可以用公式(1)确定:

$$h_{\lim} = Rz_B + Rz_J + \frac{1}{2}By + \frac{1}{2}y + h_{wav,eff} \qquad (1)$$

其中考虑了:

——在理想位置(X—X 线)处,轴颈与轴承的微观不平度十点高度的总和[$Rz_B + Rz_J$]

——轴承宽度内的轴线同轴度(Y—Y 线)[$By/2$]

——平均挠度(Z—Z 线)[$y/2$]

3.3 如果在滑动表面(轴承或轴颈)的圆周方向上存在波动的几何偏差,在计算 $h_{\lim}$时,应考虑用轴颈最不利位置处的等效波纹度 $h_{wav,eff}$来计算。这种情况下,$h_{wav,eff}$为承受静载时轴承的等效波纹度或为承受旋转载荷时轴颈的等效波纹度。

如果已知粗糙度、变形和倾斜位置,则可以用图 2 来确定给定工作点(ε 或 $h_{\lim}$)的等效波纹度 $h_{wav,eff}$和最大许用等效波纹度 $h_{wav,eff,lim}$。

3.4 根据公式(1)可得：

$$h_{\lim} = m + h_{\mathrm{wav,eff}}$$

其中

$$m = Rz_{\mathrm{B}} + Rz_{\mathrm{J}} + \frac{1}{2}By + \frac{1}{2}y$$

$$h_{\mathrm{wav,eff}} = \frac{G}{E}a$$

注：E、G 由图 2 查得。

当给定润滑油膜的最小厚度 $h_{\min}$ 时，最大许用等效波纹度的幅值由下式确定：

$$h_{\mathrm{wav,eff,lim}} = h_{\min} - m$$

最大许用绝对波纹度 $h_{\mathrm{wav,lim}}$ 的值为：

$$h_{\mathrm{wav,lim}} = \frac{G}{E}h_{\mathrm{wav,eff,lim}}$$

注：E、G 由图 2 查得。

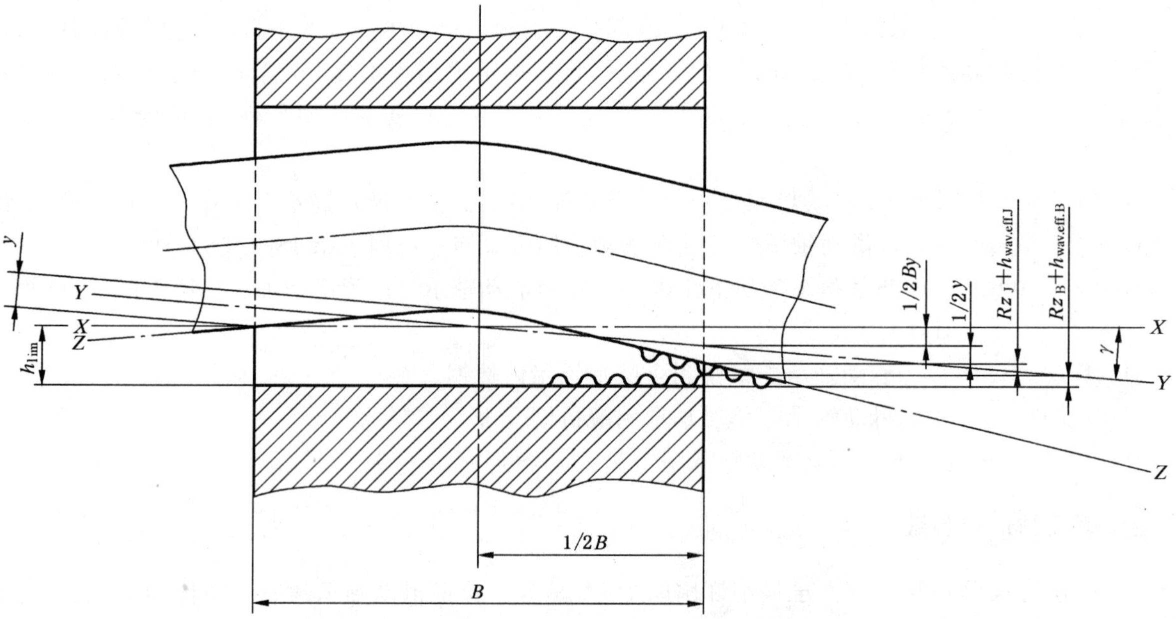

图 1 不允许磨合时的最小许用润滑油膜厚度

3.5 $h_{\mathrm{wav,eff}}$、$h_{\lim}$、$h_{\mathrm{wav,eff,lim}}$ 和 $h_{\mathrm{wav,lim}}$ 的计算示例

给定量：

$$B/D = 0.5$$

$$C/2 = 85 \times 10^{-6}\,\mathrm{m}$$

$$m = 6 \times 10^{-6}\,\mathrm{m}$$

$$h_{\mathrm{wav}} = 5 \times 10^{-6}\,\mathrm{m}$$

$$i = 6$$

$$h_{\min} = 8.5 \times 10^{-6}\,\mathrm{m}$$

$$\varepsilon = 1 - \frac{h_{\min}}{C/2} = 0.9$$

当 $B/D=0.5$ 时，由图 2 查得：$E=0.86$。

当 $i=6$ 且 $\varepsilon=0.9$ 时，由图 2 查得：$G=1.85$。

因此

$$h_{\text{wav,eff}} = \frac{0.86}{1.85} \times 5 \times 10^{-6}\,\text{m} = 2.32 \times 10^{-6}\,\text{m}$$

且

$$h_{\text{lim}} = 6 \times 10^{-6} + 2.32 \times 10^{-6}\,\text{m} = 8.32 \times 10^{-6}\,\text{m}$$

由于 $h_{\text{min}} > h_{\text{lim}}$，故 $h_{\text{min}} = 8.5 \times 10^{-6}\,\text{m}$ 可用。

$$h_{\text{wav,eff,lim}} = 8.5 \times 10^{-6}\,\text{m} - 6 \times 10^{-6}\,\text{m} = 2.5 \times 10^{-6}\,\text{m}$$

$$h_{\text{wav,lim}} = \frac{1.85}{0.86} \times 2.5 \times 10^{-6}\,\text{m} = 5.38 \times 10^{-6}\,\text{m}$$

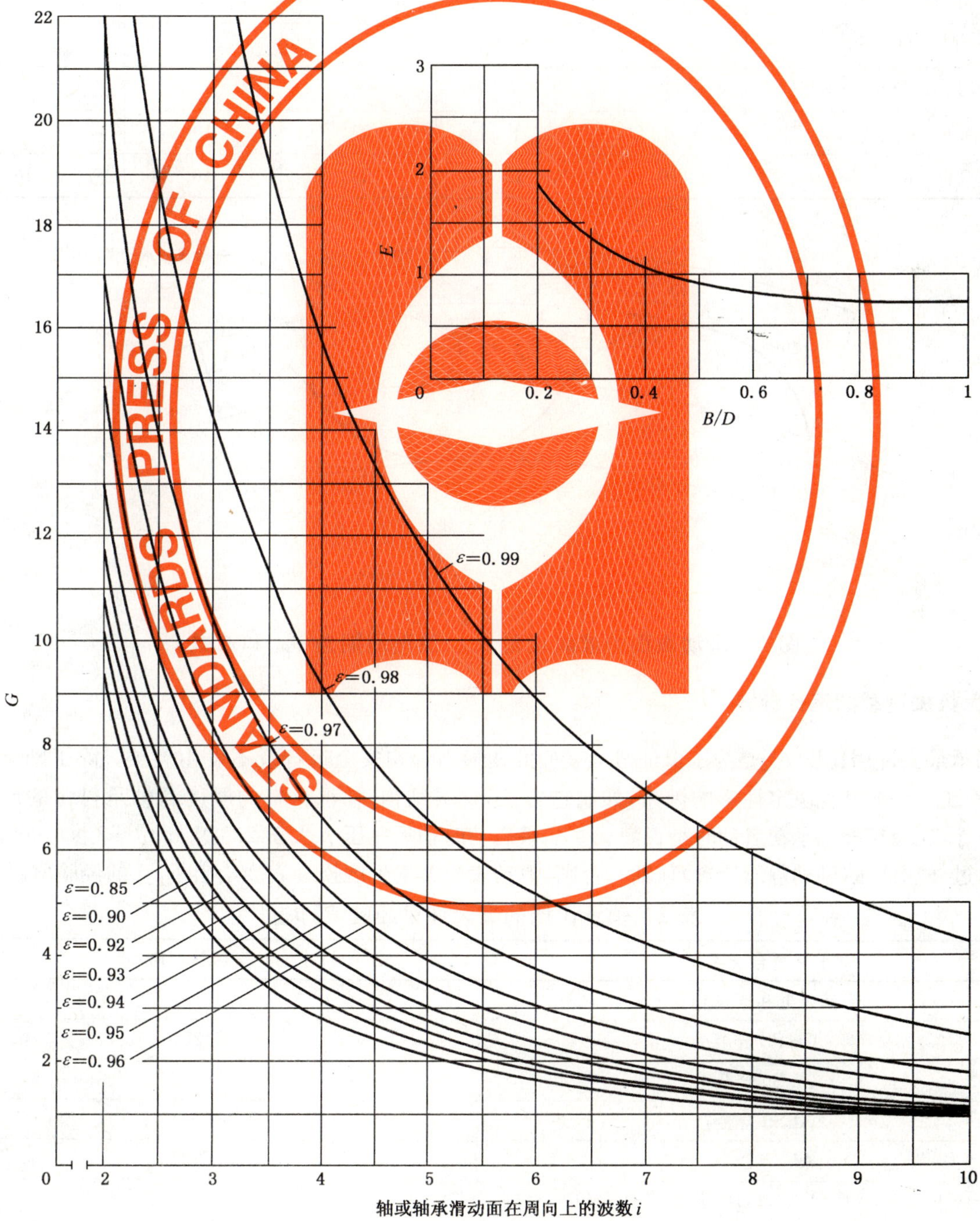

图 2 等效波纹度 $h_{\text{wav,eff}}$ 和最大许用等效波纹度 $h_{\text{wav,eff,lim}}$ 的确定

3.6 通常,形状公差是不规则的。计算 $h_{wav,eff}$ 时,承载区域滑动表面的波纹很重要。

对于载荷和滑动速度较低的磨合过程,为了修平滑动表面,允许使用一个较小的润滑油膜最小厚度值。必要时,轴承应使用具有良好磨合性的材料。

表 1 给出了 h_{min} 的经验许用值,其中假设了轴的微观不平十点高度 $Rz_J \leqslant 4\mu m$;滑动表面的几何误差较小、装配正确并且润滑油充分过滤。

表 1 最小许用润滑油膜厚度的经验值 h_{lim}

单位为微米

轴径 D_J/mm	轴颈线速度 U_J/(m/s)				
	$U_J \leqslant 1$	$1 < U_J \leqslant 3$	$3 < U_J \leqslant 10$	$10 < U_J \leqslant 30$	$30 < U_J$
$24 < D_J \leqslant 63$	3	4	5	7	10
$63 < D_J \leqslant 160$	4	5	7	9	12
$160 < D_J \leqslant 400$	6	7	9	11	14
$400 < D_J \leqslant 1\,000$	8	9	11	13	16
$1\,000 < D_J \leqslant 25\,000$	10	12	14	16	18

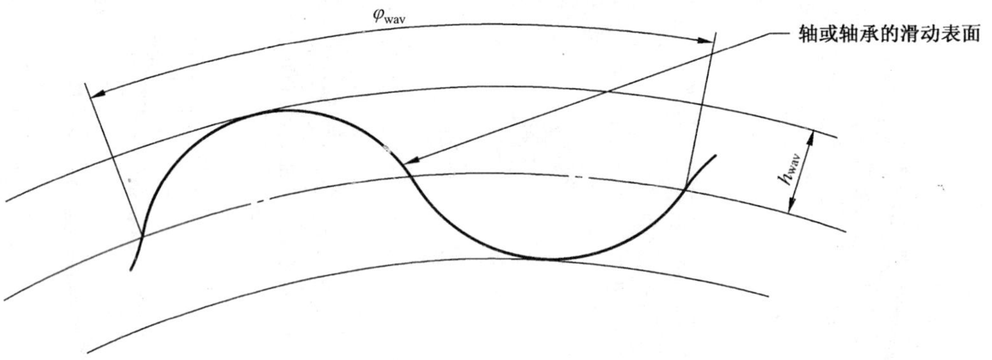

波数 $i = \frac{360^\circ}{\varphi_{wav}}$

图 3 滑动表面的波纹度值 h_{wav}、波形周期角 φ_{wav} 和波数 i

4 避免机械过载的运行参数

轴承最大许用比压 p_{lim} 是为了保证滑动表面的变形不影响安全运行及不发生裂纹。除了轴承材料的成分外,还有许多其他决定性影响因素,如制造方法,材料结构,轴承材料的厚度和轴承衬背的形状与型式。另外,还应校核轴承在启动时是否满载。如果启动时轴承比压 p 大于 2.5 N/mm²~3 N/mm²,则可能需要通过外加油压(辅助静压装置)顶轴。否则,滑动表面会发生磨损。表 2 给出了 $\overline{p}_{lim}$ 的经验值。

表 2 轴承比压的最大许用经验值,$\overline{p}_{lim}$

轴承材料合金类别[a]	$\overline{p}_{lim}$[b,c]/MPa
铅基合金和锡基合金	5(15)
Cu-Pb 合金	7(20)
Cu-Sn 合金	7(25)
Al-Sn 合金	7(18)
Al-Zn 合金	7(20)

a GB/T 18326,JB/T 7921,JB/T 7922 和 ISO 4381;

b 圆括号内的值,用于特殊的运行条件下,例如滑移速度非常低时;

c 1 MPa=1 N/mm²。

5 避免热过载的运行参数

5.1 轴承的最大许用温度 T_{lim}取决于轴承材料和润滑油。

随着温度的升高，轴承材料的硬度和强度降低。对于低熔点的铅基合金和锡基合金应特别注意。

另外，随温度的升高润滑油的黏度下降。滑动轴承的承载能力也因此而下降，某些情况下，可能导致混合摩擦磨损。此外，当温度高于 80℃时，基础油为矿物油的润滑油的老化速度会加快。

5.2 当滑动轴承在稳定状态下运行时，温度场为定值。当根据 GB/T 21466 进行计算时，轴承的热负荷可以通过轴承温度 T_B来描述，或者通过润滑油的出口温度 T_{ex}来描述，假设它们均不高于 T_{lim}。

5.3 表 3 给出了 T_{lim}的一般经验值，其中考虑了温度场的最大值高于计算所得的轴承温度 T_B，或者高于计算所得的润滑油的出口温度 T_{ex}。

表 3 轴承最大许用温度的经验值 T_{lim}

轴承润滑的类型	T_{lim}/℃ [a]	
	润滑油总量与每分钟润滑油流量之比	
	≤5	>5
压力润滑（循环润滑）	100(115)	110(125)
无压润滑（自动润滑）	90(110)	
[a] 例外情况下，圆括弧内的值可用在特殊运行条件。		

5.4 对于全部可用的轴承润滑油来说，总是只有一小部分在某个有限的时期内位于轴承间隙中，因而处在高温的情况下。也就是说 T_B或 T_{ex}对于润滑油的使用寿命是重要的。通常，与自润滑轴承相比，这一比率更有利于全周润滑的轴承。

6 轴承间隙的运行参数

6.1 轴承间隙对滑动轴承运行的影响非常大。虽然确定它的值实际上要考虑所有其他的运行数据，但是实践中，已证实下面的近似公式可求出近似值。根据这个公式，轴承平均相对间隙的平均值$\overline{\Psi}$（单位为千分之一）可通过仅与圆周速度 U_J（单位为米每秒）有关的公式来计算：

$$\overline{\Psi} = 0.8\sqrt[4]{U_J}$$

注：经验显示，按 GB/T 1800.4—1999 中的公差来实现合适的间隙配合比较困难。可能会产生偏差大于用此公式计算所得的平均值的情况。

因此，轴承平均相对间隙应优先为

0.56　0.8　1.12　1.32　1.6　1.9　2.24　3.15(‰)

上述轴承平均相对间隙是优先数系。

6.2 表 4 给出了$\overline{\Psi}$的一般经验值，它们不仅与圆周速度有关，与轴颈直径也有关。因为对于相同的索莫菲尔德数和相同的 B/D 比，在轴承中测得的最高温度随着直径的减小而增加。从表 4 中选取轴承平均相对间隙来减小这一趋势。

表 4 未考虑如下影响因素：

——从外界传导到轴承内的热量引起的轴颈温度升高；

——由轴承载荷产生的较大的弹性变形；

——轴颈与轴承在热变形或热膨胀上的较大差异；

——润滑油具有特别高或特别低的黏度。

轴承运行时的间隙计算，见 GB/T 21466.1—2008 中 6.7。

表 4 轴承平均相对间隙的经验值$\overline{\psi}$

单位为千分之一

轴径 D_J/mm	轴颈线速度 U_J/(m/s)				
	$U_J \leqslant 1$	$1 < U_J \leqslant 3$	$3 < U_J \leqslant 10$	$10 < U_J \leqslant 30$	$30 < U_J$
$D_J \leqslant 100$	1.32	1.6	1.9	2.24	2.24
$100 < D_J \leqslant 250$	1.12	1.32	1.6	1.9	2.24
$250 < D_J$	1.12	1.12	1.32	1.6	1.9

ICS 53.060
J 83

中华人民共和国国家标准

GB/T 21467—2008/ISO 5767:1992

工业车辆在门架前倾的特定条件下堆垛作业　附加稳定性试验

Industrial trucks operating in special condition of stacking with mast titled forward—Additional stability test

(ISO 5767:1992,IDT)

2008-02-28 发布　　　　2008-08-01 实施

中华人民共和国国家质量监督检验检疫总局
中国国家标准化管理委员会　发布

前　言

本标准等同采用 ISO 5767:1992《工业车辆在门架前倾的特定条件下堆垛作业　附加稳定性试验》(英文版)。

本标准等同翻译 ISO 5767:1992。

为了便于使用,本标准作了下列编辑性修改:

——“本国际标准”一词改为“本标准”;

——删除了国际标准的前言;

——将 ISO 5767:1992/Amd1:1999 修改件 1 的内容纳入到本标准中。

——对 ISO 5767:1992 中引用的其他国际标准,已被等同采用为我国标准的,用我国标准代替对应的国际标准,未被等同采用为我国标准的直接引用国际标准。

本标准由中国机械工业联合会提出。

本标准由北京起重运输机械研究所归口。

本标准负责起草单位:北京起重运输机械研究所。

本标准参加起草单位:安徽合力股份有限公司、浙江杭叉工程机械股份有限公司、宁波如意股份有限公司、浙江诺力机械股份有限公司。

本标准主要起草人:赵春晖、陶佳红。

工业车辆在门架前倾的特定条件下堆垛作业　附加稳定性试验

1　范围

本标准规定了验证在水平地面进行堆垛作业的车辆，在其载荷处于最大起升位置及门架前倾(见图1)条件下的稳定性的附加试验。本标准适用于下列车辆(但不包括正常工作条件下的稳定性试验)：

a)　带有可倾斜门架的所有额定起重量的平衡重式叉车；

b)　带有可倾斜门架，额定起重量不大于10 000 kg的前移式(可伸缩门架或货叉)和插腿式叉车；

c)　带有可倾斜门架，额定起重量不大于10 000 kg的托盘堆垛车和高起升平台堆垛车。

本标准不适用于搬运可自由摆动的悬吊载荷的车辆。

2　规范性引用文件

下列文件中的条款通过本标准的引用而成为本标准的条款。凡是注日期的引用文件，其随后所有的修改单(不包括勘误的内容)或修订版均不适用于本标准，然而，鼓励根据本标准达成协议的各方研究是否可使用这些文件的最新版本。凡是不注日期的引用文件，其最新版本适用于本标准。

GB/T 5141—2005　平衡重式叉车　稳定性试验(ISO 1074:1991,IDT)

GB/T 5142—2005　前移式和插腿式叉车　稳定性试验(ISO 3184:1998,IDT)

GB 10827—1999　机动工业车辆　安全规范(eqv ISO 3691:1980)

GB/T 21468—2008　托盘堆垛车和高起升平台堆垛车　稳定性试验(ISO 5766:1990,IDT)

3　稳定性试验

3.1　试验要求

按照第1章中定义的工业车辆的稳定性应采用3.2中给定的验证方法之一来验证。

3.2　验证方法

3.2.1　倾斜平台

应使用能绕其一侧倾斜的试验平台。将进行稳定性试验的车辆放置在初始呈水平状态的试验平台上。

对于平衡重式叉车，其在试验平台上的位置应按照GB/T 5141—2005中第1项试验的要求，且其在试验平台上的定位应符合GB/T 5141的要求。

对于步行式和乘驾式操纵的前移式和插腿式叉车，其在试验平台上的位置应按照GB/T 5142—2005中第1项试验的要求，且其在试验平台上的定位应符合GB/T 5142的要求。

对于步行式和乘驾式操纵的托盘堆垛车和高起升平台堆垛车，其在试验平台上的位置应按GB/T 21468—2008中第1项试验的要求，且其在试验平台上的定位应符合GB/T 21468的要求。

试验载荷起升到最大起升高度后，将门架前倾至最大倾角。

然后，平台应逐渐倾斜至GB/T 5141、GB/T 5142或GB/T 21468中第1项试验规定的坡度。

如果车辆在上述试验条件下不倾翻，则认为是稳定的。

对于该试验来说，倾翻定义为试验平台的倾斜度，即会导致车辆倾翻的临界倾斜度。

3.2.2　固定斜坡

应使用与上述规定的试验倾斜度相当坡度的固定斜坡。该斜坡表面应平整并能支承车辆的质量而不产生影响试验结果的变形。

将门架处于低位的被试平衡重式叉车开上固定斜坡，并按照 GB/T 5141—2005 中第 1 项试验的要求停放。叉车在试验斜坡上的定位应符合 GB/T 5141 的要求。

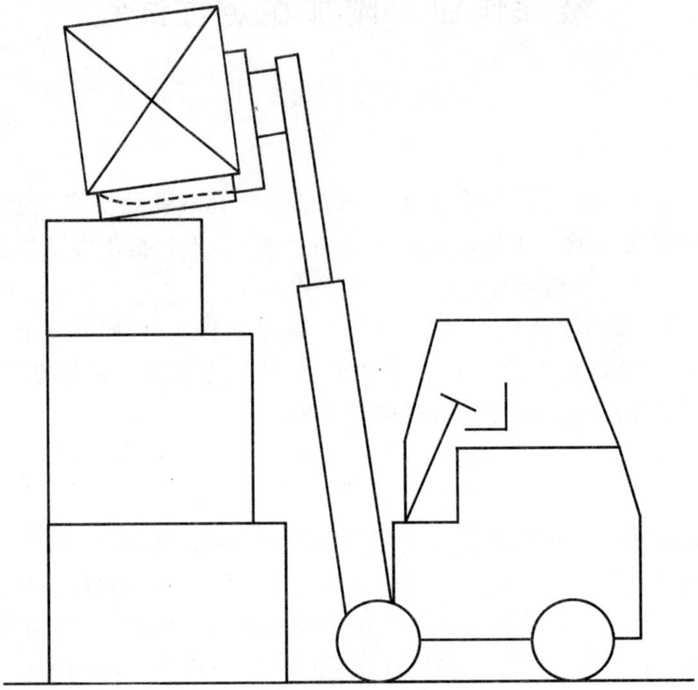

图 1

将门架处于低位的步行式和乘驾式操纵的被试前移式和插腿式叉车开上固定斜坡，并按照 GB/T 5142—2005 中第 1 项试验的要求停放。叉车在试验斜坡上的定位应符合 GB/T 5142 的要求。

将门架处于低位的步行式和乘驾式操纵的被试托盘堆垛车和高起升平台堆垛车开上固定斜坡，并按照 GB/T 21468—2008 中第 1 项试验的要求停放。车辆在试验斜坡上的定位应符合 GB/T 21468 的要求。

将门架前倾至最大倾角，试验载荷缓慢而平稳地起升到最大起升高度。

如果车辆在上述试验条件下不倾翻，则认为是稳定的。

对于该试验来说，倾翻定义为门架高度，即会导致车辆倾翻的临界门架高度。

3.2.3 计算

可以由计算确定符合规定的稳定性数值。

该计算值应考虑制造误差和门架与轮胎的变形等。

3.3 试验载荷

试验载荷的质量应等于叉车在该附加试验的特定条件下能起升到其最大起升高度并作用在质心 G 处的最大载荷 Q，质心 G 通常位于叉车标牌上标出的标准载荷中心距 D 处，即从货叉垂直段前表面到 G 的水平距离和从货叉水平段上表面到 G 的垂直距离。见图 2。

试验载荷的质心 G 应位于车辆纵向中心平面内。

3.4 安全措施

应采用符合 GB/T 5141、GB/T 5142 或 GB/T 21468 中规定的安全措施。

4 除货叉以外其他属具车辆的稳定性试验

装有除货叉以外其他属具的车辆，应进行同样的稳定性试验，除非属具会将载荷质心移至车辆纵向中心平面以外。

试验载荷应为该属具用于被试车辆时在规定载荷中心距处的标定载荷。

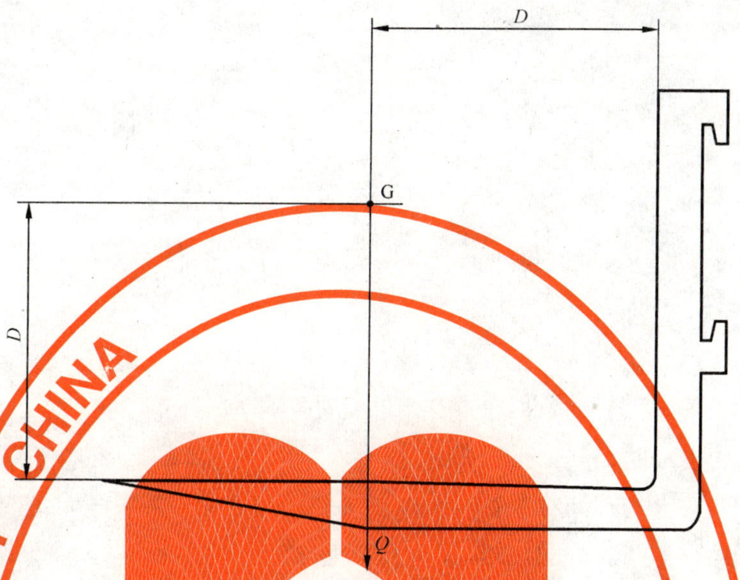

图 2

5 标志

通过该附加稳定性试验确定的特定起重量和前倾角应在按 GB 10827—1999 中 5.4 规定的标牌上标明。

ICS 53.060
J 83

中华人民共和国国家标准

GB/T 21468—2008/ISO 5766:1990

托盘堆垛车和高起升平台堆垛车稳定性试验

Pallet stackers and high-lift platform trucks—Stability tests

(ISO 5766:1990,IDT)

2008-02-28 发布

2008-08-01 实施

中华人民共和国国家质量监督检验检疫总局
中国国家标准化管理委员会 发布

前　言

本标准等同采用ISO 5766:1990《托盘堆垛车和高起升平台堆垛车　稳定性试验》(英文版)。

本标准等同翻译ISO 5766:1990。

为了便于使用,本标准作了下列编辑性修改:

——"本国际标准"一词改为"本标准";

——用小数点"."代替作为小数点的",";

——删除了国际标准的前言;

——去掉了所有英制单位对应的数值、公式和注。

本标准由中国机械工业联合会提出。

本标准由北京起重运输机械研究所归口。

本标准负责起草单位:北京起重运输机械研究所。

本标准参加起草单位:安徽合力股份有限公司、浙江杭叉工程机械股份有限公司、宁波如意股份有限公司、浙江诺力机械股份有限公司和天津港(集团)有限公司。

本标准主要起草人:赵春晖、陶佳红。

托盘堆垛车和高起升平台堆垛车稳定性试验

1 范围

本标准规定了验证步行式和乘驾式托盘堆垛车和高起升平台堆垛车稳定性的基本试验。

本标准适用于额定起重量不大于5 000 kg,门架、载货平台、货叉可倾斜或不可倾斜的堆垛车和搬运车。也适用于在相同工作条件下装有载荷搬运属具的车辆。

本标准不适用于带有可伸缩装置(例如门架或货叉)的车辆,也不适用于搬运可自由摆动的悬吊载荷的车辆。

2 规范性引用文件

下列文件中的条款通过本标准的引用而成为本标准的条款。凡是注日期的引用文件,其随后所有的修改单(不包括勘误的内容)或修订版均不适用于本标准,然而,鼓励根据本标准达成协议的各方研究是否可使用这些文件的最新版本。凡是不注日期的引用文件,其最新版本适用于本标准。

GB/T 8591 土方机械 司机座椅标定点(GB/T 8591—2000,eqv ISO 5353:1995)

3 试验目的

3.1 正常工作条件

本标准规定的基本试验是用来验证托盘堆垛车和高起升平台堆垛车在下列正常工作条件下合理而恰当地使用时所具有的良好的稳定性,即:

a) 门架基本垂直,货叉相对水平,在坚实、平整、水平和铺好的路面上进行堆垛作业;

b) 门架或货叉后倾(如有可能),载荷处于较低(运行)位置,在坚实、平整和铺好的路面上运行;

c) 载荷质心约在车辆纵向中心平面内时进行作业。

3.2 非正常工作条件

当工作条件与3.1中规定的不相同时,应使用:

a) 符合其他标准(例如GB 21467[1])所规定的不同特定条件的车辆;或

b) 稳定性由有关双方商定,但不应低于正常工作条件(见3.1)下试验规定的稳定性要求的车辆。

4 稳定性试验

4.1 试验要求

车辆的稳定性应采用下述验证方法之一进行验证。在有争议的情况下,倾斜平台法应作为仲裁方法。

4.2 验证方法

4.2.1 倾斜平台

应使用能绕其一侧倾斜的平台。将被试车辆按4.3规定的条件,放置在初始呈水平状态的试验平台上,按表2中给出的各个位置依次进行试验。

进行每项试验时,试验平台应逐渐倾斜到表2中规定的倾斜度。若车辆通过全部试验而不倾翻,则认为是稳定的。

1) GB/T 21467 工业车辆在门架前倾的特定条件下堆垛作业 附加稳定性试验

对这些试验来说,倾翻定义为试验平台的倾斜度,即会导致车辆倾翻的临界倾斜度。

在横向稳定性试验中,允许一个承载车轮离开试验平台,并且允许车辆结构部件或其他专门设计的结构与试验平台接触。

4.2.2 固定斜坡

应使用与上述规定的试验倾斜度相当坡度的固定斜坡。该斜坡表面应平整并能支承车辆的质量而不产生影响试验结果的变形。

按 4.3 规定的试验条件,将门架处于低位的被试车辆开上固定斜坡,并按试验表的要求停放。满载被试车辆处于每一个试验位置时,应缓慢而平稳地将试验载荷起升到表 2 中所规定的高度。

4.2.3 计算

可以由计算确定符合规定的稳定性数值。

该计算值应考虑制造误差和门架与轮胎的变形等。

4.3 试验条件

4.3.1 车辆状况

试验应在一台可供使用的车辆上进行。

如果某项试验因驾驶员不在其位置上而稳定性降低时,则乘驾式车辆的驾驶员应由一块质量为 90 kg 的物体来代替。对于站驾式车辆,应将一块质量为 90 kg 的物体固定在驾驶员正常工作位置中心上,其质心在驾驶员平台地板上方 1 000 mm 处。对于坐驾式车辆,物体的质心应固定在驾驶员座椅标定点(SIP)上方 150 mm 处,座椅标定点按 GB/T 8591 确定,并将座椅置于可调范围的中点。

如果稳定性因为燃油的原因而降低,则内燃叉车的燃油箱应加满。其他各油箱应按其用途添加到规定工作油位。轮胎应按叉车制造商规定的压力值充气。

4.3.2 车辆在试验平台上的位置(见表 2)

对于第 1 和第 2 项试验,车辆在试验平台上应这样放置,其驱动(转向)桥及外伸支腿轮轴平行于试验平台倾斜轴线 XY(见图 7 和 8)。

对于第 3 和第 4 项试验,车辆在试验平台上应这样放置,其 MN 线平行于试验平台的倾斜轴线 XY(见图 11 至图 16)。

对于第 5 和第 6 项试验,车辆在试验平台上应这样放置,其纵向轴线垂直于平台的倾斜轴线 XY(见图 19 和图 20)。

在图 13 所示情况下,靠近倾斜轴线的转向轮应与倾斜轴线平行。其他型式车辆的转向轮位置如图 11、图 12、图 14、图 15 和图 16 所示。

横向稳定性试验应在车辆稳定性较小的一侧进行。

图 11 至图 16 中的 N 点是靠近倾斜轴线 XY 的外伸支腿轮与试验平台接触区域的中心点。

M 点的定义如下:

a) 对于具有一个非铰接驱动(转向)轮的车辆(见图 11),M 点是指驱动(转向)桥中心线与驱动轮轮宽中心线的交点在试验平台上的垂直投影;

b) 对于具有一对非弹性脚轮的车辆(见图 12),M 点是指脚轮轴中心线与两脚轮之间中点的交点在试验平台上的垂直投影,非弹性脚轮安装在靠近车辆中心面的脚轮轴中心线上;

c) 对于具有一个驱动转向桥安装在车辆中心平面内铰接车架上的车辆(见图 13),M 点是指铰接车架横向轴线与车辆中心平面 AB 之间的交点在试验平台上的垂直投影;

d) 对于具有一个弹性脚轮和单个非弹性驱动(转向)轮的车辆(见图 14),M 点是指驱动轮轴的中心线与驱动轮轮宽中心线之间的交点在试验平台上的垂直投影,并且驱动轮轴线与倾斜轴线成直角;

e) 对于具有非铰接双驱动(转向)轮的车辆(见图 15),M 点是指驱动桥的中心线与靠近倾斜轴的驱动轮轮宽中心线的交点在试验平台上的垂直投影,并且驱动轮轴线与倾斜轴线成直角;

f) 对于具有非铰接、非弹性外伸支腿轮的车辆(见图 16),M 点是指脚轮轮宽中心线与靠近车辆中心面的非弹性脚轮轴中心线的交点在试验平台上的垂直投影;

注:图 19 所示确定 M 点的方法与图 13 相同。

g) 对于具有非铰接、非弹性外伸支腿轮的车辆(见图 20),M 点是脚轮轮轴中心线与脚轮轮宽中心线的交点在试验平台上的垂直投影。非弹性脚轮的位置为脚轮轴的中心线平行于倾斜轴线,并且脚轮转向远离倾斜轴线的方向。

4.3.3 试验载荷

试验载荷的质量应等于车辆能起升到其最大起升高度并作用在质心 G 处的最大载荷 Q,质心 G 通常位于车辆标牌上标出的标准载荷中心距 D 处,即从货叉垂直段前表面到 G 的水平距离和从货叉水平段上表面到 G 的垂直距离。

当车辆标牌上标有附加的起升高度、载荷和载荷中心距时,车辆应满足本标准中为这些附加值规定的试验要求。

对于第 1、第 2、第 3 和第 5 项试验,试验载荷的质心 G(见图 1)应位于车辆纵向中心平面 AB 内(见图 7、图 8、图 19 和图 20)。

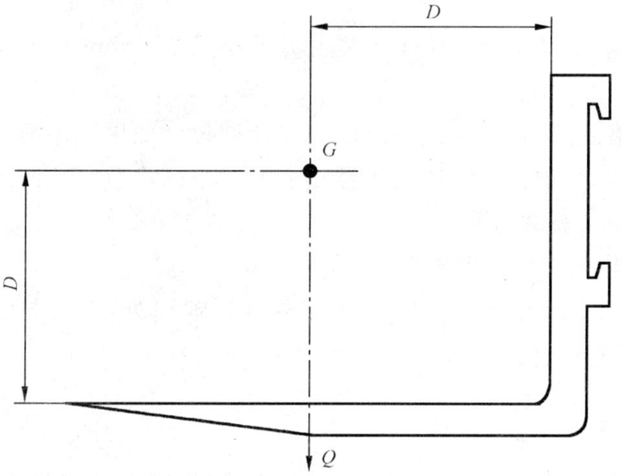

图 1

标准载荷中心距 D 为 600 mm。

4.3.4 车辆在试验平台上的定位

车辆在每项试验过程中,应保持其在试验平台上的初始位置。

这可以通过使用停车制动器或行车制动器来实现,这些制动器能被可靠地置于“制动”状态,或将车轮与车架楔紧,但无论如何应确保不影响铰接功能。

为保持车辆在试验平台上的初始位置,必要时可使用垫块或楔块,其最大高度不应超过表 1 所列数值。如使用垫块或楔块,不应人为地提高车辆的稳定性。

必要时,可采用适当的能增加摩擦的材料,以提高试验平台表面的摩擦系数。

表 1 垫块或楔块高度

单位为毫米

轮胎外径 d	垫块或楔块最大高度
$d \leqslant 250$	25
$250 < d \leqslant 500$	0.1 d
$d > 500$	50

4.3.5 货叉垂直段前表面的位置

在进行第1项试验时，当货叉从低位起升后，载荷基准点(即 E 点)的水平位置不应变动(见图4)。

使用铅垂线或其他适宜的设备校正门架的垂直位置，将货叉及规定的试验载荷起升到距试验平台上方约300 mm处。货叉垂直段前表面垂直，由于货叉或货叉架与试验载荷质心 G(见图1)有固定关系，则可在货叉或货叉架上设立 E 点(见图2)。E 点应作为试验平台上 F 点的参考基准(见图2)。当门架起升时，在试验平台上可能会产生一个新的 F_1 点(见图3)，通过进行下述调整，可使新的 F_1 点与 F 点的初始位置重合(见图4)。

a) 对于具有可倾斜门架的车辆，应在其设计值允许范围内通过改变门架倾角来校正 F_1 点的位置变化；

b) 对于具有不可倾斜门架的车辆，应在其设计值允许范围内通过调整货叉或货叉架的倾角(若装有)来校正 F_1 点的位置变化。

对于具有不可倾斜门架、货叉或货叉架的车辆，不能进行调整。

4.3.6 模拟运行试验的起升高度

进行模拟运行试验，即进行第2、第4和第6项试验时，从货叉叉根处测量，货叉上表面应高于试验平台约300 mm。

为防止货叉与支腿相碰，货叉叉根应位于支腿上方不小于150 mm高度处。

4.3.7 安全措施

在试验过程中应采取措施，防止车辆倾翻或试验载荷移位。如果采用绳套或链条来防止整车倾翻，则该绳套或链条应足够松弛，以便在车辆达到倾翻点之前对车辆没有明显的约束。

应采用下列方法来防止试验载荷移位：

a) 将试验载荷牢固地固定在载货架或类似结构上；

b) 利用货叉上的适当支承点将试验载荷悬挂在靠近地面处，而悬挂点应位于试验载荷质心 G 处，如同试验载荷置于货叉上。

5 采用属具车辆的稳定性试验

装有除货叉以外其他属具的车辆，应进行同样的稳定性试验，除非属具会将载荷质心移至车辆纵向中心平面 AB 以外。

为校验门架的垂直位置，应选择一个与试验载荷质心 G(见图1)有固定关系的参考点。

试验载荷应为该属具用于被试车辆时在规定载荷中心距处的标定载荷。

试验规定的货叉起升高度，应在试验平台表面与载荷或属具的下表面之间测量，取其中较小值。

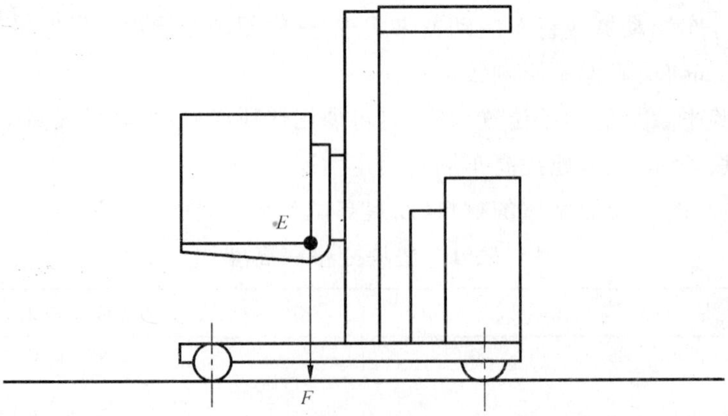

图2

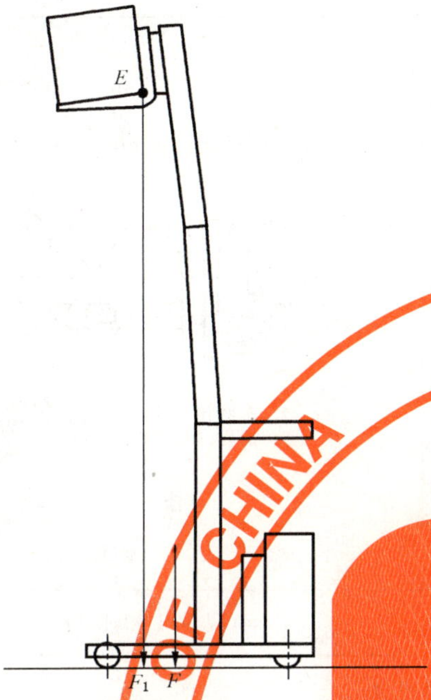

图 3

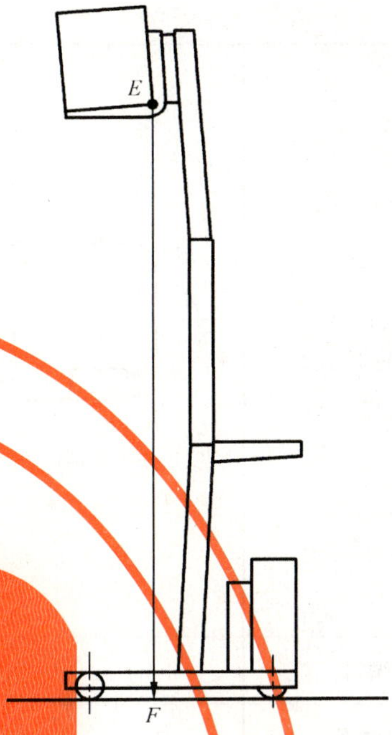

图 4

表 2 试验一览表

试验编号	1	2(见注 1)
稳定性类别	纵向	
操作类型	堆垛	运行
载荷情况	试验载荷	试验载荷
载荷中心距	D	D
起升高度	最大	低位(见 4.3.6)
门架或货叉的位置	垂直(见 4.3.5)	最大后倾
车辆在试验平台上的位置	见图 5、图 7 和图 8	见图 6、图 7 和图 8
平台倾斜度	4%	18%
车辆在倾斜平台上的位置(见 4.3.2)	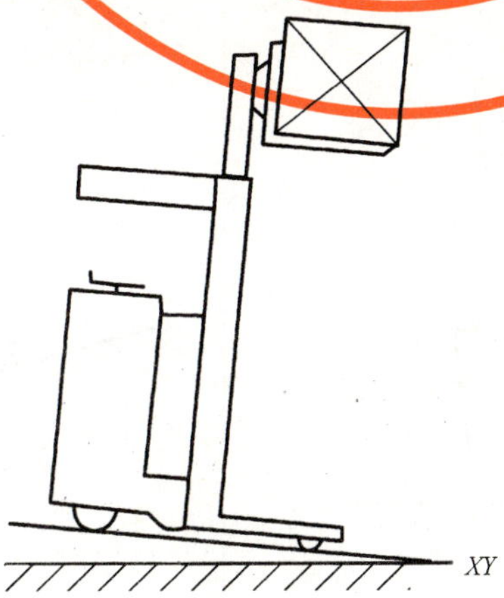 图 5	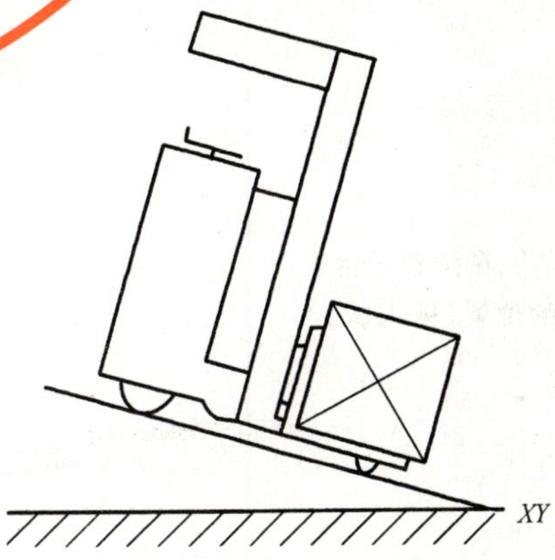 图 6

表 2（续）

车辆在倾斜平台上的位置(见 4.3.2)	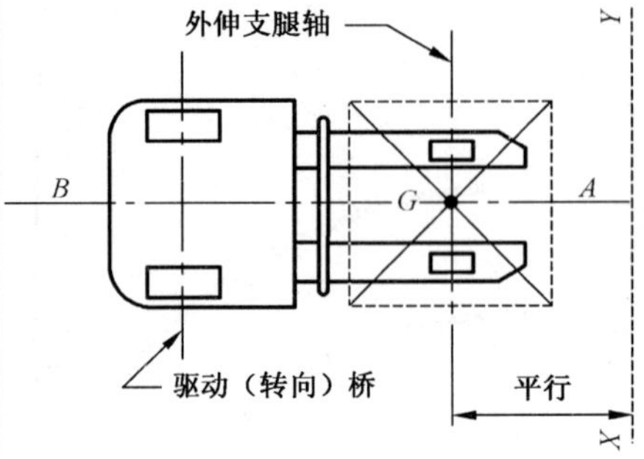 **图 7**	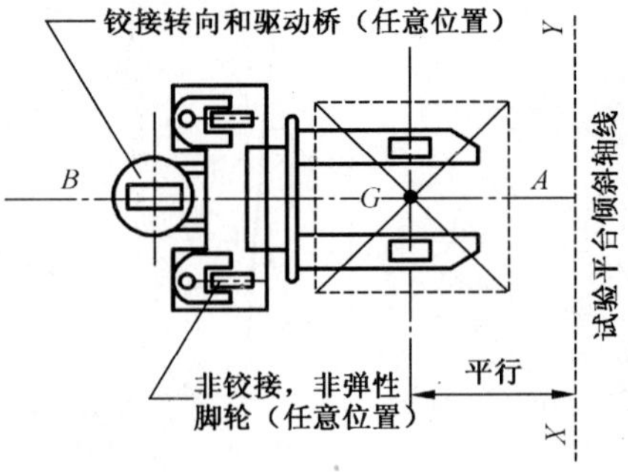 **图 8**
试验编号	3(见注 2)	4(见注 1 和注 2)
稳定性类别	横向	
操作类型	堆垛	运行
载荷情况	试验载荷	无载
载荷中心距	D 或 400 mm (见注 3)	—
起升高度	最大	低位(见 4.3.6)
门架或货叉的位置	见注 5	见注 5
车辆在试验平台上的位置	见图 9、图 11 至图 16	见图 10 至图 16
平台倾斜度(见注 4)	$(2+0.3\ v_Q)\%$ 最小 3.5%　最大 6%	$(15+1.1\ v)\%$ 最大 26%
车辆在倾斜平台上的位置(见 4.3.2)	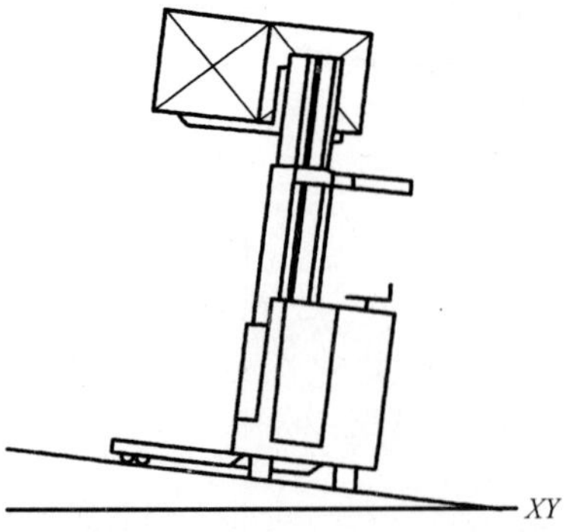 **图 9**	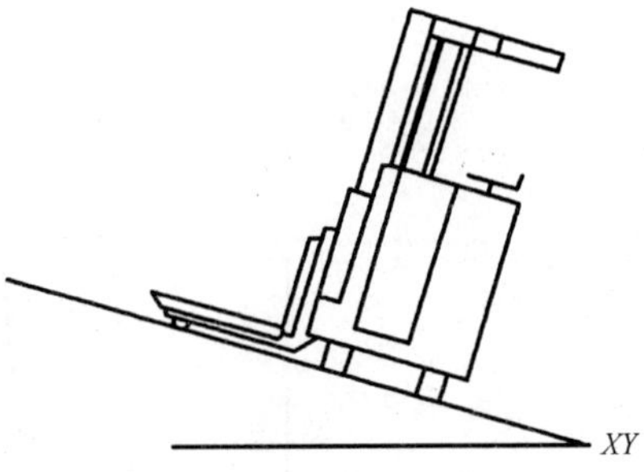 **图 10**

表 2（续）

车辆在倾斜平台上的位置(见 4.3.2)

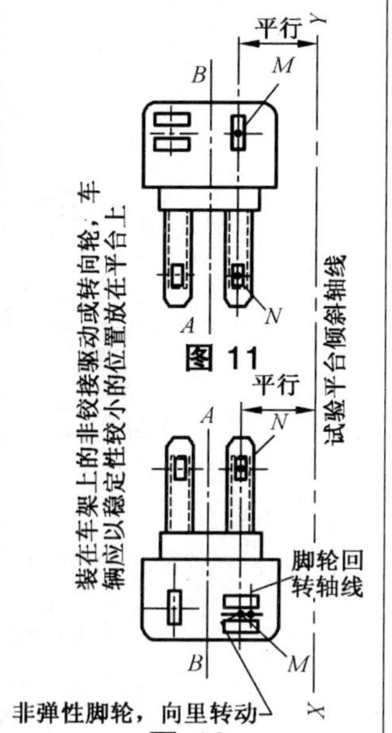

图 11

图 12

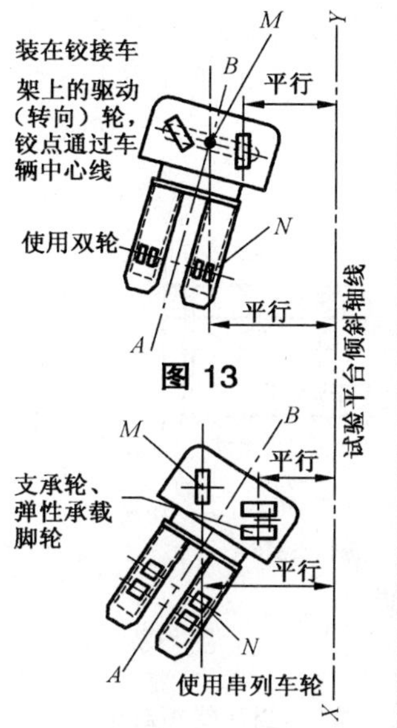

图 13

图 14

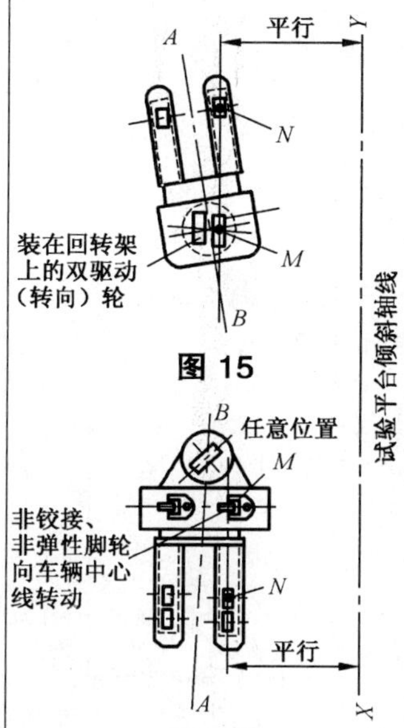

图 15

图 16

试验编号	5	6(见注 1)
稳定性类别	纵向后倾	
操作类型	堆垛	运行
载荷情况	试验载荷	无载
载荷中心距	D 或 400 mm (见注 3)	—
起升高度	最大	低位(见 4.3.6)
门架或货叉的位置	见注 5	见注 5
车辆在试验平台上的位置	见图 17、图 19 和图 20	见图 18、图 19 和图 20
平台倾斜度(见注 4)	10%	v=(0～10)km/h 时，为(10+0.5 i+1.1 v)% v>10 km/h 时，为(21+0.5 i)% 最大 26%

车辆在倾斜平台上的位置(见 4.3.2)

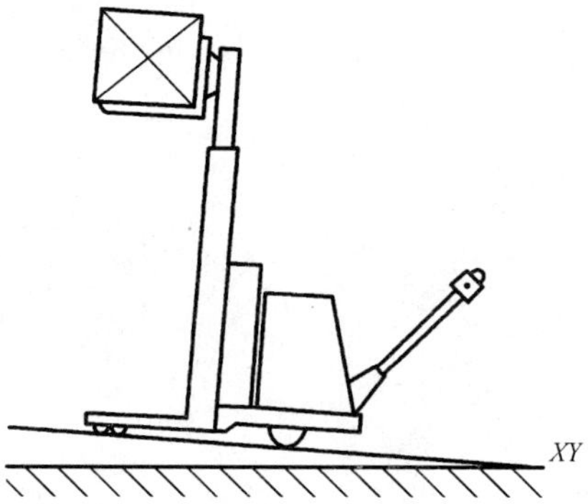

图 17

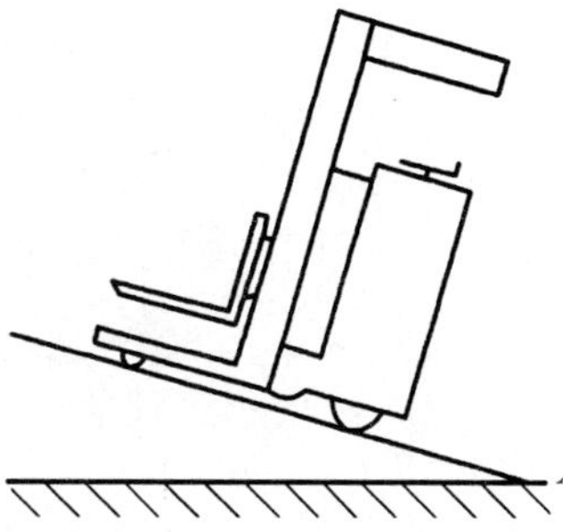

图 18

表 2（续）

<table>
<tr><td>车辆在倾斜平台上的位置(见 4.3.2)</td><td>当进行向驾驶员一侧倾斜的稳定性试验时,应采取充分的安全保护措施。为防止倾斜到极限位置时,发生向轴线 MN、MO 或 PO 倾翻的危险,可以利用中心铰轴把驱动(转向)桥的铰点固定在车辆上(单指图 19 和图 20)。
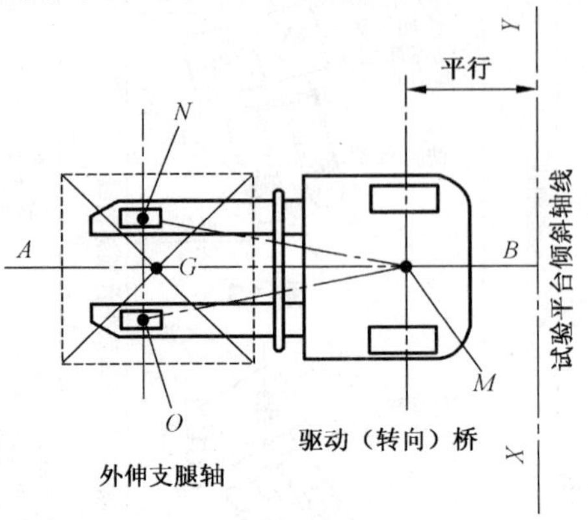

图 19
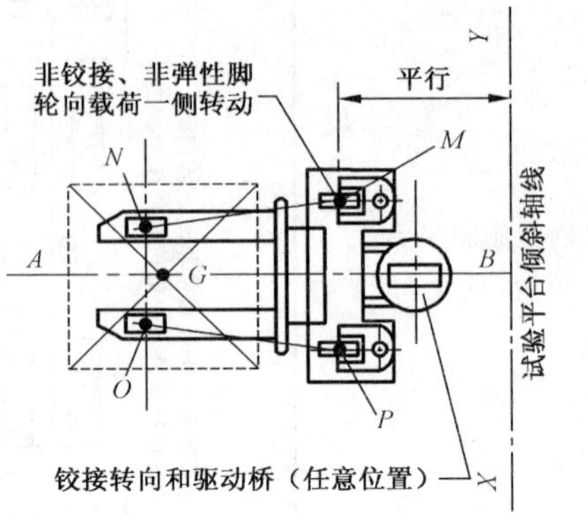

图 20</td></tr>
<tr><td colspan="2">注 1：在进行第 2、4 和 6 项试验中,当支腿相对于地面能抬起时,试验应在支腿处于抬起状态下进行。
注 2：进行横向试验的车辆在试验平台上的位置取决于被试车辆的型式(见图 11 至图 16)。实际车辆的初始倾斜轴线 MN 应与试验平台的倾斜轴线 XY 平行,以便在车辆稳定性较小的一侧进行试验。
注 3：标准载荷中心距 D 或 400 mm,若车辆是按 400 mm 设计的,则按该数值试验应符合最小稳定性。若车辆是按标准载荷中心距 D 设计的,则该值应在载荷标牌中注明。
注 4：如果车辆装有一装置,该装置在货叉起升时能自动限制运行速度,当按照公式确定试验平台的倾角时,应采用这个减小的速度。
注 5：当车辆装有可倾斜门架或可倾斜货叉时,门架或货叉应位于使车辆处于最小稳定性的位置。
注 6：下列符号用于表示：
AB——车辆纵向中心平面；
MN——车辆初始倾斜轴线；
XY——试验平台倾斜轴线；
v_Q——装载最大载荷 Q 时,车辆在水平地面上的最大运行速度,单位为千米每小时(km/h)；
v——空载车辆的最大运行速度,单位为千米每小时(km/h)；
I——空载车辆运行时的设计最大爬坡度,用百分数表示(%);最大 10%。</td></tr>
</table>

ICS 77.140.85
J 32

中华人民共和国国家标准

GB/T 21469—2008
代替 GB/T 15826.1—1995

锤上钢质自由锻件机械加工余量与公差 一般要求

Machining allowances and tolerances for steel open die forgings on hammer—General requirement

2008-02-28 发布 2008-08-01 实施

中华人民共和国国家质量监督检验检疫总局
中国国家标准化管理委员会 发布

前　言

本标准是对 GB/T 15826.1—1995《锤上钢质自由锻件机械加工余量与公差　一般要求》的修订。

本标准与 GB/T 15826.1—1995 相比，主要变化如下：

——增加了前言。

——增加了术语的英文注释。

本标准由中国机械工业联合会提出。

本标准由全国锻压标准化技术委员会归口。

本标准起草单位：上海市沪东锻造厂、平湖市晨人仪表有限公司。

本标准主要起草人：孙常奋、董珠生。

本标准所代替标准的历次版本发布情况为：

——GB/T 15826.1—1995。

锤上钢质自由锻件机械加工余量与公差
一般要求

1 范围

本标准规定了锤上钢质自由锻件的机械加工余量与公差及其使用的一般要求。

本标准适用于含碳量不超过0.9%和其他合金成分总含量不超过4%的碳素钢和合金钢的自由锻件。

凡超越本标准规定范围的自由锻件，其机械加工余量与公差由供需双方另行协商确定。

2 规范性引用文件

下列文件中的条款通过本标准的引用而成为本标准的条款。凡是注日期的引用文件，其随后所有的修改单（不包括勘误的内容）或修订版均不适用于本标准，然而，鼓励根据本标准达成协议的各方研究是否可使用这些文件的最新版本。凡是不注日期的引用文件，其最新版本适用于本标准。

GB/T 8541　锻压术语

3 术语

3.1

基本术语

锻件基本尺寸、锻件公差、台阶、凸肩、黑皮锻件和锻件图的定义按GB/T 8541的规定。

3.2

其他术语

3.2.1

机械加工余量　machining allowance

为使零件具有一定的加工尺寸和表面粗糙度，在零件表面需要加工的部分，在锻件上留一层供作机械加工用的金属，称作机械加工余量（见图1）。

3.2.2

余块　excess metal

为简化锻件外形及锻造过程，在锻件的某些地方加添一些大于机械加工余量的金属，这种加添的金属称作余块（见图1）。

3.2.3

法兰　flange

在锻件上的台阶，其长度小于本身直径的0.5倍，而且此直径比其两端邻接的直径均大于1.5倍者，此台阶称作法兰（见图1）。

3.2.4

凹档　recess

锻件某一部分的直径（或非圆形锻件的截面尺寸）小于其邻接两部分的直径（或截面尺寸），该部分称作凹档（见图1）。

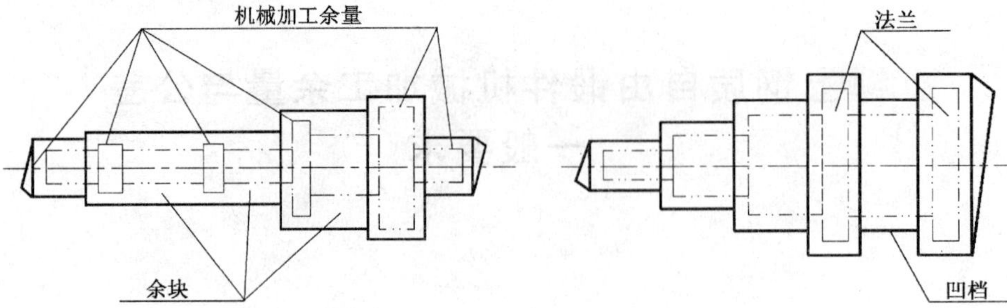

图 1

4 技术要求

4.1 本标准规定的机械加工余量与公差分为两个等级。

F 级用于一般精度的锻件；E 级用于较高精度的锻件。

注：E 级往往需要特殊的工具和增加锻造加工费用，因此用于较大批量的生产。

4.2 自由锻件的形状与位置公差如无特殊要求时，均不得大于本标准规定的公差值。

4.3 本标准规定的机械加工余量与公差适用于轧材锻造的锻件。采用钢锭锻造时，余量与上偏差（内孔和凹档为下偏差）允许按本标准的数值增加 50%（不适用于轴类件外径机械加工余量与公差值的确定）。

4.4 本标准规定的余量不包括机械加工夹头、热处理夹头、理化检验用料及最终热处理（调质等）要求粗加工的余量。这些余量应按需方要求另外增加。

4.5 轴类零件（包括光轴、台阶轴和曲轴），锻件的长度尺寸可按 2 去 3 入、7 退 8 进的原则，将尾数化整为 0 和 5 mm。

4.6 绘制锻件图时，锻件的外形用粗实线表示，零件的轮廓线用双点画线表示。锻件的基本尺寸和公差标注在尺寸线上面，零件的尺寸标注在尺寸线下面的括号内（见图 2）。

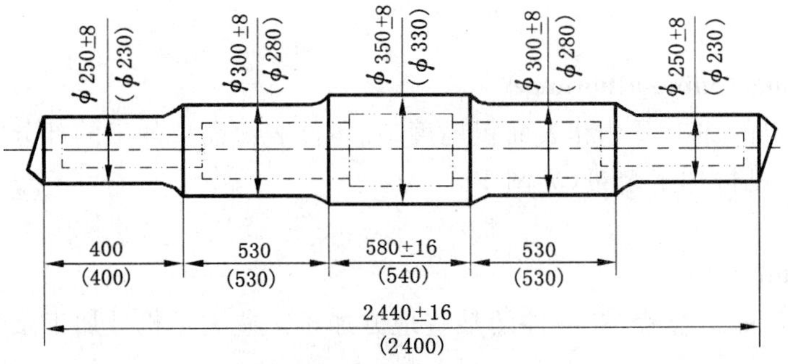

图 2

ICS 77.140.85
J 32

中华人民共和国国家标准

GB/T 21470—2008
代替 GB/T 15826.2～15826.5—1995

锤上钢质自由锻件机械加工余量与公差 盘、柱、环、筒类

Machining allowances and tolerances for steel open die forgings on hammer—Disks, columns, rings and seamless cylindrical sleeves

2008-02-28 发布　　2008-08-01 实施

中华人民共和国国家质量监督检验检疫总局
中国国家标准化管理委员会　发布

前　言

本标准是对 GB/T 15826.2—1995《锤上钢质自由锻件机械加工余量与公差　盘、柱类》、GB/T 15826.3—1995《锤上钢质自由锻件机械加工余量与公差　带孔圆盘类》、GB/T 15826.4—1995《锤上钢质自由锻件机械加工余量与公差　圆环类》、GB/T 15826.5—1995《锤上钢质自由锻件机械加工余量与公差　套筒类》的修订。主要修订内容如下：

——将 GB/T 15826.2—1995、GB/T 15826.3—1995、GB/T 15826.4—1995、GB/T 15826.5—1995 整合为一个标准。

——增加了目次和前言。

——增加了规范性引用文件。

——将 GB/T 15826.4—1995 中的"3.2 计算举例"的内容作为"附录 A"。

——将 GB/T 15826.5—1995 中的"3.3 计算举例"的内容作为"附录 B"。

本标准的附录 A 和附录 B 为资料性附录。

本标准由中国机械工业联合会提出。

本标准由全国锻压标准化技术委员会归口。

本标准起草单位：上海市沪东锻造厂、平湖市晨人仪表有限公司。

本标准主要起草人：孙常奋、董珠生。

本标准所代替标准的历次版本发布情况：

——GB/T 15826.2—1995；

——GB/T 15826.3—1995；

——GB/T 15826.4—1995；

——GB/T 15826.5—1995。

锤上钢质自由锻件机械加工余量与公差　盘、柱、环、筒类

1　范围

本标准规定了盘、柱、带孔圆盘、圆环、套筒等各类自由锻件的机械加工余量与公差。

本标准适用于含碳量不超过 0.9%和其他合金成分总含量不超过 4%的碳素钢和合金钢的自由锻件。

凡超越本标准规定范围的自由锻件，其余量与公差由供需双方另行协商确定。

2　规范性引用文件

下列文件中的条款通过本标准的引用而成为本标准的条款。凡是注日期的引用文件，其随后所有的修改单(不包括勘误的内容)或修订版均不适用于本标准，然而，鼓励根据本标准达成协议的各方研究是否可使用这些文件的最新版本。凡是不注日期的引用文件，其最新版本适用于本标准。

GB/T 21469　锤上钢质自由锻件机械加工余量与公差　一般要求

JB/T 9179.4　水压机上自由锻件机械加工余量与公差　圆盘和冲孔类

JB/T 9179.5　水压机上自由锻件机械加工余量与公差　短圆柱类

JB/T 9179.7　水压机上自由锻件机械加工余量与公差　筒体类

JB/T 9179.8　水压机上自由锻件机械加工余量与公差　圆环类

3　盘、柱类

3.1　截面为圆形、矩形($A_1/A_2 \leqslant 2.5$)、六角形的盘类自由锻件尺寸应符合 $0.1D \leqslant H \leqslant D$(或 A_1、S)；截面为圆形、矩形($A_1/A_2 \leqslant 2.5$)、六角形的柱类自由锻件尺寸符合 $D < H \leqslant 2.5D$(或 A_1、S)。

3.2　盘、柱类自由锻件的机械加工余量与公差应符合图 1 及表 1 的规定。

3.3　其余应符合 GB/T 21469 的规定。

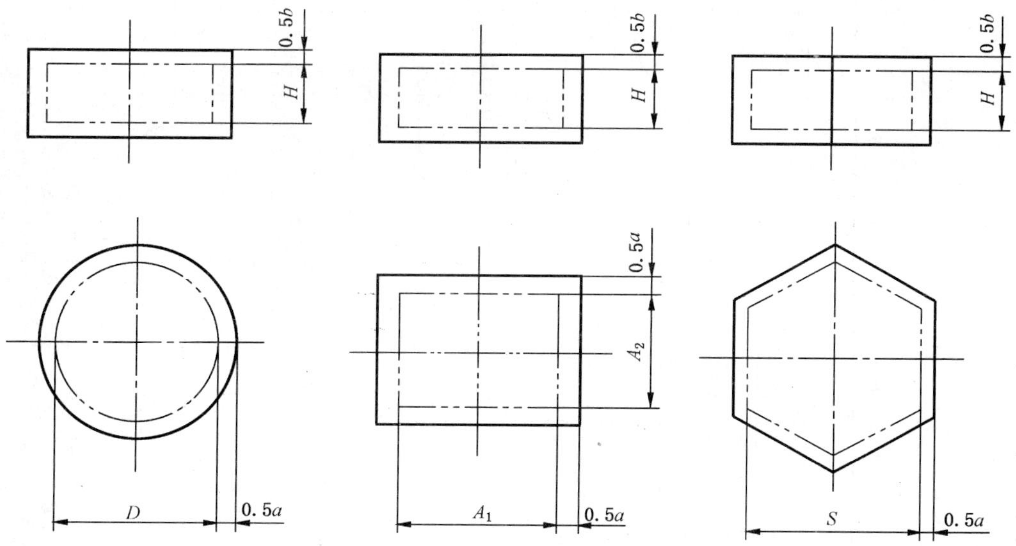

图 1

表 1　盘、柱类自由锻件机械加工余量与公差

单位为毫米

零件尺寸 D（或 A_1、S）		零件高度 H																			
		大于 0 至 40		大于 40 至 63		大于 63 至 100		大于 100 至 160		大于 160 至 200		大于 200 至 250		大于 250 至 315		大于 315 至 400		大于 400 至 500		大于 500 至 630	
		加工余量 a、b 与极限偏差																			
		a	b	a	b	a	b	a	b	a	b	a	b	a	b	a	b	a	b	a	b
大于	至	锻件精度等级 F																			
63	100	6±2	6±2	6±2	6±2	7±2	7±2	8±3	8±3	9±3	9±3	10±4	10±4								
100	160	7±2	6±2	7±2	6±2	8±3	7±2	8±3	8±3	9±3	9±3	10±4	10±4	12±5	12±5	14±6	14±6				
160	200	8±3	6±2	8±3	7±2	8±3	8±3	9±3	9±3	10±4	10±4	11±4	11±4	12±5	12±5	14±6	14±6	16±7	16±7		
200	250	9±3	7±2	9±3	7±2	9±3	8±3	10±4	9±3	11±4	10±4	12±5	12±5	13±5	13±5	15±6	15±6	18±8	18±8	20±8	20±8
250	315	10±4	8±3	10±4	8±3	10±4	9±3	11±4	10±4	12±5	11±4	13±5	12±5	14±6	14±6	16±7	16±7	19±8	19±8	22±9	22±9
315	400	12±5	9±3	12±5	9±3	12±5	10±4	13±5	11±4	14±6	12±5	15±6	13±5	16±7	15±6	18±8	18±8	21±9	21±9	24±10	24±10
400	500			14±6	10±4	14±6	11±4	15±6	12±5	16±7	14±6	17±7	15±6	18±8	17±7	20±9	19±8	23±10	23±10	27±12	27±12
500	630			17±7	13±5	18±8	14±6	19±8	15±6	20±8	16±7	21±9	17±7	22±9	19±8	23±10	22±9	26±11	25±11	30±13	30±13
大于	至	锻件精度等级 E																			
63	100	4±2	4±2	4±2	4±2	5±2	5±2	6±2	6±2	7±2	8±3	8±3	8±3								
100	160	5±2	4±2	5±2	5±2	6±2	6±2	6±2	7±2	7±2	8±3	8±3	10±4	10±4	10±4	12±5	12±5				
160	200	6±2	5±2	6±2	6±2	6±2	7±2	7±2	8±3	8±3	9±3	9±3	10±4	11±4	12±5	13±5	13±5	14±6	15±6		
200	250	6±2	6±2	7±2	6±2	7±2	7±2	8±3	8±3	9±3	10±4	10±4	11±4	11±4	12±5	13±5	14±6	15±6	16±7	18±8	18±8
250	315	8±3	7±2	8±3	8±3	8±3	8±3	9±3	9±3	10±4	10±4	11±4	12±5	12±5	13±5	14±6	15±6	17±7	18±8	20±8	20±8
315	400	10±4	8±3	10±4	8±3	10±4	9±3	11±4	11±4	12±5	12±5	13±5	13±5	14±6	14±6	16±7	17±7	19±8	20±8	23±10	24±10
400	500			12±5	10±4	12±5	11±4	13±5	12±5	14±6	13±5	15±6	14±6	16±6	16±7	19±8	18±8	22±9	22±9	26±11	26±11
500	630			16±7	12±5	16±7	13±5	17±7	14±6	18±8	15±6	19±8	17±7	20±8	19±8	23±10	22±9	26±11	25±11	30±13	30±13

注：零件尺寸大于以上范围的锻件，其机械加工余量与公差值应符合 JB/T 9179.4 和 JB/T 9179.5 的规定。

4 带孔圆盘类

4.1 带孔圆盘类自由锻件尺寸应符合 $0.1D \leqslant H \leqslant 1.5D$、$d \leqslant 0.5D$。

4.2 带孔圆盘类自由锻件的机械加工余量与公差应符合图 2 及表 2 的规定。

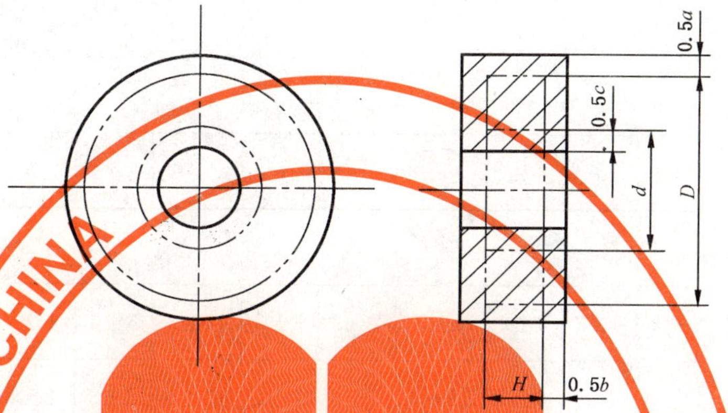

图 2

4.3 一般说明

4.3.1 带孔圆盘类自由锻件的最小冲孔直径应符合表 3 的规定。

表 3 最小冲孔直径

锻锤吨位/t	≤0.15	0.25	0.5	0.75	1	2	3	5
最小冲孔直径 d/mm	30	40	50	60	70	80	90	100

4.3.2 锻件高度与孔径之比大于 3 倍时,孔允许不冲出。

4.3.3 其余应符合 GB/T 21469 的规定。

5 圆环类

5.1 圆环类自由锻件尺寸应符合 $0.2(D-d) \leqslant H \leqslant D$。

5.2 圆环类自由锻件的机械加工余量与公差应符合图 3 及表 4 的规定。

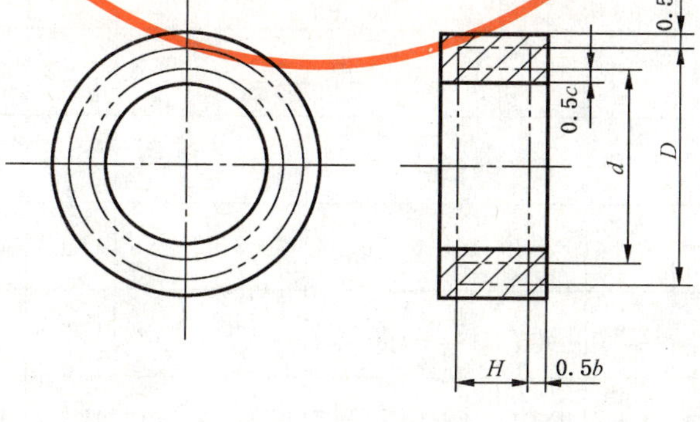

图 3

表 2　带孔圆盘类自由锻件

零件直径 D		零件													
	大于	0			40			63			100			160	
	至	40			63			100			160				
		加工余量 a、b、c													
		a	b	c	a	b	c	a	b	c	a	b	c	a	b
大于	至	锻件精													
63	100	6±2	6±2	9±3	6±2	6±2	9±3	7±2	7±2	11±4	8±3	8±3	12±5		
100	160	7±2	6±2	11±4	7±2	6±2	11±4	8±3	7±2	12±5	8±3	8±3	12±5	9±3	9±3
160	200	8±3	6±2	12±5	8±3	7±2	12±5	8±3	8±3	12±5	9±3	9±3	14±6	10±4	10±4
200	250	9±3	7±2	14±6	9±3	7±2	14±6	9±3	8±3	14±6	10±4	9±3	15±6	11±4	10±4
250	315	10±4	8±3	15±6	10±4	8±3	15±6	10±4	9±3	15±6	11±4	10±4	17±7	12±5	11±4
315	400	12±5	9±3	18±8	12±5	9±3	18±8	12±5	10±4	18±8	13±5	11±4	20±8	14±6	12±5
400	500				14±6	10±4	21±9	14±6	11±4	21±9	15±6	12±5	23±10	16±7	14±6
500	630				17±7	13±5	26±11	18±8	14±6	27±12	19±8	15±6	29±13	20±8	16±7
大于	至	锻件精													
63	100	4±2	4±2	6±2	4±2	4±2	6±2	5±2	5±2	8±3	7±2	7±2	11±4		
100	160	5±2	4±2	8±3	5±2	5±2	8±3	6±2	6±2	9±3	6±2	7±2	9±3	8±3	8±3
160	200	6±2	5±2	9±3	6±2	6±2	9±3	6±2	7±2	9±3	7±2	8±3	11±4	8±3	9±3
200	250	6±2	6±2	9±3	7±2	6±2	11±4	7±2	7±2	11±4	8±3	8±3	12±5	9±3	10±4
250	315	8±3	7±2	12±5	8±3	8±3	12±5	8±3	8±3	12±5	9±3	9±3	14±6	10±4	10±4
315	400	10±4	8±3	15±6	10±4	8±3	15±6	10±4	9±3	15±6	11±4	10±4	17±7	12±5	12±5
400	500				12±5	10±4	18±8	12±5	11±4	18±8	13±5	12±5	20±8	14±6	13±5
500	630				16±7	12±5	24±10	16±7	13±5	24±10	17±7	14±6	26±11	18±8	15±6

注：零件尺寸大于以上范围的锻件，其机械加工余量与公差值应符合 JB/T 9179.4 的规定。

机械加工余量与公差 单位为毫米

高度 *H*															
	200			250			315			400			500		
200			250			315			400			500			630
与极限偏差															
c	*a*	*b*	*c*	*a*	*b*	*c*	*a*	*b*	*c*	*a*	*b*	*c*	*a*	*b*	*c*
度等级 F															
14±6	11±4	11±4	17±7												
15±6	12±5	12±5	18±8	13±5	13±5	20±8									
17±7	12±5	12±5	18±8	14±6	14±6	21±9	16±7	16±7	24±10						
18±8	13±5	12±5	20±8	14±6	14±6	21±9	16±7	16±7	24±10	18±8	18±8	27±12			
21±9	15±6	13±5	23±10	16±7	15±6	24±10	18±8	18±8	27±12	20±8	20±8	30±13	23±10	23±10	35±15
24±10	17±7	15±6	26±11	18±8	17±7	27±12	20±9	19±8	30±13	23±10	23±10	35±15	26±11	26±11	39±17
30±13	21±9	17±7	32±14	22±9	19±8	33±14	23±10	22±9	35±15	26±11	25±11	39±17	30±13	30±13	45±20
度等级 E															
12±5	10±4	10±4	15±6												
12±5	10±4	10±4	15±6	12±5	12±5	18±8									
14±6	10±4	11±4	15±6	12±5	12±5	18±8	14±6	14±6	21±9						
15±6	11±4	12±5	17±7	12±5	13±5	18±8	15±6	15±6	23±10	17±7	17±7	26±11			
18±8	13±5	13±5	20±8	14±6	14±6	21±9	16±7	17±7	24±10	19±8	19±8	29±13	22±9	22±9	33±14
21±9	15±6	14±6	23±10	16±7	16±7	24±10	19±8	18±8	29±17	22±9	22±9	33±14	25±11	25±11	38±17
27±12	18±8	17±7	29±13	20±8	19±8	30±13	23±10	22±9	35±15	26±11	25±11	39±17	30±13	30±13	45±20

表 4　圆环类自由锻件

零件直径 *D*		零件																
		大于	0		40			63			100			160			200	
		至	40			63			100			160			200			
		加工余量 *a*、*b*、*c*																
		a	*b*	*c*	*a*	*b*	*c*	*a*	*b*	*c*	*a*	*b*	*c*	*a*	*b*	*c*	*a*	*b*
大于	至	锻件精																
63	100	7±2	6±2	9±3	7±2	6±2	9±3	8±3	7±2	10±4								
100	160	8±3	6±2	10±4	8±3	6±2	10±4	9±3	7±2	12±5	10±4	8±3	13±5					
160	200	9±3	6±2	12±5	9±3	6±2	12±5	10±4	7±2	13±5	11±4	8±3	14±6	12±5	10±4	16±7		
200	250	10±4	6±2	13±5	11±4	6±2	14±6	11±4	7±2	14±6	12±5	8±3	16±7	13±5	10±4	17±7	14±6	12±5
250	315	11±4	6±2	14±6	12±5	7±2	16±7	13±5	7±2	17±7	14±6	8±3	18±8	15±6	10±4	20±8	16±7	12±5
315	400	13±5	8±3	17±7	14±6	8±3	18±8	15±6	9±3	20±8	16±7	10±4	21±9	17±7	11±4	22±9	18±8	13±5
400	500	16±7	9±3	21±9	17±7	10±4	22±9	18±8	11±4	23±10	19±8	12±5	25±11	20±8	13±5	26±11	21±9	14±6
500	630				20±8	12±5	26±11	21±9	13±5	27±12	22±9	14±6	29±13	23±10	15±6	30±13	24±10	16±7
大于	至	锻件精																
63	100	5±2	5±2	5±2	5±2	5±2	5±2	6±2	6±2	6±2								
100	160	6±2	5±2	6±2	6±2	5±2	6±2	7±2	6±2	7±2	8±3	7±2	8±3					
160	200	7±2	5±2	7±2	7±2	5±2	7±2	8±3	6±2	8±3	9±3	7±2	9±3	10±4	9±3	10±4		
200	250	8±3	6±2	8±3	8±3	6±2	8±3	9±3	6±2	9±3	10±4	7±2	10±4	11±4	9±3	11±4	12±5	11±4
250	315	9±3	6±2	9±3	10±4	6±2	10±4	10±4	7±2	10±4	12±5	8±3	12±5	13±5	9±3	13±5	14±6	11±4
315	400	11±4	7±2	11±4	12±5	8±3	12±5	13±5	8±3	13±5	14±6	9±3	14±6	15±6	10±4	15±6	17±7	12±5
400	500	13±5	9±3	13±5	14±6	9±3	14±6	15±6	10±4	15±6	16±7	11±4	16±7	18±8	12±5	18±8	19±8	13±5
500	630				17±7	11±4	17±7	18±8	12±5	18±8	19±8	13±5	19±8	21±9	14±6	21±9	22±9	15±6

注：零件尺寸大于以上范围的锻件，其机械加工余量与公差值应符合 JB/T 9179.8 的规定。

的机械加工余量与公差

单位为毫米

高度 *H*													零件壁厚 $\frac{D-d}{2}$						
	250			315			400			500									
250			315			400			500			630							
与极限偏差													大于	0	4	6.3	10	16	25
c	*a*	*b*	*c*	*a*	*b*	*c*	*a*	*b*	*c*	*a*	*b*	*c*	至	4	6.3	10	16	25	40
度等级 F													余量增值系数 *f*						
														1.4	1.3				
														1.6	1.3	1.2			
														1.6	1.4	1.3	1.2		
18±8														1.6	1.4	1.3	1.2		
21±9	17±7	14±6	22±9											1.7	1.6	1.4	1.3	1.2	
23±10	19±8	15±6	25±11	21±9	18±8	27±11								1.7	1.6	1.4	1.3	1.2	
27±11	22±9	16±7	29±12	24±10	19±8	31±13	26±11	23±10	34±14					1.9	1.7	1.6	1.4	1.3	1.2
31±13	26±11	18±8	34±14	27±12	21±9	35±16	29±13	24±10	38±17	32±14	30±13	42±18		1.9	1.7	1.6	1.4	1.3	1.2
度等级 E													余量增值系数 *f*						
														1.4	1.3				
														1.5	1.3	1.2			
														1.5	1.4	1.3	1.2		
12±5														1.5	1.4	1.3	1.2		
14±6	15±6	13±5	15±6											1.6	1.5	1.4	1.3	1.2	
17±7	18±8	14±6	18±8	20±8	17±7	20±8								1.6	1.5	1.4	1.3	1.2	
19±8	20±8	15±6	20±8	22±9	18±8	22±9	25±11	23±10	25±11					1.7	1.6	1.5	1.4	1.3	1.2
22±9	24±10	17±7	24±10	25±11	20±8	25±11	27±12	24±10	27±12	31±14	30±13	31±14		1.7	1.6	1.5	1.4	1.3	1.2

5.3 一般说明

5.3.1 薄壁型圆环件，即零件尺寸符合$(D-d)/2\leqslant 40$ mm时，锻件的余量和公差按表4查出后，按下列要求适当增加：

a) 要求F级锻件精度的零件，按表4的余量增值系数f增加其高度H和内径d的余量，而外径的余量和公差不增加。

b) 要求E级锻件精度的零件，按表4的余量增值系数f增加其外径D，高度H和内径d的余量。

c) 余量按增值系数增加后的锻件尺寸，其公差也要增加，公差的增值系数均为1.2。

上述尺寸增加后的数值均按四舍五入化为整毫米(mm)数。

5.3.2 其余应符合GB/T 21469的规定。

5.3.3 圆环类自由锻件尺寸的计算举例见附录A。

6 套筒类

6.1 套筒类自由锻件尺寸应符合$D<H\leqslant 2D$、$d>0.5D$。

6.2 套筒类自由锻件的机械加工余量与公差应符合图4及表5的规定。

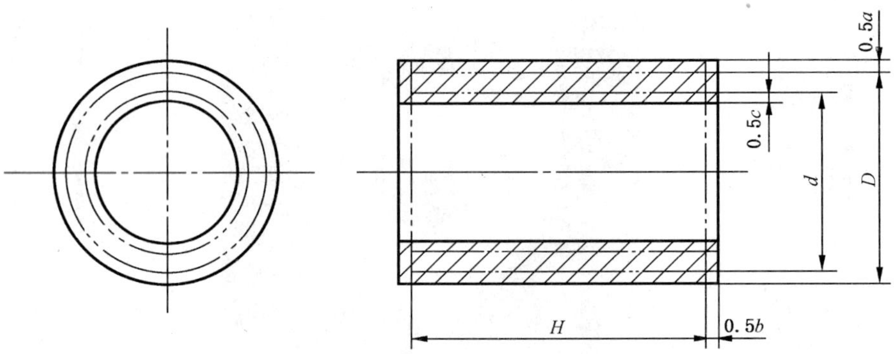

图 4

零件直径 D		大于	100		160			200			250			315			400			500			零件壁厚 $\frac{D-d}{2}$					
		至		160		200			250			315			400			500			630							
		加工余量 a、b、c 与极限偏差																					大于	0	4	6.3	10	16	25
		a	b	c	a	b	c	a	b	c	a	b	c	a	b	c	a	b	c	a	b	c	至	4	6.3	10	16	25	40
大于	至	锻件精度等级 F																					余量增值系数 f						
100	160	10±4	8±3	13±5	10±4	12±5	13±5	11±4	16±7	14±6	12±5	23±10	16±7	13±5	33±15	17±7							1.9	1.6	1.3	1.1		
160	200				12±5	10±4	16±7	13±5	13±5	17±7	14±6	18±8	18±8	15±6	27±12	20±8							2	1.7	1.4	1.2		
200	250							14±6	12±5	18±8	15±6	16±7	20±8	17±7	23±10	22±9	18±8	33±15	23±10				2	1.7	1.4	1.2		
250	315										17±7	14±6	22±9	19±8	20±8	25±11	20±8	28±12	26±11	23±10	38±17	30±13	2.2	1.9	1.6	1.3	1.1	
315	400													21±9	18±8	27±12	23±10	24±10	30±13	26±11	34±15	34±15	2.2	1.9	1.6	1.3	1.1	
400	500																26±11	23±10	34±15	29±13	30±13	38±17	2.3	2	1.9	1.6	1.3	1.1
500	630																			32±14	30±13	42±18	2.3	2.2	1.9	1.6	1.3	1.2
大于	至	锻件精度等级 E																					余量增值系数 f						
100	160	8±3	7±2	8±3	8±3	11±4	8±3	9±3	16±7	9±3	10±4	23±10	10±4	12±5	33±15	12±5							1.7	1.5	1.3	1.1		
160	200				10±4	9±3	10±4	11±4	13±5	11±4	12±5	18±8	12±5	14±6	27±12	14±6							1.8	1.6	1.4	1.2		
200	250							12±5	11±4	12±5	14±6	16±7	14±6	15±6	23±10	15±6	17±7	33±15	17±7				1.8	1.6	1.4	1.2		
250	315										15±6	13±5	15±6	17±7	20±8	17±7	19±8	28±12	19±8	21±9	38±17	21±9	1.9	1.7	1.5	1.3	1.1	
315	400													20±8	17±7	20±8	22±9	24±10	22±9	24±10	34±15	24±10	1.9	1.7	1.5	1.3	1.1	
400	500																25±11	23±10	25±11	27±12	30±13	27±12	2	1.8	1.7	1.5	1.3	1.1
500	630																			31±14	30±13	31±14	2	1.9	1.7	1.5	1.3	1.2

注：零件尺寸大于以上范围的锻件，其机械加工余量与公差值应符合 JB/T 9179.7 的规定。

6.3 一般说明

6.3.1 薄壁型套筒件，即零件壁厚尺寸符合$(D-d)\leqslant 40$ mm时，锻件的余量和公差按表5查出后，按下列要求适当增加：

a) 要求F级锻件精度的零件，按表5的余量增值系数f增加其高度H和内径d的余量，而外径D的余量和公差不增加。

b) 要求E级锻件精度的零件，按表5的余量增值系数f增加其外径D，高度H和内径d的余量。

c) 余量按增值系数增加后的锻件尺寸，其公差也要增加，公差的增值系数均为1.3。

上述尺寸增加后的数值，均按四舍五入化为整毫米(mm)数。

6.3.2 其余应符合GB/T 21469的规定。

6.3.3 套筒类自由锻件尺寸的计算举例见附录B。

附 录 A
（资料性附录）
圆环类自由锻件尺寸的计算举例

A.1 按 F 级锻件精度的零件计算锻件尺寸。

设：零件尺寸 $D=280$ mm，$d=260$ mm，$H=145$ mm。

查表 4 得，$a=14\pm6$ mm，$b=8\pm3$ mm，$c=18\pm8$ mm。

壁厚 $=(D-d)/2=(280-260)/2=10$ mm，查表 4 得，余量增值系数 $f=1.4$ mm。

计算：

外径的余量和公差不增加： $a=14\pm6$ mm。

高度的余量： $b\cdot f=8\times1.4=11.2\approx11$ mm，公差：$\pm3\times1.2=\pm3.6\approx\pm4$ mm。

内径的余量： $c\cdot f=18\times1.4=25.2\approx25$ mm，公差：$\pm8\times1.2=\pm9.6\approx10$ mm。

求得的锻件尺寸为：

$D_0=(280+14)\pm6=294\pm6$ mm，

$H_0=(145+11)\pm4=156\pm4$ mm，

$d_0=(260-25)\pm10=235\pm10$ mm。

A.2 按 E 级锻件精度的零件计算锻件尺寸。

设：零件尺寸 $D=280$ mm，$d=260$ mm，$H=145$ mm。

查表 4 得，$a=12\pm5$ mm，$b=8\pm3$ mm，$c=12\pm5$ mm。

壁厚 $=(D-d)/2=(280-260)/2=10$ mm，查表 4 得，余量增值系数 $f=1.4$。

计算：

外径余量： $a\cdot f=12\times1.4=16.8\approx17$ mm，公差：$\pm5\times1.2=\pm6$ mm。

高度的余量： $b\cdot f=8\times1.4=11.2\approx11$ mm，公差：$\pm3\times1.2=\pm3.6\approx\pm4$ mm。

内径的余量： $c\cdot f=12\times1.4=16.8\approx17$ mm，公差：$\pm5\times1.2=\pm6$ mm。

求得的锻件尺寸为：

$D_0=(280+17)\pm6=297\pm6$ mm，

$H_0=(145+11)\pm4=156\pm4$ mm，

$d_0=(260-17)\pm6=243\pm6$ mm。

附 录 B
（资料性附录）
套筒类自由锻件尺寸的计算举例

B.1 按F级锻件精度的零件，计算锻件尺寸。

设：零件尺寸 $D=280$ mm，$d=260$ mm，$H=380$ mm。

查表5得，$a=19\pm8$ mm，$b=20\pm8$ mm，$c=25\pm11$ mm。

壁厚 $=(D-d)/2=(280-260)/2=10$ mm，查表5得，余量增值系数 $f=1.6$ mm。

计算：

外径的余量和公差不增加：$a=19\pm8$ mm，

高度的余量：$b\cdot f=20\times1.6=32$ mm，

公差：$\pm8\times1.3=\pm10.4\approx\pm10$ mm。

内径的余量：$c\cdot f=25\times1.6=40$ mm，

公差：$\pm11\times1.3=\pm14.3\approx\pm14$ mm。

求得的锻件尺寸为：

$D_0=(280+19)\pm8=299\pm8$ mm，

$H_0=(380+32)\pm10=412\pm10$ mm，

$d_0=(260-40)\pm14=220\pm14$ mm。

B.2 按E级锻件精度的零件，计算锻件尺寸。

设：零件尺寸 $D=280$ mm，$d=260$ mm，$H=380$ mm。

查表5得，$a=17\pm7$ mm，$b=20\pm8$ mm，$c=17\pm7$ mm。

壁厚 $=(D-d)/2=(280-260)/2=10$ mm，查表5得，余量增值系数 $f=1.5$。

计算：

外径余量：$a\cdot f=17\times1.5=25.5\approx26$ mm，

公差：$\pm7\times1.3=\pm9.1\approx\pm9$ mm。

高度余量：$b\cdot f=20\times1.5=30$ mm，

公差：$\pm8\times1.3=\pm10.4\approx\pm10$ mm。

内径余量：$c\cdot f=17\times1.5=25.5\approx26$ mm，

公差：$\pm7\times1.3=\pm9.1\approx\pm9$ mm。

求得的锻件尺寸为：

$D_0=(280+26)\pm9=306\pm9$ mm，

$H_0=(380+30)\pm10=410\pm10$ mm，

$d_0=(260-26)\pm9=234\pm9$ mm。

ICS 77.140.85
J 32

中华人民共和国国家标准

GB/T 21471—2008
代替 GB/T 15826.6～15826.9—1995

锤上钢质自由锻件机械加工余量与公差 轴类

Machining allowances and tolerances for steel open die forgings on hammer—Shafts

2008-02-28 发布 2008-08-01 实施

中华人民共和国国家质量监督检验检疫总局
中国国家标准化管理委员会 发布

前　言

本标准是对 GB/T 15826.6—1995《锤上钢质自由锻件机械加工余量与公差　光轴类》、GB/T 15826.7—1995《锤上钢质自由锻件机械加工余量与公差　台阶轴类》、GB/T 15826.8—1995《锤上钢质自由锻件机械加工余量与公差　单拐曲轴类》、GB/T 15826.9—1995《锤上钢质自由锻件机械加工余量与公差　黑皮锻件类》的修订。主要修订内容如下：

——将 GB/T 15826.6—1995、GB/T 15826.7—1995、GB/T 15826.8—1995、GB/T 15826.9—1995 整合为一个标准。

——增加了目次和前言。

——增加了规范性引用文件。

——删除 GB/T 15826.6—1995 中 3.4 节的计算举例，其内容作为"附录 A"给出。

本标准的附录 A 为资料性附录。

本标准由中国机械工业联合会提出。

本标准由全国锻压标准化技术委员会归口。

本标准起草单位：上海市沪东锻造厂、平湖市晨人仪表有限公司。

本标准主要起草人：孙常奋、董珠生。

本标准所代替标准的历次版本发布情况：

——GB/T 15826.6—1995；

——GB/T 15826.7—1995；

——GB/T 15826.8—1995；

——GB/T 15826.9—1995。

锤上钢质自由锻件机械加工余量与公差　轴类

1　范围

本标准规定了光轴、台阶轴和单拐曲轴类自由锻件的机械加工余量与公差，以及黑皮锻件的允许极限偏差。

本标准适用于含碳量不超过0.9%和其他合金成分总含量不超过4%的碳素钢和合金钢的自由锻件。

凡超越本标准规定范围的自由锻件，其余量与公差由供需双方另行协商确定。

2　规范性引用文件

下列文件中的条款通过本标准的引用而成为本标准的条款。凡是注日期的引用文件，其随后所有的修改单（不包括勘误的内容）或修订版均不适用于本标准，然而，鼓励根据本标准达成协议的各方研究是否可使用这些文件的最新版本。凡是不注日期的引用文件，其最新版本适用于本标准。

GB/T 21469　锤上钢质自由锻件机械加工余量与公差　一般要求

JB/T 9179.2　水压机上自由锻件机械加工余量与公差　圆轴、方轴和矩形截面类

JB/T 9179.3　水压机上自由锻件机械加工余量与公差　台阶轴类

3　光轴类

3.1　圆形、方形、六角形、八角形或矩形（$B/H\leqslant5$）截面的光轴类自由锻件尺寸应 $L>2.5D$（或 A、B、S）。

3.2　光轴类自由锻件的机械加工余量与公差应符合图1及表1的规定。

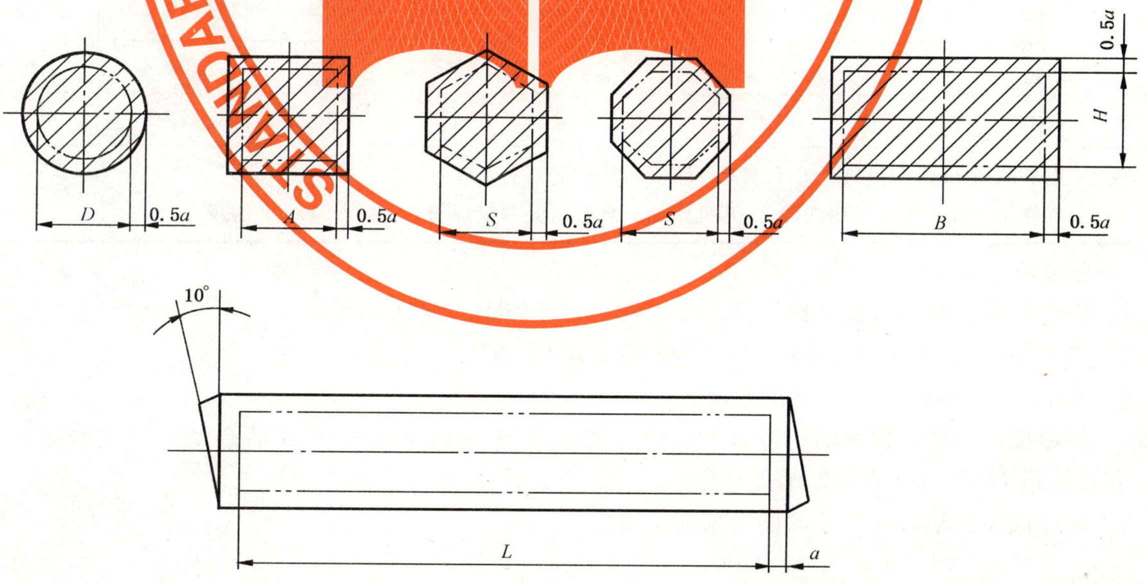

图 1

表 1　光轴类锻件机械加工余量与公差

单位为毫米

零件尺寸 $D、A、S、B、H_p$		零件长度 L							
		大于	0	315	630	1 000	1 600	2 500	4 000
		至	315	630	1 000	1 600	2 500	4 000	6 000
		余量 a 与极限偏差							
大于	至	锻件精度等级 F							
0	40	7±2		8±3	9±3	12±5			
40	63	8±3		9±3	10±4	12±5	14±6		
63	100	9±3		10±4	11±4	13±5	14±6	17±7	
100	160	10±4		11±4	12±5	14±6	15±6	17±7	20±8
160	200			12±5	13±5	15±6	16±7	18±8	21±9
200	250			13±5	14±6	16±7	17±7	19±8	22±9
250	315				16±7	18±8	19±8	21±9	23±10
315	400				18±8	19±8	20±8	22±9	
大于	至	锻件精度等级 E							
0	40	6±2		7±2	8±3	11±4			
40	63	7±3		8±3	9±3	11±4	12±5		
63	100	8±3		9±3	10±4	12±5	13±5	16±7	
100	160	9±3		10±4	11±4	13±5	14±6	16±7	19±8
160	200			11±4	12±4	14±6	15±6	17±7	20±8
200	250			12±5	13±5	15±6	16±7	18±8	21±9
250	315				15±6	17±7	18±8	20±8	22±9
315	400				17±7	18±8	19±8	21±9	

注 1：矩形截面 H 的余量，以 H_p 代替 H，$H_p=(B+H)/2$。

注 2：零件尺寸大于以上范围的锻件，其机械加工余量与公差值应符合 JB/T 9179.2 的规定。

3.3　一般说明

3.3.1　矩形截面光轴两边长之比 $B/H>2.5$ 时，H 的余量 a 增加 20%。

3.3.2　当零件尺寸 L/D(或 L/B)>20 时，余量 a 增加 30%。

3.3.3　其余应符合 GB/T 21469 的规定。

3.3.4　矩形截面光轴以较大的一边 B 和长度 L 查表 1 得 a，以确定 L 和 B 的余量。H 的余量 a 以长度 L 和计算值 $H_p=(B+H)/2$ 查表 1 确定。

3.3.5　矩形截面光轴锻件尺寸的确定见附录 A。

4　台阶轴类

4.1　圆形截面的台阶轴类自由锻件总长 L 与台阶最大直径 D 之比(L/D) 应大于 2.5。

4.2　台阶轴类自由锻件的机械加工余量与公差应符合图 2 及表 2 的规定。

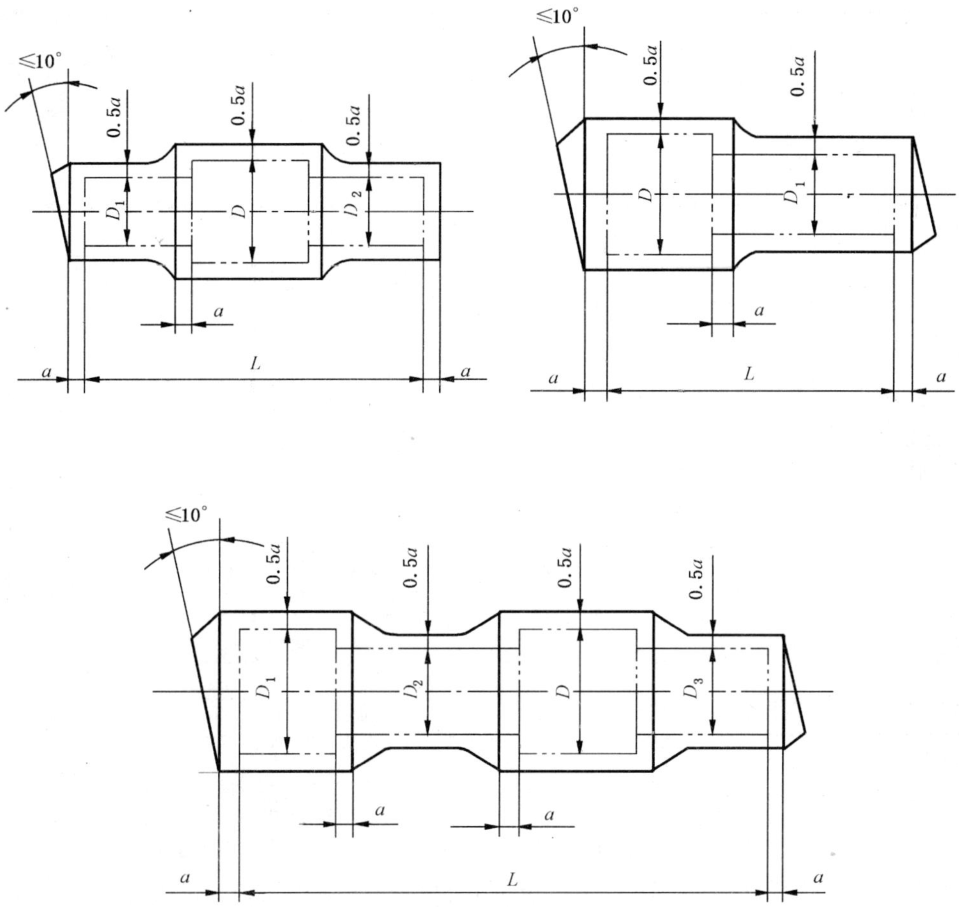

图 2

表 2　台阶轴类自由锻件的机械加工余量与公差

单位为毫米

零件最大直径 D		零件总长 L						
		大于 0	315	630	1 000	1 600	2 500	4 000
		至 315	630	1 000	1 600	2 500	4 000	6 000
		余量 a 与极限偏差						
大于	至	锻件精度等级 F						
0	40	7±2	8±3	9±3	10±4			
40	63	8±3	9±3	10±4	12±5	13±5		
63	100	9±3	10±4	11±4	13±5	14±6	16±7	
100	160	10±4	11±4	12±5	14±6	15±6	17±7	19±8
160	200		12±5	13±5	15±6	16±7	18±8	20±8
200	250		13±5	14±6	16±7	17±7	19±8	21±9
250	315			16±7	18±8	19±8	21±9	23±10
315	400			18±8	19±8	20±8	22±9	
400	500				20±8	22±9		

表 2(续)

单位为毫米

零件最大直径 D		零件总长 L						
		大于 0 至 315	大于 315 至 630	大于 630 至 1 000	大于 1 000 至 1 600	大于 1 600 至 2 500	大于 2 500 至 4 000	大于 4 000 至 6 000
		余量 a 与极限偏差						
大于	至	锻件精度等级 E						
0	40	6±2	7±2	8±3	9±3			
40	63	7±2	8±3	9±3	11±4	12±5		
63	100	8±3	9±3	10±4	12±5	13±5	15±6	
100	160	9±3	10±4	11±4	13±5	14±6	16±7	18±8
160	200		11±4	12±5	14±6	15±6	17±7	19±8
200	250		12±5	13±5	15±6	16±7	18±8	20±8
250	315			15±6	17±7	18±8	20±8	22±9
315	400			17±7	18±8	19±8	21±9	
400	500				19±8	20±8		
注：零件尺寸大于以上范围的锻件，其机械加工余量与公差值应符合 JB/T 9179.3 的规定。								

4.3 一般说明

4.3.1 各台阶直径和长度上的余量按零件最大直径 D 和总长度 L 确定。

4.3.2 当零件某部分的总长度 L 与直径 D_i 之比大于 20 时，该直径 D_i 之余量增加 30%。

4.3.3 当零件相邻两直径之比大于 2.5 时，可按节省材料的原则将其中一部分的直径余量增加 20%。

4.3.4 台阶与凹档锻出与否，按 4.4 确定。

4.3.5 端部法兰和中间法兰锻出与否，按 4.5 确定。

4.3.6 其余应符合 GB/T 21469 的规定。

4.4 台阶和凹档的锻出条件

4.4.1 锻件上台阶或凹档的锻出条件应符合图 3 及表 3 的规定。

4.4.2 端部台阶长度 $L_1 \geqslant l$ 时则应予锻出。

4.4.3 中间台阶长度 $L_2 \geqslant 0.8l$ 时则应予锻出。

4.4.4 凹档长度 $L_3 \geqslant 1.5l$ 时则应予锻出。

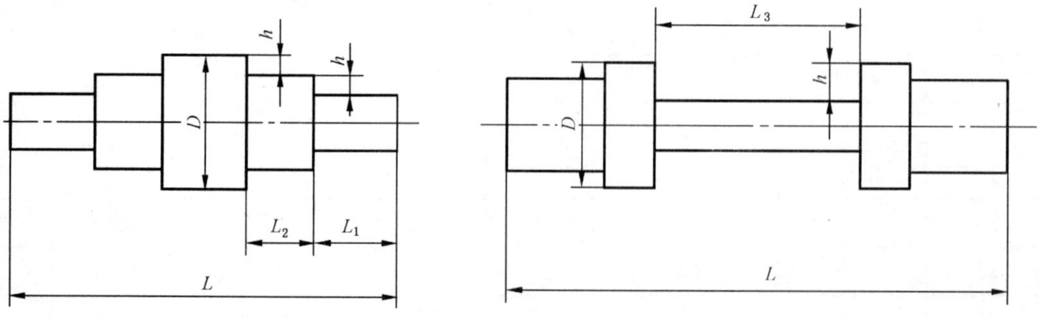

图 3

表 3　台阶和凹档的锻出条件

单位为毫米

台阶高度 h		零件总长度 L		零件相邻台阶的直径 D							
				大于 0 至 40	大于 40 至 63	大于 63 至 100	大于 100 至 160	大于 160 至 200	大于 200 至 250	大于 250 至 315	大于 315 至 400
大于	至	大于	至	锻出台阶或凹档最小长度的计算基数 l							
5	8	0	315	100	120	140	160	180			
		315	630	140	160	180	210	240			
		630	1 000	180	210	240	270	300			
		1 000	1 600	240	170	300	330	360			
		1 600	2 500		330	360	400	440			
		2 500	4 000			440	480	520			
		4 000	6 000				560	600			
8	14	0	315	70	80	90	100	110	120	140	
		315	630	90	100	110	120	140	160	180	
		630	1 000	110	120	140	160	180	210	240	
		1 000	1 600	140	160	180	210	240	270	300	
		1 600	2 500		210	240	270	300	330	360	
		2 500	4 000			300	330	360	400	440	
		4 000	6 000				400	440	480	520	
14	23	0	315		60	70	80	90	100	110	120
		315	630		80	90	100	110	120	140	160
		630	1 000		100	110	120	140	160	180	210
		1 000	1 600		120	140	160	180	210	240	270
		1 600	2 500		160	180	210	240	270	300	330
		2 500	4 000			240	270	300	330	360	400
		4 000	6 000				330	360	400	440	480
23	36	0	315			60	70	80	90	100	
		315	630			80	90	100	110	120	140
		630	1 000			100	110	120	140	160	180
		1 000	1 600			120	140	160	180	210	240
		1 600	2 500			160	180	210	240	270	300
		2 500	4 000			210	240	270	300	330	360
		4 000	6 000					330	360	400	440
36	55	0	315				60	70	80		
		315	630				80	90	100	110	
		630	1000				100	110	120	140	160
		1 000	1 600				120	140	160	180	210
		1 600	2 500				160	180	210	240	270
		2 500	4 000				210	240	270	300	330
		4 000	6 000					300	330	360	

表 3(续)　　　　单位为毫米

台阶高度 h		零件总长度 L		零件相邻台阶的直径 D							
				大于 0 至 40	大于 40 至 63	大于 63 至 100	大于 100 至 160	大于 160 至 200	大于 200 至 250	大于 250 至 315	大于 315 至 400
大于	至	大于	至	锻出台阶或凹档最小长度的计算基数 l							
55	75	0	315								
		315	630					80	90	100	110
		630	1 000					100	110	120	140
		1 000	1 600					120	140	160	180
		1 600	2 500					160	180	210	240
		2 500	4 000					210	240	270	300
		4 000	6 000					270	300	330	360

4.5 法兰的最小锻出宽度

锻件上法兰的最小锻出宽度应符合图 4 和表 4 的规定。

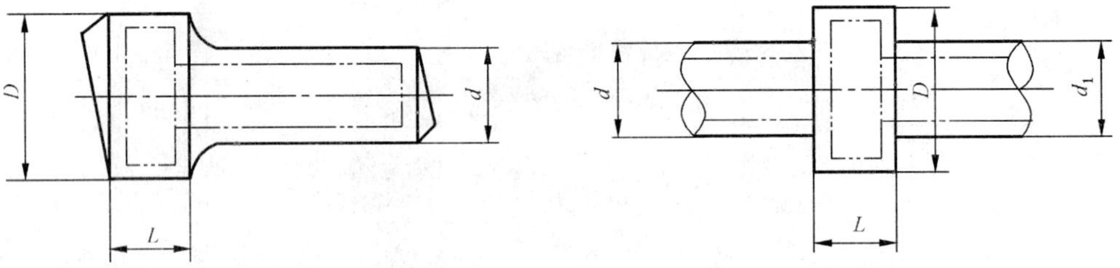

端部法兰　　　　中间法兰

图 4

表 4　法兰的最小锻出宽度　　　　单位为毫米

与法兰相邻部分的尺寸 d		法兰直径 D							
		大于 0 至 40	大于 40 至 63	大于 63 至 100	大于 100 至 160	大于 160 至 200	大于 200 至 250	大于 250 至 315	大于 315 至 400
大于	至	锻出法兰最小宽度 L							
0	40	$\frac{23}{15}$	$\frac{30}{22}$	$\frac{40}{30}$	$\frac{55}{42}$				
40	50		$\frac{26}{20}$	$\frac{36}{28}$	$\frac{50}{39}$	$\frac{65}{51}$			
50	63		$\frac{23}{18}$	$\frac{32}{25}$	$\frac{45}{36}$	$\frac{60}{48}$	$\frac{85}{65}$		
63	80			$\frac{28}{22}$	$\frac{40}{33}$	$\frac{55}{45}$	$\frac{80}{60}$	$\frac{110}{80}$	
80	100			$\frac{23}{18}$	$\frac{35}{33}$	$\frac{50}{42}$	$\frac{75}{55}$	$\frac{105}{75}$	$\frac{135}{100}$
100	120				$\frac{30}{26}$	$\frac{45}{38}$	$\frac{65}{50}$	$\frac{95}{70}$	$\frac{125}{95}$

表 4（续）

单位为毫米

与法兰相邻部分的尺寸 d		法兰直径 D								
		大于	0	40	63	100	160	200	250	315
		至	40	63	100	160	200	250	315	400
大于	至	锻出法兰最小宽度 L								
120	160						$\frac{40}{33}$	$\frac{60}{45}$	$\frac{85}{65}$	$\frac{115}{90}$
160	200							$\frac{50}{38}$	$\frac{75}{58}$	$\frac{105}{80}$
200	250								$\frac{65}{50}$	$\frac{65}{50}$
250	315									$\frac{35}{20}$

注 1：表中分子数值适用于端部法兰，分母数值适用于中间法兰。

注 2：中间法兰按法兰直径 D 与相邻较小直径 d 来确定其最小锻出宽度 L。

注 3：法兰按台阶轴类锻件加放余量后其宽度值如小于表列数值则可增大至表 4 列数值。

5 单拐曲轴类

5.1 单拐曲轴类和偏心轴类自由锻件的曲拐高度 H(或 D)$\leqslant$500 mm，曲拐长度 $L\leqslant$600 mm。

5.2 单拐曲轴和偏心轴锻件的机械加工余量与公差应符合图 5 及表 5 的规定。

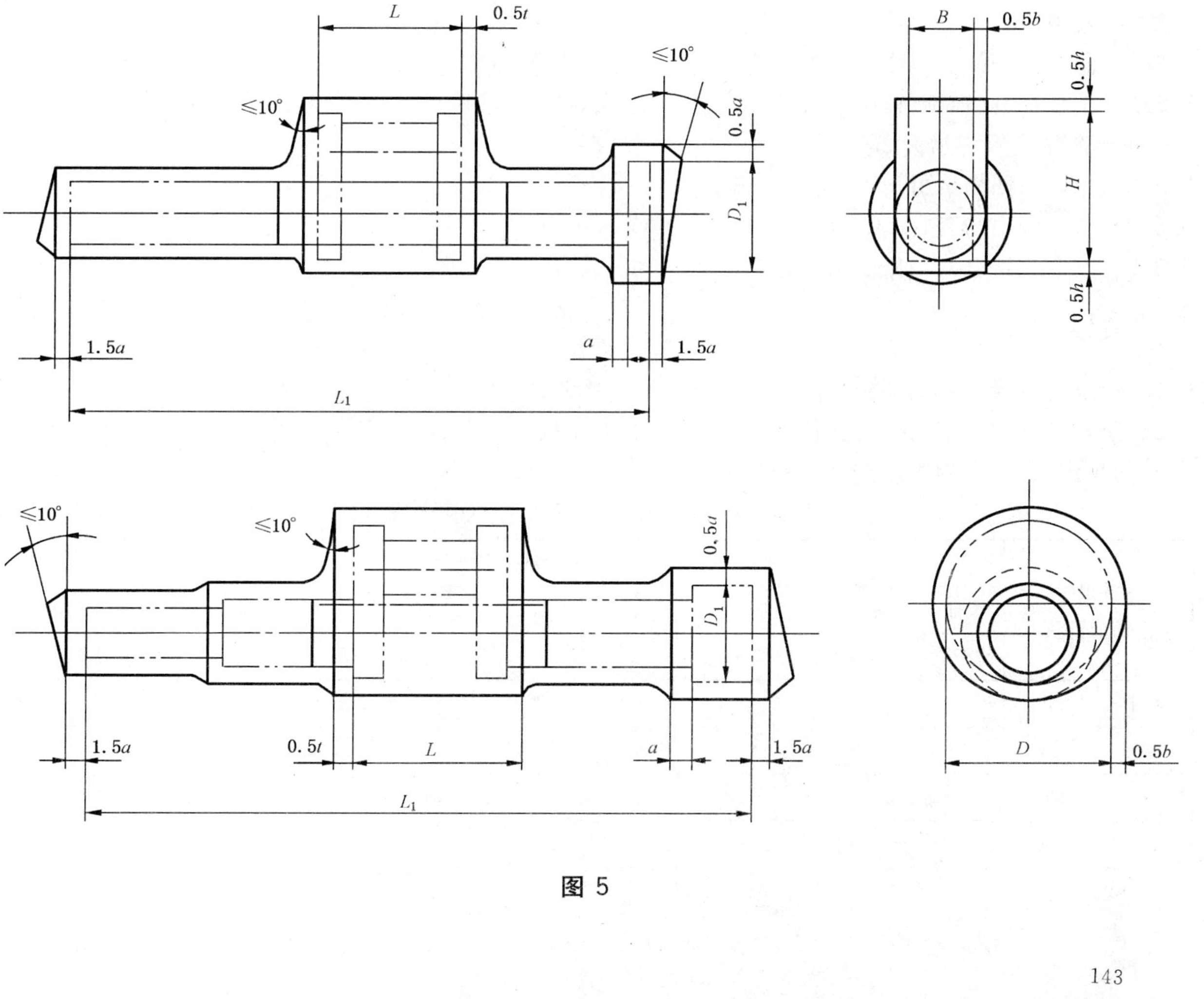

图 5

表 5　单拐曲轴类锻件机械加工余量与公差　　单位为毫米

曲拐长度 L		曲拐高度 H(或 D)											
		大于	200		250			315			400		
		至	250		315			400			450		
		加工余量 b、h、t 与极限偏差											
		b	h	t	b	h	t	b	h	t	b	h	t
大于	至	锻件精度等级 F											
200	250	14±6	18±8	36±16	16±7	21±9	42±18						
250	315	16±7	21±9	42±18	18±8	23±10	46±20	20±8	26±11	52±23			
315	400				20±8	26±11	52±23	22±9	29±13	58±26	23±10	30±13	60±27
400	500				22±9	29±13	58±26	23±10	30±13	60±27	25±11	33±15	66±30
500	630							25±11	33±15	66±30	27±12	35±16	70±30
大于	至	锻件精度等级 E											
200	250	13±5	17±7	34±15	15±6	20±8	40±18						
250	315	15±6	20±8	40±18	17±7	22±9	44±19	19±8	25±11	50±22			
315	400				19±8	25±11	50±22	21±9	27±12	54±24	22±9	29±13	58±26
400	500				21±9	27±12	54±24	22±9	29±13	58±26	24±10	31±14	62±27
500	630							24±10	31±14	62±27	26±11	34±15	68±30

5.3　一般说明

5.3.1　曲拐部分的机械加工余量与公差按曲拐的高度 H(或 D)和长度 L 确定。

5.3.2　圆柱部分(轴颈、轴尾和法兰)的机械加工余量与公差根据最大直径 D 和零件总长度 L_1 确定。a 按 4 台阶轴类锻件增大 20%。

5.3.3　台阶与凹档锻出与否,按 4.4 确定。

5.3.4　法兰锻出与否,按 4.5 确定。

5.3.5　其余应符合 GB/T 21469 的规定。

6　黑皮锻件

6.1　黑皮锻件为全部或部分表面不进行机械加工的锻件。

6.2　黑皮锻件的极限偏差,其断面直径或高度的偏差按表 6 的规定,其内孔直径或凹档深度的偏差按表 7 的规定,其长度的偏差按表 8 的规定。

表 6　锻件断面直径或高度的极限偏差　　单位为毫米

零件最大直径或高度		锻件总长度 L						
		大于	0	63	1 000	1 600	2 500	3 150
		至	630	1 000	1 600	2 500	3 150	4 000
大于	至	极限偏差(锻件精度等级 F 级/E 级)						
0	63	±3/±2		±4/±3	±5/±4	±5/±4		
63	100	±3/±2		±4/±3	±5/±4	±5/±4	±6/±5	
100	160	±4/±3		±5/±4	±5/±4	±6/±5	±6/±5	±7/±6

表 6(续) 单位为毫米

零件最大直径或高度		锻件总长度 *L*					
	大于	0	63	1 000	1 600	2 500	3 150
	至	630	1 000	1 600	2 500	3 150	4 000
大于	至	极限偏差(锻件精度等级 F 级/E 级)					
160	250	±4/±3	±5/±4	±6/±5	±6/±5	±7/±6	±8/±7
250	315	±5/±4	±6/±5	±6/±5	±7/±6	±8/±7	±9/±8
315	400	±5/±4	±6/±5	±7/±6	±8/±7	±9/±8	±9/±10
400	以上	±6/±5	±7/±6	±8/±7	±9/±8	±9/±8	±10/±9

表 7 锻件内孔直径或凹档深度的极限偏差 单位为毫米

零件最大直径或高度		锻件总长度 *L*					
	大于	0	63	1 000	1 600	2 500	3 150
	至	630	1 000	1 600	2 500	3 150	4 000
大于	至	极限偏差(锻件精度等级 F 级/E 级)					
0	63	±4/±3	±4/±3	±5/±4	±5/±4		
63	100	±4/±3	±5/±4	±5/±4	±6/±5	±7/±6	
100	160	±5/±4	±5/±4	±6/±5	±7/±6	±8/±7	±9/±8
160	250	±5/±4	±6/±5	±7/±6	±8/±7	±9/±8	±10/±9
250	315	±6/±5	±7/±6	±8/±7	±9/±8	±10/±9	±11/±10
315	400	±7/±6	±8/±7	±9/±8	±10/±9	±11/±10	±12/±11
400	以上	±8/±7	±9/±8	±10/±9	±11/±10	±12/±11	±13/±12

表 8 锻件长度的极限偏差 单位为毫米

零件最大直径或高度		锻件总长度 *L*					
	大于	0	63	1 000	1 600	2 500	3 150
	至	630	1 000	1 600	2 500	3 150	4 000
大于	至	极限偏差(锻件精度等级 F 级/E 级)					
0	63	±6/±4	±8/±6	±10/±8	±10/±8		
63	100	±6/±4	±8/±6	±10/±8	±12/±10	±14/ ±12	
100	160	±8/±6	±10/±8	±12/±10	±14/±12	±14/±12	±16/±14
160	250	±10/±8	±12/±10	±14/±12	±14/±12	±16/±14	±16/±14
250	315	±12/±10	±14/±12	±14/±12	±16/±14	±16/±14	±18/±16
315	400	±12/±10	±14/±12	±16/±14	±16/±14	±18/±16	±18/±16
400	以上	±14/±12	±16/±14	±16/±14	±18/±16	±18/±16	±20/±18

附 录 A
（资料性附录）
光轴类自由锻件尺寸的计算举例

矩形截面光轴类自由锻件尺寸举例

设：零件尺寸 $B=200$ mm，$H=100$ mm，$L=3500$ mm，要求锻件精度等级 F 级。

以 B 和 L 查表 1 得，$a=18\pm8$ mm。

长度 L 的余量与极限偏差为 $2a=36\pm16$ mm，宽度 B 的余量与极限偏差为 $a=18\pm8$ mm。

计算：$H_p=(B+H)/2=(200+100)/2=150$ mm。

以 H_p 和 L 查表 1 得，$a=17\pm7$ mm。

求得的锻件尺寸为：

$B_0=(200+18)\pm8=218\pm8$ mm；

$H_0=(100+17)\pm7=117\pm7$ mm；

$L_0=(3\,500+36)\pm16=3\,536\pm16$ mm。

ICS 23.040.60
J 15

中华人民共和国国家标准

GB/T 21472—2008

食品工业用不锈钢弯头和三通

Stainless steel bends and tees for the food industry

(ISO 2851:1993,MOD)

2008-02-28 发布 2008-08-01 实施

中华人民共和国国家质量监督检验检疫总局
中国国家标准化管理委员会 发布

前　言

本标准修改采用ISO 2851:1993《食品工业用不锈钢弯头和三通》。

本标准与ISO 2851:1993相比主要技术差异为：

本标准除等同采用了ISO 2851的技术内容外，还结合我国国情，在6.1材料部分将国际材料代号转化为我国材料代号；在6.2制造部分明确了对管件整体应采用固溶处理的要求；在第7章卫生要求中增加了7.1，即我国对食品卫生的要求。

本标准附录A和附录B都是资料性附录。

本标准由中国机械工业联合会提出。

本标准由全国管路附件标准化技术委员会归口。

本标准负责起草单位：中机生产力促进中心、中国建筑设计研究院、宁波市华涛不锈钢管材有限公司、江苏江特科技有限公司。

本标准参加起草单位：四川民生管业有限公司、雅昌管业（深圳）有限公司、常州市武进电力管件有限公司。

本标准主要起草人：李俊英、缪德伟、赵锂、谭冬华、陈彤宇、廖仲力、陈维东、臧志伟。

食品工业用不锈钢弯头和三通

1 范围

本标准规定了食品工业用不锈钢弯头和三通的尺寸、公差、表面粗糙度、技术要求和卫生要求。

本标准中规定的弯头和三通适用于与ISO 2037《食品工业用不锈钢管》中规定的不锈钢管的端部焊接，或与胀接式或焊接式接头配合。

2 规范性引用文件

下列文件中的条款通过本标准的引用而成为本标准的条款。凡是注日期的引用文件，其随后所有的修改单(不包括勘误的内容)或修订版均不适用于本标准，然而，鼓励根据本标准达成协议的各方研究是否可使用这些文件的最新版本。凡是不注日期的引用文件，其最新版本适用于本标准。

GB/T 1031 表面粗糙度 参数及其数值(GB/T 1031—1995,neq ISO 468:1982)

GB/T 12771 流体输送用不锈钢焊接钢管(GB/T 12771—2000,neq JIS G 3448:1997)

GB/T 17219 生活饮用水输配水设备及防护材料的安全性评价标准

GB/T 17395 无缝钢管尺寸、外形、重量及允许偏差(GB/T 17395—1998,neq ISO 1712:1992、ISO 4220:1991、ISO 5252:1991)

生活饮用水输配水设备及防护材料卫生安全评价规范 卫生部[卫法监发〔2001〕161号]

ISO 2037 食品工业用不锈钢管

3 符号

D——弯头和三通管端外径；

T——厚度；

R——弯头半径；

L——端面对中心线的长度(在合适情况下包括接头)；

L_1——直线长度(在长度上应保留垂直度公差 P)；

P——端部对直线长度的垂直度公差；

P_1——端部对端部的垂直度公差。

4 尺寸和公差

4.1 弯头和三通的结构型式、尺寸及垂直度公差见图1和表1。

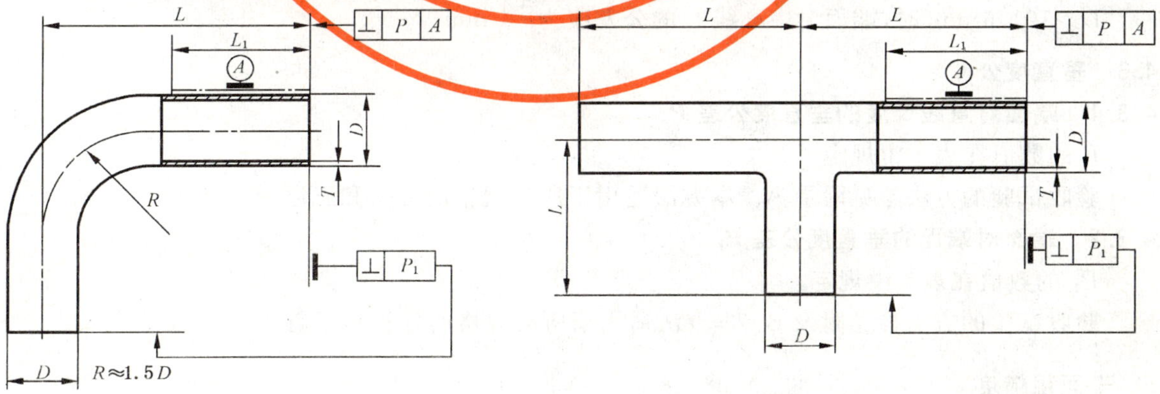

a) 弯头　　b) 三通

图1 对焊弯头和三通

表 1　弯头和三通尺寸

单位为毫米

公称尺寸 DN	管子外径 D	壁厚 T_{min}	L	L_{1min}	垂直度公差	
					P	P_1
10	12 12.7	1.0	45	25	0.1	0.2
15	17.2	1.0	55	25	0.2	0.3
20	21.3	1.0	60	25	0.2	0.3
25	25	1.2,1.6	65	25	0.3	0.5
32	33.7	1.2,1.6	80	25	0.3	0.5
40	40	1.2,1.6	90	25	0.4	0.6
50	51	1.2,1.6	110	30	0.5	0.8
65	63.5	1.6	135	35	0.7	1.0
75	76.1	1.6	155	38	0.8	1.0
80	88.9	2.0	175	38	0.9	1.3
100	101.6	2.0	195	38	1.0	1.4
125	139.7	2.0	250	38	1.4	1.8
150	168.3	2.6	295	38	1.7	2.2
200	219.1	2.6	370	38	2.3	2.8
注：当弯头或三通直接与管子焊接时，L 为端面到中心线的长度。如果弯头或三通带有接头，则 L 包括接头的长度在内。						

4.2　尺寸公差

4.2.1　直线长度 L_1 的外径公差

$D \leqslant 101.6$ mm 时，直线长度 L_1 的外径公差应符合 GB/T 17395 中 D4 级的规定；

$D > 101.6$ mm 时，直线长度 L_1 的外径公差应符合 GB/T 17395 中 D3 级的规定。

4.2.2　直线长度 L_1 上的厚度公差

直线长度 L_1 上厚度 T 的公差应符合 GB/T 17395 中 S3 A 级的规定。

4.2.3　端面对中心线 L 的公差

$D \leqslant 101.6$ mm 时，端面对中心线 L 的公差应为 ${}^{+0.5}_{\ 0}$ mm；

$D > 101.6$ mm 时，端面对中心线 L 的公差应为 ${}^{+1}_{\ 0}$ mm。

4.3　垂直度公差

4.3.1　端面对直线长度的垂直度公差 P

P 的数值在表 1 中规定。

验收试验的方法参见附录 A。本方法适用于所有规格的弯头和三通。

4.3.2　端面对端面的垂直度公差 P_1

P_1 的数值在表 1 中规定。

验收试验的方法参见附录 B。本方法适用于所有规格的弯头和三通。

5　表面粗糙度

表面粗糙度应符合 GB/T 1031 的规定，具体要求如下：

精加工表面 $Ra \leqslant 1$ μm；

其他表面 $Ra \leqslant 2.5\ \mu m$；

焊缝的表面粗糙度不应超过 $Ry = 16\ \mu m$。

6 技术要求

6.1 材料

弯头和三通应使用不锈钢，常用材料牌号为 0Cr18Ni9、00Cr19Ni10、0Cr17Ni12Mo2 和 00Cr17Ni14Mo2，其技术要求应符合 GB/T 12771 等相关标准的规定。管件材料应与管子材料相一致。

6.2 制造

弯头和三通可采用弯曲、挤压、模压等冷加工和热加工方法成形。管件整体应采用固溶处理，内外表面处理可采用抛光或钝化工艺。

弯头和三通可采用焊接钢管或无缝钢管制造。当使用纵向焊接钢管制造时，应满足下列要求：

——对于弯头，焊缝应平行于弯头的中心线，并垂直于弯头的端面；

——对于三通，焊缝应平行于三通的中心线及支管的端面。

7 卫生要求

7.1 用于饮用净水、生活饮用水和食品工业的弯头和三通，其卫生要求应符合 GB/T 17219 和《生活饮用水输配水设备及防护材料卫生安全评价规范》的规定。

7.2 弯头和三通的内外表面应清洁和光滑，焊缝表面应无裂纹、气孔、咬边等妨碍使用的缺陷。其外表面不允许有明显的凹凸不平和超过壁厚负偏差的划痕。

附 录 A
（资料性附录）
端面对直线长度垂直度的测量方法

A.1 测量方法

端面对直线长度的垂直度偏差，可以用图 A.1 所示的测试装置测量。

本测试方法适用于所有规格的弯头及三通。

A.2 装置

将带软爪的二爪卡盘（如图 A.1 所示）安置在支座上，支座上装有测量芯轴和千分表。软爪应与管子相适应。

A.3 步骤

将弯头或三通夹紧在测量装置的卡盘之间，测量芯轴旋转时测量垂直度偏差。

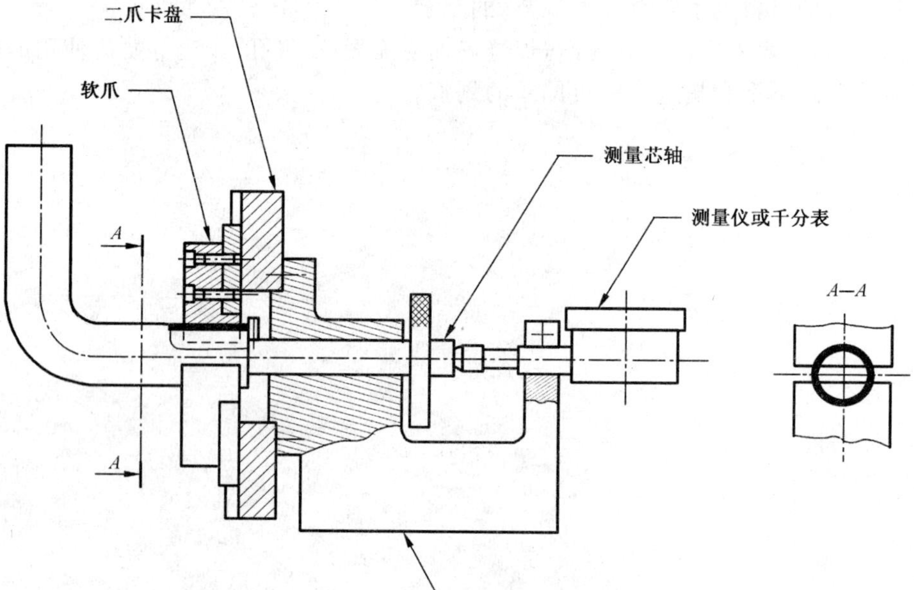

图 A.1

附 录 B
（资料性附录）
端面对端面垂直度的测量方法

B.1 测量方法

端面对端面的垂直度偏差，可以用图 B.1 所示的测试装置测量。

本试验方法适用于所有规格的弯头及三通。

B.2 装置

垂直角度板（如图 B.1 所示）直立在一块平板上，垂直角度板上安装有千分表及一个固定测量点测头。

B.3 步骤

将弯头或三通放置在如图 B.1 所示的测量装置中，测量垂直度偏差。

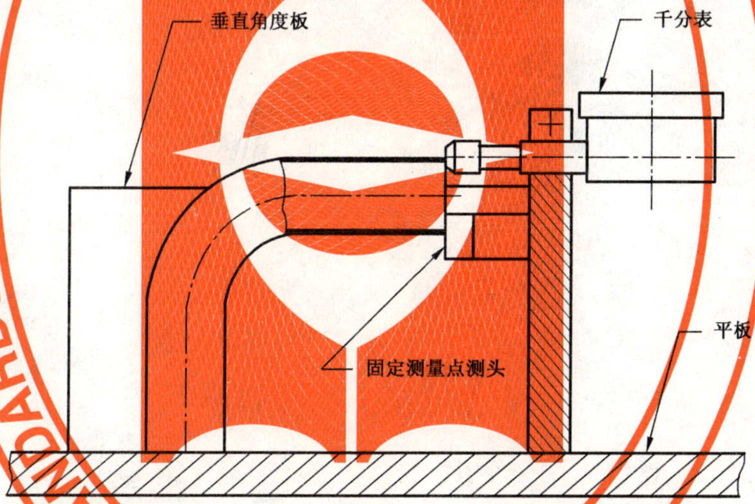

图 B.1

ICS 87.060.10
G 54

中华人民共和国国家标准

GB/T 21473—2008

调色系统用色浆

Tinting system colorant

2008-02-28 发布　　　　2008-08-01 实施

中华人民共和国国家质量监督检验检疫总局
中国国家标准化管理委员会　发布

前　言

本标准附录A、附录B、附录C、附录D、附录E、附录F、附录G、附录H为规范性附录。

本标准由中华人民共和国建设部提出。

本标准由建设部建筑工程标准技术归口单位归口。

本标准主要起草单位：深圳市海川实业股份有限公司、深圳海川色彩科技有限公司、昆山市世名科技开发有限公司、科宁化工（中国）有限公司、巴斯夫（中国）有限公司。

本标准主要起草人：何唯平、许钧强、杜方彦、黄永衡、崔明明、吕仕铭、吴晓天、杜培馗。

调色系统用色浆

1 范围

本标准规定了调色系统用色浆的术语和定义、分类、要求、试验方法、检验规则、标志、包装、贮存和运输等内容。

本标准适用于建筑装饰涂料用调色系统;其他调色系统可参照本标准执行。

2 规范性引用文件

下列文件中的条款通过本标准的引用而成为本标准的条款。凡是注日期的引用文件,其随后所有的修改单(不包括勘误的内容)或修订版均不适用于本标准,然而,鼓励根据本标准达成协议的各方研究是否可使用这些文件的最新版本。凡是不注日期的引用文件,其最新版本适用于本标准。

GB 250 评定变色用灰色样卡

GB 730 纺织品 色牢度试验 耐光和耐气候色牢度蓝色羊毛标准

GB/T 1250 极限数值的表示方法和判定方法

GB/T 1710—1979 颜料耐光性测定法

GB/T 1728—1979 漆膜、腻子膜干燥时间测定法

GB/T 1766—1995 色漆和清漆 涂层老化的评级方法

GB/T 1864—1989 颜料颜色的比较

GB/T 1865—1997 色漆和清漆 人工气候老化和人工辐射暴露(滤过的氙弧辐射)(eqv ISO 11341:1994)

GB/T 3186—2006 色漆、清漆和色漆与清漆用原材料 取样

GB/T 6750 色漆和清漆 密度的测定(GB/T 6750—1986,eqv ISO 2811:1974)

GB/T 6753.1 涂料研磨细度的测定

GB/T 7193.1—1987 不饱和聚酯树脂 粘度测定方法

GB/T 9269—1988 建筑涂料粘度的测定 斯托默粘度计法

GB/T 9271—1988 色漆和清漆 标准试板

GB/T 9274—1988 色漆和清漆 耐液体介质的测定(eqv ISO 2812:1974)

GB 9278 涂料试样状态调节和试验的温湿度(GB 9278—1988,eqv ISO 3270:1984)

GB/T 9750 涂料产品包装标志

GB/T 9755—2001 合成树脂乳液外墙涂料

GB/T 13451.2—1992 着色颜料相对着色力和白色颜料相对散射力的测定 光度计法(idt ISO 787-24:1985)

GB/T 13491 涂料产品包装通则

GB 18581—2001 室内装饰装修材料 溶剂型木器涂料中有害物质限量

GB 18582—2001 室内装饰装修材料 内墙涂料中有害物质限量

GB/T 18922 建筑颜色的表示方法

HJ/T 201—2005 环境标志产品技术要求 水性涂料

HG/T 2458 涂料产品检验 运输和贮存通则

JC/T 412.2—2006 纤维水泥平板 第2部分:温石棉纤维水泥平板

GSB 16-1517—2002 中国建筑色卡标准样品

3 术语和定义

下列术语和定义适用于本标准。

3.1

调色系统 tinting system

满足在色彩设计和应用过程中色彩再现需求的平台，它由可调色基础漆、系统用色浆、标准色卡、调色配方软件和调色计量混匀装置五个部分组成。

3.2

色域覆盖 color gamut

所能覆盖的色空间，具体是指能够满足一定条件的颜色的集合在色品图或色空间内的范围。

4 分类

调色系统用色浆主要分为两大类：溶剂型色浆和水性色浆。

5 要求

5.1 溶剂型色浆要求

溶剂型色浆应符合表1要求。

表1 溶剂型色浆要求

项目			性能指标
容器中状态			无硬块，呈均匀状态
旋转黏度(6 r/min，12 r/min)/(MPa·s)			≤10 000
细度/μm			≤25
干燥时间(表干)/min			≥60
相容性[a]	目视法		无浮色、发花
	仪器法，色差 ΔE^*_{ab}		≤1.0
批次重现性	目视法		近似
	仪器法	色相差 dH	±0.7
		彩度差 dC	±0.7
		明度差 dL	±0.7
		红/绿色相差 da	±0.7
		黄/蓝色相差 db	±0.7
		总色差 ΔE^*_{ab}	≤1.0
相对着色力(彩色色浆)/%			100±5
相对散射力(白色色浆)/%			
色域覆盖			996个色卡样片
耐光性/级			商定
耐候性/级			商定
挥发性有机化合物 VOC/(g/L)			≤450
重金属质量分数/(mg/kg)	可溶性 Pb		≤90
	可溶性 Cd		≤75
	可溶性 Cr		≤60
	可溶性 Hg		≤60

[a] 白色色浆由双方商定的标准黑基础漆来检测。

5.2 水性色浆要求

水性色浆应符合表2要求。

表2 水性色浆要求

项目			性能指标		
			用于调浅色的可调色基础漆	用于调中等色可调色基础漆	用于调深色的可调色基础漆
容器中状态			无硬块,呈均匀状态		
黏度/KU			≤110		
细度/μm			≤25		
干燥时间(表干)/min			≥60		
低温稳定性			不变质		
相容性[a]	目视法		无浮色、发花		
	仪器法,色差 ΔE^{*}_{ab}		≤0.5	≤0.8	≤1.0
批次重现性	目视法		近似		
	仪器法	色相差 dH	±0.7		
		彩度差 dC	±0.7		
		明度差 dL	±0.7		
		红/绿色相差 da	±0.7		
		黄/蓝色相差 db	±0.7		
		总色差 ΔE^{*}_{ab}	≤1.0		
相对着色力(彩色色浆)/%			100±5		
相对散射力(白色色浆)/%					
色域覆盖			996个色卡样片		
耐酸性/级			商定		
耐碱性/级			商定		
耐光性/级			商定		
耐候性/级			商定		
挥发性有机化合物 VOC/(g/L)			≤350		
重金属质量分数/(mg/kg)	可溶性 Pb		≤90		
	可溶性 Cd		≤75		
	可溶性 Cr		≤60		
	可溶性 Hg		≤60		

[a] 白色色浆由双方商定的标准黑基础漆来检测。

6 试验方法

6.1 取样

应按照 GB/T 3186—2006 规定的方法进行。

6.2 试验的一般条件

6.2.1 试验环境

应符合 GB 9278 规定的要求。

6.2.2 试验样板的制备

应符合 GB/T 9271—1988 规定的要求。

6.3 容器中状态

打开包装容器，用刮刀或搅棒搅拌，经搅拌易于混匀时，可评为搅拌混合后“无硬块，呈均匀状态”。

6.4 黏度

水性色浆应按照 GB/T 9269—1988 中 B 法规定的方法进行。

溶剂型色浆应按照 GB/T 7193.1—1987 规定的方法进行。

6.5 细度

应按照 GB/T 6753.1 规定的方法进行。

6.6 干燥时间

应按照 GB/T 1728—1979 中甲法规定的方法进行。

6.7 低温稳定性

应按照 GB/T 9755—2001 中 5.5 规定的方法进行。

6.8 相容性

应按照附录 A 规定的方法进行。

6.9 批次重现性

应按照附录 B 规定的方法进行。

6.10 相对着色力或相对散射力

彩色色浆相对着色力或者白色色浆相对散射力应按照附录 C 规定的方法进行。

6.11 色域覆盖

应按照附录 D 规定的方法进行。

6.12 耐酸性

应按照附录 E 规定的方法进行。

6.13 耐碱性

应按照附录 F 规定的方法进行。

6.14 耐光性

应按照附录 G 规定的方法进行。

6.15 耐候性

应按照附录 H 规定的方法进行。

6.16 挥发性有机化合物 VOC

水性色浆应按照 HJ/T 201—2005 中附录 A 规定的方法进行。

溶剂型色浆应按照 GB 18581—2001 规定的方法进行。

6.17 重金属质量分数

应按照 GB 18582—2001 中附录 C 规定的方法进行。

7 检验规则

7.1 检验分类

产品检验分出厂检验和型式检验。

7.1.1 出厂检验项目包括容器中状态、黏度、细度、干燥时间、批次重现性和相对着色强力或相对散射力。

7.1.2 型式检验项目包括本标准所列的全部技术要求。表 1、表 2 规定的要求在正常生产情况下一年检验一次，耐候性、耐光性项目根据需要检验。当遇新产品投产、产品配方和主要原料及供应商有变化时，应进行型式检验。

7.2 检验结果的判定

7.2.1 单项检验结果的判定应按照 GB/T 1250 中修约值比较法规定的要求执行。

7.2.2 所有项目的检验结果均达到本标准要求时，该试验样品判定为合格。

8 标志、包装、贮存和运输

8.1 标志

应符合 GB/T 9750 规定的要求。

8.2 包装

应符合 GB/T 13491 中二级包装规定的要求。

8.3 贮存和运输

应符合 HG/T 2458 规定的要求。

附 录 A
（规范性附录）
相容性试验方法——指研法

A.1 试验环境

应符合 GB 9278 规定的要求。

A.2 试验器材

a) 天平：精度 0.01 g；
b) 湿膜制备器：规格 250 μm；
c) 黑白卡纸：不覆膜、无荧光的黑白格纸板；
d) 测色仪：双光束分光光度测色仪，采用 SCI 模式，D65 光源，D8 测试角度。

A.3 试验方法

A.3.1 称取 100 g 可调色基础漆置于合适的容器中，若基础漆明示了稀释比例，按明示的最大稀释比例稀释后充分混匀。水性色浆试验，用于调浅色基础漆时，加入水性受试色浆 3 g；用于调中等色基础漆时，加入水性受试色浆 5 g；用于调深色基础漆时，加入水性受试色浆 10 g。溶剂型色浆实验，用于调浅色基础漆时，加入溶剂型受试色浆 2 g；用于调中等色基础漆时，加入溶剂型受试色浆 5 g；用于调深色基础漆时，加入溶剂型受试色浆 10 g(精确到 0.01 g)。

将基础漆、受试色浆两者充分混匀，静置 5 min。用250 μm的湿膜制备器在黑白卡纸上制备涂膜；在涂膜表干前，指研能感觉到明显的阻力时，用食指指腹在漆膜上以轻微力度匀速研磨 20 次，研磨出直径约为 30 mm 无露底区域(如图 A.1)。涂膜置于 A.1 试验环境下自然干燥 24 h。

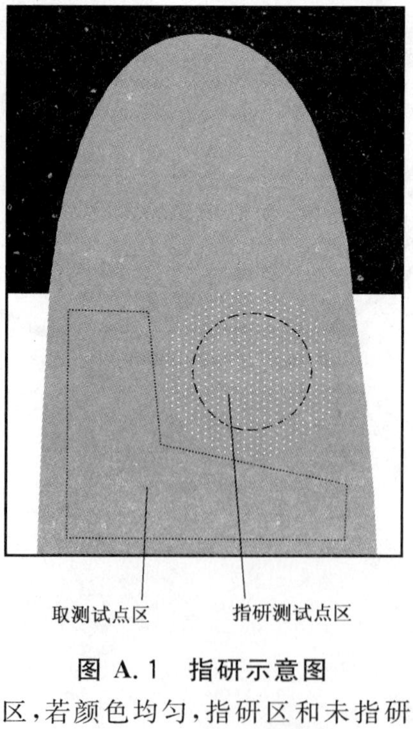

图 A.1 指研示意图

A.3.2 目视观测指研区和未指研区，若颜色均匀，指研区和未指研区无明显色差，则可评为无浮色、发花。

A.3.3 在距离涂膜边界或指研区边界 10 mm 内各取两点，用测色仪测试指研区域和未指研区域的色差，以两点色差的平均值作为一次测试结果。

A.3.4 用湿膜制备器将配置好的测试漆样平行刮涂三次，得到三块测试样板，如任两块测试样板的色差不大于 0.2 时，以三块测试样板的色差算术平均值作为最终结果。如任两块测试样板的色差大于 0.2 时，则判定该次试验不合格，需重新试验。

A.4 结果判定

受试色浆检测结果符合本标准要求时，则判定受试色浆相容性合格。

附 录 B
（规范性附录）
批次重现性的测定

B.1 试验环境

应符合 GB 9278 规定的要求。

B.2 试验器材

a） 标准色浆样品；
b） 受试色浆样品；
c） 可调色基础漆；
d） 调刀：钢制锥形刀，长约 140 mm～150 mm，最宽处约为 20 mm～25 mm，最窄处不小于 12.5 mm；
e） 黑白卡纸：不覆膜、无荧光的黑白格纸板；
f） 湿膜制备器：规格 250 μm；
g） 测色仪：双光束分光光度测色仪，采用 SCI 模式，D65 光源，D8 测试角度；
h） 电子天平：精度 0.001 g。

B.3 试验方法

B.3.1 按 6.2.2 称取标准色浆和相配套的可调色基础漆，混合搅拌均匀，得到参比样色料，待用。色浆量若以体积表示时，应先按 GB/T 6750 规定测定色浆密度，再换算成色浆质量进行操作。
B.3.2 按 6.2.2 称取受试色浆和相配套的可调色基础漆，混合搅拌均匀，得到待测样色料，待用。色浆量若以体积表示时，应先按 GB/T 6750 规定测定色浆密度，再换算成色浆质量进行操作。
B.3.3 各取少量参比样色料和待测样色料于黑白卡纸上，用 250 μm 的湿膜制备器，在黑白卡纸上制备两条宽度不小于 25 mm，接触边长不小于 40 mm 的均匀不透明涂膜（见图 B.1），于 B.1 试验环境下干燥 24 h 后测试。

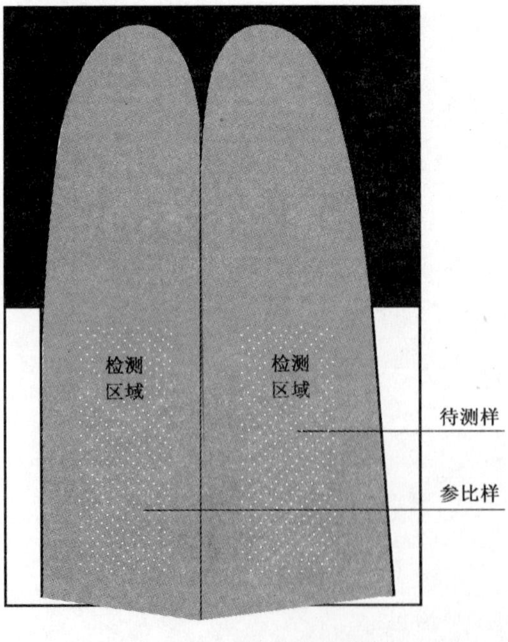

图 B.1 批次重现性

B.4 颜色测定

B.4.1 目测法

在散射光或人造日光下观察，同在黑色底板面上或白色底板面上，在距离涂膜边界、参比样和待测样涂膜交界线 10 mm 以内的区域，结果的表示按 GB/T 1864—1989 中第 7 章进行。

B.4.2 仪器法

B.4.2.1 同在黑色底板面上或白色底板面上，在距离涂膜边界、参比样和待测样涂膜交界线 10 mm 以内的区域作为检测区域，在检测区域内各取两点，用双光束分光光度测色仪测定参比样和待测样涂膜间的色相差 dH、彩度差 dC、明度差 dL、红/绿色相差 da、黄/蓝色相差 db 和总色差 ΔE^{*}_{ab}，作为一次测试结果。

B.4.2.2 在检测区域内变换取点位置，平行测定三次，如任两次测试的不大于 0.2 时，以三次测试色差算术平均值作为最终结果。如任两次测试样板的色差大于 0.2 时，则判定该次试验不合格，需重新试验。

B.5 结果判定

色相差 dH、彩度差 dC、明度差 dL、红/绿色相差 da、黄/蓝色相差 db 和总色差 ΔE^{*}_{ab} 各项颜色测定结果均符合本标准要求时，则判定该产品批次重现性合格；如各项颜色测定结果中有 1 项未达到本标准要求时，则判定该产品批次重现性不合格。

附　录　C
（规范性附录）
相对着色力或相对散射力的测定

C.1　试验环境

应符合 GB 9278 规定的要求。

C.2　总则

分为目测法和仪器法。对于彩色色浆，测定相对着色力，两种方法可任意选用；对于白色色浆，用仪器法测定相对散射力。

C.3　目测法

C.3.1　试验器材

a）标准色浆样品；
b）受试色浆样品；
c）标准白基础漆：由有关双方商定，展色性和相容性较好。钛白粉含量 20%～25%，用于彩色色浆相对着色力测定；
d）调刀：钢制，锥形刀身，长约 140 mm～150 mm，最宽处约为 20 mm～25 mm，最窄处不小于 12.5 mm；
e）黑白卡纸：不覆膜、无荧光的黑白格纸板；
f）湿膜制备器：规格 250 μm；
g）天平：精确至 0.001 g。

C.3.2　冲淡色浆的制备

选定合适的色浆冲淡比例称取标准色浆和标准白基础漆，搅拌均匀，待用。用同样方法制备试样冲淡色浆。色浆量若以体积表示时，应先按 GB/T 6750 规定测定色浆密度，再换算成色浆质量进行操作，色浆冲淡比例可选择 1∶25，也可根据色浆中颜料着色能力的强弱选用其他合适的冲淡比例，但制备标准冲淡浆和试样冲淡浆时所用标准白基础漆应一致。

C.3.3　冲淡色的比较和相对着色力的测定

用湿膜制备器将标准冲淡色浆和试样冲淡色浆并列涂敷在黑白卡纸上，以形成二个宽度不小于 25 mm，接触边长不小于 40 mm 的均匀不透明条带（见图 C.1），于恒温恒湿（见 GB 9278）下干燥后在散射光或人造日光下进行颜色比较，若二者着色强度相等且色相相同，则受试样品的相对着色力为 100%，若二者着色强度相等但色相不同，则受试样品的相对着色力为 100%，但应注明色相差别，若二者着色强度不同，则调整受试色浆的添加量，重新制备另一冲淡色浆，而标准色浆不变，再进行比较直至着色强度相等。

C.3.4　结果的表示

受试色浆的相对着色力 TS 用下式计算：（以标准色浆着色力为 100）

$$TS = \frac{b}{a} \times 100 \qquad \cdots\cdots（C.1）$$

式中：

TS——相对着色力；
a——达到与标准冲淡色浆相同着色强度的受试色浆质量，单位为克（g）或毫升（mL）；
b——标准色浆的量，单位为克（g）或毫升（mL）。

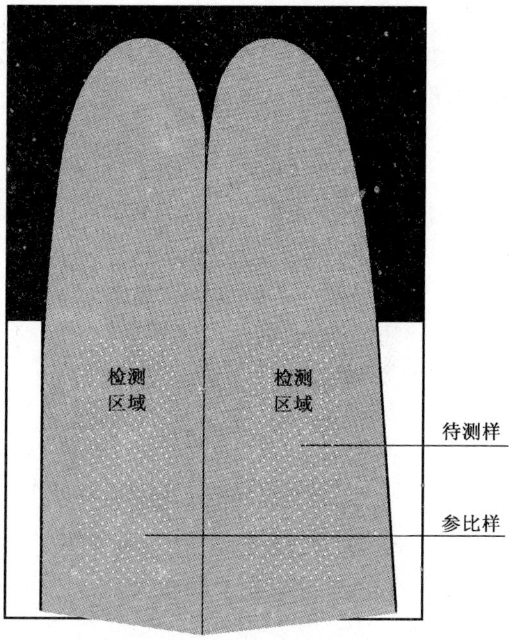

图 C.1 相对着色力

C.4 仪器法

C.4.1 试验器材

a) 标准色浆样品；

b) 受试色浆样品；

c) 标准白基础漆：由有关双方商定，展色性和相容性较好。钛白粉含量 20%～25%，用于彩色浆相对着色力测定；

d) 标准黑基础漆：由有关双方商定，展色性和相容性较好。碳黑含量不超过 5%，用于白色浆相对散射力的测定；

e) 调刀：钢制，锥形刀身，长约 140 mm～150 mm，最宽处约为 20 mm～25 mm，最窄处不小于 12.5 mm；

f) 黑白卡纸：不覆膜、无荧光的黑白格纸板；

g) 湿膜制备器：规格 250 μm；

h) 测色仪：双光束分光光度测色仪，采用 SCI 模式，D65 光源，D8 测试角度；

i) 天平：精确至 0.001 g。

C.4.2 相对着色力冲淡色浆的制备

同 C.3.2。

C.4.3 相对着色力的测定

用湿膜制备器将标准冲淡色浆和试样冲淡色浆分别用同样方法涂敷在黑白卡纸上，制备得到均匀不透明涂膜，在 GB 9278 规定的条件下干燥后，按照 GB/T 13451.2—1992 中 8.1.4 规定的方法进行测定(测定最大吸收波长处的 R_∞ 或 ρ_∞)。

C.4.4 相对散射力着色色浆的制备

选定合适的色浆冲淡比例称取标准色浆和标准黑基础漆，搅拌均匀，待用。用同样方法制备试样着色色浆。色浆量若以体积表示时，应先按 GB/T 6750 规定测定色浆密度，再换算成色浆质量进行操作。色浆冲淡比例可选择 4∶1，或可根据标准黑基础漆中碳黑颜料着色能力的强弱选用其他合适的冲淡比例。

C.4.5 相对散射力的测定

用湿膜制备器将标准着色色浆和受试着色色浆分别用同样方法涂敷在黑白卡纸上，制备得到均匀不透明涂膜，于恒温恒湿(见 GB 9278)下干燥后，按 GB/T 13451.2—1992 中 8.2.4 规定测量在 550 nm 波长下的 R_{∞} 或 ρ_{∞}。

C.4.6 结果的表示

应按照 GB/T 13451.2—1992 中第 9 章规定的方法进行计算。

附　录　D
（规范性附录）
色域覆盖的测定

D.1　试验环境

应符合 GB 9278 规定的要求。

D.2　试验器材

a)　受试调色系统色浆样品。
b)　用于调深色漆的可调色基础漆。
c)　调刀：钢制锥形刀，长约 140 mm～150 mm，最宽处约为 20 mm～25 mm，最窄处不小于12.5 mm。
d)　黑白卡纸：不覆膜、无荧光的黑白格纸板。
e)　湿膜制备器：规格 250 μm。
f)　测色仪：双光束分光光度测色仪，采用 SCI 模式，D65 光源，D8 测试角度。
g)　电子天平：精度 0.001 g。
h)　色域覆盖色卡样片：从 GB/T 18922 和 GSB 16-1517—2002 中选取以下 10 个色卡样片作为色域覆盖比对色片：

红色域(R)：6.9R 4/11.6；
红黄色域(YR)：2.5YR 6.5/9.6；
黄色域(Y)：5.6Y 8/10.4；
黄绿色域(GY)：1.3GY 6.5/7.6；
绿色域(G)：2.5G 4/5.6；
蓝绿色域(BG)：7.5BG 4/5.6；
蓝色域(B)：10B 4/7.2；
蓝紫色域(PB)：6.3PB 4/9.6；
紫色域(P)：1.3P 3.5/7.6；
紫红色域(RP)：8.8RP 3/5.2。

D.3　试验方法

D.3.1　制作红色域(R)：6.9R 4/11.6 测试色片。

D.3.2　根据 D.3.1 的色调范围，在受试调色系统用色浆范围内选取适当的受试色浆组合，根据测试色片的明度及彩度范围，估算出受试色浆组合在 100 g 调深色漆的可调色基础漆中的大致添加量，色浆组合的总添加量应保证使测试色片的对比率大于或等于 0.90。

D.3.3　在调色系统受试色浆与用于调深色漆的可调色基础漆相容性良好的前提下，称取 100 g 的可调色基础漆于合适的容器中，依次称取 D.3.2 中估算的受试色浆组合添加量，逐次加入到 100 g 调深色漆的可调色基础漆中，混合搅拌均匀，静置 5 min，待用。

D.3.4　取适量待测样色料于黑白卡纸上，用 250 μm 的湿膜制备器，在黑白卡纸上制备一条宽度不小于 50 mm 的均匀不透明涂膜(见图 D.1)，于 D.1 试验环境下干燥后测试。

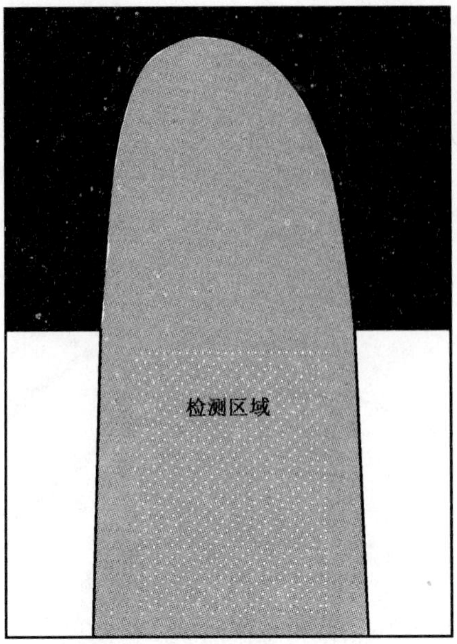

图 D.1　色域覆盖度

D.3.5　在黑色底板面上或白色底板面上，在距离涂膜边界 10 mm 以内的区域作为检测区域，在检测区域内取点，用双光束分光光度测色仪测定测试色片和色卡样片之间的色差 ΔE_{ab}^{*} 作为一次测定结果。在检测区域内变换取点位置，平行测定三次，如两次相近的测试结果之差不大于 0.2 时，以两次相近测试结果的算术平均值作为初次测定结果。如两次相近的测试结果之差大于 0.2 时，则判定该次试验不合格，需重新试验。

D.3.6　根据初次测定结果，调整受试色浆组合在 100 g 调深色漆的可调色基础漆中的添加量。

D.3.7　重复 D.3.3～D.3.6，经过不断调整，直至使测试色片与相应色卡样片在色调、明度、彩度颜色三属性方面最为接近。

D.3.8　用双光束分光光度测色仪测定测试色片和相应色卡样片之间的色差 ΔE_{ab}^{*}，作为最终测定结果。

D.3.9　重复 D.3.2～D.3.8，依次制作其他 9 个色域的测试色片。

D.4　结果判定

10 个色域测试色片的色差小于或等于 3.0 时，则判定受试调色系统色浆合格；如 10 个测试色片中有任 1 项色差大于 3.0 时，则判定受试调色系统色浆色域覆盖不合格。

附　录　E
（规范性附录）
耐酸性的测定

E.1　试验器材

a)　盐酸：2% HCl 溶液；
b)　纯丙乳液：固含量 40%～60%；
c)　玻璃板：尺寸适宜；
d)　湿膜制备器：规格 100 μm；
e)　灰色样卡：评定变色用灰色样卡，应符合 GB 250 的要求；
f)　天平：精确至 0.01 g。

E.2　步骤

称取纯丙乳液 20 g，加入色浆样品 5 g～8 g（具体加量视各颜色色浆遮盖力而定），搅拌均匀后，用湿膜制备器在玻璃板上涂敷成膜，按照 GB 9278 规定的要求养护 7 d 后，再按照 GB/T 9274—1988 中丙法试验 48 h，接着放置 2 h。所有试验结束后，应按照 GB 250 的规定，目视评定试验区域与未试验区域的颜色变化。

E.3　结果的表示

以级表示。最好为 5 级，最差为 1 级。变色程度介于其两级之间时用 4/5，3/4，2/3，1/2 表示。

附 录 F
（规范性附录）
耐碱性的测定

F.1 试验器材

a) 饱和 $Ca(OH)_2$ 溶液；

b) 纯丙乳液：固含量 40%～60%；

c) 玻璃板：尺寸适宜；

d) 湿膜制备器：规格 100 μm；

e) 灰色样卡：评定变色用灰色样卡，应符合 GB 250 的规定；

f) 天平：精确至 0.01 g。

F.2 步骤

称取纯丙乳液 20 g，加入色浆样品 5 g～8 g(具体加量视各颜色色浆遮盖力而定)，搅拌均匀后，用湿膜制备器在玻璃板上涂敷成膜，按照 GB 9278 规定的要求养护 7 d 后，再按照 GB/T 9274—1988 中丙法试验 48 h，接着放置 2 h。所有试验结束后，按照 GB 250 的规定，目视评定试验区域与未试验区域的颜色变化。

F.3 结果的表示

以级表示。最好为 5 级，最差为 1 级。变色程度介于其两级之间时用 4/5，3/4，2/3，1/2 表示。

附 录 G
（规范性附录）
耐光性的测定

G.1 试验器材

a) 石棉水泥平板：应符合 JC/T 412.2 表 2 中 1 类板规定的要求，板厚度为 4 mm～6 mm，尺寸适宜；

b) 标准白基料：由有关双方商定，展色性、相容性和耐光性较好。钛白粉含量 5%，用于彩色浆深色（1∶1 冲淡）测定；钛白粉含量 20%～25%，用于彩色色浆浅色（1∶25 冲淡）测定；

c) 黑厚卡纸；

d) 氙灯日晒机：1 500 W；

e) 日晒牢度蓝色标准：应符合 GB 730 的规定；

f) 灰色样卡：评定变色用灰色样卡，应符合 GB 250 的规定。

G.2 试板的制备

将受试色浆按规定或商定的色浆冲淡比例配制成涂料。制板及养护应按照 GB/T 9755 规定的方法进行。

G.3 耐光试验及评级方法

应按照 GB/T 1710—1979 中第 4 章及第 5 章规定的方法进行。

附 录 H
（规范性附录）
耐候性（人工加速老化试验）的测定

H.1 试验器材

a) 石棉水泥平板：应符合 JC/T 412.2—2006 表 2 中 1 类板的要求，板厚度 4 mm～6 mm，尺寸适宜；

b) 标准白基料：由有关双方商定，展色性、相容性和耐候性较好。钛白粉含量 5%，用于彩色浆深色（1∶1 冲淡）测定；钛白粉含量 20%～25%，用于彩色浆浅色（1∶25 冲淡）测定；

c) 全自动氙灯老化试验机；

d) 测色仪：双光束分光光度测色仪，采用 SCI 模式，D65 光源，d/8°测试角度。

H.2 试板的制备

将受试色浆按规定或商定的色浆冲淡比例配制成涂料。制板及养护应按照 GB/T 9755 规定的方法进行。

H.3 耐候性试验及评级方法

应按照 GB/T 1865—1997 规定的方法进行，结果的评定应符合 GB/T 1766—1995 规定的要求。

ICS 13.020.01
Z 00

中华人民共和国国家标准

GB/T 21474—2008

废弃电子电气产品再使用及再生利用体系评价导则

Guideline for the assessment on the reuse and recycling system of waste electrical and electronic equipment

2008-02-27 发布　　2008-08-01 实施

中华人民共和国国家质量监督检验检疫总局
中国国家标准化管理委员会　发布

前　言

本标准由国家标准化管理委员会提出。

本标准由全国电工电子产品与系统的环境标准化技术委员会(SAC/TC 297)归口。

本标准由中国质量认证中心负责起草。

本标准参加起草单位:中国质量认证中心、广州电器科学研究院、中国电器工业协会、富勤集团、海尔集团技术研发中心、华星集团。

本标准主要起草人：田晓飞、赵新、周湘梅、姜文博、郭丽萍、管世翾、蒋京鑫、马德军、刘彦宾、肖党生、骆明非、刘立波、洪亮、刘振宇、宋守许。

本标准为首次发布。

废弃电子电气产品再使用及再生利用体系评价导则

1 范围

本标准规定了再使用电子电气产品及元器件和零部件评价、再生利用材料评价、回收处理企业评价要求。

本标准适用于对废弃电子电气产品再使用及再生利用过程中所涉及到的企业和产品进行系统评价。

2 规范性引用文件

下列文件中的条款通过本标准的引用而成为本标准的条款。凡是注日期的引用文件，其随后所有的修改单(不包括勘误的内容)或修订版均不适用于本标准，然而鼓励根据本标准达成协议的各方研究是否可使用这些文件的最新版本。凡是不注日期的引用文件，其最新版本适用于本标准。

GB/T 19001 质量管理体系 要求

GB/T 20861 废弃产品回收利用术语

GB/T 24001 环境管理体系 要求及使用指南

GB/T 28001 职业健康安全管理体系 规范

3 术语和定义

下列术语和定义适用于本标准。

3.1

电子电气产品 electronic and electrical equipment

依靠电流或电磁场工作的设备以及产生、转变、测量这些电流和电磁场的设备。设计使用时的电压：交流不超过 1 000 V，直流不超过 1 500 V。

3.2

废弃电子电气产品 waste electronic and electrical equipment

拥有者不再使用且已经丢弃或放弃的电子电气产品，或者在电子电气产品生产、流通和使用过程中产生的不合格产品和报废产品。

3.3

再使用 reuse

电子电气产品及其元器件、零部件废弃后，经过清洗、维护、修复等，并经检验符合相应的国家、行业、地方或企业标准，仍能够按原用途继续使用。

3.4

再生利用 recycling

电子电气产品及其元器件、零部件废弃后，其材料能直接用于其他用途或经过重新加工处理后，能按预定的使用要求重新使用；但不包括回收能量。

3.5

回收处理 take - back and treatment

以回收利用为目的，对废弃电子电气产品进行的收集、贮存、清除污染、拆解、破碎、分选、能量回收等活动。

注：相关定义参见 GB/T 20861。

4 基本要求

4.1 再使用产品、元器件及零部件评价要求

4.1.1 性能和质量要求

4.1.1.1 含有再使用元器件及零部件的产品与不含有再使用元器件及零部件的产品应符合相同的技术标准，除特别声明，应与不含有再使用元器件及零部件的产品具备相同的功能。

4.1.1.2 在相同的运行环境下实现相同的功能时，再使用的元器件和零部件应该具备同新元器件和零部件相同的技术性能。

4.1.1.3 根据产品种类，在保证产品性能前提下，允许再使用的元器件和零部件与新元器件和零部件有较小的技术特性差异，但必须在产品生产过程的质量文件中明确标明。

4.1.1.4 再使用的元器件和零部件在产品制造过程中必须通过与新元器件和零部件相同的检查和功能测试。

4.1.1.5 含有再使用的元器件和零部件的产品，在制造过程中也必须通过与全部使用新元器件和零部件的产品相同的检查和功能测试。

4.1.2 环境要求

4.1.2.1 再使用的元器件和零部件应用于产品的生产制造过程，宜确认这些元器件和零部件的再使用不会比制造全新的元器件和零部件造成更多的环境危害。

4.1.2.2 再使用的元器件和零部件也可以作为生命周期较长产品的备用件使用。

4.1.3 安全要求

含再使用的元器件和零部件的产品必须满足现行的安全要求。

4.1.4 可追溯性

4.1.4.1 再使用的元器件和零部件应具有可追溯性。

4.1.4.2 含有再使用的元器件和零部件的产品应声明或标识。

4.2 再生利用材料评价要求

在相同的运行环境下实现相同的功能时，再生利用材料的性能和质量应该满足相应的使用要求。

进行材料的再生利用时，宜确认这些材料的使用不会比使用全新的材料造成更多的环境危害。

4.3 回收处理企业评价

4.3.1 资质和许可要求

从事废弃电子电气产品回收处理的企业，应具备法律法规要求的相关资质。

4.3.2 运行管理要求

回收处理企业的运行应该满足 GB/T 19001、GB/T 24001、GB/T 28001 的相关质量管理、环境管理和职业安全与健康的要求。

回收处理企业应优先考虑元器件和零部件的再使用，其次考虑再生利用，采用先进适用技术和设备，提高再使用率、再生利用率，减少对环境的影响。

回收处理企业在废弃电子电气产品收集、运输、贮存、拆解过程中应采取适当的措施，避免对环境造成的二次污染。

参 考 文 献

2002/96/EC 欧盟关于报废电子电气设备指令(WEEE)

ISO 9001 质量管理体系要求

ISO 14001 环境管理体系要求

ISO/IEC 17050 符合性评价——供应商符合性声明——第2部分:支持文件

ISO 17422 塑料——环境问题——标准焚烧指南

ISO 15270 塑料——废弃塑料回收利用指南

IEC 62309 含再使用零部件产品的可靠性——功能性和检测要求

ISO/IEC 24700 含再使用零部件办公设备的质量和性能

ICS 47.020.01
U 04

中华人民共和国国家标准

GB/T 21475—2008/ISO 2412:1982

造船　指示灯颜色

Shipbuilding—Colours of indicator lights

(ISO 2412:1982,IDT)

2008-03-03 发布　　　　2008-09-01 实施

中华人民共和国国家质量监督检验检疫总局
中国国家标准化管理委员会　发布

前　言

本标准等同采用ISO 2412:1982《造船　指示灯颜色》(英文版)。

本标准等同翻译ISO 2412:1982。

为便于使用,本标准做了下列编辑性修改:

——“本国际标准”一词改为“本标准”;

——用顿号“、”代替作为分述的逗号“,”;

——更新所引用文件的版本;

——删除国际标准的前言。

本标准由中国船舶工业集团公司提出。

本标准由全国海洋船标准化技术委员会船舶基础分技术委员会归口。

本标准起草单位:中国船舶工业综合技术经济研究院。

本标准主要起草人:苗宏仁。

造船　指示灯颜色

1　范围

本标准规定了安装在船舶控制板上仪器指示灯的颜色。

本标准适用于船舶控制板上指示灯颜色的确定，不适用于航行灯颜色的确定。

2　规范性引用文件

下列文件中的条款通过本标准的引用而成为本标准的条款。凡是注日期的引用文件，其随后所有的修改单(不包括勘误的内容)或修订版均不适用于本标准，然而，鼓励根据本标准达成协议的各方研究是否可使用这些文件的最新版本。凡是不注日期的引用文件，其最新版本适用于本标准。

ISO 3864　图形符号　安全色和安全标记[1)]

IEC 73 号出版物　指示灯和按钮的颜色

3　颜色及其含义

指示灯颜色的使用要求及典型示例见表1。

表1　指示灯颜色

颜色	含　　义	说　　明	典　型　示　例
红色	危险或警报	危险状态的警告或要求立即采取行动	主要机器停转，如舵机、推进发动机或电动机的润滑油泵等停转； 推进装置润滑系统或液压系统等压力不足； 温度和压力(水、油等)接近临界值； 主要线路损坏
黄色	预警	状态改变或临近临界状态	温度与压力偏离正常值，但尚未达到临界值
绿色	安全(正常运行和正常工作情况)	指示安全状态	机器运行正常； 液体流通； 压力、温度、电流等在规定范围内
蓝色	指令或通知(视情况需要确定具体含义)	用于确定上述红、黄、绿三种颜色所不能确定的其他特定含义	发动机准备启动； 空载发电机正待接入电网； 空载电机的电加热线路
白色	无特定含义(不确定)	其他状态，对红、黄、绿或蓝存在不确定时可使用白色，如用作确认指令	对地绝缘指示器； 同步指示灯； 电话呼叫； 自动控制设备

单靠颜色不能完全表示灯的含义。

可用铭牌或刻蚀标志对灯的含义进行补充说明。

---

1)　ISO 3864 共分为三部分，分别为：ISO 3864-1:2002、ISO 3864-2:2004 和 ISO 3864-3:2006。

灯颜色种数的选择及频闪光和稳定光的采用取决于警报的性质和范围以及信号传输系统。通常，要求立即采取行动时使用频闪灯。

这些颜色的含义与 ISO 3864 的规定相一致。所选择的颜色之间应能明显区别。

指示灯颜色的选择取决于对设备操作者最重要的信息。

ICS 47.020.90
U 55

GB

中华人民共和国国家标准

GB/T 21476—2008/ISO 15541:1999

船舶与海上技术　软管组件的耐火性能试验台要求

Ships and marine technology—Fire resistance of hose assemblies—Requirements for the test bench

(ISO 15541:1999,IDT)

2008-03-03 发布　　2008-09-01 实施

中华人民共和国国家质量监督检验检疫总局
中国国家标准化管理委员会　发布

前　言

本标准等同采用 ISO 15541:1999《船舶与海上技术　软管组件的耐火性能　试验台要求》(英文版)。

本标准等同翻译 ISO 15541:1999。

为便于使用,本标准作了下列编辑性修改:

——“本国际标准”一词改为“本标准”;

——用小数点“.”代替作为小数点的“,”号;

——删除国际标准的前言;

——由于原国际标准错误,将图 1 的注释 3 和注释 4 的解释互换,并按我国的行业习惯,将图 1 中注释作相应修改;

——为便于理解,在图 2 注释中,将注释 19 与注释 18 合并,并按我国的行业习惯,将图 2 中注释作相应修改。

本标准由中国船舶工业集团公司提出。

本标准由全国船用机械标准化技术委员会管系附件分技术委员会归口。

本标准起草单位:中国船舶工业综合技术经济研究院。

本标准主要起草人:王俊、罗发元。

船舶与海上技术　软管组件的耐火性能试验台要求

1　范围

本标准规定了用于确定公称通径不小于 100 mm 软管组件耐火性能按 GB/T 21477 规定的试验的试验台要求。暴露在火焰中时,能承受不大于 10 bar 的工作压力。

软管的播焰能力试验不能使用本标准规定的试验台。

试验介质只允许是水。为确保在试验期间如果软管破损的情况下操作人员和试验台的最大安全,禁止使用易燃试验介质。

2　规范性引用文件

下列文件中的条款通过本标准的引用而成为本标准的条款。凡是注日期的引用文件,其随后所有的修改单(不包括勘误的内容)或修订版均不适用于本标准,然而,鼓励根据本标准达成协议的各方研究是否可使用这些文件的最新版本。凡是不注日期的引用文件,其最新版本适用于本标准。

GB/T 21477　船舶与海上技术　软管组件的耐火性能　试验方法(GB/T 21477—2008,ISO 15540:1999,IDT)

IEC 60051-1:1984　直流作用显示、模拟电气测量装置及其附件　第1部分:所有部件的定义和通用要求

IEC 60051-1　修正案1号:1994

IEC 60051-1　修正案2号:1995

3　术语和定义

本标准采用下列术语和定义。

3.1

耐火　fire resistance

在标准的耐火试验中,组成构件、部件或结构的元件,在规定的时间内满足所要求的稳定性、完整性、热绝缘和/或其他预期的特定性能的能力。

4　要求

4.1　试验台部件

试验台应由下列部分构成(见图1):

——带有软管组件、燃烧器和排气总管连接设备的燃烧室(见4.2);

——带有调节和控制试验介质的设备的组合箱(见4.3);

——监控和记录试验进程的设备(见4.4);

——加压设备,在施加火焰的末期能给试件加载技术规范规定的试验压力(见4.5)。

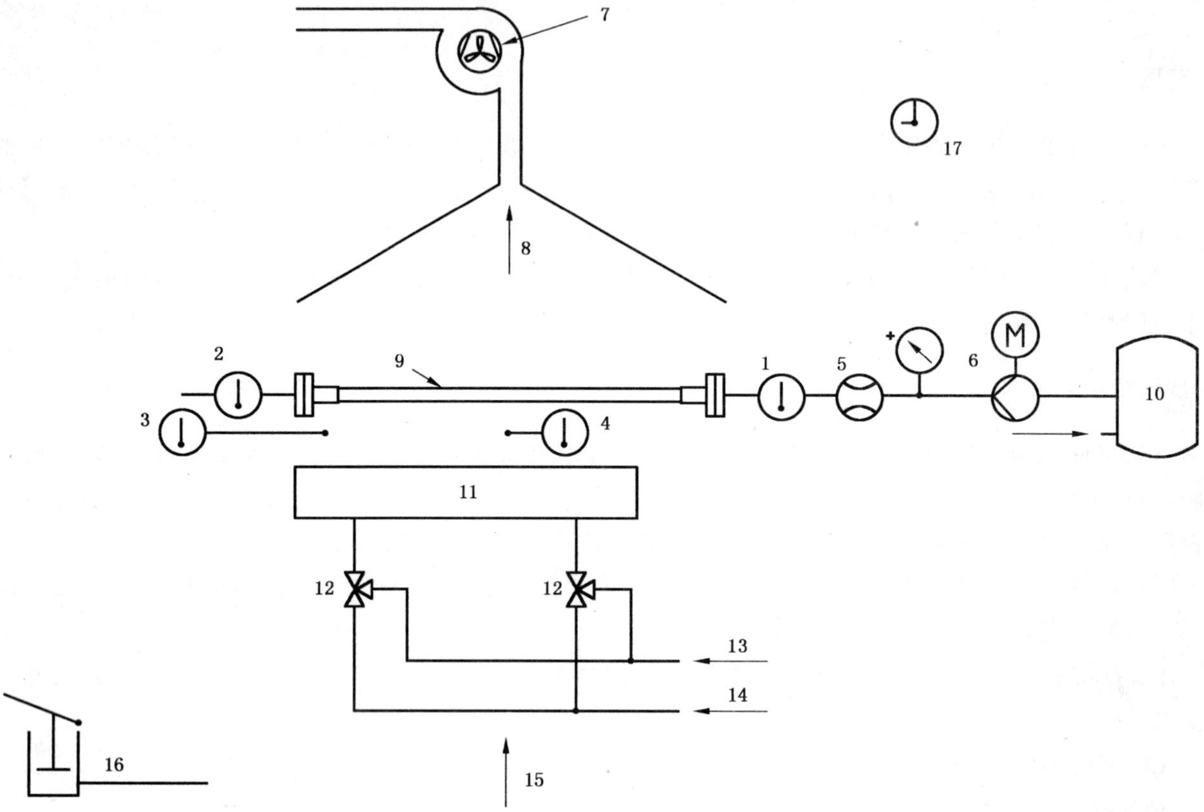

指示、测量、记录、控制和调整。

1——试件入口处水温表；
2——试件出口处水温表；
3——试件出口处下方的火焰温度计；
4——试件中部下方的火焰温度计；
5——流量计；
6——试验期间的工作压力表；
7——风扇；
8——排气口；
9——试件；
10——加热/冷却水箱；
11——燃烧器；
12——混合阀；
13——气体；
14——燃气；
15——空气；
16——压力试验泵；
17——试验持续计时器。

图 1 试验台简图

4.2 燃烧室

4.2.1 概述

试件的连接应该布置在一定的操作高度(例如 1 100 mm)，能使带有最短 500 mm 长的软管的软管组件进行试验。应提供稳定地向上流动的空气。空气供给的基本面积大约为 0.6 m^2。

燃烧室的布置示例见图 2。

单位为毫米

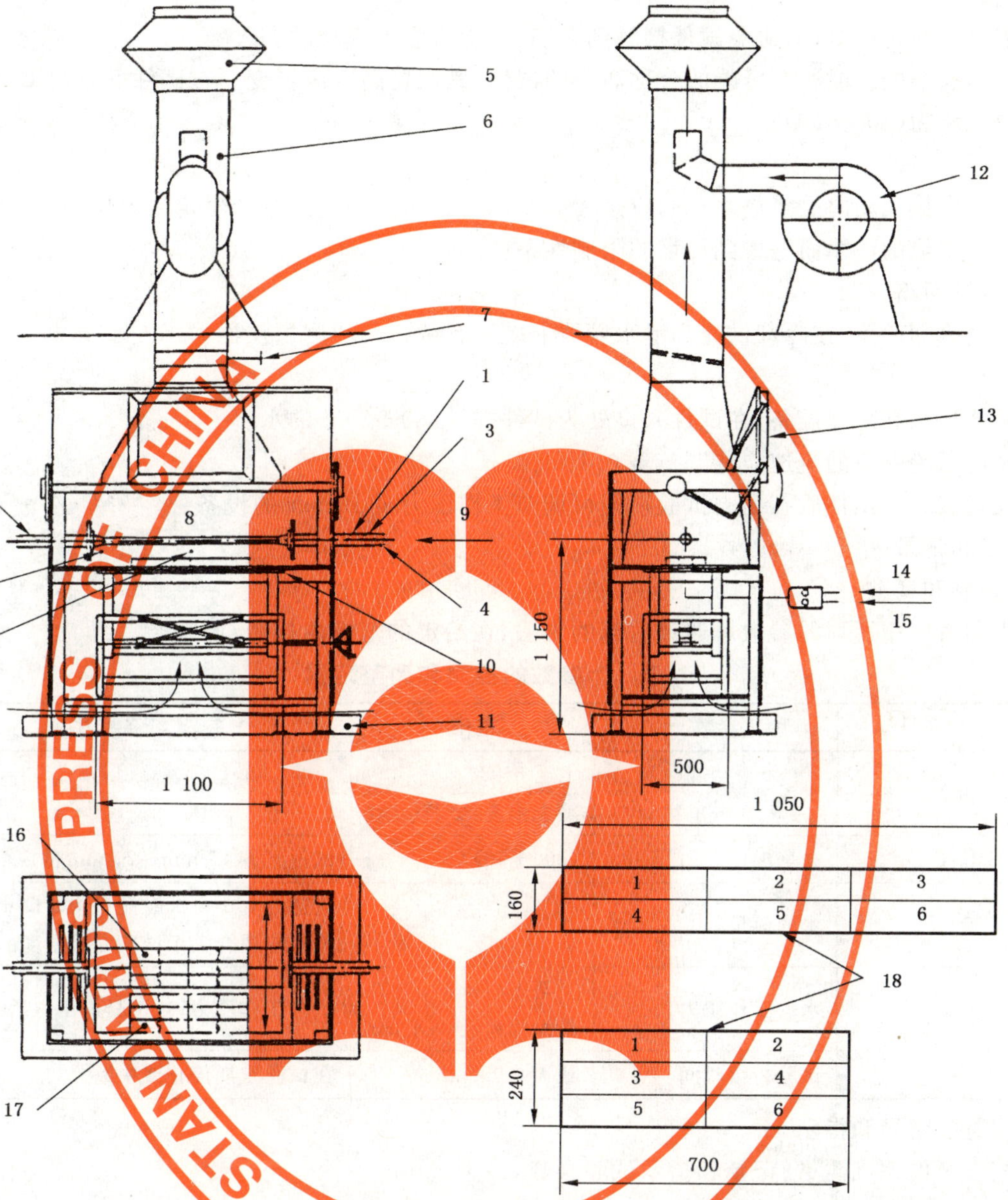

1——水温表；
2——火焰温度计；
3——流量计；
4——压力表；
5——扩散器；
6——排气总管；
7——节流阀；
8——试件；
9——水；
10——燃烧器支架；
11——水、燃烧残余滴落盘；
12——排气扇；
13——观察窗；
14——丙烷；
15——燃气；
16——燃烧器工作位置；
17——用于调节火焰的燃烧器一般位置；
18——燃烧器布置(6个单独的燃烧单元组成两种不同燃烧器的截面积示例)。

图2 燃烧室典型图

4.2.2 燃烧器

燃烧器的总截面积最小应为150 mm×500 mm。截面积可以由几个燃烧器单元的面积组成。

应使用每平方分米最少有20个喷嘴的燃烧器。

燃烧器应为扇叶型。

每一燃烧器单元应设有混合空气和燃气的混合阀，试验中能在软管组件的下方产生(800±50)℃的中性火焰。

调节火焰的过程中，为避免试件接触到火焰，燃烧器应为活动的。

为了使火焰能包覆所有可能的公称通径的试件，燃烧器高度应可变。在试件下方约15 mm处直接测得的温度应为(800±50)℃。

4.2.3 排气总管

废气应由排气扇向上排放。风扇应是无级变速的。向上的气流应产生定向火焰。

应根据当地的法律而考虑到环境的限制性条件。

4.2.4 冷却回路

为控制冷却回路，在冷却供应和泄水管线上应设有截止阀和测量仪器。

4.3 组合箱

应设置加热和冷却设备，在试件入口处为试件提供(80±2)℃的水。

试件内试验介质的流速应能调节至0.1 m/s。

应设置安装了试件后在耐火试验期间可调节工作压力至10 bar的设备。

4.4 监控和记录

4.4.1 控制和调整

图1和表1中所列的参数可通过适当的方法，在给定的范围内控制/调整。

表1 参数的控制和调整范围

图1中的序号	参数	范围	备注
1和2	水温	上至85℃ 最大偏差：±2℃	—
3和4	火焰温度	(800±50)℃	试件下方15 mm～20 mm的温度
5	水的流量	—	流速为0.1 m/s时流量>*Q* L/min。 流速应适合关于试验介质温度的要求
6	水的工作压力	上至10 bar 最大偏差：±0.1 bar	适当工作压力；对于具体压力最大偏差有效
17	试验持续时间	最大9 999 s	在试验末期停止或中断

4.4.2 测量、记录和指示

应按表2的明细测量、记录和指示试验参数，最少2 min一次。

表2 参数记录要求

图1中的序号	参数	测量、指示和记录
1	试件水温，入口	×
2	试件水温，出口	×
3	试件中部下方火焰温度	×
4	试件出口下方火焰温度	×
5	水流量	×
6	试验期间的工作压力	×
17	试验持续时间	×
注：在超过或低于允许温度、压力等时，允许设置附加警告灯。		

仪器应符合下列精度级别，或满足下列公差：

压力表：最大刻度值±1.0％；

电子测量仪器：符合 IEC 60051-1 的 1 级；

非电子测量仪器：最大刻度值±1.0％；

流量表：最大刻度值±1.0％。

试验设备的检测应按已经公认的质量控制系统进行。例如：依据 ISO 9000 系列国际标准（参见参考文献）。

4.4.3 安全装置

4.4.3.1 要求

试验台安全装置应符合下列要求：

a) 下列要求应用于试验台设置：

燃烧器供气装置应用电子点火安全装置保护。下列情况下，供燃烧器用的燃气应能自动关闭：

——火焰自动熄灭；

——试件压力突降；

——试验箱被打开；

——排气不充分；

——紧急停止。

b) 由于安全原因需熄灭燃烧器的情况下，试件的入口和出口快关阀应关闭。回路应能释放压力。

c) 试件被破坏时，应确保燃烧器上的漏水能抽空。

d) 水流回路中的工作压力应通过一个安全阀限制在 12 bar 以下。

e) 应确保当循环泵工作时，给水加温的热源才能启动。另外，锅炉内应设置限制容许最高温度的温度调节装置。

4.4.3.2 试验

应设置在 4.4.3.1 a)规定的条件下关闭供气的装置。应能断开气体供应。

按 4.4.3.1 a)关闭后，应确认能满足 4.4.3.1 b)的要求。

当供气关闭时，燃烧器应被水淹没一次，应确认水能按 4.4.3.1 c)排出的要求。

应确认按 4.4.3.1 d)要求工作压力安全值限制系统内工作压力为 12 bar。

应确认按 4.4.3.1 e)要求在循环泵关闭时不能启动加热装置。另外，还应确认锅炉内的水温不能超过容许最高温度。

4.5 加压装置

应设有加压装置，其应能依据标准或其他规范在施加火焰结束后给试件加载从内部工作压力升至试验压力。

加压装置应能布置在现有的试验台外面。

参 考 文 献

[1] GB/T 1184 形状和位置公差 未注公差值.
[2] ISO 9000-1:1994 质量管理和质量保证标准 第1部分:选用指南.
[3] ISO 9000-2:1997 质量管理和质量保证标准 第2部分:ISO 9001、ISO 9002 和 ISO 9003 的一般应用指南.
[4] ISO 9000-3:1997 质量管理和质量保证标准 第3部分:ISO 9001:1994 对计算机软件的发展、支持、安装和维护的应用指南.
[5] ISO 9000-4:1993 质量管理和质量保证标准 第4部分:双语版程序管理可靠性指南.
[6] ISO 9001:1994 质量体系 设计、发展、生产、安装和服务质量认证模式.
[7] ISO 9002:1994 质量体系 生产、安装和服务质量认证模式.
[8] ISO 9003:1994 质量体系 最终检查和试验质量认证模式.
[9] ISO 9004-1:1994 质量管理和质量体系元素 第1部分:指南.
[10] ISO 9004-2:1991 质量管理和质量体系元素 第2部分:服务指南.
[11] ISO 9004-3:1993 质量管理和质量体系元素 第3部分:流程性材料指南.
[12] ISO 9004-4:1993 质量管理和质量体系元素 第4部分:质量改进指南.

ICS 47.020.90
U 55

中华人民共和国国家标准

GB/T 21477—2008/ISO 15540:1999

船舶与海上技术 软管组件的耐火性能试验方法

Ships and marine technology—Fire resistance of hose assemblies—Test methods

(ISO 15540:1999,IDT)

2008-03-03 发布　　　　2008-09-01 实施

中华人民共和国国家质量监督检验检疫总局
中国国家标准化管理委员会　发布

前　言

本标准等同采用 ISO 15540:1999《船舶与海上技术　软管组件的耐火性能　试验方法》(英文版)。

本标准等同翻译 ISO 15540:1999。

为便于使用,本标准作了下列编辑性修改:

——“本国际标准”一词改为“本标准”;

——用小数点“.”代替作为小数点的“,”号;

——删除国际标准的前言;

——表 2 的表注中由于原国际标准错误,“图 3”应改为“图 2”。

本标准的附录 A 为规范性附录。

本标准由中国船舶工业集团公司提出。

本标准由全国船用机械标准化技术委员会管系附件分技术委员会归口。

本标准起草单位:中国船舶工业综合技术经济研究院。

本标准主要起草人:王俊、罗发元。

船舶与海上技术　软管组件的耐火性能　试验方法

1　范围

本标准规定了用于测定公称通径不小于100 mm软管组件耐火性能的试验方法。

该试验用于证明在GB/T 21476所规定的试验台上施加一段时间火焰后，甚至在承受试验压力时，软管组件具有连续紧密性。

试验介质只允许是水。为确保在试验期间如果软管破损的情况下操作人员和试验台的最大安全，禁止使用易燃试验介质。

2　规范性引用文件

下列文件中的条款通过本标准的引用而成为本标准的条款。凡是注日期的引用文件，其随后所有的修改单(不包括勘误的内容)或修订版均不适用于本标准，然而，鼓励根据本标准达成协议的各方研究是否可使用这些文件的最新版本。凡是不注日期的引用文件，其最新版本适用于本标准。

GB/T 21476　船舶与海上技术　软管组件的耐火性能　试验台要求(GB/T 21476—2008，ISO 15541:1999，IDT)

3　标记

用于确定耐火性能的试验标记由下面的例子所引用的要素组成。

试验　GB/T 21477—2008-30-5-400-F

- F ——试件带有防火套管
- 400 ——施加火焰后试验压力，巴(bar)
- 5 ——施加火焰期间的工作压力，巴(bar)
- 30 ——试验持续时间，分(min)
- GB/T 21477—2008 ——标准号
- 试验 ——标记

4　试件及试件制备

作为试件的软管组件的软管长度应不小于500 mm。

试验台上的指挥者和操作者应同意试验中所予采用的装配型式。

根据要求，试件可能会进行带防火套管和不带防火套管的试验。不带防火套管的试验用字母B表示，带防火套管的试验用字母F表示。

试验前，试件应在室温下保存24 h。

5　试件数量

相同结构的软管组件应至少取公称通径最小、中等、最大的三个进行试验。

6　试验台

试验应在符合GB/T 21476要求的试验台上进行。

7 试验性能

7.1 试件安装

试件应安装在试验台上，燃烧器末端延伸并超出软管配件至少 20 mm，以使配件能完全被火焰包围(见图 1)。

试件应位于燃烧器表面上方的正中位置(见图 1)。

单位为毫米

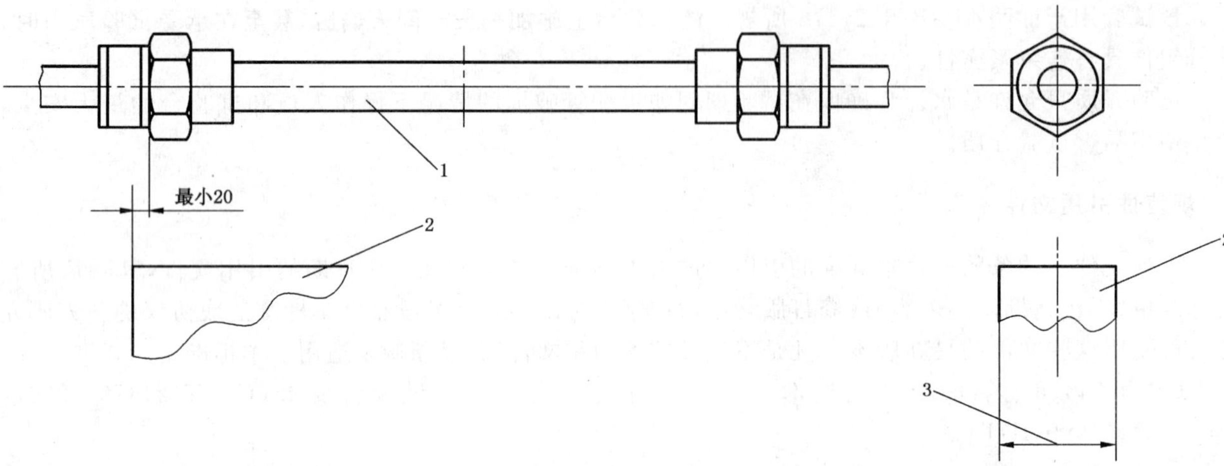

1——试件；
2——燃烧器；
3——燃烧器宽度。

图 1 试件布置

7.2 燃烧器宽度

为确保火焰包住试件，燃烧器最小宽度应符合表 1 的要求。

表 1 燃烧器宽度

单位为毫米

燃烧器最小宽度	软管外径
50	≤25
100	>25～75
150	>75～125
200	>125～150
250	>150～200

7.3 准备

安装之后，为了尽可能排出试件内的空气，试件应用试验介质至少灌洗 1 min。

7.4 测量值和测量点

下列测量值应在图 2 所示的测量点测定：

——测量点 1 和 2 处的水温；

——测量点 3 和 4 处的火焰温度；

——水流速度；

——施加火焰时，试件内部压力。

单位为毫米

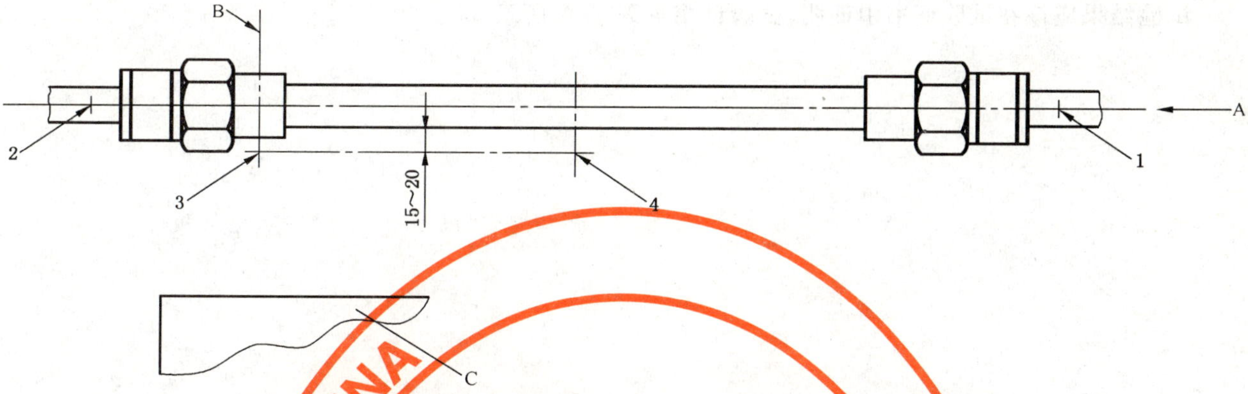

A——流向；

B——套管中心；

C——燃烧器。

图 2 温度测量点

7.5 施加火焰时的温度

试验持续时间应从试件达到试验温度(火焰温度)，即两个测量点的温度都达到试验温度时开始计算。

按照表 2 对温度进行观测。为确保水流温度，应适当控制流速。

表 2 温度

水流温度	测量点 1 的温度	(80±2)℃
	测量点 2 的温度	最大 85℃
试验期间测量点 3 和 4 处的火焰温度		(800±50)℃
注：温度测量点见图 2。		

7.6 施加火焰期间的压力

试件应能承受试验规定的工作压力(5±0.2) bar。

注：工作压力的偏差应协商一致。

7.7 试验持续时间

试验持续时间为 30 min。当试件完全暴露在试验温度(火焰温度)下时开始试验，两个测量点的温度都应达到表 2 的规定。

注：试验持续时间的偏差应协商一致。

7.8 施加火焰结束后的压力

施加火焰后，试件应在室温下施加按软管/软管组件标准或其他技术标准规定的试验压力 2 min。

8 评定

施加火焰后，试件承受试验压力时仍能保持紧密性，则认为试验合格。

当某一试件不合格时，应取与不合格试件相同公称通径的两个试件重做试验。重做试验时，如果有一个试件不合格，则认为用于试验的软管组件不合格。

如果全部试件成功通过试验，则用于试验的软管组件应予认可，亦即，从公称通径最小到最大均予认可。

9 试验证书

试验结果应该在试验证书中证明,试验证书见附录 A 所示。

附 录 A
（规范性附录）
试件试验证书

本表的使用者可以复印。

试验证书
软管组件的耐火性能
试验按照 GB/T 21477—2008

试件明细

软管：　型号：________　依据的规范：________
公称通径：　许用工作压力：________(bar)　试验压力：________(bar)
软管制造商：　名称：________
配件：　型号：________　依据的规范：________
许用工作压力：________(bar)　试验压力：________(bar)
配件制造商：　名称：________
软管组件：　标记：________
软管装置制造商：　名称：________　地址：________
火焰保护：________

试验条件

试验期间的工作压力：________(bar)　施加火焰后的静态试验压力：________(bar)
施加火焰的持续时间：________(min)　施加火焰后静态压力的持续时间：________(min)

试验结果

温度：试件前端试验介质：________(℃)　试件尾端试验介质：________(℃)
火焰温度：试件中部下方：________(℃)　配件下方：________(℃)
实际试验持续时间：________(min)(如果在试验条件下施加火焰的时间与规定的有所偏差)
施加火焰后试验压力时的紧密性：　是　否
测量记录号(见附件)：________

不合格描述：

备注(例如在火焰中的状态)：

评定：试验通过：　是　否

试验地点：　名称：
地址：
检查员：　日期：

ICS 47.020.01
U 04

中华人民共和国国家标准

GB/T 21478—2008/ISO 16165:2001

船舶与海上技术 海上环境保护 溢油处理相关术语

Ships and marine technology—Marine environment protection—Terminology relating to oil spill response

(ISO 16165:2001,IDT)

2008-03-03 发布 2008-09-01 实施

中华人民共和国国家质量监督检验检疫总局
中国国家标准化管理委员会 发布

前　　言

本标准等同采用国际标准 ISO 16165:2001《船舶与海上技术　海上环境保护　溢油处理相关术语》。

本标准等同翻译 ISO 16165:2001。

为便于使用,本标准做了下列编辑性修改:

——“本国际标准”一词改为“本标准”;

——用小数点“.”代替作为小数点的逗号“,”;

——删除国际标准的引言,修改了前言和目次。

本标准由中国船舶工业集团公司提出。

本标准由全国船用机械标准化技术委员会归口。

本标准起草单位:中国船舶工业综合技术经济研究院。

本标准主要起草人:李军、祁超、蔡振仲。

船舶与海上技术 海上环境保护 溢油处理相关术语

1 范围

本标准规定了溢油及其控制的相关术语和定义。本标准的目的是提供溢油处理相关的标准术语，确定相关溢油清洗的范围，包括监视和评价、围堵、回收、分散剂的使用、原地燃烧、海岸清理和处置。

本标准适用于与船舶海上溢油处理有关的设计、科研、生产、检验、使用、管理和教学等领域。

2 术语和定义

2.1 油/油泄漏特性

2.1.1

原油 crude oil

石油的自然形态，主要存在于多孔可渗透地质，如沙岩地质。

[ISO 1998-99:2000]

2.1.2

乳化 emulsification

微小的水滴混合进油或油滴散布在水中的过程。

2.1.3

乳剂 emulsion

通过流体的机械运动搅拌所形成的油水混合液，水分散在油中或油分散在水中。

注：乳剂更精确的是指油包水乳剂或水包油乳剂。油包水乳剂有时也称为“摩丝”或“巧克力摩丝”。

2.1.4

环境因素 environmental fate

因运输和转换而形成的材料的形态和位置。

[ASTM E 943-95]

2.1.5

重度近海溢油 heavy shoreline oiling

池状或很厚的表面油层。

[AURIS 1994]

2.1.6

中度/轻度近海溢油 moderate/light shoreline oiling

泛光或膜状的表面油层。

[AURIS 1994]

2.1.7

石油 petroleunm oil

该物质衍生自液态或半固态有机混合物，主要成分是碳氢化合物。

[ISO 1998]

2.1.8

相对黏度　relative viscosity

给定剪切速率下某一乳剂的测量黏度除以同一剪切速率下油的测量黏度。

注1：水油乳剂黏度测量时的剪切速率非常重要。

注2：满足 ASTM F 873-84(88)的要求。

2.1.9

倾点　pour point

冷却到规定的标准条件时，油样可以持续流动的最低温度。

[ISO 3016:1994]

2.1.10

泛光　sheen

厚度小于0.001 mm的非常薄的一大片浮油所呈现出银色或彩虹色的状态。

2.1.11

比重　specific gravity

在15℃时给定体积的流体重量与在同样温度下相同体积的淡水重量的比值。

[ASTM D 4410-95]

2.1.12

黏度　viscosity

液体流动或变形的阻力量度。

[ISO 3104:1994]

2.1.13

油带　windrows

通常在溢油后形成的与风向一致的窄带，是溢油发生几小时后(或大的溢油事故发生几天后)的典型现象。

2.2　油的分类

2.2.1

Ⅰ类油　group Ⅰ oil

非稳定油　non-persistent oil

温度在340℃时至少能分馏提取50%，温度在370℃时至少能分馏提取95%，且由碳氢化合物组成的石油基油。

2.2.2

Ⅱ类油　group Ⅱ oil

比重小于0.85的稳定油。

2.2.3

Ⅲ类油　group Ⅲ oil

比重大于等于0.85且小于0.95的稳定油。

2.2.4

Ⅳ类油　group Ⅳ oil

比重大于等于0.95且小于1.00的稳定油。

2.2.5

Ⅴ类油　group Ⅴ oil

比重大于等于1.00的稳定油。

2.2.6

稳定油　persistent oil

不满足Ⅰ类油提取标准的石油基油。

2.3 环境条件

2.3.1

大气温度　air temperature

在接近地面或水面测量的大气平均温度或某一点的温度(℃)。

[ASTM F 625-94]

2.3.2

流速　current

相对于固定参照点的平均水流速率和方向(即速度)(m/s)。

[ASTM F 625-94]

2.3.3

残渣　debris

影响溢油控制系统工作的固体或半固体物质。

[ASTM F 625-94]

2.3.4

有效波高　significant wava height

三分之一大波波高的平均值,从波峰到波谷测量,仅考虑短周期的波(即周期小于10 s)(m)。

[ASTM F 625-94]

2.3.5

有效波周期　significant wava period

三分之一大波周期的平均值,测量一个波峰通过某一个固定点到下一个波峰通过该固定点的间隔时间(s)。

[ASTM F 625-94]

2.3.6

水温　water temperature

在表层300 mm水体内所测得的平均温度或某点的温度(℃)。

[ASTM F 625-94]

2.3.7

风向　wind direction

风吹来的方向。

[ASTM F 625-94]

2.4 评价方法

2.4.1

梯度搜索　ladder search

空中监测发现和描绘溢油情况,沿着与风垂直的方向搜索,以加大确定溢油位置和油带的可能性。

2.4.2

溢油模型　oil spill modelling

环境因素和(或)溢油过程的数学预测。

2.4.3

遥感　remote sensing

使用安装在船舶、飞机、卫星等各种平台上的传感器来发现和描绘溢油情况。

2.4.4

监视　surveillance

用于溢油监测、确定溢油范围和特性，以得到最佳对策和（或）预报溢油移动情况和影响的处理活动。

2.5 取样

2.5.1

保存链文件　chain-of-custody documentation

按时间顺序记录历史事件，如某一次事故，及时确定每一次事件处理的保管责任。

2.5.2

保管　custody

自然拥有或控制。

注 1：如果某次事故的材料为个人拥有或临时处于个人控制之下，应收回保管以防止推诿。

注 2：满足 ASTM D 4840-95 的要求。

2.6 围堵系统（基于 ASTM F 818-93）

2.6.1 浮栅设备术语

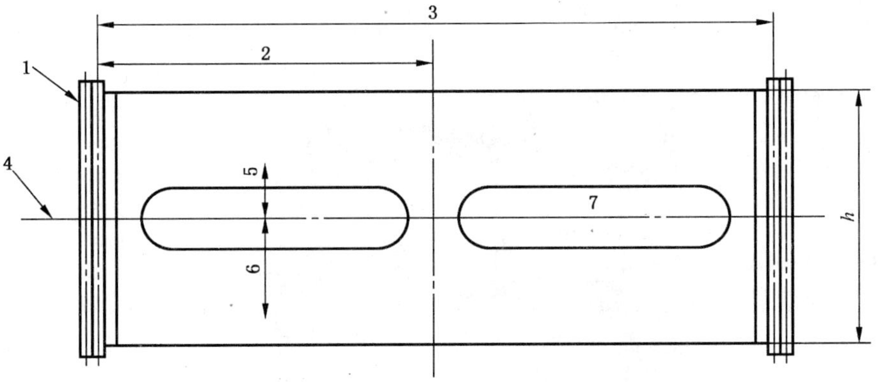

1——防油栅和联接器；

2——防油栅段；

3——防油栅区；

4——水线；

5——干舷；

6——拖网；

7——浮室；

h——总高。

图 1　围油栏设备

2.6.1.1

抛锚点　anchor point

联接器底端或沿栅栏截面的结构点，作为锚和停靠设备的附属设备。

2.6.1.2

屏障　barrier

控制溢油在水面或水中移动的方法。

2.6.1.3

防油栅　boom

控制漂浮物移动的浮动式机械屏障。

2.6.1.4

防油栅段 boom section

两个防油栅结点之间的长度。

2.6.1.5

防油栅区 boom segment

由重复和相似的防油栅段组成的部分。

2.6.1.6

系船索 bridle

附属于防油栅的设备，分担由于拖曳或者固定防油栅而产生的额外负重。

2.6.1.7

帘状防油栅 curtain type boom

由具有柔韧外围的中心垂直的漂浮物组成的防油栅。

2.6.1.8

端部连接器 end connector

用于防油栅段或者其他附属设备互相连接的辅助设备。

2.6.1.9

隔栅式防油栅 "fence type"boom

由自支撑或通过浮动设备支撑的硬膜所组成的防油栅。

2.6.1.10

防火栅 fire resistant boom

用于防止漏油燃烧的防油栅。

2.6.1.11

膨胀油栅 inflatable boom

作为浮动设备且使用了膨胀腔体的防油栅，该膨胀腔体可通过自膨胀或人工膨胀形成。

2.6.1.12

封岸油栅 shore seal boom

靠岸时，用于封锁海岸线的防油栅。

2.6.1.13

吸附油栅 sorbent boom

包含具有吸附性或者吸附能力材料的防油栅。

2.6.1.14

特定用途油栅 special purpose boom

由于特定用途而从一系列隔栅状或者帘状防油栅中分离出来的部分防油栅。

2.6.2 **工程术语**

2.6.2.1

浮腔 buoyancy chamber

充满空气或其他有浮力的物质的腔体，以防止油栅漂走。

2.6.2.2

总浮力 gross buoyancy

整个防油栅段完全浸没在水中所排出的水的重量。

2.6.2.3

总浮力重量比 gross buoyancy to weight ratio

总浮力与防油栅重量的比值。

2.6.2.4

实际吃水　operational draft

防油栅低于水位线的垂直深度的最小值。

2.6.2.5

实际干舷　operational freeboard

防油栅高于水位线的垂直高度的最小值。

2.6.2.6

实际高度　operational height

实际吃水与实际干舷的总和。

2.6.2.7

总高　overall height

防油栅垂直尺寸的最大值。

2.6.2.8

储备浮力　reserve buoyancy

总浮力减去防油栅重量。

2.6.3　操作术语

2.6.3.1

油栅滑移　boom planing

防油栅倾斜或吃水损失。

2.6.3.2

油栅沉没　boom submergence

溢油漫过防油栅顶部而造成围堵失败。

2.6.3.3

断链　bridging failure

部分防油栅随大浪起伏露出水面而造成围堵失败。

2.6.3.4

油栅串联　cascading booms

在倾斜状况下定位两个或多个防油栅而构成防油栅带，使得溢油向特定区域聚集。

2.6.3.5

油栅链构造　catenary configuration

通过拖曳或抛锚一段防油栅的两端构成防油栅带，使其形成"J"形或"U"形。

2.6.3.6

油栅链拉力　catenary drag force

在防油栅上加以纵向的力，通过拖曳、水流或风力作用，使防油栅链能够展开。

2.6.3.7

导流模式　diversion mode

布置防油栅位置以改变漂浮物的移动方向。

2.6.3.8

排泄损失　drainage loss

由于防油栅群部溢油的堆积和随水流失溢油而造成的损失。

注：溢油堆积造成的损失比随水流造成的损失大。

2.6.3.9

夹带损失　entrainment loss

水流（比如急流）将油从防油栅的油层底部带走而造成的损失。

2.6.3.10

油栅隔离　exclusion booming

为防止漂浮物进入某区域而设置油栅。

2.6.3.11

牵引损失　first-loss tow

水流速度　current velocity

油漏出油栅时在垂直于油栅方向上测得的最小牵引/水流速度。

2.6.3.12

间隙率　gap ratio

在油栅长度方向上分割的清楚宽度。

2.6.3.13

损失率　loss rate

通过一个油栅损失的油的比率(m^3/h)。

2.6.3.14

溅出　splash-over

油越过油栅的顶部。

2.6.3.15

直线牵引力　straight line drag force

从一端拖曳油栅而产生的纵向牵引力。

2.6.3.16

结构失效　structural failure

由于施加在油栅上的外力超过自身的张力而引起防泄漏失败。

2.6.3.17

清除宽度　sweep width

在聚集状态下被油栅截断的宽度，即展开成"U"、"V"或者"J"形的油栅两端之间与水流垂直方向上的投影距离。

2.6.3.18

抗扯力　tear resistance

使油栅分开所需的力。

注：抗拉力是一个与纤维有关的概念，且是衡量油栅纤维强度的重要指标。

2.6.3.19

抗拉强度　tensile strength

将油栅材料拉到断裂点所需的力。

2.6.3.20

漩涡损失　vortex loss

由于防油栅内形成漩涡而导致油的流失。

2.6.3.21

"J"形结构　"J"configuration

链结构　catenary configuration

防油栅布置成"J"的形状。

2.6.3.22

"U"形结构　"U"configuration

防油栅布置成"U"的形状。

2.6.3.23

"V"形结构 "V"configuration

防油栅布置成"V"的形状。

2.7 回收

2.7.1 设备术语

2.7.1.1

专有反应器 dedicated response equipment

专用于某地区、港口、设施或者其他设备的漏油反应器。

2.7.1.2

撇油器 skimmers

从水的表面撇走油的装置。

[API 1995]

2.7.1.3

吸附剂 sorbent

通过吸附或吸附装置使液体恢复流动的物质。

[ASTM F 1127-88]

2.7.1.4

临时用船 vessel-of-opportunity

临时征用的不同于专业漏油救援船的船只。

2.7.2 执行术语

2.7.2.1

降级系数 derating factor

用于标识回收率,衡量油泄漏后的执行效果和环境条件的变化。

2.7.2.2

流体回收率 fluid recovery rate

单位时间内撇油器回收的流体的总体积(m^3/h)。

2.7.2.3

名义回收率 nameplate recovery rate

单位时间内撇油器回收流体的最大体积,由厂家标明(m^3/h)。

2.7.2.4

油回收率 oil recovery rate

单位时间内撇油器从水面撇走的纯油的体积(m^3/h)。

[ASTM F 808-83(88)]

2.7.2.5

浮油 oil slick

漂浮于水面的油质液体。

2.7.2.6

浮油聚集率 oil slick encounter rate

利用溢油处理系统在单位时间内聚集的浮油体积,可用于浮油的围堵和回收。

[ASTM F 1688-96]

2.7.2.7

浮油回收效率 oil slick recovery efficiency

浮油回收率与流体回收的总体积率之比,用百分数表示。

2.7.2.8

浮油回收率　oil slick recovery rate

单位时间内撇油器从水面撇走的浮油的体积(m^3/h)。

[ASTM F 808-83(88)]

2.7.2.9

溢油回收系统　oil spill recovery system

用于回收溢油的多个设备所组成的系统。

注1：本系统包括且不限于以下部分：

a) 浮栅；

b) 撇油器；

c) 配置和操作浮栅和撇油器的救援船；

d) 抽排/输送泵；

e) 油水分离器；

f) 临时储存设备；

g) 岸基储存/处理设备。

注2：满足 ASTM F 1688-96 的要求。

2.7.2.10

回收效率　recovery efficiency

已回收的油的体积与已回收的全部流体体积之比,用百分数表示。

[ASTM F 631-93]

2.7.2.11

反应时间　response time

从得知漏油事故发生到开始清除处理的时间间隔。

2.7.2.12

吞吐效率　throughput efficiency

已回收的油的体积与全部漏油的体积之比,用百分数表示。

[ASTM F 631-93]

2.7.3　**储存术语**

2.7.3.1

临时储存设备　temporary storage device

用于临时储存被回收液体的设备。

[ASTM F 1599-95]

2.7.3.2

露天池　open pool

用于储存被回收液体的顶部敞开的容器。

[ASTM F 1599-95]

2.7.3.3

枕槽　pillow tank

密封的,通常包有织物的矩形或圆形容器。

[ASTM F 1599-95]

注：枕槽是水陆两用的。

2.7.3.4

牵引伸缩槽　towable flexible tank

长度可伸缩的容器。

[ASTM F 1599-95]

2.7.3.5

露天牵引槽　towable open tank

类似于大型充气船的一种敞开的、可充气的、像船一样的容器，其顶部一部分是敞开的。

[ASTM F 1599-95]

2.8　分散剂的使用

2.8.1

使用率　application rate

单位区域内使用分散剂的体积（m^3/km）。

2.8.2

使用效率　application efficiency

堆积的目标浮油使用分散剂的体积比例。

2.8.3

被许可的分散剂　approved dispersant

经过授权机构批准可使用的分散剂。

2.8.4

分散剂　dispersant

用于减少油和水之间表面张力的表面活性剂，以增强油滴在水中的扩散能力。

[CONCAWE 1981]

2.8.5

分散剂效力　dispersant effectiveness

在给定的浮油区域，油被分解进入水中的百分比。

2.8.6

分散剂禁用区域　dispersant exclusion zone

由于对环境有害或其他原因而造成的分散剂不能使用的区域。

2.8.7

剂量比　dosage ratio

单位体积的油所使用的分散剂的体积。

2.8.8

监控效果　effects monitoring

衡量分散剂在特定地点使用的效果。

2.8.9

监控效力　effectiveness monitoring

决定分散剂使用效果的目视或其他观测结果。

2.8.10

破乳剂　emulsion breakers

用于破坏乳液的化学药剂。

2.8.11

集中　herding

使用分散剂后不断增加的表面张力使得浮油聚集到较小的区域内。

[Exxon 1994]

2.8.12

事先批准区域　pre-approved zones

为了使用分散剂需要事先得到批准的区域（可能存在特殊条件），使用生物化学制剂、原地燃烧或处理海上溢油的其他技术手段必须符合可能影响环境保护的相关标准的要求。

2.8.13

射流　spray drift

目标区域内空中喷射颗粒的运动情况。

[ASTM E 609-81(91)]

2.9　**原地燃烧清理**

2.9.1

燃烧率　burn rate

单位面积内燃烧浮油的比率($m^3/m^2/h$)。

2.9.2

助燃剂　combustion promoter

添加在浮油中以增强原地燃烧效率的物质。

注：这些物质的作用类似于灯芯或水下绝缘体，或者二者皆有。

2.9.3

可控燃烧　controlled burning

在进行原地燃烧时能够人为控制燃烧过程的行为。

2.9.4

点火装置　igniter

用于原地燃烧时点火的设备或系统。

2.9.5

点火催化剂　ignition promoter

添加在浮油中以增强油的可燃性或促进火焰扩散到未点燃的油的表面的物质。

2.9.6

原地燃烧　in situ burning

海上浮油在水面适当的位置直接燃烧。

2.9.7

原地燃烧效率　in situ burning efficiency

通过燃烧清理掉的油的体积与最初被点燃的油的总体积之比，用百分数表示。

注：这一数值的计算是用最初油的体积与剩余残渣体积之差除以最初油的体积。

2.9.8

原地燃烧残渣　in situ burn residue

原地燃烧后残留的物质。

2.9.9

完全燃烧清除率　overall burning removal rate

在给定的燃烧范围里单位时间内燃烧燃油的体积(m^3/h)。

2.10　**海岸清理**

2.10.1　**海岸线术语**

2.10.1.1

沥青面　asphalt pavement

由风干石油和沉积物自然形成的黏性混合物。

注1：混合物中的沉积物通常如沙/颗粒/鹅卵石一般大小。从外表上看，天然沥青面类似于人工修筑的路面。

注2：满足 ASTM F 1687-96 的要求。

2.10.1.2

生态恢复　ecological recovery

生态系统朝着当地未受影响的生物圈的自然的、多物种的、丰富的特性进行改变。

注1：当岸边的自然生物区建立起来后，海岸处于恢复状况，这个自然生物区成为多物种的栖息地。

注2：满足AURIS 1994的要求。

2.10.1.3

生态系统　ecosystem

不同物种共同聚集在一起，互相联系，通过各种物理化学作用组成的环境系统。

2.10.1.4

环境敏感度　environmental sensitivity

当地环境发生变化时的易感性，这个变化可能增强稳定性或者导致长期或短期的不利影响。

注1：环境敏感度通常包括物理的、生物的和社会经济参数。

注2：满足BASICS 1979的要求。

2.10.1.5　**沉积物规格**

2.10.1.5.1

巨砾　boulder

直径大于256 mm的沉积物。

2.10.1.5.2

鹅卵石　cobble

直径在64 mm～256 mm之间的沉积物。

2.10.1.5.3

小鹅卵石　pebble

直径在4 mm～64 mm之间的沉积物。

2.10.1.5.4

颗粒　granule

直径在2 mm～4 mm之间的沉积物。

2.10.1.5.5

沙　sand

直径在0.06 mm～2 mm的沉积物。

2.10.1.5.6

泥　mud

直径小于0.06 mm的沉积物。

2.10.1.5.7

淤泥　silt

直径小于0.06 mm的沉积物。

2.10.1.5.8

黏土　clay

直径小于0.06 mm的沉积物。

2.10.1.6

特殊用途栖息地　special use habitat

需要特别关注的海洋哺乳动物、鸟类和濒危物种栖息的地区。

注1：这一地区的指定可能是季节性的。

注2：满足API 1995的要求。

2.10.1.7 **海岸区域**

2.10.1.7.1

前滩区域 foreshore zone

低于低潮中线的区域。

2.10.1.7.2

中滩区域 intertidal zone

高潮线与低潮线之间的区域，在一个潮汐周期会被水淹没。

注1：中滩区域的大小由于潮汐和海岸的不同而有所差异。

注2：满足 BASICS 1979 的要求。

2.10.1.7.3

后滩区域 supratidal zone

高于高潮中线的区域，海浪有时也比较活跃。

注1：也称背滩区域(backshore zone)。

注2：满足 ASTM F 1687-96 的要求。

2.10.1.8

风干油 weathered oil

物理和化学属性有所变化的油，通过一个自然的过程如蒸发、分解、氧化、乳化和生物降解等形成。

2.10.2 **清理方式术语**

2.10.2.1

生物繁殖 bioaugmentation

增加污染物降解率的微生物集合(特别是细菌)。

[ASTM F 1600-95a]

2.10.2.2

生物降解 biodegradation

由微生物或生物酶引起某种物质的化学反应或分解。

[ASTM F 1481-94]

2.10.2.3

生物修复 bioremediation

生物降解的高级形式。

[ASTM F 1600-95a]

2.10.2.4

生物修复剂 bioremediation agents

加快生物降解过程特别是机体腐烂过程的有机物、无机物和微生物。

[ASTM F 1481-94]

2.10.2.5

清理阶段1 cleaning stage 1

海岸清理操作的最初状态，包括清理大批的油和岸上的油类沉积物。

2.10.2.6

清理阶段2 cleaning stage 2

海岸清理操作的中期状态，包括清理岸上大量的油类沉积物和浮油。

2.10.2.7

清理阶段3 cleaning stage 3

海岸清理操作中最后的收尾工作。

2.10.2.8

清洁水平1　cleaning level 1

判断是否清洁的海岸状况。

2.10.2.9

清洁水平2　cleaning level 2

判断是否符合最低清洁标准的海岸状况。

注：清理大量浮油就是最低清洁水平的一个例子。

2.10.2.10

清洁水平3　cleaning level 3

判断是否完全恢复的海岸状况。

2.10.2.11

清洁水平4　cleaning level 4

判断是否清洁到自然水平的海岸状况。

注：这一清洁水平超过海岸上现有油的背景浓度。

2.10.2.12

高压流　high pressure flushing

用足以冲走海岸沉积物和生物体的压力水柱清理海岸上的油。

注1：压力一般大于0.7 MPa。

注2：满足API 1995的要求。

2.10.2.13

低压流　low pressure flushing

用不足以冲走海岸沉积物和生物体的压力水柱清理海岸上的油。

注1：压力一般小于0.7 MPa。

注2：满足API 1995的要求。

2.10.2.14

人工清理　manual removal

用手动工具比如耙子、铲土机、软管、铁铲、铲斗等清理油和沉积物。

[API 1995]

2.10.2.15

自然降解　natural biodegradation

由微生物活动引起的减少化学物质堆积的自然清理类型。

[ASTM E 1739-95]

2.10.2.16

自然清理　natural cleansing

自然的物理、化学和生物的机械装置，如利用风力、海浪运动、太阳能和自然生物运动等促使油的清理和分解。

[API 1995]

2.10.2.17

岸线清除　shoreline cleanup

将漏油从岸线上清理走，促进生态恢复。

注：岸线清除包括冲刷油、清理油状沉积物和自然清理。

2.10.2.18

蒸汽清理　steam cleaning

用蒸汽或高压高温水清理固体表面上的油。

[API 1995]

2.10.2.19

底层置换　substrate displacement

将油类沉积物移至更低的中滩区域，以通过自然过程进行清理。

[API 1995]

2.10.2.20

底层迁移　substrate removal

用推土机、挖土机和压路机等设备清理油类底层。

注1：油类物质随后会被运送到处理地点。

注2：满足API 1995的要求。

2.11　处置

2.11.1

焚化　incineration

在焚化炉或类似设备中可控燃烧废物。

2.11.2

焚化炉　incinerator

利用热氧化反应销毁物质的装置。

2.11.3

掩埋　land farming

将已知的一定数量的油类残渣用可控的方法置于地下统一地层中，目的是使物质生物降解。

注：油层和上面几英寸的土壤混合可以加速生物降解过程，松弛土壤和使用含氮钾的化肥也可以提高油的生物降解率。

2.11.4

掩埋地　landfill

掩埋漏油事故产生的残渣的地方。

注：残渣被放置进挖好的洞中，覆盖好，让其自动降解。

2.11.5

露天燃烧　open burning

不使用焚化设备的燃烧过程。

2.11.6

循环　recycling

对溢油残渣通过其他方式处理而不是将其生产成产品。

注：比如作为润滑油或直接作为燃料。

2.11.7

再生　reprocessing

通过一些技术处理将溢油制作成可销售的产品。

注：在欧洲，再生与循环的意思大体相同。

2.12　溢油管理

2.12.1　应急预案

2.12.1.1

地区应急预案　area contingency plan

政府对可能发生的溢油事故作出的最初应对计划。

[ASTM 1644-95]

2.12.1.2

应急预案　contingency plan

对可能发生的溢油事故预先准备的应对方案。

注1：一个预案通常包括工业发展规划、进行溢油事故处理的速度和效率，同时指出保护本地区生态环境和社会经济环境的重要性。

注2：满足 BASICS 1979 的要求。

2.12.1.3

油污染事故　oil pollution incident

在同一个或多个地区发生的可能由溢油引起破坏海洋环境的事件或一系列事件，这些事件要求紧急处理或者采取其他应急措施。

注：满足 OPRC 1991 的要求。

2.12.1.4

防溢油合作组织　oil spill cooperative

在某一地区为应对漏油事故而进行物力和人力准备的组织。

[BASICS 1979]

2.12.1.5

公共信息员　public information officer

在应急中心负责在适当的时间发布信息的官员。

[ASTM D 1268-90]

2.12.1.6

敏感图　sensitivity maps

溢油事故处理小组所使用的地图，该地图能反映该地区生态、社会、经济的主要布局。

注1：地图标明了不同级别的敏感区域，以便于在溢油事故发生后首先得到保护或清理。

注2：地图通常含有对事故处理小组有用的信息，比如海岸入口的位置、登陆区、公路、社区等海岸地区的特征。

注3：地图是预案的附属部分。

注4：满足 BASIC 1979 的要求。

2.12.2　事故指挥系统

2.12.2.1

指令链　chain of command

由权威组织所组成的一系列管理岗位。

2.12.2.2

指令　command

由合法有效的或者有专业授权的组织下达的指导和控制命令。

2.12.2.3

授权　delegation of authority

由行政授权组织作出的授予指挥者权力的声明，并且指派责任。

注1：这个授权包括目标、优先权、期望值、强制措施和其他可行的指导意见。

注2：在大的事故中许多组织要求提前作出采取行动的授权。

2.12.2.4

应急处理中心　emergency operations centre

EOC

事先成立的用来协调各个机构、处理法律事务和为紧急事件提供支持的机构。

2.12.2.5

财务/行政管理部门　finance/administration section

事先成立的用来协调各个机构、处理法律事务和为紧急事件提供支持的机构。

2.12.2.6

职责　function

在事故指挥系统中的五项主要职责，即指挥、操作、计划、后勤保障、财务/行政管理。

注：这个术语也用于描述相关活动，如计划职能。

2.12.2.7

事故　incident

人为或自然现象引起的事件，需要采取紧急行动以将生命、财产和自然资源的损失降到最小程度。

2.12.2.8

行动方案　incident action plan

整个事故应对策略和战略行动，为下一阶段工作提供信息。

注：方案可以是书面的或口头的，如果是书面的需要具备一些固定格式（如交通计划、安全计划、通讯计划、地图等）。

2.12.2.9

事故指挥官　incident commander

在事故现场进行事故处理过程中负有特殊责任的人。

2.12.2.10

事故指挥岗　incident command post

ICP

执行中具有首要指挥职责的岗位。

注：该岗位需要配置与事故处理相关的基础和设施。

2.12.2.11

事故指挥系统　incident command system

ICS

标准化的现场应急管理概念，具有一个统一的有组织的机构，可以应对复杂的事务，指挥一个或多个事故，没有管辖范围的阻碍。

2.12.2.12

事故目标　incident objectives

选择适当战略战术的指导性和方向性文件。

注：目标基于现实预期，是当所有的资源都被有效利用可以完成的任务。事故目标是可完成的，也是可衡量的，并且具有允许选择战略战术的灵活性。

2.12.2.13

后勤部门　logistics section

为事故处理提供设备、服务和材料的部门。

2.12.2.14

互助协议　mutual aid agreement

机构组织之间承诺在设备、成员和资源方面相互给予帮助的协议。

2.12.2.15

执行部门　operations section

在事故处理中负责全部策略实施的部门。

2.12.2.16

规划部门　planning section

负责收集、评估和发布与事故有关的信息，为行动计划作准备和提供文件管理的部门。

注：该部门同时负责在事故处理中提供最新信息、预测形势和协调安排各种资源。

2.12.2.17

集结地 staging area

等待战术部署时各种物资存放的地方。

注：执行部门负责集结地的管理。

2.12.2.18

统一行动 unified command

对行动的目标和策略达成共识后，各个职责机构统一行为。

注：统一行动不会损失或放弃各机构的权威和职责。

2.12.3 安全性

2.12.3.1

限时 ceiling limit

限定工作日内的暴露时间。

注 1：如果瞬时监控是不可行的，那么限时可以被估计为一天的暴露时间不应超过 15 min，除了短暂暴露也会立即引起反应的物质。

注 2：满足 ASTM E 1542-93 的要求。

2.12.3.2

绿色区域 green zone

支持区域 support zone

为了提供支援使得没有被污染的地带保持最小的暴露时间。

注 1：绿色区域拥有诸如饮食服务中心、清理设备储存处和财务办公室等。

注 2：满足 ASTM E 1644-95 的要求。

2.12.3.3

限制区 confined space

被限制的封锁区域，例如容器、分隔间或坑道的通风处和入口。

[ASTM F 1644-95]

2.12.3.4

红色区域 red zone

早期处理区域 early response zone

存在潜在暴露风险的地区。

注 1：需要在个人保护装置中加入呼吸保护设备以防止空气中的有害物质。

注 2：满足 ASTM F 1644-95 的要求。

2.12.3.5

体温过高 hyperthermia

由于温度升高或者辐射而造成的人体体温高于正常水平的医学现象。

[ASTM F 1644-95]

2.12.3.6

体温过低 hypothermia

暴露于冷空气或冷水中而引起的体温低于正常水平的医学现象。

[ASTM F 1644-95]

2.12.3.7

行业时限 occupational exposure limit

遵循一天工作 8 h～10 h 或者一周工作 40 h 的规定下，全部工人集中工作的最大时间。

注 1：这个时限由各国法律规定。

注 2：满足 ASIM E 1542-93 的要求。

2.12.3.8

个人保护设备　personal protective equipment

PPE

可以使个人免予遭受物理、化学和高温伤害的设备。

注 1：个人保护装置适用于保护皮肤、眼睛、脸、手、脚、耳朵和呼吸系统。

注 2：满足 ASTM F 1644-95 的要求。

2.12.3.9

短时暴露限制　short-term exposure limit

STEL

即使没有超过行业时限，一天中在任何时间内的暴露时间也不能超过 15 min。

注 1：暴露时间超过了行业时限达到了短时暴露限制，也不应超过 15 min，一天内不应超过 4 次，每两次的间隔时间不应低于 60 min。

注 2：满足 ASIM E 1542-93 的要求。

2.12.3.10

定点安全健康计划　site safety and health plan

规定特定地点安全性和健康条件的框架。

[ASTM F 1644-95]

2.12.3.11

定点安全健康检查员　site safety and health supervisor

监督安全规划实施的人。

[ASTM F 1644-95]

2.12.3.12

黄色区域　yellow zone

污染减轻区　contamination reduction zone

仍然存在石油但是受到风雨侵蚀的地区。

注 1：另外，净化了的地区，仍有被污染的海岸的空气没有达到不需要呼吸保护装置的区域也被看作是警戒区域。

注 2：满足 ASTM F 1644-95 的要求。

中 文 索 引

A

B

C

D

E

F

G

H

J

Q

R

S

T

U

V

W

X

Y

Z

英 文 索 引

A

B

C

J

L

M

N

O

P

R

S

T

U

V

W

Y

参 考 文 献

[1] ISO 3016:1994 石油产品 倾点的测量.

[2] ISO 3104:1994 石油产品 透明和不透明液体 运动黏度的测量和动力黏度的计算.

[3] ISO/FIDS 14050 环境管理 词汇.

[4] ISO 1998-99:2000 石油工业 术语 第99部分:总则和索引.

[5] ASTM D 4410-95 流质沉积物术语 美国材料与测试协会.

[6] ASTM D 4840-99 样品保管链流程标准导则 美国材料与测试协会.

[7] ASTM E 609-81(97) 分散剂标准术语 美国材料与测试协会.

[8] ASTM E 943-00 生物影响及环境保护相关标准术语 美国材料与测试协会.

[9] ASTM E 1532-93 健康及安全相关的标准术语 美国材料与测试协会.

[10] ASTM E 1739-95 石油泄放点风险应对措施的应用标准导则 美国材料与测试协会.

[11] ASTM F 625-94 溢油处理系统中水体分类的标准应用 美国材料与测试协会.

[12] ASTM F 631-99 环境控制中撇油器工作数据采集标准导则 美国材料与测试协会.

[13] ASTM F 818-93(1998) 围油栏相关标准术语 美国材料与测试协会.

[14] ASTM F 873-84(1996) 临时地点的浮油焚化标准导则 美国材料与测试协会.

[15] ASTM F 1127-88(1996) 溢油有害物质的个人紧急处理措施标准导则 美国材料与测试协会.

[16] ASTM F 1481-94 溢油处理中使用生态恢复法标准导则——沙砾海岸 美国材料与测试协会.

[17] ASTM F 1599-95 临时储存设备数据采集标准导则 美国材料与测试协会.

[18] ASTM F 1600-95a 生态恢复相关的标准术语 美国材料与测试协会.

[19] ASTM F 1644-95 溢油处理的健康和安全训练导则 美国材料与测试协会.

[20] ASTM F 1687-97 描述岸线上溢油状况的术语和索引标准导则 美国材料与测试协会.

[21] API 1995 溢油处理:优选方案最大程度减小有害生物影响 4398美国石油工业出版社 华盛顿.

[22] AURIS 1994 溢油清除操作的技术标准 阿伯丁 苏格兰.

[23] CONCAWE 1981 溢油控制和清除技术导则 CONCAWE报告 1981 海牙.

[24] Exxon 1994 艾克森石油公司分散训练导则 艾克森石油公司研发中心 弗伦翰公园 美国新泽西州.

[25] BASICS 1979 弗根思 M. F. 纽文 W. S. 斯蒂芬森 G. B. 溢油清除一般要求 环境保护紧急救援部门 澳大利亚环境署 渥太华.

[26] ICS 国际火灾救援合作组织 1994 紧急指挥系统国际训练课程——ICS术语 国际火灾救援中心 波西 爱达荷州.

[27] ITOPF 1986 海上溢油处理 国际油轮船东防污染联合会 伦敦.

[28] OPRC 1991 油污染处理国际惯例 合作和处理 1990 国际海事组织 伦敦.

[29] USCG 1986 美国联邦注册 61卷 41 96年02月29日 运输部门 华盛顿.

ICS 01.040.47;47.020.20
U 04

中华人民共和国国家标准

GB/T 21479.1—2008/ISO 3715-1:2002

船舶与海上技术 船用推进装置 第1部分:螺旋桨几何学词汇

Ships and marine technology—Propulsion plants for ships—Part 1: Vocabulary for geometry of propellers

(ISO 3715-1:2002,IDT)

2008-03-03 发布 2008-09-01 实施

中华人民共和国国家质量监督检验检疫总局
中国国家标准化管理委员会 发布

前　言

GB/T 21479《船舶与海上技术　船用推进装置》分为下列二个部分：

——第1部分：螺旋桨几何学词汇；

——第2部分：可调螺距螺旋桨装置词汇。

本部分为GB/T 21479的第1部分。

本部分等同采用ISO 3715-1:2002《船舶与海上技术　船用推进装置　第1部分：螺旋桨几何学词汇》(英文版)。

本部分等同翻译ISO 3715-1:2002。

为便于使用，本部分做了下列编辑性修改：

——"本国际标准"一词改为"本部分"；

——用小数点"."代替作为小数点的逗号","；

——用顿号"、"代替作为分述的逗号","；

——删除国际标准的前言和引言；

——增加和顺改了章条号；

——增加了中文索引。

本部分由中国船舶工业集团公司提出。

本部分由全国海洋船标准化技术委员会船舶基础分技术委员会归口。

本部分起草单位：中国船舶工业综合技术经济研究院。

本部分主要起草人：苗宏仁。

船舶与海上技术 船用推进装置 第1部分:螺旋桨几何学词汇

1 范围

GB/T 21479 的本部分规定了船舶和其他自推进或辅助推进运输器(如近海移动式钻井平台)的推进装置所使用螺旋桨的术语和定义。

本部分规定的定义适用于螺旋桨水动力有效(作用)部分,不适用于桨毂机械结构。

可调螺距螺旋桨词汇见 GB/T 21479.2。

2 规范性引用文件

下列文件中的条款通过 GB/T 21479 的本部分的引用而成为本部分的条款。凡是注日期的引用文件,其随后所有的修改单(不包括勘误的内容)或修订版均不适用于本部分,然而,鼓励根据本部分达成协议的各方研究是否可使用这些文件的最新版本。凡是不注日期的引用文件,其最新版本适用于本部分。

GB/T 21479.2 船舶与海上技术 船用推进装置 第2部分:可调螺距螺旋桨装置词汇(GB/T 21479.2—2008,ISO 3715-2:2001,IDT)

3 坐标系

3.1 螺旋桨按船体位置定义的直角坐标系见图1。

注:图中标有下标 s 的坐标为船舶坐标(与 ITTC 的相关规定不一致,但 ITTC 表示认可)。

图1 螺旋桨按船体位置定义的直角坐标系

3.2 螺旋桨按几何定义的直角坐标系见图2。通常，本坐标系与船舶坐标系不一致。

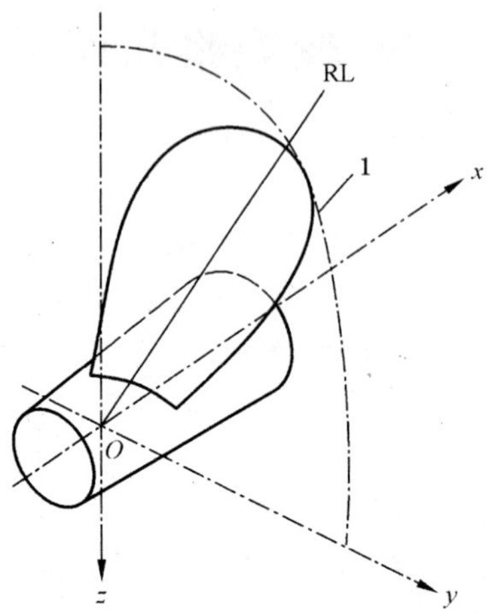

1——螺旋桨盘面积界限；
O——坐标原点；
x——轴心线方向；
y——右舷方向；
z——垂直于 x、y 坐标的方向；
RL——基准线(见4.6.4)。

注：本坐标系与螺旋桨旋转方向无关。

图2 螺旋桨按几何定义的直角坐标系

3.3 螺旋桨按几何定义的圆柱坐标系见图3。

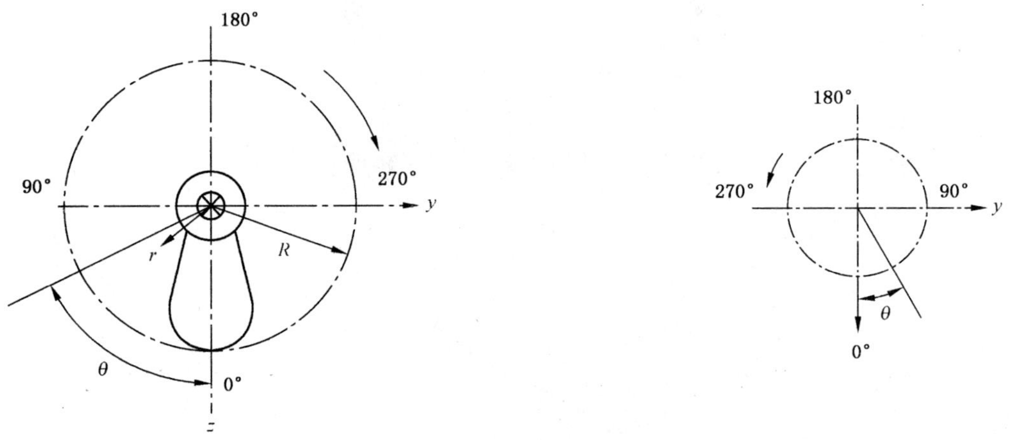

⊗——x 轴。

a） 右旋螺旋桨运转

b） 左旋螺旋桨运转

θ——圆柱坐标系角坐标；
r——圆柱坐标系径向坐标；
x——垂直于 r 平面，与图2中所定义的 x 轴同向的坐标；
R——螺旋桨半径。

注：本坐标系用于如桨叶等的几何定义。通常，左旋螺旋桨按照右旋螺旋桨进行绘制。无因次半径 $\bar{r}=r/R$。

图3 螺旋桨按几何定义的圆柱坐标系

3.4 定义圆柱叶切面的直角坐标系见图 4 和图 6。

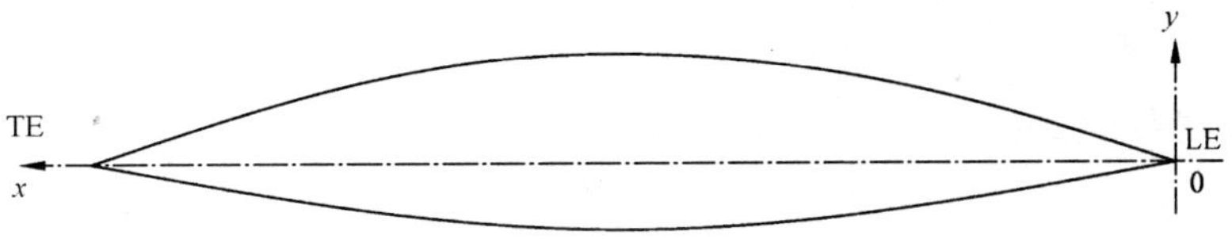

TE——随边；
LE——导边。

图 4 定义圆柱叶切面的直角坐标系

4 术语和定义

4.1

螺旋桨 screw propeller

4.1.1

螺旋桨半径 propeller radius

R(一般)

RP(计算机)

桨叶最远点(即叶梢)与图 2 所示坐标系 x 轴之间的最大垂直距离。

注：对于固定螺距螺旋桨和可调螺距螺旋桨，本定义适用其设计螺距。

4.1.2

螺旋桨直径 propeller diameter

D(一般)

DP(计算机)

叶梢以 x 轴为圆心旋转所形成的圆的直径。

$D=2R$

注：对于固定螺距螺旋桨和可调螺距螺旋桨，本定义适用其设计螺距。

4.1.3

桨叶数 number of blades

Z(一般)

Z(计算机)

围绕 x 轴或桨毂上安装的桨叶数量。

4.1.4

盘面积 disc area

A_O(一般)

AO(计算机)

根据螺旋桨直径所计算出的圆盘面积。

$A_O=\pi D^2/4$

注：见图 3。

4.1.5

盘面比 area ratio

4.1.5.1

展开面比 developed area ratio

A_D/A_O(一般)

ADR(计算机)

全部桨叶的展开面积与螺旋桨盘面积的比值。

4.1.5.2

伸张面比　expanded area ratio

A_E/A_O(一般)

AER(计算机)

全部桨叶的伸张面积与螺旋桨盘面积的比值。

注：桨叶面积见4.6.1。

4.1.6

螺旋桨重心　centre of gravity of propeller

螺旋桨重心在 x 轴向上测定。其中，螺旋桨质量不包含毂帽质量。

注：见图5。

4.1.7

桨平面　propeller plane

由 y 轴和 z 轴所确定的螺旋桨平面。

注：y-z 平面见图2。

4.1.8

旋转方向，右旋　direction of rotation, right-handed

(按右手螺旋法则)当船舶向前航行时，螺旋桨顺时针旋转(从船尾看)。

4.1.9

旋转方向，左旋　direction of rotation, left-handed

(按左手螺旋法则)当船舶向前航行时，螺旋桨逆时针旋转(从船尾看)。

4.2

桨毂　hub

螺旋桨上安装桨叶(固定的或可拆的)连接桨轴的结构。对于可调螺距螺旋桨，该部分还装有桨叶调节机构。

注：桨毂通常不包含毂帽。

4.2.1

毂径　hub diameter

d_h(一般)

DH(计算机)

桨平面中桨毂的直径。

注：见图5。

4.2.2

前毂径　fore diameter of hub

d_{hf}(一般)

DHF(计算机)

不考虑任何凹凸结构的桨毂前端直径。

注：见图5。

4.2.3

后毂径　after diameter of hub

d_{ha}(一般)

DHA(计算机)

不考虑任何凹凸结构的桨毂后端直径。

注：见图 5。

4.2.4

毂长　hub length

l_h(一般)

LH(计算机)

包括前、后所有凸出结构的桨毂长度。

注：见图 5。

4.2.5

毂后部长　after length of hub

l_{ha}(一般)

LHA(计算机)

沿轴向从桨平面到桨毂后端包括凸出结构的长度。

注：见图 5。

4.2.6

毂前部长　fore length of hub

l_{hf}(一般)

LHF(计算机)

沿轴向从桨平面到桨毂前端包括凸出结构的长度。

注：见图 5。

4.2.7

毂径比　hub diameter ratio

d_h/D(一般)

DHR(计算机)

毂径与螺旋桨直径的比值。

4.3

桨叶　blade

桨毂轮廓线与叶梢之间的螺旋桨部分。

注：对于可调螺距螺旋桨和固定螺距螺旋桨，桨叶包括所有支撑和调节桨叶的装置以及固定在桨叶上的所有结构。

4.3.1

叶梢　blade tip

螺旋桨半径 R 确定的桨叶最远处。

注：特殊情况下，叶梢指螺旋桨半径 R 处的扇形区域。

4.3.2

叶根　blade root

桨叶与桨毂之间的过渡区域。

4.3.3

导边　leading edge

LE[通用]

桨叶正车运转时，从叶根到叶梢之间正对来流的叶边。

4.3.4

随边　trailing edge

TE[通用]

桨叶正车运转时，从叶根到叶梢之间背对来流的叶边。

4.3.5

叶边形状　shape of edges

圆柱叶切面的前后端形状，如：钝型、锐型。

注：形状举例：抗鸣边、钝端边。

4.3.6

吸力面　suction side

叶背　back

SS[通用]

船舶向前航行时，桨叶正对来流的一面。

注：为圆柱叶切面轮廓中向上的一面(见图6)。

4.3.7

压力面　pressure side

叶面　face

PS[通用]

桨叶上与吸力面相对的一面，见图6。

4.3.8

叶廓　blade outline

桨叶的轮廓。

4.3.9

桨叶重心　centre of gravity of blade

螺旋桨桨叶的质量中心。

注：桨叶重心由图2所示坐标系的坐标值确定，亦可参见图8。

4.4

圆柱叶切面　cylindrical blade section

与螺旋桨共 x 轴的圆柱面和桨叶相截所得的交切展开面。

注：见图6。

4.4.1

叶切面中线　mean line of blade section

ML(一般)

吸力面和压力面的内切圆圆心连线。

注：见图6。

4.4.2

拱度　camber

f(一般)

F(计算机)

中线在 y 轴上的最大坐标值或中线的最大 y 值。

注：见图6。

4.4.3

弦长　chord length

c(一般)

C(计算机)

圆柱叶切面上从导边到随边的展开长度。

注：见图6。

4.4.4

导部弦长　leading part of chord length

c_{LE}(一般)

CLE(计算机)

圆柱叶切面上导边到与圆柱叶切面的 x 轴相关的叶面基准线之间的展开长度。

注：见图 4 坐标系，亦可参见图 8。

4.4.5

随部弦长　trailing part of chord length

c_{TE}(一般)

CTE(计算机)

圆柱叶切面上随边到与圆柱叶切面的 x 轴相关的叶面基准线之间的展开长度。

注：见图 4 坐标，亦可参见图 8。

4.4.6

叶切面厚度　thickness of blade section

4.4.6.1

最大叶切面厚度　maximum thickness of blade section

t(一般)

T(计算机)

径向坐标 r 方向上叶切面的最大厚度。

注：见图 8。

4.4.6.2

局部叶切面厚度　local thickness of blade section

t_X(一般)

TX(计算机)

沿 x 轴方向任意位置的叶切面厚度。

注：见图 4 坐标系，亦可参见图 6。

4.5

螺距　pitch

p(一般)

P(计算机)

螺旋线上一点旋转一周($\theta=2\pi$)后在 x 轴向前进的距离。

注 1：见图 3 坐标系。

注 2：螺距仅适用于具有固定导程的螺旋状物。通常情况下，桨叶不是一个理想螺旋面，只是一个近似螺旋面，故仅对其面积元素规定螺距值。拱形叶切面径向和环向的面积元素螺距值一般是不同的。

4.5.1

螺距角　pitch angle

Φ(一般)

PHI(计算机)

固定导程螺旋线与桨平面的夹角，取自圆柱面，$\Phi=\arctan p/2\pi$。

4.5.2

压力面螺距　pitch of pressure side

P_{PS}(一般)

PPS(计算机)

圆柱叶切面压力面首尾测量点之间连线的螺距(在圆柱展开面上量取)。

注:见图 6。

4.5.3

中线螺距　pitch of mean line

P_{ML}(一般)

PML(计算机)

中线导边点和随边点之间弦的螺距(在圆柱展开面上量取)。

4.5.4

局部螺距　local pitch

P_X(一般)

PX(计算机)

曲线上某一点处切线的螺距,如圆柱叶切面的压力面上。

注 1:可近似认为某曲线上相邻两点间线段的螺距为局部螺距。

注 2:上述测量将被用于检验螺旋桨。

4.5.5

叶切面中线导边点螺距　pitch of mean line at leading point of blade section

P_{LE}(一般)

PLE(计算机)

中线在导边点切线的螺距。

4.5.6

叶切面中线随边点螺距　pitch of mean line at trailing point of blade section

P_{TE}(一般)

PTE(计算机)

中线在随边点切线的螺距。

4.5.7

桨叶平均螺距　mean pitch of blade

P_{MB}(一般)

PMB(计算机)

通过既定公式,由各个叶切面的螺距和相应的弦长计算得出的桨叶的平均螺距。

4.5.8

螺旋桨平均螺距　mean pitch of propeller

P_m(一般)

PM(计算机)

各个桨叶平均螺距的算术平均值。

注:例如,该值可用来计算真断矩和视滑矩。该值还可作为约束条件用于不同推进器推进性能的对比。

4.5.9

确定半径处螺距　pitch at a certain radius

P(一般)

某一确定半径 r 处的螺距,如:对于 $r=0.7$,其螺距表示为 $P_{0.7}$。

4.5.10

螺距比　pitch ratio

P/D(一般)

PDR(计算机)

螺距和螺旋桨直径的比值。

4.6

螺旋桨描述(见图 8) **description of propeller**

4.6.1

桨叶面积 blade areas

4.6.1.1

桨叶投影面积 projected blade area

A_P(一般)

AP(计算机)

桨叶在 x 轴方向上的投影面积。

注：见图 8。

4.6.1.2

桨叶展开面积 developed blade area

A_D(一般)

AD(计算机)

桨叶轮廓近似展开到螺旋桨平面上后，连接其端点所形成区域的面积。

注：见图 8。

4.6.1.3

桨叶伸张面积 expanded blade area

A_E(一般)

AE(计算机)

将叶切面展开并取直后，连接其端点所形成区域的面积。

注：见图 8。

4.6.2

叶切面纵斜和侧斜(见图 7、图 8) **rake and skew of blade sections**

4.6.2.1

叶切面纵斜 rake of blade section

Rk(一般)

RK(计算机)

圆柱叶切面在 x 轴方向上(与 x 轴反向为正)的位移量。

注 1：见图 7。

注 2：例如，进行纵斜数值表述时，叶梢或叶切面弦中点的位置相对于桨平面通常与正车方向相反。

4.6.2.1.1

叶梢纵斜 rake at tip of blade

Rk_t(一般)

RKT(计算机)

叶梢到螺旋桨平面的距离。

注：见图 8。

4.6.2.2

叶切面侧斜 skew of blade sections

Sk(一般)

SK(计算机)

圆柱叶切面在螺旋桨平面上(与正车反向为正)的位移量。

注 1：见图 7。

注 2：例如，进行侧斜数值表述时，叶梢或叶切面弦中点的位置相对于基准线通常与正车方向相反。

4.6.2.2.1

叶梢侧斜角　skew angle at tip of blade

θ_s（一般）

TETS（计算机）

由螺旋桨中心引出，围住 $c/2$ 弦长线的两条直线间的夹角。

注：见图 8。

4.6.3

安全曲线　clearance curve

C_c（一般）

通过 x - z 平面描述桨叶外形尺寸的曲线。

注 1：见图 8。

注 2：安全曲线随螺距的改变而改变。

4.6.4

基准线　reference line

RL（一般）

以坐标系原点为起点，涉及桨叶上所有点的直线。

注：见图 8。

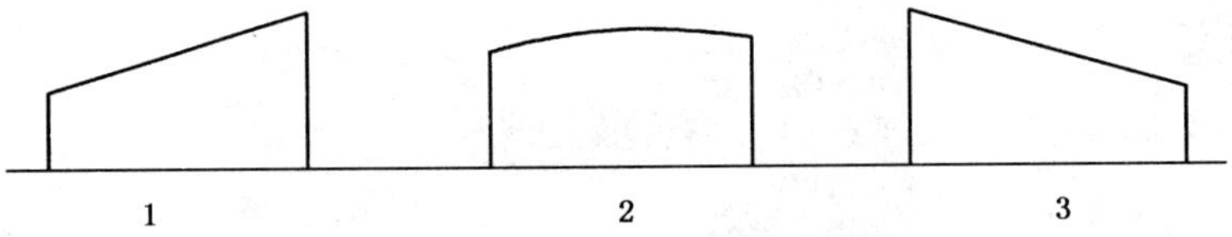

a）　桨毂形状举例

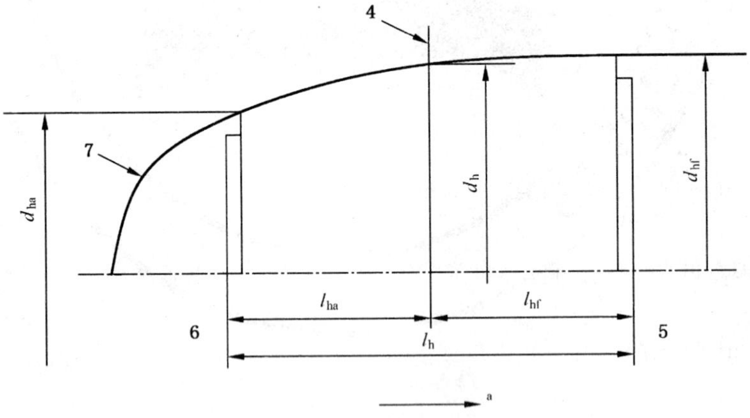

b）　桨毂尺寸

1——收敛型；
2——鼓型；
3——发散型；
4——桨平面；
5——前端；
6——后端；
7——毂帽。

注：桨毂形状也可参考图 9。

a　x 轴方向。

图 5　桨毂形状和尺寸

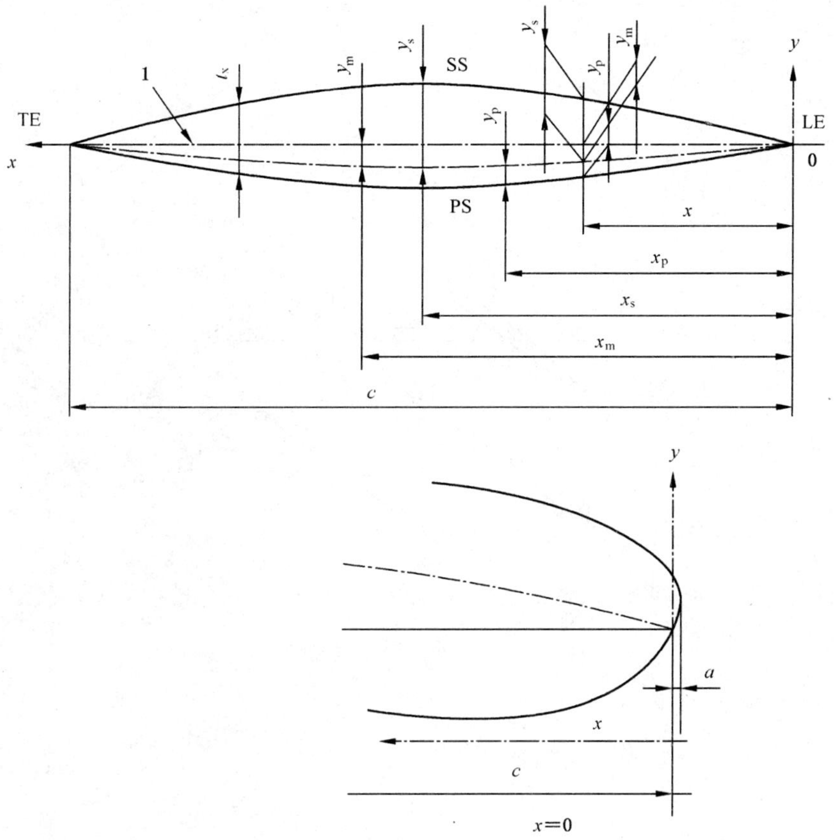

1——中线；
LE——导边；
TE——随边；
SS——吸力面；
PS——压力面；
a ——导边轮廓凸出量；
c ——叶切面弦长；
t_x——局部叶厚；
x、y ——与图 4 所示相一致的坐标。
下标：
m——中线；
s——吸力面；
p——压力面。

图 6　圆柱叶切面

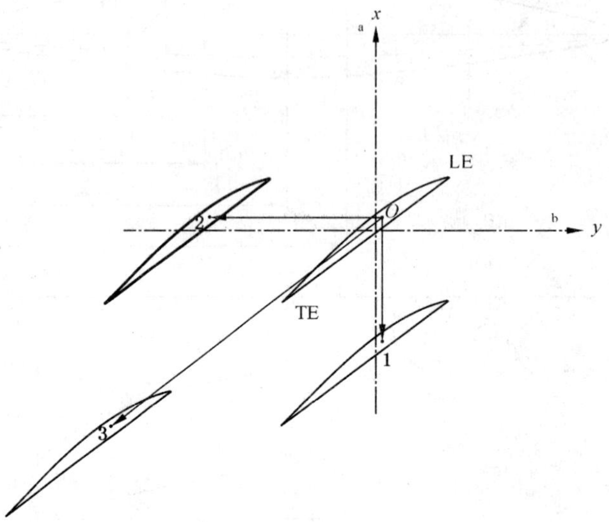

LE——导边；

TE——随边。

位移量：

起点		终点
0	⟶	1＝纵斜
0	⟶	2＝侧斜
0	⟶	3＝纵斜和侧斜

（0 指原点，可任意选择）

a 船舶前进方向。

b 螺旋桨正车旋转方向。

图 7 叶切面纵斜和侧斜

1——桨平面；

θ_s——侧斜角；

TE——随边；

LE——导边。

其他字符的含义见 4.4 和 4.6 中的规定。

图 8　螺旋桨表述

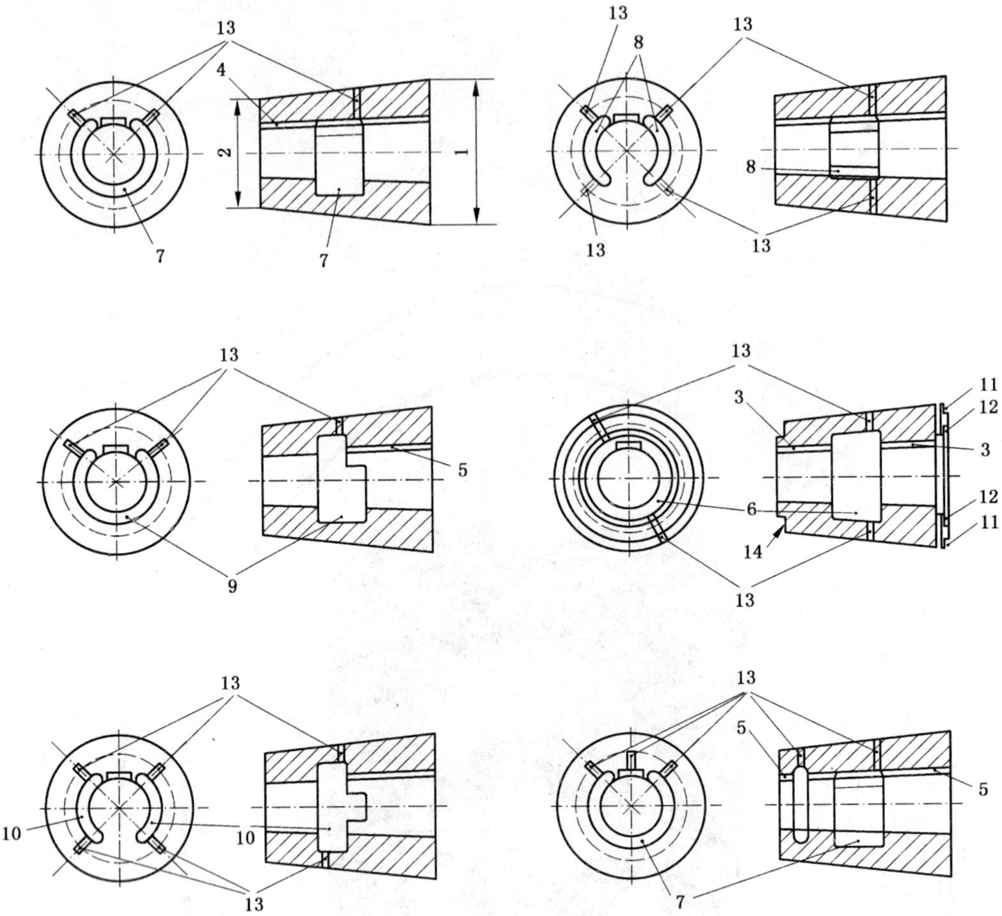

1——前毂径；

2——后毂径；

3——中断键槽；

4——带键座的通长键槽；

5——连续键槽(仅位于桨毂前端)；

6——全减轻腔；

7——带单键座的减轻腔；

8——带键座和平衡块的减轻腔；

9——带部分键座的减轻腔；

10——带部分键座和部分平衡块的减轻腔；

11——防绳护架凹座；

12——桨轴填料函座；

13——注油孔和通气孔；

14——锥形导流罩接座。

图 9 桨毂类型举例

中 文 索 引

A

D

G

H

J

L

P

Q

S

X

Y

Z

英 文 索 引

T

ICS 01.040.47;47.020.20
U 04

中华人民共和国国家标准

GB/T 21479.2—2008/ISO 3715-2:2001

船舶与海上技术 船用推进装置
第2部分:可调螺距螺旋桨装置词汇

Ships and marine technology—Propulsion plants for ships—Part 2:Vocabulary for controllable-pitch propeller plants

(ISO 3715-2:2001,IDT)

2008-03-03 发布 2008-09-01 实施

中华人民共和国国家质量监督检验检疫总局
中国国家标准化管理委员会 发布

前　　言

GB/T 21479《船舶与海上技术　船用推进装置》分为下列二个部分：

——第1部分：螺旋桨几何学词汇；

——第2部分：可调螺距螺旋桨装置词汇。

本部分为GB/T 21479的第2部分。

本部分等同采用ISO 3715-2:2001《船舶与海上技术　船用推进装置　第2部分：可调螺距螺旋桨装置词汇》(英文版)。

本部分等同翻译ISO 3715-2:2001。

为便于使用，本部分做了下列编辑性修改：

——“本国际标准”一词改为“本部分”；

——用小数点“.”代替作为小数点的逗号“,”；

——用顿号“、”代替作为分述的逗号“,”；

——删除国际标准的前言和引言；

——删除了第8条；

——增加和顺改了章条号；

——增加了中文索引。

本部分由中国船舶工业集团公司提出。

本部分由全国海洋船标准化技术委员会船舶基础分技术委员会归口。

本部分起草单位：中国船舶工业综合技术经济研究院。

本部分主要起草人：苗宏仁。

船舶与海上技术　船用推进装置
第2部分:可调螺距螺旋桨装置词汇

1　范围

GB/T 21479的本部分规定了持续可变液压可调螺距螺旋桨装置的术语和定义。

本部分适用于持续可变液压可调螺距螺旋桨装置,不适用于特定螺距下的可调螺距螺旋桨。

GB/T 21479.1规定的螺旋桨几何学词汇也适用于可调螺距螺旋桨。

2　规范性引用文件

下列文件中的条款通过GB/T 21479的本部分的引用而成为本部分的条款。凡是注日期的引用文件,其随后所有的修改单(不包括勘误的内容)或修订版均不适用于本部分,然而,鼓励根据本部分达成协议的各方研究是否可使用这些文件的最新版本。凡是不注日期的引用文件,其最新版本适用于本部分。

GB/T 21479.1　船舶与海上技术　船用推进装置　第1部分:螺旋桨几何学词汇(GB/T 21479.1—2008,ISO 3715-1:2002,IDT)

3　术语和定义

3.1

可调螺距螺旋桨　controllable-pitch propeller

桨叶螺距可以调节的螺旋桨。

注:可调螺距螺旋桨装置及其组成部件见图1。

3.1.1

双向可调螺距螺旋桨　controllable-pitch reversible propeller

桨叶螺距在正负螺距角范围内可以调节的螺旋桨。

3.1.2

单向可调螺距螺旋桨　controllable-pitch non-reversible propeller

桨叶螺距在正螺距角范围内可以调节的螺旋桨。

3.1.3

顺桨可调螺距螺旋桨　controllable-pitch propeller including feathering position

桨叶螺距在正负螺距角范围内和顺桨位置都可以调节的螺旋桨。

3.2

桨叶　blade

桨毂轮廓线与叶梢之间的螺旋桨部分。

[GB/T 21479.1—2008的4.3]

注:对于可调螺距螺旋桨和固定螺距螺旋桨,桨叶包括所有支撑和调节桨叶的装置以及固定在桨叶上的所有结构。

3.2.1

桨叶附件　blade attachment

将桨叶和桨毂进行施力锁定和形式锁定的部件。

3.2.2

桨叶轴承　blade bearing

桨叶在桨毂中的轴承。

注：其他形式的轴承简图见图2、图3、图4。

3.2.3

叶片密封　blade seal

桨叶和桨毂之间防止海水渗入或油脂渗出的密封。

3.3

桨毂　hub

螺旋桨上安装桨叶（固定的或可拆的）连接桨轴的结构。对于可调螺距螺旋桨，该部分还装有桨叶调节机构。

[GB/T 21479.1—2008 的 4.2]

注：特定情况下，毂帽也可视为桨毂的一部分。

3.3.1

桨毂连接件　hub connection

将桨毂和桨轴进行形式锁定和施力锁定的构件。

3.4

法兰防护　flange protection

使桨轴尾部法兰免遭机械破坏和（或）化学腐蚀的防护。

3.5

轴　shaft

承载动力和传递控制力的构件。

3.5.1

桨轴　propeller shaft

用来安装螺旋桨的轴。

3.5.2

中间轴　intermediate shaft

安装在桨轴和分油箱或齿轮之间的轴。

3.6

控制装置　control unit

将预定螺距值转换为实际螺距值并支持该螺距值运行的系统。

3.7

液压装置　hydraulic unit

产生、控制和传递油循环（油压），以操作控制传送器和控制机构的组件。

注：这些组件包括泵、阀件、管路、油箱、过滤器、冷却器等。

3.8

螺距控制器　pitch control

维持额定螺距值的装置。

3.9

反馈系统　feedback system

以控制为目的，反映实际螺距值的系统。

3.10

螺距指示器　pitch indicator

显示实际螺距值的设备。

3.11

控制传送器　control transmission

将实际螺距值传送给控制机构的设备。

3.12

分油箱　oil-distribution box

供给和回收轴(轴心和四周)的控制介质的设备,用以操作控制机构。

3.13

伺服传动装置　servomotor

由活塞和气缸组成,将油压转换为控制力并使油循环转换为调解通路的设备。

3.14

输油管　oil-transfer tube

分油箱和伺服传动装置之间的轴内部连接件。

注:轴内部的可移动管也可用来反馈实际螺距值并传递作用力。

3.15

螺距操纵杆　pitch-actuating rod

推(拉)杆　push/pull rod

伺服传动装置和控制机构之间传递作用力以反馈实际螺距值的连接件。

3.16

控制机构　control mechanism

桨毂内部用以传递作用力并将伺服传动装置的运行轨迹转换为桨叶控制角的设备。

注:不同类型控制机构的简图见图5和图6。

3.17

应急设备　take-home equipment

当控制装置发生故障时,可使螺旋桨以固定桨叶模式运转的设备。

3.18

控制系统　control system

输入预定螺距值的设备。

3.18.1

遥控系统　remote control system

独立于控制装置之外的控制系统。

注:该系统可能位于船舶控制站和(或)操舵台上。

3.18.2

手控系统　manual control system

安装在控制装置之上的控制系统。

注:该系统可能位于备用控制系统中。

3.19

螺距　pitch

螺旋线上一点旋转一周($\theta=2\pi$)后在 X 轴向前进的距离。

[GB/T 21479.1—2008 的 4.5]

3.19.1

设计螺距　design pitch

螺旋桨设计计算结果得到的正螺距。

注:优先选择半径为 $0.7R$ 处的螺距。

3.19.2

公称螺距 nominal pitch

在船舶航速、功率、轴速等规定运行环境下的正螺距。

注：公称螺距有可能不同于设计螺距。

3.19.3

最大正车螺距 maximum ahead pitch

可调节到的最大正螺距。

注：最大正车螺距大于给定设计螺距值。

3.19.4

最大倒车螺距 maximum astern pitch

可调节到的最大负螺距。

3.19.5

螺距角范围 range of pitch angle

桨叶位置的可控角度。

3.19.6

指定螺距 commanded pitch

由控制系统确定用以实现的螺距值。

3.19.7

实际螺距 actual pitch

实测到的螺距值。

3.19.8

螺距设置允差 tolerance of pitch setting

实际螺距值和与设计螺距有关的指定螺距值之间的允许偏差。

3.19.9

螺距修正时间 time for pitch changing

转动桨叶，从已定螺距值转换到其他螺距值所需的时间。

3.20

零推力位置 zero thrust position

转动中的螺旋桨不产生任何推力，船舶航速为零时的桨叶位置。

3.21

顺桨位 feathering position

独立螺旋桨产生最低阻力时的螺距位置。

3.22

随桨位 trailing position

船舶向前航行时，随动螺旋桨的已定螺距。

注：通常，该螺距最可能达到低自转频率。

3.23

桨叶位置角 angle of blade position

桨叶相对于桨叶坐标轴(主轴线)的角坐标。

3.24

桨叶位置零点 zero point of blade position

接近于零推力位置的桨叶角度零值。

3.25

自由旋转 windmilling

螺旋桨像涡轮那样在船舶尾流中旋转，并向轴传递动力。

3.26

公称压力　nominal pressure

在设计规定运行条件下液压装置的压力。

3.27

试验压力　testing pressure

在规定条件下,液压装置用于试验目的高于公称压力的静压力。

3.28

螺距改变压力　pitch-changing pressure

改变桨叶螺距所需的压力。

3.29

螺距维持压力　pitch-keeping pressure

维持桨叶在一确定螺距值所需的压力。

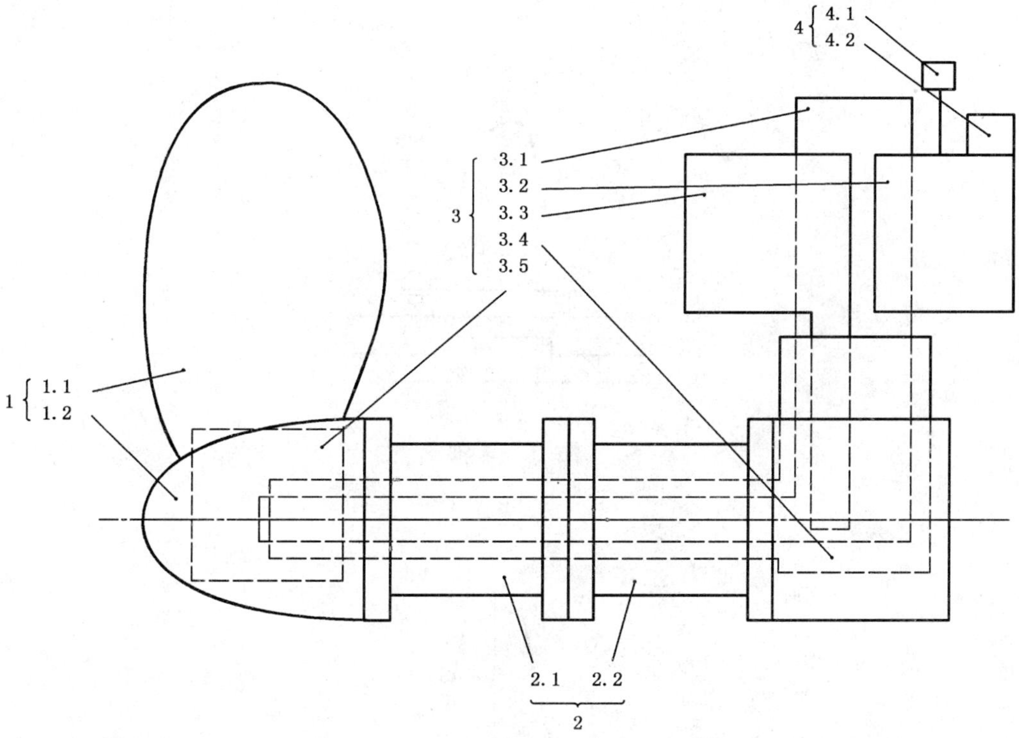

1——可调螺距螺旋桨;

1.1——桨叶;

1.2——桨毂;

2——轴;

2.1——桨轴;

2.2——中间连接轴;

3——控制装置;

3.1——液压装置;

3.2——控制;

3.3——螺距调节;

3.4——控制传送器;

3.5——控制机构;

4——控制系统;

4.1——遥控系统;

4.2——手控系统。

图 1　可调螺距螺旋桨装置

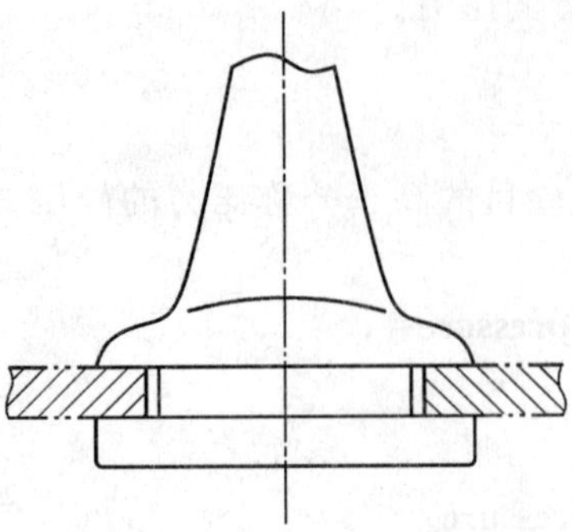

图 2　环形推力轴承

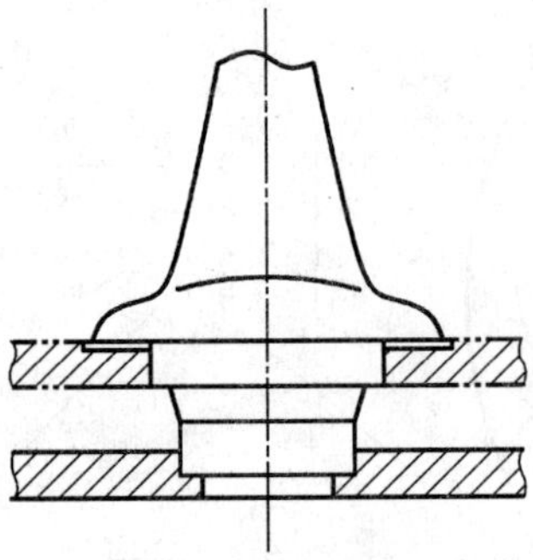

图 3　耳轴承

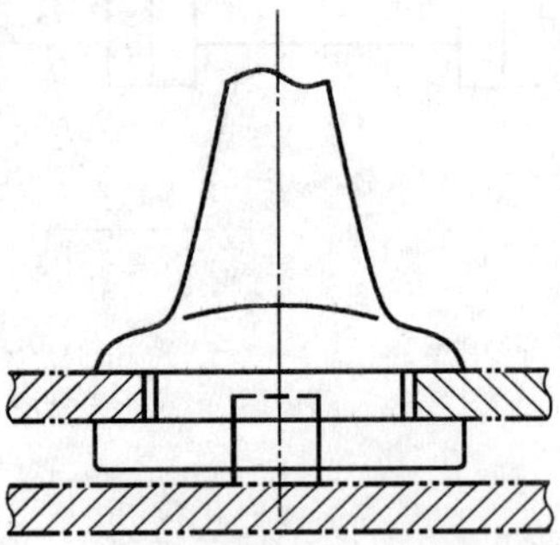

图 4　环形—耳轴承

图 5　滑块机构

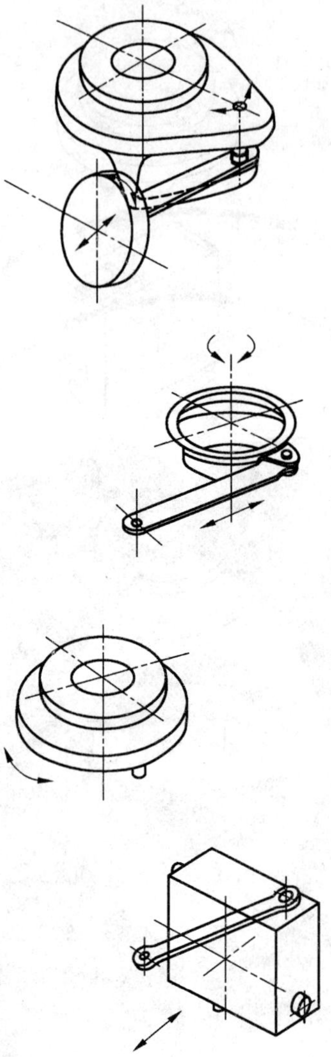

图 6　连接机构

中 文 索 引

S

Y

Z

英 文 索 引

M

N

O

P

R

S

T

W

Z

ICS 47.020.30
U 26

中华人民共和国国家标准

GB/T 21480—2008/ISO 5483:2003

船舶与海上技术 油舱及水舱放泄装置

Ships and marine technology—Drain facilities from oil and water tanks

(ISO 5483:2003,IDT)

2008-03-03 发布　　2008-09-01 实施

中华人民共和国国家质量监督检验检疫总局
中国国家标准化管理委员会　发布

前 言

本标准等同采用 ISO 5483:2003《船舶与海上技术 油舱及水舱放泄装置》(英文版)。

本标准等同翻译 ISO 5483:2003。

为便于使用,本标准做了下列编辑性修改:

——“本国际标准”一词改为“本标准”;

——用小数点“.”代替作为小数点的逗号“,”;

——删除国际标准的前言和引言;

——ISO 5483:2003 原文中的表面粗糙度符号改用我国的表面粗糙度符号表示。

本标准由中国船舶工业集团公司提出。

本标准由全国船舶舾装标准化技术委员会归口。

本标准起草单位:沪东中华造船(集团)有限公司。

本标准主要起草人:李富昌、吴月娟、严青。

船舶与海上技术
油舱及水舱放泄装置

1 范围

本标准规定了位于油舱及水舱舱底的焊接环座和放泄螺塞的尺寸及材料。

油舱和水舱以下列形式存在:

——结构液舱,作为船体结构的一个完整部分的液舱;

——独立液柜,位于适当的舱室和隔舱中的可拆分液柜。

本标准规定的放泄装置适用于以上两种舱柜。

2 规范性引用文件

下列文件中的条款通过本标准的引用而成为本标准的条款。凡是注日期的引用文件,其随后所有的修改单(不包括勘误的内容)或修订版均不适用于本标准,然而,鼓励根据本标准达成协议的各方研究是否可使用这些文件的最新版本。凡是不注日期的引用文件,其最新版本适用于本标准。

ISO 68-1 ISO 一般用途螺纹 基本牙型 第 1 部分:米制螺纹

ISO 261 ISO 一般用途米制螺纹 直径与螺距系列

ISO 683-13 热处理钢、合金钢和易切削钢 第 13 部分:可锻不锈钢

ISO 965-1 ISO 一般用途米制螺纹 公差 第 1 部分:原则和基本数据

ISO 965-2 ISO 一般用途米制螺纹 公差 第 2 部分:一般用途内螺纹和外螺纹的极限尺寸 中等精度

ISO 965-3 ISO 一般用途米制螺纹 公差 第 3 部分:结构螺纹的偏差

ISO 2768-1 一般公差 第 1 部分:未单独注出公差的线性和角度尺寸的公差

3 分类

本标准规定的放泄装置分为下列两种型式:

A 型:普通型,适用于安装在任意板厚的船底板的外表面,并与船底板的外表面齐平;

B 型:安装于 A 型不适用的所有其他地方。

注:下列两种类型的放泄螺塞均适用于 A 型和 B 型放泄装置:

——方头螺塞用于水舱;

——六角头螺塞用于油舱。

4 总组装

4.1 装配

A 型放泄装置的装配图见图 1,零件表见表 1;B 型放泄装置的装配图见图 2,零件表见表 2。

单位为毫米

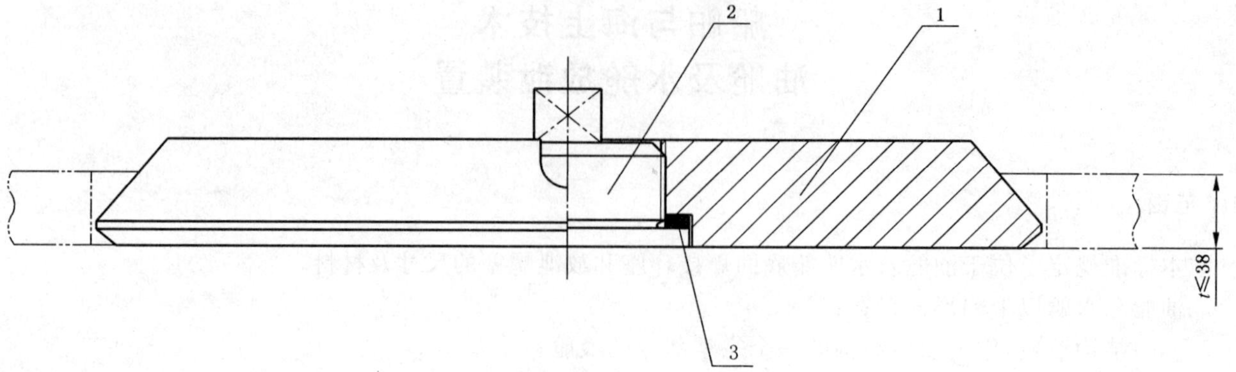

1——焊接环座；

2——放泄螺塞；

3——垫片。

注：左右两边双点划线部分代表船底板。

图 1　A型放泄装置

表 1　A型放泄装置零件

单位为毫米

序　号	名　称	尺　寸
1	焊接环座	162
		350
2	放泄螺塞	M42×2
		M72×3
3	垫片	—

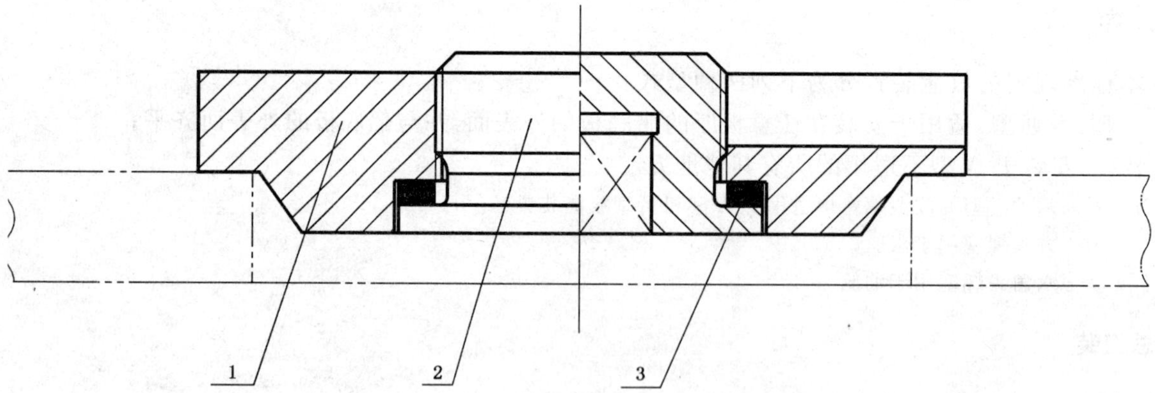

1——焊接环座；

2——放泄螺塞；

3——垫片。

注：左右两边双点划线部分代表船底板。

图 2　B型放泄装置装配示意

表 2　B 型放泄装置零件

单位为毫米

序　　号	名　　称	尺　　寸
1	焊接环座	8
		15
		22
2	放泄螺塞	M42×2
		M72×3
3	垫密片	—

4.2　螺纹

放泄装置的螺纹应符合 ISO 68-1、ISO 261 和 ISO 965-1、ISO 965-2 、ISO 965-3 的要求。

注：可在螺纹表面使用无毒的防卡死润滑脂。

4.3　材料

放泄装置零件材料见表 3。使用其他材料应具有同等质量并符合使用要求。

表 3　放泄装置零件材料

零　件　名　称	材　　料	
	名　　称	说　　明
焊接环座	船用钢	与周围船底板相似质量的钢质
放泄螺塞	不锈钢	奥氏体钢 20A ISO 683-13
	铜铝合金	—
垫密片	栉梳亚麻纤维	—
	铅复合物、软麻垫或等同物	—

5　安装

5.1　A 型放泄装置的安装尺寸见图 1、图 3、图 4 和表 4。

单位为毫米

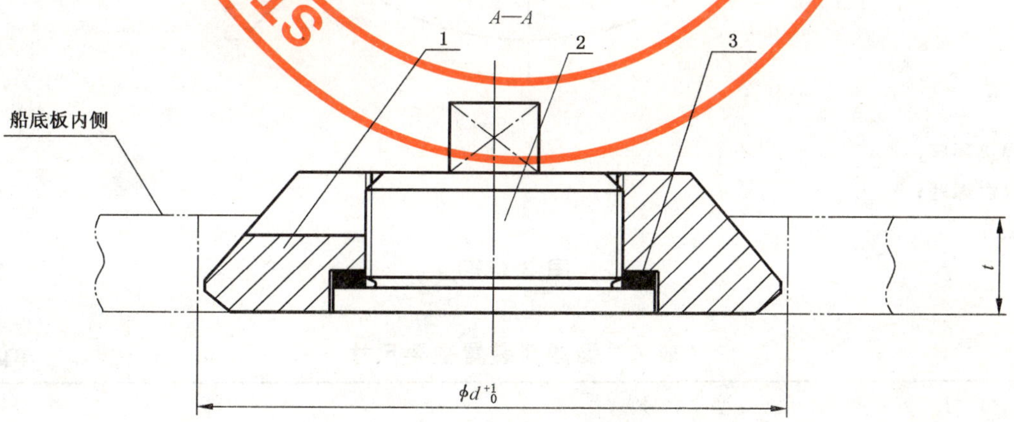

a)　A-1 型放泄装置(尺寸见表 4)

图 3　A 型放泄装置

单位为毫米

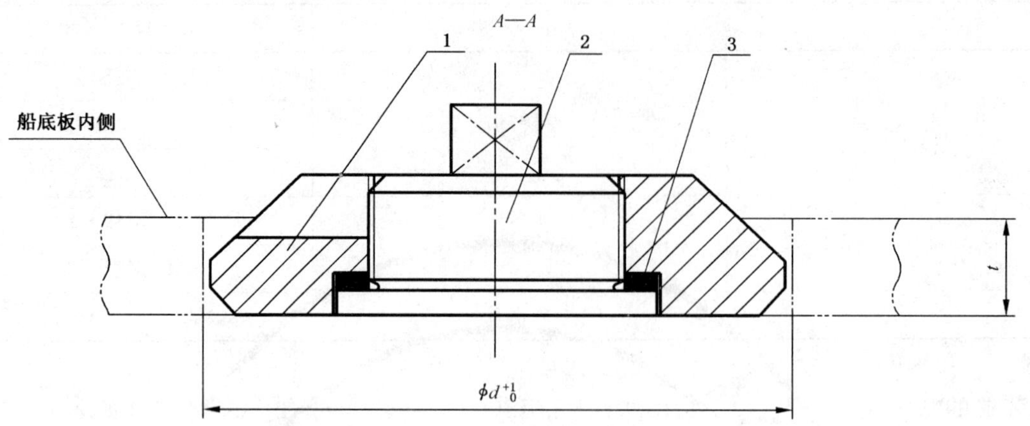

b) A-2型放泄装置(尺寸见表4)

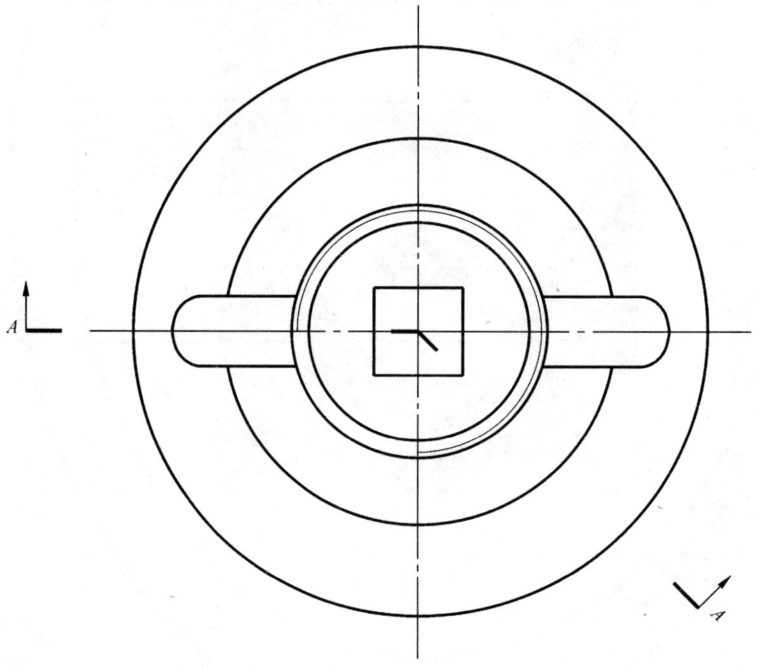

1——焊接环座;
2——放泄螺塞;
3——垫片。

图3(续)

表4 型放泄装置主要尺寸

单位为毫米

尺寸	型号	d	t
162	A-1	165	$t \leqslant 27.5$
350	A-2	353	$27.5 < t \leqslant 38$
注:详细尺寸见图8、表6。			

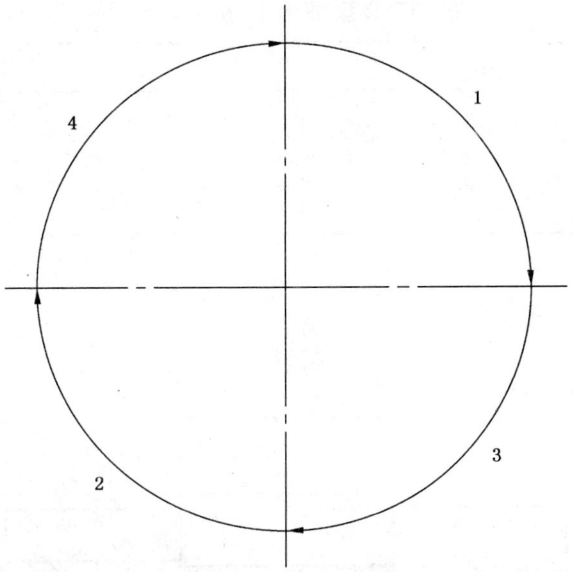

注1：确保圆周部分依照图中所示的次序交替焊接，以避免受热变形。焊接90°，即图中“1”区；跳过90°，然后焊接图中“2”区；跳过180°，焊接图中“3”区；再跳过90°，焊接最后的部分，即图中“4”区。

注2：焊接完成后检查有无裂纹。

图4　焊接次序

5.2　B型放泄装置的安装尺寸见图2、图5、图6、图7、图9和表5。

单位为毫米

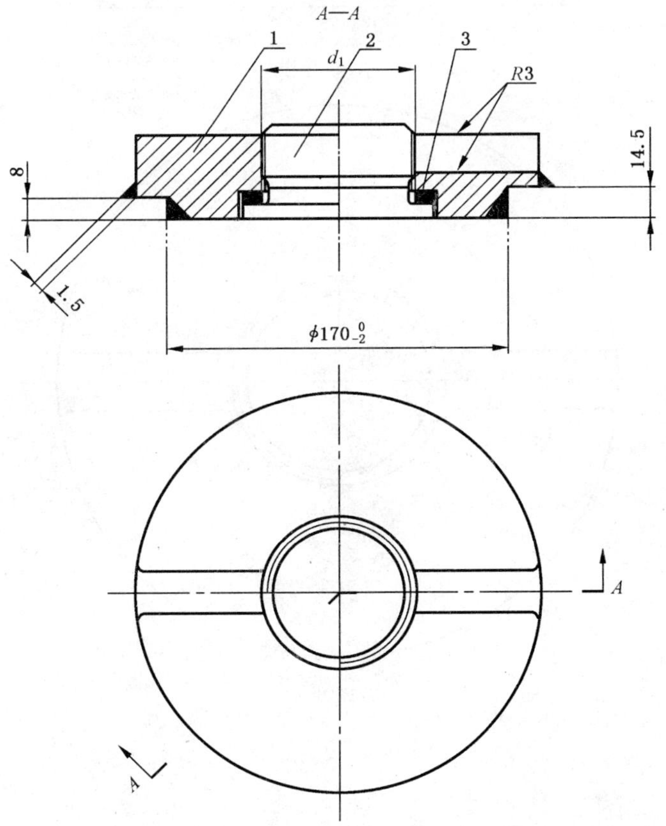

1——焊接环座；

2——放泄螺塞；

3——垫片。

图5　板厚为8 mm～14.5 mm的B型放泄装置

表 5　B 型放泄装置主要尺寸

单位为毫米

尺　寸	型　号	h_2	d_1
35	B-1	35	M42×2
40	B-2	40	M72×3
注：详细尺寸见图 9、表 7。			

单位为毫米

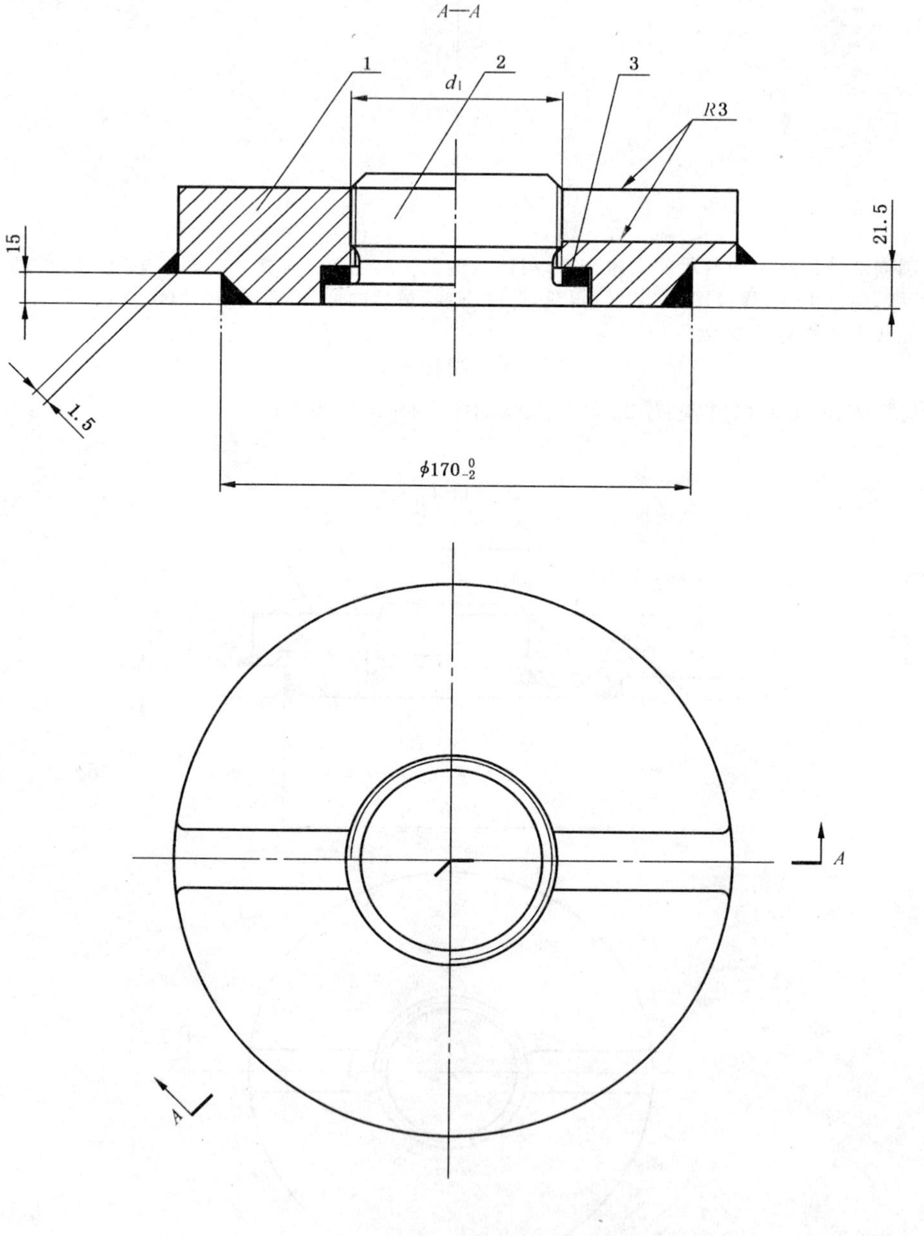

1——焊接环座；

2——放泄螺塞；

3——垫片。

注：其他详细尺寸见图 5 和图 9。

图 6　板厚为 15 mm～21.5 mm 的 B 型放泄装置

单位为毫米

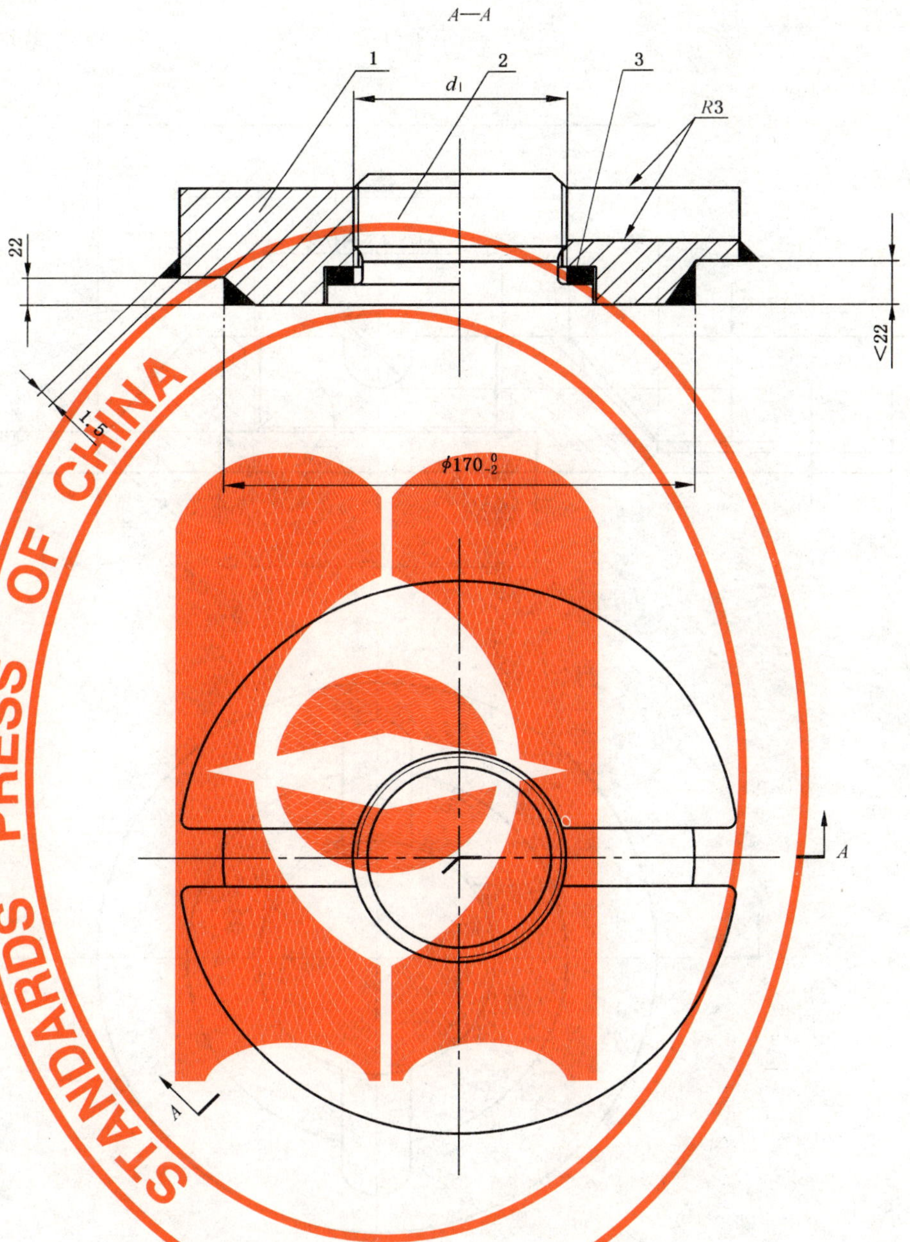

1——焊接环座；

2——放泄螺塞；

3——垫片。

注：其他详细尺寸见图 5 和图 9。

图 7 板厚不小于 22 mm 的 B 型放泄装置

5.3 放泄装置的安装焊接应符合船级社有关焊接方面的规范。

6 产品零件

6.1 A 型放泄装置的焊接环座

A 型的焊接环座详图及尺寸见图 8 和表 6。

放泄螺塞和焊接环座应与图 8 及图 10 一致。

单位为毫米

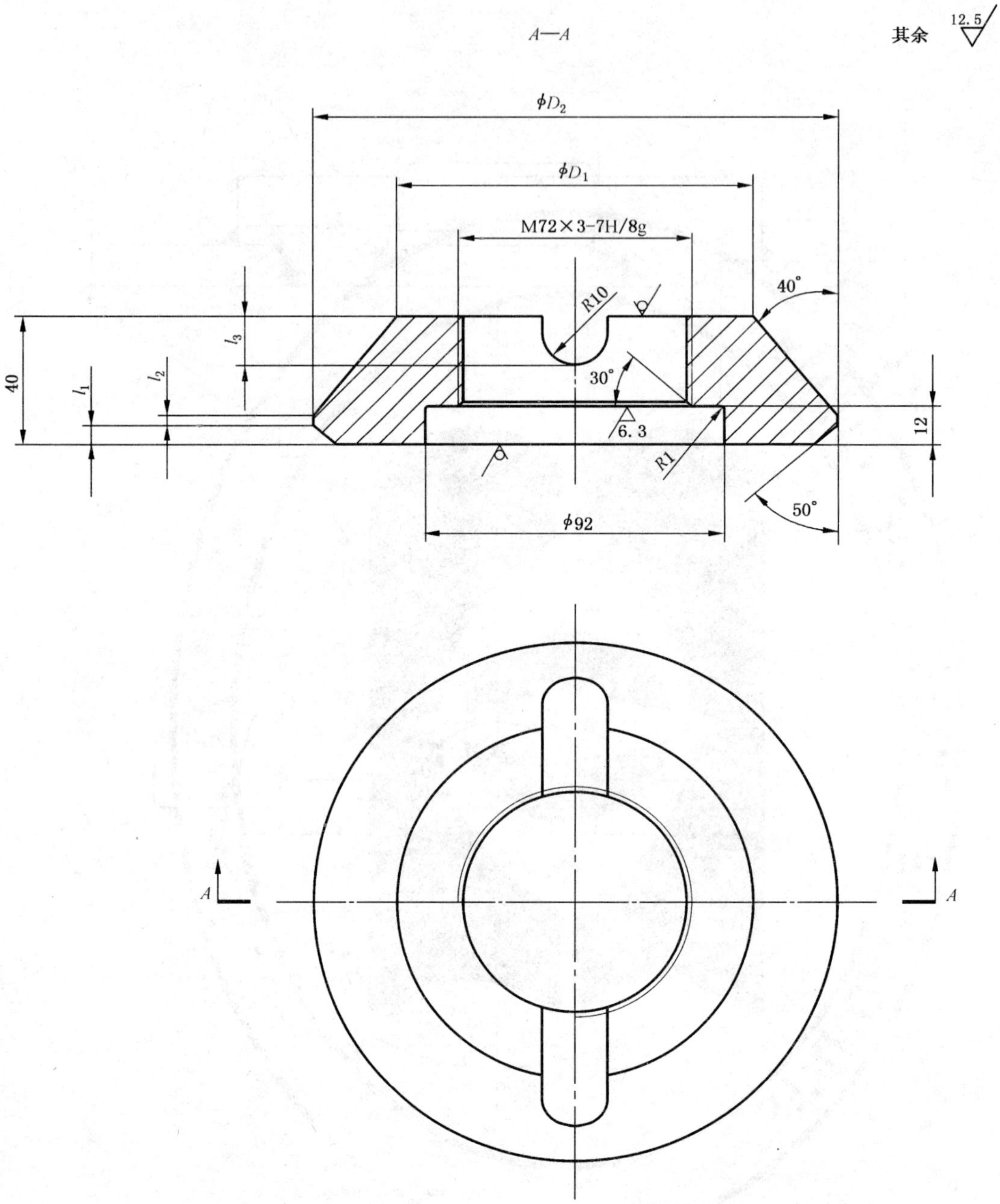

图 8　A 型放泄装置焊接环座

表 6　A 型放泄装置焊接环座尺寸

单位为毫米

型号	l_1	l_2	l_3	D_1	D_2	质量 kg
A-1.1 A-1.2	6 10	3 10	18 12	110 128	162	8.2
A-2.1 A-2.2	6 10	3 10	18 12	298 315	350	16.8
注：A 型可采用符合 ISO 965-1 和 ISO 965-2 的 M42×2 的螺纹。						

图 8 中 7H 表示螺母小径的允许公差为$^{+0.475}_{0}$ mm，螺母中径的公差为$^{+0.3}_{0}$ mm。

图 8 中 8 g 表示螺栓大径的允许公差为$^{-0.038}_{-0.488}$ mm，螺栓中径的公差为$^{-0.038}_{-0.318}$ mm。

焊接环座（包括其他零件）进行切削加工时，未注公差的线性和角度尺寸的一般公差等级为 ISO 2768-1中的 m 级。

标记：名称 GB/T 21480—2008/ISO 5483:2003 型号 D_2

示例：焊接环座 GB/T 21480—2008/ISO 5483:2003 A-2.2 350

6.2 B 型放泄装置的焊接环座

B 型的焊接环座详图及尺寸见图 9 和表 7。

单位为毫米

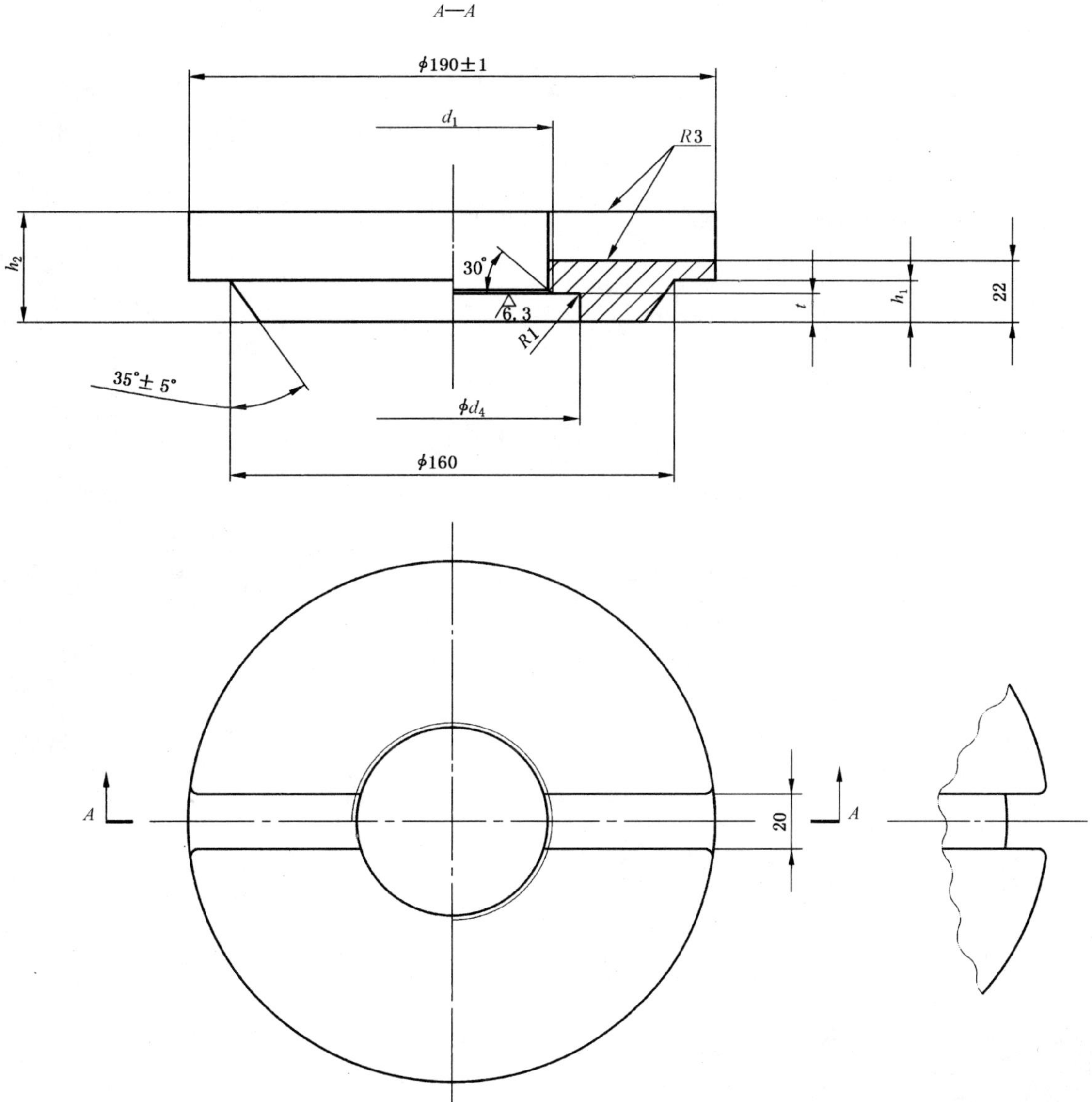

h_1 = 22 mm 时开槽

图 9 B 型放泄装置的焊接环座

表 7　B 型放泄装置焊接环座尺寸

单位为毫米

螺纹 d_1	h_1	螺母[a] 中径	螺母[a] 小径	d_4	h_2	t	质量 kg
M42×2	8	41.201	40.335	57	35	10	6.9
	15						6.6
	22						6.5
M72×3	8	70.551	69.252	92	40	13	7.0
	15						6.8
	22						6.6

[a] 这些尺寸比 ISO 965-3 中规定要大 0.5 mm。

标记:名称　GB/T 21480—2008/ISO 5483:2003　螺纹(d_1)　h_1

示例:焊接环座　GB/T 21480—2008/ISO 5483:2003　M42×2　15

7　放泄螺塞

7.1　水舱用 A 型放泄螺塞

水舱用 A 型放泄螺塞详图见图 10。

单位为毫米

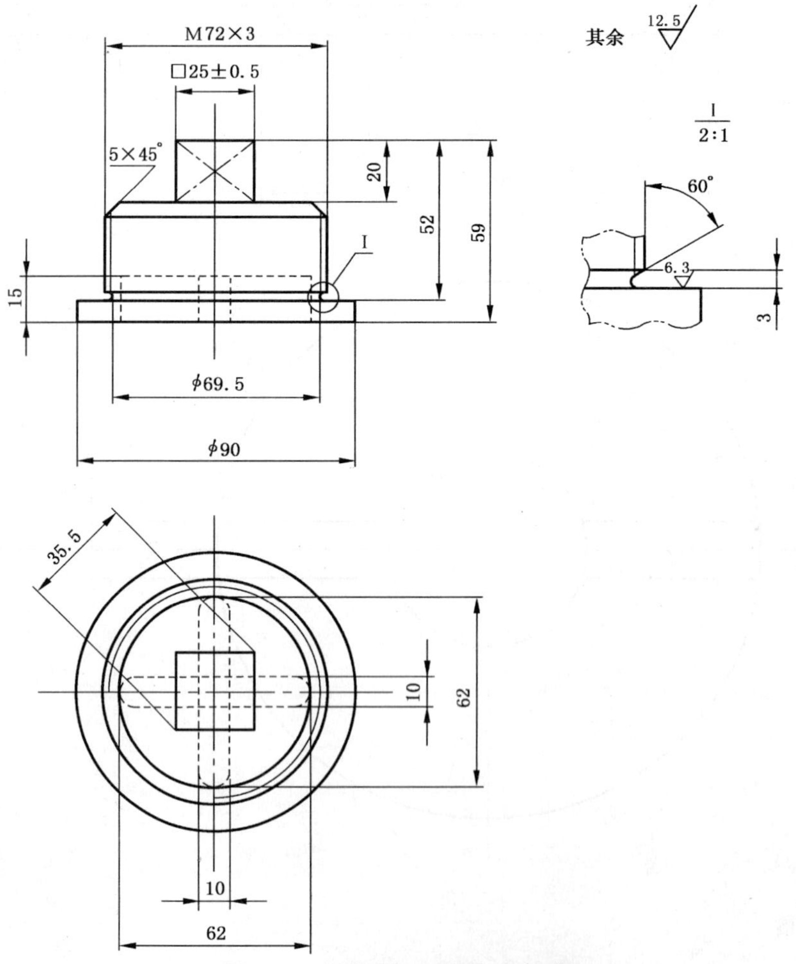

图 10　水舱用 A 型放泄螺塞

注：A 型可采用符合 ISO 965-1 及 ISO 965-2 的 M72×3 螺纹。

标记:名称 GB/T 21480—2008/ISO 5483:2003 类型 水舱 螺纹

示例:放泄螺塞 GB/T 21480—2008/ISO 5483:2003 A 型 水舱 M72×3

7.2 水舱用 B 型放泄螺塞

水舱用 B 型放泄螺塞详图及尺寸见图 11 和表 8。

单位为毫米

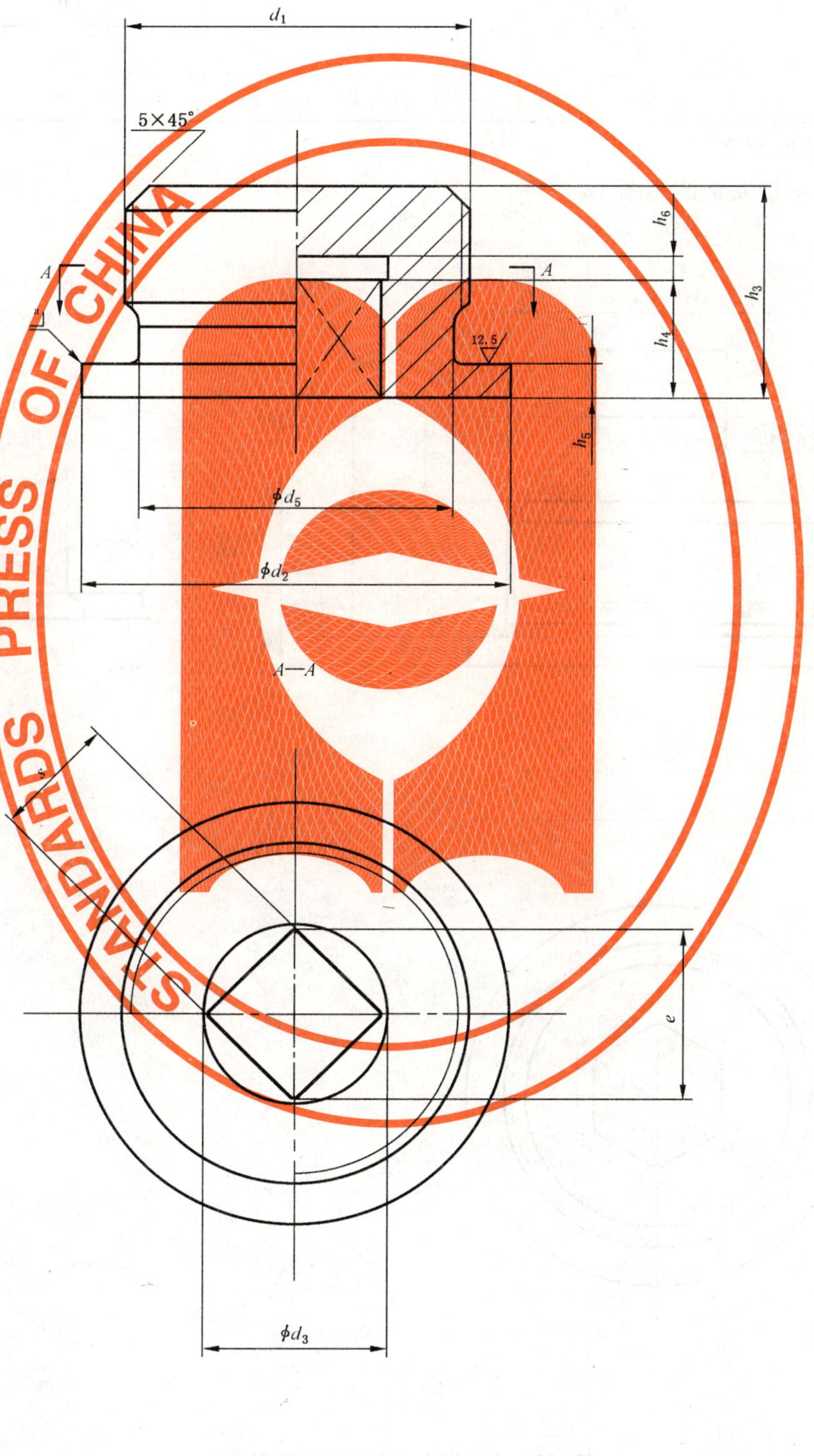

[a] 倒圆。

图 11 水舱用 B 型放泄螺塞

放泄螺塞的螺纹 d_1＝M42×2

标记:名称 GB/T 21480—2008/ISO 5483:2003　类型　水舱　螺纹

示例:放泄螺塞 GB/T 21480—2008/ISO 5483:2003　B型　水舱　M42×2

表 8　水舱用 B 型放泄螺塞尺寸

单位为毫米

螺纹 d_1	d_2	d_3	d_5	e	h_3	h_4	h_5	h_6	s		质量 kg
									D12	H11	
M42×2	55	32	39.5	30.6	40	20	7	6	26	—	0.55
M72×3	90	38	68.5	36.6	45	25	10	5	—	32	1.25

7.3　油舱用 A 型放泄螺塞

油舱用 A 型放泄螺塞详图见图 12。

单位为毫米

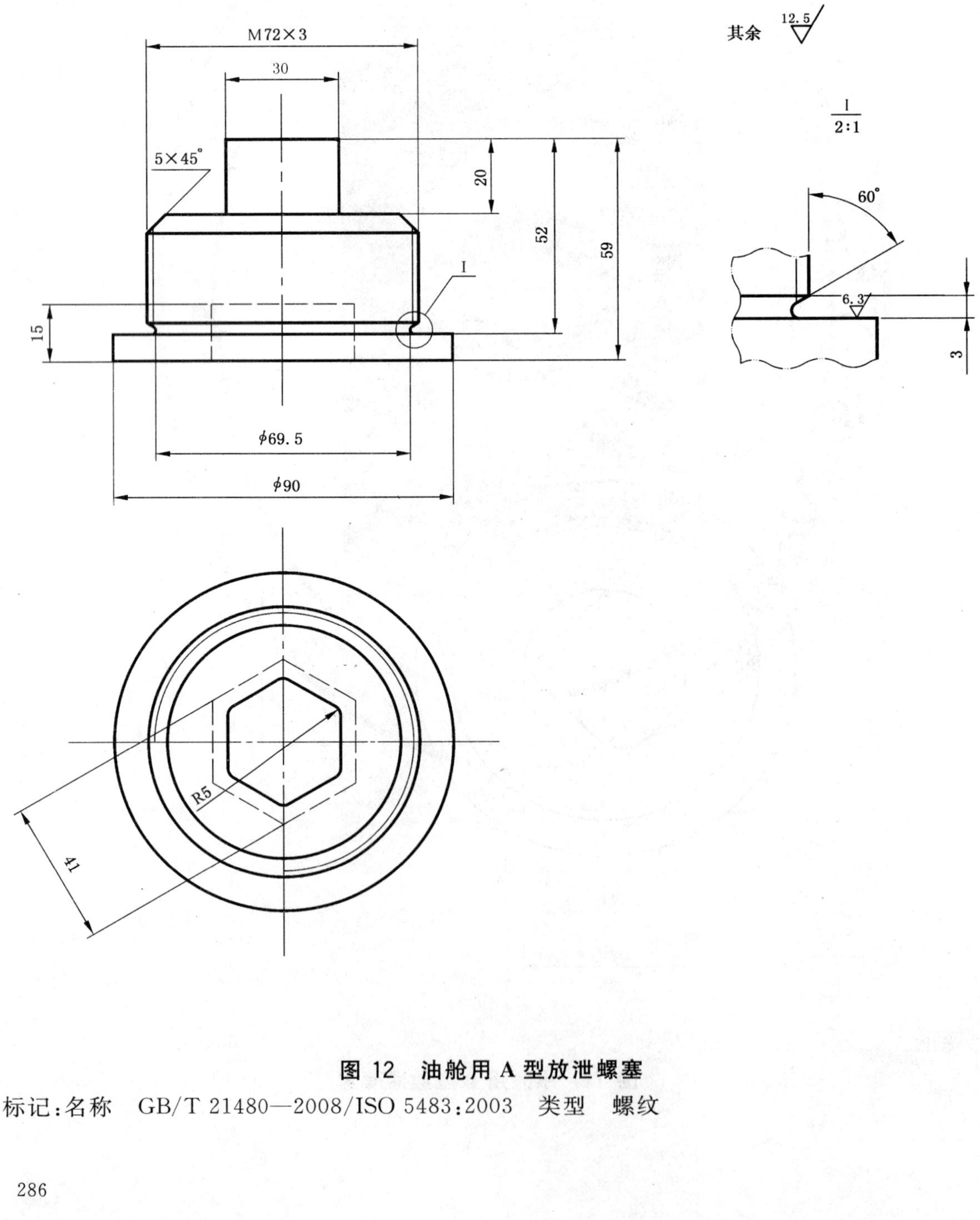

图 12　油舱用 A 型放泄螺塞

标记:名称　GB/T 21480—2008/ISO 5483:2003　类型　螺纹

示例:放泄螺塞　GB/T 21480—2008/ISO 5483:2003　A 型　M72×3

7.4　油舱用 B 型放泄螺塞

油舱用 B 型放泄螺塞详图及尺寸见图 13 和表 9。

单位为毫米

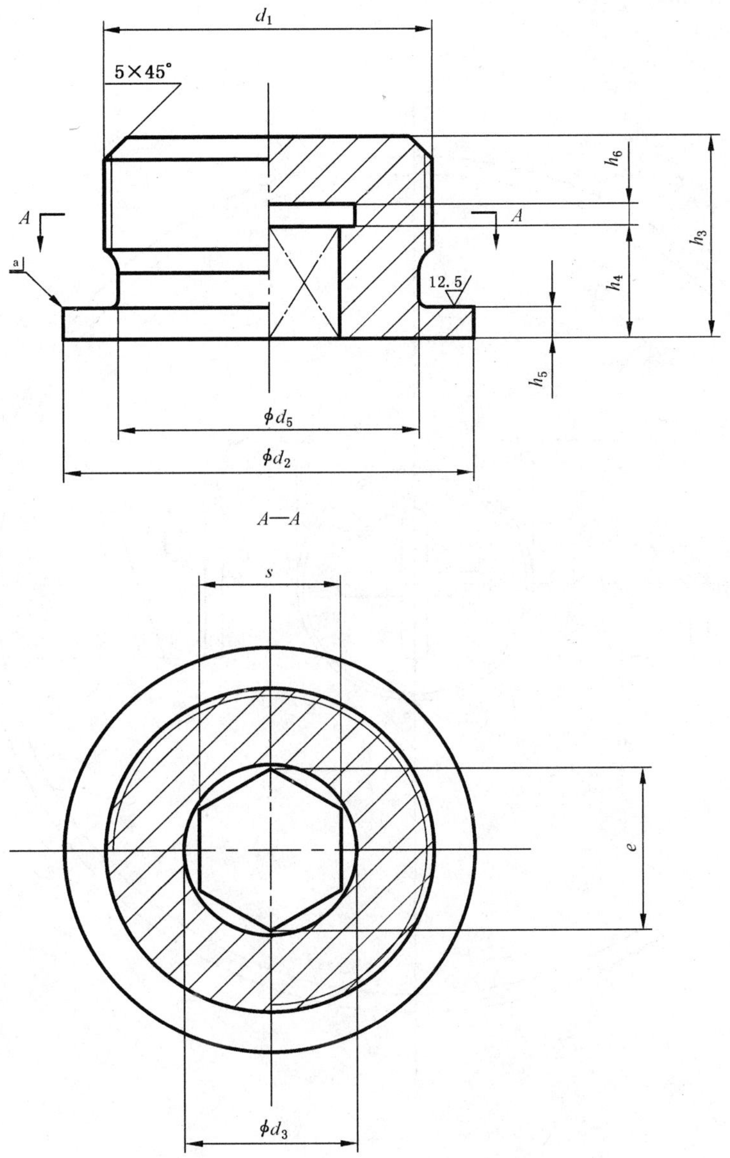

a　倒圆。

图 13　油舱用 B 型放泄螺塞

表 9　油舱用 B 型放泄螺塞尺寸　　单位为毫米

螺纹 d_1	d_2	d_3	d_5	e	h_3	h_4	h_5	h_6	s		质量 kg
									D12	H11	
M42×2	55	32	39.5	30.6	40	20	7	6	26	—	0.55
M72×3	90	38	68.5	36.6	45	25	10	5	—	32	1.25

放泄螺塞的螺纹 d_1＝M42×2

标记:名称　GB/T 21480—2008/ISO 5483:2003　类型　螺纹

示例:放泄螺塞　GB/T 21480—2008/ISO 5483:2003　B型　M42×2

8　标志和位置

放泄装置的位置应显示在船舶的进坞图、舱柜图或放泄装置布置图上,见图14。

放泄装置应从船尾开始依次编号。

单位为毫米

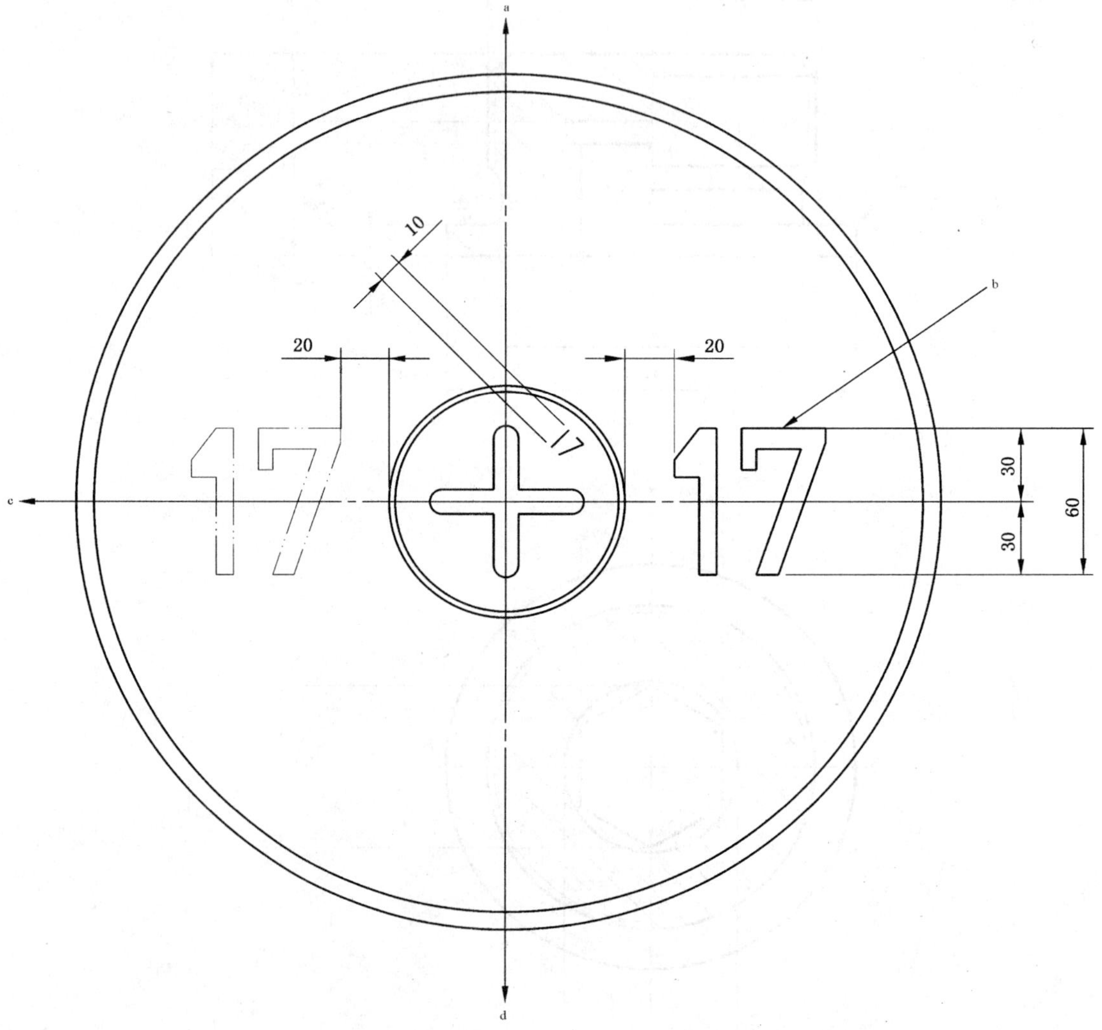

a　船舷方向。

b　焊接钢板标记。

c　向前。

d　中心线方向。

注:数字17标示在焊接钢板上,也是放泄装置的编号。

图14　标志

ICS 47.020.10
U 13

中华人民共和国国家标准

GB/T 21481.1—2008/ISO 15748-1:2002

船舶与海上技术　船舶和海上结构物上生活用水供应　第1部分:规划和设计

Ships and marine technology—Potable water supply on ships and marine structures—Part 1:Planning and design

(ISO 15748-1:2002,IDT)

2008-03-03 发布　　　　2008-09-01 实施

中华人民共和国国家质量监督检验检疫总局
中国国家标准化管理委员会　发布

前　言

GB/T 21481《船舶与海上技术　船舶和海上结构物上生活用水供应》分为两个部分：

——第1部分：规划和设计；

——第2部分：计算方法。

本部分为GB/T 21481的第1部分，等同采用ISO 15748-1:2002《船舶与海上技术　船舶和海上结构物上生活用水供应　第1部分：规划和设计》(英文版)。

为便于使用，本部分作了下列编辑性修改：

——“本国际标准”一词改为“本部分”；

——用小数点“.”代替作为小数点的逗号“,”；

——删除国际标准的前言；

——删除国际标准的“参考文献”。

本部分的附录A、附录B、附录C均为资料性附录。

本部分由中国船舶工业集团公司提出。

本部分由全国海洋船标准化技术委员会归口。

本部分起草单位：中国船舶工业综合技术经济研究院。

本部分主要起草人：王磊。

船舶与海上技术　船舶和海上结构物上生活用水供应　第1部分:规划和设计

1　范围

本部分适用于船舶、固定或漂浮式海上结构物和内河船舶上生活用水供应系统的规划、设计和布置。

本部分规定了为保护生活用水和维持水质所需的生活用水供应系统最低要求,并提供了部件使用和管道布置的相关信息。

本部分不涉及生活用水输送的相关规则,生活用水的输送应遵守专门规定。

2　规范性引用文件

下列文件中的条款通过GB/T 21481的本部分的引用而成为本部分的条款。凡是注日期的引用文件,其随后所有的修改单(不包括勘误的内容)或修订版均不适用于本部分,然而,鼓励根据本部分达成协议的各方研究是否可使用这些文件的最新版本。凡是不注日期的引用文件,其最新版本适用于本部分。

GB/T 21481.2　船舶与海上技术　船舶和海上结构物上生活用水供应　第2部分:计算方法(GB/T 21481.2—2008,ISO 15748-2:2002,IDT)

ISO 7-1:1994　螺纹上有压紧连接的管制螺纹　第1部分:尺寸、公差和标识

ISO 65　符合ISO 7-1配有螺纹的碳素钢管

ISO 161-1　流体输送热塑性塑料管　公称外径和公称压力　第1部分:米制系列

ISO 228-1　无压紧接头的管道螺纹线　第1部分:尺寸、公差和命名

ISO 274　圆截面铜管　尺寸

ISO 426-2　锻造铜锌合金　化学成分和锻件构成　第2部分:含铅铜锌合金

ISO 1127　不锈钢管　尺寸、公差和单位长度的惯性质量

ISO 1635　锻造铜和铜合金　一般用途圆管　机械特性

ISO 4200　焊接无缝平头钢管　尺寸和单位长度的惯性质量表

ISO 5620-1　船舶与海上结构物　饮水舱的注入接头　第1部分:一般要求

ISO 14726-1　船舶与海上技术　管路系统内容的颜色鉴定　第1部分:主要颜色和媒介

ISO 14726-2　船舶与海上技术　管路系统内容的颜色鉴定　第2部分:不同媒介和(或)功能的附加颜色

国际海上人命安全公约　(SOLAS 1974)

3　术语和定义

下列术语和定义适用于本部分。

3.1

生活用水供应系统　potable water supply system

生活用水的产生、处理、输送、储存、分配系统。

3.2

水处理设备　water treatment plant

维护水质所采用的设备,如过滤器、剂量控制设备、离子交换器、杀菌设备。

3.3

热水器　potable water heaters

不影响生活用水质的生活用水加热设备,如连续流量热水器、贮水热水器。

3.4

装置　apparatus

利用或转换生活用水的各类技术装置,如:

——蒸馏和杀菌装置;

——大型烹饪设备、剂量控制设备;

——加压贮水装置、热水器;

——洗碟机、咖啡机及除供水泵和循环泵以外的生活用水供应系统上各类部件、各类暂时或永久连接在生活用水供应系统中的装置。

3.5

水　water

用于生活用水供应的各类水源总称。

3.6

生水　raw water

未加工处理的水。

注:生水与海水视为等同。

3.7

淡水　freshwater

供人员消耗及各类技术需要和卫生需要的水。

3.8

生活用水　potable water

符合相关生活用水质要求的供人员消耗的水,包括:

a) 来自中央公共生活用水供应系统的水;

b) 经 80℃以上蒸发转化的海水;

c) 经 80℃以下蒸发并杀菌转化的海水;

d) 反渗透产生的水;

e) 在适当的热交换器中加热产生的热生活用水。

3.9

冷水　cold water

5℃～25℃之间的冷生活用水。

注:热带地区的温度高限可能更高。

3.10

热水　hot water

50℃～90℃之间的热生活用水,通常温度高限为 60℃。

3.11

混合水　mixed water

经混合龙头产生的冷热混合生活用水。

3.12

生活用水管路　potable water line

专用于输送生活用水的管路。

3.13

供应管路　supply line

排水泵(供水泵)的全部生活用水管路系统下游。

3.14

总水管　water main

冷水管路与通往主热水器管路相交点与排水泵间的管路段。

3.15

输水管路　distribution line

总水管的供应管路下游段。

3.16

环状管路　ring line

通过环状装置提供双向水供应的输水管路。

3.17

热水环状管路　hot-water ring line

单向供应的输水管路,仅采用循环泵将未使用的热水反馈至热水器实现水的环流。

3.18

循环管路　circulating line

无分配点的冷热水环状管路段。

注:未使用的冷水经分配点反馈至供水泵的吸入端或未使用的热水经分配点反馈至热水器。

3.19

干线立管　trunk line riser

由输水管路分出的供应管路的立管段。

注:甲板管路和分配管路由干线立管中分出。

3.20

甲板管路　deck line

同层甲板内由干线立管分出的供应管路段。

3.21

服务管路(单供给管路)　service line

甲板管路至用水者间的供应管路。

3.22

出泵管路　pump discharge line

泵排出口的排水管路下游。

3.23

进泵管路　pump return line

泵的供水管路。

3.24

控制装置　service fitting/outlet fitting

供应管路末端用于控制流量的装置,具有控制功能,如装置阀、排出阀、冲水阀、冷热水混合龙头。

3.25

安全装置　safety fitting

用于保护系统组件免遭过载压力或温度的装置,如安全阀。

3.26

保护装置　protective fitting

管路系统中用于保护水源的装置,如与止回阀连接的真空破坏器、管路分离器。

3.27

过滤器　filter

从生活用水中过滤固体的装置。

3.28

计算流量　calculation flow

作为各类控制装置的计算基础的假定流量。

$$\dot{V}_R = (\dot{V}_{min} + \dot{V}_0)/2 \qquad \cdots\cdots(1)$$

式中:

$\dot{V}_R$——计算流量,单位为升每秒(L/s);

$\dot{V}_{min}$——最小流量,单位为升每秒(L/s);

$\dot{V}_0$——峰值流量,单位为升每秒(L/s)。

3.29

总流量　sum flow

通过一个横截面的所有耗水装置的计算流量总和。

3.30

峰值流量　peak flow

经水力学计算的流量,考虑即时回水。

3.31

封闭式连续流量热水器　closed continuous flow heater

有贮存装置或无贮存装置的耐压的即时加热的热水器。

3.32

开放式贮水热水器　open storage heater

有加热和贮水容器的无压力热水器。

4　性能要求

海船、海上结构物和内河船上应备有足够量的纯净生活用水,并配有相应规模的生活用水供应系统。

应根据需要配备足够大小的生活用水贮水舱和海水淡化装置。

未配备生活用水分配装置的生活区域应配有足够大小的贮水容器。

5 卫生要求

5.1 生活用水

生活用水质应符合健康要求，包括：

——无致病微生物；

——尽量消毒；

——应适于饮用(无色、无味、纯净、温度适宜)；

——仅可包含微量矿物质。

生活用水质应符合国家相关卫生要求。

5.2 生活用水保护与水质维护

5.2.1 生活用水供应系统应配有消毒设施以处理岸上供水或船上长期贮存的水。

5.2.2 不应将生活用水管路和非生活用水管路或设施(如淡水冷却管路)相连接，上述管路可通过下列形式进行卫生隔离：

——通过空气管路；

——通过贮存装置间接连接；

——通过管路分离器连接；

——通过止回装置。

5.2.3 易产生回流的生活用水分配点处应采用3.26所述的保护装置。

5.2.4 生活用水供应系统的材料和涂层材料应符合卫生要求，并可抵抗物理、化学侵蚀且不应释放影响生活用水质的物质。

5.2.5 应尽量选用可避免管路系统内部腐蚀的材料。

5.2.6 加压贮水装置中直接接触水面的压缩空气垫不应影响生活用水质。

5.2.7 生活用水供应系统中的塑料和非金属材料的可用性应符合国家相关要求。

6 生活用水供应系统组成

生活用水供应系统包括下列组件：

——生活用水舱；

——输送、处理和服务管路；

——泵；

——加压贮水装置；

——生活用水加热器；

——生活用水处理设备；

——生活用水蒸馏设备；

——各类装置(包括关闭、安全、供应、防护和排放装置等)；

——测控装置。

图1给出了生活用水供应系统的一个示例。

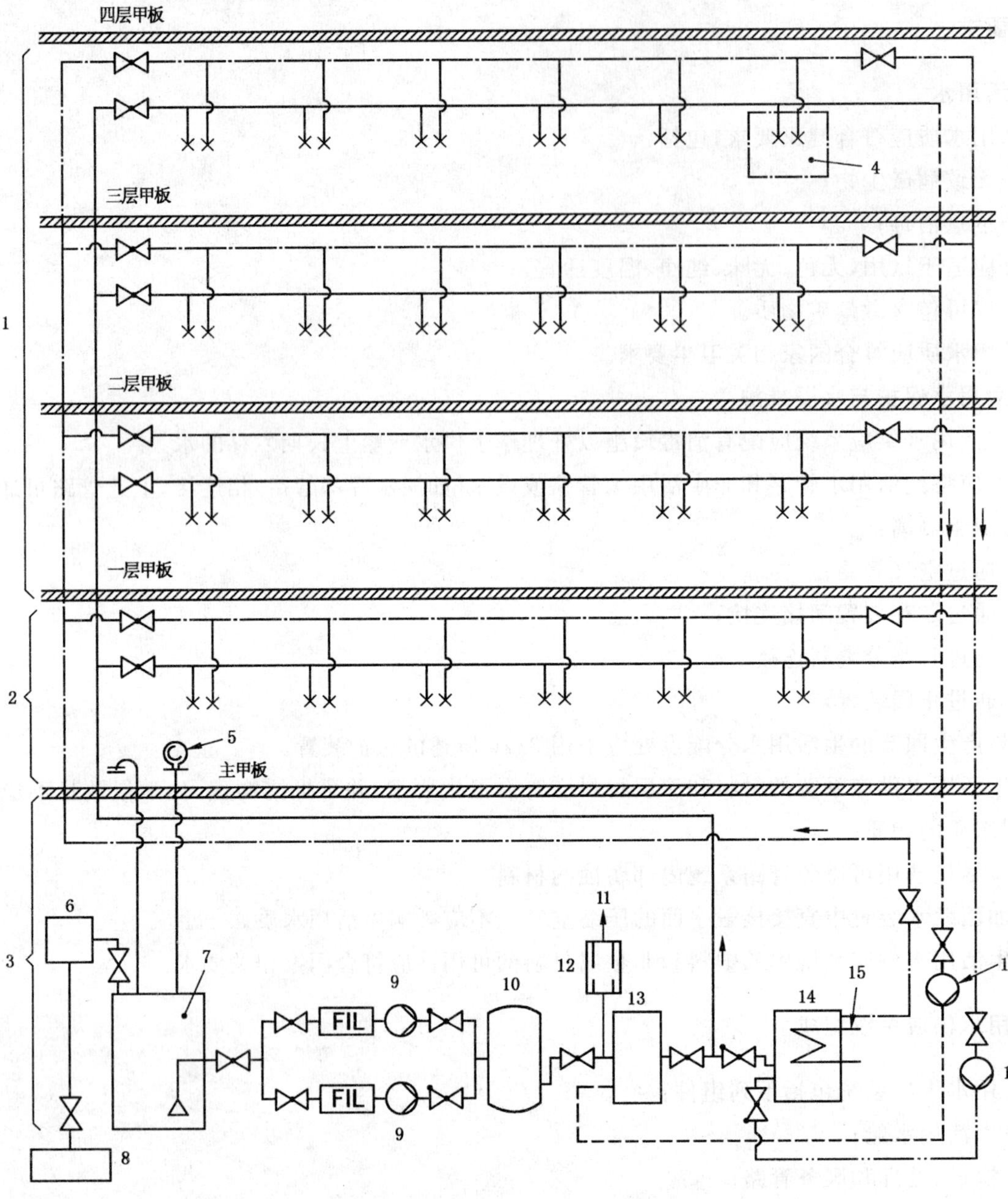

———————冷水供水方向　　　　—·—·—·—·—热水供水方向

- - - - - - - - - -冷水回水方向　　　　—··—··——热水回水方向

1——带有浴室和盥洗室的生活区；
2——服务区域；
3——机舱；
4——浴室或盥洗室；
5——生活用水舱的注入接头(见 ISO 5620-1)；
6——生活用水发生器；
7——生活用水舱；
8——船舷水管；
9——生活用水供水泵；
10——加压水舱；
11——技术载荷；
12——管路分离器；
13——杀菌装置；
14——热水器；
15——加热介质；
16——冷水循环泵；
17——热水循环泵。

图 1　带有四层上层建筑船舶的生活用水供应系统示例

7 技术要求

7.1 相关规则

生活用水供应系统的安装应遵守下列规则：

——相关船级社的入级与建造规范；

——船东的技术要求；

——国家关于生活用水系统的相关要求。

7.2 产品标识

管路系统中各类装置应有生产商的永久标识，标识内容应符合相关要求。

7.3 压力和温度

7.3.1 出于安全考虑，各类组件均应能承受相同的设计压力，即系统内安全阀的最大设定压力。

7.3.2 压力升降不应超过 GB/T 21481.2 的要求。在选用设备和装置时应考虑到上述压力升降和介质允许流速。

7.3.3 应采用适当措施防止冷水管的温度上升，参见附录 A。

7.3.4 热水管水温至少应为 50℃，参见附录 A。

8 管系

8.1 空气管、供水管和溢流管

空气管、供应管和溢出管应符合相关船级社规范。生活用水舱的供应连接应符合 ISO 5620-1 的要求。

8.2 测深管

出于卫生考虑，不应采用测深管在生活用水舱中进行测量，而应安装液位计或测量装置进行舱容测量。

9 管路及尺寸

可选管路尺寸参照表 B.1～表 B.3，管路安装和操作应参照相关指导及船级社规范。

10 装置和管子连接

10.1 装置和法兰连接

考虑到安装和操作规范，可根据表 B.1～表 B.3 中的管子系列直接选用相关装置和法兰连接，不必进行适配性验证。

10.2 螺纹连接

英制螺纹应符合 ISO 7-1 的要求。

当采用锥形连接前部与外螺纹上轴环间的垫圈进行密封时，方可使用符合 ISO 228-1 要求的螺纹。

10.3 电弧焊、钎焊或粘合连接

10.3.1 在内部涂层不受损情况下，方可进行钢管焊接。在焊料符合生产商要求时，才可进行钢管上的铜焊连接。处于热焊接区域中耐腐蚀能力较低的硬质镀锌层应予以标出。

10.3.2 壁厚大于 1 mm 的铜管才可进行焊接。

10.3.3 不锈钢管连接应遵循生产商要求。

10.3.4 镀铜铁镍合金的装配应符合生产商要求或国家相关规定。

10.3.5 聚氯乙烯管只能粘合，不能焊接。

10.3.6 高密度或低密度聚乙烯管的粘合应符合生产商要求或按国家相关规定。

10.3.7 铜焊与钎焊混合物不能含铅。

11 装置

11.1 一般要求

供应管路的卫生装置应符合相关国家要求。

11.2 节水装置

本装置应专用于节水，可在需要处安装限流器。

11.3 止回阀

只有当冷热水装置采用相同的出水口，且出水口不能关闭或冷热水管路不能交叉时，才可采用止回阀。

11.4 烫伤防护

为防止烫伤，热淋浴器应装有安全装置(如温度可调冷热水混合龙头)，将热水或混合水的温度限制在45℃以下。

11.5 材料

考虑卫生和耐腐蚀要求，应采用下列材料：

——锻造或铸造不锈钢管；

——CuSn10、CuPb5Sn5Zn5、GKCuZn40Pb；

——ISO 426-2 指定的材料，即 CuZn38Pb2。

也可采用其他等同或优于上述性能要求的材料。

11.6 润滑剂

润滑剂应适用于生活用水供应系统。

12 保护装置

生活用水供应系统应在供水泵或贮水装置出口配有止回阀以防止水回流至贮水装置。保护装置应标有相关国家认证标志。

13 泵

13.1 自吸泵

若生活用水舱设置在供水泵的安装面以下，应安装自吸泵。

13.2 泵容量

泵容量应保证泵在最大用水量情况下，仍具备足够流量压力。用水量峰值的确定见GB/T 21481.2 中8.3 对于客船、海洋结构物等用水量峰值较大的结构物，可安装两台以上供水泵。

13.3 循环泵

在17.2.7或A.2指明的工况下，应安装循环泵。

13.4 过滤器

过滤器应安装在供水泵的吸水侧，以除去生活用水中的不溶物。过滤器应满足相关国家要求，并参照附录C中的方法进行最低限度维护。

13.5 关闭装置和压力表

关闭装置和压力表应安装在供水泵的进口和出口。

13.6 可控止回阀

对于一组并联运行的泵，可控止回阀应安装在出口端。

14 生活用水舱

14.1 一般要求

生活用水舱可为船体结构的一部分(除双层底舱、艏尖舱和艉尖舱)或独立的结构。作为船体一部分的生活用水舱不可与其他舱室共用同一隔壁(如甲板、天花板)。

生活用水舱应由防腐蚀钢材构成或具有防腐层。钢制生活用水舱应采用电镀或漆涂层防腐。

锌涂层不应有瑕疵。与水接触的表面不应有打磨后的瑕疵。涂层表面应除去锌氧化物、焊剂等残留物，并符合5.2.4的要求。

在海船或海洋结构物上，推荐配备两个生活用水舱，以提高生活用水供应系统的可靠性。

生活用水舱应处于无热辐射源或灰尘的舱室中。若出于技术考虑，需要将生活用水舱置于热辐射舱室中，则应对水采用防热措施。

生活用水舱应有密闭的手孔，以利于清洁和维修。

手孔的设置应避免水源污染。手孔宜设在生活用水舱侧壁上。为防止污染，设在甲板上的手孔应配有至少高200 mm的舱口围板。

为便于水中沉淀物排出，排水龙头、塞子等宜安置在独立的生活用水舱或舱底倾斜的生活用水舱的低端。

独立的生活用水舱的加强肋骨应安置在外侧。

生活用水舱应装有空气管路，该管路起始于甲板，终止于防止海水灌入的特殊装置。空气管路的起始端应位于甲板上方至少40 mm，并设置在防止污染和海水灌入的处所。空气管孔直径应不小于32 mm(小船应不小于25 mm)。

可将独立的生活用水舱的空气管引入上层甲板。

空气管路设置应避免管中水停滞。

对于冷热水混合情况，供水管和排水管应安装在生活用水舱的相对两侧。供水管的末端不应采用收缩形式。

14.2 加压水舱

除14.1的要求外，加压水舱还应符合下列要求。

加压水舱应符合国家相关要求。

加压水舱性能应符合GB/T 21481.2的要求。

贮水装置至少应配有：

——安全阀；

——水平指示器；

——泄放阀；

——压力控制开关；

——压力计；

——液位计、压力控制开关及压力计的关闭装置。

贮水装置应有密闭的开孔，以利于对其清洁和维修。

14.3 安全阀

仅可采用不可控安全阀，并安装在水中。

安全阀和泄放管路应合理设置,确保操作压力不超过允许值的10%。

14.4 压缩空气

生活用水供应系统中的压缩空气应不含油、水。

若生活用水与压缩空气直接接触,应在贮水装置进水端安装空气过滤器和油水分离器。

14.5 空气压力

空气压力不应大于贮水装置的允许操作压力。否则,供应管路应安装减压器和安全阀。

14.6 压缩空气连接

贮水装置上的压缩空气口应专用于补充压缩空气垫。

14.7 防腐

钢制贮水装置应采用电镀或涂层防腐。

与水接触的锌涂层表面应无瑕疵、包括打磨后的瑕疵。涂层表面应除去锌渣、焊剂等非金属残留物。

涂层应符合5.2.4的要求。

15 生活用水加热设备

15.1 一般要求

除非指明限用冷水,本章适用于各类生活用水加热设备和热水输送。

构造、设备和试验应符合相关国家要求。

按照供水类型,生活用水加热设备可分为以下几类:

——单独供水;

——分组供水;

——中央供水。

加热设备设计、构造、类型等取决于经济因素和结构物大小。中央供水系统的安装取决于结构物尺度。

15.2 热水器

15.2.1 设计、功能和使用

可选用下列结构:

——耐压封闭式连续流量热水器,NBC锁中淋浴器的水温高限为39℃;

——多于两处供水点的耐压封闭式连续流量热水器,例如浴室、有多个供水点的洗涤槽、中央供水系统等,见图2;

——一个供水点的不加压开放式贮水加热器,如浴缸、淋浴器、洗涤槽、脸盆等。

单位为毫米

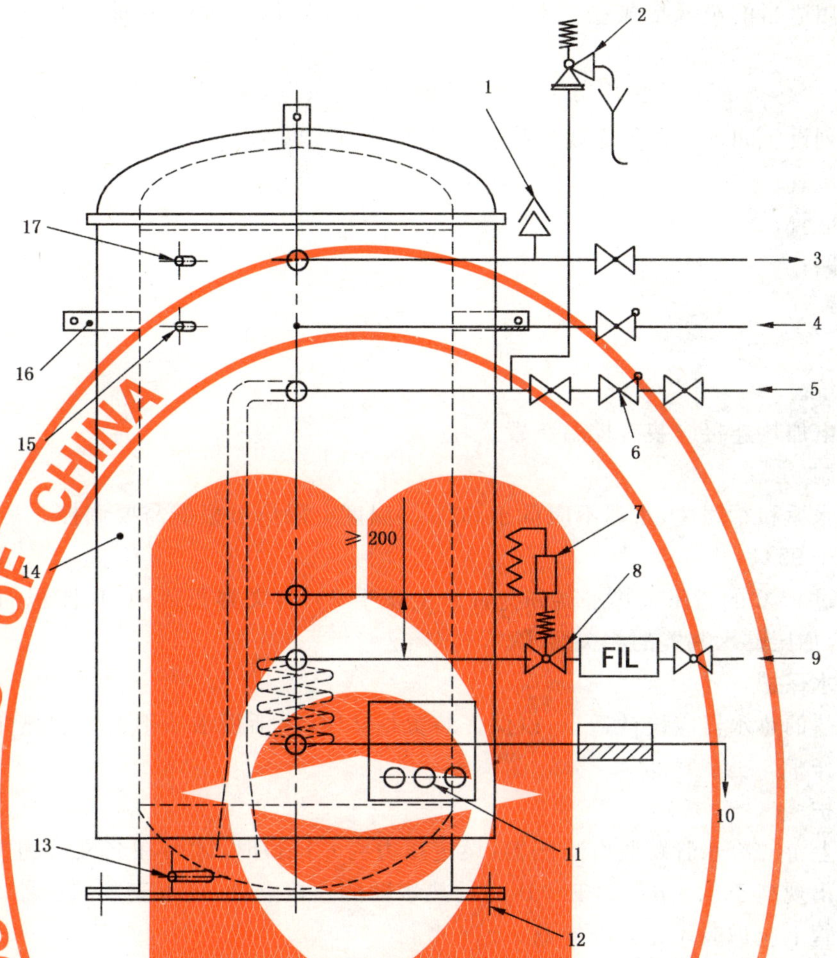

1——泄流阀；
2——压力安全阀；
3——热水出口；
4——循环管路；
5——冷水入口；
6——止回阀；
7——自动调温器；
8——阀门；
9——热水蒸汽加热；
10——冷凝排出；
11——电加热；
12——甲板基座；
13——通径为25的排水管；
14——护套绝缘；
15——温度计；
16——横舱壁固定；
17——压力和温度安全阀(可选)。

图2　中央热水系统的封闭式连续流量热水器

15.2.2　加热

单独供水系统应选用电加热，分组供水系统可选用电加热、蒸汽加热和冷却水加热。

用于集中加热的热水器可采用蒸汽加热、电加热、水加热或热油加热。

15.2.3　中央供水系统的热水器

15.2.3.1　材料

热水舱应用铜板、铬镍合金板或至少同等质量的材料制成。

15.2.3.2 绝缘

热水舱应采用适当的绝缘措施防止热损失。绝缘材料应用可拆卸金属板覆盖，并采用防振形式安装。

15.2.3.3 连接

热水器与下列设施间均应进行必要连接：

——冷水供应管；

——热水供应管；

——循环管路；

——排水管；

——温度计；

——供热系统。

蒸汽加热或电加热连接应装有控温装置。

15.2.4 温度限制

为防止产生水垢和军团菌，水温不应低于60℃。温度上限应可根据需要调控。

15.2.5 水温高于95℃

对于水温超过95℃的封闭式热水器和允许产生高于2%名义容积或10 L体积的空气垫或蒸汽垫的热水器，应符合加压贮水装置的相关要求。

15.2.6 生活用水保护

采用间接加热的热水器应设计适当，以保证装置损坏时，生活用水质不会受加热介质影响。

15.3 热水器操作

15.3.1 过压保护

仅当热水器上游的冷水管路装有减压器(设定压力为6 bar)时，才可在名义压力PN 6下操作封闭式热水器。不会出现高于4.8 bar的工作压力的热水器的连接点处，可不安装减压器。

在冷水给水管上应加装压力表连接器。

15.3.2 防热生活用水回流措施

热水器名义容积大于10 L时，应在冷水给水管上加装止回阀。

在封闭式热水器的上游和回流口的下游各装一个截止阀。

15.4 热水器安装位置

每个脸盆的贮水热水器应分别安装在各个脸盆的下方。

开放式贮水热水器应安装在热出水口附近：最大垂向距离为1 m，最大水平距离为2 m。若不能满足上述要求，则应加装通风口。

16 生活用水消毒

16.1 一般要求

每年应对生活用水微生物进行一次检测。

生活用水供应系统应装有抗细菌生成的设施，并应确保适宜的系统维护。

推荐采用下列生活用水消毒措施：

——过滤芯过滤；

——紫外线杀菌；

——在水中加入杀菌剂。

只有在水中无不溶物和无颗粒污染的情况下，上述措施才可奏效。因此，建议在消毒设施上游安装用于滤出不溶物的过滤器。

选择何种消毒方法取决于生活用水供应系统的预期最大水消耗量。

若生活用水是由海水经低于80℃蒸发的方法转换而来，应对其进行消毒。

16.2 镀银过滤芯消毒

镀银过滤芯可阻挡水中的悬浮物，并具有杀菌效果。

镀银过滤芯可实现即时消毒，而无需加入化学制剂。

16.3 紫外线消毒

16.3.1 应采用具有杀菌效果的紫外线对水流进行辐射。不需添加化学制剂。紫外线消毒为即时消毒，而无长期效果。若水源纯净且无悬浮物，紫外线消毒方法极为有效。

16.3.2 消毒装置应安装在贮水装置或供水泵下游。水流应经过紫外辐射装置，并应遵循生产商的产品使用指导。经过紫外辐射的水流应为垂向，以确保管道中沉淀物最少。建议安装辐射强度测量装置和电磁阀，可在紫外辐射较弱时激发报警和关闭装置。

16.3.3 在寿命期内紫外线辐射管应能以不低于 16 mWs/cm^2 的强度进行波长为253.7 nm 的辐射。

16.4 添加化学杀菌剂消毒法

16.4.1 氯消毒

16.4.1.1 加入液态或粉末状氯可进行化学去污。氯处理法不能持久消毒，作用时间为15 min～30 min。

注：氯处理法要求持续检查氯残留物含量，因此建议作为辅助方法，在确知水质已被细菌污染情况下使用。

16.4.1.2 建议在下列部位加入氯：

——输送管路；

——蒸馏水管路；

——渗透管路；

——通往贮水装置的压力管路。

注：在贮水装置中加入氯是采用氯处理法的最低要求。

16.4.1.3 氯的加入量取决于水质污染程度。

注：应确保化学反应发生 20 min 后，水中氯含量低于 0.1 mg/L，氯化物含量低于 0.05 mg/L。

16.4.1.4 氯的投放设备应符合国家健康要求，并有国家主管机关认可标识。

16.4.1.5 为避免含过量氯的水源的浪费，建议安装除氯设备。

16.4.2 银消毒

16.4.2.1 建议采用下列物质：

——在水中加入液态或粉末状无氯物质。污染物可被物质溶解过程中产生的银离子除去。银处理法不是即时的，应保持至少 6 h 的反应时间；

——在水中加入液态或粉末状低氯含量物质。

注：氯物质有高速消毒作用，银离子有持久杀毒作用。氯物质作用时间至少为15 min，银离子作用时间至少为6 h。

上述物质的添加应符合生产商和相关法律的要求。添加量取决于水的污染程度。

16.4.2.2 消毒物质应在蒸发器和生活用水容器之间的管路中添加。在水舱给水管路中投入杀菌物质可保证水舱及相连管路的除菌。

16.5 高温消毒

被军团菌污染的生活用水供应管路不能采用化学消毒法消毒。此时应给出高温消毒的成功概率。

将水加热至 60℃并保温 30 min，可消灭军团菌。若水温加热至 70℃，可维持更短时间实现杀菌目的。

17 管道布置

17.1 一般要求

17.1.1 建议在过道和公共处所安装生活用水管路。生活用水管路的布置应便于管路及各种设备的维修和拆卸。应尽可能留出检修通道。

17.1.2 在关键电力设备和电子设备上方或附近不应安装管路。若须安装，则应采取必要措施，避免管路泄露给电力设备带来损害。

17.1.3 可能受冰点以下温度影响的管路应装有泄放装置和关闭装置。

17.1.4 建议将生活用水供应管路布置在几个服务区，避免单一系统故障引发生活用水供应问题。

17.1.5 生活用水管路不应通过非生活用水舱。若须通过，则应将管路安装在套管内，套管可向可控点进行有效泄流。

17.1.6 处于储藏室、货舱、泄流室等处所的易受损的生活用水管路应加以足够保护(如硬质护罩)。货舱中的硬质护罩应不能被货物穿透。

17.1.7 生活用水供应系统的设计应便于以适当的方式进行试验、维护和维修。

17.1.8 在起居处所内管路应加以遮蔽。

17.1.9 管路和附件应固定在船体结构或焊接底座上。若有特殊的噪声要求，则应采用特殊的固定件。

17.1.10 若热水管和冷水管紧邻安装，应对热水管进行绝热处理。

17.2 设计原则

17.2.1 设计阶段应考虑热应力引发的船体结构弹性变形。

17.2.2 应考虑整个系统及单独管路段的通风和排水要求。

17.2.3 为防止污染物汇集，管道系统的设计应避免通风或水流死角。不使用的管道应关闭。

17.2.4 管道横截面变化处应采用锥形连接。

17.2.5 吸入管路的进口处应拓宽为漏斗形，横截面积为管路横截面积的 1.5 倍。漏斗应位于舱底以上至少 50 mm。

17.2.6 考虑到水的流向，铜构件或铜合金构件不应安装在电镀的铁构件的上游。

17.2.7 对于大型热水环状管路，应安装具有自动控温机制的循环水泵，保证主管内水温控制在 60℃ ～70℃之间。

17.2.8 若冷水管和热水管需相邻布置，冷水管应低于热水管，并应绝热，以防止生活用水被加热。生活用水舱的供水管路和空气管路不应通过浴室和洗衣房。生活用水吸入龙头应有端部装置。端部装置应被包装。

17.2.9 无环流的管路应尽可能短，不应超过 10 m。

17.3 管路通道

在管路穿过围壁、横舱壁、甲板等处，应装有舱壁附件。

通过符合 SOLAS 公约的 A 型垂直面或水平隔离面的管路通道的防火性能应满足 SOLAS 1974 中“防火试验”要求。

通过 B 型隔离面的的管路通道应符合相关国家要求。

管路通过水密舱壁、甲板等部位时，应确保部件密性。

17.4 管支架

管道应采用支架支撑，并考虑结构情况(如肋骨和加强材的间距)。

推荐采用完全包裹管道的电镀钢支架。有必要时，应采用隔音插件或适用于不同材质管道和支架的抗接触腐蚀插件。

管支架间距依下列条件确定：

——管径和壁厚；

——输送液体的重量。

实践证明，管支架间距不应超过下列距离：

——采用 1 个肋距，管支架间距离为 DN 8～DN 20；

——采用 2 个肋距，管支架间距离为 DN 25～DN 50；

——采用3个肋距,管支架间距离为DN 70～DN 100。

17.5 绝缘

应采用主管机关或船级社认可的高耐火绝缘材料。

应采用充分措施防止热水管路的热损失。

应采取充分措施防止冷水管路在易产生破坏处发生冷凝。

17.6 标记

生活用水管路沿线每5 m应至少标记一次。在管路分支处,应标明管路为生活用水专用管路。

饮水龙头应有相应标注。

标记应符合ISO 14726-1和ISO 14726-2。

"生活用水"标识应贴在管路上或其他需注明的地方。

若水的流向十分重要,应通过箭头标明流向。

若有需要,应注明冷、热水。

17.7 特殊安装要求

17.7.1 聚氯乙烯U型管

安装聚氯乙烯U型管,应符合主管机关和生产商的要求。

17.7.2 不锈钢管

安装不锈钢管,应符合主管机关和生产商的要求。

18 计算原则

计算原则应符合GB/T 21481.2的要求。

19 管路的试验和冲洗

19.1 压力试验

19.1.1 在安装各系统部件的外加防护前,应进行压力试验。应在管路系统中充满生活用水并排气,在1.5倍工作压力下试压至少10 min。

压力表应安装在管路系统低端。量程应至少为工作压力的两倍。压力表精度应至少为0.1 bar。

19.1.2 塑料管路应经过特别认可的压力试验。

注:由于管路材料不同,压力试验会引发不同程度的管道扩张,同时温度变化将影响试验结果。

19.2 管路系统冲洗

压力试验后,应采用生活用水进行管路冲洗。若将生活用水引入水舱,应采用16.3中的方法进行杀毒。

管路清洗应借助供水泵。通过管路各段的流量不应低于计算流量。

为防止污染,邻近供水泵的供水点应首先开启,距离较远的供水点依次打开。每个供水点应至少冲洗2 min。

冲洗时应采用泵的高流速。

附 录 A
(资料性附录)
说 明

A.1 一般要求

即便满足微生物含量指标的生活用水仍可能含有少量细菌,其中包括近期才被发现的军团菌。但是,由于对上述病菌尚知之甚少,目前在船上建立有效的抗菌机制尚不可行。因此,本标准中并未提出一般性的抗菌要求。目前,我们期待有效的研究成果,使设计者能够对管路布置中易受病菌危害的设备采取有效防护。在贮水装置中储存过长的水和温度为 20℃～50℃之间的水受病菌污染的风险较高。随着温度的提高(如 60℃持续 30 min, 70℃持续数秒),病菌的生命期大大缩短。迄今发现,在高于 72℃情况,上述病菌均不能生存。

A.2 预防措施

根据设在汉堡的德国中央药物研究院的最新试验结果,在上层甲板的冷水管中最可能发现军团菌。因此推荐采用下列措施:

a) 为确保健康,冷生活用水应不断循环。循环管路中应安置符合 16.2 要求的紫外线杀菌设备。

b) 预防措施的目标是消除军团菌繁殖的环境。例如,生活用水供应厂的建造和运营过程中应注意消灭军团菌。推荐采用下列措施:

   1) 温水应至少加热至 60℃,水的循环温度应不低于 50℃;

   2) 使用不贮水的分布式连续流量热水器;

   3) 定期清洗中央热水器;

   4) 使用自排干型的淋浴龙头和喷嘴;

   5) 切断废置管路及连接设备。

c) 应采用下列措施进行生活用水杀菌:

   1) 水温加热至大于 60℃;

   2) 紫外线辐射(至少为 16 mWs/cm^2)。

d) 若怀疑水中致病菌增长,应采用适当措施清除污染源。

附 录 B
（资料性附录）
适用管路尺寸

表 B.1 钢管外径和壁厚

通径 DN	$d_a \times s$/mm×mm				
	非合金管				钢管（符合 ISO 1127）
	符合 ISO 65		符合 ISO 4200		
	轻型管	重型管	无缝管	焊接管	
6	10.2×2	10.2×2.65	—	—	—
8	13.5×2.35	13.5×2.9	—	—	—
10	17.2×2.35	17.2×2.9	17.2×1.8	17.2×1.8	17.2×1.6
12	—	—	—	—	—
15	21.3×2.65	21.3×3.25	21.3×2	21.3×2	21.3×1.6
20	36.9×2.65	36.9×3.25	26.9×2.3	26.9×2	26.9×1.6
25	33.7×3.25	33.7×4.05	33.7×2.6	33.7×2	33.7×1.6
32	42.4×3.25	42.4×4.05	42.4×2.6	42.4×2.3	42.4×1.6
40	48.3×3.25	48.3×4.05	48.3×2.6	48.3×2.3	48.3×1.6
50	60.3×3.65	60.3×4.5	60.3×2.3	60.3×2.3	60.3×1.6
65	76.1×3.65	76.1×4.5	76.1×2.9	76.1×2.6	76.1×2.3
80	88.9×4.05	88.9×4.85	88.9×3.2	88.9×2.9	88.9×2.3
100	114.3×4.5	114.3×5.4	114.3×3.6	114.3×3.2	114.3×2.6

表 B.2 铜管和锻造铜合金管的外径和壁厚

通径 DN	$d_a \times s$/mm×mm	
	符合 ISO 274 的 SF-Cu	符合 ISO 1635 的 CuNiFe
6	8×1	10×1
8	10×1.5	12×1
10	12×1.5	—
12	16×1.5	16×1
15	20×1.5	20×1
20	25×1.5	25×1.5
25	30×2	30×1.5
32	38×2	38×1.5
40	42×1.5	44.5×1.5
50	57×2	57×1.5
65	76.1×2	76×2
80	88.9×2	89×2
100	108×2.5	108×2.5

表 B.3 塑料管的外径和壁厚

通径 DN	$d_a \times s$(符合 ISO 161-1)/mm×mm						
	聚丁烯	聚乙烯			聚丙烯	聚氯乙烯	
	PB 管系列 PN 16	PE-LD	PE-HD 管系列 PN 10[a]	PE-X 管系列 PN 20	PP 管系列 PN 25	PVC-C 管系列 PN 25	PVC-U 管系列 PN 16[b]
6	10×1.8	10×2	10×1.8	10×1.8	10×2	10×1.2	—
8	12×1.8	12×2	12×1.8	12×1.8	16×3.2	12×1.4	12×1
10	16×1.8	16×2.7	16×1.8	16×2.2	20×4	16×1.8	16×1.2
12	—	20×3.4	—	20×2.8	25×5	20×2.3	—
15	20×1.9	25×4.2	20×1.9	25×3.5	—	25×2.8	20×1.5
20	25×2.3	32×5.4	25×2.3	32×4.4	32×6.4	32×3.6	25×1.9
25	32×3	40×6.7	32×3	40×5.5	40×8	40×4.5	32×2.4
32	40×3.7	50×8.4	40×3.7	50×6.9	63×12.6	50×5.6	40×3
40	50×4.6	63×10.5	50×4.6	63×8.7	75×15	63×7	50×3.7
50	63×5.8	75×12.5	63×5.8	75×10.3	90×18	75×8.4	63×4.7
63	90×8.2	110×18.4	75×6.9	90×12.4	110×22	90×10	75×3.6
80	100×10	125×20.9	90×8.2	110×15.1	140×28	110×12.3	90×4.3
100	125×11.4	—	125×11.4	140×19.2	180×36	140×15.6	110×5.3

a DN 6 和 DN 8:管系列 PN 16;不小于 DN 10:管系列 PN 10。

b 至 DN 50:管系列 PN 16;DN 65～DN 100:管系列 PN 10。

附　录　C
（资料性附录）
过滤器的检验与维护

C.1　反冲刷过滤器

C.1.1　检验和维护

压力损失升高导致流量下降时，反冲刷过滤器应符合生产商的维护要求。

C.1.2　性能

反冲刷过滤器由使用者进行操作，由安装者和生产商进行维护。

C.1.3　间隔

根据实际情况进行反冲刷维护，但间隔不应超过两个月。

C.2　非反冲刷过滤器

C.2.1　检验

对于装有透明过率器罩的过滤器，采用目视法检验过率织物上的残留物；对于装有非透明过率器罩的过滤器，采用流阻法检验过率织物上的残留物。

C.2.2　性能

操作者和安装者负责使用维护。

C.2.3　间隔

根据实际情况进行反冲刷维护，但间隔不应超过两个月。

C.2.4　维护

更换过滤器填充物应符合生产商的维护要求。重启系统后，应将邻近供水点短时间打开以完成第一次排水。

ICS 47.020.10
U 13

中华人民共和国国家标准

GB/T 21481.2—2008/ISO 15748-2:2002

船舶与海上技术 船舶和海上结构物上生活用水供应 第2部分:计算方法

Ships and marine technology—Potable water supply on ships and marine structures—Part 2:Method of calculation

(ISO 15748-2:2002,IDT)

2008-03-03 发布 2008-09-01 实施

中华人民共和国国家质量监督检验检疫总局
中国国家标准化管理委员会 发布

前　言

GB/T 21481《船舶与海上技术　船舶和海上结构物上生活用水供应》分为两个部分：

——第1部分：规划和设计；

——第2部分：计算方法。

本部分为GB/T 21481的第2部分，等同采用ISO 15748-2:2002《船舶与海上技术　船舶和海上结构物上生活用水供应　第2部分：计算方法》(英文版)。

为便于使用，本部分作了下列编辑性修改：

——"本国际标准"一词改为"本部分"；

——用小数点"."代替作为小数点的逗号","；

——删除国际标准的前言。

本部分的附录A、附录B、附录C、附录D均为资料性附录。

本部分由中国船舶工业集团公司提出。

本部分由全国海洋船标准化技术委员会归口。

本部分起草单位：中国船舶工业综合技术经济研究院。

本部分主要起草人：王磊。

船舶与海上技术　船舶和海上结构物上生活用水供应　第2部分：计算方法

1　范围

本部分适用于船舶、固定或漂浮式海上结构物和内河船舶上生活用水供应系统的规划、设计和布置。

本部分适用于确定船上的生活用水量，以及加压贮水装置、热水器、泵等设备的性能参数。

注：允许使用符合 ISO 15748 要求的塑料管路。但由于船级社的限用要求，此类管路已极少使用。由于使用范围有限，本部分不包括塑料管路的压力损失计算。

2　规范性引用文件

下列文件中的条款通过 GB/T 21481 的本部分的引用而成为本部分的条款。凡是注日期的引用文件，其随后所有的修改单（不包括勘误的内容）或修订版均不适用于本部分，然而，鼓励根据本部分达成协议的各方研究是否可使用这些文件的最新版本。凡是不注日期的引用文件，其最新版本适用于本部分。

GB/T 21481.1　船舶与海上技术　船舶和海上结构物上生活用水供应　第1部分：规划和设计（GB/T 21481.1—2008，ISO 15748-1:2002，IDT）

ISO 65　符合 ISO 7-1 的配有螺纹的碳素钢管

ISO 161-1　流体输送热塑性塑料管　公称外径和公称压力　第1部分：米制系列

ISO 274　圆截面铜管　尺寸

ISO 1127　不锈钢管　尺寸、公差和单位长度的惯性质量

ISO 4200　焊接无缝平头钢管　尺寸和单位长度的惯性质量表

ISO 5620-1　船舶与海上结构物　饮水舱的注入接头　第1部分：一般要求

3　生活用水量

3.1　一般要求

生活用水量取决于船舶种类、作业时间（船员和乘客的航行时间）、生活用水供应点数量和巡航区域。

应参照表 A.1 进行日生活用水供应量的估算。

与规划中或现有生活用水供应点相关的生活用水量应分别参照表 A.2（用于货船）和表 A.3（用于客船）计算。

3.2　技术设备的用水量

空调和空气加湿器等技术设备的生活用水量应通过生产商提供的信息确定，并被计入 3.1 规定的生活用水量。

3.3　服务设备的生活用水量

下述为各类服务设备的参考生活用水量，具体值应咨询生产商。服务设备的生活用水量应被计入 3.1 规定的生活用水量：

——污物粉碎机：20 L/min；

——洗碟机：洗涤每架碗碟需 3 L～8 L；

——咖啡机：每小时 18 L～20 L；

——洗菜机:洗涤每桶菜需 5 L;

——洗衣机:干洗每千克衣服需 25 L。

4 生活用水的贮存

生活用水贮存和蒸馏设备应符合委托方的要求。

5 系统构件尺寸确定

系统构件尺寸的确定应考虑下列因素:

——管路材料;

——管系配置(包括管路、附件和服务设施等);

——冷、热水管路和循环管路的计算书。

应参照预期最大生活用水量时的峰值流量确定系统构件尺寸。

计算所需参数参见表 A.4～表 A.11 和图 A.1～图 A.4。

相关计算参见附录 B 中的表格。

6 流速

为防止流动噪音和压力突升,应对流速加以限制。下述为两个流速限制的例子。

例 1:

——机舱和其他机械舱室中流速限制为 2.5 m/s ;

——服务区内流速限制为 2.0 m/s;

——生活区流速限制为 1.4 m/s;

——医院及邻近区域流速限制为 1.0 m/s;

——泵吸入管路内流速限制为 1.0 m/s;

——循环管路内流速限制为 0.5 m/s。

例 2:

——通径不大于 65 mm 的铜镍合金输水管内流速限制为 2.5 m/s;

——通径为 50 mm 的铜镍合金输水管和通径不大于 65 mm 的钢输水管内流速限制为 2.0 m/s;

——通径不大于 25 mm 的铜镍合金输水管、通径不大于 32 mm 的钢输水管以及通径不大于 65 mm 的任意材质吸入管路内流速限制为 1.4 m/s;

——通径不大于 15 mm 的输水管和通径不大于 32 mm 的任意材质吸入管路内流速限制为 1.0 m/s;

——通径不大于 15 mm 的任意材质吸入管路内流速限制为 0.7 m/s。

7 供给压力

管路系统的最小供给压力由下述情况引发的压力损失决定:

——高程;

——设备内压力损失;

——管道摩擦阻力引发的压力损失;

——最小流动压力为 1.5 bar,或最高供水点处压力的 1.1 倍。应考虑管路吸入端的压力损失。

8 压力的产生和维持

8.1 一般要求

生活用水可直接供应,也可通过加压贮水装置间接供应。若船上(如客船)生活用水量大,可采用直接供应。否则,可采用间接供应。

采用何种方法进行生活用水供应取决于生活用水量的峰值,同时也受整体系统内构件的布置、空间要求和重量等因素影响。

采用泵供应时,加压贮水装置之间的流量限制为 30 m^3/h～40 m^3/h。

最低供给压力应符合第 7 章的要求。

系统设计温度为 10℃。

8.2 加压贮水装置

为保证生活用水量,即泵接入和断开间的过泵水量,应尽可能避免泵的频繁开关。同时,加压贮水装置中的水应预充空气加压。

预加压压力应比泵的接入压力小 0.3 bar。泵的接入压力与断开压力之差应在 1 bar～2 bar。

泵的开关频率建议在 6 次/h～8 次/h,最多不应超过 12 次/h。

贮水装置容量参见图 A.4 的要求。

8.3 供应泵

8.3.1 一般要求

在泵的断开压力下,离心泵容量应为最大水消耗量计算值的 1.1 倍(裕度取 10%)。循环泵容量应为最大水消耗率计算值的 1.2 倍～1.3 倍。

应选用特性曲线呈扁平状的泵。若同时选用若干台泵,其接入压力和断开压力应呈现梯次,如 4 bar、3.5 bar、3 bar。

应制定相关规定确保由连续作业泵流出并回流至生活用水贮水装置的未经使用水的水质。

8.3.2 进泵管路

表 A.4 给出了钢管吸入管路的各类参考值,但不包括弯管处引发的损失。实际计算时应考虑上述损失。

8.3.3 出泵管路

出泵管路通过关闭装置连接供应泵和贮水装置。出泵管路的通径应参见表 A.5。

9 供水管路管径

管径应采用下列步骤确定:

——确定各管段供水点的流量(参考值参见表 A.12);

——确定各管段的总流量;

——确定各管段峰值流量,参见表 A.3;

——确定管径和压力损失参见图 A.1,若压力损失过高,应选择更大管径。

此外,也可在各管段最大流量的基础上参考表 A.11 采用简便方法确定管路通径。

10 热水用量

热水贮存量应取决于冷热混合水的峰值需求,按公式(1)～公式(3)计算:

$$V_M = V_C + V_H \quad \cdots\cdots(1)$$

$$\frac{H}{C} = \frac{t_M - t_C}{t_H - t_M} \quad \cdots\cdots(2)$$

$$V_H = \frac{V_M}{H + C} \times H \quad \cdots\cdots(3)$$

式中：

V_M——冷热混合水体积，单位为升(L)；

V_C——冷水体积，单位为升(L)；

V_H——热水体积，单位为升(L)；

C——冷水比例；

H——热水比例；

t_M——冷热混合水温度，单位为摄氏度(℃)；

t_C——冷水温度，单位为摄氏度(℃)；

t_H——热水温度，单位为摄氏度(℃)。

11 热水器

11.1 热水器容量的确定

11.1.1 连续流量热水器

容量应由热水需求峰值确定。

11.1.2 贮水式热水器

容量应满足：

——客船上 4 h 内可满足热水峰值需求；

——其他船型 2 h 内可满足热水峰值需求。

用于紧急情况下或船舶入坞时使用的附加热水装置可选择较小容量。对于客船，热水应通过两个以上热水器供给。

应确保船舶入港期间的热水供应。

11.2 热水器容量参考值

热水器容量(取决于用水人数)、加热功率等参数参见表 A.6。

12 循环管路和循环泵

12.1 通径的确定

循环管路的通径取决于供水管路的通径。参考值可见表 A.7。

对于包含多个循环管路的供水系统，建议在关闭装置的上游安装限制装置。

12.2 泵输送流量的确定

泵输送流量取决于供水管路和循环管路供水量之和(不包括贮水装置和热水器的容量)、每小时循环次数。按公式(4)计算：

$$\dot{V}_{UP} = n \times V_{tot} \quad \cdots\cdots(4)$$

式中：

$\dot{V}_{UP}$——泵输送流量的数值，单位为升每小时(L/h)；

n——每小时循环次数；

V_{tot}——供水管路和循环管路总供水量的数值，单位为升(L)。

每小时循环三次可防止热水冷却。每米管段的容量可参见表 A.8～表 A.10。

12.3 泵压头的确定

泵的压头 H_{UP} 为管道摩擦阻力和最长循环管段阻力引发的压力损失之和的 1.4 倍。循环流通过水分配管路和干线立管的压力损失可忽略不计。

12.4 泵的选择

若已确定泵的压头，可通过生产商提供的图纸确定泵的规格。

在泵的特性曲线图上，若工作点位于两条特性曲线之间（参见图 A.2 的 P1 和 P2），出于经济考虑，推荐采用较小规格的泵。

13 算例

附录 A 给出了相关计算参考值图表，附录 B 给出了计算表格，附录 C 为一个算例。

附 录 A
（资料性附录）
计算参考值图表

表 A.1 生活用水量参考值

单位为升/(人·天)

船型		人员	水消耗量	
			冲水盥洗系统	真空盥洗系统
海船	货船	带床位船员	220	175
	客船	带床位乘客	270	225
	豪华游船	带床位乘客	—	275
	带舱室的渡船	带床位乘客	205[a]	160[a]
		无床位乘客	100	55
	无舱室的渡船	无床位乘客	150	105
		无床位船员	100	55
内河船	货船	带床位船员	≥150	
	带舱室的客船	带床位船员、乘客	220	175
	无舱室的客船	船员、乘客	100	
特种船	考察船	带床位乘员	220	175
	军用补给船	带床位船员	160	110
	小于补给船的船型	带床位船员	100	55
渔船		带床位船员	≥150	
近海船舶		带床位船员	350	

a 无洗衣房。

表 A.2 货船上不同供水点生活用水量参考值

供水点	单位消耗量/(L/个)	使用频率/(次/天)	消耗量		
			用水总量/(L/天)	冷水/(L/天)	热水[a]/(L/天)
围壁/基座冲洗池	2	6	12	5	7
浴室[d]	60	2	120	50	70
冲洗式盥洗室[b]	10	6	60	60	—
真空式盥洗室[b]	1.2	6	8	8	—
小便池[b]	3	5	15[c]	15[c]	—
厨房	—	—	20	8	12
洗衣房[b]	—	—	38	15[d]	23
洗涤间	—	—	5	2	3

a 热水温度 60℃。

b 如使用非生活用水，生活用水量随之下降。

c 使用小便池会降低盥洗室的使用频率。

d 含热水使用量。

表 A.3　客船上不同供水点生活用水量参考值

供　水　点	消耗量/ L	使用频率/ (次/天)	消　耗　量		
			用水总量/ (L/天)	冷水/ (L/天)	热水[a]/ (L/天)
围壁/基座冲洗池	2.5	8	20	8	12
浴室[d]	60	2	120	50	70
浴盆	150	1	150	60	90
冲洗式盥洗室[b]	10	6	60	60	—
真空式盥洗室[b]	1.2	6	8	8	—
小便池[b]	3	5	15[c]	15[c]	—
厨房餐室[b]	—	—	25	10	15
洗衣房[b]	—	—	75～100	30	45～60
洗涤间	—	—	20	8	12
泳池	—	—	10[e]	—	—
淡水游泳池	—	—	10[e]	—	—
漩涡浴池	—	—	60[e]	—	—
桑拿	60	1	60	—	—

a　热水温度 60℃。

b　如使用非生活用水,生活用水量随之下降。

c　使用小便池会降低盥洗室的使用频率。

d　如有淋浴,应视为每天被使用。

e　每人每天水消耗量。

表 A.4　吸入管路的通径和最大长度

泵输送流量	L/s	0.5	0.67	0.83	1.0	1.2	1.3	1.5	1.8	2.1	2.8	4.2	5.5	7.0	8.3
	m^3/h	1.8	2.4	3.0	3.6	4.2	4.8	5.4	6.6	7.5	10	15	20	25	30
通径 DN		25		32		40		50		65		80		100	
吸入升高/m		管路长度 m													
0		120	80	105	80	210	140	280	210	140	120	130	100	120	105
1		100	70	90	70	180	120	240	180	120	100	110	85	95	90
2		85	55	75	55	150	100	200	150	100	85	90	70	75	70
3		70	45	60	45	120	80	160	120	80	75	70	60	55	45

表 A.5　泵压力管路通径

泵输送流量	L/s	0.5	0.67	0.83	1.0	1.2	1.3	1.5	1.8	2.1	2.8	4.2	5.5	7.0	8.3
	m^3/h	1.8	2.4	3.0	3.6	4.2	4.8	5.4	6.6	7.5	10	15	20	25	30
通径 DN		20		25		32		40		50		65		80	

表 A.6 热水器容量、加热功率和额外加热功率参考值

人数	热水器容量/L	加热功率/kW	由 10℃加热至 65℃所需时间/min	规定时间内产生 40℃的冷热混合水量		额外加热功率/kW
				1 h 产生量/L	2 h 产生量/L	
1～10	200 300	15 10	51 115	660 680	1 030 930	8 5
11～20	400 650	30 20	51 125	1 320 1 440	2 060 1 940	15 10
21～30	650 1 000	40 20	62 192	1 940 1 960	2 920 2 450	20 10
31～50	1 000 1 500	40 25	96 230	2 450 2 820	3 440 3 440	20 13
51～75	1 000 1 500 2 000	80 60 40	48 96 192	3 440 3 680 3 930	5 400 5 160 4 910	40 30 20
76～100	2 000 3 000	80 40	96 288	4 910 5 400	6 880 6 380	40 20
101～150	3 000 5 000	100 40	115 480	6 880 8 350	9 330 9 330	50 20
151～200	3 000 5 000	160 100	72 192	8 350 9 820	12 280 12 280	60 50
201～300	5 000 7 000	200 150	96 179	12 280 14 000	17 200 17 690	60 50
301～500	7 000 10 000	300 200	90 192	17 690 19 650	25 060 24 570	70 60
501～700	7 000 10 000	400 300	67 128	20 140 22 110	29 970 29 480	80 70
701～1 000	10 000	550	70	28 250	41 770	100

注 1：不应使用容量超过 3 000 L 的热水器。如需要高温热水，须提供两个或两个以上合适容量的热水器或连续流量热水器。

注 2：对于不同人数档，给出了两个或两个以上备选方案。

注 3：额外加热功率考虑到船舶在港内的热水需求(见 11.1)。

表 A.7　循环管路通径参考值

单位为毫米

供水管路通径	循环管路通径
12	12
15	12
20	12
25	12
32	12
40	20
50	20
65	25
80	25
100	32

注：表 A.8～表 A.10 所列数值适用于 GB/T 21481.1 中的管路。

表 A.8　钢管内水体积

通径 DN	水体积/(L/m)				
	非合金管				符合 ISO 1127 要求的不锈钢管
	符合 ISO 65 要求		符合 ISO 4200 要求		
	中等重量系列	重度系列	无缝系列	焊接系列	
6	0.030	0.019	—	—	—
8	0.061	0.047	—	—	—
10	0.123	0.102	0.145	0.145	0.154
12	—	—	—	—	—
15	0.201	0.172	0.235	0.235	0.257
20	0.366	0.327	0.391	0.412	0.441
25	0.581	0.515	0.638	0.693	0.731
32	1.012	0.924	1.087	1.122	1.207
40	1.372	1.269	1.459	1.500	1.598
50	2.206	2.067	2.333	2.437	2.561
65	3.718	3.536	3.882	3.948	4.015
80	5.128	4.927	5.346	5.434	5.581
100	8.709	8.413	9.009	9.144	9.348

表 A.9　铜管内水体积

通径 DN	管内水体积/(L/m)	
	符合 ISO 274 要求的 SF-Cu 管	符合 ISO 274 要求的铜镍铁合金管
6	0.028	0.050
8	0.038	0.079
10	0.064	—

表 A.9（续）

通径 DN	管内水体积/(L/m)	
	符合 ISO 274 要求的 SF-Cu 管	符合 ISO 274 要求的铜镍铁合金管
12	0.133	0.154
15	0.227	0.254
20	0.380	0.380
25	0.531	0.573
32	0.908	0.962
40	1.195	1.353
50	1.963	2.290
65	4.077	4.072
80	5.668	5.675
100	8.332	8.332

表 A.10 塑料管内水体积

通径 DN	管内水体积/(L/m)						
	聚丁烯管	聚乙烯管			聚丙烯管	聚乙烯撑管	
	PB	PE-LD	PE-HD	PE-X	PP	PVC-C	PVC-U
	管道外径符合 ISO 161-1 要求						
6	0.032	0.028	0.032	0.032	0.028	0.045	—
8	0.055	0.050	0.055	0.055	0.072	0.066	0.079
10	0.121	0.088	0.121	0.106	0.113	0.121	0.145
12	—	0.137	—	0.163	0.177	0.186	—
15	0.206	0.216	0.201	0.254	—	0.296	0.227
20	0.327	0.353	0.327	0.423	0.290	0.483	0.353
25	0.531	0.556	0.531	0.661	0.452	0.755	0.581
32	0.835	0.866	0.835	1.029	1.122	1.182	1.018
40	1.307	1.385	1.307	1.633	1.590	1.886	1.425
50	2.075	1.963	2.075	2.324	2.290	2.697	2.256
63	4.254	4.208	2.942	3.339	3.421	3.848	3.610
80	6.362	5.437	4.254	5.001	5.542	5.728	5.204
100	8.203	—	8.203	8.107	9.161	9.297	7.760

为便于确定合适的管道通径，表 A.11 给出了选定峰值流量下，各个流速所对应的通径和压力差。各参数间相互关系见图 A.1。

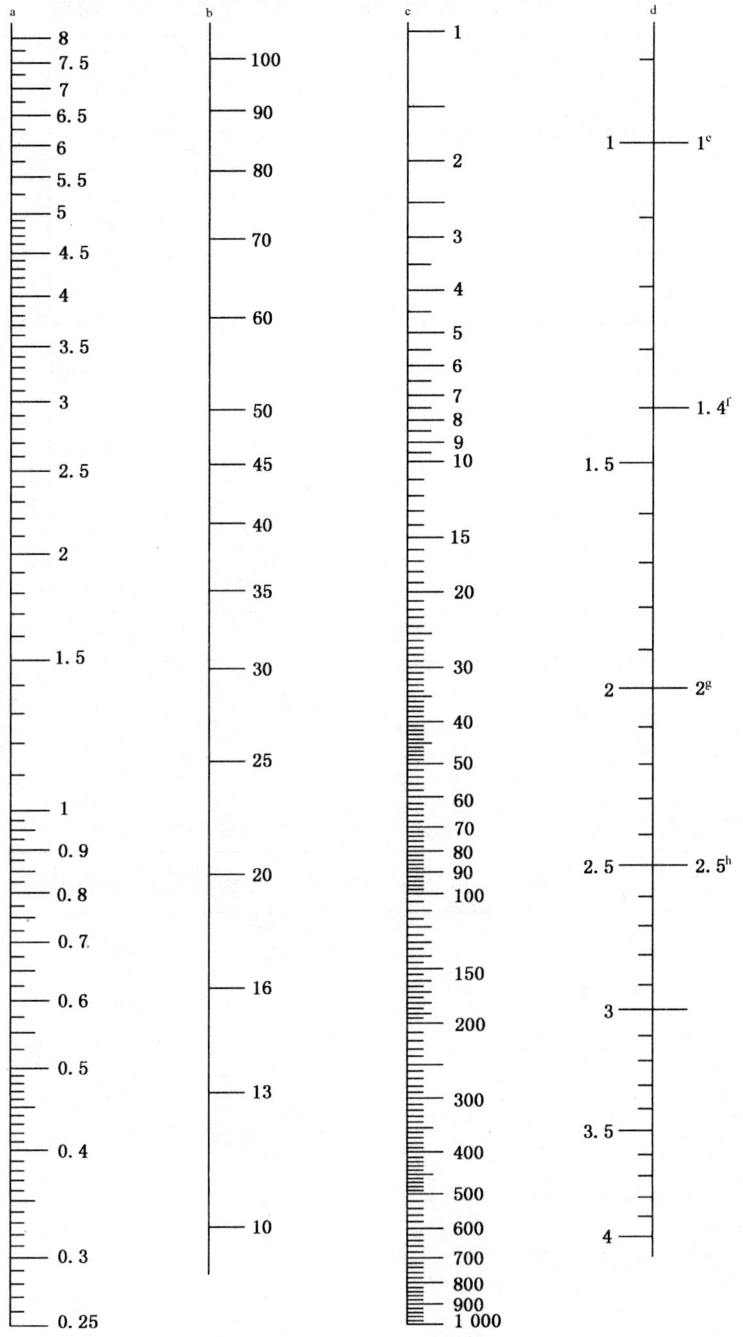

a 峰值流量 $\dot{V}_S$，单位 L/s。

b 内管直径 d_1，单位 mm。

c 压力差 R（包括弯管、分支、阀门等处的压力损失）。

d 流速 v，单位 m/s。

e 医院及附近区域。

f 居住区。

g 服务区。

h 机舱区和干线。

图 A.1 给定铜管或不锈钢管峰值流量和流速确定通径和压力差的列线图

表 A.11 铜管、不锈钢管的压力差、通径和峰值流量

峰值流量 V_S/(L/s)	流速 v/(m/s)							
	1		1.4		2		2.5	
	通径 DN	压力差 R/(mbar/m)	通径 DN	压力差 R/(mbar/m)	通径 DN	压力差 R/(mbar/m)	通径 DN	压力差 R/(mbar/m)
0.2	15	20.0	12	50	10	125	10	220
0.3	20	14.0	15	36	12	95	12	170
0.45	25	11.0	20	27	15	70	15	130
0.7	32	8.0	25	20	20	52	20	95
1.0	40	6.0	32	15	25	40	25	75
1.5	40/50	4.8	40	11.5	32	30	32	55
2.25	50	3.5	50	8.6	40	23	32	42
3.5	65	2.6	65	6.5	50	16.5	40	30
5.25	80	1.9	65	4.7	65	12	50	23
8.0	100	1.5	80	3.7	65	9.5	65	17
注：压力差包括弯管、分流、阀门等处的压力损失。60℃以下管道摩擦产生压力差很小，可忽略不计。								

表 A.12 标准供水点的最小流动压力和计算流量参考值

最小流动压力 p_{minFl}/bar	供水点类型		出水管计算流量		
			冷热混合水[a]		冷生活用水/热生活用水
			$\dot{V}_R$ 冷水/(L/s)	$\dot{V}_R$ 温水/(L/s)	$\dot{V}_R$/(L/s)
	输出阀				
0.5	无喷水式饮水口[b]	DN 15	—	—	0.30
0.5		DN 20	—	—	0.50
0.5		DN 25	—	—	1.00
1.0	带喷水式饮水口	DN 15	—	—	0.15
1.0		DN 20	—	—	0.15
1.0	用于清洗的淋浴器	DN 15	0.10	0.10	0.20
1.2	大便冲水阀	DN 15	—	—	0.70
1.2	大便冲水阀	DN 20	—	—	1.00
0.4	大便冲水阀	DN 25	—	—	1.00
1.0	小便冲水阀	DN 15	—	—	0.30
1.0	家用洗碟机	DN 15	—	—	0.15
1.0	家用清洗机	DN 15	—	—	0.25

表 A.12（续）

最小流动压力 p_{minFl}/bar	供水点类型		出水管计算流量		
			冷热混合水[a]		冷生活用水/热生活用水
			$\dot{V}_R$ 冷水/(L/s)	$\dot{V}_R$ 温水/(L/s)	$\dot{V}_R$/(L/s)
—	自动售货机	参照供应商的数据	—	—	—
	混合水龙头				
1.0	淋浴龙头	DN 15	0.15	0.15	—
1.0	浴盆	DN 15	0.15	0.15	—
1.0	厨房清洗槽	DN 15	0.07	0.07	—
1.0	底座清洗装置	DN 15	0.07	0.07	—
1.0	坐浴盆	DN 15	0.07	0.07	—
1.0	脚盆	DN 15	0.07	0.07	—
1.0	混合水龙头	DN 20	0.30	0.30	—
0.5	盥洗室冲洗槽	DN 15	—	—	0.13
1.5	真空抽水马桶	DN 15	—	—	0.30
1.0	电热锅炉	DN 15	—	—	0.10

注：对于表中未列出的供水设备或具有更大或更小流量的同类设备，在确定管径时应考虑供应商提供的数据。

a 冷热混合水的流量计算基于 15℃ 冷水工况和 60℃ 热水工况。

b 对于无喷水式饮水口但有龙头端部装置的输出阀，在计算最小流动压力时考虑了管路(最大 10 m)和连接装置(如高压清洁器)中的压力损失标准值。此时，最小流动压力增大 1 bar～1.5 bar。

泵接入压力可通过方程 A.1～A.3 联立求解。

$$\frac{V_S}{V_D}=\frac{p_A\times p_E}{p_A+p_E}\times 0.8 \quad\cdots\cdots(A.1)$$

$$p_V=0.8-p_E\times 0.2 \quad\cdots\cdots(A.2)$$

$$\frac{\dot{V}_p}{V_D}=\frac{V_S}{V_D}-4-S \quad\cdots\cdots(A.3)$$

式中：

p_A——泵断开压力，单位为巴(bar)；

p_E——泵接入压力，单位为巴(bar)；

p_V——贮水装置中压缩空气垫的预压力，单位为巴(bar)；

$\dot{V}_p$——泵输出速量，单位为立方米每小时(m^3/h)；

S——泵开关频率，单位为每小时(h^{-1})；

V_D——贮水装置容量，单位为立方米(m^3)；

V_S——贮存容量，即水的最大存储容量，单位为立方米(m^3)。

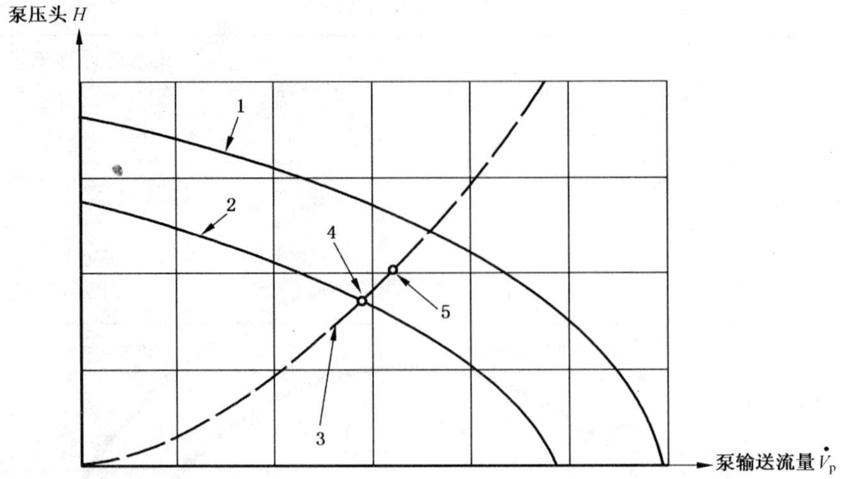

1——泵性能特性曲线(P1)；

2——泵性能特性曲线(P2)；

3——管路特性曲线；

4——计算作业点(BP)；

5——推荐作业点。

图 A.2　适用泵尺寸选取

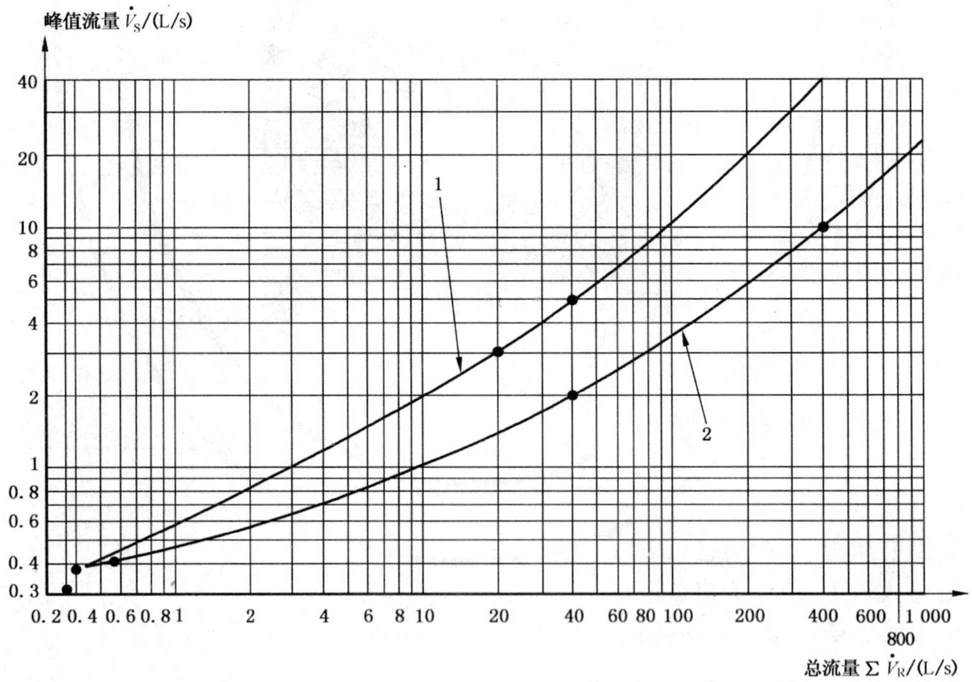

1——客船；

2——货船。

图 A.3　作为总流量 $\Sigma\dot{V}_R$ 函数的峰值流量 $\dot{V}_S$

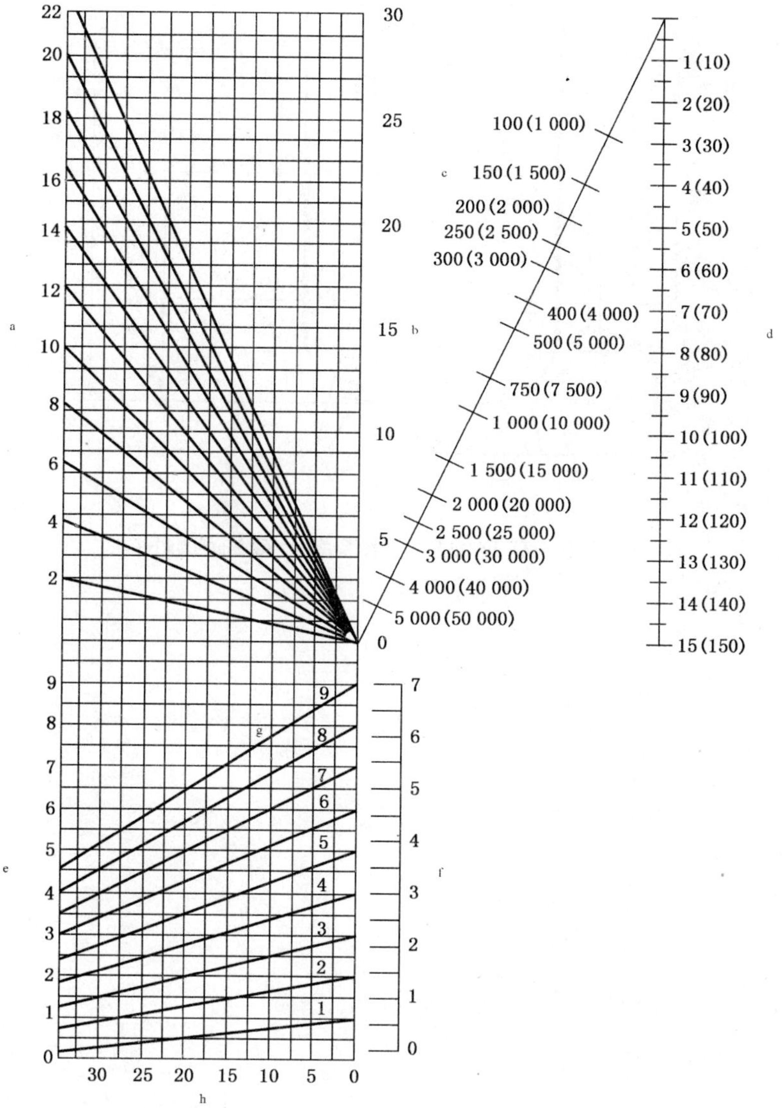

a 开关频率 S，单位为 h^{-1}。

b $\frac{\text{泵输送流量}}{\text{贮水池容量}}\times\frac{\dot{V}_{p}}{V_{D}}\times\frac{m^3}{h\times m^3}$。

c 贮水装置容量 V_D，单位为 L。

d 泵输送流量 $\dot{V}_p=\dot{V}_{pmin}$，单位为 m^3/h。

e 泵的接入压力 p_E，单位为 bar。

f 贮水装置内压缩空气产生的预压力 p_V，单位为 bar。

g 断开压力 p_A，单位为 bar。

h 贮水装置可用容量比 $V_{eff}=\frac{V_S}{V_D}\times 100$。

图 A.4　确定贮水装置尺度的函数图

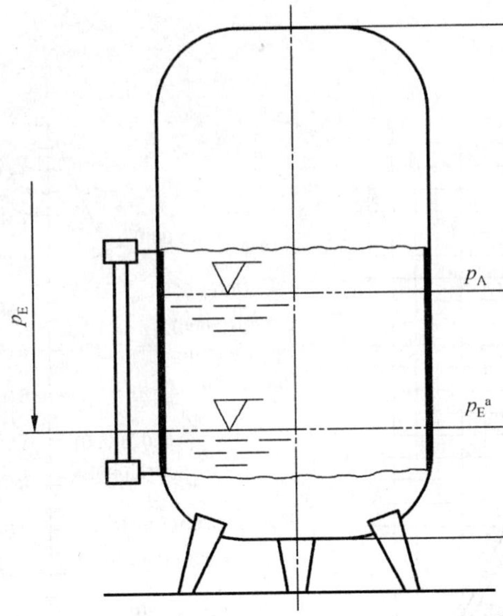

a 液位计标度 p_E。

图 A.5 确定加压贮水装置尺度的函数图

附 录 B
（资料性附录）
计 算 表 格

使用本标准的用户可参照本附录的计算表格。

表 B.1 使用总流量确定最大流量计算表格

建造编号：											
主管方：					日期：			表格编号：			
干线立管编号	甲板	数量	泻放装置连接	最小流动压力 压力损失	循环流量			总流量			
					水		混合水	甲板管路		干线立管	
					冷水	热水		冷水	热水	冷水	热水
				p_{minFl}/ mbar	$\dot{V}_R$/ (L/s)	$\dot{V}_R$/ (L/s)	$\dot{V}_R$/ (L/s)	Σ/ (L/s)	Σ/ (L/s)	Σ/ (L/s)	Σ/ (L/s)
1	2	3	4	5	6	7	8	9	10	11	12

表 B.2 管径和压力损失计算表格

建造编号：												
主管方：								日期：		表格编号：		
干线编号：					管道类型：					符合条款号：		
冷水/热水												
来自管道布置图				使用过的临时管径				使用过的改变管径				变化
管段 TS	管路长度 l/ m	总流量 Σ/ (L/s)	峰值流量 $\dot{V}_S$/ (L/s)	通径 DN	循环流速 v/ (m/s)	压力差 R/ (mbar/m)	压力损失 $l\times R$/ mbar	通径 DN	循环流速 v/ (m/s)	压力差 R/ (mbar/m)	压力损失 $l\times R$/ mbar	压力损失 $\Delta(l\times R)$/ mbar
1	2	3	4	5	6	7	8	9	10	11	12	13

表 B.3 循环系统计算表格

<table>
<tr><td colspan="14">建造编号：
主管方：　　　　　　　　　　　　　　　　　日期：　　　　　　　表格编号：</td></tr>
<tr><td colspan="5">冷/热生活用水管路</td><td colspan="9">循环管路，符合标准中第 12 章的计算</td></tr>
<tr><td>管段
TS</td><td>管路长度
l/
m</td><td>通径
DN</td><td>每米管路内水体积
V/l
(L/m)</td><td>容量
V/
L</td><td>管段
TS</td><td>管路长度
l/
m</td><td>通径
DN</td><td>每米管路内水体积
V/l
(L/m)</td><td>容量
V/
L</td><td>峰值流量
$\dot{V}_S$/
(L/s)</td><td>流速
v/
(m/s)</td><td>压力差
R/
(mbar/m)</td><td>压力损失
$l \times R$/
mbar</td></tr>
<tr><td>1</td><td>2</td><td>3</td><td>4</td><td>5</td><td>6</td><td>7</td><td>8</td><td>9</td><td>10</td><td>11</td><td>12</td><td>13</td><td>14</td></tr>
<tr><td></td><td></td><td></td><td></td><td></td><td></td><td></td><td></td><td></td><td></td><td></td><td></td><td></td><td></td></tr>
</table>

表 B.4 供应压力计算表格

<table>
<tr><td colspan="9">建造编号：
主管方：　　　　　　　　　　　　　　　　　日期：　　　　　　　表格编号：
冷水/热水</td></tr>
<tr><td colspan="9">系统信息：a) 连接至供水管路　　　　　b) 中央热水器
直接 ☐　　间接 ☐　　分段热水器 ☐</td></tr>
<tr><td rowspan="2">编号</td><td rowspan="2">项　目</td><td rowspan="2">符号</td><td rowspan="2">单位</td><td colspan="5">干　线</td></tr>
<tr><td>1</td><td>2</td><td>3</td><td>4</td><td>5</td></tr>
<tr><td>1</td><td>高程变化引发的压力损失</td><td>Δp_{geo}</td><td>mbar</td><td></td><td></td><td></td><td></td><td></td></tr>
<tr><td rowspan="7">2</td><td>设备压力损失</td><td></td><td></td><td></td><td></td><td></td><td></td><td></td></tr>
<tr><td>a) 压力水舱</td><td>Δp_{PT}</td><td>mbar</td><td></td><td></td><td></td><td></td><td></td></tr>
<tr><td>b) 过滤器</td><td>Δp_{FIL}</td><td>mbar</td><td></td><td></td><td></td><td></td><td></td></tr>
<tr><td>c) 杀菌设备</td><td>Δp_{EH}</td><td>mbar</td><td></td><td></td><td></td><td></td><td></td></tr>
<tr><td>d) 剂量设备</td><td>Δp_{DOS}</td><td>mbar</td><td></td><td></td><td></td><td></td><td></td></tr>
<tr><td>e) 热水器</td><td>Δp_{TE}</td><td>mbar</td><td></td><td></td><td></td><td></td><td></td></tr>
<tr><td>f) 其他设备</td><td>Δp_{Ap}</td><td>mbar</td><td></td><td></td><td></td><td></td><td></td></tr>
<tr><td>3</td><td>最小流动压力</td><td>p_{minFl}</td><td>mbar</td><td></td><td></td><td></td><td></td><td></td></tr>
<tr><td>4</td><td>表 B.2 中的管路压力损失</td><td>Δp_{LE}</td><td>mbar</td><td></td><td></td><td></td><td></td><td></td></tr>
<tr><td>5</td><td>表 B.1～表 B.4 的压力损失和</td><td>$\sum \Delta p$</td><td>mbar</td><td></td><td></td><td></td><td></td><td></td></tr>
</table>

附 录 C
（资料性附录）
算 例

C.1 一般要求

算例说明了如何使用本标准中的公式和计算表格。

以一条带有乘员舱室和中央热水供应系统的散货船为例。

C.2 基本情况

C.2.1 基本情况由建造合同、总布置规划和相关文件提供。

a) 带有18名船员和6个客舱的散货船；

b) 每个客舱装有标准卫生单元；

c) 每个船员有一间舱室和一个标准卫生单位；

d) 采用贮水式热水器的中央热水供应系统；

e) 采用加压贮水装置的中央热水供应系统；

f) 紫外线消毒设备。

C.2.2 应完成下列文件：

a) 生活用水供应系统布置图（包括设备、管路、用水设备、阀门等），见图C.1和图C.2；

b) 冷、热生活用水管道工程计算方案，见图C.2；

c) 循环管路计算方案；

d) 管道类型选择。

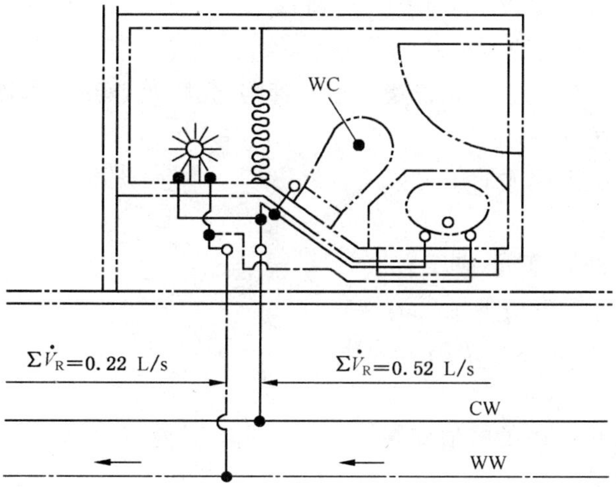

CW——干线冷水；

WW——干线热水；

WC——真空抽水盥洗室。

服务管路：

干线至洗脸盆的冷热水管路长度：1.25 m（水平向）＋ 1.5 m（垂向）＝2.75 m ；

干线至淋浴器的冷热水管路长度：1.25 m（水平向）＋ 1.0 m（垂向）＝2.25 m 供冷热水管路；

至盥洗室的冷水管路（向下）长度：约为2.0 m 供冷水管路（向下）；

干线至干线的冷热水管路长度：0.75 m。

图C.1 标准卫生单元（标准冷、温水供应）

C.3 计算方法

C.3.1 生活用水量计算

——参见表 A.1 和表 A.2；

——生活用水贮存见第 4 章。

C.3.2 峰值流量计算

——所有泻放装置和供水点的最小流动压力和计算流量参考值见表 A.12；

——各管段总流量计算参见图 C.2；

——采用图 A.3 中的总流量评估峰值流量。总流量中应包含经常性水消耗(例如洗衣房用水)。

C.3.3 管径和压力损失计算

参见表 C.2 和计算表格表 B.2。

——按图 C.2 和表 B.1,插入管段和管段总流量值。管道等级与流向相关,起始于管道最远泻放端,终止于压力容器或泵处；

——按图 A.3,根据管段总流量评估峰值流量；

——按图 A.1,基于峰值流量和容许流速引发的管道摩擦力和构件阻力,计算管道预估直径和压力差 R(压力差包括弯管处、分支处和阀门处的压力损失)；

——计算压力损失 $l \times R$。

使用表 A.11 可进行简化计算。

根据容许流速的变化,通径与峰值流量相关。计算总流量时,应选取其峰值流量尽可能接近表 A.11 的管段。此种方法利于计算长管段的峰值流量的压力损失。

C.3.4 循环系统的计算

算例参见表 C.5。

计算表格参见表 B.3。

——由表 C.2 插入数值(参见表 B.2 的 1～3 列)；

——由表 A.7 取得循环管路的通径；

——按表 A.8～A.10 计算生活用水管路和循环管路(无贮水舱和热水器)的容量；

——按 12.2 计算泵输送流量；

——按 12.3 确定与泵压头相关的压力损失；

——按第 6 章检查流速。

C.3.5 压力损失和泵压头的计算(供应压力)

相关数值参见表 C.6,计算表格参见表 B.4。

对于更高的冷、热水压力,泵压头按第 7 章计算。

C.3.6 供应泵容量计算

按 8.3 的要求,使用表 C.1 中的峰值流量计算泵流量。计算表格参见表 B.1。

C.3.7 加压贮水装置容量确定

按 8.2 的要求,使用图 A.4 计算加压贮水装置容量。泵容量参见 C.3.6；泵压头等于接入压力,见 C.3.5；断开压力 p_A=6.25 bar；开关频率为 12 次/h。

单位为米

1——6 个长为 10 m 的弯管；
2——标准卫生单元；
3——6 个长为 10 m 的 90°弯管；
4——生活用水舱填充连接(见 ISO 5620-1)；
5——6 个长为 15 m 的 90°弯管，距主甲板 5 m；
6——贮水装置；
7——生活用水供应泵；
8——压力管；
9——工艺用水；
10——管子分离器；
11——消毒单元；
12——热水器；
13——加热介质；
14——冷水循环泵；
15——热水循环泵；
CW——冷水；
WW——热水；
TW——生活用水。

注 1：第三层甲板共有 10 个卫生单元(图中仅显示出 5 个)，每个单元均有一个冷热水泄放装置；第二层甲板供水系统布置同第三层甲板；第一层甲板有 4 个标准卫生单元。

注 2：主甲板上有一个带有两个洗涤槽(每个槽具有一个冷热水泄放装置)的厨房、一个削土豆机、一个洗衣机、一个生活用水喷口、一个洗碟机和一个电热水器，每种装置均带有冷热水泄放装置。

图 C.2 计算流程图例(通径已记录)

表 C.1　利用表 B.1 通过总流量计算最大流量

建造编号：
主管方：　　　　　　　　　　　　　　日期：　　　　　　　表格编号：

干线立管编号	甲板	编号	泄放装置	最小流动压力流速损失 p_{minFl}/mbar	计算流速			总流量			
					水		混合水	甲板管路		干线立管	
					冷水	热水		冷水 Σ	热水 Σ	冷水 Σ	热水 Σ
					$\dot{V}_R$/(L/s)	$\dot{V}_R$/(L/s)	$\dot{V}_R$/(L/s)	L/s	L/s	L/s	L/s
1	2	3	4	5	6	7	8	9	10	11	12
如图 C.1 给出的标准卫生单位											
—	—	1 1 1	混合水龙头 脸盆 混合水龙头 淋浴器 真空抽水盥 洗室	1 000 1 000 1 500	0.07 0.15 0.30 0.52	0.07 0.15 0.22	—	—	—	—	—
5	3	10	单元	—	—	—	—	5.2	2.2	—	—
10	2	10	单元	—	—	—	—	5.2	2.2	—	—
11				—	—	—	—	—	—	10.4	4.4
13	1	4	单元	—	—	—	—	2.08	2.08	—	—
14				—	—	—	—	—	—	12.48	5.28
15	主甲板	2 1 1 1 1 1	厨房水槽 削土豆机 洗碟机 热水器 饮水器 清洗机	1 000 1 000 1 000 1 000 1 000 1 000	0.14 0.13 0.15 0.10 0.07 0.25 0.84	0.14 0.14	—	0.84	0.14	—	—
16+17 主冷水管路 热水管路										13.32	5.42
冷热水总流量＋用水人数＝计算体积 18.74 L/s＋…＝…											
对于符合图 A.3 的货船，通过 Σ＝18.74 L/s，峰值流量 $\dot{V}_S$≈1.4 L/s											

表 C.2 利用表 B.2 计算管径和压力损失

建造编号：

主管方：　　　　日期：　　　　表格编号：

干线编号：　　　　管道类型：　　　　符合条款号：

冷水

来自管道布置图				使用过的临时管径				使用过的改变管径				变化
管段 TS	管路长度 l/ m	总流量 $\sum$/ (L/s)	峰值流量 $\dot{V}_S$/ (L/s)	通径 DN	循环流速 v/ (m/s)	压力差 R/ (mbar/m)	压力损失 $l\times R$/ mbar	通径 DN	循环流速 v/ (m/s)	压力差 R/ (mbar/m)	压力损失 $l\times R$/ mbar	压力损失 $\Delta(l\times R)$/ mbar
1	2	3	4	5	6	7	8	9	10	11	12	13
干线	0.75	1.04	0.46	20	1.48	29	22	连接两个标准卫生单位				
1	2.0	1.04	0.46	25	1.48	29	58					
2	2.0	2.08	0.55	25	1.15	13	26					
3	2.0	3.12	0.63	25	1.30	16	32					
4	2.0	4.16	0.71	25	1.47	21	42					
5	2.0	5.20	0.78	25	1.61	26	52					
5a	2.5	5.20	0.78	25	1.61	26	65					
							297					
6		1.04						297				
7		2.08										
8		3.12						与第三层甲板上用水人数相同；与第三层甲板上管道公称直径相同。如最上层甲板最远端的泄放装置具有足够的流速压力，则压力损失可不考虑。				
9		4.16										
10		5.20										
11	2.5	10.4	1.02	25	2.09	45	113					
$l\times R$=113 结果过高；新公称直径								32	1.26	12	30	(83)
12	5.0	1.04	0.46	20	1.48	29						
13	5.0	2.08	0.55	25	1.15	13		—	—	—	—	—
14	2.5	12.48	1.10	25	2.25	52	130					
$l\times R$=130 结果过高；新公称直径								32	1.38	14	35	(95)
15	10.0	0.84	0.41	16	2.05	—	—	—	—	—	—	—
16	2.25	13.32	1.17	25	2.40	59	133					
$l\times R$=133 结果过高；新公称直径								32	1.47	16	36	(97)
17	15.0	13.32	1.17	25	2.40	59	885	—	—	—	—	—
$l\times R$=885 结果过高；新公称直径								32	1.47	16	240	(645)
18	5.0	13.32	1.17	25	2.40	59	295	—	—	—	—	—
$l\times R$=295 结果过高；新公称直径								32	1.47	16	80	(215)
		$\dfrac{\text{总压力损失}}{\text{压力损失变化}}$×改变后的公称直径$\dfrac{1\ 853}{1\ 135}$										1 135
		公称直径改变时的总压力损失									718	

表 C.3 利用表 A.11 进行简化计算

管段	管路长度	总流量	峰值流量	通径	计算流速	压力差	压力损失
TS	l	Σ	$\dot{V}_S$		v	R	$l\times R$
	m	L/s	L/s	DN	m/s	mbar/m	mbar
干线+1	2.75	1.04	0.46	20	1.4	27	74.25
2～5a	10.5	5.20	0.78	25	1.4	20	210
6～10	同 2～5a						
11	2.5	10.4	1.02	32	1.4	15	37.5
12	5.0	1.04	0.46	20	1.4	27	
13	5.0	2.08	0.55	25	1.4	20	
14	2.5	12.48	1.10	32	1.4	15	37.5
15	10.0	0.77	0.41	20	1.4	27	
16～18	22.25	13.25	1.17	32	1.4	15	333.75
							$\Sigma=693$

表 C.4 利用表 B.2 计算管径和压力损失

建造编号：

主管方： 日期： 表格编号：

干线编号： 管道类型： 符合条款号：

热水

来自管道布置图				使用过的临时管径				使用过的改变管径				变化
管段 TS	管路长度 l/m	总流量 Σ/(L/s)	峰值流量 $\dot{V}_S$/(L/s)	通径 DN	循环流速 v/(m/s)	压力差 R/(mbar/m)	压力损失 $l\times R$/mbar	通径 DN	循环流速 v/(m/s)	压力差 R/(mbar/m)	压力损失 $l\times R$/mbar	压力损失 $\Delta(l\times R)$/mbar
1	2	3	4	5	6	7	8	9	10	11	12	13
干线	0.75	0.44	0.37	20	1.20	20	15	连接两个标准卫生单位				
1	2.0	0.44	0.37	20	1.20	20	40					
2	2.0	0.88	0.44	20	1.40	27	54					
3	2.0	1.32	0.49	20	1.58	35	70					
4	2.0	1.76	0.54	20	1.72	41	82					
5	2.0	2.20	0.58	25	1.20	14	28					
5a	2.5	2.20	0.58	25	1.20	14	35					
							324					
6		0.44								324		
7		0.88						与第三层甲板上用水人数相同；与第三层甲板上管道公称直径和峰值流量相同。如最上层甲板最远端的泄放装置具有足够的流速压力，则压力损失可不考虑。				
8		1.32										
9		1.76										
10		2.20										
11	2.5	4.40	0.73	25	1.51	23	58			58		
12	5.0	0.44	0.37	20	1.20	20						
13	5.0	0.88	0.44	20	1.40	27						
14	2.5	5.28	0.80	25	1.61	26	65			65		
15	10.0	0.14	0.14	12								
16	2.25	5.42	0.80	25	1.61	26	59			59		
17	15.0	5.42	0.80	25	1.61	26	390					

表 C.4（续）

建造编号： 主管方：　　　　日期：　　　　表格编号：												
干线编号：　　　　管道类型：　　　　符合条款号： 热水												
来自管道布置图				使用过的临时管径				使用过的改变管径				变化
管段 TS	管路长度 l/ m	总流量 Σ/ (L/s)	峰值流量 $\dot{V}_S$/ (L/s)	通径 DN	循环流速 v/ (m/s)	压力差 R/ (mbar/m)	压力损失 $l \times R$/ mbar	通径 DN	循环流速 v/ (m/s)	压力差 R/ (mbar/m)	压力损失 $l \times R$/ mbar	压力损失 $\Delta(l \times R)$/ mbar
$l \times R = 390$ 结果过高；新公称直径								32	1.01	7.5	112.5	(277.5)
18	5.0	5.42	0.80	25	1.61	26	130					
$l \times R = 130$ 结果过高；新公称直径								32	1.01	7.5	37.5	(92.5)
		$\dfrac{\text{总压力损失}}{\text{压力损失变化}} \times \text{改变后的公称直径} \dfrac{1\,026}{370}$										370
		公称直径改变时的总压力损失 656									656	

表 C.5　利用表 B.3 计算循环系统

建造编号： 主管方：　　　　日期：　　　　表格编号：													
热生活用水管路					循环管路，符合标准中第 12 章的计算								
管段 TS	管路长度 l/ m	通径 DN	每米管路内水体积 V/l/ (L/m)	容量 V/ L	管段 TS	管路长度 l/ m	通径 DN	每米管路内水体积 V/l/ (L/m)	容量 V/ L	流速峰量 $\dot{V}_S$/ (L/s)	流速 v/ (m/s)	压力差 R/ (mbar/m)	压力损失 $l \times R$/ mbar
1	2	3	4	5	6	7	8	9	10	11	12	13	14
18	5.0	32	0.80	4.0	G	10	12	0.13	1.30	0.031	0.24	1.0	10.0
17	15.0	32	0.80	12.0									
16	2.25	25	0.49	1.11									
15	10.0	15	0.20	2.0									
14	2.5	25	0.49	1.23									
13	5.0	20	0.31	1.55									
12	5.0	20	0.31	1.55	DEF	6	12	0.13	0.78	0.016	0.12	0.35	2.1
11	2.5	25	0.49	1.23									
10	2.0	25	0.49	0.98									
9	2.0	20	0.31	0.62									
8	2.0	20	0.31	0.62									
7	2.0	20	0.31	0.62									
6	2.0	20	0.31	0.62									

表 C.5（续）

建造编号： 主管方： 日期： 表格编号：														
热生活用水管路					循环管路，符合标准中第 12 章的计算									
管段 TS	管路长度 l/m	通径 DN	每米管路内水体积 V/l/(L/m)	容量 V/L	管段 TS	管路长度 l/m	通径 DN	每米管路内水体积 V/l/(L/m)	容量 V/L	流速峰量 $\dot{V}_S$/(L/s)	流速 v/(m/s)	压力差 R/(mbar/m)	压力损失 $l\times R$/mbar
5a	2.5	25	0.49	1.23									
5	2.0	25	0.49	0.98									
4	2.0	20	0.31	0.62									
3	2.0	20	0.31	0.62									
2	2.0	20	0.31	0.62									
1	2.0	20	0.31	0.62	ABC	12	12	0.13	1.56	0.016	0.12	0.35	4.2
		$V=32.82\ \text{L}+3.64\ \text{L}$ $V_g=\sum V=36.48\ \text{L}$					$V=3.64\ \text{L}$				$\sum l\times R=16.3\ \text{mbar}$		

热水管路容量：36.48 L

根据 12.2 的要求，循环泵流量 $\dot{V}_{UP}=3\times\sum V=3\times36.48\approx110\ \text{L/h}$

根据 12.2 的要求，循环泵的泵压头 $H_{UP}=\sum l\times R\times1.4=16.3\times1.4=23\ \text{cm}\equiv23\ \text{mbar}$

表 C.6 利用表 B.4 计算供应压力

建造编号： 主管方： 日期： 表格编号：								
冷水 系统信息：a) 连接至供水管路 b) 中央热水器 直接 □ 间接 □ 分段热水器 □								
编号	项 目	符号	单位	干线				
				1	2	3	4	5
1	高程变化引发的压力损失	Δp_{geo}	mbar	1 475				
2	设备压力损失							
	a) 压力水舱	Δp_{PT}	mbar	30				
	b) 过滤器	Δp_{FIL}	mbar					
	c) 杀菌设备	Δp_{EH}	mbar	40				
	d) 剂量设备	Δp_{DOS}	mbar					
	e) 热水器	Δp_{TE}	mbar					
	f) 其他设备	Δp_{Ap}	mbar					

表 C.6（续）

建造编号： 主管方： 日期： 表格编号：								
冷水 系统信息：a） 连接至供水管路 b） 中央热水器 直接 □ 间接 □ 分段热水器 □								
编号	项　目	符号	单位	干　线				
				1	2	3	4	5
3	最小流动压力	p_{minFl}	mbar	1 500				
4	表 B.2 中的管路压力损失	Δp_{LE}	mbar	718				
5	表 B.1～表 B.4 的压力损失和 No.1～No.4[a]＝最小供给压力	$\Sigma\Delta p$	mbar	3 763				
[a] 算例中未考虑泵吸入管路和泵压力管路的压力损失。								

表 C.7 利用表 B.4 计算供应压力

建造编号： 主管方： 日期： 表格编号：								
热水 系统信息：a） 连接至供水管路 b） 中央热水器 直接 □ 间接 □ 分段热水器 □								
编号	项　目	符号	单位	干　线				
				1	2	3	4	5
1	高程变化引发的压力损失	Δp_{geo}	mbar	1 475				
2	设备压力损失							
	a） 压力水舱	Δp_{PT}	mbar	30				
	b） 过滤器	Δp_{FIL}	mbar					
	c） 杀菌设备	Δp_{EH}	mbar	40				
	d） 剂量设备	Δp_{DOS}	mbar					
	e） 热水器	Δp_{TE}	mbar	170				
	f） 其他设备	Δp_{Ap}	mbar					
3	最小流动压力	p_{minFl}	mbar	1 500				
4	表 B.2 中的管路压力损失	Δp_{LE}	mbar	656				
5	表 B.1～表 B.4 的压力损失和 No.1～No.4[a]＝最小供给压力	$\Sigma\Delta p$	mbar	3 871				
[a] 算例中未考虑泵吸入管路和泵压力管路的压力损失。								

C.3.8 热水器容量计算

见表 A.6 和 11.1，选取加热功率为 40 kW、容量为 650 L 的热水器。

C.3.9 吸入管路和压力管路通径计算

利用表A.4和表A.5进行计算。

C.4 计算结果小结

C.4.1 系统最小供应压力

按第7章规定,管路系统最小供应压力为压力损失总和的1.1倍。

按表B.4计算,压力损失总和为:

——冷水:3 763 mbar;

——热水:3 871 mbar。

最小供应压力 p_{minV}=3 871×1.1=4 260 mbar。

C.4.2 泵输送流量

利用表B.1计算(参见表C.1)得到峰值流量 $\dot{V}_S$=1.4 L/s,则由8.3可知,泵输送流量 $\dot{V}_{pmin}$ 为:

——离心泵:1.10×$\dot{V}_S$=1.10×1.4=1.54 L/s=5.54 m^3/h;

——循环泵:1.25×$\dot{V}_S$=1.25×1.4=1.75 L/s=6.3 m^3/h。

C.4.3 加压贮水装置容量

——假定如8.2所述:泵的断开压力比接入压力 p_E 大2 bar。

p_E=4.25 bar

$p_A=p_E$+2=6.25 bar

——假定如8.2所述:泵的开关频率为12次/h。

——由图C.3可知,根据线段 F 上显示的 A-B-C-D 和 E-D,可得贮水装置容量 V_D=500 L。

——由图C.3可知,根据线段 G 上显示的 A-B,可得预压力 p_V=3.2 bar。

——由图C.3可知,根据线段 H 上显示的 C-B,可用贮水装置容量 $V_{eff}=V_D$×22%=110 L。

参考值 V_D=0.1×$\dot{V}_{pmin}$=0.1×5 540≈500 L。

C.4.4 热水器

参见表A.6,选取加热功率为40 kW的容量为650 L的热水器。

C.4.5 吸入管路和压力管路的通径

由表A.4可知,当 $\dot{V}_{pmin}$≈5.5 m^3/h,吸入管路通径取DN 50。

由表A.5可知,当 $\dot{V}_{pmin}$≈5.5 m^3/h,压力管路通径取DN 50。

注:通径为DN 40的压力管路将分离为冷水管路和热水管路。

C.4.6 循环泵

由表C.5可知,V_{UP}=110 L/h;H_{UP}=23 cm≡23 mbar。

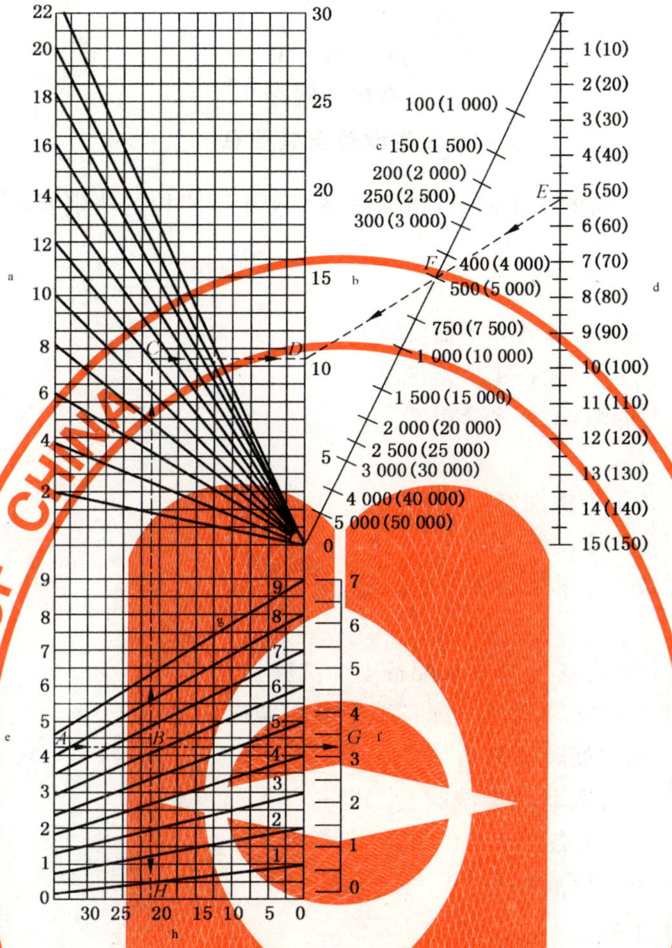

a 开关频率 S,单位为 h^{-1}。

b $\frac{泵输送流量}{贮水池容量} \times \frac{\dot{V}_p}{V_D} \times \frac{m^3}{h \times m^3}$。

c 贮水装置容量 V_D,单位为 L。

d 泵输送流量 $\dot{V}_p = \dot{V}_{pmin}$,单位为 m^3/h。

e 泵的接入压力 p_E,单位为 bar。

f 贮水装置内压缩空气产生的预压力 p_V,单位为 bar。

g 断开压力 p_A,单位为 bar。

h 贮水装置可用容量比 $V_{eff} = \frac{V_S}{V_D} \times 100$。

图 C.3 确定贮水装置尺度的函数图

附 录 D
（资料性附录）
卫生设备安装信息

下述信息为卫生设备安装的一个例子，相关信息基于不同机构的法定要求。

应提供下述信息：

每船配备[1)]：

——1 000 GRT 以下船舶，配备 3 个盥洗室；

——5 000 GRT 以下船舶，配备 4 个盥洗室；

——5 000 GRT 以上船舶，配备 6 个盥洗室。

每个居住单元配备[1)]：

——6 人居住室，配备 1 个盥洗室；

——4 人居住室，配备 1 个洗脸盆；

——6 人居住室，配备 1 个淋浴器和 1 个浴盆。

公用设备：

——每 6 人配备 1 个盥洗室[2)]；每 2 人配备 1 个洗脸盆[3)]；

——每 10 人配备 1 个浴室[3)]；每 4 人配备 2 个淋浴器或脸盆[2)]；

——每 36 人配备 1 平方英尺浴室[3)]；

——每 30 人配备 1 个盥洗室，1 个洗脸盆[3)]；

——每 15 人[3)]或 25 人[2)]配备 1 个盥洗室；

——每 30 人配备 1 个小便池[3)]；

——每 50 人配备 1 个痰盂[3)]。

乘客区域的最低要求为：

每间舱室配备 1 个盥洗室，1 个洗脸盆，1 个淋浴器或浴盆。

公共区域每 2 人配备 1 个洗脸盆，每 4 人配备 1 个淋浴器或浴盆，盥洗室的配备见表 D.1 和表 D.2。

表 D.1 大便池和小便池的数量

人数			大小便池数量		
总人数	公用		女性盥洗室	男性盥洗室	
	女	男		大便池	小便池
100	50	50	1	1	—
200	100	100	2	2	—
300	150	150	4	2	1
400	200	200	5	2	1
500	250	250	6	2	2
600	300	300	7	3	2
800	400	400	10	3	3

1） 欧盟官方要求。

2） 船舶建造规范。

3） 造船手册。

表 D.1（续）

人数			大小便池数量		
总人数	公用		女性盥洗室	男性盥洗室	
	女	男		大便池	小便池
1 000	500	500	12	4	4
1 500	750	750	18	4	7
2 000	1 000	1 000	24	6	9
2 500	1 250	1 250	30	8	11

表 D.2 洗脸盆数量

洗脸盆数量	数量		
	大便盥洗室	小便盥洗室	大小便盥洗室
1	1	—	1
	—	1	1
	1	1	2
	1	2	3
	2	—	2
	2	1	3
	3	—	3
2	2	2	4
	2	3	5
	2	4	6
	4	—	4
3	3	4	7
4	4	6	10
5	4	10	14
8	20	—	20
注：每三个盥洗室至少应配备一个洗脸盆。			

ICS 47.020.01
U 30

中华人民共和国国家标准

GB/T 21482—2008

船舶与海上技术　充气橡胶靠球

Ship and marine technology—Pneumatic rubber fenders

(ISO 17357:2002, Ships and marine technology—
High-pressure floating pneumatic rubber fenders, MOD)

2008-03-03 发布　　　　2008-09-01 实施

中华人民共和国国家质量监督检验检疫总局
中国国家标准化管理委员会　发布

前　言

本标准修改采用 ISO 17357:2002《船舶与海上技术　高压浮式充气橡胶靠球》(英文版)。

本标准根据 ISO 17357:2002 重新起草。

有关技术性差异已编入正文中,并在它们所涉及的条款的页边空白处用垂直单线标识。附录 A 列出了这些技术性差异及其原因以供参考。

本标准附录 A 是资料性附录。

本标准由中国船舶工业集团公司提出。

本标准由全国海洋船标准化技术委员会归口。

本标准起草单位:济南昌林气囊容器厂、中国船舶工业综合技术经济研究院。

本标准主要起草人:孙菊香、黄立身、王磊、赵华、王玮、于冰、王绍清、赵光胜。

船舶与海上技术　充气橡胶靠球

1　范围

本标准规定了船舶与海上设施充气橡胶靠球(以下简称靠球)的材质、尺寸、技术要求、试验方法及检验规则和标志。

本标准适用于船舶与海上设施停泊或锚泊等舷部防护使用的靠球的设计、制造与验收。

本标准不涉及使用安全。使用者应制定相应的使用安全措施作为本标准的补充。

2　规范性引用文件

下列文件中的条款通过本标准的引用而成为本标准的条款。凡是注日期的引用文件,其随后所有的修改单(不包括勘误的内容)或修订版均不适用于本标准,然而,鼓励根据本标准达成协议的各方研究是否可使用这些文件的最新版本。凡是不注日期的引用文件,其最新版本适用于本标准。

GB/T 528　硫化橡胶或热塑性橡胶拉伸应力应变性能的测定(GB/T 528—1998,eqv ISO 37:1994)

GB/T 529　硫化橡胶或热塑性橡胶撕裂强度的测定(裤形、直角形和新月形试样)(GB/T 529—1999,eqv ISO 34-1:1994)

GB/T 531　橡胶袖珍硬度计压入硬度试验方法(GB/T 531—1999,idt ISO 7619:1986)

GB/T 3512　硫化橡胶或热塑性橡胶　热空气加速老化和耐热试验(GB/T 3512—2001,eqv ISO 188:1998)

GB/T 7759　硫化橡胶、热塑性橡胶　常温、高温和低温下压缩永久变形测定(GB/T 7759—1996,eqv ISO 815:1991)

GB/T 7762　硫化橡胶或热塑性橡胶　耐臭氧龟裂　静态拉伸试验(GB/T 7762—2003,ISO 1431-1:1989,MOD)

ISO 12236　土工布及相关产品静态顶破试验(CBR 试验)

3　术语和定义

下列术语和定义适用于本标准。

3.1

充气橡胶靠球　floating pneumatic rubber fender

用挂胶帘子布作骨架材料制成的橡胶密闭容器。内充压缩空气后可使其浮在水面上,当它垫在船与船之间或船与码头岸壁之间能吸收船舶运动的冲击能量。

3.2

外层胶　outer rubber

覆盖在靠球外面的橡胶层,用来保护靠球骨架材料和内层胶免受外力损伤或磨损。

3.3

内层胶　inner rubber

靠球内壁的橡胶层,用来防止气体渗漏,保持靠球气压。

3.4

帘子布层　synthetic - tyre - cord layer for reinforcement

由挂胶帘子布组成的靠球骨架材料。

3.5

卷线环　bead ring

放置于靠球一端(或两端)的钢环,用于固定帘子布层端部。

3.6

端部法兰　flange opening

靠球两端的金属制件,可安装充气阀和安全阀。

3.7

吸收能量(GEA)　guaranteed energy absorption

在无永久变形或损坏条件下,靠球受压缩时所能够吸收的能量。

3.8

反作用力　reaction force

靠球受压缩时所产生的作用力。

注:反作用力等于靠球受压缩时的内压力乘以靠球与船舶或码头接触的面积。

3.9

初始内压　initial internal pressure

靠球未压缩变形时的内部气体压力。

3.10

爆破压力　endurable pressure

靠球爆裂前的内部气压。

3.11

带护套的靠球　net-type fender

靠球的主要部分用轮胎或橡胶套与链条、钢丝绳或者尼龙绳组成的护套覆盖。

3.12

悬挂型靠球　sling-type fender

不带护套的靠球。

4　分类

4.1　靠球按型式可分为:

a)　Ⅰ型——护套型;

b)　Ⅱ型——悬挂型。

4.2　靠球按初始内压力可分为:

a)　50型(初始内压力50 kPa);

b)　80型(初始内压力80 kPa)。

5　订货信息

靠球订货应包括下列要素:

a)　国家标准号,即GB/T 21482—2008;

　　若订货为非标准规格,则应符合6.3.3的要求;

b)　靠球的直径和长度,见表1和表2;

c)　靠球的类型,见4.1;

d)　初始内压,见4.2;

e） 颜色，如果无特殊要求即为黑色；

f） 直径小于 2 500 mm 的靠球若需装安全阀应在订货时说明，见 6.1.7；

g） 若需要识别系统，见第 10 章；

h） 若需要船级社检验证书或权威部门的质检报告，见第 12 章。

6 要求

6.1 一般要求

6.1.1 靠球中间呈圆柱形，两端呈半球形，内部充压缩空气。靠球由外层胶、帘子布层和内层胶组成，组成后应经过硫化处理。

注：若某种材料经过试验，其疲劳强度和耐久性达到或超过帘子布层，则可以此种材料替代帘子布层。

6.1.2 外层胶应能保护帘子布层和内层胶，使之免受外力损伤或磨损，并能抵抗恶劣的天气条件和使用工况。外层胶材料应具有足够的强度，其材料性能应达到表 3 所列的要求。

6.1.3 内层胶应能密封内部空气，其材料性能应达到表 3 的要求。

6.1.4 帘子布层应具有足够的强度以保持靠球内部气压。在压缩与非压缩两种情况下，靠球的持久压力见表 4 和表 5。

6.1.5 端部法兰应在一端或两端，以便向内胎充气或充水。

6.1.6 帘子布层端部应全部绕到卷线环上，以便悬吊时能够承受足够的重力。Ⅰ型靠球可以不设置卷线环。

6.1.7 直径不小于 2 500 mm 的靠球应配备安全阀，以释放靠球内部过高的压力。直径小于 2 500 mm 的靠球可根据用户要求配置安全阀。

6.1.8 靠球应设置充气阀。

6.2 型式要求

6.2.1 Ⅰ型靠球(带护套型)的护套应以链条、钢丝绳或尼龙绳网构成。链条、钢丝绳或尼龙绳网的纵向端点应与相邻网套的一个或两个网眼用拉索或拉绳相连接。通常这些网套会附有旧轮胎或橡皮套，为靠球本体提供保护。

6.2.2 Ⅱ型靠球在其一端应有吊装和牵引的吊环。

6.3 压力要求

6.3.1 充气 50 型：内部气压、爆破压力、安全阀设置压力和水压试验压力见表 4。

6.3.2 充气 80 型：内部气压、爆破压力、安全阀设置压力和水压试验压力见表 5。

6.3.3 对于表 4 和表 5 中未列出的公称尺寸，其压力要求应符合相邻更大公称尺寸靠球的要求。例如：直径 2 200 mm 的靠球应符合直径 2 500 mm 靠球的压力要求。

7 性能

7.1 性能指标

靠球应具备吸收能量的能力。其性能指标以靠球受压缩产生一定压缩变形率时，靠球吸收的能量 GEA 值，以及所对应的船体反作用力和靠球内压来表达。

7.2 性能曲线

靠球压缩变形率、反作用力、内压和能量吸收值之间的关系见图 1。反作用力、内压和靠球能量吸收值随压缩变形率的增长而增长。如图 1 所示，在吸收能量 GEA 曲线上取 *A* 点，可读得相应的压缩变形率，以及与之对应的船体反作用力和靠球内压力。

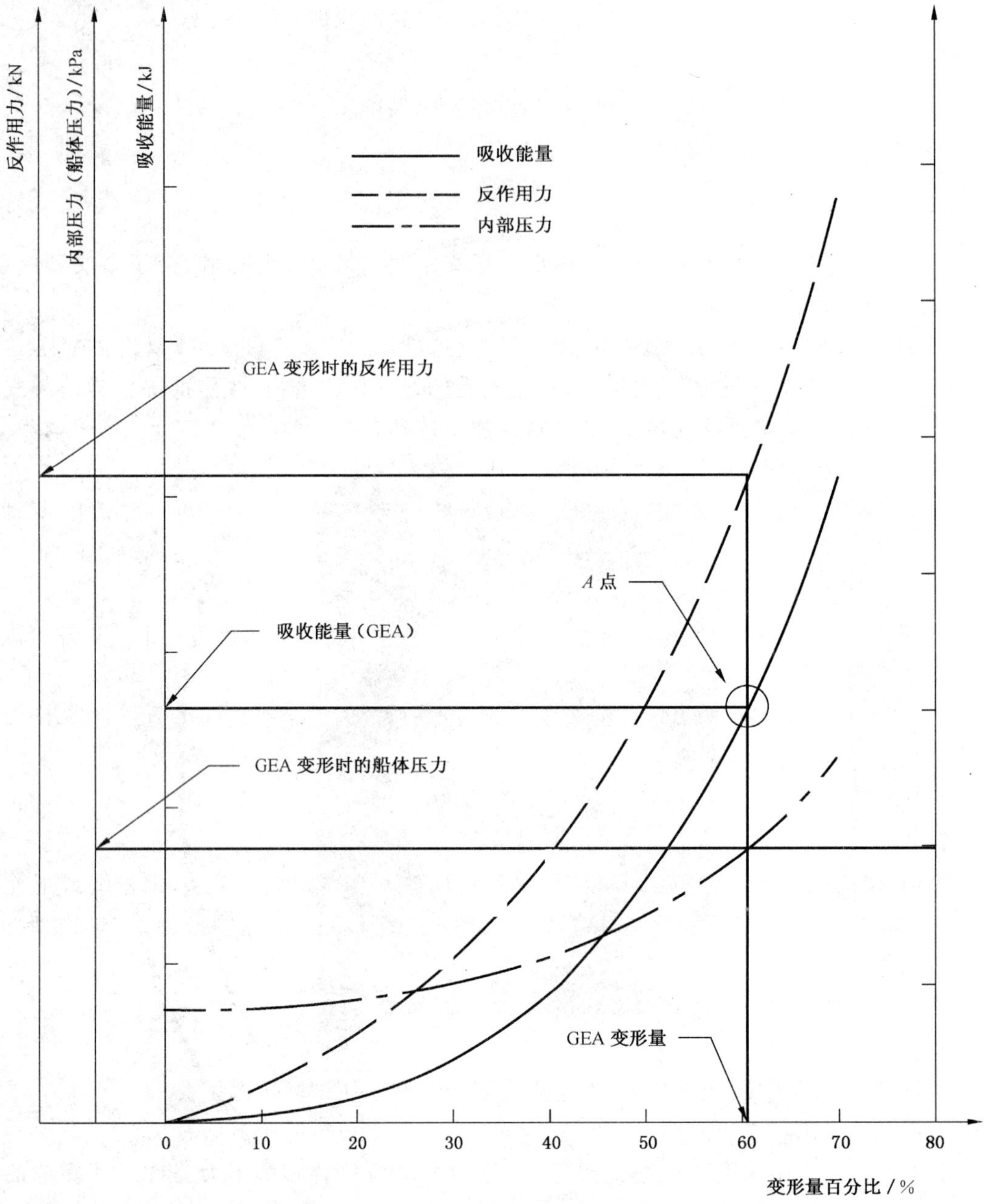

图 1　典型的靠球性能曲线

7.3　靠球性能

7.3.1　50 型：靠球应符合表 1 的要求。

7.3.2　80 型：靠球应符合表 2 的要求。

7.3.3　表 1 和表 2 中的 GEA 值应为压缩变形率为(60±5)%时的数值。

7.3.4　能量吸收达到 GEA 值时，压缩变形率对应的反作用力公差应为±10%。

7.3.5　靠球性能可以用公式计算，公式由 8.2 中提出的性能试验方法建立。

8　型式试验

8.1　总则

对不同结构设计的每一种靠球均应做型式试验。但与已经做过型式试验的原型靠球设计制造方法相同、仅由于直径较小而减少层数的靠球，且符合本标准全部要求的，可免做型式试验。

8.2 平行压缩试验

8.2.1 将靠球置于试验机两平行面之间，垂直于靠球施加压缩力。压缩速度不大于 80 mm/min，每隔5%的变形量记录一次反作用力及内压，直至靠球能量吸收值达到 GEA 值为止。

压缩变形率 y、吸收能量 a 值按公式(1)、公式(2)计算：

$$y = \frac{L_C}{D} \times 100 \qquad \cdots\cdots(1)$$

式中：

y——压缩变形率，%；

L_C——压缩高度的数值，单位为毫米(mm)；

D——靠球直径(即靠球在初始气压时的直径)的数值，单位为毫米(mm)。

$$a = \int R(x)\mathrm{d}x \qquad \cdots\cdots(2)$$

式中：

a——吸收能量值，单位为千焦(kJ)

$R(x)$——给定变形量时的反作用力的数值，单位为千牛(kN)；

$\mathrm{d}x$——变形量的增量，单位为米(m)。

试验应进行两次，中间间隔 5 min，取两次试验记录的平均值。

若靠球吸收能量 GEA 值达到 100%时，压缩变形率不大于 65%，对应的反作用力不大于规定值的110%时，则靠球的 GEA 性能指标合格。

8.2.2 上述试验应采用实尺度靠球，但对大直径靠球也可取缩尺比大于 1/5 的靠球进行试验。例如：对直径为 4 500 mm 的靠球，应采用直径为 4 500 mm 或直径大于 900 mm 的靠球进行试验。

8.3 角度压缩试验

8.3.1 靠球应进行带角度的压缩试验，以确定靠球的变形特性。

8.3.2 若靠球过大，难以安装在试验机上，可采用缩小的靠球进行，但其缩尺比应保证试验具有代表性。

注：如要比较同一靠球在平行压缩试验和几种角度压缩试验中的变形特性，推荐采用 1/30 或更大的缩尺比。

8.4 耐久性试验

8.4.1 为确定产品具备足够的耐久性以承受靠泊能量的反复作用，应进行耐久性试验。

8.4.2 耐久性试验至少应包括 3 000 次平行压缩试验循环，将靠球从初始直径压缩至最大变形，靠球的任何部分应无裂缝或其他重大损坏，GEA 值应无下降。

8.4.3 对大直径靠球，可采用 8.3.2 规定的缩尺比作耐久试验。

8.5 压缩恢复试验

8.5.1 靠球在短时间内反复被压缩和释放，以确定靠球具有足够的压缩可恢复性。

8.5.2 靠球压缩到吸收能量 GEA 值所对应的压缩变形率处，保持 1 min，然后迅速释放，靠球应在5 min内恢复到其直径的 97%以上。

8.5.3 此试验应采用实尺靠球，或缩尺比大于 1/5 的靠球进行。例如：直径 4 500 mm 的靠球，应采用直径为 4 500 mm 或直径大于 900 mm 的靠球做试验。

8.6 抗穿刺试验

8.6.1 抗穿刺试验用于确定靠球具有足够的抗穿刺强度。

8.6.2 抗穿刺试验按照 ISO 12236 中有关静态穿刺(CBR 试验)的要求进行。

8.6.3 试验样品应采用与产品同样的材料和制造工艺制作，帘子布层数可与最小尺寸靠球相当，如两层。

8.6.4 戳穿样品施加的力应大于 15 kN。

8.7 记录试验条件

所有性能试验中的环境温度和压缩速度均应予以记录。

9 出厂检验

9.1 一般要求

每只靠球出厂时应做以下检验。

9.2 橡胶材料试验

外层胶和内层胶的材料按表3要求检验。其中,第1项～第3项每批检验一次,第4项～第9项每年检验一次。

9.3 尺寸检验

靠球的尺寸检验应在初充气压力下完成,尺寸偏差如下:

a) 长度:+10%,−5%;

b) 直径:+10%,−5%。

直径应至少在靠球中间段的两个以上部位测量,并取平均值。

9.4 气密性检验

靠球充气达到初始内压,30 min内应无泄漏。

9.5 水压检验

将靠球充水,内压达到10 kPa时记录靠球纵向长度和周向长度。继续充水,内压达到表4或表5中所列0%变形量试验压力时,保持10 min,无水泄漏,且靠球无损坏。

同等尺寸和压力的20个靠球为一批,须进行一次水压试验。若客户要求,在一批订单中靠球数量少于20个的情况下,也需进行水压试验。

靠球周向和纵向长度应在10 kPa压力和表4、表5中要求的试验压力下测量。

延伸率要求如下:

a) 周向延伸率$\delta \leqslant 10\%$;

b) 纵向延伸率$\delta \leqslant 10\%$。

周向(或纵向)延伸率按公式(3)计算:

$$\delta = \frac{\Delta L_1}{L_1} \times 100 \qquad \cdots\cdots(3)$$

式中:

δ——周向(或纵向)延伸率,%;

ΔL_1——试验压力下的靠球长度(或周长)的增量值,单位为毫米(mm);

L_1——10 kPa压力下的靠球长度(或周长)的数值,单位为毫米(mm)。

10 kPa压力下,周向和纵向长度增长测量方法如下:测量靠球中部事先标定的两点间的周向和纵向长度变化。

事先标定的两点间距离应大于靠球直径的1/5。

10 标志

每只靠球应在筒体上标志下列信息:

a) 国家标准号,例如GB/T 21482—2008;

b) 直径和长度;

c) 初始内压;

d) 制造日期;

e) 生产厂家全称或代号;

f) 产品序列号;

g) 帘子布层的类型。

生产厂名称、初始内压和外形尺度的标志应有涂层以便清晰辨认。直径 2 500 mm 以上的靠球字体高度应不小于 100 mm。

若有要求,靠球应装有识别系统,埋入靠球本体。当外部标志消失时仍能从它识别系列号,该系统寿命应达到靠球设计寿命。

11 证书

生产厂应提供一份按本标准进行的检验报告和帘子布的原材料检验报告。

生产厂应提供维护手册,用于记录靠球维修的全部资料。

生产厂应给予维修指导文件以及装卸运输和包装建议书。

若有要求,生产厂应向购买人或使用者提供有关靠球序列号、使用年限、初充气压力、安全阀规格说明等资料。

12 公证机构检验

用户可以要求船级社或其他质量监督检验部门进行下列检验,并出具检验报告。

a) 帘子布线性能检验证书;
b) 橡胶性能检验证书;
c) 外形尺寸检测证书;
d) 气密性检验证书;
e) 水压检验记录;
f) 标志检验证书。

表 1 充气 50 型靠球尺寸和性能要求

名义尺寸 直径×长度 mm×mm	初始内压 kPa	吸收能量 GEA (60±5)%变形量时最小值 kJ	GEA 变形时的反作用力 R 公差 ±10% kN	GEA 变形时靠球内压 p 参考值 kPa
500×1 000	50	6	64	132
600×1 000	50	8	74	126
700×1 500	50	17	137	135
1 000×1 500	50	32	182	122
1 000×2 000	50	45	257	132
1 200×2 000	50	63	297	126
1 350×2 500	50	102	427	130
1 500×3 000	50	153	579	132
1 700×3 000	50	191	639	128
2 000×3 500	50	308	875	128
2 500×4 000	50	663	1 381	137
2 500×5 500	50	943	2 019	148
3 300×4 500	50	1 175	1 884	130
3 300×6 500	50	1 814	3 015	146
3 300×10 600	50	3 067	5 257	158
4 500×9 000	50	4 752	5 747	146
4 500×12 000	50	6 473	7 984	154

表 2 充气 80 型靠球尺寸和性能要求

名义尺寸 直径×长度 mm×mm	初始内压 kPa	吸收能量 GEA (60±5)%变形量时最小值 kJ	GEA 变形时的反作用力 R 公差 ±10% kN	GEA 变形时靠球内压 p 参考值 kPa
500×1 000	80	8	85	174
600×1 000	80	11	98	166
700×1 500	80	24	180	177
1 000×1 500	80	45	239	160
1 000×2 000	80	63	338	174
1 200×2 000	80	88	390	166
1 350×2 500	80	142	561	170
1 500×3 000	80	214	761	174
1 700×3 000	80	287	840	168
2 000×3 500	80	430	1 150	168
2 500×4 000	80	925	1 815	180
2 500×5 500	80	1 317	2 653	195
3 300×4 500	80	1 640	2 476	171
3 300×6 500	80	2 532	3 961	191
3 300×10 600	80	4 281	6 907	208
4 500×9 000	80	6 633	7 551	192
4 500×12 000	80	9 037	10 490	202

表 3 内层胶、外层胶材料要求

序号	检验项目	执行标准	技术要求	
			外层胶	内层胶
1	拉伸强度/MPa	GB/T 528	≥18	≥10
2	拉断伸长率/%	GB/T 528	≥400	≥400
3	硬度/度(邵尔 A)	GB/T 531	60±10	50±10
4	撕裂强度/(N/cm)	GB/T 529	≥400	—
5	永久压缩变形/% (70℃±1℃,22 h)	GB/T 7759	≤30	—
70℃±1℃,96 h 热空气老化后:				
6	拉伸强度保持率/%	GB/T 3512	≥80	≥80
7	拉断伸长率保持率/%	GB/T 3512	≥80	≥80
8	硬度变化/度(邵尔 A)	GB/T 531	≤8	≤8
40℃,96 h 静态臭氧老化后:				
9	拉伸 20%, 臭氧浓度(50±5)×10^{-8}	GB/T 7762	无裂纹	—
注:外层胶不是黑色时,技术要求另作规定。				

表 4 充气 50 型靠球压力要求

名义尺寸 直径×长度 mm×mm	内部气压		最小爆破压力		安全阀设定 压力 kPa	0%变形量 试验水压 kPa
	0%变形量 kPa	60%变形量 kPa	0%变形量 kPa	60%变形量 kPa		
500×1 000	50	132	300	462	—	200
600×1 000	50	126	300	441	—	200
700×1 500	50	135	300	473	—	200
1 000×1 500	50	122	300	427	—	200
1 000×2 000	50	132	300	462	—	200
1 200×2 000	50	126	300	441	—	200
1 350×2 500	50	130	300	455	—	200
1 500×3 000	50	132	300	462	—	200
1 700×3 000	50	128	300	448	—	200
2 000×3 500	50	128	300	448	—	200
2 500×4 000	50	137	350	480	175	250
2 500×5 500	50	148	350	518	175	250
3 300×4 500	50	130	350	455	175	250
3 300×6 500	50	146	350	511	175	250
3 300×10 600	50	158	350	553	175	250
4 500×9 000	50	146	350	511	175	250
4 500×12 000	50	154	350	539	175	250

表 5 充气 80 型靠球压力要求

名义尺寸 直径×长度 mm×mm	内部气压		最小爆破压力		安全阀设定 压力 kPa	0%变形量 试验水压 kPa
	0%变形量 kPa	60%变形量 kPa	0%变形量 kPa	60%变形量 kPa		
500×1 000	80	174	480	609	—	250
600×1 000	80	166	480	581	—	250
700×1 500	80	177	480	620	—	250
1 000×1 500	80	160	480	560	—	250
1 000×2 000	80	174	480	609	—	250
1 200×2 000	80	166	480	581	—	250
1 350×2 500	80	170	480	595	—	250
1 500×3 000	80	174	480	609	—	250
1 700×3 000	80	168	480	588	—	250
2 000×3 500	80	168	480	588	—	250
2 500×4 000	80	180	560	630	230	300
2 500×5 500	80	195	560	683	230	300

表 5（续）

名义尺寸 直径×长度 mm×mm	内部气压		最小爆破压力		安全阀设定 压力 kPa	0%变形量 试验水压 kPa
	0%变形量 kPa	60%变形量 kPa	0%变形量 kPa	60%变形量 kPa		
3 300×4 500	80	171	560	599	230	300
3 300×6 500	80	191	560	669	230	300
3 300×10 600	80	208	560	728	230	300
4 500×9 000	80	192	560	672	230	300
4 500×12 000	80	202	560	707	230	300

附 录 A
（资料性附录）
本标准与 ISO 17357:2002 的技术性差异及其原因

本标准与 ISO 17357:2002 的技术性差异及其原因见表 A.1。

表 A.1 本标准与 ISO 17357:2002 的差异及其产生原因

本标准的章条编号	技术性差异	原 因
标准名称	将 ISO 17357:2002 标准名称“船舶与海上技术 高压浮式气动橡胶防碰垫”改为“船舶与海上技术 充气橡胶靠球”	自我国自主生产这种以橡胶作为容器、内充压缩空气，用于船舶缓冲避撞的护舷器以来，在行业内部一直采用“充气橡胶靠球”作为产品名称。此外，2001 年发布实施的 CB/T 3948—2001 船舶行业标准名称也为“船用充气橡胶靠球”
2	引用了采用国际标准的我国标准和我国同类标准	以适合我国国情
3.4	删除了注	ISO 17357 附录 A 已取消
6.1.1	删除了 ISO 17357 中“(见附录 A)”	ISO 17357 附录 A 已取消
6.3.3	增加条文编号	按 GB/T 1.1 的规定
7.3.3	将“60±5%”改为“(60±5)%”	符合标准中的数值表示
7.3.5	条文中 8.1 改为 8.2	按条文内容应为 8.2
9.5	增加了公式(3)的引导语	按 GB/T 1.1 的规定
9.2、表 3	按我国橡胶材料标准对编排顺序进行了调整；对臭氧浓度单位做了修改	以适合我国国情
附录 A	a) 删除了 ISO 17357:2002 的附录 A； b) 列出本标准与 ISO 17357:2002 的差异及其产生原因	a) ISO 17357:2002 附录 A 列出了“帘子布层和帆布纤维间的差别”，而我国生产的船用充气橡胶靠球，骨架材料一直采用的是帘子布，是一种成熟产品，采购原材料时，只要提出品种规格，就可得到符合本产品需求的材料； b) 按 GB/T 20000.2 的规定

ICS 47.020.50
U 47

中华人民共和国国家标准

GB/T 21483—2008

船用水喷射泵

Marine water jet pump

2008-03-03 发布　　2008-09-01 实施

中华人民共和国国家质量监督检验检疫总局
中国国家标准化管理委员会　发布

前　言

本标准由中国船舶重工集团公司提出。

本标准由全国船用机械标准化技术委员会甲板机械和机舱辅机分技术委员会归口。

本标准起草单位:中国船舶重工集团公司第七〇四研究所、江苏振华泵业制造有限公司、上海科学院。

本标准主要起草人：吕伟领、黄祥麟、李思源、顾青春、李福天、姜大连。

船用水喷射泵

1 范围

本标准规定了船用水喷射泵(以下简称泵)的分类、要求、试验方法、检验规则以及标志、包装、运输和贮存。

本标准适用于船舶排、疏水等场合使用的泵的设计、生产、试验和验收。

2 规范性引用文件

下列文件中的条款通过本标准的引用而成为本标准的条款。凡是注日期的引用文件,其随后所有的修改单(不包括勘误的内容)或修订版均不适用于本标准,然而,鼓励根据本标准达成协议的各方研究是否可使用这些文件的最新版本。凡是不注日期的引用文件,其最新版本适用于本标准。

GB/T 191 包装储运图示标志(GB/T 191—2000,eqv ISO 780:1997)

GB/T 197—2003 普通螺纹 公差(ISO 965-1:1998,MOD)

GB/T 700—2006 碳素结构钢(ISO 630:1995,NEQ)

GB/T 1176—1987 铸造铜合金技术条件(neq ISO 1338:1977)

GB/T 1220—2007 不锈钢棒

GB/T 2100—2002 一般用途耐蚀钢铸件(ISO 11972:1998,EQV)

GB/T 2031 船用消防接头

GB/T 2501 船用法兰连接尺寸和密封面(四进位)(GB/T 2501—1989,neq ISO 2084:1974)

GB/T 2503 船用铸铁法兰(四进位)

GB/T 2504 船用铸钢法兰(四进位)

GB/T 2505 船用铸铜法兰(四进位)

GB/T 2507 船用焊接铜法兰(四进位)

GB/T 5231—2001 加工铜及铜合金化学成分和产品形状

GB/T 9439—1988 灰铸铁件

GB/T 11352—1989 一般工程用铸造碳钢件(neq ISO 3755:1991)

CB/T 43 船用铸铁法兰

CB/T 44 船用铸钢法兰

CB/T 45 船用铸铜法兰

CB/T 48 船用焊接铜法兰

3 术语和定义

下列术语和定义适用于本标准。

3.1

额定工况 rated condition

泵设计所规定的工作状况。主要性能参数为流量 Q_{0r}、工作水压力 P_{1r}、工作水流量 Q_{1r}、排出压力 P_{2r} 和净吸上高度 H_r。

3.2

模型泵 model pump

与产品相似的泵,作为产品设计的模型并可代替产品作试验和验收。

3.3

流量比 flow rate ratio

被抽送的水的流量 Q_0 与工作水流量 Q_1 之比。

3.4

扬程比 head ratio

水喷射泵压力与工作压力之比。

注：水喷射泵压力：排出压力 P_2 和进口压力 P_0 之差；工作压力：工作水压力 P_1 和进口压力 P_0 之差。

3.5

喷嘴最佳位置 optimal nozzle position

泵在额定的工作水压力和流量、排出压力和净吸上高度下，调节喷嘴位置得到的最大流量值时的喷嘴位置。

3.6

喉嘴距 nozzle-to-throat clearance

喷嘴出口处到混合室进口处的距离。

4 符号

符号和下标见表1和表2。

表1 量的符号和单位

序 号	量的名称	符 号	单 位
1	流量	Q_0	m^3/h
2	工作水流量	Q_1	m^3/h
3	泵进口压力	P_0	MPa
4	工作水压力	P_1	MPa
5	排出压力	P_2	MPa
6	净吸上高度	H	m
7	流量比	q	—
8	扬程比	h	—

表2 下标的数字和字母

序 号	下 标	意 义
1	0	泵的进口处
2	1	泵的工作水进口处
3	2	泵的排出口处
4	r	额定工况

5 产品分类

5.1 型式

5.1.1 泵按结构型式分为固定式、可移式和潜水式。

5.1.1.1 固定式为工作水进口法兰、泵的进出口法兰与管路采用固定连接的结构型式。

5.1.1.2 可移式为工作水进口、泵的进出口均采用消防接头作为连接的结构型式。

5.1.1.3 潜水式为泵进口浸没于水中的结构型式。

5.1.2 泵按外形分为倾斜形、直角式和直线形。

5.1.2.1 倾斜式为吸入口轴线与泵体轴线成倾角。

5.1.2.2 直角式为吸入口轴线与泵体轴线成垂直。

5.1.2.3 直线式为吸入口轴线与泵体轴线重合或平行。

5.2 参数范围

泵的参数范围按表3。

表3 泵的参数范围

流量 Q_0/(m³/h)	工作水压力 P_1/MPa	净吸上高度 H/m	排出压力 P_2/MPa
5～1 000	0.2～1.5	≤7	0.03～0.30

5.3 产品型号

泵的型号规定如下：

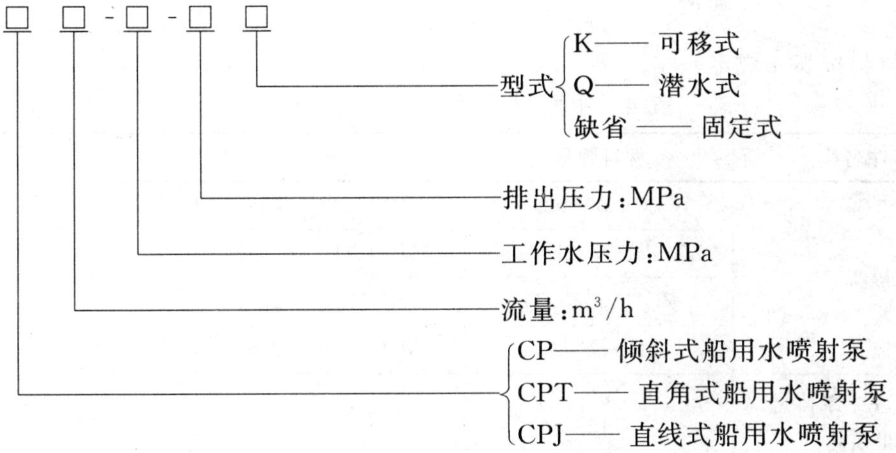

5.4 标记示例

额定流量为60 m³/h、工作水压力为0.8 MPa、排出压力为0.08 MPa的潜水式船用水喷射泵标记为：

船用水喷射泵 GB/T 21483—2008 CP60-0.8-0.08Q

6 设计与结构

6.1 以模型泵验收的产品泵，其结构型式应与模型泵相同；其混合室、喷嘴出口的圆柱形部位、扩散角和喉嘴距的过流部分尺寸应与模型泵几何相似；二者相应部位的尺寸公差、形位公差和粗糙度应采用相同精度。

6.2 冲压焊接式结构的泵，喷嘴和泵体混合室喉部的同轴度公差应不大于0.3 mm。

6.3 喷嘴出口段圆柱孔表面和锥孔表面的表面粗糙度 Ra 应不大于3.2 μm。

6.4 喷嘴与吸入室采用螺纹连接时，其螺纹精度应不低于GB/T 197—2003标准中规定的5H/4h。

6.5 喷嘴与吸入室或泵体的吸入室为圆柱面配合结构的泵，其圆柱面的配合精度应不低于GB/T 197—2003标准中规定的H7/g6。

6.6 铸造式结构泵的混合室和扩散室的内表面粗糙度 Ra 应不大于6.3 μm。

6.7 海水介质的泵的工作水进口和进、出口连接尺寸应符合以下要求：

a) GB/T 2501；

b) 焊接结构按GB/T 2507或CB/T 48；

c) 铸造结构按GB/T 2504、GB/T 2505或CB/T 44、CB/T 45。

6.8 淡水介质的泵的工作水进口和进、出口连接尺寸应符合以下规定：

a) 按 GB/T 2501；

b) 根据材料不同采用 GB/T 2503 或 CB/T 43、GB/T 2504 或 CB/T 44、GB/T 2505 或 CB/T 45。

6.9 可移式泵的工作水进口和进、出口连接尺寸应符合以下规定：

a) 按 GB/T 2031；

b) 自行设计配套成对供应消防接头。

7 要求

7.1 外观质量

7.1.1 铸件表面不允许有裂纹、缩孔、疏松等缺陷。

7.1.2 焊接件接缝应光顺，焊缝不得有孔穴、夹渣等缺陷。

7.1.3 清除泵表面锈蚀、油渍等脏物。外露加工表面应涂以防锈油。

7.1.4 非加工外表面应喷涂耐腐蚀油漆或其他耐腐蚀涂料。

7.2 材料

7.2.1 泵主要零件的材料按表 4 规定。

表 4 主要零件材料

序号	零件名称	材料牌号	标准号	备注
1	喷嘴	ZCuAl9Mn2	GB/T 1176—1987	
		ZG0Cr18Ni12Mo2Ti	GB/T 2100—2002	
		ZG1Cr18Ni9Ti	GB/T 2100—2002	
		1Cr17Ni2	GB/T 1220—2007	
2	泵体(左半泵体、右半泵体)	T4	GB/T 5231—2001	焊接式泵
3	泵体(吸入室、混合室、扩散室)	ZCuZn16Si4	GB/T 1176—1987	铸造式泵
		ZCuAl9Mn2	GB/T 1176—1987	
		ZG0Cr18Ni12Mo2Ti	GB/T 2100—2002	
		ZCuAl8Mn13Fe3Ni2	GB/T 1176—1987	
		HT200	GB/T 9439—1988	铸造式泵(淡水介质)
		ZG270	GB/T 11352—1989	
		Q235－A	GB/T 700—2006	淡水介质

7.2.2 允许采用性能不低于表 4 规定的、并满足使用要求的其他同类材料。

7.3 耐压性

泵承受水压的零件其承受的压力符合表 5 的规定，其表面不应有渗漏或冒汗等现象。承压前表面不得涂漆。不得用敲击、堵塞等方法消除缺陷；允许按有关标准或相同成分的材料进行补焊，补焊后重新按表 5 的规定再次承受压力。

表 5 承受压力值

序号	零件名称	承受压力值
1	喷嘴	额定工作水压力的 1.5 倍，不得低于 0.4 MPa
2	泵体(吸入室、混合室、扩散室)	额定排出压力的 2 倍，不得低于 0.4 MPa

7.4　密封性

装配好的泵在0.36 MPa水压下不应有渗漏现象。

7.5　喷嘴和吸入室或泵体采用圆柱面配合结构时，调节喷嘴最佳位置的喷嘴和吸入室接合面之间垫片厚度不应超过3 mm。

7.6　性能

7.6.1　泵在额定工况运行时，实测流量 Q_0 的允许偏差应符合表6规定。

表6　流量允许最大负偏差

额定流量/(m^3/h)	偏差/%
<50	−5
≥50	−3

7.6.2　泵在变工况运行时，实测流量 Q_0 与该工况下的特性曲线流量值 Q_0 的允许偏差应符合表7规定。

表7　变工况下流量允许最大负偏差

流量/(m^3/h)	偏差/%
<50	−6
≥50	−4

7.6.3　流量 Q_0 不小于200 m^3/h的泵，允许以流量不小于其五分之一的模型泵的试验值验收。模型泵的流量允许偏差应符合表6和表7的规定。

7.6.4　泵的工作水压力 P_1 和工作水流量 Q_1 允许偏离规定值为±5%。

7.6.5　泵的实际质量与首制泵的允许偏差应符合表8规定。

表8　质量允许偏差

结构	偏差/%
焊接式	±4
铸造式	±7

8　试验方法

8.1　试验要求

8.1.1　泵应在工厂试验台上进行试验，疏浚河道、抽吸泥沙等用泵的试验形式，应另行规定。

8.1.2　试验介质选用常温清水。若要求试验含有泥砂等固体颗粒的介质，应另行规定。

8.1.3　试验装置中连接被试泵的工作水进口和泵的进、出口的管路应有不少于该管路通径4倍长的直管。

8.1.4　测压点位置应分别设在工作水进口法兰前、泵吸入口法兰前和泵排出口法兰后的直管部分2倍的管径长度处。

8.1.5　测压孔直径取2 mm～6 mm和测压孔处直径的1/10中二者之小值；测压孔长度应大于2倍的测压孔的直径；测压孔应与管壁垂直，孔边缘不应有毛刺。

8.1.6　试验时除潜水式泵外，被试泵应水平布置。泵的基准面为通过混合室中心线的水平面；潜水式泵的基准面为混合室进口位置的水平面。泵的进、出口及工作水进口处的压力应按公式(1)、公式(2)、公式(3)进行计算：

$$P_1 = G_1 \pm 9.8 \times 10^{-6} \rho Z_1 \quad \cdots\cdots (1)$$

$$P_2 = G_2 \pm 9.8 \times 10^{-6} \rho Z_2 \quad \cdots\cdots (2)$$

$$P_0 = G_0 \pm 9.8 \times 10^{-6} \rho Z_0 \quad \cdots\cdots (3)$$

式中：

G——仪表指示压力的数值，单位为兆帕（MPa）；

ρ——介质密度的数值，单位为千克每立方米（kg/m^3）；

Z——仪表中心至基准面距离的数值，单位为米（m）。

仪表中心低于基准面时，式中取负号。

8.1.7 试验时每次测试值，最大容许波动幅度应符合表9规定。

表9 最大容许波动幅度

序 号	测 定 量	最大容许波动幅度/%
1	压力	±6
2	流量	±6

8.2 测量仪表

8.2.1 型式检验时测量仪表（流量计、真空表、压力表）的精度应不低于1级；出厂检验时测量仪表的精度应不低于1.5级。

8.2.2 测量仪表应有合格印封和合格证，并按仪表规定期限进行检查或校正，并应具有检验合格证。

8.3 试验项目

8.3.1 外观检验

用目测检查泵的外观，其结果应符合7.1的要求。

8.3.2 材料检验

检查并核对泵所使用的材料牌号和材质证明书，其结果应符合7.2的要求。

8.3.3 耐压试验

承受水压零件除接高压水源的口以外其他口用专用零件封住，按表5规定值对零件进行水压试验，历时5 min，其结果应符合7.3的要求。

8.3.4 密封性试验

向装配好的泵内充0.36 MPa的水进行水压试验，历时5 min，其结果应符合7.4的要求。

8.3.5 喷嘴最佳位置试验

用增大或减小喷嘴与吸入室连接法兰之间垫片厚度或调整喷嘴与吸入室之间连接螺纹的螺纹长度的方法进行试验。记录在额定工作水压力、工作水流量、净吸上高度和排出压力下试验所测量的流量值，以测得最大流量值时喷嘴的位置为最佳位置，其结果应符合7.5的要求。

8.3.6 性能

8.3.6.1 额定工况试验

在额定工况下测试喷嘴处于最佳位置时泵的流量。测试次数不少于2次，取流量平均值，其结果应符合7.6.1的要求。

8.3.6.2 全性能试验

在额定工作水压力、工作水流量和净吸上高度下，当喷嘴处于最佳位置时，改变排出压力测量泵的流量的相应值，测试点不少于8点，其中低于额定排出压力的工况点为3点，每个点测试次数不少于2次，取流量平均值，其结果应符合7.6.1、7.6.3和7.6.4的要求。

8.3.6.3 净吸上高度试验

a） 在额定工作水压力、工作水流量和排出压力下，当喷嘴处于最佳位置时，改变净吸上高度测量泵的流量的相应变化值。测试从吸入阀全开启时开始，逐步关小阀门，测试点数不少于 8 点，试验工况的净吸上高度最大值应至 7 m，每个点测试次数应不少于2 次，取流量平均值，其结果应符合 7.6.1、7.6.3 和 7.6.4 的要求。

b) 绘出额定工况下的 $h\text{-}q$、$P_2\text{-}Q_0$ 和 $H\text{-}Q_0$ 等性能试验特性曲线。

8.3.6.4 变工况试验

a) 在吸入阀门和排出阀门全开启情况下，测试工作水压力和工作水流量的相应变化值。测试点的工作压力间隔应为 0.1 MPa，额定工作水压力小于 0.4 MPa 时，间隔应为 0.05 MPa，测试点点数在小于和大于额定工作水压力值的区域至少应各为 3 点。每个点的测试应不少于 2 次，取流量平均值。其结果应符合 7.6.2、7.6.3 和 7.6.4 的要求。

b) 在大于和小于额定工作水压力值时，在不同净吸上高度情况下按 8.3.6.2 规定进行泵的全性能试验。净吸上高度值的测试工况从 1 m 开始，测试点不少于 8 点，每个点的测试应不少于 2 次，取其平均值。试验直至流量无应用价值止。其结果应符合 7.6.2、7.6.3 和 7.6.4 的要求。

c) 绘出变工况下运行的 $h\text{-}q$、$P_2\text{-}Q_0$ 和 $P_1\text{-}Q_1$ 等一系列的性能试验特性曲线。

8.3.6.5 质量检查

用称重法检查泵的质量其结果应符合 7.6.5 的要求。

9 检验规则

9.1 检验分类

泵的检验分为型式检验和出厂检验 2 类。

9.2 型式检验

9.2.1 检验时机

有下列情况之一时应进行型式检验：

a) 首制泵；

b) 转厂生产的试制定型鉴定；

c) 正常生产时产品修改影响产品性能时；

d) 产品停止生产 5 年以上恢复生产时；

e) 连续生产满 5 年或满 500 台时；

f) 出厂检验结果与上次型式检验有较大差异时；

g) 国家质量监督机构提出进行型式检验要求时。

9.2.2 型式检验项目和顺序按表 10 进行。

表 10 检验的试验项目和顺序

序号	试验项目	型式检验	出厂检验	要求章条号	试验方法章条号
1	外观检验	●	●	7.1	8.3.1
2	材料检验	●	●	7.2	8.3.2
3	水压试验	●	●	7.3	8.3.3
4	密封性试验	●	●	7.4	8.3.4
5	喷嘴最佳位置试验	●	●	7.5	8.3.5
6	额定工况试验	●	●	7.6.1	8.3.6.1
7	全性能试验	●	—	7.6.1、7.6.3、7.6.4	8.3.6.2

表 10(续)

序号	试验项目	型式检验	出厂检验	要求章条号	试验方法章条号
8	净吸上高度试验	●	—	7.6.1、7.6.3、7.6.4	8.3.6.3
9	变工况试验	●	—	7.6.2、7.6.3、7.6.4	8.3.6.4
10	质量测量	●	●	7.6.5	8.3.6.5
注：●为必检项目；—为不检项目。					

9.2.3 进行型式检验的样品数量任抽 1 台。

9.2.4 合格判据

当产品所有检验项目检验符合要求，则判定产品型式检验合格。若检验项目有任何一项不符合要求，加倍进行试验；若仍有项目不符合要求时，则判为产品型式检验不合格。

9.3 出厂检验

9.3.1 泵应逐台进行检验。

9.3.2 出厂检验项目和顺序按表 10。

9.3.3 合格判据

出厂检验时当所有检验项目符合要求，则判定产品出厂检验合格。若检验项目有不符合要求时，允许消除缺陷后再次试验，再次复检仍不合格时，则判定该产品出厂检验不合格。

10 标志、包装、运输和贮存

10.1 标志

每台泵应在显著部位固定耐腐蚀材质的铭牌，铭牌应标明下列内容：

a) 泵的名称及型号；

b) 泵的主要性能参数(流量、工作水流量、工作水压力、净吸上高度和排出压力)；

c) 泵的质量；

d) 制造厂名；

e) 产品出厂编号和制造日期；

f) 商标；

g) 检验标志。

10.2 包装

10.2.1 泵出厂前应重新油封或作防锈处理。

10.2.2 泵的工作水进口、吸入口和排出口应用盖板封住。

10.2.3 每台泵应附有下列文件，并封存在防潮的文件袋内：

a) 产品合格证；

b) 产品说明书；

c) 经签署的出厂试验数据单；

d) 装箱清单；

e) 船检证书。

10.2.4 经油封防锈处理的泵装箱并牢固固定，防止在运输过程中遭受损坏。

10.2.5 泵的包装箱外应有醒目并符合 GB/T 191 规定的"怕湿"、"小心轻放"等字样或符号。

10.2.6 包装箱外应有下列清楚、整齐的文字标明：

a) 收货单位名称和地址；

b) 发货单位名称和地址；

c) 产品名称和出厂编号；

d） 件数；

e） 泵净重及连同包装箱的毛重；

f） 包装箱尺寸。

10.3 运输与贮存

10.3.1 运输时不应采用抛滑或其他容易引起撞击的方式。

10.3.2 泵应放置在干燥的库房内。当存放期超过油封有效期后应定期检查，必要时应重新油封。

ICS 47.020.50
U 21

中华人民共和国国家标准

GB/T 21484—2008/ISO 6325:1987

造船　掣链器

Shipbuilding—Cable stoppers

(ISO 6325:1987,IDT)

2008-03-05 发布　　2008-09-01 实施

中华人民共和国国家质量监督检验检疫总局
中国国家标准化管理委员会　发布

前　言

本标准等同采用 ISO 6325:1987《造船　掣链器》(英文版)。

本标准等同翻译 ISO 6325:1987。

为便于使用,本标准做了下列编辑性修改:

——“本国际标准”一词改为“本标准”;

——用小数点“.”代替作为小数点的逗号“,”;

——删除国际标准的前言。

本标准的附录 A 和附录 B 为规范性附录。

本标准由中国船舶工业集团公司提出。

本标准由全国船舶舾装标准化技术委员会归口。

本标准起草单位:江南造船(集团)有限责任公司。

本标准主要起草人:詹志博。

造船　掣链器

1　范围

本标准规定了与起锚机和起锚绞盘一起使用的掣链器的功能、操作、设计、结构、安全和强度的要求。

本标准适用于与起锚机和起锚绞盘一起使用的掣链器的设计、制造和验收。

2　规范性引用文件

下列文件中的条款通过本标准的引用而成为本标准的条款。凡是注日期的引用文件，其随后所有的修改单（不包括勘误的内容）或修订版均不适用于本标准，然而，鼓励根据本标准达成协议的各方研究是否可使用这些文件的最新版本。凡是不注日期的引用文件，其最新版本适用于本标准。

ISO 3828　造船与海上结构物　甲板机械　术语

ISO 4568　造船　海船　起锚机和起锚绞盘

ISO 7825　甲板机械一般要求

3　术语和定义

ISO 3828 和 ISO 4568 确立的以及下列术语和定义适用于本标准。

3.1

掣链器　cable stopper

固定于船舶结构并与锚链轮分离，用于固定锚链，承受锚拉力的装置。

掣链器对锚链也起导向作用。

3.2

A 级掣链器　class A cable stopper

其设计和制造能承受最大直径和最高级别锚链的 80% 公称破断载荷而无永久变形的掣链器。

3.3

B 级掣链器　class B cable stopper

其设计和制造能承受最大直径和最高级别锚链的 40% 公称破断载荷而无永久变形的掣链器。

3.4

右式掣链器　right-hand cable stopper

当从锚链轮向掣链器看时，在右侧操作的掣链器，见图 1。

3.5

左式掣链器　left-hand cable stopper

当从锚链轮向掣链器看时，在左侧操作的掣链器，见图 1。

3.6

导轨掣链器　track-type stopper

锚链滑动通过时，具有一个导轨槽用以引导锚链并使之保持在导轨内的掣链器，见图 2a)。

3.7

滚轮掣链器　roller-type stopper

锚链通过滚轮时，滚轮具有导链和控制功能的掣链器，见图 2b)。

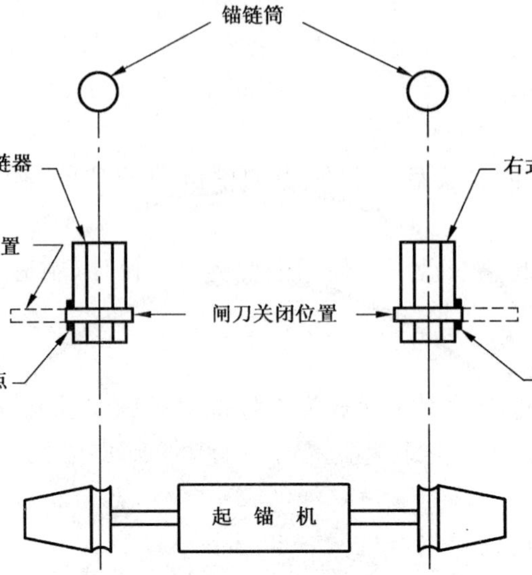

注：本图仅为示意，它不意味闸刀式是唯一掣链的方法，其他方法(例如螺旋式掣链器)也可使用。

图 1 掣链器位置

3.8

导轨滚轮掣链器 combiner track and roller stopper

同时具有 3.6 和 3.7 功能的掣链器，见图 2c)。

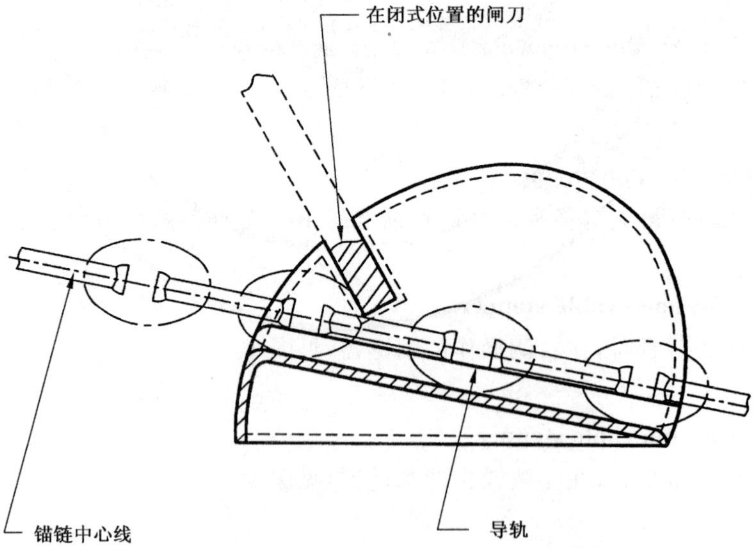

a) 导轨掣链器

图 2 掣链器的主要类型

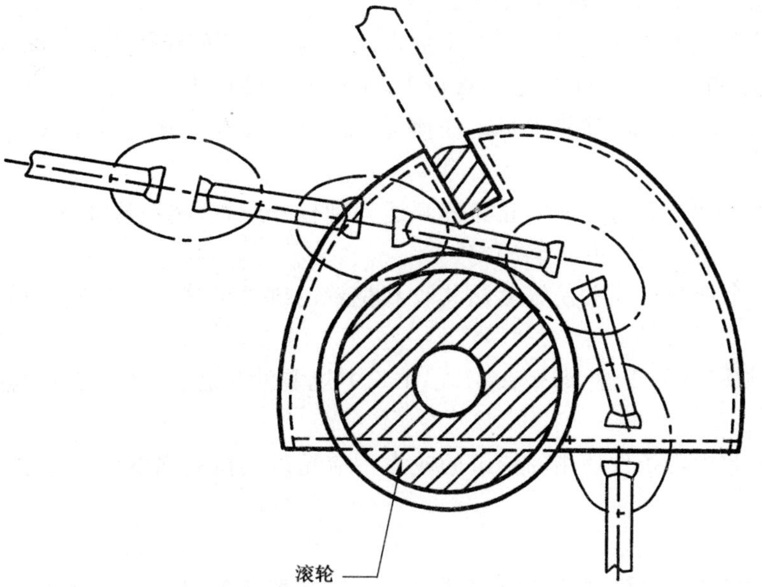

b） 滚轮掣链器

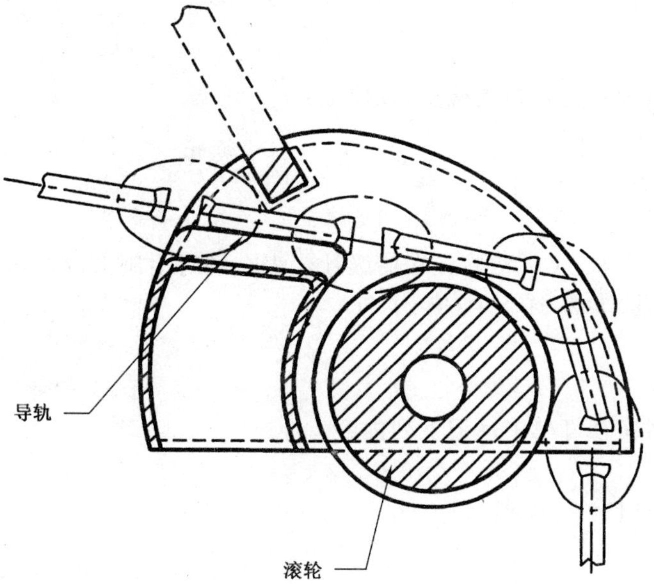

c） 导轨滚轮型掣链器

注：本图仅作示意，并不用于设计目的，也可以使用不同于闸刀式的掣链方法。

图 2(续)

4 设计、结构、强度和安全

4.1 掣链器应满足 ISO 7825 中对于甲板机械的一般要求和 4.2～4.6 的具体要求。

4.2　3.2、3.3 中规定载荷的设计应力应不超过使用材料的屈服应力。

注：国际船级社协会(IACS)建议艏锚应使用 A 级掣链器。

4.3　A 级掣链器设计与制造应使锚链在 3.2 中规定的载荷下，应力不超过锚链材料的屈服应力。B 级掣链器设计与制造应使锚链在 3.3 中规定的载荷下，避免产生高应力。

4.4　滚轮掣链器可以是圆柱形的滚轮也可是任何合适形状的滚轮。掣链器的设计应能防止链环中产生高弯曲力矩。

4.5　掣链器的闸刀在关闭位置时应能防止其逐渐运动到打开位置，避免释放锚链并使其抛出。掣链器的闸刀在打开位置时能方便操作，并正确固定。

4.6　掣链器应配置一个能抓住锚并使锚紧贴其收藏位置的绑扎装置。绑扎装置应支持一个至少等于两倍锚重加 10 m 锚链重的载荷。

若绑扎装置作为掣链器的零件，那么在 4.2～4.5 中规定的状态下，该装置的应力不应超过其材料屈服应力的 0.4 倍。

在绑扎状态，按 4.2 规定条件使用的锚链的应力不应超过其拉断强度的 0.2 倍。

5　功能和操纵要求

5.1　掣链器的功能是当船舶已经在锚泊时锁住锚链。掣链器应能承受 3.2 和 3.3 中规定的载荷。掣链器安装在起锚机和锚链筒或导缆器之间。

5.2　掣链器的操作应方便和安全。因无意的动作可能对操作者产生危险的部件应装有锁紧装置。

掣链器在无载荷的情况下应能用手动操作。直径 80 mm 以下的锚链其操作力不应超过 350 N；直径80 mm或以上的锚链其操作力不应超过 500 N。

6　验收试验

所有掣链器应在制造现场进行目视检验，以保证：

a)　止动装置正常工作；

b)　滚轮自由滚动(若装有)；

c)　制造质量。

若用户和制造商协商一致，工厂检验应在船级社代表在场时由制造商进行。

注：若船级社规范规定目视检验，这个协议应予执行。

7　标记

符合本标准的掣链器应在订单中标记下列内容：

a)　名称：掣链器；

b)　标准号：GB/T 21484—2008；

c)　级别：A 或 B；

d)　左式或右式(R/L)(见 3.3)；

e)　类型：T(导轨)、R(滚轮)、C(导轨滚轮)；

f)　适用的锚链直径；

g)　按照 IACS 的锚链级别；

h)　锚链在滚轮上的限制角，适用的。

示例 1：

符合 GB/T 21484—2008、A 级、左式、滚轮、链径 100 mm 的 IACS 3 级锚链、限制角 80°的掣链器标记为：

掣链器 GB/T 21484—2008　A-L-R-100-3-80°

示例 2：

符合 GB/T 21484—2008、B 级、右式、导轨、链径 95 mm IACS 2 级锚链的掣链器标记为：

掣链器 GB/T 21484—2008　B-R-T-95-2

注：标记 3 级锚链的掣链器也适用于 2 级和 1 级锚链；标记 2 级锚链的掣链器也适用于 1 级锚链。

8　标志

应以永久的方式在掣链器上打上标准号、类型、锚链直径、等级的标志。

注：锚链直径标志：当制造商打算报价时，掣链器可标志锚链的尺寸范围，以代替由用户为询价而提出的单个的锚链直径。

附　录　A
（规范性附录）
掣链器制造商注意事项

A.1　应遵循某个国家主管机关或船级社可能要求的高于A级掣链器的强度要求和个别的要求。

A.2　若制造商和购买者间有专门协议，有必要以全尺度或模型试验证实符合4.3要求。模型试验最小的尺度比应为设计载荷的1∶10。

附　录　B
（规范性附录）
造船厂注意事项

掣链器的位置应是可以调整的，以便锚在完全地收起和用绑扎装置固定时容许关闭。应当注意，因为锚链在使用中会产生磨损，使用新锚链时，掣链器的位置可能发生改变。

注：如果收紧锚的绑扎装置具有足够的强度，使锚在所有可能状态下保持完全的收起（即当它显著地大于4.4要求的最小强度时），那么就不需要按照本附录关闭掣链器。

ICS 47.020.01
U 04

中华人民共和国国家标准

GB/T 21485—2008/ISO 17631:2002

船舶和海上技术　船上消防、救生设备及逃生路线布置图

Ships and marine technology—Shipboard plans for fire protection, life-saving appliances and means of escape

(ISO 17631:2002,IDT)

2008-03-05 发布　　2008-09-01 实施

中华人民共和国国家质量监督检验检疫总局
中国国家标准化管理委员会　发布

前　　言

本标准等同采用 ISO 17631:2002《船舶和海上技术　船上消防、救生设备及逃生路线布置图》(英文版)。

本标准等同翻译 ISO 17631:2002。

为便于使用,本标准做了下列编辑性修改:

——用“本标准”代替“本国际标准”;

——用顿号“、”代替作为分述的逗号“,”;

——删除国际标准的前言和引言。

本标准的附录 A 为规范性附录,附录 B 为资料性附录。

本标准由中国船舶工业集团公司提出。

本标准由全国海洋船标准化技术委员会船舶基础分技术委员会归口。

本标准主要起草单位:中国船舶工业综合技术经济研究院。

本标准主要起草人:苗宏仁、高学峰。

船舶和海上技术 船上消防、救生设备及逃生路线布置图

1 范围

本标准规定了船上消防设备、防火结构、救生设备和逃生路线等布置图的内容、类型、设计、布局和使用方法，以及在上述布置图中所使用的图形符号和图例。

本标准适用于船上消防设备、防火结构、救生设备和逃生路线等布置图的绘制。

2 术语和定义

下列术语和定义适用于本标准。

2.1

小册子 booklet

船舶布置图的图册。

2.2

主管当局 competent authority

船上有资格悬挂的国旗所属的政府，或是由政府授权的履行本标准所要求职责的组织。

2.3

消防员装备箱 fire locker

装有灭火器材、便携式灭火设备和相关备用品的箱子。

2.4

防火布置图 fire plan

按 SOLAS 74(修订案)中第 2-2 章的规定，包含消防设备和防火结构信息的布置图、布置图集或小册子。

注：防火布置图与 SOLAS 74[IMO MSC.99(73)决议所通过的修正案]的规则Ⅱ-2/15.2.4 中参考文献[1]所提及的“防火控制图”含义相同。

2.5

消防设备 fire-protection appliances

按 SOLAS 74(修订案)中第 2-2 章的规定，在火灾情况下可使用的或有效的固定式灭火系统或便携设备。

2.6

图形符号 graphical symbol

不受文字介质约束的可传递信息的可视符号。

2.7

示意图 illustration

用以描述船舶总布置的简图。

2.8

救生设备 life-saving appliances

在 SOLAS 74(修订案)中第 3 章所确定的海域里发生危险时，为营救人的生命而准备的设备或系统。

2.9

逃生路线 means of escape

紧急情况下，人员从危险区域逃离时的主要或辅助路线。

2.10

主逃生路线　primary escape route

根据 SOLAS 74[IMO MSC.99(73)决议所通过的修正案]中Ⅱ-2/13.3.2.4.1 的规定所优先考虑的逃生路线。

2.11

安全设备箱　safety locker

装有除灭火器材、便携式灭火装置和备用品以外的其他与安全相关设备的箱子。

2.12

辅助逃生路线　secondary escape route

主逃生路线不可取时可供选择的逃生路线。

2.13

防火结构　structural fire protection

包括通风系统和防火监测警报系统等在内的被动式防火。

3　布置图绘制

3.1　通则

3.1.1　特殊船型上布置图的数量和类型应符合主管当局的要求。

3.1.2　任一主竖区布置图图例的绘制比例不应小于 1∶200。同时，主竖区分段节点尺寸最小为 4.5 mm，A、B 级分段最小为 2.25 mm，其他为 0.75 mm。清晰起见，宜划分为大型布置图。

3.1.3　应在相互独立的布置图中表示消防设备和防火结构。任一主竖区分段都应标明消防设备布置图和防火结构布置图。为使布置图更为易读，经主管当局批准，可依据所需表达信息的数量将多个详图进行合并或统一。

3.1.4　任一布置图都应有符号图例及其相应的解释，包括该布置图中所使用图形符号的清单及其正确的解释说明，某些情况下也可包含一些附加的特殊说明，如固定式灭火系统中所使用灭火介质的类型。应将图例插入适当的图中。在每个符号后面应标明消防设备和布置图中所涉及到的专用器具的数量。清晰起见，布置图中文本应只使用一种字体，字体尺寸最小为 12 mm。符号图例优先置于图纸右侧。

3.1.5　所需信息应逐层甲板进行标识，同时也应标明其内部处所的名称及舱室编码。

3.1.6　依据本标准设计布置图时应使用附录 A 所示的图形符号，颜色应与附录 A 相一致。附录 A 中所含的符号见表 1。在布置图和小册子中使用的图形符号的尺寸应易于理解，且不应小于 6 mm×6 mm。通常，符号不应有边框。应在布置图中清晰标明所有符号在船上的正确位置，为避免混淆，符号也可绘于布置图外，并用点和线条的形式指出其确切位置。在后一种情况中所使用的点应比总布置图中所采用的最小线点尺寸大。

3.1.7　整理成小册子形式的防火布置图应包括下列附加项：

a)　SOLAS 74 修正案(见参考文献[1])中规定的船舶建造日期；

b)　原有方法(如按照 SOLAS 48 和 SOLAS 60 的规定，客船具备或不具备水喷淋装置；或按照 SOLAS 74 修正案中ⅠC、ⅡC 或ⅢC 的规定，货船具备或不具备水喷淋装置)；

c)　所采用的附加防火安全措施；

d)　可改变船舶防火安全的船舶改装操作的日期及描述。

3.1.8　对于在 1994 年 10 月 1 日前改装的客船，若缺少其改装的数据资料，则至少应标明该船目前所使用的船舶安全结构方式。若船舶的不同部位使用多种方式或组合方式，应进行详细说明。

3.1.9　布置图和小册子的文本应使用一种文字，也可按当局机关要求使用多种文字。布置图上使用多种文字时，不同的文字应用不同的字体表示。

文字的选用应考虑 IMO ISM Code 中关于船上工作用语的要求。

3.2 消防设备布置图

3.2.1 应以附录 A 中符号 A.2.1～A.2.44 所示的形式标明布置图消防设备的布局和位置，以及通往船舱和甲板的最近路线。对于固定式灭火系统保护下的舱位或甲板，应在布置图中表示出除水以外的灭火介质的数量。

3.2.2 应在图例中标明每一个安全设备箱中所包括的物品，不需在布置图中说明安全设备箱内的详细情况。

3.3 防火结构布置图

应以附录 A 中符号 A.1.1～A.1.18 的形式标明布置图防火结构的布局和位置。

3.4 逃生路线布置图

布置图应绘有每一种逃生方法和船上的每一条通道，并确定人员集合和搭乘的位置。主逃生路线和辅助逃生路线应以附录 A 中 A.3.1～A.3.2 所示的箭头标明。

注：对于客船的逃生方法，可参考 IMO A.757(18)号决议(见参考文献[6])。

3.5 救生设备布置图

3.5.1 布置图应标明附录 A 中符号 A.4.1～A.4.29 所示项目的布局和位置。布置图应标明救生设备的具体数量和布局，以及每一个装配站的容量。在图例上或在其适用符号的底部标明每一装载处所搭载救生艇的数量和容量。

3.5.2 应在图例中标明每一个安全设备箱中所包括的物品，不需在布置图中说明安全设备箱内的详细情况。

3.5.3 布置图应标明救生衣在船舱中的位置。

3.5.4 布置图应标明不直接靠近救生艇的紧急集合区的位置。

3.6 布置图举例

按本标准绘制的布置图实例参见附录 B。

4 文件要求

4.1 船上布置图的可达性

应按照 3.2～3.5 的规定绘制布置图，也可按照 3.1.3 规定的形式统一或合并布置图。布置图应能随时为船长提供信息。防火布置图至少应被长期存放在驾驶室和船长用餐区域或娱乐区域内，或靠近上述区域的位置。

4.2 小册子的分发

若防火布置图以小册子的形式绘制，应将小册子分发给每一个官员，并明确紧急火灾情况下每个官员的职责。

4.3 计算机辅助系统

计算机辅助系统应符合本标准的实质内容。然而，计算机辅助系统不可代替本标准所涉及到的布置图。

4.4 升级需要

布置图和小册子应为最新版，修改之处应作为独立页码记录在布置图或小册子中。

4.5 近海消防员对防火布置图的可操作性

4.5.1 除 4.1 所规定的需长期保存的防火布置图外，还应在所有船舶甲板室外风雨密的、且有明显标志的箱子内长期保存一套与该防火布置图完全相同的布置图或包含该布置图的小册子，以供岸边的消防队员救援时使用。

4.5.2 对于油船、化学品船和气体运输船，防火布置图不应放在面对货舱或在表面上离货舱不足 3 m 的上层建筑外部边界上。

4.5.3 箱子应易打开，且放置在尽可能远离危险点、易被发现的地方。防火布置图在海洋环境下应受到很好的保护。

注：对于船上箱子的标识，可参照 IMO MSC/Circular 451 的要求(见参考文献[2])。

表 1　布置图中用到的图形符号简表

A.1.1	A.1.2	A.1.3	A.1.4	A.1.5	A.1.6
A.1.7	A.1.8	A.1.9	A.1.10	A.1.11	A.1.12 A
A.1.13	A.1.14 WT	A.1.15 A	A.1.16 A	A.1.17 A	A.1.18 A
A.2.1 Fire Plan	A.2.2	A.2.3	A.2.4	A.2.5	A.2.6
A.2.7	A.2.8	A.2.9	A.2.10	A.2.11	A.2.12
A.2.13 CO_2	A.2.14	A.2.15 W	A.2.16 W	A.2.17 S	A.2.18 P
A.2.19 F	A.2.20 F	A.2.21 CO_2	A.2.22 H	A.2.23	A.2.24
A.2.25 IG	A.2.26 F	A.2.27 W	A.2.28 F 6 L	A.2.29 F 50 L	A.2.30

表 1（续）

A. 2. 31	A. 2. 32	A. 2. 33	A. 2. 34	A. 2. 35	A. 2. 36
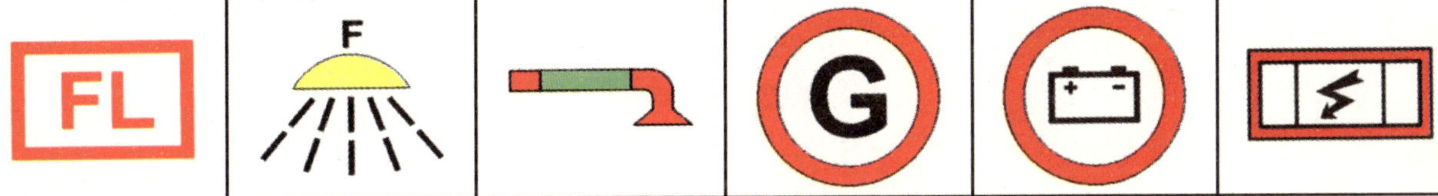					
A. 2. 37	A. 2. 38	A. 2. 39	A. 2. 40	A. 2. 41	A. 2. 42

A. 2. 43	A. 2. 44	A. 3. 1	A. 3. 2	A. 4. 1	A. 4. 2
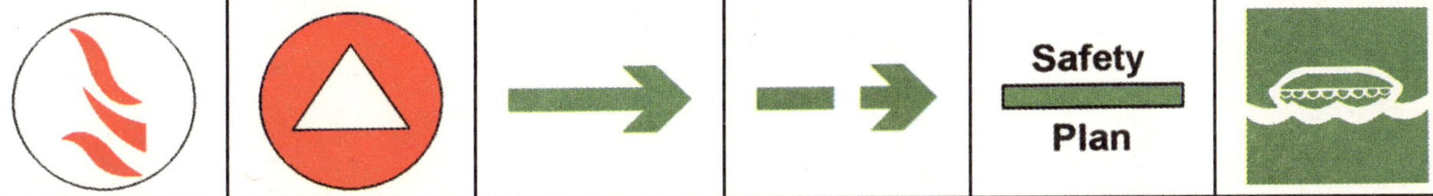					
A. 4. 3	A. 4. 4	A. 4. 5	A. 4. 6	A. 4. 7	A. 4. 8

A. 4. 9	A. 4. 10	A. 4. 11	A. 4. 12	A. 4. 13	A. 4. 14

A. 4. 15	A. 4. 16	A. 4. 17	A. 4. 18	A. 4. 19	A. 4. 20

A. 4. 21	A. 4. 22	A. 4. 23	A. 4. 24	A. 4. 25	A. 4. 26

A. 4. 27	A. 4. 28	A. 4. 29			

附 录 A
（规范性附录）
布置图用图形符号

A.1 防火结构符号

船舶防火结构符号见表 A.1。

表 A.1 船舶防火结构符号表

序号	符号	指示物	使用方法
A.1.1		A 级分隔	—
A.1.2		B 级分隔	—
A.1.3		主竖区	—
A.1.4	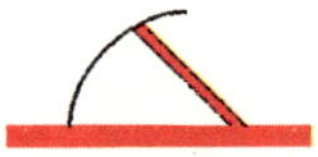	A 级铰链防火门	该符号应位于门的位置，且标明门的正确开启方向。若是水密门，应在符号的右边增加字母“WT”。若是半水密门，应在符号的右边增加字母“SWT”
A.1.5	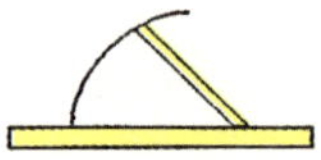	B 级铰链防火门	该符号应位于门的位置，且标明门的正确开启方向。若是水密门，应在符号的右边增加字母“WT”。若是半水密门，应在符号的右边增加字母“SWT”
A.1.6		A 级铰链自动防火门	该符号应位于门的位置，且标明门的正确开启方向。若是水密门，应在符号的右边增加字母“WT”。若是半水密门，应在符号的右边增加字母“SWT”
A.1.7	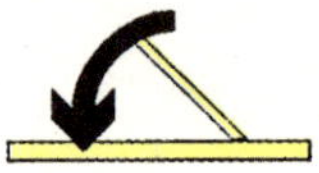	B 级铰链自动防火门	该符号应位于门的位置，且标明门的正确开启方向。若是水密门，应在符号的右边增加字母“WT”。若是半水密门，应在符号的右边增加字母“SWT”
A.1.8		A 级滑移防火门	该符号应位于门的位置，且标明门的正确开启方向。若是水密门，应在符号的右边增加字母“WT”。若是半水密门，应在符号的右边增加字母“SWT”
A.1.9		B 级滑移防火门	该符号应位于门的位置，且标明门的正确开启方向。若是水密门，应在符号的右边增加字母“WT”。若是半水密门，应在符号的右边增加字母“SWT”
A.1.10		A 级滑移自动防火门	该符号应位于门的位置，且标明门的正确开启方向。若是水密门，应在符号的右边增加字母“WT”。若是半水密门，应在符号的右边增加字母“SWT”

表 A.1（续）

序号	符号	指示物	使用方法
A.1.11	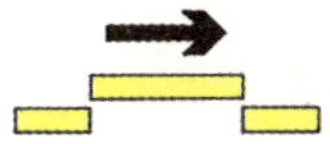	B级滑移自动防火门	该符号应位于门的位置，且标明门的正确开启方向。若是水密门，应在符号的右边增加字母“WT”。若是半水密门，应在符号的右边增加字母“SWT”
A.1.12		通风遥控装置或切断装置	符号圆形区域的颜色以及右方符号的含义如下： A—蓝色，表示船上的房间或服务性场所； M—绿色，表示机舱； C—黄色，表示货舱
A.1.13		天窗遥控装置	—
A.1.14	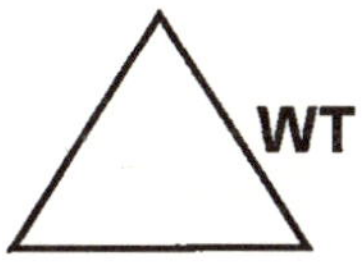	水密门或防火门遥控装置	在符号右方标注 WT 表示水密门遥控装置，标注 FD 表示防火门遥控装置
A.1.15	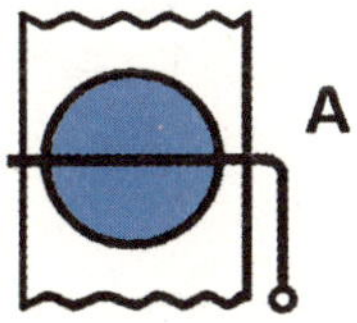	防火挡板	符号圆形区域的颜色以及右方符号的含义如下： A—蓝色，表示船上的房间或服务性场所； M—绿色，表示机舱； C—黄色，表示货舱。 挡板编号应标识于符号底部
A.1.16	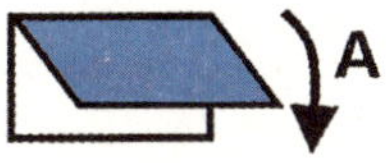	进风口或出风口关闭装置	符号圆形区域的颜色以及右方符号的含义如下： A—蓝色，表示船上的房间或服务性场所； M—绿色，表示机舱； C—黄色，表示货舱。 挡板编号应标识于符号底部
A.1.17	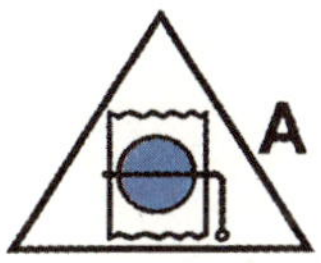	防火挡板遥控装置	符号圆形区域的颜色以及右方符号的含义如下： A—蓝色，表示船上的房间或服务性场所； M—绿色，表示机舱； C—黄色，表示货舱。 应标识有挡板编号
A.1.18	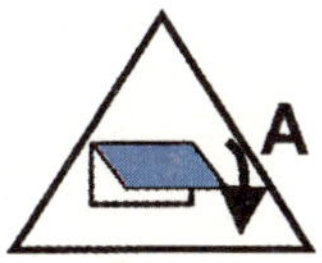	进风口或出风口关闭装置遥控装置	符号圆形区域的颜色以及右方符号的含义如下： A—蓝色，表示船上的房间或服务性场所； M—绿色，表示机舱； C—黄色，表示货舱。 应标识有关闭装置编号

A.2 消防设备符号

消防设备符号见表 A.2。

表 A.2 消防设备符号表

序号	符号	指示物	使用方法
A.2.1		消防设备或防火结构布置图	—
A.2.2	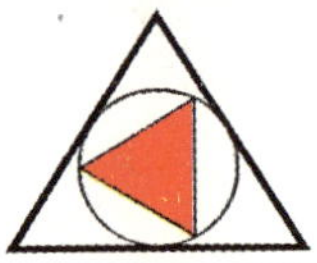	消防泵遥控装置	—
A.2.3	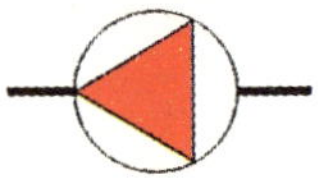	消防泵	每单位时间所传输液体的类型和数量以及压力朝向应被标识于符号右方或图例中
A.2.4		应急消防泵或由应急能源提供动力消防泵的遥控装置	—
A.2.5		应急消防泵	每单位时间所传输液体的类型和数量以及压力朝向应被标识于符号右方或图例中
A.2.6	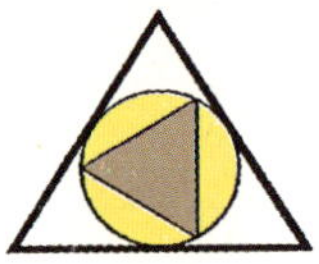	燃料泵遥控切断装置	—
A.2.7	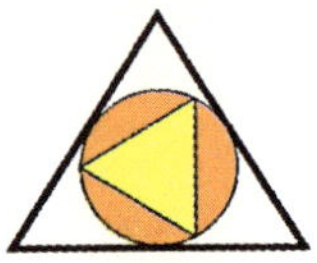	润滑油泵遥控切断装置	—
A.2.8		舱底泵遥控切断装置	—
A.2.9	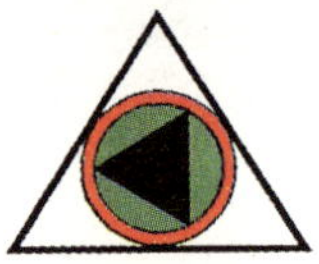	紧急舱底泵遥控装置	—
A.2.10	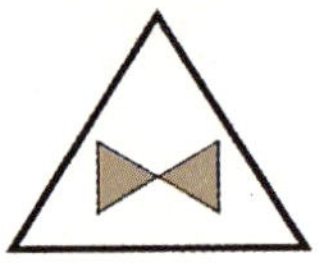	燃油阀遥控装置	—
A.2.11		润滑油阀遥控装置	—

表 A.2（续）

序号	符号	指示物	使用方法
A.2.12	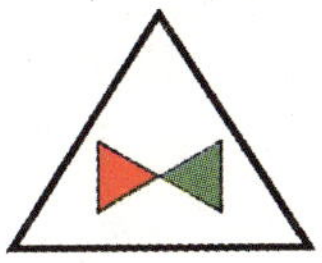	消防泵阀遥控装置	—
A.2.13	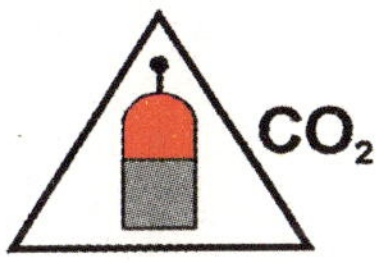	远程释放装置	标识于受保护处所的底部。应在符号较低的部分对灭火剂标以色标，并在符号右侧用字母标识，如下： 灰色—CO_2 表示二氧化碳、N 表示氮； 褐色—H 表示除 CO_2 和 N(被标识的气体类型)以外的气体； 白色—P 表示干粉； 绿色—W 表示水
A.2.14	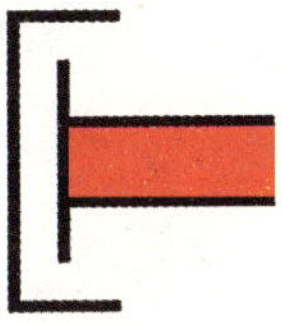	国际海岸接头	—
A.2.15	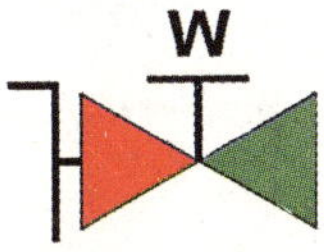	消防栓	—
A.2.16	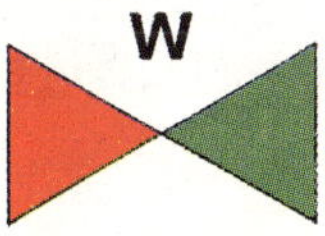	消防栓隔离阀	阀的相关数量标识于符号右侧
A.2.17	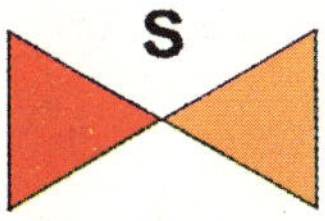	水喷淋灭火系统隔离阀	阀的相关数量标识于符号右侧。该符号也可用于相当的水灭火系统。自动干式水喷淋灭火系统用阀应标识于图中
A.2.18	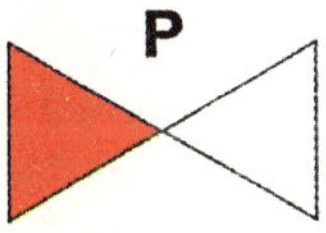	干粉灭火系统隔离阀	阀的相关数量标识于符号右侧
A.2.19	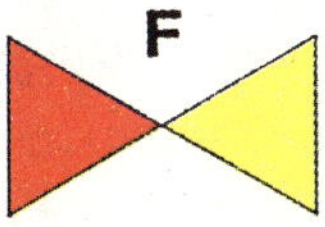	泡沫灭火系统隔离阀	阀的相关数量标识于符号右侧
A.2.20	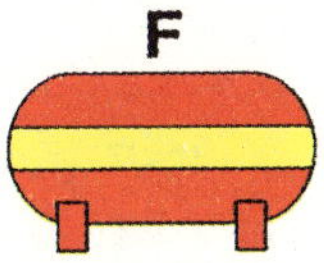	固定式灭火装置	应在符号的中间部分对灭火剂标以色标，并在符号上方用字母标识，如下： 灰色—CO_2 表示二氧化碳、N 表示氮； 黄色 F—表示泡沫； 褐色—H 表示除 CO_2 和 N(被标识的气体类型)以外的气体； 白色—P 表示干粉； 绿色—W 表示水

表 A.2（续）

序号	符号	指示物	使用方法
A.2.21		固定式灭火站	应在符号的中间部分对灭火剂标以色标，并在符号上方用字母标识，如下： 灰色—CO_2 表示二氧化碳、N 表示氮； 褐色—H 表示除 CO_2 和 N（被标识的气体类型）以外的气体； 白色—P 表示干粉； 绿色—W 表示水
A.2.22	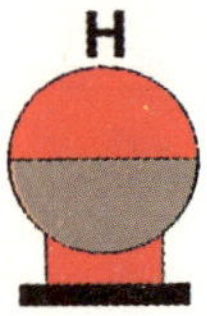	放置于安全区域的固定式灭火瓶	应在符号的中间部分对灭火剂标以色标，并在符号上方用字母标识，如下： 灰色—CO_2 表示二氧化碳、N 表示氮； 褐色—H 表示除 CO_2 和 N（被标识的气体类型）以外的气体； 白色—P 表示干粉； 绿色—W 表示水
A.2.23	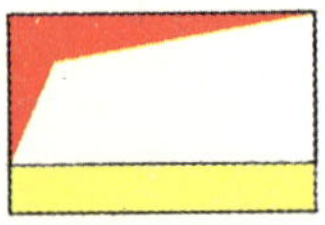	高膨胀泡沫罐	若需要，应在符号底部标识出受保护处所
A.2.24	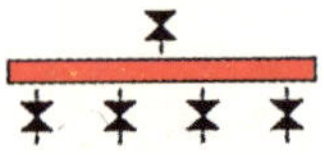	水喷淋系统阀	若需要，应在符号底部标识出受保护处所
A.2.25		惰性气体装置	—
A.2.26		消防炮	应在符号的中间部分对灭火剂标以色标，并在符号上方用字母标识，如下： 黄色—F 表示泡沫；白色—P 表示干粉；绿色—W 表示水
A.2.27		消防水龙带和喷嘴	管子长度标识于符号右侧；若仅使用一种管型，应在图中说明相关信息。在符号的较低部分对灭火剂标以色标，并在符号上方用字母标识，如下： 黄色—F 表示泡沫；白色—P 表示干粉；绿色—W 表示水
A.2.28	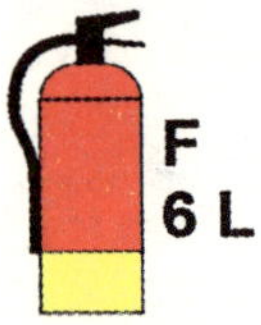	灭火器	在符号右侧标明灭火剂类型［CO_2 表示二氧化碳，F 表示泡沫，H 表示除 CO_2（被标识的气体类型）以外的气体，P 表示干粉，W 表示水］和容量（气体和干粉用 kg，水和泡沫用 L）。在符号的较低部分对灭火剂标以色标，并在符号上方用字母标识，如下： 黄色—F 表示泡沫；白色—P 表示干粉；绿色—W 表示水

表 A.2（续）

序号	符号	指示物	使用方法
A.2.29		舟车式灭火器	在符号右侧标明灭火剂类型［CO_2 表示二氧化碳，F 表示泡沫，H 表示除 CO_2（被标识的气体类型）以外的气体，P 表示干粉，W 表示水］和容量（气体和干粉用 kg，水和泡沫用 L）。在符号的较低部分对灭火剂标以色标，并在符号上方用字母标识，如下： 黄色—F 表示泡沫；白色—P 表示干粉；绿色—W 表示水
A.2.30		手提式泡沫喷口装置或相关备用箱	—
A.2.31		消防员装备箱	消防员装备箱的相关数量标识于符号右侧
A.2.32		水喷淋灭火系统保护下的处所	在符号上方标明灭火剂类型［CO_2 表示二氧化碳，F 表示泡沫，H 表示除 CO_2（被标识的气体类型）以外的气体，P 表示干粉，W 表示水］和容量（气体和干粉用 kg，水和泡沫用 L）。对于固定式的局部消防系统应增加后缀“L”。在符号中对灭火剂标以色标如下：灰色表示二氧化碳；黄色表示泡沫；褐色表示除 CO_2 以外的其他气体；白色表示干粉；绿色表示水；橙色表示洒水装置或高压水灭火系统
A.2.33	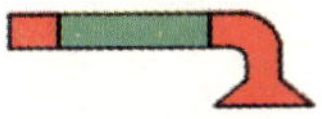	水雾喷口	—
A.2.34		电力系统应急电源（发电机）	—
A.2.35		电力系统应急电源（蓄电池）	—
A.2.36		应急配电盘	—

表 A.2（续）

序号	符号	指示物	使用方法
A.2.37	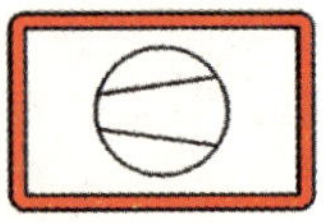	呼吸器充填装置	—
A.2.38	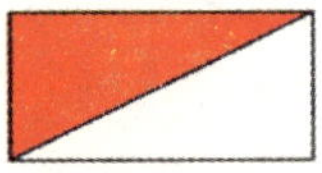	火灾探测和报警系统控制面板	—
A.2.39		紧急警报按钮/开关	—
A.2.40		手动报警点	在权威的有效判断下可选择使用本符号
A.2.41		烟感探测器探测处所或处所群	应标明探测处所(群)
A.2.42		热感探测器探测处所或处所群	应标明探测处所(群)
A.2.43		热感探测器探测处所或处所群	应标明探测处所(群)
A.2.44		气体探测器探测处所或处所群	—

A.3 逃生路线符号

逃生符号见表 A.3。

表 A.3 逃生符号表

序号	符号	指示物	使用方法
A.3.1		主逃生路线	—
A.3.2		辅助逃生路线	—

A.4 救生设备符号

救生设备符号见表 A.4。

表 A.4 救生设备符号表

序号	符号	指示物	使用要求
A.4.1		救生设备布置图和逃生路线	应确定所处位置
A.4.2		救生艇	搭乘位置的相关编号应标识于符号右侧。若图例中未标识救生艇的容量，则应标识于该符号的下方
A.4.3		援助艇	搭乘位置的相关编号应标识于符号右侧。该符号也可用于快速援助艇
A.4.4		救生筏	—
A.4.5		吊放式救生筏	—
A.4.6		救生圈	—

表 A.4（续）

序号	符号	指示物	使用要求
A.4.7		带浮索救生圈	—
A.4.8		带自亮浮灯救生圈	—
A.4.9		带自亮浮灯和烟雾信号救生圈	—
A.4.10		救生衣	—
A.4.11		儿童救生衣	—
A.4.12		集合点	集合点的相关字母应标识于符号右侧
A.4.13		搜寻援救异频雷达收发机(SART)	—
A.4.14		救生艇遇难信号	—

表 A.4（续）

序号	符号	指示物	使用要求
A.4.15		火箭降落伞信号	—
A.4.16		抛绳器	—
A.4.17		双向 VHF 无线电话装置	—
A.4.18		紧急示位无线电信标	—
A.4.19		搭载梯或替代装置	—
A.4.20		水上疏散系统（滑行式）	系统的相关编号应标识于符号右侧。若图例中未标识救生艇的容量，则应标识于该符号的下方
A.4.21		水上疏散系统（斜道式）	系统的相关编号应标识于符号右侧。若图例中未标识救生艇的容量，则应标识于该符号的下方
A.4.22		浸水服	浸水服的存储数量应标识于符号右侧

表 A.4（续）

序号	符号	指示物	使用要求
A.4.23		自动防护服(AES)	AES 的存储数量应标识于符号右侧
A.4.24		保温用具(TPA)	TPA 的存储数量应标识于符号右侧
A.4.25		担架	—
A.4.26		医疗急救箱	—
A.4.27		紧急脱险呼吸装置(EEBD)	EEBD 的存储数量应标识于符号右侧
A.4.28		紧急电话	—
A.4.29		安全设备箱	安全设备箱的相关编号应标识于符号右侧

附　录　B
（资料性附录）
布置图举例

B.1　防火布置图举例见图 B.1。

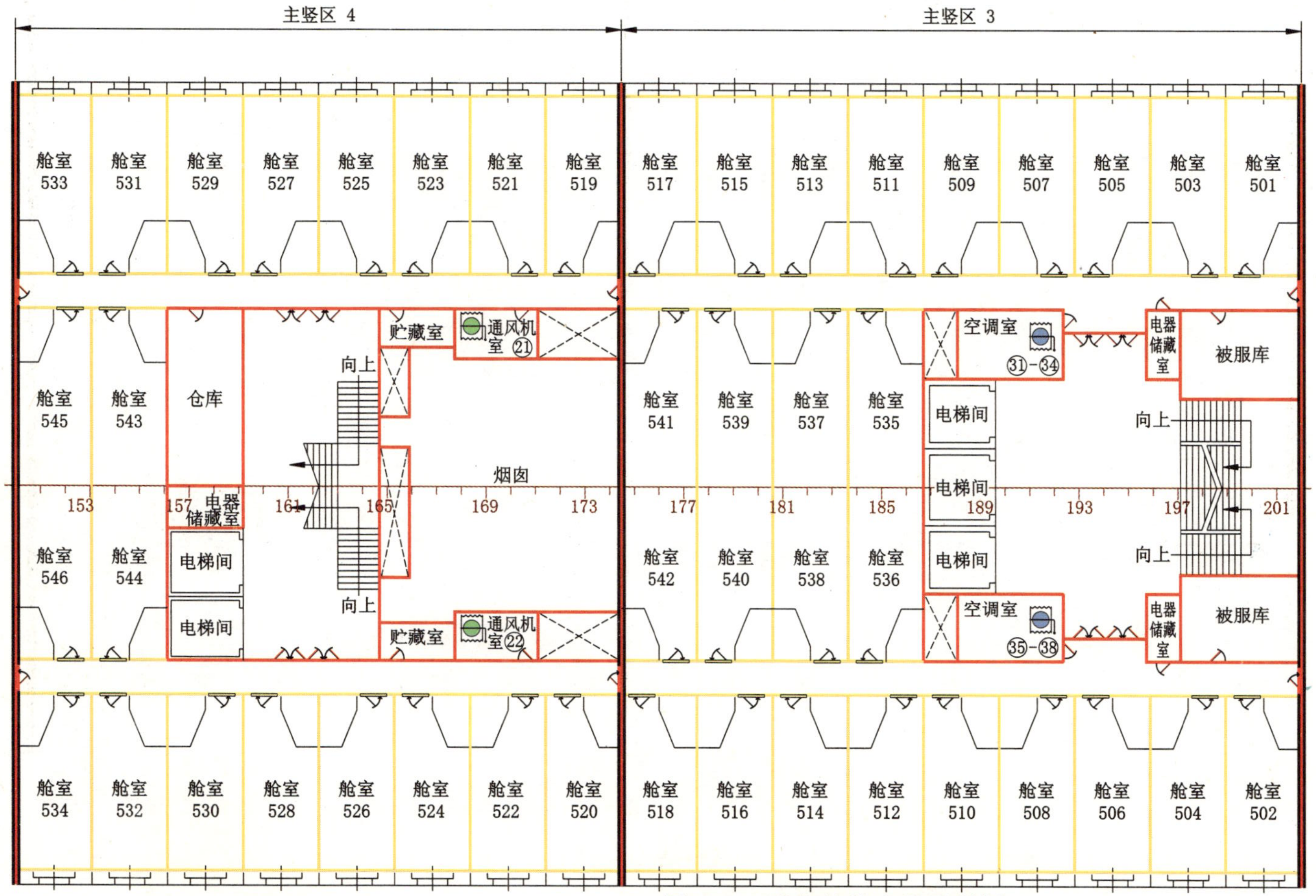

图例	
符号	描　述
	生活区防火挡板
	机舱区防火挡板
	主垂区
	A级分隔
	B级分隔
	A级铰链防火门
	B级铰链防火门
	A级铰链防火自动门
	B级铰链防火自动门

生活区防火挡板		
序号	位　置	保护区域
㉛	左舷空调室	舱室 501-517
㉜	左舷空调室	舱室 519-533
㉝	左舷空调室	舱室 502-510
㉞	左舷空调室	舱室 512-516
㉟	右舷空调室	舱室 541-557
㊱	右舷空调室	舱室 559-573
㊲	右舷空调室	舱室 542-548
㊳	右舷空调室	舱室 550-552

机舱区防火挡板		
序号	位　置	保护区域
㉑	左舷风机室	机舱
㉒	右舷风机室	机舱

图 B.1　防火结构布置图举例

B.2 消防设备布置图举例见图 B.2。

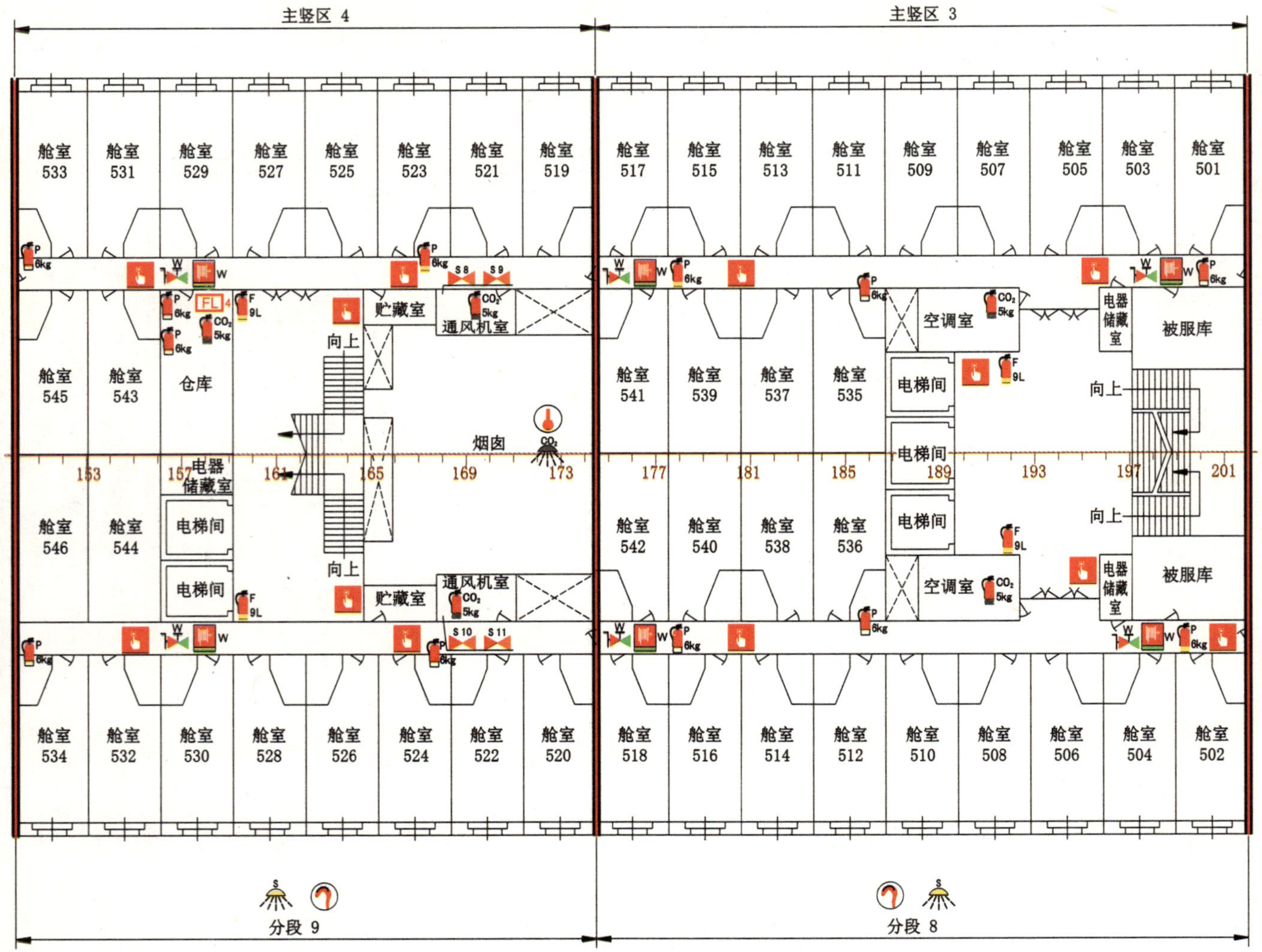

图例		
符号	数量	描述
	6	消防栓
	6	消防水龙带和喷嘴
	4	9 L 泡沫灭水器
	12	6 kg 干粉灭火器
	5	5 kg 二氧化碳灭火器
FL	1	消防员装备箱(见下面详细列表)
	–	水喷淋灭火系统保护下的处所
	1	二氧化碳灭火系统保护下的处所
	4	水喷淋灭火系统隔离阀
	–	主竖区
	12	手动报警点
	–	烟感探测器探测处所
	1	热感探测器探测处所

FL 4	消防员装备箱
序号	描述
4	防护服
4	手套（双）
4	靴子（双）
4	头盔
4	消防电灯
4	消防斧
4	带有抓钩和安全绳的腰带
4	呼吸器
4	呼吸器备用气瓶

图 B.2 消防设备布置图举例

B.3 逃生路线布置图举例见图 B.3。

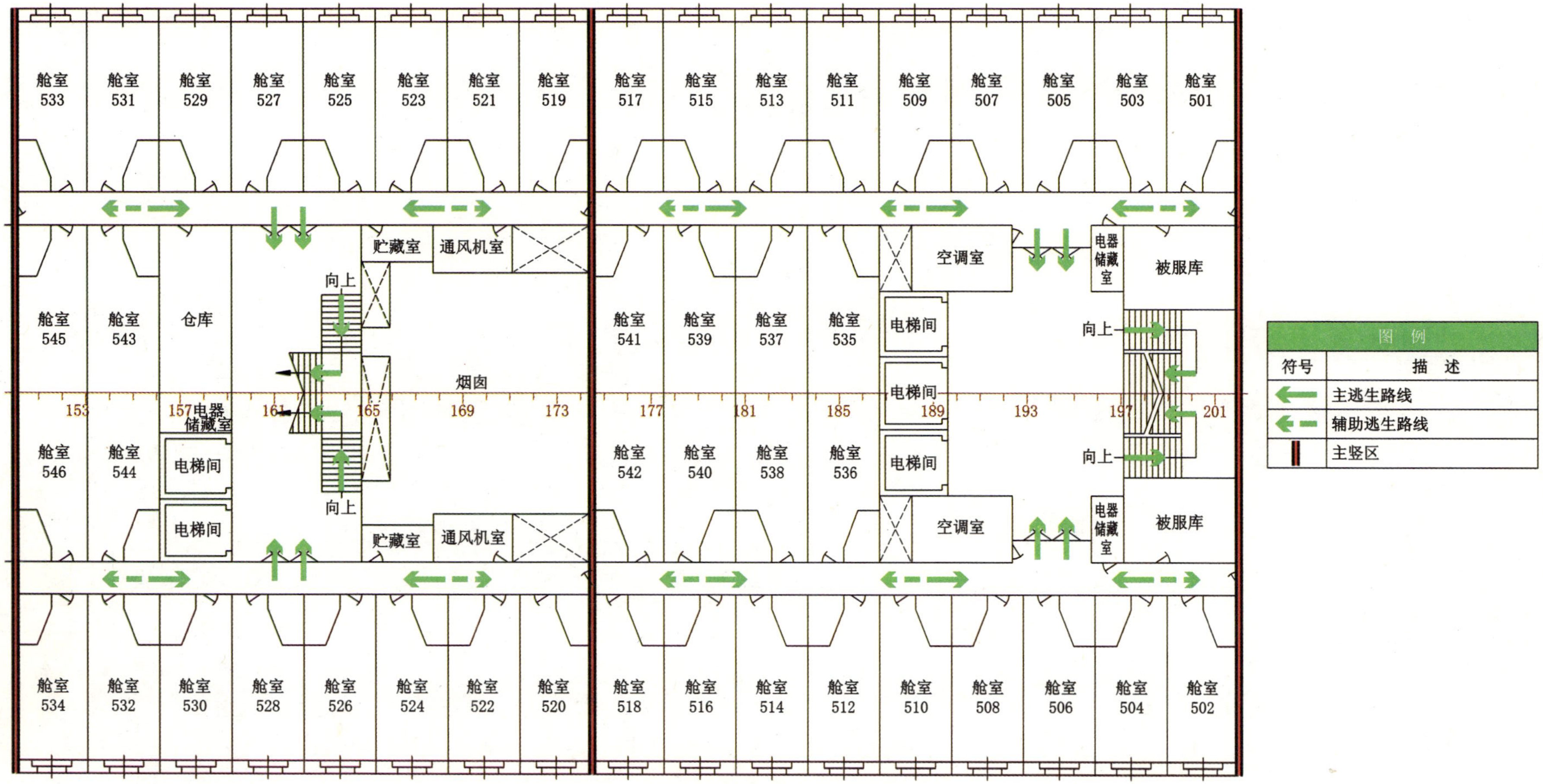

图 B.3 逃生路线布置图举例

B.4 救生设备安全布置图举例见图 B.4。

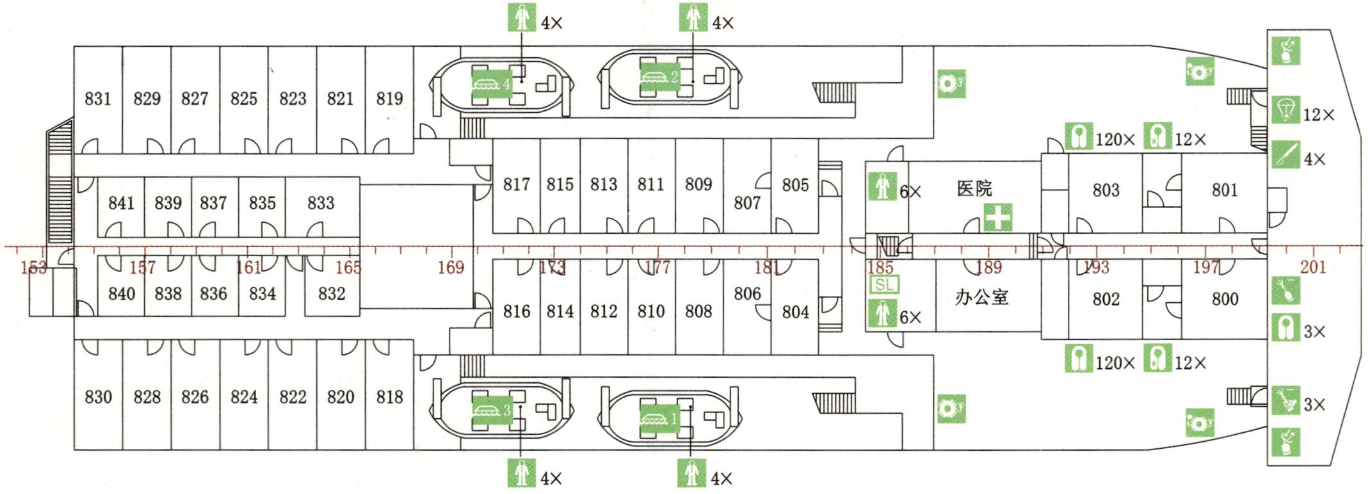

图例		
符号	数量	描　述
	4	救生艇
	2	带自亮浮灯救生圈
	2	带自亮浮灯和烟雾信号救生圈
	240	救生衣
	24	儿童救生衣
	2	搜寻援救异频雷达收发机
	4	抛绳器
	12	火箭降落伞信号
	3	双向VHF无线电话设备
	1	紧急示位无线电信标
	28	浸水服
	1	医疗急救箱

SL	安全设备箱
2	担架
2	医疗急救箱
2	救生绳索

图 B.4　救生设备布置图举例

索　引

参 考 文 献

[1] 1974 年国际海上人命安全公约(SOLAS)及修正案和 IMO. MSC. 99(73)号决议

[2] IMO MSC/circular 451(1986.09.25) 关于近岸消防员援助用防火控制布置图位置的指导

[3] IMO A.654(16)号决议(应用日期 1989.09.19) 船舶防火控制符号

[4] IMO MSC/circular 699(1995.06.17) 客船安全指示修正方针

[5] IMO A.756(18)号决议(应用日期 1993.11.03) 关于《海上安全公约》第Ⅱ-2/20 和 41-2 条要求的防火控制图和小册子一起提供的资料的指南

[6] IMO A.757(18)号决议(应用日期 1993.11.04) 客船逃生通道的梯道宽度设计标准

[7] IMO A.760(18)号决议(修订案) 与救生设备和装备有关的符号

[8] ISO 3864:1984 安全颜色和标识

[9] ISO 4196:1984 图形符号 箭头的使用

[10] ISO 6309:1987 防火 安全标识

[11] GB 3033.1 船舶和海上技术 管路系统内含物的识别颜色 第 1 部分:主颜色和介质(ISO 14726-1,IDT)

[12] GB 3033.2 船舶和海上技术 管路系统内含物的识别颜色 第 2 部分:不同介质和(或)功能的附加颜色(ISO 14726-2,IDT)

ICS 23.100.60
J 20

中华人民共和国国家标准

GB/T 21486—2008/ISO 11170:2003

液压滤芯　检验性能特性的试验程序

Hydraulic fluid power—Filter elements—Sequence of tests for verifying performance characteristics

(ISO 11170:2003,IDT)

2008-03-05 发布　　2008-08-01 实施

中华人民共和国国家质量监督检验检疫总局
中国国家标准化管理委员会　发布

前　言

本标准等同采用国际标准 ISO 11170:2003《液压传动　滤芯　检验性能特性的试验程序》(英文版)制定。

本标准与 ISO 11170:2003 在技术内容上相同,但存在以下差异:

——在“2　规范性引用文件”一章,以现行国家标准代替相应的国际标准;

——将过滤效率改为过滤比;

——删除了 ISO 11170:2003 中的参考文献;

——对引言中的语句顺序做了必要的编辑性调整。

本标准由中国机械工业联合会提出。

本标准由全国液压气动标准化技术委员会(SAC/TC 3)归口。

本标准负责起草单位:新乡市平菲滤清器有限公司。

本标准参加起草单位:铁道部产品质量监督检验中心、铁道科学研究院机车车辆研究所、黎明液压有限公司、北京化工大学、航空工业过滤与分离机械产品质量监督检测中心。

本标准主要起草人:吕寄中、韩性民、王绍青、唐松柏、卢文辉、叶萍、周荣锋、李方俊、路红。

引　言

在液压传动系统中，功率是借助于密闭回路中的受压液体来传递和控制的。该液体既是润滑剂又是功率传递介质。固体颗粒污染物的存在必然降低该液体的润滑性而引起元件磨损。污染颗粒的大小直接影响到液压系统工作的可靠性，因此必须控制在允许的范围内。

为实现上述目的，可采用不同方法，方法之一是利用装在过滤器壳体中的滤芯进行过滤。滤芯是一个具有实际过滤功能的可渗透性元件。壳体和滤芯的组合体称为过滤器，过滤器可以通过滤除固体污染颗粒来控制液体污染等级。

滤芯的性能必须通过试验测得，目前我国已制定了一系列相关国家标准（见第 2 章）。为保证滤芯使用的可靠性，这些国家标准中的大部分试验方法（不一定是全部）可以用于检验滤芯的性能特性。

本标准以现行国家标准为基础，规定了检验滤芯性能特性的试验程序。

液压滤芯　检验性能特性的试验程序

1　范围

本标准规定了检验滤芯性能特性的常规试验程序，用于检验滤芯的液压、机械和过滤特性。

本标准不适用于对特殊要求或特定工作条件下的滤芯进行合格性验证。如果要进行这些验证，需制定专用的试验程序，包括实际使用条件(例如工作液体)。

本标准规定的试验程序适用于液压油液或化学性质相似的液体。

2　规范性引用文件

下列文件中的条款通过本标准的引用而成为本标准的条款。凡是注日期的引用文件，其随后所有的修改单(不包括勘误的内容)或修订版均不适用于本标准，然而，鼓励根据本标准达成协议的各方研究是否可使用这些文件的最新版本。凡是不注日期的引用文件，其最新版本适用于本标准。

GB/T 14039—2002　液压传动　油液　固体颗粒污染等级代号(ISO 4406:1999,MOD)

GB/T 14041.1　液压滤芯　结构完整性验证和初始冒泡点的确定(GB/T 14041.1—2007,ISO 2942:2004,IDT)

GB/T 14041.2—2007　液压滤芯　材料与液体相容性检验方法(ISO 2943:1998,IDT)

GB/T 14041.3　液压滤芯抗破裂性检验方法(GB/T 14041.3—1993,eqv ISO 2941:1974)

GB/T 14041.4　液压滤芯额定轴向载荷检验方法(GB/T 14041.4—1993, eqv ISO 3723:1976)

GB/T 17446　流体传动系统及元件　术语(GB/T 17446—1998,idt ISO 5598:1985)

GB/T 17486　液压过滤器　压降流量特性的评定(GB/T 17486—2006,ISO 3968:2001,IDT)

GB/T 17488　液压滤芯　流动疲劳特性的验证(GB/T 17488—1998,idt ISO 3724:1976)

GB/T 18853　液压传动过滤器　评定滤芯过滤性能的多次通过方法(GB/T 18853—2002,ISO 16889:1999,MOD)

3　术语和定义

GB/T 17446 确立的术语和定义适用于本标准。

4　试验样件

选择的试验用滤芯应是具有代表性的普通库存产品中同一型号的滤芯。

有些试验具有破坏性或使得滤芯不再适合后续试验，因此，需准备充足的滤芯。完成本标准规定的试验程序，最少需要三个试验滤芯。

5　试验程序

5.1　概述

5.1.1　通过本标准规定的试验程序，可以提供下列滤芯特性数据：

a)　结构完整性(见 GB/T 14041.1)；

b)　材料与液体相容性(见 GB/T 14041.2)；

c)　过滤比(见 GB/T 18853)；

d)　纳污容量(见 GB/T 18853)；

e)　抗破裂额定压力(见 GB/T 14041.3)；

f) 压降流量特性(见 GB/T 17486);

g) 流动疲劳特性(见 GB/T 17488);

h) 额定轴向载荷(见 GB/T 14041.4)。

5.1.2 试验应按照图 1(滤芯编号方式见 5.2.4)的程序进行,并符合表 1 的要求。

注:排列顺序的目的是以最少的试验次数完成试验程序。

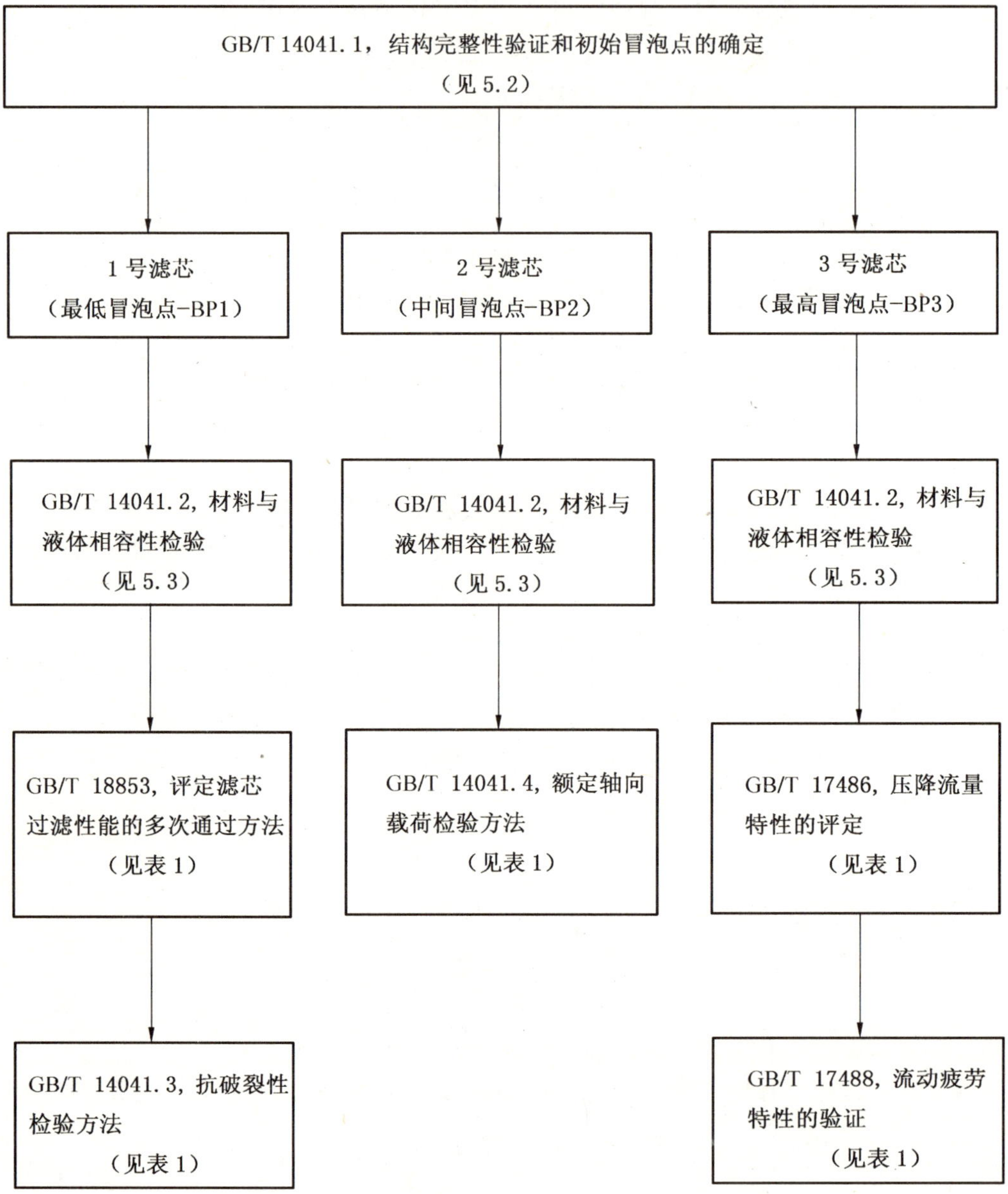

图 1 试验程序

表 1　结构完整性及材料相容性试验以外的试验要求

试验项目	试验规程	验收标准或报告的数据
1 号滤芯(BP1)		
过滤比	见 GB/T 18853	以 μm(c)为单位的颗粒尺寸，适用于 GB/T 18853 规定的 β_x(c)值
纳污量	见 GB/T 18853	C_R 值
抗破裂性	见 GB/T 14041.3，初次结构完整性试验除外	无可视的结构、密封和滤材方面的损坏；随着污染物的增加，压降曲线斜率没有突然下降
	见 GB/T 14041.1	验证结构完整性
2 号滤芯(BP2)		
额定轴向载荷	见 GB/T 14041.4，初次结构完整性试验除外	无可视的结构、密封和滤材方面的损坏
	见 GB/T 14041.3，初次结构完整性试验除外	随着污染物的增加，压降曲线斜率没有突然下降
	见 GB/T 14041.1	验证结构完整性
3 号滤芯(BP3)		
压降流量特性	见 GB/T 17486	压降-流量曲线图
流动疲劳特性	见 GB/T 17488，初次结构完整性试验除外	无可视的结构、密封和滤材方面的损坏
	见 GB/T 14041.3，初次结构完整性试验除外	随着污染物的增加，压降曲线斜率没有突然下降
	见 GB/T 14041.1	验证结构完整性

5.2　结构完整性试验

5.2.1　按照 GB/T 14041.1 检验三个滤芯的结构完整性，凡检验不合格的滤芯应取消进一步试验的资格。

5.2.2　记录每个滤芯初始冒泡点的压力值。

5.2.3　将滤芯在烘箱烘干或在通风良好的合适场所风干，推荐使用烘箱烘干。

警告：当烘干用低闪点溶剂浸洗过的滤芯时，需要注意安全。

5.2.4　按照初始冒泡点压力值顺序标识三个滤芯。初始冒泡点压力值最低的滤芯确定为 1 号(BP1)，压力值最高的滤芯确定为 3 号(BP3)，使初始冒泡点压力值满足 BP1＜BP2＜BP3。

确保这些标记与滤芯上的其他标记不冲突。

5.3　材料相容性检验

警告：该项试验应充分考虑本地区的安全要求。

5.3.1　按照 GB/T 14041.2 中 5.4 的要求，浸没滤芯。

5.3.2　对滤芯目测检查，其结构、密封和过滤材料应无损坏。任何因试验受到损坏的滤芯，将取消进一步试验的资格。

5.3.3　将滤芯浸没在过滤后的溶剂中进行清洗，清洗 3 次，每次 10 min。该溶剂与以前的试验液及初始冒泡点试验液相容并可混合，其污染度等级应低于或等于 GB/T 14039 规定的—/11/9 级。然后用经过 0.8 μm 滤膜过滤后的相同溶剂，以喷射方式清洗滤芯的全部内、外表面。尽量小心地完成清洗操作，以避免损坏滤芯。

应避免使用针形喷射器，因为针形喷射器可能损坏过滤材料，推荐使用扇形喷射器。

5.3.4　按照 5.2.3 干燥滤芯

5.3.5 按照 GB/T 14041.1 逐件检验三个滤芯的结构完整性，达不到标准要求的滤芯，将取消进一步试验的资格。记录所有损坏的滤芯，并继续其他滤芯的试验。

5.3.6 记录每个滤芯初始冒泡点的压力值。

5.3.7 按照 5.2.3 干燥滤芯。

5.4 其他试验

以图 1 规定的程序并按照表 1 的要求，对 1、2、3 号滤芯完成剩余的试验。三个滤芯的试验顺序并不重要(例如 2 号滤芯可以在 1 号滤芯前试验)，但每个滤芯的试验程序应按照图 1 的规定进行。

6 试验报告

按照完成的每项试验所执行的相应标准的报告要求，准备试验报告。试验报告应包括所有指定的各项试验报告和相关试验数据。

7 标注说明(引用本标准时)

当选择完全遵守本标准时，可在试验报告、产品目录和销售文件中采用以下说明：“检验液压滤芯性能特性的试验程序符合 GB/T 21486—2008《液压滤芯　检验性能特性的试验程序》”。

ICS 17.160
J 04

中华人民共和国国家标准

GB/T 21487.1—2008/ISO 10817-1:1998

转轴振动测量系统　第1部分：径向振动的相对和绝对检测

Rotating shaft vibration measuring systems—Part 1: Relative and absolute sensing of radial vibration

(ISO 10817-1:1998,IDT)

2008-03-05 发布　　2008-08-01 实施

中华人民共和国国家质量监督检验检疫总局
中国国家标准化管理委员会　发布

前　言

GB/T 21487《转轴振动测量系统》由以下部分组成：

——第1部分：径向振动的相对与绝对检测；

——第2部分：信号处理。

本部分是GB/T 21487的第1部分。

本部分等同采用ISO 10817-1:1998《转轴振动测量系统　第1部分：径向振动的相对和绝对检测》(英文版)。

本部分等同翻译ISO 10817-1:1998。

为了便于使用，本部分作了下列编辑性修改：

——用“本部分”代替“本国际标准”；

——用小数点“.”代替作为小数点的逗号“，”；

——删去了国际标准的前言。

——对ISO 10817-1:1998中引用的其他国际标准，有被等同采用为我国标准的，用我国标准代替对应的国际标准，未被等同采用为我国标准的直接引用国际标准。

本部分的附录A和附录B是资料性附录。

本部分由中国机械工业联合会提出。

本部分由全国机械振动与冲击标准化技术委员会归口。

本部分起草单位：郑州机械研究所、武汉理工大学。

本部分主要起草人：潘文峰、吴青、王珊燕、张刚、杨建国、严新平。

转轴振动测量系统　第1部分：径向振动的相对和绝对检测

1　范围

GB/T 21487 的本部分给出了如何得到可再现测量结果的细则，以便根据 GB/T 11348 系列标准对转轴振动进行监测和评价。因此，它主要与大型机器的转轴振动测量有关(例如：汽轮发电机组、燃气轮机组、工业汽轮机组、水轮机组)。

GB/T 21487 的本部分适用于转轴径向振动的绝对和相对检测系统。它包括检测装置(即传感器)、信号适调器、连接方法和校准程序。

2　规范性引用文件

下列文件中的条款通过 GB/T 21487 的本部分的引用而成为本部分的条款。凡是注日期的引用文件，其随后所有的修改单(不包括勘误的内容)或修订版均不适用于本部分，然而，鼓励根据本部分达成协议的各方研究是否可使用这些文件的最新版本。凡是不注日期的引用文件，其最新版本适用于本部分。

GB/T 11348.1—1999　旋转机械转轴径向振动的测量和评定　第1部分：总则(idt ISO 7919-1:1996)

GB/T 11348.5　旋转机械转轴径向振动的测量和评定　第5部分：水力发电厂和泵站机组(GB/T 11348.5—2002，idt ISO 7919-5:1997)

GB/T 14412　机械振动与冲击　加速度计的机械安装(GB/T 14412—2005，ISO 5348:1998，IDT)

GB/T 20485.1　振动和冲击传感器的校准方法　第1部分：基本概念(GB/T 20485.1—2008，ISO 16063-1:1998，IDT)

JJF 1059—1999　测量不确定度表示指南(GUM:1995，IDT，BIPM，IEC，IFCC，ISO，IUPAC，IUPAP，OIML)

ISO 683-1　热处理钢、合金钢和易切削钢　第1部分：直接硬化非合金和低合金锻钢

ISO 2041　振动与冲击　术语

ISO 4287　产品几何技术规范(GPS)　表面粗糙度：剖面法　术语、定义和表面粗糙度参数

ISO 5347　振动与冲击传感器的校准方法(所有部分)

ISO 7919-2　非往复式机器的机械振动　在旋转轴上测量和评价准则　第2部分：陆地安装的大型汽轮发电机组

ISO 7919-3　非往复式机器的机械振动　在旋转轴上测量和评价准则　第3部分：耦合的工业机器

ISO 7919-4　非往复式机器的机械振动　在旋转轴上测量和评价准则　第4部分：燃气轮机组

ISO 8042　描述惯性式传感器特性的规定

IEC 60068-2-6　环境测试　第2部分：测试　Fc 测试：振动(正弦)

IEC 60068-2-29　环境测试　第2部分：测试　Eb 测试和指南：连续冲击

IEC 60529:1989　包装提供的防护等级(IP 规范)

3 术语和定义

由 ISO 2041 给出的术语和定义适用于本部分。

4 转轴振动测量系统综述

评价转轴径向振动的测量系统可看作是由几个不同的子系统组成:用于相对或绝对振动测量的单个或多个传感器;信号适调器及连接电缆;在时域中,转轴上的测量位置相对于参考位置(例如鉴相器)的相位;以规定格式输出测量的信号处理器;显示测量结果的输出装置。这些子系统的相互关系如图 1 所示。ISO 10817-2 包含对信号分析及处理器的要求。

测量装置输出的信号 S_{ext} 可以由特殊系统和软件包处理,这些系统和软件包能提供分析和维修机器所需要的数据。这些系统和软件包不属于本部分要规定的内容。

通常用非接触式传感器测量轴的相对振动。转轴绝对振动可以通过非接触式的相对振动传感器与被放置在相对振动传感器位置上的绝对振动探头组合进行检测。这种绝对振动测量也可由惯性式传感器(例如骑轴式传感器)检测。

本部分仅涉及信号检测模块,见图 1。

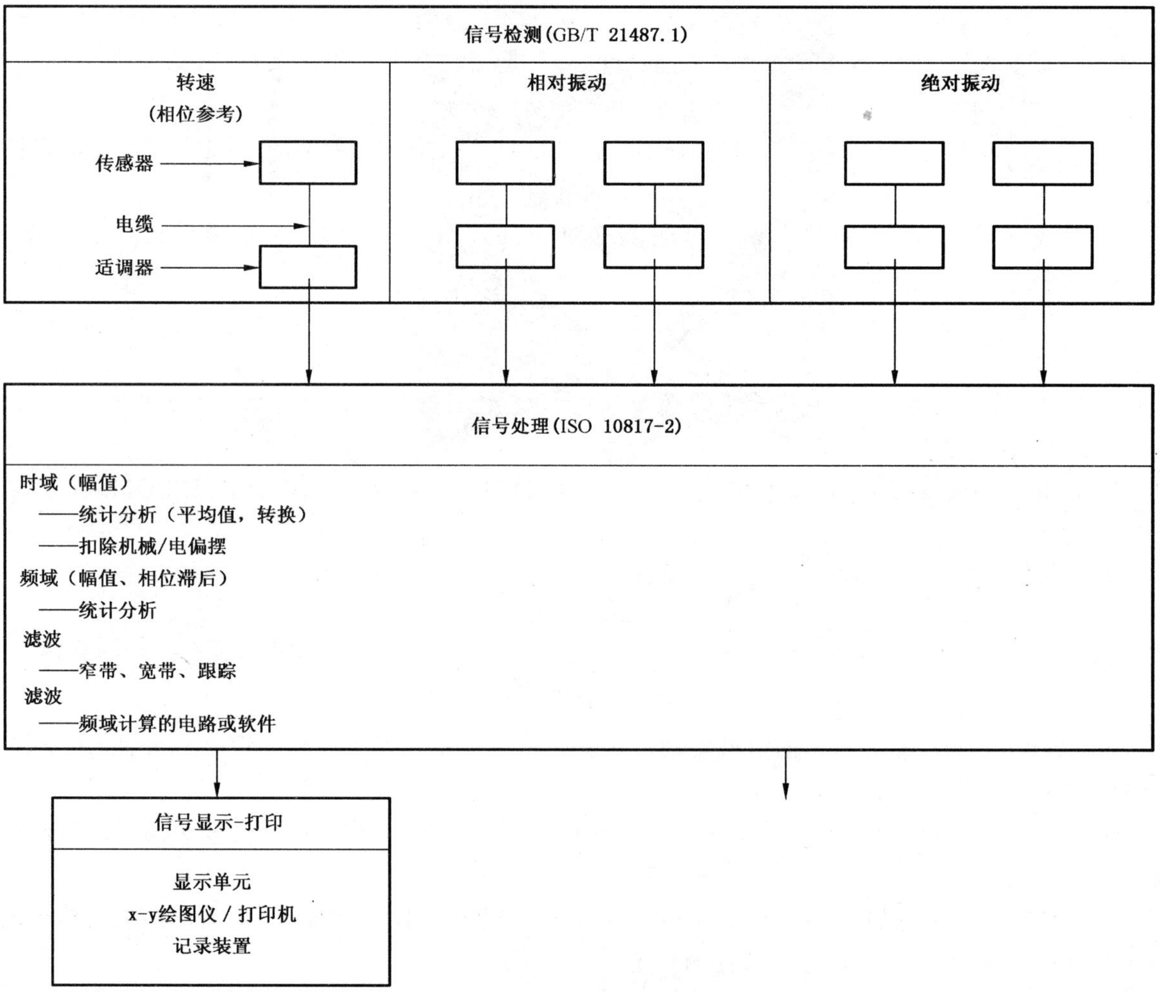

图 1 转轴测量系统结构

5 检测系统

5.1 转轴相对振动检测系统

5.1.1 引言

转轴相对振动传感器利用旋转轴上的某一位置与通常很靠近轴并与轴有距离的另一点之间的光程长度、电容或电感的变化测定瞬时相对位移。这个参考点(即转轴相对振动传感器的安装点)常常受到来自其他振源的振动影响。放置在非接触式传感器感应元件位置上的惯性传感器能够用来测定绝对振动值(见5.2)。

5.1.2 检测系统的一般结构

根据本部分的要求,转轴振动检测系统由相对位移传感器、电缆和合适的适调器组成(见图2)。

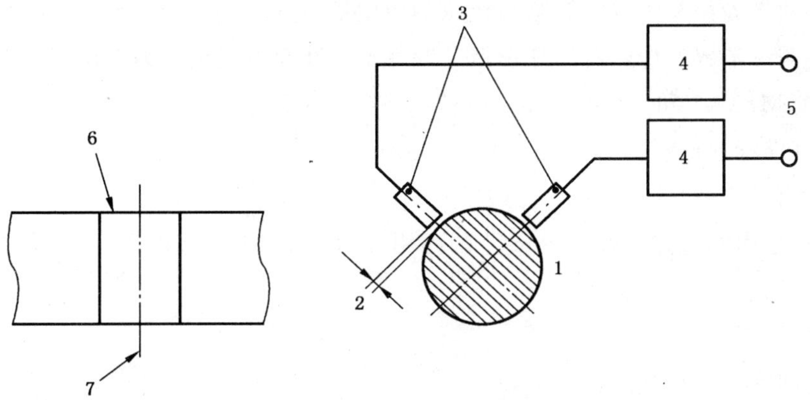

1——轴;
2——传感器与转轴之间的间距;
3——传感器;
4——适调器;
5——信号输出;
6——测量轨迹;
7——测量平面。

图2 在一平面内测量的轴振动测量系统

最好使用两个正交传感器来测定转轴的全部动态振动和平均位置(见图3)。两个传感器放置在同一测量平面内的两个垂直的测量方向上。通常对于一组机器有几个测量平面,每个测量平面都有一对测量装置。用于一个机组的所有测量设备组成的系统称作转轴振动测量系统。

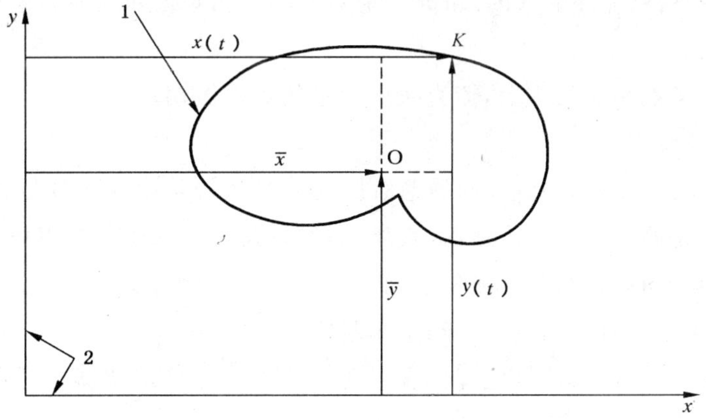

1——轴振动轨迹;
2——参照轴系;
O——轨迹的平均位置;
K——轴心的瞬时位置;
$\bar{x}$,$\bar{y}$——轴位移平均值;
$x(t)$,$y(t)$——轴位移随时间变化的交变值。

图3 轴的振动轨迹

依据测量方法，在传感器和信号处理仪器之间可能需要连接适调器。适调器既可以是一个独立的单元也可以是与传感器或信号处理系统集成一体。

GB/T 21487 本部分对指示仪器和记录装置没有提出要求。

5.1.3 运行范围

使用者至少应选用一个与 GB/T 11348 相应部分和(或)被评价的机器的技术要求相一致的传感器系统。输出信号的允差在第 6 章中给出。

5.1.4 特性说明

制造商应作如下说明：

——信号输出与被测目标和传感器之间的间隙成线性比例的范围；

——保持线性的作为频率函数的振幅与相位响应(见 6.2)；

——对应每一测量范围的传感器的外形尺寸和螺纹(推荐顶端直径为 5 mm，8 mm，18 mm 和螺纹为 M8×1，M10×1 和 M20×1)；

——电缆长度(推荐 5 m)；

——电源(推荐直流－24 V)；

——灵敏度(在适用的地方推荐：2 mm 范围内用 8 mV/μm，4 mm 范围用 4 mV/μm)；

——输出信号模式(电压—电流)；

——输出信号最大值；

——输出阻抗和容许的负载阻抗；

——温度等级；

——防护等级[依据 IEC 60529:1989 推荐 IP67(防尘，防临时浸没)]。

注：以上推荐的是通用工业标准。

5.2 轴绝对振动测量系统

5.2.1 简介

用来测量轴绝对振动的两种测量系统如下：

a) 使用绝对振动和相对振动组合测量系统。这个系统是由安置在同一结构上的惯性式传感器和轴相对位移传感器(非接触式的)组成。绝对振动和相对振动经适调输出求和后提供轴的绝对振动测量。

b) 惯性传感器安装在轴振触头上，能直接测量轴的绝对振动。

5.2.2 检测系统的一般结构

依据 GB/T 21487 的本部分的要求，轴的绝对振动测量系统是由两组惯性式传感器和非接触式传感器(非接触测量)或者是两个骑轴式传感器(直接测量)以及合适的适调器组成(见图 4 和图 5)。

两个传感器组件沿径向放置在一个测量平面内正交的两个测量方向上。通常，在一个机组中有几个测量平面，每个测量平面内有一个或两个轴检测装置。

依据这种测量方法，传感器与信号处理仪表之间可能需要连接适调器。适调器既可以是一个独立的单元也可以与传感器集成在一起。

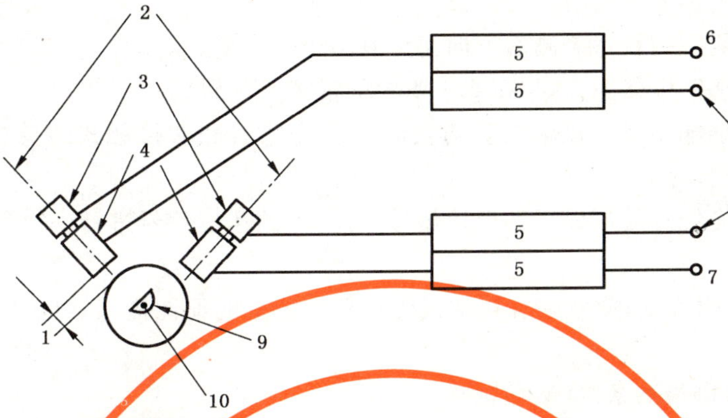

1——传感器与轴的间距；

2——测量轴线；

3——惯性式传感器；

4——非接触式传感器；

5——适调器；

6——方向 1；

7——方向 2；

8——信号输出；

9——转子截面中心的绝对进动轨迹；

10——轨迹的几何中心。

图 4 在一个测量平面内用非接触式传感器和惯性式传感器组合的轴绝对振动检测系统

1——信号适调器；

2——惯性式传感器；

3——机器结构；

4——轴振触头；

5——轴；

6——信号输出。

图 5 在一个测量平面内使用惯性式传感器和轴振触头组件的轴绝对振动检测系统

5.2.2.1 惯性式和非接触式组合检测系统

惯性式和非接触式组合检测装置是由两组传感器组成。每组传感器由一个非接触相对位移传感器（如 5.1 中描述的）和一个绝对惯性传感器组成，两个传感器紧密地安装在同一刚性结构上，两者的灵敏轴线应当同轴或平行，以确保两个传感器经受相同的结构绝对振动。它们经适调后求和就可提供轴绝对振动的测量。

轴绝对振动组合检测系统在每个测量方向至少有两个输出量：

a） 相对轴振动传感器位移输出，与在5.1.1中的描述是一致的；

b） 惯性式传感器的输出量。该输出量与安装惯性传感器和非接触式传感器的结构的振动速度或加速度成比例。

惯性传感器输出量应经过处理以得到位移信号（对输出的速度信号进行一次积分，或对输出加速度信号两次积分）。

根据GB/T 6075系列标准，放置在非接触式传感器位置上的惯性传感器也可测定非旋转部件的绝对振动值。

5.2.2.2 轴绝对振动直接检测系统（轴振触头）

一个轴绝对振动直接检测系统由两个传感器组件组成，每一组件有一个安装在轴振触头机构上的惯性式传感器，轴振触头机构能把轴振动传递给惯性式传感器。

轴绝对振动检测系统每个测量方向的输出应与其振动成比例，调理这个输出量能够准确地测量轴的绝对位移。用这种方法不能测量轴相对于结构的平均位置。还应该注意到各种限制，例如：表面速度和（或）轴振触头下方液体油膜的形成都限制了这种系统的频率范围。特别应注意确保轴振触头机构恰当地安装在机器结构上。

5.2.2.3 预防措施

用户宜选择最适于检测和解释机器的轴绝对振动的测量方法（非接触式或轴振触头）。传感器系统应至少符合GB/T 11348.1—1999的要求，并且（或者）满足被测机器的测量要求。对于惯性式传感器，应考虑传感器的附加质量对结构的影响（传感器质量与轴质量的关系）以及所用系统的最大不平衡。

用户应认识到：

a） 由于磨损引起的与轴接触减少的可能性；

b） 由于轴表面不恰当的接触压力（最典型的原因是负载弹簧的减弱或由于轴承箱体内部压力产生的反作用力）造成的与轴表面间断的或永久性的接触减少；

c） 杆的滑行振动；

d） 事实上不可能得到关于基本的轴中线位置的信息。

注：惯性式和非接触式组合检测系统由于两种测量电路可能发生的相位差常常出现错误。在实际中限制了这种组合的使用次数。在速度（加速度）信号与位移信号叠加之前，存在与速度通道与位移通道传递函数的差异，用户应考虑由此引起的可能出现的误差。

5.2.3 运行范围

对于以额定转速及被推荐的频率范围内的绝对轴振动及相对轴振动的振动幅值的评定准则在ISO 7919的第2部分至第5部分中给出，分别针对大型汽轮发电机组、耦合的工业机器、燃气轮机组和水力发电厂和泵站机组。

在可能的情况下，测量系统的频率范围应包括有关机组的所有激励谱，幅值范围应是在正常工况下预计值的大约五倍，以便满意地监视瞬时运行状态。

实际中，下述一般特性与GB/T 11348第2部分至第5部分的基本要求一致：

——相对位移传感器频率范围0 Hz～1.5 kHz；幅值范围2 mm或4 mm（见5.1.4）；

——惯性式传感器频率范围：5 Hz～5 kHz；

——灵敏度范围是额定值的±10%。

注：对5 Hz以下的频率，参照生产厂家的说明书。当用轴振触头时，测量系统的上限频率限制在几百赫兹。

5.2.4 特性规定

5.2.4.1 惯性式与非接触式组合检测系统

轴的相对振动传感器特性在5.1.4中规定，惯性式传感器特性在ISO 8042中规定。安装惯性传感器的特点和建议在 GB/T 14412 中规定。在机器上用于固定传感器的支架或是连接装置应当不影响系统固有频率,否则将影响测量精度。

5.2.4.2 轴绝对振动直接检测系统(轴振触头)

在 ISO 8042 中详细规定的特性可适用于测量元件。

该系统的频率限值主要由轴振触头机构的设计特性决定。

为了进行这些已知精度的测量,应当采用 ISO 5347 系列中规定的方法。

注:对轴相对振动和绝对振动测量系统,测量路径应计入由于正常轴向振动以及不均匀热膨胀导致的整个轴位置的改变。在机器完全正常状态下,传感器检测元件安装位置应避开几何突变(例如键槽、润滑油通路、螺纹、轴径的改变、刻印的标志、链痕、腐蚀)的影响。如同对于非接触式传感器,不应受金属不均匀性或者是局部剩磁的影响,这些影响会产生虚假的信号。

6 测量的不确定度

6.1 测量原理

读数的准确度依赖于对测量原理的理解和测量系统的精确度。

通常,轴振动测量原理是基于机器轴的外表和传感器之间的相互关系。不管测量原理如何,轴横截面圆度偏差以及测量轨迹的偏心都能影响读数。

此外,对于非接触式电测量,要考虑由于材料、表面特性、局部剩磁以及轴表面测量轨迹区域内的构造差异对测量信号的影响(通常称之为"偏摆")。在轴表面的测量轨迹上不宜有涂层(例如,当用感应或涡流法时轴表面的铬涂层)。这些涂层对测量值可能有不利的影响。如果轴被涂覆,校准传感器时应特别仔细。

由轴表面的影响所引起的虚假轴振动,不宜超出在:GB/T 11348.1—1999 中 3.3.2(也可见 6.2.1)说明的限值。

6.2 对测量系统的精度要求

6.2.1 测量不确定度

测量不确定度的限值同读数或测量系统输出量偏差的最大值(正或负)一致。可是,这些限值形成了一个在标准的条件下不应超过的公差带和在偏离条件下考虑了影响量的扩展公差带。

GB/T 21487 的本部分对测量系统的模拟输出定义了测量不确定度的限值。然而这些限值未考虑在 6.1 中描述的测量轨迹不规则性的影响或者对任何测量装置的限制。

术语"测量的不确定性"指的是与在现场测定轴振动振幅的测量系统的被评价的扩展不确定度,不包括那些在前一节中讲过的不确定源导致的不确定度分量。扩展的不确定度可依据"不确定表示指南(GUM)"中描述的方法用 A 类和 B 类不确定度分量以及包含因子 $K=2$ 来计算。

非惯性式测量系统的标准条件如下:

——测量目标平面的平均表面粗糙度 $Ry=4\ \mu m$ (见 ISO 4287.1);

——依据 ISO 683-1 规定的材料 42CrMo4 钢;

——在两个测量方向上,频率是 80 Hz,振幅是满刻度的 10%~100%,在 0°~90°的任意相位的正弦振动;

——传感器与适调器之间的电缆长度 5 m;

——环境温度 20℃。

测量系统的测量不确定度限值不应超过表 1 中给出的值。对于惯性式系统见 ISO 5347 系列标准。

6.2.2 影响因素引起的测量偏差

如果没有给出标准条件,由影响因素引起的附加偏差应不超过根据表 2 及图 6、图 7 中扩展的测量不确定度限值。

未规定的影响量,例如正弦测量信号、压力、湿度、加速度、冲击、噪声及附属的电源,这些因素的影响不会超过满刻度值的2%。

振幅频率响应是随频率而变的相对传递因子的函数，这里相对传递因子定义为传递因子与标准条件下传递因子之比。依据本标准第4章，传递因子在本部分理解成是输出量与输入量 S_{max} 之比。测量条件在表2中说明。公差带对输入量在满量程读数时是有效的。

表1 标准条件下测量不确定度限值

被测量和参数	测量不确定度限值	其他标准条件
参数	MV的3%+FSV的1%	$\overline{x_1}=\overline{x_2}=0$
位移值	MV的3%+FSV的1%	$\overline{x_1}=\overline{x_2}=0$
直流分量	工作位移范围内 a_A 的3%	$S_1(t)=S_2(t)=0$ 对所有 t 值

MV=被测值；FSV=满量程值；符号参见图7的注。

注：如下参数被定义为轴振动参数(见图B.1)：

S_{max} 表示转轴最大总位移(参数A)；

$S_{(P-P)max}$ 表示转轴较大总位移(参数B)；

这两个参数之一已足以评估运行状态。

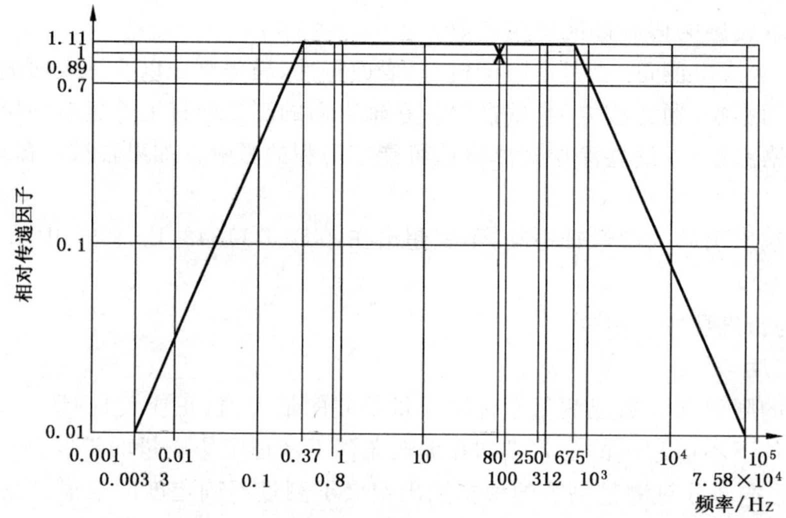

a) 运行频率范围1 Hz～250 Hz

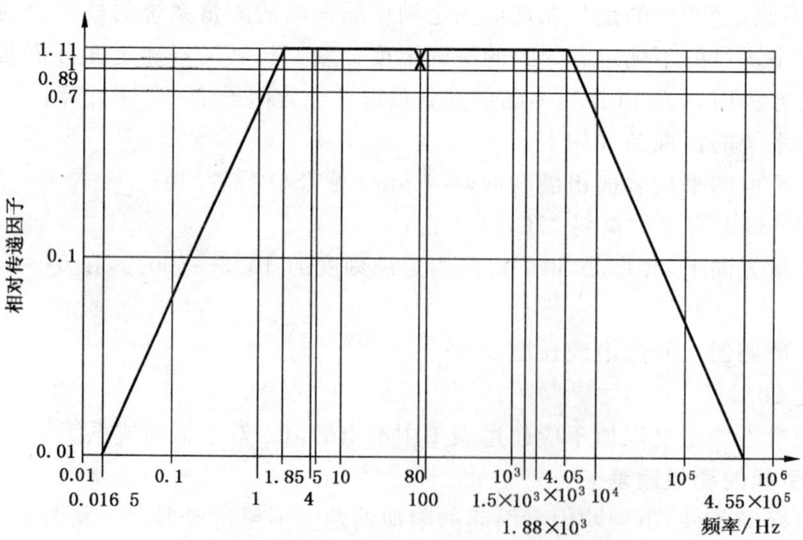

b) 运行频率范围5 Hz～1 500 Hz

图6 振动参数的幅频特性的公差范围

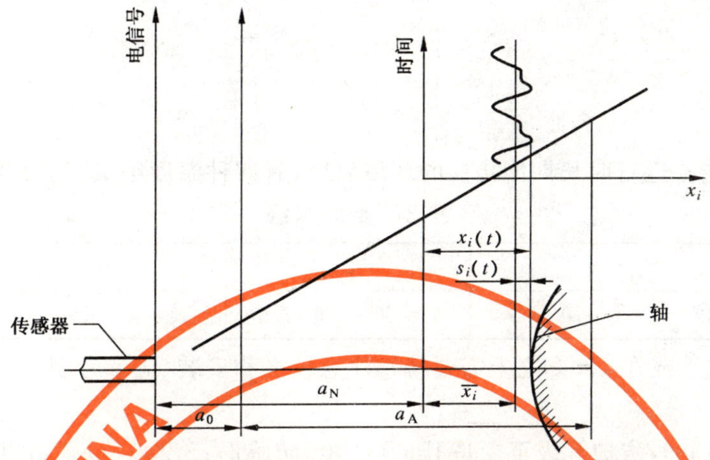

a_A——工作位移范围；

a_N——标称距离($a_N = a_0 + 0.5a_A$)；

a_0——剩余距离；

$x_i(t)$——瞬时距离；

$\bar{x}_i$——转轴位移时间积分的平均值；

$s_i(t)$——瞬时位移值。

图 7　两个测量方向之一的转轴振动测量系统的位移特性曲线

表 2　不同于标准条件下较宽的不确定度限值

影响因素	不确定度限值			与标准条件不同的条件
	参数	位移等级	恒定值	
运行位移范围 a_A 内瞬时距离 $X_1(t)$	MV 的 6%＋FSV 的 3%	MV 的 6%＋FSV 的 3%	a_A 的 5%	恒定振动位移幅值相当于在两个测量方向相继施加的最小测量范围的满量程
传感器和信号适调器在任意值下的环境温度	MV 的 8%＋FSV 的 4%	MV 的 8%＋FSV 的 4%	a_A 的 5%	$\bar{x}_1 = \bar{x}_2 = 0$ 恒定振动位移幅值相当于在两个测量方向相继施加的最小测量范围的满量程
在运行频率范围内的轴振动频率	MV 的 13%＋FSV 的 3% (见注 1)	MV 的 13%＋FSV 的 3%	(见注 2)	$\bar{x}_1 = \bar{x}_2 = 0$
电缆长度	MV 的 6%	MV 的 6%	a_A 的 6%	对于振动参数和时间函数，恒定振动位移幅值对应于在两个测量方向最低量程的满刻度值

MV＝被测值；FSV＝满量程值。

注 1：输出信号的实际值是它的随时间变化的叠加后的调制峰值。

注 2：叠加后的轴振动信号的阻尼依据第 8 章。

6.3　关键机械的监测

由于系统的完整性与可靠性很重要，监测关键机械应连续监测传感器系统运行状态。应能清楚显示传感器状况(正常运行状态与故障状态)。为了增强系统的完整性，监测仪器可包括这样一些功能：通道之间的表决逻辑，传感器出故障时的报警旁路，传感器系统误差补偿(如由于温度变化)以及传递函数分析。

7 环境条件

7.1 传感器

7.1.1 运行温度范围

运行温度范围是指在运行时长期能接受的环境温度，有四种温度等级，见表3。

表3 温度等级

温度等级	1	2	3	4
运行温度范围/℃	0～70	0～125	0～180	0以下～180以上

系统运行在0℃之下或在180℃之上需要特别注意校准和安装(应参考制造厂的文件记录)。

7.1.2 防护

依据IEC 60529:1989，防护等级至少是IP67(防尘，防临时浸没)。传感器也应能防水，防润滑油，防液压油以及分解脂类的清洗剂。在有要求的地方，传感器应本质安全可靠。

7.1.3 耐振动与冲击性能

耐振动与冲击性能应至少符合IEC 60068-2系列相关部分的要求。

7.2 非集成适调器

7.2.1 概述

安装在机器环境周围的非集成适调器应符合下述要求。

7.2.2 环境条件

运行温度范围:0℃～65℃;

储存温度范围:－40℃～80℃;

相对湿度:最大可接受率是95%，非冷凝。

7.2.3 防护

适调器应是本质安全的，依据IEC 60529:1989，防护等级至少是IP54(防尘和防水)。

7.2.4 耐振动和冲击

依据IEC 60068-2系列有关部分，耐振动与冲击至少应符合以下的要求，测试耐振动与冲击应至少是在IEC 60068-2-6与IEC 60068-2-29中规定的参数基础上。

a) 在IEC 60068-2-6中定义的耐振动:
   ——恒定位移幅值:在10 Hz到50 Hz时为0.35 mm;
   ——恒定加速度幅值:在55 Hz到150 Hz时为49 m/s^2;
   ——测试持续时间:6 h。

b) 在IEC 60068-2-29中定义的耐冲击:
   ——加速度峰值:392 m/s^2;
   ——标称冲击持续时间:6 ms;
   ——冲击次数:4 000±10。

测试时，应采用生产厂家推荐的方法粘贴传感器。

8 校准

8.1 轴相对振动测量系统

8.1.1 性能检验

除下列b)中的情况外，建议根据转轴传感器标称位移 a_N 确定常值 x_i 下的传感器灵敏度。

规定范围内的检验应包括下面因素的影响:

a) 温度(见6.2.2,7.1,表3及本条的注3);

b) 频率(见 5.2.3,表 1,6.2.1 和本条的注 4);

c) 幅值的线性度;

d) 湿度(见 6.2.2 与本条的注 5);

e) 压力(见 6.2.2 和本条的注 6);

f) 振动与冲击(见 7.1.3);

g) 电缆长度(见 6.2.1);

h) 电源(见 6.2.2);

i) 探头与目标之间的距离。

注 1:校准应在 6.2.1 中定义的测量目标平面与材料中进行。

注 2:为了确保测量目标平面的磁性和磁导率变化不影响测量系统输出,建议制造商做一下测量。

注 3:传感器应放在一金属罩内,然后放入一温度调节炉中。固定传感器使其面对着测量物体平面,两平面之间插入一陶瓷片。至少 75% 的电缆应放在炉内,炉内这段电缆应热绝缘。炉子宜被加热到 1、2 或 3 级的最高温度等级及达到被测系统的输出电压。然后连续 3h 保持最高温度,并进行测量。

注 4:建议测量平面安放在一振动台上,该振动台有独立的测量设备(例如加速度计)用以监测振动正弦波的失真情况,这种失真应尽可能小。被检测的传感器应安装在振动台的夹具上,夹具应有一独立的测量设备以便能确定任何有影响的振动。

注 5:评价湿度的影响应使用和评价环境温度同样的布置,只是除去陶瓷片。如果进入内部的电缆正常地暴露在潮湿的环境中,传感器电缆应能适应。

注 6:宜在整个传感器承受压力的情况下及在传感器表面和电缆入口点之间是正的压力差时进行压力影响的测试。

8.1.2 单独检验

制造商对每一个有标称电源供给的传感器应提供单独检验,至少应包括下面一些信息:

a) 灵敏轴线上的灵敏度;

b) 线性度偏差。

8.2 轴绝对振动测量系统

8.2.1 组合的非接触式与惯性式传感器

8.2.1.1 轴相对振动非接触测量

测试设备与校准步骤以及单独检验已在 8.1 中描述。

8.2.1.2 惯性式振动测量

应依据 ISO 5347 系列标准中涉及校准的测试设备及程序的方法与建议进行校准,GB/T 20485.1(以前的 ISO 5347-0)中包括了定义以及基本绝对校准的描述。ISO 5347 系列详述了振动与冲击传感器轴灵敏度校准的各种方法以及测试横向振动与冲击灵敏度、基座应变、共振频率、安装扭矩、温度、磁场灵敏度的方法等。

8.2.2 性能检验

8.2.2.1 惯性传感器

依据 ISO 8042 对每一种型号的惯性式传感器特性应提供指标和检验。

8.2.2.2 轴振触头和惯性式传感器

这些器件的特性与轴振触头机构及安装的固有特性有关,制造商应说明验证程序及每种型号的特性描述。

8.2.2.3 单独检验

制造商至少应进行以下这些特性的单独检验:

a) 灵敏度;

b) 在惯性传感器适用的频率范围内的灵敏度偏差;

c) 当安装在结构上时的频率响应。

在推荐的接触压力下和在已知的振动及规定的频率范围内,激励轴振触头尖端以确定频率响应。应记录测试结果。

附 录 A
（资料性附录）
轴振动的力学

旋转轴的振动在任何轴向位置上都是以动态轨迹为特征的，它描述轴中心位置是如何随时间变化的。图3为一典型的轴心轨迹。轴心轨迹的形状取决与轴、轴承和轴承座或基础的动力学特性、在转子上的轴向位置、振动激励形式。假如激励是单一频率正弦力，轴心轨迹是一椭圆，在某些情况下，它可以是一个圆或一条直线。轴中心完成一个椭圆循环的时间等于轴旋转频率的倒数。然而有许多其他形式的激励，例如转子横截面的不对称，对于这种情况，激励频率等于轴旋转频率的倍数。在振动是由于自激作用的情况下，轨迹通常不是简单的形状，但将在一个周期内变化，并且它未必与谐波有关。一般来说，转轴的振动可能由许多不同的振源产生，因此将产生复杂的轨迹，它是各个激励力效果的矢量和。

在任何轴向位置，轴心轨迹可以由安装在不同的径向位置相隔90°的两个振动传感器测量而得到（最好用90°的间隔，但略有偏差不会引起显著的误差）。假如两个传感器之间的角度与90°相差较大，则需要把矢量按正交方向分解。假如传感器测量绝对振动，那么轨迹将与非旋转部件的振动无关。假如传感器测量相对振动，那么所测量的轨迹是相对于安装传感器的结构部件的。

附 录 B
（资料性附录）
测 量 量

B.1 时间积分平均位置

相对于某参考位置在任何两个给定的正交方向，如图 3 所示，轴位移的平均值由对时间的积分来定义，如下式所示：

$$\bar{x}=\left[\frac{1}{t_2-t_1}\right]\int_{t_1}^{t_2}x(t)\mathrm{d}t \qquad \cdots\cdots(\text{B.1})$$

$$\bar{y}=\left[\frac{1}{t_2-t_1}\right]\int_{t_1}^{t_2}y(t)\mathrm{d}t \qquad \cdots\cdots(\text{B.2})$$

式中，$x(t)$和 $y(t)$是相对于参考位置随时间变化的交变值。(t_2-t_1)是对应于最低频率振动分量的周期。

在绝对振动测量情况下参考位置在空间固定。对于相对振动测量，平均值给出了转轴相对于非旋转部件的平均位置。轴承或基础振动、油膜特性变化等因素都可引起平均值变化，通常这种变化的周期要比形成交变值的振动分量的周期要长。应当注意时间积分平均位置在任何方向上都不同于由最大位移值和最小位移值之和的一半所确定的位置（见图 7 和 B.1）。当转轴振动是单一频率的正弦信号时，轴心轨迹是一椭圆。在这种情况下，在任何测量方向的时间积分平均位置都将与最大位移值和最小位移值之和的一半所确定的位置相同。

B.2 振动位移峰-峰值

转轴测量中的基本量是描述轨迹形状的交变值。假定轴的运行轨迹如图 3 所示，并且假定有两个测量转轴振动的传感器 A 和 B 相隔 90°安装，在某个瞬间，轴中心与轨迹上的点 K 相重合，相应的离开轴平均位置的轴位移的瞬时值是 S_1。在传感器 A 和 B 的平面上，离开轴平均位置的轴位移的瞬时值分别是 S_{A1} 和 S_{B1}，这里

$$S_1=\sqrt{S_{A1}^2+S_{B1}^2} \qquad \cdots\cdots(\text{B.3})$$

当轴中心沿轴心轨迹振动时，值 S_1、S_{A1} 和 S_{B1} 将随时间变化，由每个传感器测出的相应的波形如图 B.1 所示。

注：假如轨迹是椭圆，那么这些波形将是同一频率的纯正弦波。

在传感器 A 方向上位移的峰-峰值 $S_{A(P-P)}$ 定义为传感器 A 测得的最大位移和最小位移之差，类似的可定义传感器 B 的 $S_{B(P-P)}$。一般来说，$S_{A(P-P)}$ 和 $S_{B(P-P)}$ 将明显地不相等，并且在其他径向上进行类似测量得到的这些值也将不相等。因此，位移峰-峰值取决于测量方向。

位移峰-峰值已成为最常用的监测旋转机器振动的测量量。

虽然在任何给定的两个正交方向上通过测量可以得到位移峰-峰值，但如图 B.1 所示的最大位移峰-峰值和角度位置却难以直接求出。实际上允许使用其他测量量近似得到最大位移峰-峰值。对于更精确的测量，需要更详细地研究轴心轨迹，例如使用示波器。

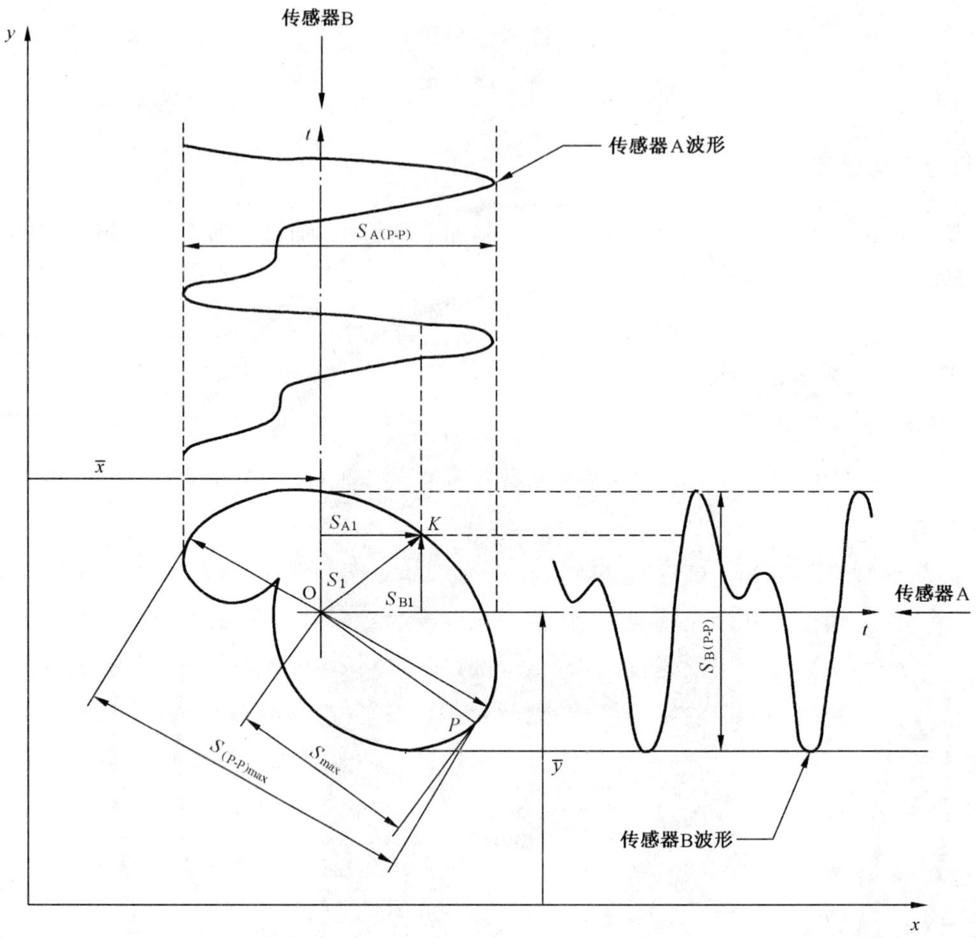

x,y——固定参考轴；

O——轨迹的时间积分平均位置；

$\bar{x},\bar{y}$——轴位移时间积分平均值；

K——轴心瞬时位置；

P——离时间积分平均位置最大位移的轴的位置；

S_1——轴位移的瞬时值；

S_{max}——离时间积分平均位置O的轴的位移的最大值；

S_{A1}, S_{B1}——分别是传感器A和B方向上的轴位移的瞬时值；

$S_{(P-P)max}$——位移峰-峰值的最大值；

$S_{A(P-P)}, S_{B(P-P)}$——分别是传感器A和B方向上的轴位移峰-峰值。

图 B.1　轴中心绕轨迹振动时的变化及相应的每个传感器测得的波形

B.3　方法 A:取两个正交方向上所测的位移峰-峰值的合成值

$S_{(P-P)max}$值可由如下方程近似得到：

$$S_{(P-P)max} = \sqrt{[S_{A(P-P)}]^2 + [S_{B(P-P)}]^2} \quad \cdots\cdots\cdots\cdots (B.4)$$

方程(B.4)作为近似值使用，当同频振动占优势时，一般将过高估计$S_{(P-P)max}$值，最大误差约为40%。

对于圆形轨迹误差最大，当轨迹变平时误差逐渐减小，当退化成直线轨迹时误差为零。

B.4　方法B:取两个正交方向上所测的位移峰-峰值的最大值

$S_{(P-P)max}$值可由如下方程近似得到：

$$S_{(P-P)max} = S_{A(P-P)} \text{ 或 } S_{B(P-P)} \text{ 两者之中的较大者} \quad \cdots\cdots(B.5)$$

方程(B.5)作为近似值使用,当同频振动占优势时,一般将低估$S_{(P-P)max}$值,最大误差约30%。

对于扁平轨迹误差最大,当轨迹向圆形变化时误差逐渐减小,当轨迹是圆形时误差为零。

B.5　方法C:S_{max}的测量

轴位移的瞬时值可以通过S_1来定义,如图B.1所示,它可以通过传感器测量S_{A1}和S_{B1},使用方程(B.3)来求得。在轨迹上有一点离轴平均位置的位移为最大,对应这个位置的值S_1表示成S_{max},定义为位移的最大值：

$$S_{max} = [S_1(t)]_{max} = [\sqrt{[S_{A1}(t)]^2 + [S_{B1}(t)]^2}]_{max} \quad \cdots\cdots(B.6)$$

在轨迹上的点S_{max}未必与S_{A1}和S_{B1}最大值的点相重合,显然,一个特定轨迹对应一个S_{max}值,这个值与测量传感器的位置无关。

$S_{(P-P)max}$值可由如下方程近似得到：

$$S_{(P-P)max} = 2S_{max} \quad \cdots\cdots(B.7)$$

通过两个正交测量值求得S_{max},当这两个测量值都是单一频率正弦形式时,方程(B.7)将是正确的。在其他大多数场合下,这个公式将过高估计$S_{(P-P)max}$,过高估计的程度和谐波振动分量的性质有关。

应当注意,S_{max}定义中隐含的是已知轴位移的时间积分平均值。因此S_{max}的测量要求测量系统既可测量平均值又可测量交变值。此外,对由两个振动传感器所得到的S_{max}的评价是一个相对复杂的计算过程,需要专门的测试设备。

参 考 文 献

[1] GB/T 6075.1—1999 机械振动 在非旋转部件上测量评价机器的振动 第1部分:总则(ISO 10816-1:1995,IDT)

[2] GB/T 6075.2—2002 机械振动 在非旋转部件上测量评价机器的振动 第2部分:50 MW以上陆地安装的大型汽轮发电机组(ISO 10816-2:2001,IDT)

[3] GB/T 6075.3—2001 机械振动 在非旋转部件上测量评价机器的振动 第3部分:额定功率大于15 MW额定转速在120 r/min至15 000 r/min之间的在现场测量的工业机器(ISO 10816-3:1998,IDT)

[4] GB/T 6075.4—2001 机械振动 在非旋转部件上测量评价机器的振动 第4部分:不包括航空器类的燃气轮机组(ISO 10816-4:1998,IDT)

[5] GB/T 6075.5—2002 机械振动 在非旋转部件上测量评价机器的振动 第5部分:水力发电厂和泵站机组(ISO 10816-5:2000,IDT)

[6] GB/T 6075.6—2002 机械振动 在非旋转部件上测量评价机器的振动 第6部分:功率大于100 MW的往复式机器(ISO 10816-6:1995,IDT)

ICS 67.080.10
B 31

中华人民共和国国家标准

GB/T 21488—2008

STANDARDS PRESS OF CHINA

脐橙

Navel orange

2008-02-15 发布　　　　2008-08-01 实施

中华人民共和国国家质量监督检验检疫总局
中国国家标准化管理委员会　发布

前　言

本标准由中华人民共和国国家质量监督检验检疫总局提出。

本标准起草单位：江西省赣州市果业局、江西省脐橙研究所、江西省赣州市质量技术监督局、江西省经济作物局。

本标准主要起草人：钟八莲、赖晓桦、陶家瑞、涂建、邱春娇、赖华荣、黄素婵。

脐　　橙

1　范围

本标准规定了脐橙的相关术语和定义、要求、检验方法、检验规则和标志、包装、运输与贮存。

本标准适用于脐橙果实的生产、收购和销售。

2　规范性引用文件

下列文件中的条款通过本标准的引用而成为本标准的条款。凡是注日期的引用文件，其随后所有的修改单(不包括勘误的内容)或修订版均不适用于本标准，然而，鼓励根据本标准达成协议的各方研究是否可使用这些文件的最新版本。凡是不注日期的引用文件，其最新版本适用于本标准。

GB/T 191　包装储运图示标志

GB 2762　食品中污染物限量

GB 2763　食品中农药最大残留限量

GB/T 8210　出口柑桔鲜果检验方法

GB/T 8855　新鲜水果和蔬菜的取样方法

GB/T 10547　柑桔储藏

GB/T 12947　鲜柑桔

GB/T 13607　苹果、柑桔包装

GB 18406.2　农产品安全质量　无公害水果安全要求

中华人民共和国植物检疫条例(1992 年)

3　术语和定义

下列术语和定义适用于本标准。

3.1

脐橙　navel orange

柑橘属(*Citrus*)甜橙[*Citrus sinensis*（L.）Osbeck]类中的一个品种类型，因其果顶部附生有发育不全的次生小果而得名，随着果实的膨大，部分果实果顶开裂成脐状，脐的大小和显现程度不一。

3.2

外观质量　appearance quality

脐橙果实的果形、大小、色泽、着色率、果面光洁度、整齐度、新鲜度和果实缺陷等。

3.2.1

果形　fruit shape

果实具有该品种(系)应有的正常形状，一般呈圆球形或椭圆形。

3.2.2

大小　size

脐橙果实赤道部位的横径大小，单位为毫米(mm)。

3.2.3

色泽　colour and lustre

果实成熟时固有的自然色泽。

3.2.4

着色率　pigmentation ratio

果实着色面积与果实表面积之比，用百分率表示。

3.2.5

果面光洁度　cleanliness

果实表面的机械破损、病虫斑和其他污染物影响果品外观质量的程度。

3.2.6

整齐度　regularity

果实的形状、大小、色泽、果面光洁的均匀程度。

3.2.7

果实缺陷　fruit surface defect

病虫斑、伤疤、药迹斑、粒化枯水、水肿、腐果、异味等(具体参见 GB/T 12947)。

3.3

风味　flavor

果实成熟后，所具本品种(系)固有的内在口感质量，主要表现在其果肉风味、香气、质地和化渣程度等。

3.4

可溶性固形物　dissolved solid matter

果汁中能溶于水的糖、酸、维生素、矿物质、蛋白质和氨基酸等的量，单位为白利糖度(Brix)，常用百分率表示。

3.5

可滴定酸　titrable acidity

以 100 mL 果汁中含有机酸的量，折合成柠檬酸的克数，用百分率表示。

3.6

固酸比　soluble solids to acidity ratio

果汁的可溶性固形物含量与其可滴定酸含量之比。

3.7

可食率　edible rate

果实可食用部分质量占全果质量之比，用百分率表示。

3.8

等级容许度　tolerance of defect fruit

在等级规定的范围内，允许出现的偏差。

4　要求

4.1　分等

按感官指标和理化指标分为特等、一等和二等，达不到二等指标的，视为等外级果，具体见表1。

表 1

项目		等别		
		特等	一等	二等
感官指标	果形	果形端庄，具该品种(系)典型特征，形状趋于一致	果形端庄，具该品种(系)果形特征，形状较一致	果形正常，具该品种(系)特征，无明显畸形

表 1(续)

项目		等别		
		特等	一等	二等
感官指标	色泽	着色良好，色泽整齐，具有该品种(系)成熟时固有色泽，着色率≥90%	着色良好、均匀，具有该品种(系)成熟时固有色泽，着色率≥80%	
	果面	果面洁净，极少有伤疤、病虫斑和药迹等，斑痕合并面积≤1.0 cm²，最大单个斑点面积≤0.3 cm²。果皮光亮，果蒂平滑	果面洁净，可有轻微斑痕，斑痕合并面积≤2.0 cm²，最大单个斑点面积≤0.5 cm²	果面洁净，允许有少量斑痕，斑痕合并面积≤3.0 cm²，最大单个斑点面积≤1.0 cm²
	果皮厚度(赤道部)/mm	≤6.0	≤6.0	≤7.0
	风味	具该品种(系)固有风味和内质特征，无粒化枯水、水肿、异味等非正常风味	具该品种(系)风味和内质特征，不应有明显粒化枯水，无水肿，无异味	
理化指标	可溶性固形物/%	≥11.0	≥10.0	≥9.0
	固酸比	≥10.0	≥9.0	≥8.5
	可食率/%	≥70.0		

4.2 分级

同等别果依据果实横径大小分为4L、3L、2L、L、M、S六个级别，大于4L或小于S级均视为等外级果品，具体见表2。

表 2

项目	级别					
	4L	3L	2L	L	M	S
横径/mm	90.0≤ϕ<100.0	85.0≤ϕ<90.0	80.0≤ϕ<85.0	75.0≤ϕ<80.0	70.0≤ϕ<75.0	60.0≤ϕ<70.0

4.3 安全卫生指标

应符合GB 18406.2规定。

4.4 植物检疫

按照《中华人民共和国植物检疫条例》执行。

5 检验方法

5.1 取样方法

按GB/T 8855规定执行。

5.2 感官检验

按GB/T 8210规定执行。

5.3 可溶性固形物含量测定

按 GB/T 8210 规定执行。

5.4 可滴定酸含量测定

按 GB/T 8210 规定执行。

5.5 固酸比

按式(1)计算：

$$固酸比 = \frac{可溶性固形物含量}{可滴定酸含量} \quad \cdots\cdots(1)$$

5.6 可食率测定

分别称出全果质量和果皮质量，然后按式(2)计算可食率，数值以%表示：

$$可食率 = \frac{全果质量 - 果皮质量}{全果质量} \times 100 \quad \cdots\cdots(2)$$

5.7 安全卫生检测

污染物、农药残留量分别按 GB 2762、GB 2763 规定的相应检验方法和标准执行。

6 检验规则

6.1 组批规则

同一生产单位、同品种、同等级、同一贮运条件、同一包装日期的脐橙作为一个检验批次。

6.2 交收检验

6.2.1 每批产品交收前，生产单位都应进行交收检验，其内容包括感官、净含量、包装、标志的检验。检验的期限，货到产地站台 24 h 内检验，货到目的地 48 h 内检验。检验合格并附合格证的产品方可交收。

6.2.2 检验等级差异：特等果允许混有的串级果不应超过总个数的 5%；一等、二等果允许混有的串级果不应超过总个数的 10%。

6.2.3 伤腐果：起运点不应有伤腐果，到达目的地时不应超过总个数的 3%。

6.3 型式检验

型式检验是对产品性状进行的全面检验，即对本标准规定的全部要求(指标)进行检验。有下列情形之一者，应进行型式检验：

a) 前后两次出厂检验结果差异较大时；

b) 因人为或自然因素使生产环境发生较大变化时；

c) 国家质量监督机构或主管部门提出型式检验要求时。

6.4 判定规则

6.4.1 感官要求的总不合格品百分率不超过 7%，理化指标和安全卫生指标均为合格，则该批产品判为合格。

6.4.2 感官要求的总不合格品超过 7%，或理化指标不合格项超过两项，或安全卫生指标有一项不合格，或标志不合格，则该批产品判为不合格。

6.4.3 安全卫生指标出现不合格时，允许另取一份样品复检，若仍不合格，则判该项指标不合格；若复检合格，则需再取一份样品作第二次复检，以第二次复检结果为准。

对包装、缺陷果允许度检验不合格者，允许生产单位进行整改后申请复检。按 GB/T 12947 规定执行。

7 标志、包装、运输与贮存

7.1 标志

包装箱上应标明品名、产地、执行标准编号、果品质量等级(×等×级)、毛重(kg)、个数或净含量(kg)、装箱日期、体积。小心轻放、防雨、防压等相关储运图示标记应符合 GB/T 191 规定。

7.2 包装

7.2.1 包装箱

果箱应清洁、干燥、牢固,无毒、无害。其他应符合 GB/T 13607 之规定。

7.2.2 捆扎材料

选用宽度≥60.0 mm 的无水胶带。

7.2.3 包装物要求

装箱果品应排列整齐。衬垫材料应柔软、干净、无污染、轻便,有一定缓冲性。

纸箱应留有若干个 $\phi \geq 2$ cm 小通风孔,通风孔的总面积应不大于纸箱侧面总面积的 10%。

7.3 运输

7.3.1 不同型号包装箱应分别装运。运输工具应清洁、干燥。

7.3.2 装卸、搬运时要轻拿轻放,严禁乱丢乱掷。堆码不应过高,控制在 4 层～6 层。

7.3.3 交运手续力求简便、迅速,运输时严禁日晒、雨淋,注意防冻。不应与有毒有害物品混运。

7.4 贮存

7.4.1 常温贮存

按 GB/T 10547 规定执行。

7.4.2 冷库贮存

应经 2 d～3 d 预冷后达到最终冷藏温度,适宜温度为 4℃～8℃,并保持库内相对湿度为 85%～95%。

ICS 65.040.20
B 93

GB

中华人民共和国国家标准

GB/T 21489—2008

散粮汽车卸车装置

Truck dumper

2008-02-15 发布　　　　2008-08-01 实施

中华人民共和国国家质量监督检验检疫总局
中国国家标准化管理委员会　发布

前　言

本标准由国家粮食局提出。

本标准由全国粮油标准化技术委员会归口。

本标准主要起草单位：国家粮食储备局郑州科学研究设计院。

本标准参加起草单位：济南金钟电子衡器股份有限公司、大连液压件厂。

本标准主要起草人：陈艺、唐学军、卫萍、张卓青、李嘉、赵文军、杜明星、袁守传。

散粮汽车卸车装置

1 范围

本标准规定了散粮汽车卸车装置的相关术语和定义、产品型式、型号及基本参数、要求、检验方法、检验规则、标志、包装、运输及贮存。

本标准适用于把汽车后翻卸下散粮的卸车装置。

2 规范性引用文件

下列文件中的条款通过本标准的引用而成为本标准的条款。凡是注日期的引用文件，其随后所有的修改单(不包括勘误的内容)或修订版均不适用于本标准，然而，鼓励根据本标准达成协议的各方研究是否可使用这些文件的最新版本。凡是不注日期的引用文件，其最新版本适用于本标准。

GB/T 3766 液压系统通用技术条件

GB/T 3768 声学 声压法测定噪声源声功率级 反射面上方采用包络测量表面的简易法

GB 7251.1 低压成套开关设备和控制设备 第1部分：型式试验和部分型式试验成套设备

GB/T 7935 液压元件 通用技术条件

GB 50168—1992 电气装置安装工程 电缆线路施工及验收规范

GB 50171 电气装置安装工程 盘、柜及二次回路结线施工及验收规范

LS/T 3501.10—1993 粮油加工机械通用技术条件 表面涂漆

LS/T 3501.13—1993 粮油加工机械通用技术条件 产品的标志、运输和储存

3 术语和定义

下列术语和定义适用于本标准。

3.1

散粮汽车卸车装置 truck dumper

使汽车后翻，卸下散粮的卸车装置，也称液压翻板。

3.2

翻板平台 platform

承载汽车的平台。平台一端铰支，另一端在液压缸作用下围绕铰支轴旋转到设计的倾角，使汽车内的散粮自流卸出。

3.3

止轮器 backstop

阻挡汽车后轮，防止汽车向后滑的机构。安装在翻板平台上靠近下粮坑处。

3.4

平台液压缸 hydraulic cylinders for platform

举升翻板平台的液压缸。

3.5

止轮器液压缸 hydraulic cylinders for backstop

使止轮器升起或降下的液压缸。

4 产品型式、型号及基本参数

4.1 产品型式

本散粮汽车卸车装置为后翻式，由机械、液压及电气三部分组成。结构如图1所示：

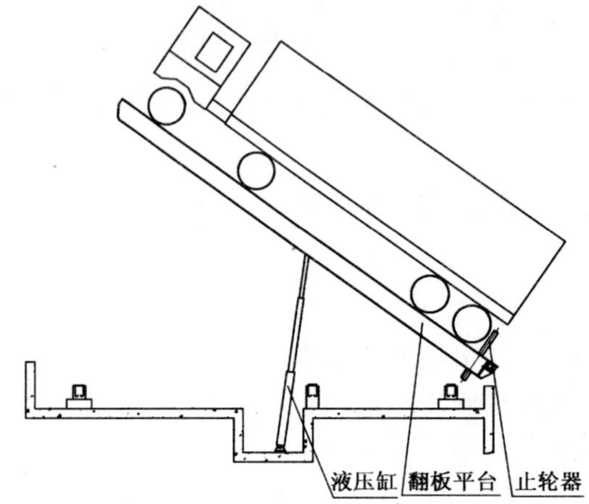

图 1

4.2 产品型号

型号编制方法规定如下：

T QX H □

□——最大承载量

H——后翻式

QX——汽车卸车

T——粮油加工通用机械设备

示例：TQXH30 表示最大承载量为 30 t 的后翻式散粮汽车卸车装置。

4.3 基本参数

4.3.1 最大承载量系列(t)：30，50，60，80，100。

4.3.2 翻板平台台面尺寸系列[宽(m)×长(m)]：3×10，3×12，3×14，3×15，3×16。

4.3.3 翻板平台倾斜的角度不应小于 35°，不应大于 45°。

4.3.4 起升时间：≤240 s；降落时间：≤180 s。

5 要求

5.1 一般要求

5.1.1 出厂时应具有下列资料或文件：

a) 电气原理图和电气安装图；

b) 液压原理图和液压管路安装图；

c) 土建基础要求和基础安装图；

d) 产品使用和维修说明书。

5.1.2 产品中液压系统设计的一般要求应符合 GB/T 3766 的规定。

5.1.3 产品应按经规定程序批准的图纸和技术文件制造。

5.1.4 所用零件、部件应经检查部门施行进厂检查合格后方能进行装配。

5.1.5 产品(除泵站、控制柜以外)应能在－40℃～＋50℃的环境条件下安全可靠地工作。

5.2 制造要求

5.2.1 翻板平台表面应平整光洁。

5.2.2 止轮器及其支撑机构应能承载最大设计载荷。

5.2.3 翻板平台的倾斜角度和止轮器的升起行程应有限位开关或类似有效的方式控制。

5.2.4 电气控制柜的制作应符合 GB 7251.1 的规定。

5.2.5 电气系统的工艺动作、指示、讯号应正确、灵敏和可靠。

5.2.6 所有液压元件应符合 GB/T 7935 的规定。

5.2.7 液压系统所有焊缝和结合面应无渗漏，管道应无永久变形。

5.2.8 各电机和液压泵应起动平稳，无异常噪声和发热现象。

5.2.9 液压回路性能应符合设计要求并满足工况要求。

5.3 安全要求

5.3.1 翻板平台表面应有指引汽车居中的标示。

5.3.2 电机和液压泵的旋转轴和联轴器应设置防护罩。

5.3.3 液压泵上应明显标出旋转方向。

5.3.4 止轮器上应涂有警示色。

5.3.5 电气系统和液压系统都应具备安全联锁功能，防止止轮器尚未升到位时翻板平台就升起或翻板平台还未下降止轮器就下降的发生。

5.3.6 产品基础坑内的电气设备应选用粉尘防爆型。

5.3.7 液压系统应安装有液压锁或类似装置。在断电或平台液压缸破裂的情况下，避免翻板平台超速下降。

5.4 其他要求

5.4.1 作业时，噪声应不大于 85 dB(A)。

5.4.2 表面涂漆应符合 LS/T 3501.10—1993 的规定。

5.4.3 空载和负载运行时，产品应运转灵活，液压系统无渗漏，平台液压缸无停滞、爬行现象。

6 检验方法

6.1 本标准 5.2.5 的检测

在只通电但电机不启动的条件下，用模拟操作检查其电气系统的工艺动作、指示、讯号是否正确、灵敏和可靠。

6.2 本标准 5.2.7 的检测

对液压系统进行耐压试验和密封试验。耐压试验和密封试验的试验压力应符合表 1 的规定。

表 1

液压系统的额定压力(p)/MPa	<16	16～31.5	>31.5
试验压力	1.5p	1.25p	1.15p

试验时应先缓慢升压到表 1 的试验压力后，保持压力 10 min，然后降至额定压力，检查液压系统所有焊缝、接口和密封处等有无渗漏。

6.3 本标准 5.2.8 的检测

电机和液压泵试通电，观察电机和液压泵启动是否平稳，有无异常噪声和发热现象。

6.4 本标准 5.2.9 的检测

操作各个液压阀，检查各回路功能是否达到设计要求。

6.5 本标准 5.3.5 的检测

在通电但电机不启动的条件下，不按正确的顺序操作控制开关，观察电气和液压各自的安全联锁功能是否起作用。

6.6 本标准5.3.7的检测

在产品运行中，模拟停电，观察平台液压缸是否自锁，并手动解锁，观察翻板平台是否能下降。

6.7 本标准5.4.1的检测

按GB/T 3768的规定进行。

6.8 本标准5.4.3的检测

6.8.1 试验时，翻板平台下方和汽车后方都严禁站人。

6.8.2 空载和负载试验要求：

a) 安装后，翻板平台的转轴对水平面的平行度偏差不应大于2/1 000，举升液压缸的垂直度偏差不应大于3/1 000；

b) 液压系统液位应正常，液压油温应在+15℃～+60℃之间；

c) 电气控制柜的现场安装符合GB 50171的规定；

d) 电缆的现场敷设应符合GB 50168—1992中第3章、第4章及第5章的规定；

e) 翻板平台、泵站应做等电位联结，并与接地装置相连。

6.8.3 空载运行时，检查5.2.3、5.2.5、5.2.7、5.2.8、5.2.9、5.3.5、5.3.7、5.4.3规定的内容。

当翻板平台升到设定角度时，用倾角测定仪测量台板倾角。

运行一个卸车周期时，用秒表测算翻板平台升起时间及降落时间。

6.8.4 负载运行时，检查5.2.2、5.2.3、5.2.5、5.2.7、5.2.8、5.2.9、5.3.5、5.3.7、5.4.3规定的内容。

当翻板平台升到设定角度时，用倾角测定仪测量台板倾角。

运行一个卸车周期，用秒表测算翻板平台升起时间及降落时间。

7 检验规则

产品检验分为出厂检验和型式检验。

7.1 出厂检验

7.1.1 应按5.2.5、5.2.7、5.2.8、5.2.9、5.4.2规定逐台进行检验。

7.1.2 产品须由制造厂质量检验部门进行检验合格，签发产品合格证后方能出厂。

7.2 型式检验

7.2.1 应按5.2、5.3、5.4、5.4.2规定执行。

7.2.2 有下列情况之一时，应进行型式检验：

a) 新产品或老产品转厂生产的试制定型鉴定；

b) 正常生产后，如结构、材料、工艺等方面有较大改变，可能影响产品性能时；

c) 国家质量监督机构提出进行型式试验的要求时。

7.2.3 型式检验的样本，应从经出厂检验合格、出厂日期在一年以内的产品中随机抽取。

7.3 判定规则

7.3.1 出厂检验应符合5.2.5、5.2.7、5.2.8、5.2.9、5.4.2的规定，应全部合格。

7.3.2 型式检验应符合5.2、5.3、5.4、5.4.2的规定，全部合格定为合格品。若其中一项不合格，即为不合格品。

7.3.3 若型式检验不合格，属于下列情况之一，允许在纠正不合格的原因之后重新进行型式检验。

a) 试验设备出故障或操作上的错误；

b) 造成型式检验不合格的原因能马上纠正；

c) 造成型式检验不合格的产品可以修复。

倘若不属于上述情况，则应暂时停止正常批量生产或按有关规定进行相应处理。

8 标志、包装、运输及贮存

8.1 标志

每套产品应在明显位置固定产品标牌，标牌内容应符合 LS/T 3501.13—1993 的规定。

8.2 包装

液压系统中油箱、电机及液压泵组成的泵站和电气系统中控制柜应使用箱包装。零散的零部件需装箱或捆包并应垫实，防止窜动碰伤。随同产品发运的技术文件（包括装箱单、合格证、产品使用说明书等）和橡胶密封件应使用防潮袋包装，并置入包装箱内。

8.3 运输及贮存

翻板平台的结构应便于装运、起吊和运输。运输前，应放掉液压系统中的液压油，并排净液压系统中的冷却水。液压缸所有进、回油口在运输及贮存时应用耐油塞子或塑料塞子封口。露天存放时，应有防雨淋、日晒和积水的设施。

ICS 83.120
Q 23

中华人民共和国国家标准

GB/T 21490—2008

结构加固修复用碳纤维片材

Carbon fiber sheet for strengthening and restoring structures

2008-03-01 发布　　　　2008-09-01 实施

中华人民共和国国家质量监督检验检疫总局
中国国家标准化管理委员会　发布

前 言

本标准的附录A和附录B均为规范性附录。

本标准由中国建筑材料联合会提出。

本标准由全国纤维增强塑料标准化技术委员会归口。

本标准负责起草单位:中冶集团建筑研究总院。

本标准参加起草单位:杭州索奇先进复合材料有限公司、信宏实业有限公司、中国京冶工程技术有限公司、华侨大学、山东省水利科学研究院、上海大学、东南大学、北京玻璃钢研究设计院、北京鸿泰兴业有限公司。

本标准主要起草人:杨勇新、杨萌、申屠年、陈大奇、胡利强、张云波、欧阳煜。

本标准为首次发布。

结构加固修复用碳纤维片材

1 范围

本标准规定了结构加固修复用碳纤维片材的分类、规格和标记、要求、试验方法、检验规则、标志、包装、运输和贮存等。

本标准适用于建筑结构加固修复用的碳纤维片材，也适用于交通、水利、核电及能源等基础设施中结构加固修复用的碳纤维片材。

2 规范性引用文件

下列文件中的条款通过本标准的引用而成为本标准的条款。凡是注日期的引用文件，其随后所有的修改单(不包括勘误的内容)或修订版均不适用于本标准，然而，鼓励根据本标准达成协议的各方研究是否可使用这些文件的最新版本。凡是不注日期的引用文件，其最新版本适用于本标准。

GB/T 3354　定向纤维增强塑料拉伸性能试验方法

3 分类、规格和标记

3.1 分类

结构加固修复用碳纤维片材按照结构形态分为碳纤维布和碳纤维复合材料板(以下简称碳纤维板)。

3.2 规格

3.2.1 碳纤维布按单位面积质量分为 200 g/m²、300 g/m²、450 g/m² 等规格，按宽度分为 300 mm、400 mm、500 mm 等规格，按力学性能分为Ⅰ级、Ⅱ级和Ⅲ级。

3.2.2 碳纤维板按宽度分为 20 mm、50 mm、80 mm、100 mm、120 mm 和 150 mm 等规格，按厚度分为 1.0 mm、1.2 mm、1.4 mm、1.5 mm 和 2.0 mm 等规格。

3.3 标记

3.3.1 碳纤维布按产品代号、力学性能级别、单位面积质量、宽度和本标准号进行标记。

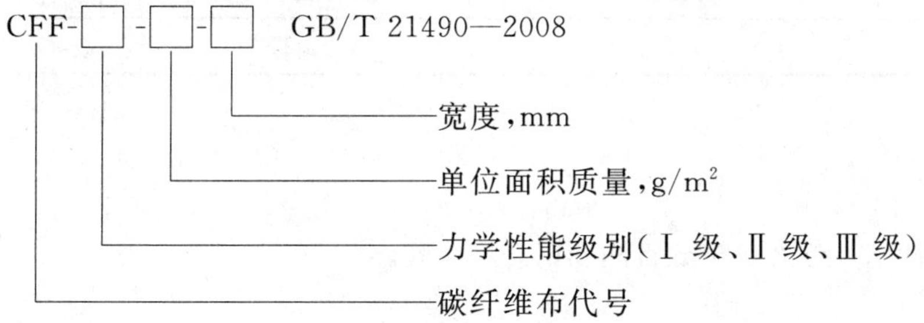

示例：单位面积质量为 300 g/m²，宽度为 500 mm，按本标准生产的Ⅰ级碳纤维布标记为：
CFF-Ⅰ-300-500 GB/T 21490—2008。

3.3.2 碳纤维板按产品代号、宽度、厚度和本标准号进行标记。

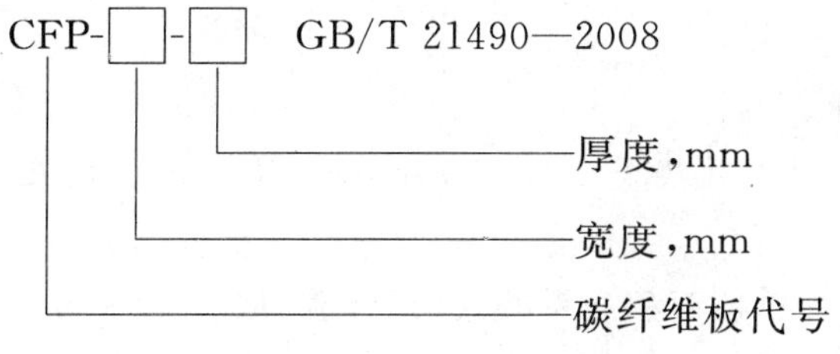

示例：宽度为 50 mm，厚度为 1.2 mm，按本标准生产的碳纤维板标记为：
CFP-50-12 GB/T 21490—2008。

4 要求

4.1 外观

4.1.1 外观应均一、整齐，表面干净，不得夹杂杂物，不得有灰尘和其他污染，不得有破洞。

4.1.2 碳纤维布的缺纬、脱纬现象每 50 m 不得多于 2 处。

4.1.3 每 50 m 碳纤维布断经长度超过 10 mm 的不得多于 1 处，断经长度不超过 10 mm 的不得多于 2 处。

4.1.4 碳纤维布中纤维排列均匀，不得有歪斜、起皱现象。

4.2 尺寸偏差

尺寸偏差应符合表 1 规定。

表 1 尺寸偏差

单位为毫米

项 目	长 度	宽 度	厚 度
碳纤维布	0～50	0～3	—
碳纤维板	0～10	0～0.5	0～0.1

4.3 碳纤维布单位面积质量

碳纤维布单位面积质量分别不应小于 200 g/m^2、300 g/m^2、450 g/m^2，允许偏差 0～5%。

4.4 力学性能

碳纤维布力学性能应符合表 2 要求，碳纤维板力学性能应符合表 3 要求。

表 2 碳纤维布力学性能

项 目	拉伸强度/MPa	拉伸弹性模量/GPa	伸长率/%
Ⅰ级	≥3 500	≥230	≥1.5
Ⅱ级	≥3 000	≥210	≥1.4
Ⅲ级	≥2 500	≥210	≥1.3

表 3 碳纤维板力学性能

项 目	拉伸强度/MPa	拉伸弹性模量/GPa	伸长率/%
指 标	≥2 300	≥150	≥1.4

5 试验方法

5.1 外观

在正常(光)照度下，距离 0.5 m 目测和钢直尺检验。

5.2 尺寸偏差

5.2.1 对于碳纤维布，长度测量采用精度 1 mm 的钢直尺，测量 3 次，取算术平均值；宽度测量采用精度 0.5 mm 的钢直尺，任意取 3 处测量，取算术平均值。

5.2.2 对于碳纤维板，宽度和厚度测量采用精度 0.02 mm 的游标卡尺，任意取 3 处测量，取算术平均值。

5.3 碳纤维布单位面积质量

在距端头及边缘 40 mm 以上处裁下 3 块 100 mm×100 mm 碳纤维布方形试样，边长测量精确到 0.5 mm。

质量称量精确到 0.01 g。单位面积质量按式(1)计算，取算术平均值：

$$\rho=(M_1-M_2)(1-K)/A \quad \cdots\cdots(1)$$

式中：

ρ——碳纤维布单位面积质量，单位为克每平方米(g/m^2)；

M_1——方形试样的质量，单位为克(g)；

M_2——试样中固定线的质量，单位为克(g)；

K——界面剂的质量分数，%；

A——方形试样的实测面积，单位为平方米(m^2)。

5.4 拉伸强度、拉伸弹性模量和伸长率

按 GB/T 3354 的规定进行试验。其中，试样宽度为 15 mm，碳纤维布的截面面积取碳纤维布的计算厚度与试样宽度的乘积，碳纤维板的截面面积取试样实测厚度与宽度的乘积。碳纤维布的试样制备见附录 A，碳纤维布的计算厚度见附录 B。

6 检验规则

6.1 检验分类

碳纤维片材检验分为出厂检验和型式检验。

6.1.1 出厂检验

生产厂按本标准的规定，对每批产品进行出厂检验。检验项目包括外观、尺寸偏差、碳纤维布单位面积质量和拉伸强度。

6.1.2 型式检验

有下列情况之一时，应对第 4 章规定的所有项目进行检验：

a) 新产品或者老产品转厂生产的试制定型鉴定时；

b) 正式生产后，如材料、工艺有较大改变，可能影响产品性能时；

c) 正常生产每 12 个月时；

d) 停产 1 年以上恢复生产时；

e) 出厂检验结果与上次型式检验有较大差异时；

f) 国家质量监督机构提出进行型式检验要求时。

6.2 组批、抽样和判定规则

6.2.1 组批

碳纤维布以 3 000 m^2 为一批，碳纤维板以 3 000 m 为一批，不足此数量时，按一批计。

6.2.2 抽样

按照下列规则进行抽样：

a) 外观检验、尺寸偏差及碳纤维布单位面积质量采用一次抽样法，每组批随机抽取 6 个样本；

b) 力学性能二次抽样法，各随机抽取 6 个样本。

6.2.3 判定规则

按照下列规则进行判定：

a) 采用一次抽样法时，所抽样本全部符合要求或仅有一个不符合要求时则判该批为合格；否则判定该批不合格；

b) 采用二次抽样法时，在第一次所抽样本中全部符合要求则判定该批为合格；如有 2 个或 2 个以上不符合要求则判定该批不合格。当有 1 个试样不符合要求时则进行第二次抽样，当两次抽样不符合要求的样本总数为 1 时，则判该批合格；否则判定该批不合格。

7 标志、包装、运输和贮存

7.1 标志

产品包装上应清楚标明下列内容：

a) 制造企业名称、地址；

b) 产品名称、牌号和规格；

c) 产品标记、商标；

d) 生产日期、批号及保质期；

e) 产品的数量；

f) 贮存和运输注意事项。

7.2 包装

碳纤维布应在硬质卷芯上卷紧包装，包装碳纤维布时卷芯直径宜不小于 76 mm，包装碳纤维板时卷芯直径宜不小于 500 mm。

7.3 运输

运输车辆以及堆放处应有防雨、防潮设施。装卸车时不可损伤包装，应避免日光直射和雨淋、浸水。

7.4 贮存

碳纤维片材的贮存期(在室温下)为 2 年，贮存在室内干燥通风处，避免火种，隔离热源。

附 录 A
（规范性附录）
碳纤维布拉伸性能试样制备方法

A.1 碳纤维布试样的制备

A.1.1 裁布

在距端头及边缘40 mm以上处，裁下250 mm（沿纤维方向）×150 mm碳纤维布一块，要求平整、不含有任何外观缺陷。试样采用1层碳纤维布，纤维方向应与拉力方向一致。

A.1.2 涂浸渍树脂

将碳纤维布平铺在隔离纸上，用毛刷（滚刷）或平板（不带尖角）将浸渍树脂均匀涂抹在碳纤维布表面（不得损伤碳纤维布），盖上隔离纸，用玻璃棒辊压到浸渍树脂充分浸润到碳纤维布中为止。铺碳纤维布和涂浸渍树脂的过程中要保持碳纤维丝的平直，采用沿纤维方向由一端向另一端或从中间向两端辊压树脂的方法。

注：浸渍树脂应采用纤维布厂家指定的配套浸渍树脂，若厂家未指定，推荐使用改性环氧树脂。

A.1.3 试样切割

待浸渍树脂达到凝胶态后，按图A.1裁出规定尺寸的碳纤维布试样。为保证试样单位宽度内所含纵向纤维束数大致相等，应将横向边缘附近的纤维舍弃（宽约10 mm）。

A.2 加强片的制备

A.2.1 加强片建议采用硬铝材料，厚度2 mm以上。

A.2.2 按图A.1所示，将加强片与碳纤维布试样粘接的一面打磨粗糙，以利于粘结。

A.2.3 加强片一端为直角，另一端制作出导角，见图A.1所示。

A.3 加强片与试样的粘接

A.3.1 用溶剂（如丙酮）清洗加强片和已制好的碳纤维布试样的粘贴区域。

A.3.2 将加强片粘贴在纤维布试样上，压紧后水平放置，待树脂固化。

A.3.3 加强片应平行的粘贴在试样两侧，以免拉伸时加强片受力不均匀而脱落。

单位为毫米

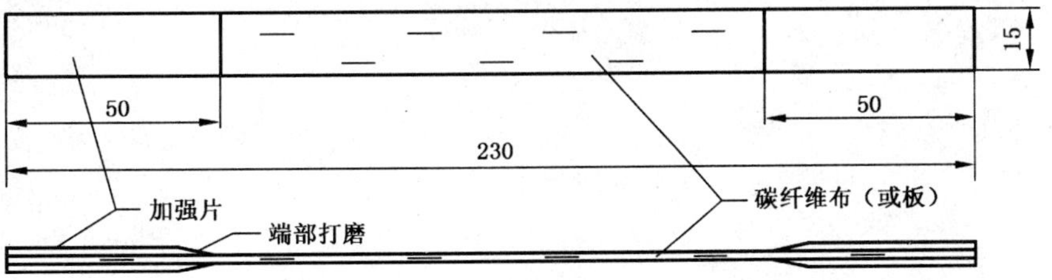

图A.1 碳纤维布试样外观尺寸

附 录 B
（规范性附录）
碳纤维布的计算厚度计算方法

B.1 碳纤维布单位宽度的截面面积按式(B.1)计算，碳纤维布的计算厚度按式(B.2)计算。

$$A_c = \frac{M_u \times 10^6}{\rho_c} L \qquad \cdots\cdots(B.1)$$

式中：

A_c——单位宽度的截面面积，单位为平方毫米每米(mm^2/m)；

M_u——碳纤维布单位面积质量，单位为克每平方米(g/m^2)；

ρ_c——碳纤维密度，单位为克每立方米 (g/m^3)；

L——单位系数，$L = 10^{-6}(mm^2/m^2)$。

$$t = \frac{A_c}{1\,000} \qquad \cdots\cdots(B.2)$$

式中：

t——碳纤维布计算厚度，单位为毫米(mm)；

A_c——单位宽度的截面面积，单位为平方毫米每米(mm^2/m)。

B.2 典型规格碳纤维布单位宽度的截面面积和计算厚度见表 B.1。

表 B.1 典型规格碳纤维布单位宽度的截面面积和计算厚度

碳纤维单位面积质量/(g/m^2)	密度/(g/m^3)	单位宽度的截面面积/(mm^2/m)	计算厚度/mm
200	1.8×10^6	111	0.111
300		167	0.167
450		250	0.250

ICS 83.120
Q 23

中华人民共和国国家标准

GB/T 21491—2008

结构加固修复用芳纶布

Aramid fiber fabric for strengthening and restoring structures

2008-03-10 发布　　　　2008-09-01 实施

中华人民共和国国家质量监督检验检疫总局
中国国家标准化管理委员会　发布

前　言

本标准的附录A和附录B均为规范性附录。

本标准由中国建筑材料联合会提出。

本标准由全国纤维增强塑料标准化技术委员会归口。

本标准负责起草单位:中冶集团建筑研究总院。

本标准参加起草单位:深圳海川实业股份有限公司、日岩帝人商事(上海)有限公司、杭州索奇先进复合材料有限公司、重庆交通大学复合材料桥梁研究所、中国京冶工程技术有限公司、交通部公路科学研究院。

本标准主要起草人:杨勇新、汤惠工、邵日晨、申屠年、张锡祥、张剑、赵尚传。

本标准为首次发布。

结构加固修复用芳纶布

1 范围

本标准规定了结构加固修复用芳纶布的规格和标记、要求、试验方法、检验规则、标志、包装、运输和贮存等。

本标准适用于建筑结构加固修复用的芳纶布，也适用于交通、水利、核电及能源等基础设施中结构加固修复用的芳纶布。

2 规范性引用文件

下列文件中的条款通过本标准的引用而成为本标准的条款。凡是注日期的引用文件，其随后所有的修改单(不包括勘误的内容)或修订版均不适用于本标准，然而，鼓励根据本标准达成协议的各方研究是否可使用这些文件的最新版本。凡是不注日期的引用文件，其最新版本适用于本标准。

GB/T 3354　定向纤维增强塑料拉伸性能试验方法

3 规格和标记

3.1 规格

芳纶布按纤维布单位面积质量分为 280 g/m^2、415 g/m^2、623 g/m^2、830 g/m^2 等规格，按宽度分为 300 mm、400 mm、500 mm 等规格。

3.2 标记

芳纶布按产品代号、单位面积质量、宽度和本标准号进行标记。

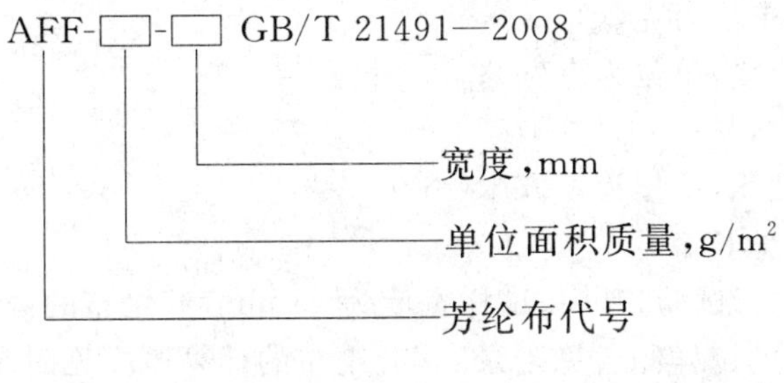

示例：单位面积质量为 280 g/m^2，宽度为 500 mm，按本标准生产的芳纶布标记为：
AFF-280-500 GB/T 21491—2008。

4 要求

4.1 外观

4.1.1 外观应均一、整齐，表面干净，不得夹杂杂物，不得有灰尘和其他污染，不得有破洞。

4.1.2 芳纶布的缺纬、脱纬现象每 50 m 不得多于 2 处。

4.1.3 每 50 m 芳纶布断经长度超过 10 mm 的不得多于 1 处，断经长度不超过 10 mm 的不得多于 2 处。

4.1.4 芳纶布中纤维排列均匀，不得有歪斜、起皱现象。

4.2 尺寸偏差

尺寸偏差应符合表 1 规定。

表 1 尺寸偏差

单位为毫米

项目	长度	宽度	厚度
芳纶布	0～50	0～3	—

4.3 芳纶布单位面积质量

芳纶布单位面积质量分别不应小于 280 g/m^2、415 g/m^2、623 g/m^2、830 g/m^2，允许偏差 0～5%。

4.4 力学性能

芳纶布力学性能应符合表 2 要求。

表 2 单向芳纶布力学性能

项目	拉伸强度/MPa	拉伸弹性模量/GPa	伸长率/%
指标	≥2 000	≥110	≥2.0

5 试验方法

5.1 外观

在正常(光)照度下，距离 0.5 m 目测和钢直尺检验。

5.2 尺寸偏差

对于芳纶布，长度测量采用精度 1 mm 的钢直尺，测量 3 次，取算术平均值；宽度测量采用精度 0.5 mm的钢直尺，任意取 3 处测量，取算术平均值。

5.3 芳纶布单位面积质量

在距端头及边缘 40 mm 以上处裁下 3 块 100 mm×100 mm 芳纶布方形试样，边长测量精确到 0.5 mm。质量称量精确到 0.01 g。单位面积质量按式(1)计算，取算术平均值：

$$\rho = (M_1 - M_2)(1 - K)/A \qquad \cdots\cdots(1)$$

式中：

ρ——芳纶布单位面积质量，单位为克每平方米(g/m^2)；

M_1——方形试样的质量，单位为克(g)；

M_2——试样中固定线的质量，单位为克(g)；

K——界面剂的质量分数，%；

A——方形试样的实测面积，单位为平方米(m^2)。

5.4 拉伸强度、弹性模量和伸长率

按 GB/T 3354 的规定进行试验，其中，试样宽度为 15 mm，芳纶布的截面面积取芳纶布的计算厚度与试样宽度的乘积。芳纶布的试样制备见附录 A，芳纶布的计算厚度见附录 B。

6 检验规则

6.1 检验分类

芳纶布检验分为出厂检验和型式检验。

6.1.1 出厂检验

生产厂按本标准的规定，对每批产品进行出厂检验。检验项目包括外观、尺寸偏差、芳纶布单位面积质量和拉伸强度。

6.1.2 型式检验

有下列情况之一时，应对第 4 章规定的所有项目进行检验：

a) 新产品或者老产品转厂生产的试制定型鉴定时；

b) 正式生产后，如材料、工艺有较大改变，可能影响产品性能时；

c) 正常生产每 12 个月时；

d) 停产1年以上恢复生产时；

e) 出厂检验结果与上次型式检验有较大差异时；

f) 国家质量监督机构提出进行型式检验要求时。

6.2 组批、抽样和判定规则

6.2.1 组批

芳纶布以3 000 m^2 为一批，不足此数量时，按一批计。

6.2.2 抽样

按照下列规则进行抽样：

a) 外观检验、尺寸偏差及芳纶布单位面积质量采用一次抽样法，每组批随机抽取6个样本；

b) 力学性能采用二次抽样法，各随机抽取6个样本。

6.2.3 判定规则

按照下列规则进行判定：

a) 采用一次抽样法时，所抽样本全部符合要求或仅有1个不符合要求时则判定该批为合格；否则判定该批不合格；

b) 采用二次抽样法时，在第一次所抽样本中全部符合要求则判定该批为合格；如有2个或2个以上不符合要求则判定该批不合格。当有1个试样不符合要求时则进行第二次抽样，当两次抽样不符合要求的样本总数为1时，则判定该批合格；否则判定该批不合格。

7 标志、包装、运输和贮存

7.1 标志

产品包装上应清楚标明下列内容：

a) 制造企业名称、地址；

b) 产品名称、牌号和规格；

c) 产品标记、商标；

d) 生产日期、批号及保质期；

e) 产品的数量；

f) 贮存和运输注意事项。

7.2 包装

芳纶布应在硬质卷芯上卷紧包装，包装芳纶布时卷芯直径宜不小于76 mm。

7.3 运输

运输车辆以及堆放处应有防雨、防潮设施。装卸车时不可损伤包装，应避免日光直射和雨淋、浸水。

7.4 贮存

芳纶布的贮存期(在室温下)为2年，贮存在室内干燥通风处，避免火种，隔离热源。

附　录　A
（规范性附录）
芳纶布拉伸性能试样制备方法

A.1　芳纶布试样的制备

A.1.1　裁布

在距端头及边缘40 mm以上处，裁下250 mm（沿纤维方向）×150 mm芳纶布一块，要求平整、不含有任何外观缺陷。试样采用1层芳纶布，纤维方向应与拉力方向一致。

A.1.2　涂浸渍树脂

将芳纶布平铺在隔离纸上，用毛刷（滚刷）或平板（不带尖角）将浸渍树脂均匀涂抹在芳纶布表面（不得损伤芳纶布），盖上隔离纸，用玻璃棒辊压到浸渍树脂充分浸润到芳纶布中为止。铺芳纶布和涂浸渍树脂的过程中要保持芳纶丝的平直，采用沿纤维方向由一端向另一端或从中间向两端辊压树脂的方法。

注：浸渍树脂应采用纤维布厂家指定的配套浸渍树脂，若厂家未指定，推荐使用改性环氧树脂。

A.1.3　试样切割

待浸渍树脂达到凝胶态后，按图A.1裁出规定尺寸的芳纶布试样。为保证试样单位宽度内所含纵向纤维束数大致相等，应将横向边缘附近的纤维舍弃（宽约10 mm）。

A.2　加强片的制备

A.2.1　加强片建议采用硬铝材料，厚度2 mm以上。

A.2.2　按图A.1所示，将加强片与芳纶布试样粘接的一面打磨粗糙，以利于粘结。

A.2.3　加强片一端为直角，另一端制作出导角，见图A.1所示。

A.3　加强片与试样的粘接

A.3.1　用溶剂（如丙酮）清洗加强片和已制好的芳纶布试样的粘贴区域。

A.3.2　将加强片粘贴在纤维布试样上，压紧后水平放置，待树脂固化。

A.3.3　加强片应平行的粘贴在试样两侧，以免拉伸时加强片受力不均匀而脱落。

单位为毫米

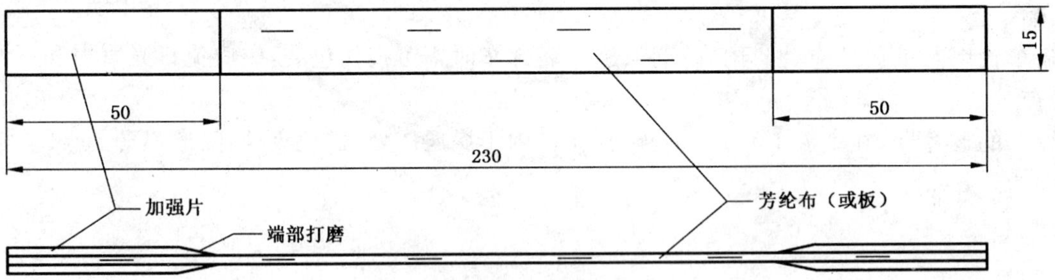

图A.1　芳纶布试样外观尺寸

附 录 B
（规范性附录）
芳纶布的计算厚度计算方法

B.1 芳纶布单位宽度的截面面积按式(B.1)计算，芳纶布的计算厚度按式(B.2)计算。

$$A_c = \frac{M_u \times 10^6}{\rho_c} L \qquad \cdots\cdots\cdots\cdots (B.1)$$

式中：

A_c——单位宽度的截面面积，单位为平方毫米每米(mm^2/m)；

M_u——芳纶布单位面积质量，单位为克每平方米(g/m^2)；

ρ_c——芳纶密度，单位为克每立方米 (g/m^3)；

L ——单位系数，$L=10^{-6}$(mm^2/m^2)。

$$t = \frac{A_c}{1\ 000} \qquad \cdots\cdots\cdots\cdots (B.2)$$

式中：

t——芳纶布计算厚度，单位为毫米(mm)；

A_c——单位宽度的截面面积，单位为平方毫米每米(mm^2/m)。

B.2 典型规格芳纶布单位宽度的截面面积和计算厚度见表 B.1。

表 B.1 典型规格芳纶布单位宽度的截面面积和计算厚度

芳纶单位面积质量/(g/m^2)	密度/(g/m^3)	单位宽度的截面面积/(mm^2/m)	计算厚度/mm
280	1.44×10^6	193	0.193
415		286	0.286
623		430	0.430
830		572	0.572

ICS 83.120
Q 23

GB

中华人民共和国国家标准

GB/T 21492—2008

玻璃纤维增强塑料顶管

Glass fiber reinforced plastics jacking pipe

2008-03-10 发布　　　　2008-09-01 实施

中华人民共和国国家质量监督检验检疫总局
中国国家标准化管理委员会　发布

前　言

本标准参考美国 ANSI/AWWA C950:2001《玻璃纤维压力管》,与 ANSI/AWWA C950 的一致性程度为非等效。

本标准的附录 A、附录 B、附录 C、附录 D 和附录 E 均为规范性附录,附录 F 为资料性附录。

本标准由中国建筑材料联合会提出。

本标准由全国纤维增强塑料标准化技术委员会归口。

本标准负责起草单位:武汉理工大学、北京玻钢院复合材料有限公司、中国复合材料工业协会。

本标准参加起草单位:永昌积水复合材料有限公司、河北恒润集团有限公司、上海耀华玻璃钢有限公司、连云港中复连众复合材料集团有限公司、广东国正管业科技有限公司、广州市工大复合材料有限公司、广东省佛山市祈丰玻璃钢有限公司、辽宁水业玻璃钢管道有限公司、广东开平华泉玻璃钢制品有限公司、昊华中意玻璃钢有限公司、浙江东方豪博管业有限公司。

本标准主要起草人:李卓球、陈建中、胡中永、吕琴、王建军。

本标准为首次发布。

玻璃纤维增强塑料顶管

1 范围

本标准规定了玻璃纤维增强塑料顶管(以下简称GRP顶管)的分类和标记、原材料与连接、要求、试验方法、检验规则、标志、包装、运输和贮存等。

本标准适用于公称直径为400 mm～3 000 mm,压力等级为0.1 MPa～1.0 MPa,刚度等级为15 000 N/m^2～100 000 N/m^2的地下顶进施工法用GRP顶管。其他公称直径、压力等级,以及更高刚度等级的GRP顶管,也可参照使用。

2 规范性引用文件

下列文件中的条款通过本标准的引用而成为本标准的条款。凡是注日期的引用文件,其随后所有的修改单(不包括勘误的内容)或修订版均不适用于本标准,然而,鼓励根据本标准达成协议的各方研究是否可使用这些文件的最新版本。凡是不注日期的引用文件,其最新版本适用于本标准。

GB 150 钢制压力容器

GB/T 1446 纤维增强塑料性能试验方法总则

GB/T 1447 纤维增强塑料拉伸性能试验方法

GB/T 1448 纤维增强塑料压缩性能试验方法

GB/T 2576 纤维增强塑料树脂不可溶分含量试验方法

GB/T 3854 增强塑料巴柯尔硬度试验方法

GB/T 5351 纤维增强热固性塑料管短时水压失效压力试验方法

GB/T 5352 纤维增强热固性塑料管平行板外载性能试验方法

GB 5749 生活饮用水卫生标准

GB/T 8237 纤维增强塑料用液体不饱和聚酯树脂

GB 13115 食品容器及包装材料用不饱和聚酯树脂及其玻璃钢制品卫生标准

GB/T 13657 双酚-A型环氧树脂

3 术语和定义

下列术语和定义适用于本标准。

3.1

玻璃纤维增强塑料顶管 glass fiber reinforced plastics jacking pipe

以无碱玻璃纤维及其制品为增强材料、以热固性树脂为基体材料,包含(或不含)石英砂等颗粒材料夹芯层,按一定工艺方法制成的用于地下顶进法施工的管道。

3.2

环刚度 S ring stiffness

指单位长度的管环在外压作用下,在一定径向变形下所承受的荷载大小。它表征管环抵抗外荷载能力。以下式计算:$S=EI/D^3$,通常以N/m^2作单位。其中EI为沿管轴方向单位长度内管壁环向弯曲刚度,D为管道计算直径。

3.3

刚度等级 SN ring stiffness class

GRP顶管设计时所使用的名义管刚度。

3.4

压力等级 *PN*　pressure class

GRP顶管最大允许工作压力的级别。根据标准试验方法检测所得的管材长期静水压力或初始失效压力确定。

3.5

顶力　jacking force

GRP顶管施工中，通过管端头对GRP顶管施加的轴向载荷。

3.6

极限顶力　failure jacking force

使GRP顶管产生破坏的轴向均匀载荷。

3.7

允许顶力　allowable jacking force

GRP顶管极限顶力除以安全系数。

3.8

定长缠绕工艺　filament winding process

在长度一定的管模上，采用螺旋缠绕和/或环向缠绕工艺在管模长度内由内至外，逐层缠绕来制造管材的一种一维或二维的生产方法。

3.9

离心浇铸工艺　centrifigual casting process

用喂料机把玻璃纤维、树脂、石英砂等按一定要求浇铸到旋转着的模具内，固化后形成管材的一种生产方法。

3.10

连续缠绕工艺　continuous advancing mandrel method

在连续输出的模具上，把树脂、连续纤维、短切纤维和石英砂按一定要求采用环向缠绕方法连续铺层，并经固化后切割成一定长度的管材产品的一种生产方法。

4　分类和标记

4.1　分类

产品按工艺方法、公称直径、轴向压缩强度等级、压力等级、刚度等级进行分类。

4.1.1　工艺方法

Ⅰ——定长缠绕；Ⅱ——离心浇铸；Ⅲ——连续缠绕。

4.1.2　公称直径

公称直径(mm)：400、500、600、700、800、900、1 000、1 200、1 400、1 600、1 800、2 000、2 200、2 400、2 600、2 800、3 000。

4.1.3　轴向压缩强度等级

轴向压缩强度等级(MPa)：65、75、90、105。

4.1.4　压力等级

压力等级(MPa)：0.10、0.25、0.40、0.60、0.80、1.00。

4.1.5　刚度等级

刚度等级(N/m^2)：15 000、20 000、30 000、50 000、100 000。

注：其他公称直径、轴向压缩强度等级、压力等级、刚度等级可由供需双方协商确定。

4.2　标记

GRP顶管按产品代号、生产工艺、公称直径、压缩强度等级、压力等级、刚度等级和本标准号进行标记。

```
GRP JP-□-□-□-□-□ GB/T 21492—2008
 |    |  |  |  |  └——刚度等级
 |    |  |  |  └——压力等级
 |    |  |  └——压缩强度等级
 |    |  └——公称直径
 |    └——生产工艺
 └——产品代号
```

示例：采用定长缠绕工艺、公称直径为 2 000 mm、轴向压缩强度等级为 65 MPa 和 105 MPa 的组合、压力等级为 0.25 MPa、刚度等级为 20 000 N/m²，按本标准生产的 GRP 顶管标记为：

GRP JP—Ⅰ—2 000—65(105)—0.25—20 000 GB/T 21492—2008。

注：上述分类有各种可能的组合，但不意味任何一种组合都有对应的商品管。

5 原材料与连接

5.1 原材料

5.1.1 树脂

5.1.1.1 内衬树脂

用作引水管及饮用水管的内衬树脂的卫生指标必须满足 GB 13115 的规定，输送腐蚀性介质的内衬树脂的防腐指标必须满足防腐要求。树脂浇铸体的力学性能应满足下列要求：

a） 对于定长缠绕工艺和连续缠绕工艺：

拉伸强度：≥ 60 MPa；

拉伸弹性模量：≥2.50 GPa；

断裂伸长率：≥3.5%；

热变形温度：≥70℃。

b） 对于离心浇铸工艺：

拉伸强度：≥10 MPa；

断裂伸长率：≥15%。

5.1.1.2 结构层树脂

不饱和聚酯树脂应符合 GB/T 8237 的规定，环氧树脂应符合 GB/T 13657 的规定。其他树脂应符合相应的国家标准或行业标准的规定。树脂浇铸体的力学性能应满足下列要求：

拉伸强度：≥60 MPa；

拉伸弹性模量：≥3.0 GPa；

断裂伸长率：≥2.5%；

热变形温度：≥70℃。

5.1.2 增强材料

5.1.2.1 玻璃纤维及其制品

应采用无碱玻璃纤维及其制品制造 GRP 顶管。无碱玻璃纤维及其制品应符合相应的国家标准或行业标准的规定。

5.1.2.2 石英颗粒

石英颗粒应采用天然的或经加工处理的优质硅砂，其 SiO_2 含量（质量分数）应不小于 95%，含水量

(质量分数)不大于0.2%。

5.2 连接

5.2.1 连接形式

可采用套筒连接、承插连接或者其他连接形式。

5.2.2 连接材料

连接材料可采用玻璃钢、不锈钢、碳素钢。

玻璃钢连接材料的初始环向拉伸强度应不低于150 MPa,初始轴向拉伸强度应不低于60 MPa。钢套筒连接方式的套筒是采用钢板制做而成的,其钢板应采用不锈钢或经过防腐处理的碳素钢,并按照GB 150分别选取其许用拉伸强度。

5.2.3 套筒最小厚度

5.2.3.1 压力等级不大于0.25 MPa时,套筒最小厚度应满足表1的要求。

表1 套筒最小厚度

单位为毫米

公称直径	玻璃钢套环厚度	不锈钢套环厚度	钢套环厚度
400	4	3	5
500	4	3	5
600	4	3	5
700	4	3	5
800	6	3	5
900	6	3	5
1 000	6	3	5
1 200	8	3	5
1 400	8	4	6
1 600	10	4	6
1 800	10	4	6
2 000	12	5	7
2 200	12	5	7
2 400	14	5	7
2 600	14	6	8
2 800	16	6	8
3 000	16	6	8

5.2.3.2 压力等级大于0.25 MPa时,套筒最小厚度应不小于表1数值,且满足式(1)的要求:

$$t \geqslant f\frac{PN \times DN}{2\sigma_b} + t_0 \qquad \cdots\cdots(1)$$

式中:

t——套筒最小厚度,单位为毫米(mm);

f——安全系数;

PN——压力等级,单位为兆帕(MPa);

DN——公称直径,单位为毫米(mm);

σ_b——套筒材料抗拉强度,单位为兆帕(MPa);

t_0——内衬厚度或腐蚀余量,单位为毫米(mm)。

不同套筒材料的 f 和 t_0 的取值见表 2。

表 2　不同套筒材料的 f 和 t_0 的取值

套筒材料	f	t_0/mm
玻璃钢	6	1.2
不锈钢	2	0
碳素钢	2	1.6

6　要求

6.1　外观质量

GRP 顶管的内表面应光滑、平整，无对使用性能有影响的龟裂、分层、气泡、针孔、裂纹、凹陷、砂眼、外来夹杂物和贫胶区；管道的外表面无龟裂、分层、气泡、裂纹、外来夹杂物和贫胶区；管端面应平齐，边棱与切削部位应涂覆树脂层，所有部位应无毛刺。

6.2　尺寸

6.2.1　管径与偏差

6.2.1.1　内径系列的 GRP 顶管应采用不大于 1/2 000 锥度的模具进行生产，其管径与偏差应符合表 3 的规定。

表 3　内径(*ID*)系列 GRP 顶管的管径与偏差　　单位为毫米

公称直径	内径范围		外径偏差	
	最小值	最大值	上偏差	下偏差
400	397	403	3.0	2.0
500	497	503	3.0	2.0
600	597	603	3.0	2.0
700	697	703	3.0	2.0
800	797	803	3.0	2.0
900	897	903	4.0	2.0
1 000	997	1 003	4.0	3.0
1 200	1 197	1 203	4.0	3.0
1 400	1 397	1 403	5.0	3.0
1 600	1 597	1 603	5.0	3.0
1 800	1 797	1 803	5.0	3.0
2 000	1 997	2 003	5.0	3.0
2 200	2 197	2 203	6.0	3.0
2 400	2 397	2 403	6.0	3.0
2 600	2 597	2 603	6.0	4.0
2 800	2 797	2 803	6.0	4.0
3 000	2 997	3 003	6.0	4.0
注 1：外径偏差是以设计外径($ID+2t$)为基准的偏差，其中 ID 为内径系列管的公称直径，t 为设计壁厚。 注 2：管径与偏差如有特殊要求，由供需双方协商确定。				

6.2.1.2 外径系列的 GRP 顶管的管径与偏差应符合表 4 的规定。

表 4 外径(*OD*)系列 GRP 顶管的管径与偏差

单位为毫米

公称直径	外直径	偏差	
		上偏差	下偏差
400	412	1.0	1.4
500	514	1.0	1.8
600	616	1.0	2.0
700	718	1.0	2.2
800	820	1.0	2.4
900	924	1.0	2.6
1 000	1 026	1.0	2.6
1 200	1 229	1.0	2.6
1 400	1 434	1.0	2.8
1 600	1 638	1.0	2.8
1 800	1 842	1.0	3.0
2 000	2 046	1.0	3.0
2 200	2 250	1.0	3.2
2 400	2 453	1.0	3.4
2 600	2 658	1.0	3.6
2 800	2 861	1.0	3.8
3 000	3 066	1.0	4.0
注：管径与偏差如有特殊要求，由供需双方协商确定。			

6.2.2 长度和偏差

GRP 顶管的长度和偏差应符合表 5 的规定。

表 5 管的长度和偏差

单位为毫米

长　度	偏　差
2 000	±10
2 500	±12
3 000	±15
4 000	±20
6 000	±30
注：管的长度与偏差如有特殊要求，由供需双方协商确定。	

6.2.3 管壁厚度

GRP 顶管的管壁由内衬层、结构层组成。内衬层的厚度应不小于 1.2 mm；结构层厚度由设计确定。管身任一截面的管壁平均厚度不得低于表 6 和设计规定厚度的较大者，最小管壁厚度不得小于设计厚度的 90%。

表 6 最小公称壁厚

单位为毫米

公称直径	最小公称壁厚
400	15
500	16
600	17
700	19
800	21
900	24
1 000	25
1 200	30
1 400	35
1 600	40
1 800	45
2 000	50
2 200	55
2 400	60
2 600	65
2 800	70
3 000	75

6.2.4 管端面垂直度

GRP 顶管的管端面垂直度不得大于表 7 的规定值。

表 7 管端面垂直度

单位为毫米

公称直径	管端面垂直度
400～700	1.5
800～1 600	2.0
1 800～3 000	2.5

6.3 巴氏硬度

GRP 顶管外表面层的巴氏硬度不小于 40。

6.4 树脂不可溶分含量

GRP 顶管管壁中的树脂不可溶分含量(质量分数)不小于 90%。

6.5 力学性能

6.5.1 初始轴向压缩强度

同一根 GRP 顶管可以由一种或两种不同的初始轴向压缩强度性能的材料组成，其初始轴向压缩强度应不小于相应的轴向压缩强度等级值。

6.5.2 初始环向拉伸强度

GRP 顶管的初始环向拉伸强度不得小于表 8 的规定值。

表 8　初始环向拉伸强度

单位为千牛每米

公称直径/mm	压力等级/MPa				
	≤0.25	0.4	0.6	0.8	1.0
400	315	504	756	1 008	1 260
450	354	567	851	1 134	1 418
500	394	630	945	1 260	1 575
600	473	756	1 134	1 512	1 890
700	551	882	1 323	1 764	2 205
800	630	1 008	1 512	2 016	2 520
900	709	1 134	1 701	2 268	2 835
1 000	788	1 260	1 890	2 520	3 150
1 200	945	1 512	2 268	3 024	3 780
1 400	1 103	1 764	2 646	3 528	4 410
1 600	1 260	2 016	3 024	4 032	5 040
1 800	1 418	2 268	3 402	4 536	5 670
2 000	1 575	2 520	3 780	5 040	6 300
2 200	1 733	2 772	4 158	5 544	6 930
2 400	1 890	3 024	4 536	6 048	7 560
2 600	2 048	3 276	4 914	6 552	8 190
2 800	2 205	3 528	5 292	7 056	8 820
3 000	2 363	3 780	5 670	7 560	9 450

6.5.3　初始轴向拉伸强度

GRP 顶管的初始轴向拉伸强度不得小于表 9 的规定值。

表 9　初始轴向拉伸强度

单位为千牛每米

公称直径/mm	压力等级/MPa			
	≤0.4	0.6	0.8	1.0
400	105	130	145	160
450	110	140	158	175
500	115	150	170	190
600	125	165	193	220
700	135	180	215	250
800	150	200	240	280
900	165	215	263	310
1 000	185	230	285	340
1 200	205	260	320	380
1 400	225	290	355	420
1 600	250	320	390	460

表 9（续）　　单位为千牛每米

公称直径/mm	压力等级/MPa			
	≤0.4	0.6	0.8	1.0
1 800	275	350	425	500
2 000	300	380	460	540
2 200	325	410	495	580
2 400	350	440	530	620
2 600	375	470	565	660
2 800	400	505	605	705
3 000	430	540	645	750

6.5.4　初始环刚度

GRP 顶管的初始环刚度 S_0 不得小于相应的刚度等级（SN）的值。不同公称直径的 GRP 顶管最小刚度等级应满足表 10 的要求。

表 10　最小刚度等级要求

公称直径/mm	最小刚度等级 /（N/m²）
400	50 000
500～600	30 000
700～1 000	20 000
1 200～3 000	15 000

6.5.5　初始挠曲性

GRP 顶管每个试样初始挠曲水平 A 和挠曲水平 B 应同时满足表 11 的要求。

表 11　初始挠曲性的径向变形率及要求

挠曲水平	刚度等级/（N/m²）					要　求
	15 000	20 000	30 000	50 000	100 000	
A/%	6.6	6.0	5.1	4.2	3.3	管内壁无裂纹
B/%	11.0	10.0	8.5	7.0	5.5	管壁结构无分层、无纤维断裂及屈曲

注 1：环刚度在 15 000 N/m²～100 000 N/m² 范围内的其他环刚度的 GRP 顶管初始挠度性的抗挠曲水平按线性插值法确定。

注 2：环刚度大于 100 000 N/m² 时，B 挠曲水平 $=\frac{100}{428}\left(\frac{D}{t}\right)\left(1+\frac{1}{428}\left(\frac{D}{t}\right)\right)(\%)$，$A$ 挠曲水平 $=0.6\times B$ 挠曲水平（%）；

式中：

D——管道计算直径，单位为毫米（mm）；

t——管道壁厚，单位为毫米（mm）。

6.6　水压渗漏

对于压力等级不小于 0.25 MPa 的 GRP 顶管，施加压力等级 1.5 倍的静水内压，保持 2 min，GRP 顶管不渗漏。

7 试验方法

7.1 外观

目测 GRP 顶管的内、外表面及两端面。

7.2 尺寸

尺寸测量按附录 A 的规定。

7.3 巴氏硬度

巴氏硬度按 GB/T 3854 的规定。

7.4 树脂不可溶分含量

树脂不可溶分含量按 GB/T 2576 的规定。

7.5 力学性能

7.5.1 初始轴向压缩强度

初始轴向压缩强度按附录 B 的规定。

7.5.2 初始环向拉伸强度

7.5.2.1 公称直径不大于 600 mm，按附录 C 的规定。

7.5.2.2 公称直径大于 600 mm，试样尺寸见附录 D(不适宜正向夹持方式时，可采用侧向夹持方式)，测试方法按 GB/T 1447 的规定。

7.5.3 初始轴向拉伸强度

初始轴向拉伸强度按附录 D 的规定。

7.5.4 初始环刚度

初始环刚度试验的 GRP 顶管径向变形率和计算方法见附录 E，测试方法按 GB/T 5352 的规定。

7.5.5 初始挠曲性

初始挠曲性按 GB/T 5352 的规定，当加载至挠曲水平 A 后保持 2 min，观察试样情况，然后继续加载至挠曲水平 B 保持 2 min，观察试样情况。

7.6 水压渗漏

水压渗漏按 GB/T 5351 的规定。

8 卫生性能

用于给水的 GRP 顶管应符合 GB 5749 的要求，并按国家卫生部门要求进行定期检测。

9 检验规则

9.1 出厂检验

9.1.1 检验项目

出厂检验项目包括外观质量、尺寸、巴氏硬度、力学性能(初始轴向压缩强度、初始环向拉伸强度、初始轴向拉伸强度、初始环刚度、初始挠曲性)和水压渗漏。

注：初始轴向压缩强度用于计算 GRP 顶管的顶力，顶力计算参见附录 F。

9.1.2 检验方案

9.1.2.1 每根 GRP 顶管均应进行外观质量、尺寸(不含内衬厚度)、巴氏硬度检验。

9.1.2.2 以 300 根相同工艺、相同公称直径、相同轴向压缩强度等级、相同压力等级和相同刚度等级的 GRP 顶管为一批，不足 300 根的按一批处理，每批随机抽取 4 根进行水压渗漏检验，随机抽取 1 根进行内衬厚度、力学性能检验。

9.1.3 判定规则

9.1.3.1 外观质量、尺寸(不含内衬厚度)、巴氏硬度符合相应要求，判相应项合格，否则判该产品不合格。

9.1.3.2 所抽的4根产品水压渗漏均符合要求，判该批产品水压渗漏合格；如该批产品水压渗漏不合格，则逐根进行水压渗漏检验，通过的判该根GRP顶管水压渗漏合格。

9.1.3.3 内衬厚度和力学性能均符合要求，判该批产品内衬厚度、力学性能合格；若有不合格项，且不合格项不超过2项，则在同批产品中对不合格项加倍抽检。若仍有不合格项，则判该批产品不合格。

9.2 型式检验

9.2.1 检验项目

第6章要求中的所有项目。

9.2.2 检验条件

有下列情况之一时，应进行型式检验：

a) 首制管或正常生产后，遇到材料、结构工艺有明显改变可能影响产品性能时；

b) 连续停产3个月以上恢复生产时；

c) 正常生产12个月后；

d) 出厂检验结果与上次型式检验结果有较大差异时；

e) 国家质量监督机构要求进行型式检验时。

9.2.3 抽样与组批

以300根相同工艺、相同公称直径、相同轴向压缩强度等级、相同压力等级和相同刚度等级的GRP顶管为一批，不足300根的按一批处理，在邻近检查时的一批产品中随机抽取2根，其中一根用于进行外观质量、尺寸(不含内衬厚度)、巴氏硬度和水压渗漏检验；一根用于内衬厚度、不可溶分含量和力学性能检验。

9.2.4 判定规则

所检项目全部合格，判型式检验合格。外观质量、尺寸(不含内衬厚度)、巴氏硬度和水压渗漏检验中有不合格项，则判型式检验不合格；如内衬厚度、不可溶分含量和力学性能中有不合格项，且不合格项不超过2项，则在同批产品中对不合格项加倍抽检。若仍有不合格项，则判型式检验不合格。

10 标志、包装、运输及贮存

10.1 标志

每根GRP顶管至少应在一处做上耐久标志。标志不应损伤管壁，在正常装卸和安装中字迹仍应保持清楚。标志应包括下列内容：

a) 生产厂名称(或商标)；

b) 产品标记；

c) 批号及产品编号；

d) 生产日期。

10.2 包装

10.2.1 GRP顶管发运前应用发泡塑料膜等柔性包装物对管道两端的管端面和外侧连接面进行包装。

10.2.2 包装宽度应比管道外侧连接面宽度大100 mm。

10.3 运输及起吊

10.3.1 GRP顶管的起吊宜用柔性绳索，若用铁链或钢索起吊，必须在吊索与管道棱角处衬填橡胶或其他柔性物。

10.3.2 GRP顶管起吊时必须采用双点起吊，严禁单点起吊。

10.3.3 GRP顶管起吊及装卸时，应轻起轻放，严禁抛掷。

10.3.4 GRP顶管运输时应固定牢靠，应采用卧式堆放。

10.3.5 在运输和装卸过程中应不受到剧烈的撞击。

10.4 贮存

10.4.1 GRP 顶管应按类型、规格、等级分类堆放。

10.4.2 堆放场地应平整。管的叠层堆放应满足表 12 的要求。堆放处应远离热源，不宜长期露天存放。

表 12 GRP 顶管的最大堆放层数

公称直径/mm	400	500	600～700	800～1 200	≥1 400
最大层数	5	4	3	2	1

10.4.3 GRP 顶管堆放时应设置管座，层与层之间应用垫木隔开。

10.5 出厂证明书

每批 GRP 顶管出厂时应附有出厂证明书。出厂证明书应包括下列内容：

a) 生产厂名称和厂址；

b) 产品规格；

c) 生产日期；

d) 产品出厂检验证明书。

附 录 A
（规范性附录）
尺寸测量方法

A.1 管径的测量

A.1.1 仪器

采用精密 π 尺，其主要技术参数如表 A.1 所示。

表 A.1 精密 π 尺技术参数

单位为毫米

测量范围	分度值	示值误差
400～500	0.01	±0.03
600～900	0.02	±0.05
1 000～1600	0.02	±0.08
1 800～2400	0.02	±0.10
2 600～3000	0.02	±0.15

A.1.2 方法

在 GRP 顶管的外壁每隔 500 mm 测量一次外径，取平均值；在 GRP 顶管内壁的两端处测量管道内径，取平均值。

A.1.3 报告

报告应包括 GRP 顶管的最小外径、最大外径、平均外径和平均内径。

A.2 壁厚的测量

A.2.1 直接测量法

A.2.1.1 仪器

采用精度为 0.02 mm 的球型测头百分尺。

A.2.1.2 方法

垂直切割管截面，在这一截面沿圆周均匀测量 8 点。

A.2.1.3 报告

给出最大壁厚、最小壁厚以及平均壁厚。

A.2.2 计算法

按式(A.1)计算 GRP 顶管的平均壁厚：

$$t = \frac{(OD - ID)}{2} \quad \cdots\cdots(A.1)$$

式中：

t——平均壁厚，单位为毫米(mm)；

OD——平均外径，单位为毫米(mm)；

ID——平均内径，单位为毫米(mm)。

A.2.3 仲裁方法采用直接测量法。

A.3 内衬层厚度的测量

A.3.1 仪器

采用精度为0.02 mm的球型测头百分尺。

A.3.2 方法

垂直切割管端面，沿圆周方向取样，至少测量3次，测点均布。

A.3.3 报告

给出最大内衬厚度、最小内衬厚度以及平均内衬厚度。

A.4 长度测量

A.4.1 仪器

精度为1 mm的钢卷尺。

A.4.2 方法

把管放在平面上，测定长度精确到1 mm。沿周长每隔一定距离进行一次测量，共进行5次测量，取平均值。

A.4.3 报告

给出管长度的测定值。

A.5 端面垂直度测量

A.5.1 仪器

直角尺、精度为0.1 mm的钢板尺。

A.5.2 方法

把管放在平面上，测量管上6个点(测点均布)与相应的垂直于管轴线的平面之间的最大距离。

A.5.3 报告

给出管端面垂直度的最大值。

附　录　B
（规范性附录）
轴向压缩强度试验

B.1　试样形状和尺寸

B.1.1　轴向压缩强度试样形状见图 B.1，试样高度方向为 GRP 顶管的轴线方向。

B.1.2　试样厚度 t 为管身的管壁厚度或者管端的最小厚度，试样宽度 b 等于试样厚度 t，试样高度 H 等于 $2t$。

B.1.3　试样上下两端面应相互平行，且与试样中心线垂直。

图 B.1　轴向压缩强度试样形状

B.2　试样数量

不少于 5 个。

B.3　试验设备、试验步骤和试验结果

按 GB/T 1448 的规定。

附 录 C
（规范性附录）
分离盘法测定管的环向拉伸强度

C.1 试样

C.1.1 此方法仅适用于公称直径为 600 mm 及以下的管，试样尺寸见图 C.1。

C.1.2 试样数量按 GB/T 1446 的规定。

单位为毫米

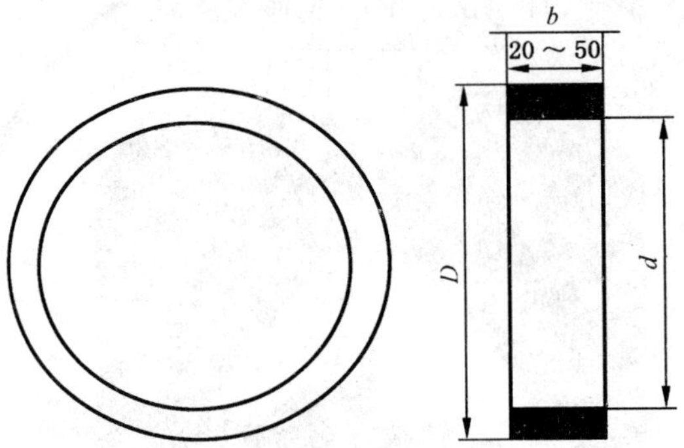

D——管外径；

d——管内径；

b——管厚度。

图 C.1 管道的环形试样

C.2 试验条件

C.2.1 试验环境条件按 GB/T 1446 的规定。

C.2.2 试验设备按 GB/T 1446 的规定。拉伸试验的分离盘见图 C.2，分离盘直径尺寸见表 C.1。

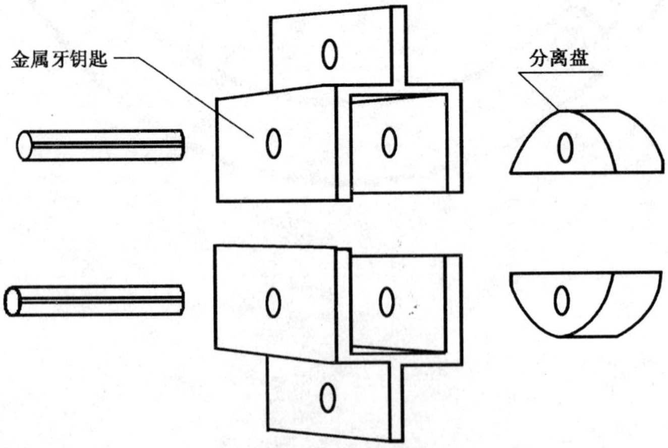

图 C.2 环向拉伸试验的分离盘

表 C.1 分离盘直径尺寸

单位为毫米

管公称直径	内径系列	外径系列
400	395	390
500	494	486
600	593	582
注：分离盘直径(工作面)加工精度为 h10，粗糙度 $Ra=6.4\ \mu m$。		

C.2.3 试验加载速度应为 0.015 DN，单位为毫米每分钟(mm/min)。

注：DN 为管的公称直径，单位为毫米。

C.3 试验步骤

C.3.1 在试样上任取相距 180°的两点，并加以标注。

C.3.2 在一标注点处，测量试样的宽度，准确至 0.01 mm。

C.3.3 把试样装到分离盘的外周缘，使标注的两点落在两分离盘的结合处。将分离盘与试验机相连，使试验机的载荷中心对准管环中心。

C.3.4 均匀连续地对试样施加载荷，直至破坏，记录破坏载荷。若试样没有完全破坏或断续破坏，则该试样作废，另取试样补充。

C.4 结果计算

环向拉伸强度按式(C.1)计算：

$$\sigma = \frac{F}{2b} \qquad \cdots\cdots(C.1)$$

式中：

σ——试样拉伸强度，单位为千牛每米(kN/m)；

F——最大或拉断载荷，单位为千牛(kN)；

b——试样宽度，单位为米(m)。

C.5 试验结果和试验报告

按 GB/T 1446 的规定。

附　录　D
（规范性附录）
轴向与环向拉伸强度试验

D.1　轴向拉伸强度试验的试样

沿 GRP 顶管轴向取样，试样形状及尺寸见图 D.1 和表 D.1。

D.2　环向拉伸强度试验的试样

沿 GRP 顶管环向取样，试样形状及尺寸见图 D.1 和表 D.1。

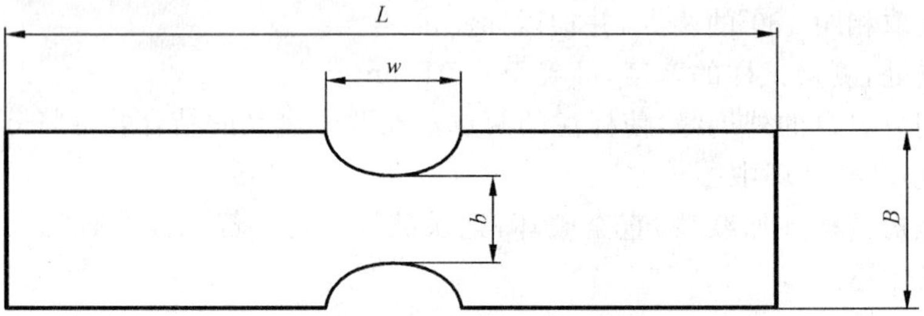

图 D.1　拉伸试样形状

表 D.1　拉伸试样尺寸

单位为毫米

公称直径范围 DN	试样长度 L	试样宽度 B	开口长度 w	开口处宽度 b
DN≤ 600	110～130	15	10	6
600<DN ≤1 200	120～140	20	15	8
DN >1 200	140～160	20	20	10

D.3　试样数量、试验设备和试验步骤

按 GB/T 1447 的规定。

D.4　试验结果

轴向与环向拉伸强度计算按式(D.1)计算，取 5 个有效试样的算术平均值：

$$\sigma = \frac{F}{b} \qquad \cdots\cdots (D.1)$$

式中：

σ——试样拉伸强度，单位为千牛每米(kN/m)；

F——破坏载荷，单位为千牛(kN)；

b——试样中间缺口处的宽度，单位为米(m)。

附　录　E
（规范性附录）
环刚度试验时的垂直方向挠曲值和环刚度计算方法

E.1　GRP 顶管环刚度试验时的垂直方向挠曲值按式(E.1)计算：

$$\Delta y = P \times D \qquad \cdots\cdots(E.1)$$

式中：

Δy——管垂直方向挠曲值，单位为毫米(mm)；

P——管径向变形率，%。刚度等级不大于 20 000 N/m²，径向变形率取 3%；刚度等级大于 20 000 N/m² 但不大于 50 000 N/m²，径向变形率取 2.5%；刚度等级大于 50 000 N/m² 但不大于 100 000 N/m²，径向变形率取 2%；刚度等级大于 100 000 N/m² 的管刚度，径向变形率按 $\left(\frac{65}{\sqrt[3]{SN}}+0.5\right)\%$ 计算确定；

D——管道计算直径($D = OD - t$ 或 $D = ID + t$)，单位为毫米(mm)。

E.2　环刚度按式(E.2)计算：

$$S = 18\,625 \times \frac{F}{L \times \Delta y} \qquad \cdots\cdots(E.2)$$

式中：

S——环刚度，单位为牛每平方米(N/m²)；

F——载荷，单位为牛(N)；

L——试样长度，单位为毫米(mm)；

Δy——GRP 顶管垂直方向挠曲值，单位为毫米(mm)。

附 录 F
（资料性附录）
顶力计算方法

F.1 极限顶力按式(F.1)进行计算，应分别对GRP顶管的管端和管身进行计算，其最小值为GRP顶管的极限顶力。

$$F_b = \pi D t_{min} \sigma_{zb} / 1\ 000 \qquad \cdots\cdots (F.1)$$

式中：

F_b——极限顶力，单位为千牛(kN)；

D——管道计算直径($D=OD-t$ 或 $D=ID+t$)，单位为毫米(mm)；

t_{min}——管壁压缩强度处所对应的最小壁厚，单位为毫米(mm)；

σ_{zb}——管的轴向压缩强度，单位为兆帕(MPa)。

F.2 管允许顶力按式(F.2)进行计算：

$$F = \frac{F_b}{k_j} \qquad \cdots\cdots (F.2)$$

式中：

F——允许顶力，单位为千牛(kN)；

F_b——极限顶力，单位为千牛(kN)；

k_j——顶力安全系数，取3.5。

F.3 按最小管壁厚度，给出GRP顶管的允许顶力如表F.1所示。如果需要增加允许顶力，需增加管壁厚度，按公式(F.1)和公式(F.2)进行计算。

表 F.1 允许顶力

公称直径/mm	允许顶力/kN
400	269
500	383
600	517
700	737
800	918
900	1 294
1 000	1 556
1 200	2 153
1 400	2 930
1 600	3 827
1 800	4 844
2 000	5 980
2 200	7 236
2 400	8 612
2 600	10 107
2 800	11 721
3 000	13 456

ICS 67.200.20
X 14

中华人民共和国国家标准

GB/T 21493—2008

大豆磷脂中磷脂酰胆碱、磷脂酰乙醇胺、磷脂酰肌醇的测定

Determination of phosphatidylethanolamine, phosphatidylinositol and phosphatidycholine of soybean phospholipids

2008-03-06 发布　　2008-08-01 实施

中华人民共和国国家质量监督检验检疫总局
中国国家标准化管理委员会　发布

前　　言

本标准是在参考国际卵磷脂与磷脂协会(ILPS)、美国油脂化学家协会(AOCS)等相关方法的基础上确定的适合我国国情的分析方法。

本标准由国家粮食局提出。

本标准由全国粮油标准化技术委员会归口。

本标准起草单位:国家粮食局科学研究院。

本标准主要起草人:王瑛瑶、马榕、薛雅琳。

大豆磷脂中磷脂酰胆碱、磷脂酰乙醇胺、磷脂酰肌醇的测定

1 范围

本标准规定了一种采用高效液相色谱法同时测定大豆磷脂中磷脂酰胆碱、磷脂酰乙醇胺、磷脂酰肌醇三种组分含量的方法。

本标准适用于含油大豆磷脂、脱油大豆磷脂中磷脂酰胆碱、磷脂酰乙醇胺、磷脂酰肌醇的测定。本标准不适用于大豆溶血磷脂酰胆碱及大豆溶血磷脂酰乙醇胺的测定。

本标准中磷脂酰胆碱的检出限为 1.21×10^{-2} mg/mL，磷脂酰乙醇胺的检出限为 4.66×10^{-2} mg/mL，磷脂酰肌醇的检出限为 7.36×10^{-3} mg/mL。

2 原理

用多元流动相等度洗脱分配于色谱柱两相中的磷脂酰胆碱、磷脂酰乙醇胺、磷脂酰肌醇组分，在固定相中滞留时间不同，达到分离目的。紫外检测器在线检测流出组分，与标准系列比较定量。

3 试剂

3.1 正己烷：色谱纯。

3.2 异丙醇：色谱纯。

3.3 水：色谱纯。

3.4 冰醋酸：色谱纯。

3.5 1%冰醋酸溶液：1 mL 冰醋酸用色谱纯水定容到 100 mL。

3.6 磷脂酰胆碱：标准物质，纯度≥99%。

3.7 磷脂酰乙醇胺：标准物质，纯度≥99%。

3.8 磷脂酰肌醇：标准物质，纯度≥98%。

3.9 流动相：V(正己烷)+V(异丙醇)+V(1%冰醋酸溶液)=8+8+1。

注：所用的磷脂酰胆碱、磷脂酰乙醇胺、磷脂酰肌醇标样来源应与所测定的样品一致，如测定的样品为大豆磷脂时，上述三种标样应来源于大豆。

4 仪器与设备

4.1 分析天平：精度为 0.000 1 g。

4.2 刻度吸管：0.5 mL，1 mL，5 mL。

4.3 容量瓶：5 mL，10 mL，100 mL。

4.4 量筒：100 mL，500 mL，1 000 mL。

4.5 氮气瓶。

4.6 液相色谱仪，带进样系统、紫外检测器和数据处理器。

4.7 液相色谱柱：Si-60 柱子，填料粒度为 5 μm。长度 250 mm，内径 4.6 mm。

注：柱子长度与直径可以依据实验条件做相应选择。

5 分析步骤

5.1 液相系统的平衡

进样分析前，用流动相平衡液相系统，控制流速为 0.5 mL/min，保证基线平稳，样品的保留时间稳定。

5.2 标准溶液的配制

精确称取约 20 mg 磷脂酰胆碱、20 mg 磷脂酰乙醇胺与 10 mg 磷脂酰肌醇，用 V(正己烷)+V(异丙醇)+V(1%冰醋酸溶液)=8+8+1 混合溶剂溶解并定容到 10 mL，配制磷脂酰胆碱、磷脂酰乙醇胺、磷脂酰肌醇的混合标准溶液，使溶液中磷脂酰胆碱、磷脂酰乙醇胺、磷脂酰肌醇浓度分别为 2 mg/mL、2 mg/mL、1 mg/mL。准确吸取此溶液 0.25 mL、1.25 mL、2.50 mL、3.75 mL、5.00 mL，并用 V(正己烷)+V(异丙醇)+V(1%冰醋酸溶液)=8+8+1 混合溶剂定容到 5 mL，使溶液中磷脂酰胆碱的最终浓度为 0.1 mg/mL ~2.0 mg/mL，磷脂酰乙醇胺的最终浓度为 0.1 mg/mL ~2.0 mg/mL，磷脂酰肌醇的最终浓度为 0.05 mg/mL ~1.0 mg/mL。低于－16℃保存备用，保存时注意容器口的密封。

注：假如标样为三氯甲烷或甲醇的溶液，必须将其中的溶剂用氮气小心吹干，再用流动相溶解定容。

5.3 标准工作曲线的制作

分别取不同浓度的磷脂酰胆碱、磷脂酰乙醇胺、磷脂酰肌醇混合标准溶液 10 μL 注入液相色谱中。以样品各组分浓度为横坐标，各组分峰面积为纵坐标，分别绘制磷脂酰胆碱、磷脂酰乙醇胺、磷脂酰肌醇三种组分的标准工作曲线。

5.4 样品前处理

测试样品应避光放在密闭和防潮的容器内。样品在使用前需充分混匀。

依据样品中磷脂酰胆碱、磷脂酰乙醇胺、磷脂酰肌醇含量，精确称取样品 15 mg ~50 mg。用 V(正己烷)+V(异丙醇)+V(1%冰醋酸溶液)=8+8+1 混合溶剂溶解并定容至 5 mL。低于－16℃保存备用，保存时注意容器口的密封。

5.5 测定

5.5.1 色谱条件：Si-60 柱子，长 250 mm，内径 4.6 mm，填充物粒度 5 μm。流动相流速 1 mL/min，柱温 30℃，紫外检测波长 205 nm。如果采用不同型号的 Si 柱，可通过调整流速，达到最佳工作状态。

5.5.2 进样：准确取经 0.45 μm 微孔膜过滤的待测液 10 μL，注入液相色谱仪，比较待测液与标准样品的高效液相色谱(HPLC)图谱，取与标准样品 HPLC 图谱中磷脂酰乙醇胺、磷脂酰肌醇、磷脂酰胆碱相同时间的峰面积与标准工作曲线比较定量。对同一样品至少进行两次测定。

6 结果计算

试样中磷脂酰胆碱、磷脂酰乙醇胺、磷脂酰肌醇的含量以各组分的质量与试样原有质量的质量分数表示，其计算公式为：

$$X = \frac{c \times 5}{m} \times 100$$

式中：

X——样品中磷脂酰胆碱(或磷脂酰乙醇胺、磷脂酰肌醇)的含量，单位为克每一百克(g/100 g)；

c——由磷脂酰胆碱(或磷脂酰乙醇胺、磷脂酰肌醇)标准工作曲线上查出的试样测定液中磷脂酰胆碱(或磷脂酰乙醇胺、磷脂酰肌醇)的浓度，单位为毫克每毫升(mg/mL)；

5——样品的定容体积，单位为毫升(mL)；

m——样品的总质量，单位为毫克(mg)。

如果两次测定的结果符合第 7 章中给定的重复性要求，则取两次测定的算术平均值作为结果。如果不符合重复性要求，需对同一样品重新进行两次测定。

7 重复性要求

同一个分析者使用同样的方法在同一个实验室内使用同样仪器设备对同一试样连续进行两次测定的结果相对偏差不得大于 5%。

8 测试报告

测试报告应该详细说明：

——使用的方法；

——得到的实验结果；

——如果检查了重复性，得到最终引用的结果。

还需要说明那些未在本标准中详细规定的或作为可选择的操作的细节，以及可能影响了测试结果的任何意外情况。

测试报告应该包括所有可用于完整鉴别样品所必需的信息。

参 考 文 献

1. Official methods and recommended practices of the American Oil Chemists' Society, AOCS Press, Champaign, 1993, Method Ja 7B-91.
2. Herslof B, U Olsson, and P Tingvall. Characterization of lecithins and phospholipids by HPLC with light-scattering detection//I Hanen and G Pepeu. Phospholipids, Plenum, New York, 1990,295-298.
3. Piroska E B, L S Philip and F S Bernard. High-performance liquid chromatographic separations of soy phospholipids. JAOCS. 1996,73:193-197.
4. Chen, S-H and A Kou. Improved procedure for the separation of phospholipids by HPLC, J. Chromatogr. 1982,227:25-31.
5. Singleton J A. Separation and characterization of peanut phospholipid molecular species using high performance liquid chromatography and fast atom bombardment mass spectrometry. J. Am. Oil. Chem. Soc. 1999,76:49-56.

ICS 67.060
X 11

GB

中华人民共和国国家标准

GB/T 21494—2008

低温食用豆粕

Low temperature desolventized edible soybean meal

2008-03-06 发布　　　　2008-08-01 实施

中华人民共和国国家质量监督检验检疫总局
中国国家标准化管理委员会　发布

前　言

本标准的附录A为规范性附录。

本标准由国家粮食局提出。

本标准由全国粮油标准化技术委员会归口。

本标准负责起草单位:国家粮食局科学研究院。

本标准参加起草单位:北京硕泰生物技术有限责任公司。

本标准主要起草人:栾霞、薛雅琳、马榕、胡小中、温光源。

低温食用豆粕

1 范围

本标准规定了低温食用豆粕的定义、质量要求、检验方法、检验规则、标签、标识、包装、贮存和运输等。

本标准适用于生产、储存、运输、销售的商品低温食用豆粕。

2 规范性引用文件

下列标准中的条款通过本标准的引用而成为本标准的条款。凡是注日期的引用文件，其随后所有的修改单(不包括勘误的内容)或修订版均不适用于本标准，然而，鼓励根据本标准达成协议的各方研究是否可使用这些文件的最新版本。凡是不注日期的引用文件，其最新版本适用于本标准。

GB/T 5009.117 食用豆粕卫生标准的分析方法

GB/T 5492 粮食、油料检验 色泽、气味、口味鉴定方法

GB/T 5508 粮食、油料检验 粉类含砂量测定法

GB/T 5511 粮食、油料检验 粗蛋白质测定法

GB/T 5515 粮食、油料检验 粗纤维素测定法

GB 7718 预包装食品标签通则

GB/T 9824 油料饼粕总灰分测定法

GB/T 10358 油料饼粕中水分及挥发物测定法

GB/T 10359 油料饼粕含油量测定法

GB/T 10360 油料饼粕扦样法

GB 14932.1 食用大豆粕卫生标准

3 术语和定义

下列术语和定义适用于本标准。

3.1

低温食用豆粕 low temperature desolventized edible soybean meal

采用溶剂浸出法制油后，经低温或闪蒸脱溶处理的水溶性蛋白质含量较高的食用大豆粕。

3.2

杂质 impurity

低温食用豆粕以外的物质。

3.3

水溶性蛋白质 water soluble protein

在规定的条件下能溶解于水的蛋白质。

3.4

氮溶解指数 nitrogen soluble index

水溶性蛋白质含量占粗蛋白质含量的百分数。

3.5

含砂量 percent of sand

试样内含有细砂的质量占试样质量的百分数。

4 质量要求

4.1 特征要求

4.1.1 形状

松散的片状、粉状或颗粒状。

4.1.2 色泽

具有大豆粕固有的黄白色至淡黄色。

4.1.3 气味

具有大豆粕固有的气味，无霉味。

4.2 质量指标及分级标准

低温食用豆粕质量指标及分级标准见表1。

表1 低温食用豆粕质量指标

项目		质量指标			
		一级	二级	三级	等外品
粗蛋白质(干基)/%		≥55	≥52	≥50	<50
氮溶解指数(S)/%		≥80	≥70	≥55	<55
水分/%	≤	10.0			
粗脂肪(干基)/%	≤	1.0			
粗纤维素(干基)/%	≤	3.5			
灰分(干基)/%	≤	6.5			
含砂量/%	≤	0.10			
杂质/%	≤	0.10			

4.3 卫生指标

按GB 14932.1和国家有关规定执行。

5 检验方法

5.1 色泽、气味的鉴定

按GB/T 5492执行。

5.2 粗蛋白质的检验

按GB/T 5511执行。

5.3 水溶性蛋白质的测定

按GB/T 5511执行。

5.4 氮溶解指数的计算

氮溶解指数(S)按式(1)计算，数值以%计：

$$S=\frac{M_1}{M}\times 100 \qquad \cdots\cdots(1)$$

式中：

M_1——水溶性蛋白质含量，单位为克每百克(g/100 g)；

M——粗蛋白质含量，单位为克每百克(g/100 g)。

5.5 水分检验

按GB/T 10358执行。

5.6　粗脂肪的检验

按 GB/T 10359 执行。

5.7　粗纤维素的检验

按 GB/T 5515 执行。

5.8　灰分的检验

按 GB/T 9824 执行。

5.9　含砂量的检验

按 GB/T 5508 执行。

5.10　杂质的检验

按附录 A 执行。

5.11　卫生指标的检验

按 GB/T 5009.117 执行。

6　检验规则

6.1　产品组批

同一班次、同一生产线生产的包装完好的产品为一组批。

6.2　抽样

按 GB/T 10360 执行。

6.3　出厂检验

应逐批检验。水分、杂质、氮溶解指数、粗脂肪应随生产按班抽样检验；粗纤维素、灰分、含砂量可按原料批量定期抽样检验。

6.4　判定规则

6.4.1　产品未标注等级时，按不合格产品判定。

6.4.2　特征、质量指标中有一项不合格时，即判定为不合格产品。

7　标签和标识

7.1　应符合 GB 7718 的规定及要求。

7.2　凡标识"低温食用豆粕"的产品，应符合本标准。

7.3　采用转基因大豆生产加工的低温食用豆粕应按国家有关规定标识。

7.4　应注明产品原料的生产国名。

8　包装、贮存和运输

8.1　包装

应采用无毒、无异味、干燥、清洁的包装物。

8.2　贮存

应贮存在通风、干燥、清洁及避光的地方，严禁与有异味、有毒物品一同存放。

8.3　运输

运输工具应清洁，防晒、防雨、防潮。不应与有毒、有异味的物品混运。

附　录　A
（规范性附录）
低温食用豆粕中杂质的测定方法

A.1　仪器和用具

A.1.1　天平：感量 0.1 g；0.01 g。

A.1.2　分样器和分样板。

A.1.3　分析盘。

A.1.4　镊子。

A.2　操作方法

从原始样品中用分样器或四分法分出平均样品 2 份，各 1 000 g 左右，称量（准确至 0.1 g），平摊于分析盘中，用镊子拣出非低温食用豆粕的物质，称量（准确至 0.01 g）。

A.3　结果

按式（A.1）计算：

$$X = \frac{m_1}{m} \times 100 \qquad \cdots\cdots(A.1)$$

式中：

X——杂质含量，单位为克每百克（g/100 g）；

m_1——杂质的质量，单位为克（g）；

m——样品的质量，单位为克（g）。

A.4　精密度

双试验结果允许差不超过 0.02%，求其平均值为测定结果，测定结果取到小数点后第二位。

ICS 67.200.10
X 14

中华人民共和国国家标准

GB/T 21495—2008/ISO 7847:1987

动植物油脂
具有顺,顺 1,4-二烯结构的
多不饱和脂肪酸的测定

**Animal and vegetable fats and oils—
Determination of polyunsaturated fatty acid
with a *cis*,*cis* 1,4-diene structure**

(ISO 7847:1987,IDT)

2008-03-06 发布　　　　2008-08-01 实施

中华人民共和国国家质量监督检验检疫总局
中国国家标准化管理委员会　发布

前　言

本标准等同采用 ISO 7847:1987《动植物油脂　具有顺,顺 1,4-二烯结构的多不饱和脂肪酸的测定》(英文版)。

为便于使用,本标准作了下列编辑性修改:

a)　将“本国际标准”改为“本标准”;

b)　用小数点“.”代替作为小数点的逗号“,”;

c)　删除国际标准的前言;

d)　用符号“L”代替“l”表示“升”;

e)　用 GB/T 15687 代替了 ISO 661。

本标准的附录 A 为规范性附录。

本标准由国家粮食局提出。

本标准由全国粮油标准化技术委员会归口。

本标准起草单位:国家粮食局科学研究院。

本标准主要起草人:张蕊、薛雅琳、祖丽亚。

动植物油脂 具有顺,顺 1,4-二烯结构的 多不饱和脂肪酸的测定

1 范围

本标准规定了酶法测定动植物油脂中顺,顺 1,4-二烯结构多不饱和脂肪酸的方法,实际上就是指具有 ω3 和 ω6 型多不饱和结构的亚油酸(9,12-十八碳二烯酸)和亚麻酸(9,12,15-十八碳三烯酸)系列。其结构是:

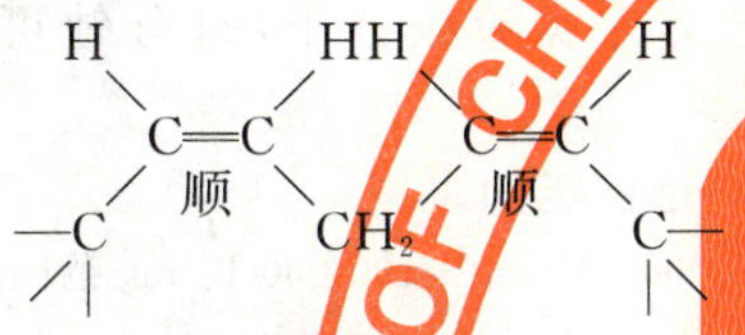

本标准不适用于油脂中 ω8 和 ω9 型多不饱和脂肪酸及含有支链脂肪酸的测定。

2 规范性引用文件

下列文件中的条款通过本标准的引用而成为本标准的条款。凡是注日期的引用文件,其随后所有的修改单(不包括勘误的内容)或修订版均不适用于本标准,然而,鼓励根据本标准达成协议的各方研究是否可使用这些文件的最新版本。凡是不注日期的引用文件,其最新版本适用于本标准。

GB/T 15687 油脂试样制备(GB/T 15687—1995,eqv ISO 661:1989)

ISO 5555 动植物油脂 取样

3 术语和定义

下列术语和定义适用于本标准。

3.1

顺,顺 1,4-二烯脂肪酸 *cis*,*cis* 1,4-diene fatty acids

本标准规定的方法所测定的脂肪酸,以样品的质量分数表示。

4 原理

在室温条件下,样品皂化后产生脂肪酸,具有顺,顺 1,4-二烯结构的脂肪酸被酶促氧化,产生的氧化酸在最大吸收波长(约 235 nm)下测定吸光度,同时做样品空白试验,计算样品中多不饱和脂肪酸的含量。

5 试剂和材料

所用试剂均为分析纯,水为蒸馏水或同等纯度的水。

5.1 正己烷

5.2 盐酸溶液

$c(HCl) \approx 0.5$ mol/L。

5.3 氢氧化钾-乙醇溶液[$c(KOH) \approx 0.5$ mol/L]

5.3.1 贮备液

称取 65 g 氢氧化钾(86%氢氧化钾)溶于约 80 mL 水中,冷却后稀释至 100 mL。

5.3.2 稀释液

吸取 5 mL 贮备液(5.3.1)用体积分数为 95%的乙醇稀释至 100 mL。

此溶液应临用时现配。

5.4 硼酸钾缓冲液

$c(K_3BO_3)$ =1.0 mol/L(pH = 9.0)。

称取 61.9 g 硼酸和 25.0 g 氢氧化钾(86%氢氧化钾) 加热搅拌溶于约 800 mL 水中,冷却至室温,测定 pH,如有必要,可用盐酸或氢氧化钾溶液调 pH 至 9.0,然后用水稀释至 1 000 mL。

5.5 硼酸钾缓冲液

$c(K_3BO_3)$ =0.2 mol/L(pH=9.0)。

将 200 mL 1.0 mol/L 的硼酸钾缓冲液(5.4)用水稀释至 1 000 mL,用冰冷却。

5.6 脂肪氧化酶稀释液

5.6.1 脂肪氧化酶

酶的活力至少为 50 000 U/mg[一个酶的活力单位(U)定义为实验条件下,每分钟可氧化 1.2×10^{-4} μmol亚油酸所需的酶量]。

在冻干状态下,于−18℃或更低的温度保存时,该酶在数年内均是稳定的。

注:低活力的酶制剂会导致结果偏低,过高活力的酶制剂不会比活力在 50 000 U/mg～100 000 U/mg 范围内的酶制剂得到更好的结果。

5.6.2 贮备液

称取相当于 650 000 U 酶活的酶(5.6.1)溶于 10 mL 冰冷的 0.2 mol/L 硼酸钾缓冲液(5.5)中。

该贮备液在−18℃或更低的温度下可以长期保存。

5.6.3 工作液

将 2 mL 贮备液(5.6.2)和 8 mL 冰冷的 0.2 mol/L 硼酸钾缓冲液(5.5)混合。

5.7 脂肪氧化酶灭活液

吸取数毫升脂肪氧化酶稀释液(5.6)至试管中,并保证无液滴粘附在试管壁上。将试管浸入沸水浴(6.6)中加热至少 5 min,稀释液的液面应低于水浴的液面。

5.8 参比油

如葵花籽油或棉籽油,已知多不饱和脂肪酸含量(用气相色谱法准确测得,并以参比油的质量分数表示),并假定其全为顺,顺 1,4-二烯结构的脂肪酸。

注:无位置异构和几何异构的甘油三亚油酸酯可作为参比。

5.9 氮气

纯度不低于 99.5% (质量分数)。

6 仪器

所用玻璃器皿应非常干净。

实验室常用仪器,尤其是下列仪器。

6.1 具塞容量瓶:100 mL。

6.2 单标移液管:1 mL,10 mL,20 mL。

6.3 刻度移液管:1 mL,10 mL。

6.4 具塞试管:10 mL,干燥。可用具塞分光光度计比色杯(见 6.8)替代(见 9.6.2 的注 1)。

6.5 离心机:10 mL 离心试管。

6.6 水浴:沸腾。

6.7 水浴:温度保持在(50±2)℃。

6.8 分光光度计:可于 235 nm 测量吸光度,配有 10 mm 石英比色杯。

6.9 分析天平。

7 取样

按 ISO 5555 进行。

8 试样制备

按 GB/T 15687 进行。

9 分析步骤

9.1 验证实验

在分析试样时，建议与试样平行分析已确知多不饱和脂肪酸(5.8)含量的参比油，以核对分析步骤。

9.2 试样

称取 50 mg～200 mg(取决于预期的多不饱和脂肪酸含量)试样(第 8 章)，精确至 0.1 mg，于 100 mL容量瓶 A(6.1)中。

注：当所取试样数量相当于 10 mg～80 mg 多不饱和脂肪酸时，所测之最大吸光度应在 0.07～0.5 之间。

9.3 皂化

用单标移液管(6.2)吸取 10 mL 氢氧化钾-乙醇溶液(5.3)至容量瓶 A，用氮气(5.9)置换容量瓶中的空气。加塞，放置暗处，皂化至少 4 h，间歇摇动容量瓶使内容物混匀。

如果样品的熔点高于室温，可将装有样品的容量瓶(加塞后)置于(50±2)℃的水浴(6.7)中加热数分钟，以加速皂化。

注：附录 A 中规定了一种特别适合于多样品重复性分析的替代皂化方法。

9.4 测试液的制备

皂化后，用适当的单标移液管(6.2)向容量瓶 A 中加入 20 mL 1.0 mol/L 硼酸钾缓冲液(5.4)和 10 mL盐酸溶液(5.2)。加水稀释至刻度。加塞，轻轻来回颠倒容量瓶数次，尽量避免产生泡沫。如有必要，可于混合后重新定容到 100 mL。此阶段如有沉淀出现，可取数毫升混合液至离心试管中，离心分离除去沉淀。

用单标移液管(6.2)吸取容量瓶 A 中溶液 1 mL(或 1.0 mL 离心分离的上清液)至另一标为 B 的 100 mL 容量瓶(6.1)中，容量瓶 B 应事先用氮气(5.9)吹洗。如果预计试样中含有的多不饱和脂肪酸很少时，则应吸移 2 mL～4 mL 至容量瓶 B 中。

用单标移液管(6.2)吸取 20 mL 1.0 mol/L 硼酸钾缓冲液(5.4)至容量瓶 B，加水至刻度。加塞混匀，尽量避免产生泡沫(见注)。这个步骤中轻微的混浊不会干扰后续的测定。

注：皂化后，得到皂的稀释液。在容量瓶 A 中皂的浓度约为 1 mg/mL，容量瓶 B 中皂的浓度约为 10 μg/mL。泡沫中皂的浓度要高于溶液本体中皂的浓度。当将溶液从一个容量瓶中转移到另一个容量瓶中时，如有泡沫粘附在移液管上，可能导致转移了未知过量的脂肪酸。

9.5 比对实验

测定(9.7)同时进行比对实验。采用同样分析步骤，但以 0.1 mL 脂肪氧化酶灭活液(5.7)代替脂肪氧化酶稀释液(5.6)来制备样品补偿溶液。

9.6 标准工作曲线

9.6.1 制备标准溶液

称取相当于含约 100 mg 多不饱和脂肪酸的参比油于 100 mL 容量瓶(6.1)中，精确至 0.1 mg。按照 9.3 及 9.4 的第一小节进行皂化并稀释至刻度。

用单标移液管(6.2)吸取 10 mL 上述溶液至第二个 100 mL 容量瓶(6.1)中，用刻度移液管(6.3)加入 18 mL 1.0 mol/L 硼酸钾缓冲液(5.4)，用水稀释至刻度。

用刻度移液管(6.3)从第二个容量瓶中依次吸取 1 mL，2 mL，4 mL，6 mL，8 mL 和 10 mL 溶液，分别置于 6 个 100 mL 容量瓶(6.1)中,均用 0.2 mol/L 硼酸钾缓冲液(5.5)稀释至刻度。

9.6.2 酶促氧化

用 1 mL 刻度移液管(6.3)分别吸取 0.1 mL 脂肪氧化酶稀释液(5.6)置于 6 支试管(6.4)中(见注 1)。在每支试管中分别添加 3 mL 相应的标准溶液(每支试管一个稀释度),轻轻震荡使溶液混匀(见注 2)。

将试管静置 20 min～30 min。

注 1:氧化过程可在具塞分光光度计比色杯(见 6.8)中进行,以免在测量吸光度前再将溶液转移到比色杯中。

注 2:试管中样品的处理很重要。将内容物初次混合后,不要再进一步混合。进一步混合将导致标准溶液、样品补偿溶液及测试溶液的吸光度增加。此外如果比色杯中溶液一旦被倒掉,并装入其他溶液,则不能核对该测量值是否正确。溶液处理过程中造成吸光度增加的原因尚无法解释。因此每个实验室要确保分析步骤一致。

9.6.3 分光光度计测量

将每个试管中的内容物转移到石英比色杯(见 6.8)中。使用分光光度计(6.8),于最大吸光波长(约 235 nm)下测量每个标准溶液的吸光度,以样品补偿溶液(见 9.5)调节仪器零点。取每个标准溶液两个吸光度读数的平均值。

9.6.4 绘制标准曲线

以吸光度的平均值对由已知组成的参比油计算所得多不饱和脂肪酸的质量作图。

绘出一条通过所有作图点的直线,该直线应通过原点。

9.7 测定

9.7.1 酶促氧化

用 1 mL 移液管(6.3)吸移 0.1 mL 脂肪氧化酶稀释液(5.6)至试管(6.4)中(见 9.6.2 的注 1)。再从容量瓶 B 中吸取 3 mL 测试溶液(9.4)加至试管中,轻轻震荡使溶液混匀(见 9.6.2 的注 2)。

将试管静置 20 min～30 min。

9.7.2 分光光度计测定

将试管中的样品转移至石英比色杯(见 6.8)中,用分光光度计(6.8),于最大吸收波长(约 235 nm)下测量测试溶液的吸光度,用样品补偿溶液(见 9.5)调节仪器零点。取两个吸光度读数的平均值,从标准工作曲线(9.6.4)中读出脂肪酸的质量。

注:以补偿溶液调节零点可以补偿由于样品中原有的共轭二烯酸产生的吸光度。样品补偿溶液的吸光度应以水为参比进行核对,如果与测试溶液相比,此值太高,将使精密度降低。

9.8 测定次数

同一个试样测定两次。

10 结果计算

10.1 计算方法

试样中多不饱和脂肪酸的含量(X),数值以质量分数(%)表示,按下列公式计算:

$$X = \frac{m_1}{Vm_0} \times 100$$

式中:

X——试样中多不饱和脂肪酸的含量,单位为克每百克(g/100 g);

m_0——试样的质量,单位为毫克(mg);

m_1——从标准工作曲线上读取的多不饱和脂肪酸的质量,单位为毫克(mg);

V——从容量瓶 A 中所吸取液体(通常为 1 mL)的毫升数值。

注:按此法得到的结果是整个油脂中多不饱和脂肪酸的含量,而非油脂中脂肪酸总量中多不饱和脂肪酸的含量。

10.2 重复性

当多不饱和脂肪酸含量在 10%～70%(质量分数)范围内时,同一分析者,在同一个实验条件下,对同一样品，快速连续进行两次独立测试，结果相差不能超过 3.5%（质量分数）。

11 试验报告

测定报告应详细说明使用的方法及测试结果，清楚标明结果的表示方法。应注明本标准中未规定的任何操作细节，或可选择的操作细节，及可能影响实验结果的任何意外情况的细节。

测定报告应包括完整识别样品所需的全部信息。

附 录 A
（规范性附录）
替代的皂化方法

用数毫升正己烷(5.1)溶解试样(9.2)，用同样的溶剂稀释至刻度，并混匀。用单标移液管(6.2)吸取 1.0 mL 该溶液至已事先用氮气吹洗的 100 mL 容量瓶 B(6.1)中。如预期样品中多不饱和脂肪酸的含量很低，则吸取 2 mL～4 mL 溶液至容量瓶 B 中。在缓和的氮气流中使溶剂完全蒸发。

向容量瓶 B 内的无溶剂样品中加 2 mL 氢氧化钾-乙醇溶液(5.3)，然后加塞。将容量瓶置于暗处，皂化至少 4 h，以后按 9.7 进行。

ICS 67.200.10
X 14

中华人民共和国国家标准

GB/T 21496—2008/ISO 15301:2001

动植物油脂　油脂沉淀物含量的测定 离心法

Animal and vegetable fats and oils—Determination of sediment in crude fat and oil—Centrifuge method

(ISO 15301:2001,IDT)

2008-03-06 发布　　2008-08-01 实施

中华人民共和国国家质量监督检验检疫总局
中国国家标准化管理委员会　发布

前言

本标准等同采用 ISO 15301:2001《动植物油脂　油脂沉淀物含量的测定　离心法》(英文版)。

为了便于使用,本标准对 ISO 15301:2001 进行了下列编辑性修改:

——删除了国际标准的前言;

——将“本国际标准”改为“本标准”;

——用小数点“.”代替原文中作为小数点的“,”;

——对有关公式进行了编号;

——用 GB/T 15687 代替原国际标准中的 ISO 661。

本标准的附录 A 和附录 B 是资料性附录。

本标准由国家粮食局提出。

本标准由全国粮油标准化技术委员会归口。

本标准起草单位:南京财经大学。

本标准主要起草人:邱伟芬、袁建、鞠兴荣、汪海峰。

动植物油脂　油脂沉淀物含量的测定
离心法

1　范围

本标准规定了一种离心分离测定原油中沉淀物含量的方法。

本标准适用于浸出法或压榨法制取的、沉淀物含量范围在 0.03 mL/100 g～15 mL/100 g 的原油。

本方法不适用于 20℃时不呈液体的脂类。

2　规范性引用文件

下列文件中的条款通过本标准的引用而成为本标准的条款。凡是注日期的引用文件，其随后所有的修改单(不包括勘误的内容)或修订版均不适用于本标准，然而，鼓励根据本标准达成协议的各方研究是否可使用这些文件的最新版本。凡是不注日期的引用文件，其最新版本适用于本标准。

GB/T 15687　油脂试样制备(GB/T 15687—1995，eqv ISO 661:1989)

3　术语和定义

下列术语和定义适用于本标准。

3.1

沉淀物　sediment

原油脂中的可用离心法进行分离的不溶性物质，离心后离心管底部收集的不透明层物质。

注：沉淀物中含有磷脂、杂质、灰尘等，它们分散于水相中，可用本标准进行定量。深色不溶物层上面和内部的白色结晶组分也是沉淀物的一部分。

4　原理

混合均匀的样品按规定进行离心，被分离的物质即为沉淀物，用校准过的离心管测定其体积进行定量。

5　仪器

实验室常规仪器，特别是下列仪器设备：

5.1　离心管：100 mL，梨形或锥形，具塞。煅烧过的玻璃制成。如图 1 和图 2。

注：与梨形管相比，锥形管读出不透明层的体积更困难。

5.2　离心管套：用来装离心管，能抵抗油脂的侵蚀。

5.3　离心机：能与离心管(5.1)和离心管套(5.2)配套使用，可控制离心速度，使得离心管狭窄部分的径向加速度为自由落体加速度的 700 倍～800 倍。

参照附录 A 计算离心机转速。

在没有空调的实验室应设法使离心机的温度保持在 20℃～25℃范围之内。

5.4　天平：感量为 0.1 g。

单位为毫米

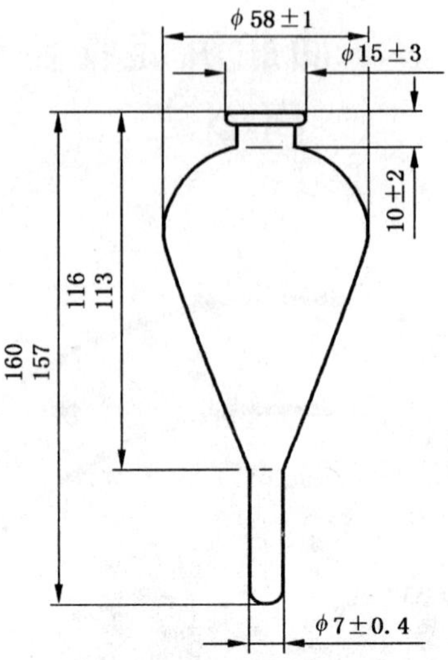

图 1　梨形离心管

单位为毫米

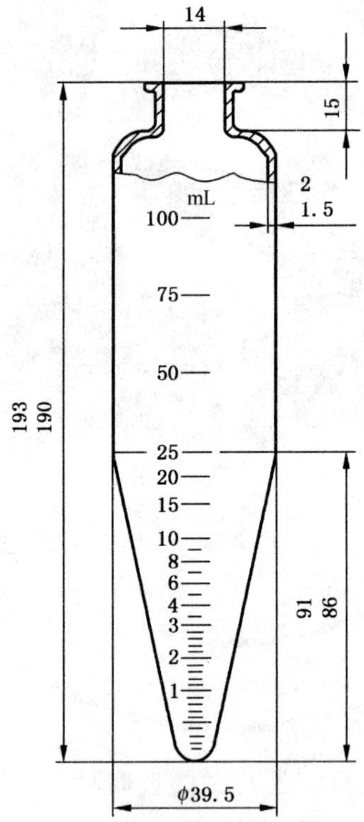

图 2　锥形离心管

6　采样

实验室收到的样品应具有代表性，且在运输和储藏过程中未受到损坏或变质。

本标准不规定采样方法，可以参考采用 ISO 5555。

样品保存在玻璃瓶或聚对苯二甲酸乙二醇酯(PET)瓶中。

7 试样制备

按 GB/T 15687 方法制备试样。必要时,将试样的温度控制在 20℃～25℃之间。

将样品瓶底中沉淀物重新分散于油中,以确保样品的均匀性和代表性,迅速按第 8 章进行测定。

8 分析步骤

取 2 支离心管(5.1),称量,精确到 0.1 g。向其中各移入 100 mL 制备好的试样(第 7 章)。称量离心管,并将其放入离心管套(5.2),然后再放入离心机(5.3)中。调整离心机速度,使得离心管狭窄部分的径向加速度为自由落体加速度的 700 倍～800 倍。离心 1 h±5 s。

读取沉淀物的体积,沉淀物的体积小于等于 1.5 mL 时,精确到 0.03 mL;沉淀物的体积大于 1.5 mL 时,精确到 0.5 mL。

使用锥形离心管时,读取不透明层的体积可能较困难,尽可能准确读取沉淀物的体积。

使用梨形离心管时,如果分离不完全(透明层留在离心管的狭窄部分),读取沉淀物时要校正这部分体积。

记录相对径向加速度或旋转直径和离心机的转速。

记录离心前后的温度。

9 结果计算

按式(1)计算试样的沉淀物含量:

$$w = \frac{V \times 100}{(m_1 - m_2)} \quad \cdots\cdots(1)$$

式中:

w——沉淀物含量,单位为毫升每百克(mL/100 g);

V——沉淀物的体积,单位为毫升(mL);

m_1——离心管和试样的质量之和,单位为克(g);

m_2——离心管的质量,单位为克(g)。

计算由 2 支离心管测得的沉淀值的平均值,计算结果精确到 1 mL/100 g。

10 精密度

10.1 实验室间试验

附录 B 汇总了本方法精密度的实验室间测试情况。从这些测试中得到的值可能不适用于其他的浓度范围和试样。

10.2 重复性

对相同的实验材料用同种方法,在同一实验室由同一操作人员使用同一设备在较短的时间间隔内做两份独立的单实验,实验结果之间的绝对差值超过表 1 所示重复性极限值的概率应不超过 5%。

表 1 重复性限值 r 和再现性限值 R

沉淀物含量	r/(mL/100 g)	R/(mL/100 g)
＜1	0.1	0.7
1～3	0.2	1.0

10.3 再现性

用同种方法、相同的实验材料,在不同的实验室由不同的操作人员使用不同的设备做两个单实验,实验结果之间的绝对差值超过表 1 所示再现性极限值的概率应不超过 5%。

11 检验报告

检验报告应详细说明：

——测试样品所需的所有有关信息；

——若已知采样方法，则注明；

——测定方法及引用标准；

——离心机力（相对径向加速度），或者旋转直径及离心机的转速；

——试样离心前后的温度；

——还应注明本标准中没有具体说明的、或者被认为是可选性的，以及所有可能影响了结果的操作细节；

——测定结果。如果进行了重复性试验，应说明两次测定的结果和平均结果。

附 录 A
（资料性附录）
离心机旋转速度计算方法

可通过式（A.1）计算离心机旋转速度：

$$n = 1\,337\sqrt{\frac{a_r}{d}} \qquad \cdots\cdots\cdots\cdots(\text{A.1})$$

式中：

n——离心机的转速，单位为转每分钟（r/min）；

a_r——离心机的相对径向加速度（如 $a_r=700$ 或 $a_r=800$）；

d——旋转直径，为相对的 2 支离心管在旋转时其对应尖端的距离，单位为毫米（mm）。

附 录 B
（资料性附录）
不同实验室测试结果

B.1 不同实验室测试结果的统计分析

1996年及1997/1998年间，荷兰油脂油料贸易协会（NOFOTA）与植物油脂、种子及动物脂肪协会（FOSFA国际组织）联合组织了两次多实验室间比对测试，按照ISO 5725-2统计得到了方法的精密度。第一次测试（1996年）共有12个实验室对6种未精炼的葵花油进行了测定。第二次测试（1997/1998年）共有9个实验室对4种未精炼的葵花油进行了测定。

测试结果统计见表B.1和表B.2。

表 B.1 测试结果统计分析（1996）

参 数	样 品					
	1	2	3	4	5	6
去除偏离值后的测试实验室数	12	12	12	11	10	11
沉淀物含量的平均值/(mL/100 g)	0.75	1.36	0.54	1.62	2.07	2.61
重复性的标准差(s_r)/(mL/100 g)	0.04	0.06	0.04	0.06	0.03	0.07
重复性的变异系数/%	4.76	4.29	6.85	3.60	1.59	2.78
重复性限值(r)($r=2.8\times s_r$)/(mL/100 g)	0.10	0.16	0.10	0.16	0.09	0.20
再现性的标准偏差(s_R)/(mL/100 g)	0.26	0.22	0.26	0.28	0.26	0.35
再现性的变异系数/%	34.6	16.0	47.9	17.2	12.6	13.5
再现性限值(R)($R=2.8\times s_r$)/(mL/100 g)	0.72	0.61	0.72	0.78	0.73	0.99

表 B.2 测试结果统计分析（1997/1998）

参 数	样 品			
	1	2	3	4
去除偏离值后的测试实验室数	7	8	8	7
沉淀物含量的平均值/(mL/100 g)	0.07	1.28	1.20	2.39
重复性的标准差(s_r)/(mL/100 g)	0.00	0.04	0.04	0.00
重复性的变异系数/%	0.00	2.77	2.95	0.00
重复性限值(r)($r=2.8\times s_r$)/(mL/100 g)	0.00	0.10	0.10	0.00
再现性的标准偏差(s_R)/(mL/100 g)	0.07	0.12	0.08	0.35
再现性的变异系数/%	97.8	9.1	7.0	14.8
再现性限值(R)($R=2.8\times s_r$)/(mL/100 g)	0.20	0.33	0.24	0.99

B.2 本方法与96 h方法的比较

在2次不同实验室比对测试过程中，进行了离心法与96 h法（将样品在控制温度条件下放置96 h）

的比较。

用回归分析对用这2种方法在不同实验室比对测试的结果进行分析，得到如下公式(相关系数为0.96)。

$$w_2 = 2.5w_1 - 0.5 \qquad \cdots\cdots\cdots\cdots(\text{B.1})$$

式中：

w_1——96 h 法测得的沉淀物含量，单位为毫升每一百毫升(mL/100 mL)；

w_2——离心法测得的沉淀物含量，单位为毫升每一百克(mL/100 g)。

当沉淀物含量超过0.5 mL/100 mL时，如需一种快速质量控制方法，离心法是一种较好的替代“96 h 法”的方法。

参 考 文 献

[1] ISO 5555:1991, Animal and vegetable fats and oils Sampling.
[2] ISO 5725-1:1994, Accuracy (trueness and precision) of measurement methods and results Part 1: General principles and definitions.
[3] ISO 5725-2:1994, Accuracy (trueness and precision) of measurement methods and results Part 2: Basic method for the determination of repeatability and reproducibility of a standard measurement method.

ICS 67.200.10
X 14

中华人民共和国国家标准

GB/T 21497—2008/ISO 15267:1998

动植物油脂　定温闪燃测试　彭斯克-马丁闭口杯法

Animal and vegetable fats and oils—Flashpoint limit test using Pensky-Martens closed cup flash tester

(ISO 15267:1998,IDT)

2008-03-06 发布　　　　2008-08-01 实施

中华人民共和国国家质量监督检验检疫总局
中国国家标准化管理委员会　发布

前　　言

本标准等同采用国际标准ISO 15267:1998《动植物油脂　定温闪燃测试　彭斯克-马丁闭口杯法》。

为了便于使用,本标准对ISO 15267进行了下列编辑性修改:

——删除了国际标准的前言;

——“本国际标准”一词改为“本标准”;

——用小数点“.”代替原文中作为小数点的“,”;

——规范性引用文件中“ISO 661:1989 动植物油脂　试样制备”替换为GB/T 15687、“ISO 2719:1988 石油产品和润滑油　闪点的测定　彭斯克-马丁闭口杯法”替换为GB/T 261;

——在4.1附“彭斯克-马丁(Pensky-Martens)闭口杯闪燃测试仪”示意图。

本标准的附录A为资料性附录。

本标准由国家粮食局提出。

本标准由全国粮油标准化技术委员会归口。

本标准负责起草单位:南京财经大学、江苏省产品质量监督检验中心所。

本标准主要起草人:杨慧萍、袁建、黄晓风、蔡晶、孟列群、杨晓蓉。

动植物油脂　定温闪燃测试
彭斯克-马丁闭口杯法

1　范围

本标准规定了测试在给定温度下观测处于规定条件的油脂样品，在受到火焰作用时是否闪燃的方法。

本标准适用于动植物油脂及海产油脂，这些油脂可能不含或含有少量挥发性的易燃溶剂。

2　规范性引用文件

下列文件中的条款通过本标准的引用而成为本标准的条款。凡是注日期的引用文件，其随后所有的修改单(不包括勘误的内容)或修订版均不适用于本标准，然而，鼓励根据本标准达成协议的各方研究是否可使用这些文件的最新版本。凡是不注日期的引用文件，其最新版本适用于本标准。

GB/T 15687　油脂试样制备(GB/T 15687—1995，eqv ISO 661:1989)

GB/T 261　石油产品闪点测定法(闭口杯法)(GB/T 261—1983，neq ISO 2719:1973)

3　原理

在恒定慢速和连续搅拌下，加热样品。稳定在规定温度后，引入测试火焰于测试样品杯。当出现大火舌且火焰立即在样品表面蔓延，可认为样品已闪燃；如测试火焰周围仅出现蓝色光圈，不应视为闪燃。

4　仪器

4.1　彭斯克-马丁(Pensky-Martens)闭口杯闪燃测试仪：有关详情见图1(取自 GB/T 261)。

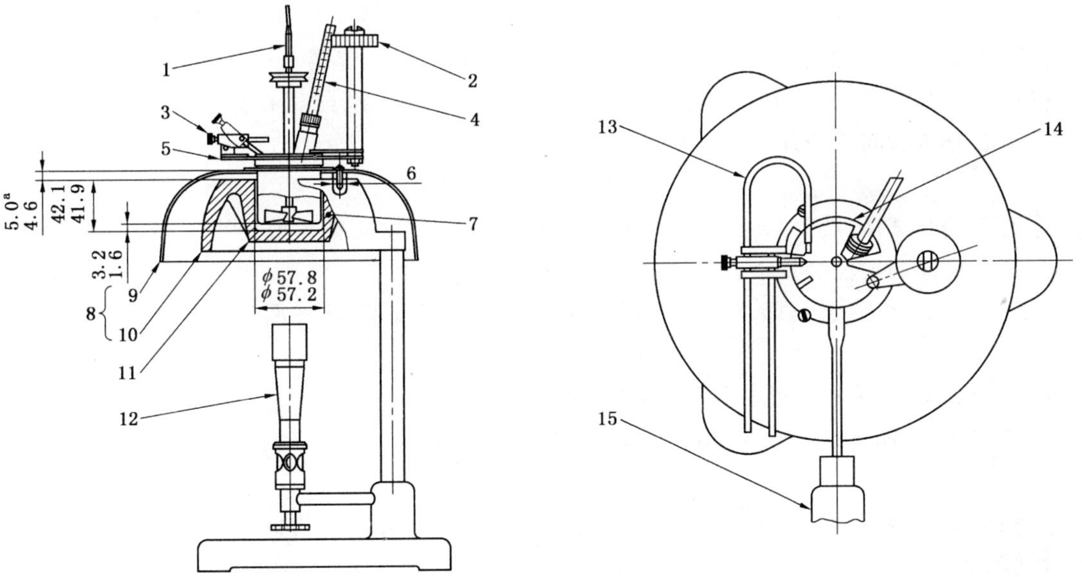

1——挠性轴；　5——盖子；　9——顶部金属板；　13——导管；

2——快门操纵杆；　6——定距块，ϕ9.5mm；　10——空气浴；　14——快门；

3——点火装置；　7——测试杯；　11——测试杯周围的金属厚度至少 6.5 mm；　15——手柄(可选用)。

4——温度计；　8——加热室；　12——加热器，火焰型或电阻型；

注：盖子装配可定位在右手边或左手边。

[a] 空气间隙。

图1　彭斯克-马丁(Pensky-Martens)闭口杯闪燃测试仪示意图

4.2 温度计:测温范围 10℃～200℃。

4.3 实验室用离心机:可以放置容量 120 mL 的具塞离心管。

4.4 离心管:容量 120 mL,具塞。

5 试剂

本标准所使用的无水 Na_2SO_4 试剂为分析纯,水为蒸馏水或去离子水或相当纯度的水。

6 采样

本标准不规定采样方法,可以采用 ISO 5555[1)](同时见 8.1)。

实验室所接收的样品应当具有真实的代表性,且在其运输、取样和存放期间未损坏和变质。

样品应存放在符合密闭性能要求的瓶中,以防止样品中的挥发性物质通过瓶壁逸散。

注:采用对苯二甲酸乙二醇聚酯(PET)瓶或玻璃瓶更好。有些塑料(例如,聚乙烯或聚丙烯)不宜采用。

7 试样制备

按 GB/T 15687 制备试样。

8 操作步骤

进行双试验测试。

8.1 试样的制备

8.1.1 在试样制备、取样或分取试样等实验室测试操作过程中,应尽量减少样品在容器之间转移,以避免挥发性溶剂(如己烷)的蒸发而导致结果误差。因此,容器应保持密闭。

8.1.2 如果所测定的脂肪在室温下是固体,应在原来的容器内使其缓慢地升温,升温至不超过其熔点 5℃,使其液化。然后,从这一升高的温度开始测定闪点。

8.1.3 从原来的容器中直接称取约 90 g 油脂,小心地移入离心管(4.4),加入 5g 无水 Na_2SO_4。用塞子塞紧,剧烈摇动 1 min,如有必要,在升高的温度(8.1.2)下进行,静置 30 min。

8.1.4 将按 8.1.3 处理的油脂试样,在 2 500 r/min 下离心 3 min,或离心分离至澄清油的量足够用于闪点测定,离心分离时间不应超过 5 min。

8.2 测定

8.2.1 将液态油脂试样(8.1.4)装满测试仪样品杯,液面的凸顶应精确地处于样品杯的满载刻度线上。盖上杯盖,放到仪器的定位装置上。

将温度计(4.2)悬浮于油脂中,水银球底部距离杯口(即杯盖底面在杯口内的位置)43 mm～46 mm。

8.2.2 点燃测试火焰,将火舌直径调节到约为 4 mm。

8.2.3 加热试样,控制试样的升温速度为 5℃/min ～6℃/min。在加热过程中,转动搅拌装置,转速为 1 r/s～2 r/s。

8.2.4 达到规定的温度(通常为 121℃)后,停止搅拌,打开快门,同时降低测试火焰,将火焰引入快门孔进行引燃测试。

在 0.5 s 内减弱测试火焰,观察样品杯内是否产生明显的火焰。

不要混淆真正的火焰和有时出现在测试火焰周围的蓝色光圈。

8.2.5 因为溶剂蒸气可能会逸散,在每次测试期间打开样品杯的次数不要多于 1 次,尽管当时的溶剂浓度很低不可能引起闪燃,也会导致测量结果不正确。

---

1) ISO 5555:1991 动植物油脂 取样

8.2.6 为了节省试样，允许用同一试样进行连续的闪点测定，以确定试样闪燃的温度范围。但这种温度范围测试不能用于出具或验证正式报告的测试结果，正式测试结果应采用新制备的样品来测定。

8.2.7 如需要了解闪点的确切级别，应在121℃以外的多种温度下重复上述测定。每种温度下的测定都应采用新制备的试样。

9 精密度

有关本方法精密度的实验室间测试结果汇总于附录A。这些实验室间的测试值只适用于给定的浓度范围和样本。

10 检验报告

报告在规定的温度下是“闪燃”或“不闪燃”，并说明所使用的方法和仪器。

如测试得到两种不同的结果，“不闪燃”结果略去不计。

附 录 A
（资料性附录）
实验室之间的测试结果

由国际油料油脂贸易协会(FOSFA)和荷兰油料油脂贸易协会(NOFOTA)组织，于1995年进行了一次实验室之间的试验。有8个国家的21个实验室参加。试验结果汇总于表A.1。

表 A.1 在121℃下限定闪点测试的国际合作试验结果

试样	提交测试闪点结果的实验室数量/个	报告“闪燃”的实验室数量/个	报告“不闪燃”的实验室数量/个	报告“闪燃”的实验室比例/%	报告“不闪燃”的实验室比例/%
1	19[a]	0	18	0.0	100.0
2	19[b]	12	5	70.6	29.4
3	19[c]	4	13	23.5	76.5
4	19[d]	0	18	0.0	100.0
5	19[e]	15	3	83.3	16.7
6	19	2	17	10.5	89.5

注：原文中试样3的实验室统计数值有误。

a 实验室No.12报告，样品瓶已漏油，因此，其结论被排除在汇总结果之外。

b 实验室No.12和实验室No.21报告，样品瓶已漏油，因此，他们的结论被排除在汇总结果之外。

c 实验室No.7提交“闪燃”和“不闪燃”不同结果的两份报告，因此，他们不包括在本汇总表内。

d 实验室No.10提交“闪燃”和“不闪燃”双重结果报告。

e 实验室No.21报告，样品瓶已漏油，因此，其结论被排除在汇总结果之外。

ICS 67.200.20
X 14

中华人民共和国国家标准

GB/T 21498—2008/ISO 14902:2001

大豆制品中胰蛋白酶抑制剂活性的测定

Determination of trypsin inhibitor activity of soya products

(ISO 14902:2001,IDT)

2008-03-06 发布　　　　2008-08-01 实施

中华人民共和国国家质量监督检验检疫总局
中国国家标准化管理委员会 发布

前　言

本标准等同采用ISO 14902:2001《动物饲料　大豆制品中胰蛋白酶抑制剂活性的测定》(英文版)。

为了便于使用,本标准对ISO 14902:2001进行了下列编辑性修改:

——将“本国际标准”改为“本标准”;

——用小数点“.”代替原文中小数点“,”;

——删去原标准名称中“动物饲料”一词,直接采用“大豆制品”;

——将规范性引用文件中的“ISO 3696:1987　分析实验室用水　规格和试验方法”修改为“GB/T 6682　分析实验室用水规格和试验方法”;

——对有关表格增加了表头;

——对有关公式进行了编号。

本标准的附录A是规范性附录,附录B是资料性附录。

本标准由国家粮食局提出。

本标准由全国粮油标准化技术委员会归口。

本标准负责起草单位:南京财经大学。

本标准主要起草人:鞠兴荣、袁建、汪海峰、杨晓蓉。

大豆制品中胰蛋白酶抑制剂活性的测定

1 范围

本标准规定了大豆制品中胰蛋白酶抑制剂活性的测定方法。胰蛋白酶抑制剂活性可以用来表示大豆制品的烘烤程度。

本标准适用于大豆制品中胰蛋白酶抑制剂活性的测定。

本方法的检出限为 0.5 mg/g。

2 规范性引用文件

下列文件中的条款通过本标准的引用而成为本标准的条款。凡是注日期的引用文件，其随后所有的修改单(不包括勘误的内容)或修订版均不适用于本标准，然而，鼓励根据本标准达成协议的各方研究是否可使用这些文件的最新版本。凡是不注日期的引用文件，其最新版本适用于本标准。

GB/T 6682 分析实验室用水规格和试验方法(GB/T 6682—1992,neq ISO 3696:1987)

3 术语和定义

下列术语和定义适用于本标准。

3.1

胰蛋白酶抑制剂活性 trypsin inhibitor activity,TIA

按照本标准所规定的程序测出的胰蛋白酶抑制剂质量除以试样质量所得的值。

注：胰蛋白酶抑制剂活性以 mg/g 表示。

4 原理

在 pH9.5 条件下，从样品中提取胰蛋白酶抑制剂。通过加入底物苯甲酰-L-精氨酸-对硝基苯胺(L-BAPA)测量残余的胰蛋白酶活性。用分光光度法测定释放的对硝基苯胺的量。

5 试剂和材料

仅使用分析纯试剂。

5.1 水：最低 3 级，符合 GB/T 6682 要求。

5.2 氢氧化钠溶液：$c(NaOH)=0.01$ mol/L。

5.3 盐酸溶液：$c(HCl)=6$ mol/L。

5.4 盐酸溶液：$c(HCl)=1$ mol/L。

5.5 盐酸溶液：$c(HCl)=0.1$ mol/L。

5.6 盐酸溶液：$c(HCl)=0.001$ mol/L。

5.7 乙酸溶液：$c(CH_3COOH)=5.3$ mol/L。

5.8 氯化钙($CaCl_2 \cdot 2H_2O$)。

5.9 氯化钙盐酸溶液：称取 0.735 g 氯化钙(5.8)溶解于 1 L 0.001 mol/L 盐酸溶液(5.6)中，调节 pH 至 3.0±0.1。

5.10 牛胰蛋白酶：Merck № 24579 或等效物[1)]。

按 9.4 测定活性。储藏于冰箱(6.3)中。

5.11 胰蛋白酶储备液：将胰蛋白酶(5.10)放置至室温，称取胰蛋白酶 27.0 mg 置于 100 mL 容量瓶(6.1)中，以氯化钙盐酸溶液(5.9)溶解，并定容至刻度。该溶液保存于冰箱中最多可使用 5 d。

5.12 胰蛋白酶使用液：吸取胰蛋白储备液(5.11)5 mL 加入 100 mL 容量瓶(6.1)中，用氯化钙盐酸溶液(5.9)稀释至刻度。

5.13 苯甲酰-L-精氨酸-对硝基苯胺(L-BAPA)。

5.14 三羟甲基氨基甲烷(Tris)。

5.15 二甲亚砜(DMSO)。

5.16 Tris-氯化钙缓冲溶液：称取 6.05 gTris(5.14)和 0.735 g 氯化钙(5.8)溶于预先加入 900 mL 水的 1 000 mL 刻度量筒中，用 6 mol/L 盐酸溶液(5.3)调节 pH 值至 8.2±0.1，加水稀释至 1 000 mL。

5.17 L-BAPAS 试剂：于使用当日制备。称取 60 mg L-BAPA(5.13)置于 100 mL 容量瓶中，用 1 mL DMSO(5.15)溶解，以 Tris-氯化钙缓冲溶液(5.16)稀释至刻度。

6 仪器

实验室常规仪器，特别是下列仪器设备：

6.1 容量瓶：100 mL。

6.2 比色皿：光程 10 mm。

6.3 冰箱：控制温度于 4℃±3℃。

6.4 pH 计：分度值 0.05。

6.5 涡旋混合器。

6.6 分光光度计：适于在 410 nm 波长下进行测量。

6.7 秒表。

6.8 水浴：具循环泵，可保持温度于 37℃±0.25℃。

6.9 粉碎设备：具 0.5 mm 筛网。

6.10 离心机：径向加速度约为 1 500g_n(g_n 为标准自由落体加速度，g_n=9.806 65 m/s^2)。

6.11 离心管。

7 采样

实验室接收的样品应具有真实的代表性，且在运输和储藏过程中未损坏或变质。

采样不是本标准所规定的方法中的内容，推荐采用 ISO 6497 规定的取样方法。

8 试样制备

用粉碎机粉碎部分代表性的样品，避免样品受热。充分混匀粉碎样品。

9 分析步骤

9.1 测定次数

如果需要检查重复性是否合适(11.2)，按照 9.2 和 9.5 重复性条件进行两份单试样的测定。

9.2 样品提取

称取 1 g±0.001 g 制备的试样(第 8 章)加入 100 mL 锥形瓶中，加入 50 mL 0.01 mol/L 氢氧化钠

1) Merck №24579 牛胰蛋白酶是一种合适的商业产品，给出这一信息是为了方便本标准的使用者，但不表示对该产品的指定认可。如果其他等效产品具有相同的效果，则可使用这些等效产品。

溶液(5.2),将试样充分悬浮。用 1 mol/L 盐酸溶液(5.4)和 0.1 mol/L 盐酸溶液(5.5)调节 pH 至 9.5±0.1。用尽量少的水冲洗电极。将锥形瓶密封后置于冰箱(6.3)中过夜(15 h～24 h)。在冰箱中放入适量的水以供制备样品提取液用。

将样品提取液转移至 100 mL 容量瓶(6.1)中,用在冰箱中冷却过的水稀释至刻度,混匀。将容量瓶保存于冰箱中,样品提取液可保存 1 d。经过 15 min 的沉淀,可进一步处理样品提取液,并根据需要稀释。稀释度取决于预期的样品 *TIA* 值,在室温下用水稀释。

9.3 样品提取液的稀释

估计样品的 *TIA* 值,参照表 A.1 稀释方案将样品提取液稀释三个不同稀释度,以便在三个抑制百分率中至少有一个 *TIA* 值的测定结果在 40%～60%之间。

如果三个测定结果中没有一个落在此范围内,则需要改变估计值并重新测定。

9.4 胰蛋白酶使用液活性的测定

检查每一批胰蛋白酶(5.10)的活性。使用液的吸光度和空白液的吸光度之间的差异($A_r - A_{br}$)应为 0.380±0.050,否则,需要检查胰蛋白酶的质量。必要时,取用一瓶新鲜的胰蛋白酶。

依据表 1 吸取一定的溶液加入至离心试管中。

表 1 胰蛋白酶使用液活性测定时各溶液加入量表　　单位为毫升

加入物	空白标准	标准
L-BAPA 溶液(5.17)	5	5
水(5.1)	3	3
乙酸(5.7)	1	0

用涡旋混合器(6.5)混匀离心试管中的溶液,并置于水浴(6.8)中保温 10 min。

在空白管中和标准管中各加入 1 mL 胰蛋白酶使用液(5.12),用涡旋混合器(6.5)将管内溶液混匀。将离心管放回到水浴中。在保温 10 min±5 s 后。在标准管中加入 1 mL 乙酸溶液,用涡旋混合器(6.5)混匀。

将离心管置于离心机(6.10)中,以径向加速度约为 1 500 g_n 离心 10 min。

用分光光度计(6.6),于 410 nm,用 10 mm 比色皿(6.2),以水调零,测定上清液的吸光度。

该溶液可保持稳定至少 2 h。

9.5 胰蛋白酶抑制剂活性的测定

按表 2 吸取一定的溶液加入至各离心管中。

每一样品提取液(9.3)的稀释液均需准备相应的空白溶液。样品提取液和相应的空白溶液在测定过程中应同时进行操作(包括离心)。

表 2 胰蛋白酶抑制剂活性测定时各溶液加入量表　　单位为毫升

加入物	空白标准	标准	空白样品	样品
L-BAPA 溶液(5.17)	5	5	5	5
试样稀释液	0	0	1	1
水(5.1)	3	3	2	2
乙酸溶液(5.7)	1	0	1	0

用涡旋混合器(6.5)混匀离心试管中溶液,并置于水浴(6.8)中保温 10 min。在上述试管中各加入 1 mL 胰蛋白酶使用液(5.12)。用涡旋混合器将管内溶液混匀后,将试管放回到水浴(6.8)中。保温 10 min±5 s 后,在标准管中和样品管中加入 1 mL 乙酸溶液,混匀。

将离心管置于离心机(6.10)中,以径向加速度约为 1 500g_n 离心 10 min。

用分光光度计(6.6),于 410 nm,用 10 mm 比色皿(6.2),以水调零,测定上清液的吸光度。

该溶液可保持稳定至少 2 h。

10 结果计算

10.1 样品提取液的抑制百分率按式(1)计算。

$$i=\frac{(A_r-A_{br})-(A_s-A_{bs})}{(A_r-A_{br})}\times 100\% \quad\cdots\cdots(1)$$

式中：

i——抑制百分率；

A_r——标准溶液的吸光度；

A_{br}——标准空白溶液的吸光度；

A_s——样品溶液的吸光度；

A_{bs}——样品空白溶液的吸光度。

10.2 胰蛋白抑制剂活性

按式(2)计算胰蛋白酶抑制剂的活性(TIA)，以每克样品抑制胰蛋白酶毫克数(mg/g)表示。

$$TIA=\frac{i}{100\%}\times\frac{m_1 f_1 f_2}{m_0} \quad\cdots\cdots(2)$$

式中：

TIA——胰蛋白酶抑制剂活性，单位为毫克每克(mg/g)；

i——抑制百分率；

m_0——试样的质量，单位为克(g)；

m_1——胰蛋白酶的质量，单位为毫克(mg)；

f_1——样品提取液的稀释度(100 mL×100 mL/F，其中 F 为表 A.1 所示理论稀释度，mL/100 g)；

f_2——根据胰蛋白酶的纯度(56%，见参考文献[1]、[2])和按 5.11 和 5.12 稀释时的换算系数，2.8×10^{-4}。

计算结果精确至 0.1 mg/g。

11 精密度

11.1 实验室间比对试验

附录 B 总结了本方法精密度的实验室间测试情况。从这些测试中得到的数值可能并不适用于其他的浓度范围和样本。

11.2 重复性

在同一实验室中，由同一操作人员，使用同一设备，在较短的时间间隔内，用同样的方法对同一实验材料所做的两份独立单实验所得测试结果之间的绝对差值，超过表 3 所示重复性极限值的概率应小于 5%。

表 3 重复性(r)极限值和再现性(R)极限值

样品	胰蛋白酶抑制剂活性	r	R
大豆 1	1.53	0.18	1.11
大豆 2	1.30	0.09	2.11
烘烤过的大豆	2.08	1.03	1.88

11.3 再现性

在不同的实验室中，由不同的操作人员，使用不同的设备，用同样的方法对同一实验材料所做的两份单实验，所得测试结果之间的绝对差值，超过表 3 所示再现性极限值的概率应小于 5%。

12 检验报告

检验报告应详细说明：

——应包括鉴定样品所必需的全部信息；

——采样方法(如已知)；

——本标准所涉及的测定方法；

——还应说明本标准中没有具体说明的、或者被认为是可选性的，以及所有可能影响了测试结果的操作细节；

——测定结果。如果进行了重复性试验，应说明两次测定的结果和平均结果。

附　录　A
（规范性附录）
样品提取液稀释方案

表 A.1 给出了样品提取液的稀释方案。图 A.1 和图 A.2 显示了样品稀释方案的图解实例。

表 A.1　样品提取液的稀释表

预计的 *TIA*/(mg/g)	不同抑制百分率的理论稀释度(*F*)/(mL/100g)		
	40%	50%	60%
0.5	61	76	91
1.0	30	38	45
1.5	20	25	30
2.0	15	19	23
2.5	12	15	18
3.0	10	13	15
3.5	8.6	11	13
4.0	7.6	9.5	11
4.5	6.7	8.4	10
5.0	6.0	7.6	9.1
6	5.0	6.3	7.6
7	4.3	5.4	6.5
8	3.8	4.7	5.7
9	3.4	4.2	5.0
10	3.0	3.8	4.5
11	2.7	3.4	4.1
12	2.5	3.2	3.8
13	2.3	2.9	3.5
14	2.2	2.7	3.2
15	2.0	2.5	3.0
16	1.9	2.4	2.8
17	1.8	2.2	2.7
18	1.7	2.1	2.5
19	1.6	2.0	2.4
20	1.5	1.9	2.3
25	1.2	1.5	1.8

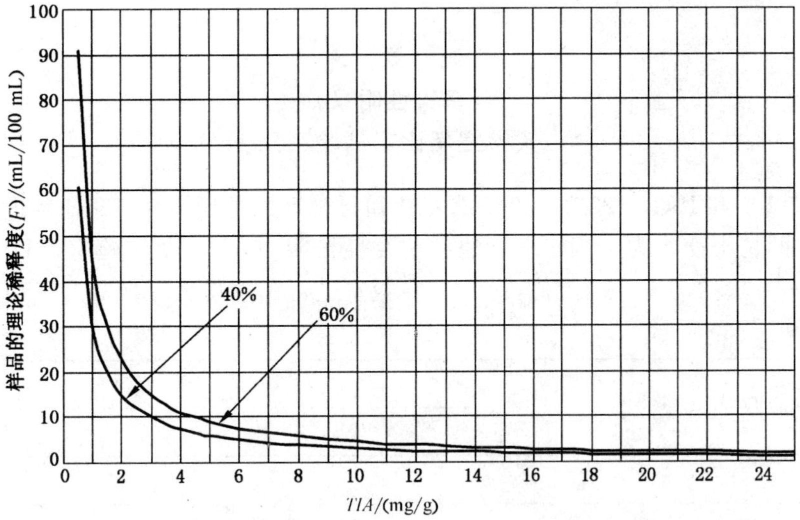

图 A.1 胰蛋白酶抑制剂活性与样品理论稀释度(*F*)的关系

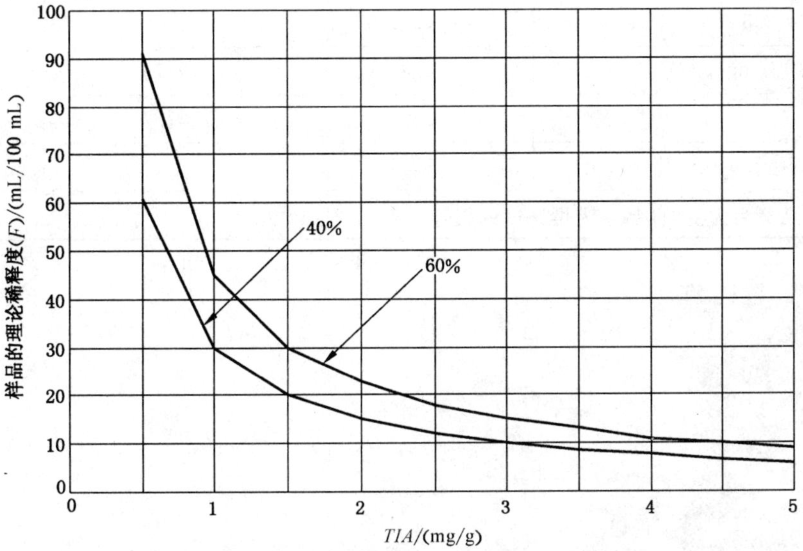

图 A.2 胰蛋白酶抑制剂活性与样品理论稀释度(*F*)的关系

(图 A.1 中部分的放大)

附　录　B
（资料性附录）
实验室间比对试验结果

根据 ISO 5725-1[3] 和 ISO 5725-2[4] 关于重复性和再现性的测定方法，1998 年进行的实验室间比对实验确定了本方法的精密度。为了测定本方法的重复性极限值，由 7 个实验室进行了大豆样品的双试验分析，为了测定本方法的再现性极限值，由 7 个实验室进行了两份大豆样品及一份烘烤大豆样品的单试验分析。

参　数	样　品[a]		
	1	2	3
实验室数目	7	7	7
排除异常值后的实验室数目	7	7	7
胰蛋白酶抑制剂活性平均值/(mg/g)	1.53	1.30	2.08
重复性标准偏差(S_r)/(mg/g)	0.06	0.03	0.37
重复性变异系数/%	4.18	2.31	1.03
重复性极限值(r)($r=2.8\times S_r$)/(mg/g)	0.18	0.09	1.03
再现性标准偏差(S_R)/(mg/g)	0.40	0.75	0.67
再现性变异系数/%	25.9	57.7	35.7
再现性极限值(R)($R=2.8\times S_R$)/(mg/g)	1.11	2.11	1.88

[a] 样品 1 和样品 2 为大豆，样品 3 为烘烤过的大豆。

参 考 文 献

[1] KAKADE M L, SIMONS N, LIENER I E. An evaluation of natural vs. synthetic substrates for measuring the antitryptic activity of soybean samples. Cereal Chem., 46, 1969, 518-526.

[2] SMITH C, VAN MEGEN W, TWAALFHOVEN L, HITCHCOCK C. The determination of trypsin inhibitor levels in foodstuffs. J. Sci. Food Agric., 1980, 31: 341-350.

[3] ISO 5725-1: 1994, Accuracy (trueness and precision) of measurement methods and results—Part 1: General principles and definitions.

[4] ISO 5725-2: 1994, Accuracy (trueness and precision) of measurement methods and results—Part 2: Basic method for the determination of repeatability and reproducibility of a standard measurement method.

[5] ISO 6497, Animal feeding stuffs—Sampling.

[6] ISO 6498: 1983, Animal feeding stuffs—Preparation of test sample.

ICS 67.060
B 20

中华人民共和国国家标准

GB/T 21499—2008/ISO 6646:2000

大米　稻谷和糙米潜在出米率的测定

Rice—Determination of the potential milling yield from paddy and from husked rice

(ISO 6646:2000,IDT)

2008-02-15 发布　　2008-08-01 实施

中华人民共和国国家质量监督检验检疫总局
中国国家标准化管理委员会　发布

前　言

本标准等同采用ISO 6646:2000《大米　稻谷和糙米潜在出米率的测定》。

为了便于使用，本标准对ISO 6646:2000作了下列编辑性修改：

——将“本国际标准”改为“本标准”；

——用小数点“.”代替作为小数点的“,”；

——删除国际标准的前言和引言。

本标准的附录A为规范性附录，附录B为资料性附录。

本标准由国家粮食局提出。

本标准由全国粮油标准化技术委员会归口。

本标准起草单位：国家粮食局标准质量中心、湖北省粮油食品质量监测站、吉林省粮油卫生检验监测站、四川省粮油中心监测站、江苏省粮食局粮油质量监测所、安徽省粮油产品质量监督检测站。

本标准主要起草人：谢华民、熊宁、冯锡仲、杨军、黄伟、季一顺。

大米　稻谷和糙米潜在出米率的测定

1　范围

本标准规定了实验室测定稻谷或蒸谷稻出糙率和稻谷、蒸谷稻或糙米、蒸谷糙米整精米率的方法。

本标准仅适用于碾磨制米设备。

2　规范性引用文件

下列文件中的条款通过本标准的引用而成为本标准的条款。凡是注日期的引用文件，其随后所有的修改单(不包括勘误的内容)或修订版均不适用于本标准，然而，鼓励根据本标准达成协议的各方研究是否可使用这些文件的最新版本。凡是不注日期的引用文件，其最新版本适用于本标准。

ISO 712　谷物和谷物制品　水分含量测定　常用方法

ISO 7301　大米　规格

3　术语和定义

ISO 7301 确立的以及下列术语和定义适用于本标准。

3.1

出糙率　husked rice yield

从稻谷中获得的糙米的量。

3.2

出米率　milled rice yield

从稻谷或糙米中获得的大米(整粒、破碎粒和细碎粒)的量。

3.3

整精米率　milled head rice yield

从稻谷或糙米中获得的整精米的量。

注：整精米为长度不低于试样完整粒平均长度 3/4 的米粒。

4　原理

将稻谷进行机械脱壳，称量得到的糙米。再将糙米进行机械碾白，除去一定量的皮层和胚，称量得到的整精米。

5　仪器设备

使用下列通用和专用实验室仪器设备。

5.1　分样器：带有分配系统的锥形分样器或多出口分样器。

5.2　实验砻谷机：适合于稻谷脱壳且不损伤糙米粒。

5.3　实验碾米机：适合于糙米碾磨，除去皮层和胚。

5.4　镊子。

5.5　小碗。

5.6　天平：精确度为 0.01 g。

6　扦样

扦样不是本标准规定的内容。推荐采用 ISO 13690[1]。

实验室收到的样品应具有代表性，并且在储存和运输过程中没有受到损坏和改变。

7 样品制备

实验样品不应少于 1.5 kg。

充分混合实验样品使其尽可能地均匀，然后用分样器(5.1)进行分样，得到测试样品。

按照 ISO 712[1] 测定样品的水分，水分含量的范围为 13.0%±1.0%。如果样品水分含量不在上述范围内，可在适当的室内温湿度条件下，将样品放置足够长的时间，使样品水分含量调节到规定的范围内。

8 测定步骤

8.1 设备调节

8.1.1 实验砻谷机的调节

在测定前应调节设备。

调节用稻谷颗粒应与实验样品颗粒大小相近，先用实验砻谷机(5.2)对调节用稻谷进行脱壳，然后根据脱壳的情况将砻谷机调节到不出现以下情况：

——糙米的皮层损伤；

——在分离出的稻壳中出现糙米或稻谷；

——糙米中出现稻壳碎屑。

8.1.2 实验碾米机的调节

在测定前应调节设备。

调节用糙米颗粒应与实验样品颗粒大小相近，用实验碾米机(5.3)碾磨除去糙米质量的(f±0.5)%，使整精米质量减去整米质量的差不大于 3.0%(整精米包括整米粒)。f 值应由有关各方协商确定。

8.2 出糙率测定

将测试样品缩分出适合设备要求的量，称量并精确到 0.01 g。将稻谷样品摊开，拣出外来物质。

用实验砻谷机(5.2)对稻谷样品进行脱壳，从糙米中拣出稻谷粒送入砻谷机再次脱壳。

称量得到的糙米总量，精确到 0.01 g。

8.3 整精米率测定

8.3.1 稻谷或蒸谷稻样品

8.3.1.1 按 8.2 进行操作得到糙米，从糙米中缩分出适合设备要求的量，建议不少于 100 g。称量并精确到 0.01 g。

8.3.1.2 彻底清理干净实验碾米机(5.3)，倒入糙米样品，碾磨足够长的时间以去除其质量的(f±0.5)%。应在碾磨前通过试验确定每个测试样品的合适碾磨时间。

称量得到的全部精米，精确到 0.01 g。

将整精米粒和破碎粒分开，分别放入两个小碗中。

称量整精米，精确到 0.01 g。

8.3.2 糙米或蒸谷糙米样品

8.3.2.1 从测试样品中缩分出适合设备要求的量，建议不少于 100 g，称量并精确到 0.01 g。摊开样品，挑拣出其中的外来物质。

8.3.2.2 按照 8.3.1.2 继续进行操作。

---

1) 采用 GB/T 5497 规定的方法可取得同样的效果。

9 结果表示

按表1计算的结果,保留4位小数。

表1 出米率计算

出率	测试样品	
	稻谷	糙米[a]
Y_0(糙米)	m_y/m_x	m_z/m_y
Y_1(大米)	m_1/m_w	m_1/m_z
Y_2(整精米)	m_2/m_w	m_2/m_z

a 包括外来物质。

参考附录A中的流程图(稻谷见图A.1或图A.2;糙米见图A.3)。

结果以百分率表示,根据开始测定的样品不同,计算公式分别如下:

——潜在出糙率(Y_h)

$$Y_h = Y_0 \times 100\% \qquad (1)$$

——潜在出米率(Y_m)

$$Y_m = Y_0(100 - f)\% \qquad (2)$$

——潜在整精米率(Y_{mh})

$$Y_{mh} = Y_0 Y_2 \left(\frac{100 - f}{Y_1}\right)\% \qquad (3)$$

计算结果保留两位小数,报告结果时精确到0.1%。

10 精密度

10.1 联合实验室测试

附录B汇集了关于本方法的精密度的联合实验室试验数据,这些试验数据可能不适用于其他测定值范围和测试对象。

10.2 重复性

在短时间内,由同一操作者在同一实验室采用相同的测试方法和设备,对于同一样品进行两次平行测定得到的两个结果的绝对差值,大于下列联合实验室研究所得的 r 值的算术平均值的实例不超过5%:

——糙米:1%;

——整精米:2%。

10.3 再现性

由不同的操作者在不同的实验室用不同的设备,采用相同的测试方法对于同一样品进行两次平行测定得到的两个结果的绝对差值,大于下列联合实验室研究所得的 R 值的算术平均值的实例不超过5%:

——糙米:3%;

——整精米:5%。

11 试验报告

试验报告应说明:

——完整地识别样品所需的全部信息；
——使用的扦样方法；
——使用的与本标准有关的测试方法；
——所有在本标准中未规定或视为任选的操作细节，以及其他可能影响了实验结果的事件；
——得到的测试结果；检验重复性后，引用的最终结果。

附 录 A
（规范性附录）
测定流程图

A.1 测定稻谷或蒸谷稻的出糙率的流程见图 A.1。

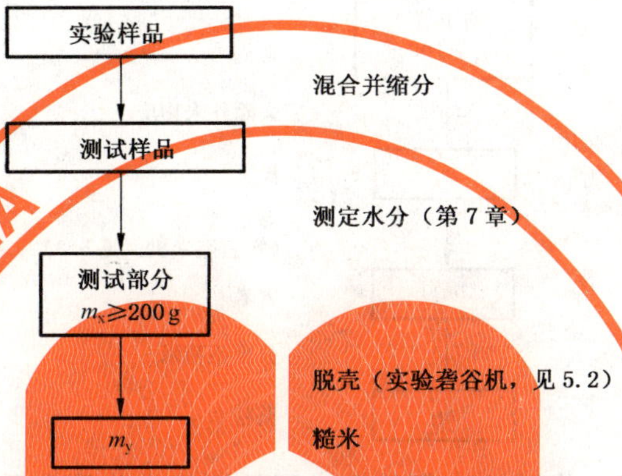

图 A.1 从稻谷或蒸谷稻开始测定出糙率

A.2 测定稻谷或蒸谷稻的出糙率、出米率和整精米率的流程见图 A.2。

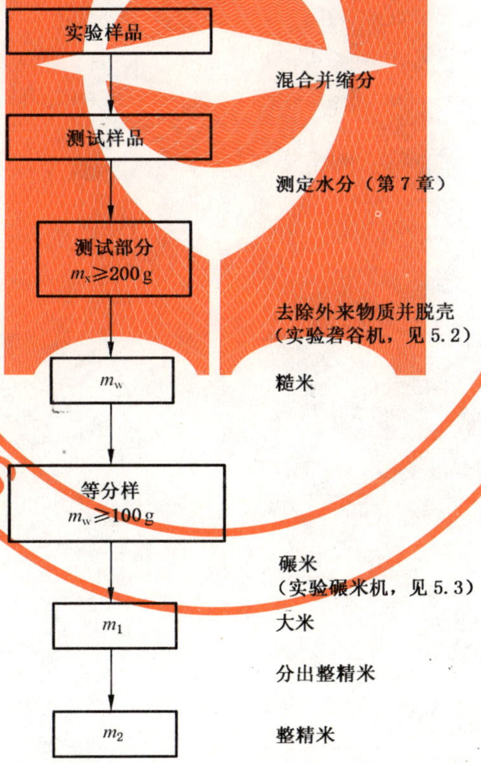

图 A.2 从稻谷或蒸谷稻开始测定出糙率、出米率和整精米率

A.3 测定糙米或蒸谷糙米的出米率和整精米率的流程见图 A.3。

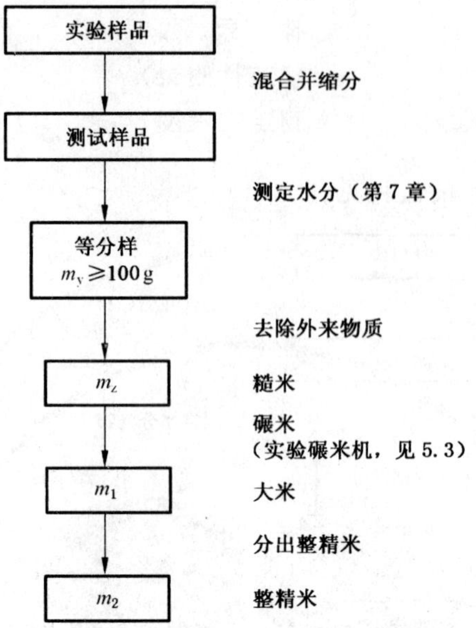

图 A.3 从糙米或蒸谷糙米开始测定出米率和整精米率

附 录 B
（资料性附录）
联合实验室测试结果

意大利大米研究中心组织15个实验室进行了联合实验室研究，每个实验室对4个不同粒型的样品进行了3次测试，按照ISO 5725-1[2]和ISO 5725-2[3]对数据进行统计分析，结果见表B.1和表B.2。

f 值为12%。

表 B.1 Y_h 的重复性和再现性

项　　目	大米样品			
	Arborio	Drago[a]	Balilla	Thaibonnet
数据有效的实验室数	13	11	13	13
平均值/(g/100 g)	81.2	82.0	81.8	77.7
重复性标准偏差，s_r/(g/100 g)	0.41	0.15	0.31	0.53
重复性变异系数/%	0.5	0.2	0.4	0.7
重复性限，$r(r=2.83\ s_r)$	1.16	0.42	0.88	1.50
再现性标准偏差，s_R/(g/100 g)	1.02	0.20	0.80	2.14
再现性变异系数/%	1.3	0.2	1.0	2.7
再现性限，$R(R=2.83\ s_R)$	2.89	0.57	2.26	6.06
[a] 蒸谷米。				

表 B.2 Y_{mh} 的重复性和再现性

项　　目	大米样品			
	Arborio	Drago[a]	Balilla	Thaibonnet
数据有效的实验室数	7	10	11	9
平均值/(g/100 g)	58.4	69.1	66.9	57.1
重复性标准偏差，s_r/(g/100 g)	1.13	0.47	0.48	0.81
重复性变异系数/%	1.9	0.7	0.7	0.7
重复性限，$r(r=2.83\ s_r)$	3.20	1.33	1.36	2.29
再现性标准偏差，s_R/(g/100 g)	2.43	1.62	1.32	1.96
再现性变异系数/%	4.2	2.3	2.0	3.4
再现性限，$R(R=2.83\ s_R)$	6.88	4.58	3.74	5.55
[a] 蒸谷米。				

参 考 文 献

[1] ISO 13690 Cereals,pulses and milled products—Sampling of static batches.

[2] ISO 5725-1:1994 Accuracy(trueness and precision)of measurement methods and results—Part 1:General principles and definitions.

[3] ISO 5725-2:1994 Accuracy(trueness and precision)of measurement methods and results—Part 2:Basic method for the determination of repeatability and reproducibility of a standard measurement method.

ICS 73.100.40
D 93

中华人民共和国国家标准

GB 21500—2008

地下矿用无轨轮胎式运矿车安全要求

Trackless tyred mining truck for underground mines—Safety requirements

2008-03-13 发布　　2008-10-01 实施

中华人民共和国国家质量监督检验检疫总局
中国国家标准化管理委员会　发布

前　言

本标准全部技术内容为强制性。

本标准涉及的是地下矿用无轨轮胎式运矿车的安全问题。

本标准未涉及到的危险与GB/T 15706.1—2007和GB/T 15706.2—2007一致。

本标准由中国机械工业联合会提出。

本标准由全国矿山机械标准化技术委员会(SAC/TC 88)归口。

本标准负责起草单位:中钢集团衡阳重机有限公司。

本标准参加起草单位:洛阳矿山机械工程设计研究院。

本标准主要起草人:高梦熊、萧其林、甘育林、赵金元、杨现利、李航、何文胜。

本标准为首次制定。

地下矿用无轨轮胎式运矿车 安全要求

1 范围

本标准规定了对地下矿用无轨轮胎式运矿车的安全要求。

本标准是从物理性能和预定使用方面对地下矿用无轨轮胎式运矿车提出的限制。

本标准所规定的安全要求适用于GB/T 15706.1—2007中5.3规定的机器寿命期内各阶段所产生的危险。

本标准适用于地下金属矿与非金属矿、工程、隧道中使用的柴油地下矿用无轨轮胎式运矿车(以下简称运矿车)。

2 规范性引用文件

下列文件中的条款通过本标准的引用而成为本标准的条款。凡是注日期的引用文件,其随后所有的修改单(不包括勘误的内容)或修订版均不适用于本标准,然而,鼓励根据本标准达成协议的各方研究是否可使用这些文件的最新版本。凡是不注日期的引用文件,其最新版本适用于本标准。

GB/T 1190 工程机械轮胎技术要求

GB 1251.1 工作场所的险情信号 险情听觉信号(GB 1251.1—1989,eqv ISO 7731:1986)

GB/T 2883 工程机械轮辋规格系列(GB/T 2883—2002,ISO 4250-3:1997,MOD)

GB 2894 安全标志(GB 2894—1996,neq ISO 3864:1984)

GB/T 2980 工程机械轮胎规格、尺寸、气压与负荷(GB/T 2980—2001,eqv ISO 4250-1:1996)

GB/T 3766 液压系统通用技术条件(GB/T 3766—2001,eqv ISO 4413:1998)

GB 4351.1 手提式灭火器 第1部分:性能和结构要求(GB 4351.1—2005,ISO 7165:1999,NEQ)

GB 4785 汽车及挂车外部照明和光信号装置的安装规定(GB 4785—2007,ECE R48:2001,NEQ)

GB/T 5008.1 起动用铅酸蓄电池 技术条件(GB/T 5008.1—2005,IEC 60095-1:2000,MOD)

GB 5226.1—2002 机械安全 机械电气设备 第1部分 通用技术条件(IEC 60204-1:2000,IDT)

GB/T 6072.1 往复式内燃机性能 第1部分 标准基准状况功率、燃料消耗和机油消耗的标定及试验方法(GB/T 6072.1—2000,idt ISO 3046-1:1995)

GB/T 8196 机械安全 防护装置 固定式和活动式防护装置设计与制造一般要求(GB/T 8196—2003,ISO 14120:2002,MOD)

GB/T 8420 土方机械 司机的身材尺寸与司机的最小活动空间(GB/T 8420—2000,eqv ISO 3411:1995)

GB/T 8593.1 土方机械 司机操纵和其他显示符号 第1部分:通用符号(GB/T 8593.1—1998,eqv ISO 6405-1:1991)

GB/T 8593.2 土方机械 司机操纵和其他显示符号 第2部分:机器、工作装置和附件的特殊符号(GB/T 8593.2—1998,eqv ISO 6405-2:1993)

GB/T 8595 土方机械 司机的操纵(GB/T 8595—2001,eqv ISO 10968:1995)

GB 9656 汽车安全玻璃

GB 9969.1　工业产品使用说明书　总则

GB 12265.1　机械安全　防止上肢触及危险区的安全距离(GB 12265.1—1997,eqv EN 294:1992)

GB 12265.2　机械安全　防止下肢触及危险区的安全距离(GB 12265.2—2000,eqv EN 811:1994)

GB 12265.3　机械安全　避免人体各部位挤压的最小间距(GB 12265.3—1997,eqv EN 349:1993)

GB/T 13306　标牌

GB/T 14775　操纵器一般人类工效学要求

GB/T 14781　土方机械　轮式机械的转向能力(GB/T 14781—1993,eqv ISO 5010:1992)

GB/T 15706.1—2007　机械安全　基本概念与设计通则　第1部分:基本术语、方法学(ISO 12100-1:2003,IDT)

GB/T 15706.2—2007　机械安全　基本概念与设计通则　第2部分:技术原则与规范(ISO 12100-2:2003,IDT)

GB 16423　金属非金属矿山安全规程

GB 16754　机械安全　急停　设计原则(GB 16754—1997,eqv ISO/IEC 13850:1995)

GB/T 16855.1　机械安全　控制系统有关安全部件　第1部分:设计通则(GB/T 16855.1—2005,ISO 13849-1:1999,MOD)

GB/T 17299　土方机械　最小入口尺寸(GB/T 17299—1998,idt ISO 2860:1992)

GB/T 17300　土方机械　通道装置(GB/T 17300—1998,idt ISO 2867:1994)

GB/T 17771　土方机械　落物保护结构　实验室试验和性能要求(GB/T 17771—1999,eqv ISO 3449:1992)

GB/T 17922　土方机械　翻车保护结构　试验室试验和性能要求(GB/T 17922—1999,idt ISO 3471:1994)

GB/T 18153　机械安全　可接触表面温度　确定热表面温度限值的工效学数据

GB/T 19670　机械安全　防止意外启动(GB/T 19670—2005,ISO 14118:2000,MOD)

GB 20651.1—2006　往复式内燃机　安全　第1部分:压燃式发动机

JB/T 3683　土方机械　操纵的舒适区域与可及范围(JB/T 3683—2001,eqv ISO 6682:1986)

JB/T 5062　信息显示装置　人机工程一般要求

JB/T 7692　工程机械　铰接车架锁紧装置的技术要求(JB/T 7692—1995,eqv ISO 10570:1992)

JB/T 7693　装载机用传动轴总成　技术条件

JB/T 7694　工程机械　前照灯

JB/T 8548　工程机械动力换挡变速器　技术条件

JB/T 8816　工程机械　驱动桥技术条件

JB/T 10135　工程机械　液力传动装置　技术条件

JG/T 48　轮胎式土方机械制动系统的性能要求和试验方法(JG/T 48—1999,eqv ISO 3450:1985)

3　术语和定义

下列术语和定义适用于本标准。

3.1

运矿车　mining truck for underground mine

为运送材料或矿石而设计的在地下矿山行驶的自行式轮胎式机械。

3.2

驾驶员(司机)　driver

经主管机关考核合格并授权的驾驶运矿车的人员。

3.3

制动系统　brake system

使运矿车制动或保持原地不动的所有零件的总成。该系统由操纵机构、传动机构和制动器构成。

3.4

行车制动系统　service brake system

使运矿车停住和保持不动的主要制动系统。

3.5

辅助制动系统　secondary brake system

当行车制动系统失效时,使运矿车停住的系统。

3.6

停车制动系统　parking brake system

使运矿车保持不动的系统。

3.7

运矿车的最大质量　maximum underground mining truck mass

包括驾驶室、机棚、落物保护装置和翻车保护装置及所有附件,制造厂认为的附加准备,一位质量75 kg的驾驶员和按使用说明书规定加注到上限时的燃油箱、润滑系统、液压系统和冷却系统的液体的总质量。

4　基准状况

发动机基准状况应符合GB/T 6072.1的要求,即:

——总气压:p_r=100 kPa

——空气温度:T_r=298 K(t_r=25℃)

——相对湿度:φ_r=30%

——增压中冷介质进口温度:T_{cr}=298 K(t_{cr}=25℃)

若实际使用环境与基准状况不同,为了保证发动机能正常运行,用户应及时按制造厂的要求调整。

5　危险一览表

运矿车在其寿命期内危险因素见表1。

表1　危险一览表

序　号	危　　险
1	高压流体喷射
2	运矿车倾翻、失去稳定性
3	与机械有关的滑倒、倾倒、跌落
4	运输的矿物抛射
5	联接松动
6	运动部件无防护装置或防护装置设计不合理
7	发动机选型不正确,安装使用、维护不当
8	传动系统的故障而产生的危险

表 1(续)

序号	危险
9	轮胎与轮辋选择使用、维护不当
10	液压系统的故障
11	电接触
12	过冷或过热
13	噪声太大
14	振动
15	工作场所空气质量差
16	照明不足
17	废气排放超标
18	制动失效
19	控制系统失效、失调
20	缺乏警告信号或警告信号太弱或太强
21	操作员过度疲劳或操作失误
22	运矿车意外移动
23	发动机意外起动、超速
24	在设计时,忽视了人类工效学原则
25	火灾
26	操作不当
27	不正确的维护与保养

6 安全要求和/或措施及其判定

6.1 一般要求

6.1.1 运矿车所采用的零部件应按照经规定程序批准的产品图样和技术文件进行制造。

6.1.2 运矿车的设计与制造应保证在正常使用时安全运行,同时应能满足预期物理性能要求,而不应产生任何危险。

6.1.3 运矿车应采用安全技术措施,防止可能出现的超载、材料缺陷或其他损伤而产生的危险。

6.2 机械安全性

6.2.1 一般要求

6.2.1.1 所有外露的旋转零部件和可能对操作人员构成危险的传动机构都必须加装安全标志和安全防护装置。安全标志应符合 GB 2894 的要求,防护装置应符合 GB/T 8196 的要求。

6.2.1.2 所有可能因为泄漏而产生喷射危险的高压液压、燃油管路,应安装防护装置,将潜在的风险降到最低。

6.2.1.3 防止上肢触及危险区的安全距离应符合 GB 12265.1 的规定。

6.2.1.4 防止下肢触及危险区的安全距离应符合 GB 12265.2 的规定。

6.2.1.5 防止人体各部位挤压的最小间距应符合 GB 12265.3 的规定。

6.2.1.6 为了防止运矿车在运输和维修期间移动,前后车架之间应配置铰接车架锁紧装置,锁紧装置应符合 JB/T 7692 的规定。

6.2.1.7 各检修部位的最小入口尺寸应符合 GB/T 17299 的规定。

6.2.1.8 运矿车应保证在所设计的坡度上正常运输,作业和停机时,在任何方向都不能有倾翻和滑动的可能。

6.2.1.9 运矿车应防止所装的矿物在运输过程中抛射地面伤人和影响其他车辆运行。

6.2.1.10 运矿车重要运动部件联接螺栓要采取防松措施,并定期检查拧紧力矩,以防螺栓在作业时松动发生事故。

6.2.2 **发动机**

6.2.2.1 运矿车应采用低污染柴油机,低污染柴油机应符合 GB 20651.1 的安全要求。

6.2.2.2 发动机的排气系统和冷却系统的气流布置应充分考虑到操作人员的舒适和健康。

6.2.2.3 发动机的燃油箱和加油装置应设计在合适的位置,并保证外溢或渗漏的油滴只能滴流到地面上。

6.2.2.4 在发动机舱内,所有燃油、润滑油、液压油管路都应采用防火材料制造,并远离热的发动机表面或在钢管/胶管与热的发动机表面之间安装隔热板或护罩,但隔热板或护罩的安装不得影响发动机舱空气的流动。

6.2.2.5 在发动机舱内,发动机的排气系统不得有火焰或灼热的颗粒逸出。

6.2.2.6 定期检查进气系统与排气系统阻力,防止因发动机进气不足、排气阻力过大、性能下降和过热而引发危险。

6.2.2.7 燃油系统应符合下列规定:

a) 燃油箱必须用钢材制造并固定到受到损坏或产生危险可能性最小的地方。

b) 燃油箱必须进行密封性试验,即在至少 20 kPa 的压力下保持至少 15 min 不应有泄漏。

c) 燃油箱加油口应很容易接近。当运矿车在所设计的倾斜面上行驶、作业、停车时,装满燃油的油箱不能从加油口溢出燃油。

d) 为保持油箱内大气压力,燃油箱应设有通气孔,并且呼吸器上使用过滤精度不大于 125 μm 的通风过滤器。为防止外来物进入油箱,应使用过滤精度小于 250 μm 的加油过滤器。

e) 燃油箱应配备供油关闭装置。

f) 如果燃油泵的吸油管发生泄漏,燃油系统应避免因重力或虹吸导致燃油从油箱被吸出。

g) 燃油管应使用金属管或外边带金属丝编织的胶管。布置燃油管路时应考虑机械振动、腐蚀和散热的影响。管接头数量应尽量少,以减少使用时泄漏的可能。

h) 燃油箱的最低位置应安装泄油装置,燃油箱应在适当位置安装油位计。

i) 运矿车燃油箱的容量应保证连续作业时间不少于一个作业班次。

6.2.2.8 发动机排气管应安装性能好、工作可靠的废气净化与消声装置。

6.2.3 **传动系统**

6.2.3.1 运矿车液力传动装置、动力换挡变速箱、驱动桥、传动轴必须性能稳定,调整方便,操作安全,维护容易。

6.2.3.2 液力传动装置应符合 JB/T 10135 的规定。

6.2.3.3 动力换挡变速箱应符合 JB/T 8548 的规定。

6.2.3.4 驱动桥应符合 JB/T 8816 的规定。

6.2.3.5 传动轴应符合 JB/T 7693 的规定。

6.2.4 **轮胎与轮辋**

轮胎应符合 GB/T 1190 和 GB/T 2980 的规定,轮辋应符合 GB/T 2883 的规定。必须遵守轮胎与轮辋生产厂家推荐的使用与维护方法、安全操作规程,以保证运矿车及操作维修人员安全。

6.2.5 **液压系统**

6.2.5.1 液压系统应符合 GB/T 15706.2 和 GB/T 3766 中的有关安全要求。

6.2.5.2 运矿车液压回路工作时,其工作压力不能超过回路最大额定压力。

6.2.5.3 液压回路不能因为压力波动(压力上升、丧失、下降)而产生危险。

6.2.5.4 液压回路不能因为泄漏或液压元件的损坏而发生液压油喷出和胶管的突然移动的危险。

6.2.5.5 液压系统中的软管、硬管和管接头应有足够的强度,管路布置应考虑运矿车转动和运动及便于检查与维修,管路的安装位置不会受到发动机或其他高温部件的影响,也不应影响附近的无保护的电线、电缆。否则要采取隔离措施。

6.2.5.6 液压系统必须安装压力安全阀,如果该阀是可调的,则应具有防松和防止对其进行随意调整的措施。

6.2.5.7 当软管工作的压力在5 MPa以上,工作温度在50℃以上,并且距司机的位置在1 m以内时,必须加护罩,护罩应坚固,保护司机免受软管突然爆破而产生的伤害,应挡住油液不至飞溅到操作人员身上。

6.2.5.8 液压油箱加油口应设在人站在地面上很容易接近的地方,否则,须提供相应的工具或设备以方便给液压油箱加油。当运矿车在所设计的倾斜面上行驶或作业停车时,液压油箱的加油盖应确保在颠簸时装满液压油的油箱不能从加油口溢出液压油。

6.2.5.9 在车辆上应设有油温监视器,当油温接近制造厂所规定的最高油温时报警。

6.2.5.10 所有液压元件,特别是胶管和钢管应有适当的保护,以防外力作用损坏。

6.2.5.11 在液压油箱最低位置上应设置放油塞。

6.2.5.12 液压油箱应设置具有机械保护的油位计。

6.2.5.13 蓄能器应符合下列规定:

a) 不能在蓄能器上进行焊接、铆焊或机械加工。

b) 蓄能器应安装在便于检查、维修的地方,并远离热源。

c) 蓄能器只能充氮气不能充氧气,以免引起爆炸。

d) 必须将蓄能器牢固地固定在托架上,以防止蓄能器从固定处脱开时发生飞射伤人事故。

e) 不允许拆卸在充油状态下的蓄能器。

f) 非隔离式蓄能器及气囊式蓄能器原则上应油口向下,充气阀向上垂直安装。

6.3 电气设备

6.3.1 一般要求

6.3.1.1 电器设备的设计、制造与安装应符合GB 5226.1的规定。

6.3.1.2 除了蓄电池和起动马达之间的电缆之外,其他所有的电路都应采用合适的保险丝保护,或者采用GB 5226.1—2002中7.2、7.3中的保护装置保护。

6.3.2 电线与电缆

6.3.2.1 电线与电缆的安全要求应符合GB 5226.1—2002中第13章的有关要求。

6.3.2.2 除了铠装电缆或其他有保护措施的电缆之外,动力线与燃油、润滑油和液压油管路之间应采用遮拦隔离保护或至少保持150 mm距离。

6.3.2.3 电缆的安装不应因为振动而引起绝缘层磨损,或者因为弯曲疲劳而导致电缆绝缘层损坏。

6.3.3 蓄电池

6.3.3.1 蓄电池应符合GB/T 5008.1的规定。

6.3.3.2 蓄电池应放置在坚固、通风及防火的蓄电池箱内,蓄电池箱应放置在远离热源,振动最小,离起动马达最近,方便维修的地方。

6.3.3.3 蓄电池盖和蓄电池箱上应有保证蓄电池内外足够通风的通气孔,以防止在运矿车正常操作时因电池内氢气与氧气的积蓄而引发的爆裂危险。

6.3.3.4 蓄电池应固定牢固,以防止运矿车在正常作业工况中颠簸移位和接线柱松开。

6.3.3.5 蓄电池箱盖具有足够的刚性,金属盖内表面应离蓄电池带电部分至少30 mm以上。

6.4 作业环境

6.4.1 温度

6.4.1.1 如有超过GB/T 18153规定的热表面温度限值而导致接触危险的表面，这些表面应装备护栏或护盖。

6.4.1.2 当作业地点温度低于−5℃或高于35℃时应采取安全取暖和降温措施。

6.4.1.3 当运矿车在寒冷环境下使用时，应选用低温用的燃油、液压油、润滑油脂，配备合适的防冻液及蓄电池、起动机使其起动性能符合有关标准要求；电气设备、焊接零部件、螺纹密封材料连接等应满足低温环境的要求。

6.4.1.4 当运矿车在高温环境下使用时，要提高发动机冷却系统的冷却能力，防止发动机爆燃。同时防止轮胎爆破。

6.4.2 噪声

在规定的使用条件下空载高速运行时，司机操作位置处噪声极限不大于97 dB(A)，工作场所操作人员每天连续接触噪声8 h，噪声声级卫生极限为90 dB(A)。若司机耳边的噪声声级大于90 dB(A)，必须按表2缩短工人工作时间或采取耳塞、耳罩等防护措施。但最高限值不得超过115 dB(A)。

表2 噪声卫生标准

日接触噪声时间/h	卫生极限/dB(A)
16	85
8	90
6	92
4	95
3	97
2	100
1.5	102
1	105
0.5	110
0.25	115(最高限值)

6.4.3 振动

在试验道路上空载运行时，司机全身振动极限不大于1.15 m/s^2，其接触作业垂直、水平振动强度不应超过表3中规定。

表3 全身振动强度卫生极限

工作时接触时间/h	卫生限值	
	dB(A)	m/s^2
8	116	0.62
4	120.8	1.1
2.5	123	1.4
1.0	127.6	2.4
0.5	131.1	3.6

6.4.4 空气质量

作业地点空气中的有害气体浓度应符合表4的规定。

表 4 有害气体浓度极限值

有害气体成分名称	8 h 加权平均容积浓度(10^{-6})
CO	50
CO_2	5 000
NO	25
NO_2	5
SO_2	5
PM	160 $\mu m/m^3$

6.4.5 照明

6.4.5.1 一般要求

a) 运矿车的灯应安装牢固，完好有效，不允许因运矿车振动而松脱、损坏，失去作用或改变光照方向；

b) 所有灯的开关应安装牢固，开关自如，不允许因运矿车振动而自行开关，开关的位置应便于驾驶员操作；

c) 运矿车应装置后视镜，其安装位置和角度应适中，镜面中的影象应清晰，司机在操作过程中能看清运矿车后部的情况。

6.4.5.2 运矿车灯光配置要求

运矿车的外部照明和信号装置的数量、位置、光色和最小几何可见度应参照 GB 4785 的要求进行配置。所有照明装置的开关位置应符合 JB/T 3683 的要求。照明和信号装置的开关应进行标识，标识的图形符号应符合 GB/T 8593.1 和 GB/T 8593.2 的规定。

6.4.5.3 运矿车的前、后照灯发光强度要求

运矿车的前、后照灯的发光强度应符合 JB/T 7694 的要求。

6.4.5.4 运矿车作业区灯光配置要求

为了保证运矿车与井下工作人员的安全，在运输巷道、巷道交叉点及巷道装载区都应有照明，其灯光照度值分别为 2.5 lx、10 lx、和 60 lx 以上。

6.5 废气排放

6.5.1 发动机排气管排放的有害气体浓度应符合 GB 20651.1—2006 的规定。

6.5.2 发动机应采用含硫量不大于 0.05%，闪点不小于 55℃的车用柴油，在条件暂时不具备的地方，应咨询发动机制造厂，能否暂时采用含硫量不大于 0.2%的轻柴油。

6.5.3 矿井所需风量及入风井巷和采掘工作的风源含尘量应符合 GB 16423 的规定。

6.6 制动系统

6.6.1 制动器的一般要求

6.6.1.1 地下运矿车应配置行车制动器、辅助制动器和停车制动器。如果行车制动器采用全封闭多盘湿式制动器，制动液压回路必须采用双回路。如果采用全封闭湿式弹簧制动器，制动液压回路可采用单回路，但必须配置手动松闸液压泵。若停车制动器可以替代辅助制动器的功能，则可不设辅助制动。停车制动器只能采用机械制动。

6.6.1.2 制动器性能试验方法应符合 JG/T 48 的规定。

6.6.2 制动器的性能要求

6.6.2.1 行车制动应满足：

a) 行车制动系统设计的制动力至少应等于车辆最大重量的 40%。施加的制动力是随所施加的脚踏力或脚踏行程的增加而成正比；

b) 行车制动应能在车辆允许的最大坡度上以最小 1 m/s² 的加速度使满载的车辆减速；

c) 液压制动系统最大反应时间为 0.35 s，弹簧制动系统最大反应时间为 0.6 s；

d) 行车制动系统的储能系统应满足 JG/T 48—1999 6.2 a)的要求。

6.6.2.2 辅助制动系统应满足：

a) 辅助制动系统设计的制动力至少要等于车辆最大重量的 25%；

b) 辅助制动系统不应采用静液压传动，辅助制动系统也应符合 6.6.2.1 b)的要求；

c) 辅助制动系统最大反应时间不大于 0.5 s。

6.6.2.3 停车制动器应保证运矿车满载时在 15%的坡度上、空载时在 18%的坡道保持不动。

6.6.3 制动器控制系统要求

制动器操作机构必须使驾驶员能在驾驶室内操纵到所有制动系统。辅助制动和停车制动系统一经制动就不能解除，除非在驾驶座上对制动系统再施加一次解除动作。

6.6.4 制动系统的监视

当行车制动系统的能量低于最大储存能量的 50%时，应当报警。

6.6.5 制动系统最大操纵力

见表 5。

表 5 制动系统最大操纵力

操纵方法		施加的最大操纵力/N
指控		20
手动	上拉	400
	前后动作	300
	左右动作	300
脚踏(铰接式)		350
脚踏		700

6.7 转向系统

6.7.1 地下运矿车转向系统应工作可靠，操纵方便，调整简单。

6.7.2 当发动机或转向动力源出现故障时，必须提供紧急转向的措施，该措施应符合 GB/T 14781 的规定。

6.7.3 如果采用辅助动力转向，那么提供辅助动力转向的动力只能是液压动力。当转向液压系统采用负荷传感液压系统时，转向液压系统动力源可以与其他液压系统动力源合并，即使其他液压系统发生持续泄漏或故障，转向液压系统仍可保持运矿车的转向能力。

6.7.4 在使用方向盘操纵的运矿车中，转向操纵力在方向盘转速为 60 r/min 时应小于 50 N。当运矿车静止时发动机的转速为高速与低速的平均值，车架从最右位置转到最左位置(或反之)时，转向时间应为 6 s±1 s。

6.7.5 在单杆操纵的转向的运矿车中，运矿车静止时车架从最右位置转到最左位置(或反之)时转向时间应为 5^{+1}_{0} s。

6.8 控制系统

6.8.1 一般要求

6.8.1.1 运矿车控制系统安全部分应符合 GB/T 16855.1 的规定。

6.8.1.2 控制装置应保证：当动力源发生异常(偶然或人为切断或变化)时，不会造成危险。

6.8.1.3 控制系统应保证：即使系统发生故障或损坏时，不会造成危险。

6.8.1.4 运矿车应配急停装置，急停装置应符合 GB 16754 的要求。

6.8.1.5 运矿车应设计有预防意外起动的措施，并符合 GB/T 19670 的要求。

6.8.2 操纵器

6.8.2.1 操纵器的设计、选用和配置应与人体操作部位的特性(特别是功能特性)以及控制任务相适应，除应符合 GB/T 14775 的规定外，还应满足下列要求：

a) 运矿车关键部位的操纵器一般应设电气或机械联锁装置；

b) 对可能出现的误动作或被误操作的操作器应采取必要的保护措施。

6.8.2.2 主要操作要求应符合 GB/T 8595 的规定。

6.8.2.3 操纵舒适区域及可及范围应符合 JB/T 3683 的规定。

6.8.2.4 操纵手柄与相邻零部件之间最小净宽距应符合表 6 的规定。司机手控范围与其他部件之间的相对间隙应不小于 80 mm；按钮或开关行(列)之间的间隙应不小于 10 mm；各个按钮之间的间隙应不小于 15 mm；脚踏板和相邻零部件之间的最小净宽距应符合表 7 的规定。

表 6 操作手柄与相邻零部件之间最小净宽距

操纵力/N	≤50	>50
最小净宽距/mm	≥25	≥50

表 7 脚踏板与相邻零部件之间最小净宽距

踏板位置	踏板前方	踏板两侧
最小净宽距/mm	≥100	≥50

6.8.3 信号与显示器

6.8.3.1 信号与显示器的选择设计和配置要适应人的感觉特性，应符合 JB/T 5062 的规定。

6.8.3.2 每一个显示器都要用文字或 GB/T 8593.1 和 GB/T 8593.2 规定的符号清晰地标出。与此相关正常操作的限值也应清晰地标出。

6.8.3.3 信号与显示器在安全、清晰、迅速的原则下，根据工艺流程重要程度和使用频繁程度，配置在人易看到和听到的范围内。信号与显示器的性能、形式和数量应与信号特性相适应。当数量较多时，应根据其功能和显示的种类分区排列，区与区之间要有明显界限。

6.8.3.4 信号与显示器应清晰可辨，准确无误，并消除眩光、频闪效应与操作者的距离、角度相适应。

6.8.3.5 当多种视觉信号与显示器效应在一起时，与背景及相互之间的颜色、亮度与对比度相适应。

6.9 人的保护

为了防止和减少对司机或操作人员可能出现的危险，地下运矿车必须安装司机室或顶棚。司机室或顶棚必须是翻车保护结构(ROPS)和落物保护结构(FOPS)。翻车保护结构必须符合 GB/T 17922 的规定。落物保护结构必须符合 GB/T 17771 的规定。安装的保护结构不能阻碍司机或操作人员的正常操作和目视的能见度。

6.10 座位

司机的座位应为司机提供一个舒适而稳定的坐姿，符合人体舒适坐姿的生理特性，有良好的视野、方便的操作位置，能适当进行高度、角度和水平调节。

6.11 司机室与司机棚

6.11.1 司机室与司机棚的设计应保证一旦驾驶员意外与司机室顶或道路两边或车辆运动部件相接触时所受到的伤害最小。

6.11.2 司机室与司机棚的布置和内部空间应符合 GB/T 8420 的规定，对一个中等身材的司机来说，座位表面水平高度在空间有限制时可以放低。

6.11.3 司机室与司机棚内工作区不能存在任何可能损伤操作者的锐角、利棱、凹凸不平的表面和较凸的部位。

6.11.4 司机室与司机棚的结构不应影响司机的视野。

6.11.5 司机室的门、窗、玻璃应采用安全玻璃或安全效果相同的其他材料制造。安全玻璃产品质量应符合 GB 9656 的规定。

6.11.6 司机室司机操作处铺设防滑地板或防滑覆盖板。

6.11.7 驾驶室的入口应符合 GB/T 17300 的要求。

6.11.8 司机室的紧急出口应设计在正常出口的另一边或采用安全玻璃。采用安全玻璃时应在司机室内明显部位配置击碎玻璃的手锤。

6.11.9 安装能使司机室门保持敞开或关闭状态的装置。

6.11.10 司机室门把手应设计成室内、室外都能使用。

6.12 警告装置

6.12.1 应有一个人工控制的音响报警信号，以警告在作业区的人员与车辆，音响报警装置应符合 GB 1251.1 的要求。在每个驾驶位置都能操作音响报警器。

6.12.2 在倒车时，有自动音响报警器或可视警告信号。

6.12.3 警告装置的设计配置应便于检查和维修，以及在每个操作位置上都能报警。

6.13 灭火系统

6.13.1 运矿车必需配备手提车用储压式干粉灭火器，其数量不应小于 1 具。灭火器的配置规格应符合表 8 中的规定，灭火器的性能应符合 GB 4351.1 的规定。

表 8 灭火器规格选择表

发动机功率/kW	<100	101～200	>200
灭火器规格/kg	2～3	4～8	6～12

6.13.2 灭火器至少一个月检查一次，以保持灭火器处在随时可使用状态。

6.13.3 灭火器应安装在司机很容易取下的地方。

6.14 操作

6.14.1 运矿车必须由通过培训，授权获准的操作者进行操作。

6.14.2 运矿车的转弯半径要满足巷道弯道要求，运输巷道的底板应平整、无大块，巷道的坡度应小于运矿车的爬坡能力，在水平巷道和斜井中，运矿车与支护或巷道之间的单侧间隙不小于 0.6 m。

6.14.3 操作人员应严格按运矿车制造厂所推荐的安全操作方法操作。

6.15 牵引

6.15.1 运矿车制造厂应向用户提供牵引方法、牵引装置、被牵引车辆的最大质量等有关信息。

6.15.2 运矿车牵引装置的抗断裂强度应按运矿车最大额定牵引力 3 倍以上的安全系数设计。

6.16 检查与维修

6.16.1 维修人员必须经过培训合格后，授权获准才能上岗。

6.16.2 运矿车的设计必须要考虑检查与维修的安全性，方便使用专用仪表与工具进行检查维修。

6.16.3 需要进行检查与维修的部件，必须保证其装配和拆卸没有危险。

6.16.4 在检查、维修时，对于断开动力源之后仍有可能存在残余能量的液压系统，设计时必须保证其能量可被安全地释放或消除掉。

7 使用信息

7.1 标牌

每台运矿车应在明显位置固定标牌，标牌的标记、型号和尺寸应符合 GB/T 13306 的规定，并且至少应包括以下主要内容：

——制造商名称及地址；

——运矿车型号及名称；

——运矿车主要技术参数；

——出厂日期及编号。

7.2 使用说明书

运矿车使用说明书应符合 GB/T 15706.2 和 GB 9969.1 的要求。每台运矿车的使用说明书包括如下内容：

a) 产品名称、主要用途和适用范围；

b) 适用的工作条件和环境条件；

c) 技术参数；

d) 结构特点与工作原理；

e) 安装、调整(调试)方法；

f) 使用与操作方法；

g) 保养与维护指南；

h) 常见故障与排除方法；

i) 运输与储存；

j) 易损件、附件、专用工具明细。

7.3 标志、符号、文字警告

标志、符号、文字警告都应符合 GB/T 15706.2—2007 中 6.4 有关规定，运矿车上的标记应牢固，在整个寿命期内都应保持清晰可见。

ICS 25.120.30
J 61

中华人民共和国国家标准

GB 21501—2008

冲天炉与冲天炉加料机　安全要求

Cupola and cupola charging machine—Safety requirements

2008-03-13 发布

2008-10-01 实施

中华人民共和国国家质量监督检验检疫总局
中国国家标准化管理委员会 发布

前　　言

本标准为条款强制，其中第3章为推荐性条款，其余为强制性条款。

本标准由中国机械工业联合会提出。

本标准由全国铸造机械标准化技术委员会(SAC/TC 186)归口。

本标准起草单位：济南铸造锻压机械研究所、青岛青力环保设备有限公司、青岛中智达环保熔炼设备有限公司、江阴市铸造设备厂、苏州花锦铸造设备厂。

本标准主要起草人：卢军、于仁先、段金挺、夏汝明、冯勤伟。

本标准为首次制定。

冲天炉与冲天炉加料机　安全要求

1　范围

本标准规定了冲天炉与冲天炉加料机设计人员、制造厂、供应商可使用方应遵循的安全技术要求和措施。

本标准适用于冲天炉和冲天炉加料机。

2　规范性引用文件

下列文件中的条款通过本标准的引用而成为本标准的条款。凡是注日期的引用文件，其随后所有的修改单(不包括勘误的内容)或修订版均不适用于本标准，然而，鼓励根据本标准达成协议的各方研究是否可使用这些文件的最新版本。凡是不注日期的引用文件，其最新版本适用于本标准。

GB 2893　安全色

GB/T 3098.1—2000　紧固件机械性能　螺栓，螺钉和螺柱(idt ISO 898-1:1999)

GB/T 3323—2005　金属熔化焊焊接头射线照相

GB 5083　生产设备安全卫生设计总则

GB 5226.1　机械安全　工业机械电气设备　第1部分：通用技术条件(GB 5226.1—2002，IEC 60204-1:2000，IDT)

GB 9969.1　工业产品使用说明书总则

GB 12265.1　机械安全　防止上肢触及危险区的安全距离(GB 12265.1—1997，eqv EN 294:1992)

GB 12265.3　机械安全　避免人体各部位挤压的最小间距(GB 12265.3—1997，eqv EN 349:1993)

GB/T 14776　人类工效学　工作岗位尺寸　设计原则及其数值

GB/T 15706.1　机械安全　基本概念与设计通则　第1部分：基本术语和方法(GB/T 15706.1—2007，ISO 12100-1:2003，IDT)

GB/T 15706.2—2007　机械安全　基本概念与设计通则　第2部分：技术原则(ISO 12100-2:2003，IDT)

GB/T 16251　工作系统设计的人类工效学原则(GB/T 16251—1996，eqv ISO 6385:1981)

GB 16754　机械安全　急停　设计原则(GB 16754—1997，eqv ISO/IEC 13850:1995)

GB/T 16855.1　机械安全　控制系统有关安全部件　第1部分：设计通则(GB/T 16855.1—2005，ISO 13849:1999，MOD)

GB/T 16856　机械安全　风险评价的原则(GB/T 16856—1997，eqv prEN 1050—1994)

JB/T 6331.2　铸造机械噪声的测定方法　声压级测定

3　术语和定义

GB/T 15706.1、GB/T 16855.1、GB/T 16856、GB 12265.1 和 GB 12265.3 所确立的以及下列术语和定义适用于本标准。

3.1

零机械状态

冲天炉、加料机处于下列机械状态时称为零机械状态：

a） 能产生机械运动的每个动力源都已被断开并锁定；

b） 压力流体的动力源被断开后，已将流体压力系统中的残余相对压力释放为零；

c） 所有的压力容器都减压至大气压力；

d） 设备所有部分的机械势能都处于其最低实际值；

e） 滞留在设备管路、缸体或者其他部件内的压力流体在任何阀的动作下都不会使设备出现运动；

f） 设备部件的动能具有最低的实际值；

g） 已移动或松动的设备部件都被固定；

h） 启动器不能启动机械。

4 重要危险项目

下列重要危险项目是依据GB/T 16856的规定，对本标准适用范围内的设备进行风险评估的结果。这些危险项目可能发生在设备按使用说明书规定的使用条件下或在运输、安装、调整、维修、拆卸等各环节中。

4.1 机械危险

4.1.1 由冲天炉、加料机机械强度、稳定性达不到要求可能产生断裂、破裂、倾覆和不可预测的移动危险。

4.1.2 由加料机零部件及物料坠落或抛出产生的冲击危险。

4.1.3 由加料机产生的挤压、剪切、缠绕等危险。

4.1.4 由冲天炉、加料机的表面、边缘或棱角产生的刺伤或割伤危险。

4.1.5 由高空作业或在设备周围产生的跌落、滑倒、绊倒危险。

4.2 电气危险

4.2.1 由电气系统产生的电击危险。

4.2.2 由闪电效应产生的雷击危险。

4.3 热危险

由高温物体、火焰及热辐射所产生的灼伤、烫伤危险。

4.4 噪声危险

由冲天炉风机、加料机噪声产生的听觉损失等危险。

4.5 材料和物质产生的危险

4.5.1 在冲天炉加料与熔炼区域内吸入一氧化碳气体及粉尘而造成的危险。

4.5.2 由冲天炉金属液、炽热的焦炭、一氧化碳产生的火灾和爆炸危险。

4.6 冲天炉、加料机设计时忽略人类工效学原则而产生的危险

4.6.1 在冲天炉、加料机操作、监视或维护时不利于健康的姿势或过度用力。

4.6.2 忽略了在熔炼时使用个人防护装备。

4.6.3 在危险场所未设置明显警示。

5 安全要求和措施

5.1 基本要求

5.1.1 冲天炉、加料机应最大限度地通过设计减小风险使其达到本质安全。通过设计不能有效地避免或充分限制的风险，应采用安全防护装置对人加以防护。

5.1.2 冲天炉、加料机的安全设计应符合GB/T 15706.1、GB/T 15706.2和GB 5083的规定。

5.1.3 控制系统有关安全部件的安全要求和设计应符合GB/T 16855.1的有关规定。

5.1.4 冲天炉、加料机的设计应充分体现人类工效学原则，并应符合GB/T 16251、GB/T 14776的规定。

5.1.5 对于无法通过设计来消除或充分减小的遗留风险，应通过使用信息告知使用者。

5.2 机械危险的安全要求

5.2.1 冲天炉焊接质量应符合GB/T 3323—2005中规定的Ⅲ级要求。

5.2.2 水冷冲天炉的炉身应选用锅炉钢制造，其余应选用力学性能不低于Q235A钢材制造。关键部位所用钢板的最小厚度不应小于表1～表3的规定。熔化率大于5 t/h的冲天炉应有炉底板框架。

表1 常炉衬冲天炉关键部位所用钢板的最小厚度

熔化率/(t/h)	最小厚度/mm				
	炉壳	法兰	筋板	风箱	底板
1	6	10	8	4	26
2	6	12	8	4	30
3	6	12	10	5	30
5	8	12	10	5	30
7	10	16	12	6	30
10	10	16	12	6	30
15	10	16	12	6	40
20	12	18	14	6	40
25	12	18	14	6	40
30	12	18	14	8	40

表2 水冷薄炉衬冲天炉关键部位所用钢板的最小厚度

熔化率/(t/h)	最小厚度/mm				
	炉壳	法兰	筋板	风箱	底板
3	10	16	12	5	30
5	10	16	12	5	30
7	12	18	12	6	30
10	14	22	12	6	30

表3 水冷无炉衬冲天炉关键部位所用钢板的最小厚度

熔化率/(t/h)	最小厚度/mm				
	炉壳	法兰	筋板	风箱	底板
7	16	24	12	6	30
10	18	28	12	6	30
15	18	28	14	6	40
20	18	28	14	6	40
25	20	30	16	6	40
30	20	30	16	8	40

5.2.3 冲天炉炉壳联接法兰所用螺栓规格和数量不应低于表4的规定，其性能不应低于GB/T 3098.1—2000中规定的4.8级要求。

表 4 螺栓规格和数量

熔化率/(t/h)	螺栓规格	螺栓数量/个
1	M16	12
2	M16	12
3	M16	12
5	M20	12
7	M20	16
10	M20	16
15	M20	16
20	M24	18
25	M24	18
30	M24	18

5.2.4 冲天炉炉腿与炉底板、炉底板与炉体以及炉体各节、炉腿与安装地基的联接应牢固。冲天炉上端应留有配备辅助固定的联接位置。

5.2.5 安装后冲天炉中心偏差不应大于炉身高度的0.2%。

5.2.6 移动式炉体结构的冲天炉应具有防止滚轮脱轨和滚轮限位装置。

5.2.7 在风胆外筒上应装有热膨胀补偿机构，所采用的热交换方式应能保证炉胆上下端热平衡。

5.2.8 炉底门的锁定机构启闭功能应可靠，其安全系数不应小于5。

5.2.9 设计过程中应对加料机抗倾覆稳定性进行校核。

5.2.10 加料机支撑构件的安全系数不应小于1.5，钢丝绳的安全系数不应小于7，起重附件的安全系数不应小于1.5。

5.2.11 加料机的钢丝绳端部连接应满足下列要求：

——用绳卡连接时，绳卡压板应在钢丝绳长头一端，绳卡数量不应少于3个，绳卡间距不应小于钢丝绳直径的6倍。同时应保证连接强度不小于钢丝绳破断拉力的85%。

——加料机不应使用有接头的钢丝绳。

——加料机应有防止钢丝绳被卡住或磨擦的措施。钢丝绳在卷筒上应能按顺序排列整齐。

——当加料机处于工作位置的最低点时，钢丝绳在卷筒上的缠绕，除固定绳尾的圈数外，不应少于3圈。

——在加料机卷筒上的钢丝绳尾端固定装置，应有可靠的防松或自紧性能。

——多层缠绕的卷筒和单层缠绕的单联卷筒端部应有凸缘，凸缘应比最外层钢丝绳高出2倍的钢丝绳直径的高度。

5.2.12 卷筒的公称直径与钢丝绳直径比值不应小于25。

5.2.13 滑轮直径与钢丝绳直径的比值不应小于25。

5.2.14 滑轮应有防止钢丝绳脱槽的措施。滑轮槽应光洁平滑，不应有损伤钢丝绳的缺陷。

5.2.15 加料机轨道应具有足够的刚性，防止加料小车脱轨。

5.2.16 加料机应装有上升极限位置限制器、下降极限位置限制器和运行极限位置限制器。在供电中断或操作结束时，应具备防止载荷危险地移动或失控自由坠落的功能。

5.2.17 加料机应装有可靠的制动器，制动器的安全系数不应小于1.5，并应有符合操作频度的热容量。

5.2.18 制动器磨擦片的磨损应具有补偿能力。制动轮的制动摩擦面不应有妨碍制动性能的缺陷。

5.2.19 加料机支撑构件的焊接质量应符合GB/T 3323—2005中规定的Ⅲ级要求。

5.2.20　加料机应具有防止料桶意外翻转或开启的功能。

5.2.21　加料机外露的有可能产生危险的运动零部件，如开式齿轮、联轴器、传动轴等，应装设防护装置或采取有效的限制措施，防护装置与限制措施不应带来附加危险。防护装置应符合 GB/T 15706.2—2007 中 5.2.2 的规定。限制措施应符合 GB 12265.1、GB 12265.3 和其他有关标准的规定。如因工艺需要不可能安装防护装置时，应按 GB 2893 的规定，在运动零部件端部或面对操作者的一面涂以 45°斜度的同样宽度黄、黑相间的线条，线条宽度为 20 mm～50mm。

5.2.22　装有防护装置的运动件，应有开启与停止运动的联锁装置，否则应装有指明开启有危险或应使传动装置切断后才允许将其打开的警示标志。

5.2.23　在不影响使用的情况下，易接近的机械零部件不应有引起人体损伤的锐边、尖角、粗糙的表面、凸缘。金属薄片的棱边应倒钝、折边或修边。可能引起刮伤的开口管端应包覆。

5.2.24　冲天炉、加料机上的高空作业台以及加料机地坑周边，应装备防护围栏和踏脚板，地坑进入口应设置电气联锁，应确保人员安全进入工作场地。

5.2.25　加料口段支承在平台上，不应与平台紧固连接。

5.2.26　冲天炉、加料机在设计和供货上应使在其周围内引起滑倒、绊倒和跌倒的风险减少到最低程度。

5.2.27　加料机的控制系统应具有安全功能，在按使用说明书规定的手动、自动操作状态下，应能安全的实现加料。

5.2.28　加料机上应装有急停装置，急停装置应能停止所有产生危险的操作和运动，将急停装置复位后不应引起重新启动。急停功能要求和设计原则应符合 GB 16754 的有关规定。

5.2.29　控制系统中的暂停、停止机构复位后不应引发任何危险情况。

5.2.30　电气联锁应具备防止因误动作引起的意外故障和危险事件发生的功能。

5.2.31　在使用说明书或在冲天炉、加料机相应的位置设置警示标志，并作必要的说明。

5.2.32　在加料机使用说明书中，应对加料机进行定期检查、维修、更换和润滑情况进行详细说明。

5.2.33　在调整、维修或维护时，冲天炉、加料机应能处于零机械状态，不应对操作者构成危险。

5.3　电气危险的安全要求

5.3.1　冲天炉、加料机的电气系统应根据 GB 5226.1 的规定防止电气危险。

5.3.2　在使用过程中有可能遭受雷击的冲天炉，应采取适当的措施，以使雷击时形成的静电被导入地下。

5.4　热危险的安全要求

5.4.1　冲天炉炉体各法兰间和漏风处应用耐火、热绝缘材料密封。

5.4.2　冲天炉炉底板不应有裂纹。炉底门闭锁应牢固，不应有因机械失效而意外开启。

5.4.3　为使堵出铁口时的风险减少到最小，冲天炉应装有可靠的堵出铁口机构。

5.4.4　冲天炉热风管路外表面应用耐火、热绝缘材料包覆。

5.4.5　冲天炉在结构上应能保证过桥和前炉接口处对接良好。

5.4.6　加料平台在结构上应保证操作者能够远离冲天炉加料口。

5.4.7　水冷炉的炉壳应严密，冷却水不应向炉内渗漏。

5.4.8　采用密封冷却水套和水冷风口时应进行耐压试验，冷却水套的试验压力为 0.4 MPa，保压时间为 5 min，水冷风口的试验压力为 1.2 MPa，保压时间为 10 min，不应有渗漏现象。

5.4.9　在使用说明书中应有如下的安全说明，并在冲天炉有关部位设置以下警示标志：

—— 小心，在加料口处或通风眼、堵出铁口时，容易喷出火焰或炽热的金属液；

—— 修炉时，应将炉壁、炉底和过桥修砌紧实，严密，炉底和过桥应按图样要求的角度修得平斜、光滑；

—— 小心，身体直接接触炉体表面可能被烫伤；

——小心，打开炉底门时，会有炽热的焦炭和未熔化的铁料落下。

5.5 噪声危险的安全要求

5.5.1 冲天炉配用的风机应安置于隔音房内，以隔音房为噪声源，其等效连续声压级限值为 85 dB(A)。加料机在运转过程中不应有异常声响，在空运转条件下，其等效连续声压级限值为 85 dB(A)，测定方法按 JB/T 6331.2 的规定。

5.5.2 并列排列的管路不应相互接触，以防止产生噪声。

5.6 材料和物质产生危险的安全要求

5.6.1 冲天炉在使用中应配备除尘装置。控制熔炼过程中粉尘排放浓度应符合国家及当地环保部门的有关规定。粉尘排放浓度的测定由当地环保部门根据有关规定进行。

5.6.2 除尘装置对炉气所形成的阻力应能合理的调节，以避免加料口处炉气外逸。各部件不应出现漏尘现象。

5.6.3 在满足操作要求的条件下，应尽量减小加料口的尺寸。

5.6.4 湿法除尘装置各部位不应漏水。

5.6.5 风箱或风管上应设置泄爆口，泄爆释放压力的速度应保证结构不受损，对操作者不应造成危险。

5.6.6 在使用说明书中应至少有以下安全说明，在使用现场应设置适当内容的警示标志：

a) 在加料口处容易逸出一氧化碳等有害气体，对此应注意：
   ——保持冲天炉炉体完好；
   ——加强加料平台处的通风换气；
   ——焦炭等原材料不应露天存放，应保持干燥；
   ——加料平台应有完好的护栏，避免意外坠落；
   ——应在加料口前上方房顶开设通风口或天窗，尤其是除尘器设在炉顶时。

b) 在一定条件下，冲天炉和熔融的金属液会产生爆炸的危险，对此应注意：
   ——待炉身自然冷却后方能清理冲天炉，必要时可鼓风冷却，但不应用水激冷；
   ——送风前应首先打开风口，然后送风，以避免一氧化碳进入风带、风管。待风机运转正常后再全部关闭；
   ——熔炼过程中不应随意停风，必须停风时，应在打开 2、3 个风口窗正常送风后，再关闭风口；
   ——停止加料后，应随料位下降逐步减少送风量；
   ——熔炼结束时，先打开风口后再停风。热风炉应打开炉胆放风阀，继续送风 20 min～30 min以冷却炉胆；
   ——停风打炉前应出净铁水，用干砂垫好炉底地面，炉底地面应保持干燥，严禁积水；
   ——与铁水相接触的工具应干燥或已经预热；
   ——加料过程中，避免爆炸物或其他危险品混入炉料内。

c) 修炉前应使炉内充分通风并冷却至合适的温度，以保证操作人员的安全。

6 安全要求和措施的判定

6.1 总则

冲天炉与加料机应符合本标准第 5 章的规定，用几种判定方法时其结果应一致。判定方法如下：

6.2 判定方法 1 功能试验

通过安全功能试验检查冲天炉、加料机的功能是否满足要求。如果由于技术原因功能试验无法进行或者只能使用破坏性试验进行验证，则按 6.3、6.4 和 6.5 给出的方法。

6.3 判定方法 2 检测

借助检测仪器、仪表，优先选择现有的和标准化的测定方法，检查冲天炉、加料机是否满足要求。如果由于仪器设备和测定方法不能满足冲天炉、加料机安全检验或者安全要求和措施是定性的，则按6.4和6.5给出的方法。

6.4 判定方法3 计算或查看图样

利用计算或图样来分析和检查冲天炉与加料机是否满足要求，对某些特定要求（如稳定性、重心位置、机械强度等）适用这种方法。如果仅通过计算或图样不能得出明确的结论，则按6.5给出的方法。

6.5 判定方法4 观察

通过对规定零部件的目视测定，检查冲天炉、加料机是否达到必须具备的要求和性能。

注：观察包括检查或审查冲天炉、加料机的使用信息。

7 使用信息

7.1 警示信息

7.2 冲天炉、加料机的视觉信号（如闪光灯）、听觉信号（如报警器）装置应符合GB/T 15706.2—2007中6.3的规定。

7.2 标志

7.2.1 标志、符号（象形图）、文字警告应符合GB/T 15706.2—2007中6.4和有关标准的规定。

7.2.2 冲天炉应表明下列信息：

a) 制造厂和供应商（必要时）的名称和地址；
b) 制造年份；
c) 型号名称；
d) 出厂编号；
e) 各种信号和警告装置（如闪光灯、报警器）、标志、文字警告（如易引起金属液爆炸、烫伤、一氧化碳中毒等位置）；
f) 冲天炉熔化率；
g) 冲天炉外形尺寸、总重量、总功率；
h) 搬运说明；
i) 关于保护措施和工作方式方面的使用限制。

7.2.3 加料机应表明下列信息：

a) 制造厂和供应商（必要时）的名称和地址；
b) 制造年份；
c) 型号名称；
d) 出厂编号；
e) 各种信号和警告装置（如闪光灯、报警器）、标志、文字警告（如易引起意外移动、冲击等位置，以及尽管动力源已被切断并锁定，然而尚未符合零机械状态的有可能造成意想不到危险条件的各部位等）；
f) 配用冲天炉规格；
g) 料桶尺寸、容积、最大载重量；
h) 总功率、总重量；
i) 搬运说明；
j) 人工润滑的润滑点；
k) 电动机、卷筒的旋转方向；
l) 关于保护措施和工作方式方面的使用限制。

7.3 使用说明书

7.3.1 使用说明书应符合GB/T 15706.2—2007中6.5和GB 9969.1的规定。

7.3.2 冲天炉、加料机还应包括如下内容：

a) 对冲天炉、加料机及其附件、防护和安全装置的详细说明。

b) 对用户应采取的防护措施(如冲天炉、加料机周围设防护栏、为降低环境噪声将其隔离等)提出建议。

c) 试运行前应完成的调试项目及其应达到的要求，需要检验保护措施的要求。

d) 冲天炉、加料机工作时产生的噪声等数据。

e) 冲天炉、加料机安全操作步骤、安全规程的详细说明，冲天炉安全操作步骤与规程应至少包括以下内容的详细说明：

—— 冲天炉安装注意事项；

—— 原材料的准备，推荐使用的炉衬材料技术参数、炉料的块度、炉料的重量；

—— 点火、加料及加料的顺序；

—— 熔炼准备、送风及控制、炉前控制；

—— 休炉；

—— 复炉；

—— 打炉；

—— 修炉(包括清理冲天炉，修补炉壁、修风口、前炉、过桥、出铁口、出渣口、炉底)；

—— 其他安全操作要求(如安全检查、定期维护、炉底周围和炉前地坑中不应有水、加料平台应通风良好、通风口时应避开火焰喷出方向、所用搅拌铁水的工具应预热等)。

f) 操作者可能需要的其他保护的详细资料，如防护服等。

g) 对故障的识别与位置确定、排除方法以及调整、维修后再启动的详细说明。

h) 在安装调试、故障诊断、维修或维护及使用操作之前，为消除或减小风险，将冲天炉、加料机置于零机械状态时应遵循的详细步骤，以及验证是否处于零机械状态的方法。

i) 维修、维护程序和要求的详细说明。

ICS 97.220.99
Y 56

中华人民共和国国家标准

GB/T 21502—2008

发令器

Starting device

2008-03-10 发布 2008-05-01 实施

中华人民共和国国家质量监督检验检疫总局
中国国家标准化管理委员会 发布

前　言

本标准由中国兵器装备集团公司提出。

本标准由中国兵器工业标准化研究所归口。

本标准主要起草单位:重庆长江电工(集团)有限公司。

本标准主要起草人:张宏、张西山、王家绥、任异曼、江天、贺琪。

发 令 器

1 范围

本标准规定了发令器的分类、要求、试验方法、检验规则、标志、包装、运输和贮存等内容。

本标准适用于发令器的设计、制造与验收。

2 规范性引用文件

下列文件中的条款通过本标准的引用而成为本标准的条款。凡是注日期的引用文件，其随后所有的修改单(不包括勘误的内容)或修订版均不适用于本标准，然而，鼓励根据本标准达成协议的各方研究是否可使用这些文件的最新版本。凡是不注日期的引用文件，其最新版本适用于本标准。

GB/T 191 包装储运图示标志(GB/T 191—2000,eqv ISO 780:1997)

GB/T 2828.1—2003 计数抽样检验程序 第1部分:按接收质量限(AQL)检索的逐批检验抽样计划(ISO 2859-1:1999,IDT)

3 术语和定义

下列术语和定义适用于本标准。

3.1

发令器 starting device

径赛、游泳比赛等开始时，击发发令弹发出声响和(或)烟雾信号的器材。

4 分类

发令器按结构分为:有弹匣发令器和无弹匣发令器。

5 要求

5.1 外观质量

发令器表面色泽应均匀，不应有明显的花斑、擦伤、划痕等缺陷。

5.2 尺寸

发令器尺寸应符合产品图样的要求。

5.3 装配

发令器各零部件应装配正确且紧固到位，装配后各活动部位应动作灵活，空膛击发时各机构动作应准确、可靠。

5.4 设计

5.4.1 发令器的容弹量应不少于两发，并且能连续击发。

5.4.2 发令器设计应具备防改制性，即发令器的弹膛或弹匣应能防止被改制后用于装填小口径枪弹，或装填小口径枪弹后发令器不能击发。

5.4.3 发令器外形应不具有与军、警用手枪相似的仿真性。

5.4.4 发令器设计时应考虑零部件的防错装和防漏装功能。在零部件错误装配的情况下应无法完成装配;在零部件漏装的情况下应不能击发发令弹。

5.5 性能

5.5.1 击发功能

5.5.1.1 发令器应能顺利装弹。

5.5.1.2 发令器击发发令弹应正常发火，且不应有破裂、紧固件松动或明显的变形。

5.5.1.3 击发后击发机构复位应灵活、准确到位，无卡滞现象。

5.5.1.4 发令器击发发令弹后应能顺利退壳。

5.5.1.5 发令器击发发令弹后，弹壳不应有击穿、漏烟的现象。

5.5.2 扳机引力

发令器扳机引力应在45 N～75 N范围内。

5.6 可靠性

发令器实弹击发3 000次过程中，不允许出现零件破损的现象，故障率应不超过0.5%(发令弹的故障除外)。实弹击发3 000次后，发令器的击发功能、扳机引力应分别符合5.5.1和5.5.2的要求。

6 试验方法

6.1 外观质量

用目视的方法检查。必要时对色泽、损伤、锈蚀等可用标准样件对比检查。

6.2 尺寸

用通用或专用量具、仪器测量。

6.3 装配

6.3.1 用专用的开启件检查紧固件是否紧固良好。

6.3.2 目视检查零部件装配是否正确。

6.3.3 手感检查活动部位灵活性。

6.3.4 空膛击发检查各机构动作是否准确、可靠。

6.4 击发功能

装入合格的发令弹进行击发，每支发令器击发不少于10发，击发后退出弹匣和弹壳，并对弹壳进行目视检查。

6.5 扳机引力

测力器具的分度值为0.1 N。

检测时将发令器固定，测量点应在手指扣动扳机的圆弧面的中点，施加与该点切线方向垂直的力，此力逐渐增大，直至击发，此时测力器具的示值即为发令器的扳机引力。

6.6 可靠性

可靠性按如下步骤进行试验：

a) 发令器装入合格的发令弹，在常温下进行击发；

b) 击发分六个循环进行，每个循环击发500发，每击发100发擦拭一次发令器；

c) 每个循环完成后，检查击发机构有无破损和松动；

d) 累计击发3 000发后，按6.4、6.5的规定进行击发功能和扳机引力试验；

e) 记录试验结果。

7 检验规则

7.1 检验分类

本标准规定的检验分类如下：

a) 型式检验；

b) 出厂检验。

7.2 型式检验

7.2.1 检验时机

有下列情况之一时，发令器应进行型式检验：

a) 新产品定型、老产品转厂时；

b) 产品结构、材料、工艺等有重大改变，可能引起产品性能改变时；

c) 正常生产中，定期或累计达到一定生产量时；

d) 产品停产一年以上，重新恢复生产时；

e) 合同有规定时；

f) 质量监督机构提出进行型式检验时。

7.2.2 检验项目

型式检验的检验项目见表1。

表1 检验项目表

序号	检验项目	型式检验	出厂检验	要求章条号	检验方法章条号
1	外观质量	●	●	5.1	6.1
2	尺寸	●	●	5.2	6.2
3	装配	●	●	5.3	6.3
4	击发功能	●	●	5.5.1	6.4
5	扳机引力	●	●	5.5.2	6.5
6	可靠性	●	—	5.6	6.6
7	产品标志	●	●	8.1	8.3
注：“●”为检验项目，“—”为不检验项目。					

7.2.3 样本量及判定规则

型式检验样本量及判定规则按型式试验大纲的规定执行。

7.3 出厂检验

7.3.1 检验项目

出厂检验的检验项目见表1。

7.3.2 抽样

7.3.2.1 组批规则

7.3.2.1.1 同型号，同样特性，同样生产工艺条件和同一时段生产的发令器组成一批。

7.3.2.1.2 发令器的批量(N)为(91～150)支。也可根据产品数量，按GB/T 2828.1—2003规定的批量范围组批。

7.3.2.2 不合格分类

发令器的不合格分类见表2。

表2 不合格分类

不合格分类	不合格项
致命	关键零件有裂纹、破损
	零部件装配错误或漏装
	发令弹不能装入发令器弹膛或弹匣
	击发时击发机构不动作
	击发后零部件破裂

表 2(续)

不合格分类	不合格项
A	紧固件松动
	装配后活动部位动作不灵活
	装配后空膛击发时机构动作不准确或不可靠
	发令弹进入弹膛(弹匣)不顺利
	击发时零部件动作不灵活
	击发后零部件松动或有明显的变形
	瞎火
	击发后击发机构复位不灵活、不到位、有卡滞现象
	击发后不能顺利退壳
	弹壳底部击穿或漏烟
	扳机引力不在 45 N～75 N 范围内
	无产品标志
	产品标志错误或不完整
B	发令器表面色泽不均匀,有花斑、擦伤、划痕等缺陷
	尺寸不符合产品图样的规定
	产品标志不清晰

7.3.2.3 抽样方案

7.3.2.3.1 发令器按 GB/T 2828.1—2003 规定的一次抽样方案执行。

7.3.2.3.2 发令器检验水平(IL)和接收质量限(AQL)按表 3 和表 4 的规定。

表 3 正常检验抽样判定表

序号	检验项目	检验水平(IL)	样本量字码	样本大小(n)	接收质量限和判定数					
					A类不合格			B类不合格		
					AQL	Ac	Re	AQL	Ac	Re
1	外观质量	Ⅱ	F	20	2.5	1	2	4.0	2	3
2	尺寸	Ⅱ	F	20	2.5	1	2	4.0	2	3
3	装配	Ⅰ	D	8	1.5	0	1	6.5	1	2
4	击发功能	Ⅱ	F	20	0.65	0	1	4.0	2	3
5	扳机引力	Ⅰ	D	8	1.5	0	1	6.5	1	2
6	产品标志	Ⅱ	F	20	2.5	1	2	4.0	2	3

7.3.3 正常检验和加严检验

7.3.3.1 转移规则

7.3.3.1.1 发令器开始按 GB/T 2828.1—2003 中 9.1 的规定采用正常检验。

7.3.3.1.2 当执行正常检验时,如符合 GB/T 2828.1—2003 中 9.3.1 的规定时,应转移为加严检验。

7.3.3.1.3 当执行加严检验时,如符合 GB/T 2828.1—2003 中 9.3.2 的规定时,应转移为正常检验。

7.3.3.2 检验的暂停和恢复

发令器检验的暂停和恢复按 GB/T 2828.1—2003 中 9.4 的规定执行。

表 4　加严检验抽样判定表

序号	检验项目	检验水平（IL）	样本量字码	样本大小（n）	接收质量限和判定数					
					A类不合格			B类不合格		
					AQL	Ac	Re	AQL	Ac	Re
1	外观质量	Ⅱ	G	32	2.5	1	2	4.0	2	3
2	尺寸	Ⅱ	G	32	2.5	1	2	4.0	2	3
3	装配	Ⅰ	E	13	1.5	0	1	6.5	1	2
4	击发功能	Ⅱ	G	32	0.65	0	1	4.0	2	3
5	扳机引力	Ⅰ	E	13	1.5	0	1	6.5	1	2
6	产品标志	Ⅱ	G	32	2.5	1	2	4.0	2	3

7.3.4　判定规则和复验规则

7.3.4.1　判定规则

交验批全部项目检验合格，则判定该交验批合格，否则判定该交验批不合格。

7.3.4.2　复验规则

交验批由于任何检验项目被判为不合格时，均应将该批发令器返修，修复后的产品允许重新组批交验。若全部项目检验合格，则判定该交验批合格，否则判定该交验批不合格。

8　标志

8.1　产品标志

发令器表面显著位置应有商标、产品型号及编号，且应正确、完整、清晰。

8.2　包装标志

8.2.1　包装标志应符合产品包装图样的要求，其内容一般包括：

a）产品名称、型号、规格；

b）产品商标；

c）产品数量；

d）怕雨标志；

e）制造日期或生产批号；

f）制造厂名、地址、电话；

g）执行标准的编号；

h）生产许可证号；

i）全重、体积等。

8.2.2　包装标志应正确、完整、清晰、附着力强，怕雨标志应符合 GB/T 191 的要求。

8.3　标志检验

对于每批发令器的产品标志和包装标志，按 8.1、8.2 的规定进行目视检验，对不符合要求的除另有规定外，应予返修。

9　包装、运输和贮存

9.1　包装

9.1.1　包装物

发令器的包装物应能满足运输、贮存和使用的要求，并按相应包装物产品图样和技术条件的规定进行制造和验收。

9.1.2 防护包装

发令器在包装前应清除火药残渣，金属表面应作防锈处理。

9.1.3 装盒及装箱

9.1.3.1 每支发令器应单独装盒；盒内发令器及附件应齐全，且摆放合理、稳固。

9.1.3.2 每10支或20支发令器装为一箱。

9.1.4 包装检验

采用目视方法进行检验，对不符合9.1.1、9.1.2、9.1.3要求的除另有规定外，应予返修。

9.2 运输

发令器可用各种交通工具运输，在运输和装卸过程中应避免跌落、碰撞，临时堆码应防雨和防湿。

9.3 贮存

发令器应贮存在无腐蚀性气体且干燥、通风的场所，堆垛下面应有防潮措施。

9.4 产品随行文件

9.4.1 发令器包装盒中应有以下文件：

a) 产品合格证；

b) 产品使用说明书；

c) 附件清单。

9.4.2 发令器包装箱中应有装箱单。

ICS 97.220.99
Y 56

GB

中华人民共和国国家标准

GB/T 21503—2008

STANDARDS PRESS OF CHINA

发令弹

Starting cartridge

2008-03-10 发布　　　　2008-05-01 实施

中华人民共和国国家质量监督检验检疫总局
中国国家标准化管理委员会　发布

前　　言

本标准由中国兵器装备集团公司提出。

本标准由中国兵器工业标准化研究所归口。

本标准起草单位:重庆长江电工(集团)有限公司。

本标准主要起草人:张宏、张西山、王家绥、任异曼、江天、贺琪。

发 令 弹

1 范围

本标准规定了发令弹的要求、试验方法、检验规则、标志、包装、运输与贮存等内容。

本标准适用于发令弹的设计、制造与验收。

2 规范性引用文件

下列文件中的条款通过本标准的引用而成为本标准的条款。凡是注日期的引用文件，其随后所有的修改单(不包括勘误的内容)或修订版均不适用于本标准，然而，鼓励根据本规范达成协议的各方研究是否可使用这些文件的最新版本。凡是不注日期的引用文件，其最新版本适用于本标准。

GB 190 危险货物包装标志

GB/T 191 包装储运图示标志(GB/T 191—2000,eqv ISO 780:1997)

GB/T 2828.1—2003 计数抽样检验程序 第1部分:按接收质量限(AQL)检索的逐批检验抽样计划(ISO 2859-1:1999,IDT)

GB/T 3222.1 声学 环境噪声的描述、测量与评价 第1部分:基本参量与评价方法(GB/T 3222.1—2006,ISO 1996-1:2003,IDT)

JJG 188 声级计检定规程

WJ 231 振动试验机

3 术语和定义

下列术语和定义适用于本标准。

3.1

发令弹 starting cartrige

供发令器击发，可产生声响或兼有白烟信号的枪弹。

4 要求

4.1 外观质量

发令弹外观不应有超过缺陷标本或其图谱的缺陷。

4.2 尺寸

发令弹尺寸应符合相应产品图样要求。

4.3 设计

发令弹应满足以下设计要求：

a) 发令弹全长不超过 12 mm，口部内径不超过 2 mm；

b) 在能够满足声压级性能和烟雾性能的前提下，发令弹中烟雾剂的威力应小；

c) 发令弹应具有良好的化学安定性，其击发药各组分之间、烟雾剂各组分之间以及击发药、烟雾剂和弹壳三者之间的相容性应符合有关规定；

d) 发令弹的装药宜采用燃爆后对环境无污染和对发令器无腐蚀的击发药和烟雾剂。

4.4 性能

4.4.1 声压级

发令弹击发时的声压级 L_A 为(85～115)dB。

4.4.2 烟雾

发令弹在击发瞬间应释放出乳白色或淡黄色烟雾，在100 m外目视应清晰可见。

4.4.3 击发功能

4.4.3.1 发令弹应正常击发，不允许有早发火、迟发火的缺陷。

4.4.3.2 发令弹击发后，弹壳应能顺利退出。

4.4.3.3 发令弹击发后，不应有底缘裂缝、底部击穿以及距底平面3 mm以内裂缝等缺陷。

4.5 密封性

发令弹应具有良好的密封性。

4.6 环境适应性

4.6.1 温度

发令弹在－30 ℃～50 ℃范围内击发时应正常发火。

4.6.2 振动

发令弹在振动过程中，不应有自发火、口部封堵物松动或脱落、漏药等缺陷。振动后的发令弹击发时应能正常发火。

4.6.3 耐高温性

发令弹在50 ℃高温状态下，不应出现自燃、自爆、封口胶流淌、口部封堵物松动及漏药等缺陷。

5 试验方法

5.1 外观质量

采用目视方法，按外观缺陷标本或其图谱进行对比检验。

5.2 尺寸

用通用量具或专用量具检验。

5.3 性能

5.3.1 声压级

5.3.1.1 试验设备

声级计，精确度不低于±1 dB(A)，并应定期按JJG 188检定合格。

5.3.1.2 试验环境

室外、无雨、无雪、风力小于2 m/s、环境噪声小于50 dB(A)，远离其他声音反射结构物。

5.3.1.3 测试位置

传感器设在发令器的逆风方向(1.5～2)m，离地面(1～1.5)m处。

5.3.1.4 测试方法

按GB/T 3222.1的规定，测定发令弹击发时声压级 L_A 值。

5.3.1.5 修正

环境噪声对测定声压级影响的修正值不计。

5.3.2 烟雾

5.3.2.1 在室外空旷处，能见度不低于轻雾级(即水平能见度不小于1.0 km)的条件下试验，观察点距离击发位置100 m。

5.3.2.2 击发时发令器出烟孔应置于黑色烟雾屏下边缘。

5.3.2.3 逐发击发，击发间隔时间应在前一发弹的烟雾基本消失后，再击发下一发。

5.3.2.4 在观察点目视观察发令弹被击发瞬间产生的烟雾。

5.3.3 击发功能

将试验用发令弹置于(15～35)℃环境中不少于1 h,用发令器击发,检查击发功能。

5.4 密封性

将发令弹插入固定板的孔中,口部朝上立放在水中,水面高出发令弹口部(20～50)mm,水温应高于室温(25～35)℃,并保持(3～5)min,目视观察发令弹口部是否有气泡逸出水面。

5.5 环境适应性

5.5.1 温度

将试验用发令弹分别置于(50±2)℃和(−30±2)℃环境中不少于2 h(若用弹匣供弹时,应将发令弹装入弹匣后一起保温),取出后立即装入合格的发令器中进行发火试验。

5.5.2 振动

将经过尺寸、外观检验合格的发令弹,按包装盒状态分正立、倒立、横向三个方向装入振动试验机的振动箱内(当成盒的发令弹为散装时不考虑方向),空隙处用其他填充物塞紧,在振幅为(70±2)mm、振动频率1 Hz条件下,振动30 min,振动后目视检查发令弹,并击发检查发火性能。振动试验机应符合WJ 231的规定。

5.5.3 耐高温性

将经过外观检验合格的发令弹,按包装盒状态放入专用盛弹容器中,再放入(50±2)℃的保温箱内,保温2 h以上,取出自然冷却后按4.8的要求目视检查发令弹。

6 检验规则

6.1 检验分类

本标准规定的检验分类为:

a) 型式检验;

b) 出厂检验。

6.2 型式检验

6.2.1 检验时机

有下列情况之一时,发令弹应进行型式检验:

a) 新产品定型、老产品转厂时;

b) 产品结构、材料、工艺等有重大改变,可能引起产品性能改变时;

c) 正常生产中,定期或累计达到一定生产量时;

d) 产品停产一年以上,重新恢复生产时;

e) 合同有规定时;

f) 质量监督机构提出进行型式检验时。

6.2.2 检验项目

型式检验的检验项目见表1。

6.2.3 抽样方案及判定规则

型式检验的抽样方案及判定规则按型式试验大纲的规定执行。

6.3 出厂检验

6.3.1 检验项目

出厂检验的检验项目见表1。

6.3.2 抽样

6.3.2.1 组批规则

6.3.2.1.1 每批发令弹一般应装同一批次的烟雾剂,烟雾剂更换批次时允许共同编批交验,但不应超过两个批次的烟雾剂。

6.3.2.1.2 发令弹按35 001发至150 000发的批量进行组批。

6.3.2.2 不合格分类

发令弹的不合格分类见表2。

表1 检验项目表

序号	检验项目		型式检验	出厂检验	要求章条号	方法章条号
1	外观质量		●	●	4.1	5.1
2	尺寸		●	●	4.2	5.2
3	性能	声压级	●	●	4.4.1	5.3.1
		烟雾	●	●	4.4.2	5.3.2
		击发功能	●	●	4.4.3	5.3.3
4	密封性		●	—	4.5	5.4
5	环境适应性	温度	●	—	4.6.1	5.5.1
6		振动	●	—	4.6.2	5.5.2
7		耐高温性	●	—	4.6.3	5.5.3
8	产品标志		●	●	7.1	7.3
注:“●”为检验项目,“—”为不检验项目。						

表2 不合格分类

不合格分类	不合格项
致命	距弹底平面3 mm以内穿孔或裂缝
	早发火、迟发火
A	口部封堵物不牢、漏药
	外表面有污垢、色斑(按外观缺陷标本或其图谱)
	在40 N静载荷下不能符合全形规
	声压级低于85 dB
	烟雾在室外空旷处100 m外目视不清晰或看不见
	瞎火
	不退壳(需用通条从弹膛或弹匣退出)
	无产品标志
	产品标志错误或不完整
B	弹壳外表面有轻微污垢、色斑(按外观缺陷标本或其图谱)
	弹壳压痕、夹灰、凹痕或麻点(按外观缺陷标本或其图谱)
	口部缺损、裂缝(按外观缺陷标本或其图谱)
	口部封堵物未涂胶
	在轻微手力(2.5 N)下不能符合全形规,但在40 N静载荷下能够符合全形规
	声压级高于115 dB
	释放的烟雾不呈乳白色或淡黄色,但在室外空旷处100 m外目视清晰可见
	产品标志不清晰

6.3.2.3 **抽样方案**

6.3.2.3.1 发令弹按 GB/T 2828.1—2003 规定的二次抽样方案执行。

6.3.2.3.2 发令弹检验水平(IL)和接收质量限(AQL)按表 3 和表 4 的规定。

表 3 正常检验抽样判定表

序号	检验项目		检验水平 IL	样本量字码	样本大小 n_1 n_2	接收质量限和判定数					
						A 类不合格			B 类不合格		
						AQL	Ac_1 Ac_2	Re_1 Re_2	AQL	Ac_1 Ac_2	Re_1 Re_2
1	外观质量		I	L	125 125	0.40	0 3	3 4	1.0	2 6	5 7
2	尺寸		I	L	125 125	0.40	0 3	3 4	1.0	2 6	5 7
3	性能	声压级 烟雾 击发功能	S-4	J	50 50	0.65	0 1	2 2	1.5	1 4	3 5
4	产品标志		I	L	125 125	0.40	0 3	3 4	1.0	2 6	5 7

表 4 加严检验抽样判定表

序号	检验项目		检验水平 IL	样本量字码	样本大小 n_1 n_2	接收质量限和判定数					
						A 类不合格			B 类不合格		
						AQL	Ac_1 Ac_2	Re_1 Re_2	AQL	Ac_1 Ac_2	Re_1 Re_2
1	外观质量		I	L	125 125	0.40	0 1	2 2	1.0	1 4	3 5
2	尺寸		I	L	125 125	0.40	0 1	2 2	1.0	1 4	3 5
3	性能	声压级 烟雾 击发功能	S-4	K	80 80	0.65	0 1	2 2	1.5	1 4	3 5
4	产品标志		I	L	125 125	0.40	0 1	2 2	1.0	1 4	3 5

6.3.3 **正常检验和加严检验**

6.3.3.1 **转移规则**

6.3.3.1.1 发令弹开始按 GB/T 2828.1—2003 中 9.1 的规定采用正常检验。

6.3.3.1.2 当执行正常检验时，如符合 GB/T 2828.1—2003 中 9.3.1 的要求时，应转移为加严检验。

6.3.3.1.3 当执行加严检验时，如符合 GB/T 2828.1—2003 中 9.3.2 的要求时，应转移为正常检验。

6.3.3.2 检验的暂停和恢复

发令弹检验的暂停和恢复按GB/T 2828.1—2003中9.4的规定执行。

6.3.4 判定规则和复验规则

6.3.4.1 判定规则

发令弹的合格判定按GB/T 2828.1—2003中11.1.2的规定执行。

6.3.4.2 复验规则

若交验批由于外观或尺寸原因被判为不合格时，应对该批发令弹进行分选，分选后的产品允许重新组批交验，若全部项目检验合格，则判定该交验批合格，否则判定该交验批不合格。

7 标志

7.1 产品标志

发令弹底平面上应有产品商标标志，标志应正确、清晰。

7.2 包装标志

7.2.1 包装标志应符合产品包装图样，其内容一般包括：

a) 产品名称、型号、规格；

b) 产品商标；

c) 产品数量；

d) 爆炸品标志；

e) 怕雨标志；

f) 制造日期或生产批号；

g) 制造厂名、地址、电话；

h) 执行标准的编号；

i) 生产许可证号；

j) 全重、体积等。

7.2.2 包装标志应完整、正确、清晰、附着力强。爆炸品标志应符合GB 190的要求，怕雨标志应符合GB/T 191的要求。

7.3 标志检验

对于每批发令弹的产品标志和包装标志，采用目视法进行检验，对不符合7.1、7.2要求的除另有规定外，应予返修。

8 包装、运输和贮存

8.1 包装

8.1.1 包装物

发令弹的包装物应能满足运输、贮存和使用的要求，并按相应包装物产品图样和技术条件的规定进行制造和验收。

8.1.2 装盒及装箱

8.1.2.1 每50发或100发装一盒，每50盒或100盒装一箱。

8.1.2.2 根据订货方的要求，也可以采用其他的包装方式。

8.1.3 包装检验

对每批发令弹的包装物质量及装盒、装箱质量，采用目视方法进行检验，对不符合8.1.1、8.1.2要求的除另有规定外，应予返修。

8.2 运输

发令弹装卸时应轻拿轻放；运输时应防雨，不应剧烈振动或曝晒；应遵守有关危险化学品运输规定。

8.3 贮存

发令弹应分批次贮存在清洁、干燥、通风良好的库房内，不应与其他危险化学品混存。

8.4 产品随行文件

发令弹包装箱中应有以下文件：

a) 产品合格证；

b) 产品使用说明书；

c) 装箱单。

ICS 97.220.99
Y 55

中华人民共和国国家标准

GB/T 21504—2008

5.6 毫米运动步枪

5.6 mm Sporting rifle

2008-03-10 发布　　2008-05-01 实施

中华人民共和国国家质量监督检验检疫总局
中国国家标准化管理委员会　发布

前　言

本标准由中国兵器装备集团公司提出。

本标准由中国兵器工业标准化研究所归口。

本标准起草单位：建设工业(集团)有限责任公司。

本标准主要起草人：龚建、缪东林、邓平、龚小平、尹智武、刘佳、刘远秋。

5.6 毫米运动步枪

1 范围

本标准规定了5.6毫米运动步枪的分级、要求、试验方法、检验规则、标志、包装、运输和贮存等内容。

本标准适用于5.6毫米运动步枪(以下简称步枪)的制造和验收。

2 规范性引用文件

下列文件中的条款通过本标准的引用而成为本标准的条款。凡是注日期的引用文件,其随后所有的修改单(不包括勘误的内容)或修订版均不适用于本标准,然而,鼓励根据本标准达成协议的各方研究是否可使用这些文件的最新版本。凡是不注日期的引用文件,其最新版本适用于本标准。

GB/T 191 包装储运图示标志(GB/T 191—2000,eqv ISO 780:1997)

WJ/Z 204 兵器气相防锈包装指南

WJ 298 包装标志用字型及符号

WJ 1270 枪炮产品打印记和字型

3 术语和定义

下列术语和定义适用于本标准。

3.1

5.6毫米运动步枪 5.6 mm sporting rifle

使用5.6毫米运动长弹、采用单发手动装填方式、枪械结构可按需要在国际射击联合会竞赛规则允许的范围内进行调整的射击竞赛用步枪。

3.2

远弹 abnormal offset point of impact

以10发弹为一组进行射击密集度试验时,一发弹的弹着点与其他九发弹的平均弹着点距离大于其他九发弹的散布圆直径(弹孔距离和散布圆直径以弹孔中心计算)的弹。

4 分级

步枪按其射击密集度分为特级和比赛级。

5 要求

5.1 尺寸

步枪零、部件尺寸及装配尺寸应符合产品图样的规定。

5.2 质量

步枪全枪质量(含托座和制手器及所有配件):女子步枪不大于6.5 kg;男子步枪不大于8 kg。

5.3 扳机引力

扳机引力应可调整,调整范围为:0.5 N~1.5 N。

5.4 外观质量

5.4.1 步枪外观质量应符合产品图样及标准样件的规定。

5.4.2 金属零件的表面粗糙度应符合产品图样规定,表面处理层应牢固,色泽均匀,不应有花斑、擦伤、划痕等缺陷。

5.4.3 金属零件表面不应有裂纹、夹层、毛刺、锈蚀、深刀痕、矫正压痕及超出标准样件的擦伤、碰伤等缺陷。

5.4.4 木质件表面不应有死节、裂纹、擦伤和碰伤，木质纹理方向应与枪托轴向基本一致。

5.4.5 木质件、胶合板的漆层和色泽应均匀，不应有流痕、斑点、起泡、露底及夹杂物等缺陷。

5.5 枪管

5.5.1 枪管口径为 5.6 mm；不应在枪管和加长的导管上打孔、安装任何改变弹道性能的装置。

5.5.2 弹膛直径与线膛直径同轴度公差不大于 ϕ0.05 mm，枪管线膛、弹膛表面粗糙度（Ra）最大允许值为 0.2 μm。

5.5.3 枪管口部、尾端面不应有毛刺及碰痕。

5.6 击发机

击发机调整应灵活、稳定，一、二道火行程应有明显感觉。

5.7 瞄准具

5.7.1 瞄准具应能在机匣上纵向调整，紧定后应牢固，在射击过程中不应松动。

5.7.2 瞄准具在进行上下和方向调整时，动作应灵活，定位应准确、可靠，每转动一分划，在相应方向上移动量不应大于 0.04 mm±0.01 mm。

5.7.3 瞄准具上装滤光片时，其滤光片的透光率应大于 80%。

5.7.4 瞄准具上可装遮眼板，主要尺寸应符合图 1 规定。

5.7.5 瞄准具上不允许装透镜和组合镜。

单位为毫米

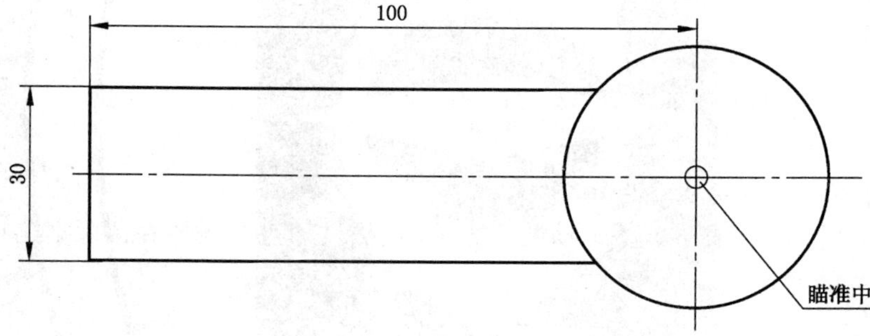

图 1

5.8 枪托

5.8.1 枪托各部位调整应灵活，锁紧后，不应松动。

5.8.2 托肩钩装置应能作空间位置调整，主要尺寸应符合图 2 规定。

单位为毫米

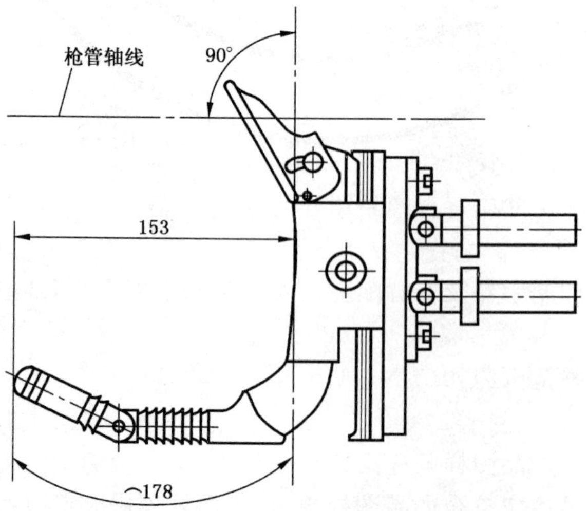

图 2

5.8.3 贴腮板应能作空间位置调整。

5.9 枪皮带

枪皮带应美观、牢固，宽度不应超过 40 mm。

5.10 托座

托座在标尺内运动应灵活，固定后不应松动；在枪管轴线下不应超过 200 mm。

5.11 性能

5.11.1 机构动作

步枪各机构动作应准确、可靠，射击过程中应能正常进弹、闭锁、击发、开锁和退壳。

5.11.2 射击密集度

射距为 50 m±0.2 m，步枪的射击密集度应符合表 1 规定。

表 1 射击密集度

单位为厘米

射击密集度	步枪等级	
	特级	比赛级
三靶平均散布直径 $\overline{D}_{100}$	≤1.0	≤1.4
单靶最大散布直径 D_{max}	≤1.2	≤1.6

5.11.3 射击准确度

射距为 50 m±0.2 m，散布圆中心距瞄准环中心的距离应不大于 1.0 cm；同时，瞄准具在上下和方向上均应有不小于 1.5 mm 的调整余量。

5.12 可靠性

步枪实弹射击 2 000 发弹和空枪击发 2 000 次过程中，不应出现故障（弹的故障除外）及破损零件。试验后，瞄准具调整性能、射击密集度和射击准确度均应符合 5.7、5.11.2 和 5.11.3 的要求。

5.13 安全性

每支步枪射击过程中，不应出现故障，闭锁支撑面不应有崩缺、塌陷和裂纹等缺陷，其他零件不应变形、损伤，弹壳上不应有凸起和深圈痕。

6 试验方法

6.1 尺寸

用专用量规、通用量具等进行检验。

6.2 质量

用规定的计量器具称量全枪质量。

6.3 扳机引力

用测量精度±0.1 N 的专用计量器具检测扳机力。

6.4 外观质量

用目视方法检验外观质量。

6.5 枪管

用专用量具检查枪管口径，其余目视进行检验。

6.6 击发机

用手感检查击发机一、二道火性能。

6.7 瞄准具

6.7.1 用手感和目视检查瞄准具牢固性和灵活性。

6.7.2 用百分表检查瞄准具精度。

6.7.3 用卡尺检查遮眼板尺寸。

6.7.4 用专用设备检查滤光片的透光率。

6.7.5 用目视方法检查透镜和组合镜。

6.8 枪托

6.8.1 用手感检查枪托各部件调整灵活性。

6.8.2 用卡尺和卷尺检查枪托尾部尺寸。

6.9 枪皮带

用卡尺检查枪皮带尺寸。

6.10 托座

用卡尺检查托座尺寸。

6.11 机构动作

用30发普通弹进行射击试验，检查机构动作。

6.12 射击密集度

射击密集度试验使用特级枪弹。

6.12.1 射距为50 m±0.20 m，将步枪(或枪身)固定在枪架上。

6.12.2 正式射击前，先预射10发枪弹温枪。

6.12.3 连续射击三靶，每靶10发，射击速度为每分钟10发～15发。

6.12.4 以弹孔中心计算弹着点散布圆直径，包容10发弹孔的最小圆的直径即为散布圆直径，记录单靶散布圆直径和三靶平均散布圆直径。

6.12.5 当出现远弹时，该靶不计，允许复试一靶。

6.13 射击准确度

6.13.1 射击准确度试验使用特级枪弹。

6.13.2 射距为50 m±0.20 m，将步枪(或枪身)固定在枪架上。

6.13.3 用环形准星瞄准环靶射击，并调整瞄准具，然后连续射击10发，射击速度为每分钟10发～15发。

6.13.4 记录10发弹散布直径及散布圆中心到环靶中心的距离。

6.13.5 检查瞄准具的调整余量。

6.14 可靠性

6.14.1 可靠性试验分10个循环，每个循环实弹射击200发，空枪击发200次。

6.14.2 实弹射击与空枪击发交替进行，射击速度为每分钟10发～15发，每个循环后应擦拭枪膛及枪机。

6.14.3 累计实弹射击2 000发，空枪击发2 000次后，按6.7、6.12和6.13分别检查瞄准具、射击密集度和射击准确度。

6.14.4 记录试验开始和试验结束后瞄准具、射击密集度和射击准确度数据。

6.15 安全性

将步枪固定在枪架上，射击两发强装药弹，用目视检查零件和弹壳。

7 检验规则

7.1 检验分类

本标准规定的检验分类如下：

a) 鉴定检验；

b) 质量一致性检验。

7.2　鉴定检验

7.2.1　检验时机

当出现下列情况之一时，应进行鉴定检验：

a）新产品定型或老产品转产时；

b）产品停产一年以上，重新恢复生产时；

c）产品结构、材料或工艺等有重大改变，可能引起产品性能改变时；

d）质量一致性检验结果与上次相比有较大差异时；

e）合同有规定时；

f）国家质量监督机构提出进行鉴定检验时。

7.2.2　检验项目

鉴定检验的检验项目和检验顺序按表2规定。

7.2.3　样本量及合格判据

检验样品量及合格判据按鉴定试验大纲进行。

7.3　质量一致性检验

7.3.1　检验项目

质量一致性检验项目和检验顺序按表2规定。

表2　检验项目

序号	检验项目	鉴定检验	质量一致性检验	要求章条号	检验方法章条号
1	尺寸	●	●	5.1	6.1
2	质量	●	●	5.2	6.2
3	扳机引力	●	●	5.3	6.3
4	外观	●	●	5.4	6.4
5	步枪标志	●	●	8.1、8.3	8.4
6	枪管	●	●	5.5	6.5
7	击发机	●	●	5.6	6.6
8	瞄准具	●	●	5.7	6.7
9	枪托	●	●	5.8	6.8
10	枪皮带	●	●	5.9	6.9
11	托座	●	●	5.10	6.10
12	机构动作	●	●	5.11.1	6.11
13	射击密集度	●	●	5.11.2	6.12
14	射击准确度	●	●	5.11.3	6.13
15	可靠性	●	—	5.13	6.14
16	安全性	●	●	5.14	6.15
注：●必检项目，—不检项目。					

7.3.2　检验数量

步枪的检验均应100%进行。

7.3.3　合格判据

所有检验结果应符合第5章要求，则判定产品合格。

8 标志

8.1 步枪标志

8.1.1 步枪应按产品图样规定刻制产品代号、编号。

8.1.2 标志用字型应符合 WJ 1270 的规定。

8.2 包装标志

8.2.1 包装箱上应有产品名称、型号、枪号、数量、制造厂名和厂址、生产日期等。

8.2.2 包装箱上的字型应符合 WJ 298 的规定。

8.2.3 包装箱上应按 GB/T 191 的规定，标明“怕湿”、“小心轻放”等包装储运图示标志。

8.3 标志要求

标志应正确、清晰、完整、附着牢固。

8.4 标志检验方法

用目视方法检查标志。

9 包装、运输和贮存

9.1 包装

9.1.1 防护包装

9.1.1.1 步枪在包装前应清除火药残渣，并进行防腐处理。

9.1.1.2 步枪采用油封包装，外加塑料薄膜密封，并应符合 WJ/Z 204 的要求。

9.1.1.3 包装箱按产品包装箱图样制造和验收。

9.1.1.4 按照订购方要求，步枪也可采用其他包装方式。

9.1.1.5 防护包装用目视方法检查。

9.1.2 装箱

9.1.2.1 装箱的产品应有合格证及装箱单。

9.1.2.2 步枪应单支包装，在包装箱内应定位可靠，不应松动。

9.1.2.3 装箱用目视方法检查。

9.1.3 包装检验规则

9.1.3.1 检验项目

包装检验项目按表 3 的规定。

表 3 包装检验项目

序　号	检　验　项　目	要　求　章　条　号	检验方法章条号
1	包装标志	8.2、8.3	8.4
2	防护包装	9.1.1.1、9.1.1.2、9.1.1.3、9.1.1.4	9.1.1.5
3	装箱	9.1.2.1、9.1.2.2	9.1.2.3

9.1.3.2 检验数量

包装检验应 100%进行。

9.1.3.3 合格判据

所有检验结果应符合要求，则判定包装检验合格。

9.2 运输

9.2.1 步枪在运输过程中应小心轻放，不应碰撞和摔跌。

9.2.2 步枪在运输过程中应有防潮、防雨、防曝晒等措施。

9.3 贮存

9.3.1 步枪应贮存在干燥、通风的室内;保持室内相对稳定的温度和湿度。

9.3.2 步枪在贮存中应防潮、防雨、防晒,不应与酸、碱、腐蚀性物品混放。

9.3.3 步枪在贮存中应定期进行检查。